पर्यावरण बोध

Thank you for choosing a SAGE product!
If you have any comment, observation or feedback,
I would like to personally hear from you.

Please write to me at **contactceo@sagepub.in**

Vivek Mehra, Managing Director and CEO, SAGE India.

Bulk Sales

SAGE India offers special discounts
for purchase of books in bulk.
We also make available special imprints
and excerpts from our books on demand.

For orders and enquiries, write to us at

Marketing Department
SAGE Publications India Pvt Ltd
B1/I-1, Mohan Cooperative Industrial Area
Mathura Road, Post Bag 7
New Delhi 110044, India

E-mail us at **marketing@sagepub.in;**
sagebhasha@sagepub.in

Get to know more about SAGE

Be invited to SAGE events, get on our mailing list.
Write today to **marketing@sagepub.in**

This book is also available as an e-book.

पर्यावरण बोध

संपादन
किरण बी. छोकर
ममता पंड्या
मीना रघुनाथन

सीईई
सेंटर फॉर एनवायरनमेंट एज्युकेशन

⑤SAGE | bhasha

Los Angeles | London | New Delhi
Singapore | Washington DC | Melbourne

Originally Published in 2004 in English by
SAGE Publications India Pvt Ltd as *Understanding Environment*

This edition published in 2018 by

SAGE Publications India Pvt Ltd
B1/I-1 Mohan Cooperative Industrial Area
Mathura Road, New Delhi 110 044, India
www.sagepub.in

SAGE Publications Inc
2455 Teller Road
Thousand Oaks, California 91320, USA

SAGE Publications Ltd
1 Oliver's Yard, 55 City Road
London EC1Y 1SP, United Kingdom

SAGE Publications Asia-Pacific Pte Ltd
3 Church Street
#10-04 Samsung Hub
Singapore 049483

Published by Vivek Mehra for SAGE Publications India Pvt Ltd, typeset in 13/15 pt Kokila by AG Infographics, Delhi.

ISBN: 978-93-528-0666-9 (PB)

Translator: Rajni Ranjan Jha (TranslationPanacea)
SAGE Team: Syed Husain Naqvi and Vinayak Dubey

विषय-सूची

तालिकाओं की सूची

चित्रों की सूची

आरेखों की सूची

प्राक्कथन

भारत के सर्वोच्च न्यायालय ने अपने एक निर्णय में कहा है कि, स्नातक स्तर के पाठ्यक्रमों में पर्यावरण को एक अनिवार्य विषय के तौर पर शामिल किया जाना चाहिए। कुछ विश्वविद्यालयों ने पहले से ही इस प्रकार के पाठ्यक्रम की शुरुआत कर दी है; जबकि कई अन्य विश्वविद्यालयों में अकादमिक वर्ष 2004 से इसकी शुरुआत हुई, और शेष सभी विश्वविद्यालयों में जल्द ही इस आदेश का अनुपालन किया जाएगा। इस प्रकार के पाठ्यक्रम का मूल उद्देश्य सामाजिक एवं पर्यावरण की दृष्टि से जागरूक और जिम्मेदार नागरिकों का निर्माण करना है।

संयुक्त राष्ट्र ने वर्ष 2005 से प्रारंभ होने वाले दशक को सतत विकास हेतु शिक्षा का दशक (ईएसडी) घोषित किया है। ईएसडी को एक ऐसी प्रक्रिया के रूप में देखा जाता है, जो दृष्टिकोण एवं क्षमता निर्माण के साथ-साथ लोगों को अपने समाज में बदलाव लाने के लिए सशक्त बनाती है। इसका उद्देश्य भविष्य के ऐसे नागरिकों का निर्माण करना है, जो मौजूदा एवं भावी पीढ़ियों के लिए चिरस्थायी संसार के निर्माण में सक्रियतापूर्वक योगदान देने में सक्षम हों।

प्रस्तुत पुस्तक में इन दोनों परिस्थितियों पर चर्चा करने की कोशिश की गई है।

स्थायित्व के साथ जीवन-यापन के लिए आवश्यक है कि लोग:

समझें कि धरती की प्राकृतिक प्रणालियाँ किस प्रकार कार्य करती हैं।

इस ग्रह की स्थिति के बारे में जानकारी हासिल करें।

पर्यावरण के बुद्धिमत्तापूर्ण, कुशल एवं लाभप्रद प्रबंधन के लिए आवश्यक साधन एवं कौशल प्राप्त करें। धरती के संसाधनों का संवेदनशील ढंग से उपयोग करने के लिए अपनी प्रतिबद्धता प्रदर्शित करें और इसके उपहारों को समान रूप से साझा करें।

पुस्तक के विभिन्न खंडों में इन आवश्यकताओं को शामिल किया गया है। इस पुस्तक में पाठकों को पर्यावरण से संबंधित कुछ मुद्दों एवं प्रमुख वैज्ञानिक अवधारणाओं से अवगत कराने का प्रयास किया गया है। यह उन्हें पर्यावरण से संबंधित समस्याओं एवं मुद्दों के प्रति संवेदनशील बनाती है। पर्यावरण से संबंधित मुद्दों को बेहतर ढंग से समझने के लिए व्यक्ति को इसे अपने संज्ञानात्मक क्षेत्र के संदर्भ में समझना आवश्यक है। इस पुस्तक के प्रत्येक अध्याय में विभिन्न उदाहरणों के साथ-साथ समुचित मात्रा में आंकड़े भी दिए गए हैं। हमें उम्मीद है कि इससे जानकारी को प्रासंगिक बनाने में मदद मिलेगी। हम आशा करते हैं कि, पाठक इस विषय को बेहतर ढंग से समझने के लिए अपने क्षेत्र, राज्य, जिले अथवा आस-पड़ोस से इसी प्रकार के या इससे संबंधित उदाहरणों पर विचार करने का प्रयास करेंगे या इस बारे में अधिक जानने की कोशिश करेंगे।

इस पुस्तक में कई स्थानों पर "बॉक्स" के माध्यम से भी जानकारी दी गई है। पाठ में बॉक्स के अंदर दी गई जानकारी के दो प्रमुख उद्देश्य हैं-पाठ में वर्णित विचारों पर विस्तृत चर्चा करना और इससे संबंधित उदाहरणों को प्रस्तुत करना। इसका उद्देश्य पाठकों को उस विषय पर खुद से अधिक जानकारी हासिल करने के लिए और प्रोत्साहित करना भी है। इस पुस्तक में कई मामलों के अध्ययन

को भी शामिल किया गया है। इनमें ऐसे व्यक्तिगत एवं सामूहिक प्रयासों के उदाहरणों को विशिष्ट रूप से दर्शाया गया है, जिसने बदलाव को प्रेरित किया।

प्रत्येक अध्याय के अंत में खुद से सीखने एवं मूल्यांकन के लिए तीन खंड हैं: प्रश्नावली, अभ्यास एवं विचार-विमर्श। पहले खंड में प्रश्नों की सूची को शामिल किया गया है, जिनमें से कुछ प्रश्नों का उद्देश्य पाठकों को उस अध्याय के महत्वपूर्ण विचारों के पुनरावलोकन हेतु प्रेरित करना और ग्राह्यता की जांच करना है। अन्य प्रश्नों के उत्तर की सीमा निर्धारित नहीं है और इन्हें विश्लेषणात्मक एवं आलोचनात्मक सोच को विकसित करने के लिए तैयार किया गया है। अभ्यास वाले खंड के लिए पढ़ने तथा जानकारी के विश्लेषण की आवश्यकता है, अथवा पुस्तकालय शोध, जमीनी स्तर के दौरे, सर्वेक्षण या साक्षात्कार के माध्यम से जानकारी एकत्र करने की आवश्यकता है। विचार-विमर्श खंड के लिए छात्रों को पाठ के विवरणों पर तर्क-वितर्क करने और गहराई से सोचने की आवश्यकता है; कुछ मामलों में उन्हें विषय के पक्ष और विपक्ष पर विचार करते हुए अपनी स्थिति स्पष्ट करनी होगी। हम आशा करते हैं कि पाठक इस अभ्यास का आनंद लेंगे और उन्हें ये प्रश्न चुनौतीपूर्ण प्रतीत होंगे न कि डरावने!

हम यह भी आशा करते हैं कि प्रस्तुत पुस्तक पाठकों को रुचिपूर्ण लगेगी, ताकि वे मीडिया में पर्यावरण के विषय पर होने वाली परिचर्चा को ध्यानपूर्वक सुनें, साथ ही यह लोगों को इस विषय पर विचार करने में भी सक्षम बनाएगी ताकि वे पर्यावरण से जुड़ी किसी भी समस्या के संबंध में समय-समय पर अपने व्यवहार पर सवाल उठा सकें।

इस पुस्तक के माध्यम से हमने नवीनतम आंकड़ों एवं जानकारी को प्रस्तुत करने का प्रयास किया है। परंतु आर्थिक, राजनीतिक, सामाजिक एवं तकनीकी परिदृश्य में द्रुत गति से बदलाव होते हैं तथा प्रतिदिन नए-नए शोधों के परिणाम भी सामने आते हैं, जिसके चलते अद्यतन जानकारी उपलब्ध कराने का लक्ष्य दुर्ग्राह्य प्रतीत होता है। हम इस बात से अवगत हैं कि इस पुस्तक के प्रकाशित होने तक इसमें दी गई कुछ जानकारी में अवश्य बदलाव आ जाएगा। जब तक यह पुस्तक पाठकों के हाथों में पहुंचेगी, संभवतः कुछ जानकारी एवं विश्लेषण सामयिक नहीं रह जाएंगे। हालाँकि, हम आश्वस्त हैं कि 'सूचना युग' के पाठक नवीनतम जानकारी एवं विश्लेषणों को अवश्य जानने का प्रयास करेंगे और कदम-से-कदम मिलाकर चलेंगे।

प्रत्येक अध्याय की समीक्षा उस विषय के विशेषज्ञों द्वारा की गई है, ताकि जानकारी की शुद्धता एवं गुणवत्ता सुनिश्चित की जा सके। हालाँकि, त्रुटियों की संभावना से इनकार नहीं किया जा सकता और संपादकगण इसकी जिम्मेदारी लेते हैं। हमें उम्मीद है कि पाठक इन त्रुटियों की ओर हमारा ध्यान आकृष्ट करेंगे, ताकि भावी संस्करणों में इन्हें दूर किया जा सके।

अन्त में

इस पुस्तक की प्रासंगिकता या उपयोगिता इस बात निहित है कि इसका उपयोग किस प्रकार किया जाता है। हम इस पुस्तक के बारे में पाठकों के विचार एवं सुझावों की प्रतीक्षा करते हैं और उम्मीद करते हैं कि वे हमें उन विशेषताओं से भी अवगत कराएंगे, जिन्हें वे भावी संस्करणों में देखना चाहते हैं। कृपया इस संबंध में कोई भी जानकारी हमें highereducation@ceeindia.org पर भेजें, या फिर हमें उच्च शिक्षा कार्यक्रम, पर्यावरण शिक्षा केंद्र, ताल्तेज टेकरा, अहमदाबाद- 380 054 पर लिख भेजें।

शिक्षकों की मार्गदर्शिका

इस पाठ्य-पुस्तक के अधिक प्रभावी ढंग से उपयोग में सहायता हेतु शिक्षकों के लिए टिप्पणियाँ, सुझाव, सहायता सामग्री तथा कुछ अध्यायों के लिए मार्गदर्शिका उपलब्ध है, जिसे उच्च शिक्षा कार्यक्रम, पर्यावरण शिक्षा केंद्र, ताल्तेज टेकरा, अहमदाबाद- 380 054 से प्राप्त किया जा सकता है।

अध्याय 1

पर्यावरण बोध

कार्तिकेय वी. साराभाई

संपूर्ण सृष्टि को बेहतर ढंग से समझने में हमारी मदद के लिए शैक्षणिक विषयों का विकास किया गया है। प्रकृति को, अध्ययन के सभी विषयों का उपयोग करते हुए समझा जा सकता है, लेकिन इसे किसी विषय विशेष के अंतर्गत नहीं बाँटा जा सकता। उदाहरण के लिए, किसी ख़ास घटना को रासायनिक परिवर्तन कहा जा सकता है, जबकि किसी दूसरी घटना को भौतिक परिवर्तन के तौर पर संदर्भित किया जा सकता है। परंतु ये श्रेणियाँ केवल धारणाएँ हैं।

'पर्यावरणीय अध्ययन' का संबंध पर्यावरण से है। इसका तात्पर्य पर्यावरण को अध्ययन के किसी ख़ास विषय के नज़रिए से देखना नहीं है, बल्कि इसका तात्पर्य अंतर-संबद्धता के अध्ययन एवं समझ से है— ऐसे जटिल तरीके जिसमें एक घटना, एक क्रिया किसी दूसरी घटना या क्रिया से संबंधित है; एक ही बात को किस प्रकार विभिन्न दृष्टिकोणों से समझा जा सकता है, और यह दृष्टिकोण अक्सर अध्ययन के अलग-अलग विषयों से जुड़ा होता है।

वास्तविक जीवन में कैलाइडोस्कोप

वावनिया कच्छ के निकट स्थित एक गाँव है, जो वर्ष 2001 में आए भूकंप से काफी प्रभावित हुआ था। पर्यावरण शिक्षा केंद्र ने इस गाँव की पुनर्वास गतिविधियों में भाग लिया था। सबसे पहले स्कूल एवं स्वास्थ्य केंद्र का पुनर्निर्माण करना था। इसके बाद गाँव के लोगों के लिए पेयजल की व्यवस्था की जानी थी। इसी जगह पर हमने इस समस्या के बहुआयामी स्वरूप का प्रत्यक्ष अनुभव किया।

गाँव में पानी का अध्ययन करने के लिए, हमें सबसे पहले उस क्षेत्र में वर्षा के स्वरूप और पानी की कुल उपलब्धता को समझना था। इसके लिए मौसम विज्ञान की जानकारी आवश्यक थी। निस्संदेह, बारिश की घटना को समझने के लिए किसी भी व्यक्ति को भौतिकी की बुनियादी बातों की जानकारी अवश्य होनी चाहिए। इसके बाद, भूजल को समझने के लिए जल-विज्ञान के अध्ययन की आवश्यकता होती है। मिट्टी के प्रकारों और पानी की पारगम्यता को समझने के लिए हमें भूगर्भशास्त्र की आवश्यकता है। पानी की गुणवत्ता को जानने के लिए रसायन विज्ञान की समझ आवश्यक है। झीलों, इसमें मौजूद विभिन्न प्रकार के जीवों तथा पानी एवं इसकी गुणवत्ता पर उनके प्रभाव के अध्ययन हेतु जीव विज्ञान और पारिस्थितिकी का ज्ञान आवश्यक है। पानी और इसका उपयोग हमारे समाज एवं संस्कृति का अभिन्न अंग है, जिसके लिए सांस्कृतिक नृविज्ञान, समाजशास्त्र और राजनीति विज्ञान का बुनियादी ज्ञान आवश्यक है। और सबसे अंत में, एक नए बुनियादी ढांचे के लिए विभिन्न विकल्पों के मूल्यांकन हेतु अर्थशास्त्र की समझ आवश्यक है।

स्थान का अभिप्राय

सर्वप्रथम मैंने 'पर्यावरण' शब्द का प्रयोग शहर के संदर्भ में किया था। हमारा संगठन पुरानी इमारतों से घिरे अहमदाबाद शहर के निवासियों की प्रतिक्रियाओं का अध्ययन कर रहा था, और इसकी तुलना उन लोगों की प्रतिक्रियाओं से कर रहा था जो शहर के

पश्चिमी हिस्से में तेजी से विकसित हो रहे नए आवासीय समाजों में स्थानांतरित हो चुके थे। हालाँकि, नए घरों में उन्हें आवश्यकता के अनुरूप काफी अच्छी सुविधाएँ प्रदान की गई थी, परंतु लोगों को किसी चीज की कमी खल रही थी, और इस बात को व्यक्त करना काफी मुश्किल था कि वह कौन सी चीज थी। पुराने शहर की तंग गलियां, जिन्हें स्थानीय भाषा में *पोळ* कहा जाता है, में मित्रता के साथ-साथ समुदाय एवं पड़ोसियों से निकटता की भावना मौजूद थी, और ऐसा लगता है कि आज के नए आवासीय क्षेत्रों में यह भावना मौजूद ही नहीं है। हमने इस बात को महसूस किया कि मानव निर्मित परिवेश के कारण सामाजिक बदलाव आया है, परंतु इस संबंध के सभी पहलुओं को समझना मुश्किल था।

हमारे सर्वेक्षण ने हमें एक और अधिक चुनौतीपूर्ण कार्य के लिए प्रेरित किया। हमने 1970 के दशक के मध्य में लोगों से पूछा कि वे वर्ष 2000 में अपने शहर में क्या बदलाव देखना चाहते हैं, जो कई वर्षों बाद का समय था। एक जवाब कई बार दोहराया गया था, जिसमें कहा गया था कि किसी महिला के लिए शहर में रात के वक्त अकेले यात्रा करना संभव हो जाए और भविष्य के शहर में इस प्रकार की सुरक्षा को बरकरार रखा जाना चाहिए। हमारे सामने शहर की योजनाएँ मौजूद थी। शहरी विकास प्राधिकरण की योजनाओं में बुनियादी ढांचे, निर्माण के उप-नियम और शहरी उपयोग हेतु क्षेत्र निर्धारण की बात कही गई थी, परंतु यह किसी भी प्रकार से मानव अथवा सामाजिक सुरक्षा से जुड़ा नहीं था। इसके बावजूद हमने महसूस किया कि ये परस्पर संबद्ध थे। वर्तमान में ज्यादातर महानगरीय क्षेत्रों की अमानवीय स्थिति एक वास्तविकता है, जिसका मानव द्वारा निर्मित परिवेश से गहरा संबंध है। इन मुद्दों के अलावा परस्पर संबद्धता की पहचान करने और समस्या को परिभाषित करने का काम प्रारंभ करने के लिए विभिन्न विषयों के कौशल एवं समझ की आवश्यकता है।

पर्यावरण को समझने की ओर

भारतीय संदर्भ में 'पर्यावरण अध्ययन' शब्द का अर्थ गूढ़ हो जाता है। वर्ष 1972 में स्टॉकहोम में आयोजित मानव पर्यावरण पर संयुक्त राष्ट्र सम्मेलन के परिणामस्वरूप पर्यावरण से जुड़ी समस्याओं को वैश्विक राजनीतिक पटल पर प्रस्तुत किया गया था। मेजबान देश के अलावा सम्मेलन में सरकार के एकमात्र प्रमुख के तौर पर तत्कालीन प्रधानमंत्री श्रीमती इंदिरा गांधी ने भाग लिया था। और इसी स्थान से उन्होंने यह कहा था कि, गरीबी के मुद्दे पर भी विचार किए बिना पर्यावरण के बारे में सोचना भी असंभव है; इसका तात्पर्य यह है कि पर्यावरण से जुड़े मुद्दे और विकास, एक ही सिक्के के दो पहलू हैं। वास्तव में मानव 'विकास' से जुड़ी गतिविधियों का प्राकृतिक पर्यावरण पर बहुत अधिक प्रभाव पड़ा था। दूसरी तरफ, प्राकृतिक संसाधनों के आधार में तेजी से आने वाली कमी के कारण विश्व के कई भागों में मानव जीवन की गुणवत्ता प्रभावित हो रही थी, और यह गरीब एवं उपेक्षित लोगों के जीवन को विशेष रूप से प्रभावित कर रहा था।

दुनिया को इस संबद्धता की पहचान करने में दो दशक लग गए। यह वर्ष 1992 में ब्राजील के रियो डी जनेरियो में आयोजित पर्यावरण एवं विकास पर संयुक्त राष्ट्र सम्मेलन (यूएनसीईडी) के रूप में सामने आया। यह 20 साल पहले स्टॉकहोम में आयोजित सम्मेलन से बिल्कुल अलग और तुलनात्मक रूप से काफी बड़ा सम्मेलन था, जिसमें कई देशों की सरकारों एवं राष्ट्राध्यक्षों ने भाग लिया था। पर्यावरण के अध्ययन के लिए अब विकास के मुद्दों के साथ-साथ इसकी अंतर्विषयक प्रकृति की समझ आवश्यक थी। लेकिन सबसे महत्त्वपूर्ण बात, रियो सम्मेलन ने दो प्रमुख एवं वैश्विक संकट की ओर ध्यान आकृष्ट किया। सबसे पहले इस बात का एहसास हुआ कि मानव गतिविधियों के कारण कई प्रजातियाँ तेजी से विलुप्त होने की कगार पर पहुंच चुकी थीं। दूसरा यह था कि, भूमंडलीय ताप और पराबैंगनी विकिरणों से सुरक्षा प्रदान करने वाले ओजोन परत के क्षरण के लिए औद्योगिक गतिविधियों को प्रत्यक्ष तौर पर जिम्मेदार माना गया।

मानव गतिविधियों और जैव विविधता को होने वाली क्षति के बीच के जटिल संबंध तेजी से उजागर होने लगे। स्पष्ट तौर पर वन्यजीवों के प्राकृतिक निवास को नुकसान और उनके शिकार के कारण ऐसा हुआ था। परंतु इस विषय पर वैज्ञानिकों के गहन शोध के बाद अधिक जटिल और असंदिग्ध संबंधों की ओर भी लोगों का ध्यान आकृष्ट हुआ। हाल ही में दक्षिण एशिया में गिद्धों की प्रजाति में तेजी से कमी आई है और इसका कारण पशु चिकित्सा के दौरान पशुओं को दी जाने वाली दवाईयों को माना जा सकता है, क्योंकि जब वे इन जानवरों के शवों को खाते हैं तब दवाईयां अंततः गिद्धों के शरीर में प्रवेश करती हैं। इस संबंध को प्रमाणित करने के लिए अध्ययन के कई विषयों की आवश्यकता है।

इसी प्रकार, वायुमंडलीय विज्ञान और रसायन विज्ञान दूर से संबंधित विषयों की तरह प्रतीत हो सकते हैं, क्योंकि सीएफसी और ओज़ोन पर उसके प्रभाव के अध्ययन के बाद लोगों को ओज़ोन 'छिद्र' की बात समझ आई, और इसके बाद मॉन्ट्रियल प्रोटोकॉल (सीएफसी के उपयोग को चरणबद्ध तरीके से समाप्त करने के लिए विभिन्न सरकारों की प्रतिबद्धता) संभव हो पाया, जो एक वैश्विक समस्या के प्रति वैश्विक प्रतिक्रिया की सफलता की कहानियों में से एक है। जलवायु परिवर्तन से संबंधित कई अन्य जटिल समस्याओं को अभी तक ऐसी सफलता नहीं मिली है।

पर्यावरण और विकास

परंतु क्षेत्रवार दृष्टिकोण से अंतर्विषयक दृष्टिकोण की ओर अग्रसर होना आसान नहीं है। सरकारें और उनके भीतर काम का विभाजन तथा मंत्रालयों के गठन एवं उनके कार्यों के विभाजन से वास्तव में ऐसा लगता है कि, उनकी सोच पर्यावरण के समझ के मौजूदा स्तर तक पहुंचने से पहले की अवधि की है। ऐसी स्थिति में किसी भी व्यक्ति को इनके कार्यों में विरोधाभास दिख सकता है, जिसमें बिजली मंत्रालय बिजली की सब्सिडी देकर भूजल निकालने के काम को किफायती बना रहा है। इसके बाद लोगों को लगता है कि पानी की पर्याप्त उपलब्धता है और यह काफी सस्ता है, जिसके परिणामस्वरूप अधिक पानी की खपत करने वाले वाणिज्यिक फसलों के उत्पादन को बल मिलता है। भूजल का स्तर तेजी से इतना कम हो जाता है कि सस्ती बिजली के बावजूद इस प्रकार की कृषि के स्थायित्व को बरकरार नहीं रखा जा सकता। आमतौर पर अब पारंपरिक फसलों के उत्पादन के लिए भी पर्याप्त पानी उपलब्ध नहीं है।

वास्तविक परिवेश में ऐसे कई उदाहरण मौजूद हैं, जिसमें सरकार के विभिन्न विभागों की नीतियों के विरोधाभास अथवा परिणामों की परस्पर विरोधी प्रवृत्ति (अनपेक्षित या अप्रत्याशित) को स्पष्ट तौर पर देखा जा सकता है। उदाहरण के तौर पर, कच्छ के रण की सीमा पर रेगिस्तान के प्रसार को रोकने के लिए प्रोसोपिस जूलीफ्लोरा नामक पेड़ को लगाने की एक पहल के परिणामों में विरोधाभास दिखाई दिया, क्योंकि इस पेड़ का काफी तेजी से प्रसार हुआ और इसने घास की कई स्थानीय प्रजातियों का सफाया कर दिया, जिस पर इस क्षेत्र की पशुधन आधारित अर्थव्यवस्था निर्भर थी।

पर्यावरण एवं विकास के बीच के संबंधों की पहचान के बाद इस बात को महसूस किया गया कि, हम जिस मार्ग पर अग्रसर है वह न तो वांछनीय है और न ही स्थायी है। हमें 'संवहनीय विकास' के रास्ते पर चलना होगा; यह विकास का एक ऐसा रास्ता है जो वर्तमान के साथ-साथ भविष्य में भी सभी के लिए बेहतर जीवन की ओर जाता है। इस कार्य को पूरा करने के लिए जन-जागरूकता के साथ-साथ नीति निर्माताओं के बीच जागरूकता के प्रसार की विशेष आवश्यकता है। पर्यावरणीय अध्ययन इस समझ का आधार है। आज की युवा पीढ़ी, इस प्रकार की निर्णायक भूमिकाओं एवं जिम्मेदारियों को संभालने की दहलीज पर है, और हम भरोसा कर सकते हैं कि वे इस समझ का जन-जन तक प्रसार करेंगे और इसे जीवन के हर क्षेत्र में कार्यान्वित करेंगे।

I प्रश्नावली

1. उन सभी विषयों की सूची बनाएँ, जिनका आप अध्ययन कर रहे हैं। इनमें से प्रत्येक विषय किस प्रकार पर्यावरण से संबंधित है? क्या ऐसा भी कोई विषय है, जो किसी भी प्रकार से पर्यावरण से संबंधित नहीं है?

2. सभी के लिए शिक्षा, विशेष तौर पर महिलाओं के लिए शिक्षा भारत सरकार के विकास लक्ष्यों में से एक है। कई लोगों का यह मत है कि महिलाओं की शिक्षा कई कारकों पर निर्भर है, जैसे कि समाज में महिलाओं की स्थिति; गरीबी; पानी, जलावन के लिए लकड़ी और पशु चारे की उपलब्धता; और स्कूलों में लड़कियों के लिए शौचालय। क्या आप इस बात से सहमत हैं? अगर हाँ, तो आपके अनुसार इनके बीच क्या संबंध है? प्रत्येक संबंध का वर्णन एक-एक पैराग्राफ में करें।

3. नीचे भारत के राष्ट्रीय विकास लक्ष्यों की आंशिक सूची दी गई है। आपके विचारानुसार प्रत्येक लक्ष्य के लिए भारत सरकार के किस प्रमुख मंत्रालय को ज़िम्मेदार होना चाहिए? किस दो अन्य मंत्रालयों को शामिल किया जाना चाहिए?

विकास लक्ष्य	प्रमुख मंत्रालय	अन्य मंत्रालय (कोई भी दो)
गरीबी उन्मूलन		
खाद्य पदार्थों की पर्याप्त उपलब्धता		
पेय जल		
स्वच्छता		
सभी के लिए शिक्षा		
सभी के लिए प्राथमिक स्वास्थ्य देखभाल		
जनसंख्या वृद्धि पर नियंत्रण		
सार्वजनिक परिवहन		

अब पुस्तकालय या इंटरनेट के माध्यम से यह पता लगाने की कोशिश करें कि, वास्तव में इन लक्ष्यों की जिम्मेदारी किस मंत्रालय को दी गई है।

II अभ्यास

1. इस अध्याय में आपको कुछ ऐसे शब्द मिले होंगे, जिनसे आप परिचित नहीं हैं। उनकी सूची बनाएँ। इस पुस्तक के अलग-अलग खंडों में इन शब्दों का इस्तेमाल किया गया है और समझाया गया है। ऐसे शब्दों और उनके अर्थों का पता लगाएँ।

2. 'ईंधन की कीमतों में वृद्धि हमें बेहतर स्वास्थ्य की ओर जाती है।' नीचे दिए गए आरेख में समझाया गया है कि ऐसा कैसे संभव है।

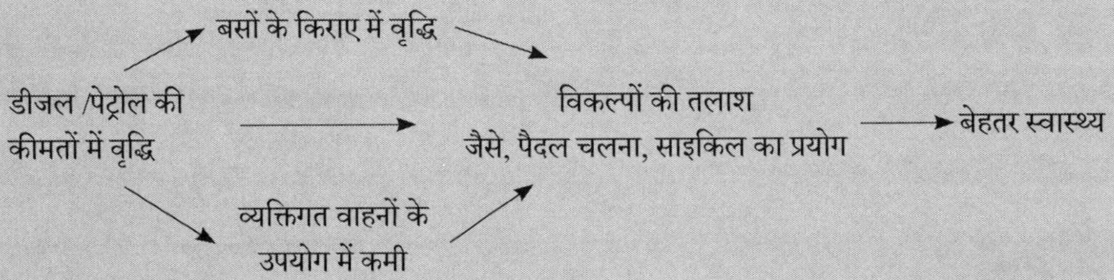

नीचे दिए गए कथनों को पढ़ें और आरेख की सहायता से उनके बीच के संबंधों का वर्णन करें। दो सिरों के बीच कम से कम दो संबंध अवश्य होना चाहिए।

1. एक आधुनिक आवासीय परिसर, परिवार के बुजुर्ग सदस्यों की अप्रसन्नता का कारण है।
2. सड़क निर्माण के चलते मलेरिया फैलता है।
3. बड़े पैमाने पर वृक्षारोपण पेड़ लगाने के कारण स्कूल छोड़ने वाले बच्चों की संख्या में कमी आती है।
4. वर्षा जल संचयन से महिलाओं के स्वास्थ्य में सुधार होता है।

अध्याय 2

पारिस्थितिकी

शिवानी जैन

शब्द '**इकोलॉजी**' (पारिस्थितिकी) की उत्पत्ति ग्रीक शब्द 'ओईकोस' से हुई है, जिसका अर्थ है घर-परिवार और 'लोगो' का अर्थ है अध्ययन। इस प्रकार, वास्तव में 'घरेलू जीवन' के अध्ययन को ही पारिस्थितिकी कहते हैं। दूसरे शब्दों में पेड़-पौधे एवं जीवों तथा उनके परिवेश के बीच परस्पर-निर्भरता के अध्ययन को पारिस्थितिकी कहते हैं। पारिस्थितिकी का सार प्रत्येक वस्तु की एकजुटता के अध्ययन में निहित है - जिसमें पेड़-पौधे, जानवर, सूक्ष्म-जीव एवं उनके परिवेश शामिल हैं- क्योंकि प्रकृति में प्रत्येक वस्तु एक-दूसरे से संबंधित है।

प्रकृति के विभिन्न घटकों के बीच के संबंधों में जटिलता है। उदाहरण के लिए, हरे पौधे मिट्टी से पोषक तत्व और पानी प्राप्त करते हैं। इसके बाद उसके पत्ते, फलों और अन्य भागों को किसी पक्षी या हिरण द्वारा खाया जा सकता है। उनके मरने के बाद मृत अवशेष के कुछ हिस्सों को जीवाणुओं, फफूँदी इत्यादि के द्वारा खाया जाता है, जबकि शेष हिस्से नाइट्रोजन, कार्बन, सल्फर, आदि की तरह छोटे अणुओं में टूटकर (अपघटित हो कर) वापस मिट्टी में मिल जाते हैं, और इस तरह उनके बीच संबंध स्थापित होता है।

प्रकृति में इस प्रकार के संबंध बड़ी संख्या में मौजूद हैं, इसलिए पारिस्थितिकी का सार विषय के प्रति समग्र दृष्टिकोण में निहित है। हालाँकि, 'संपूर्ण' और सभी संबंधों को समझने के क्रम में हमें इसके विभिन्न 'भागों' या घटकों को समझने का प्रयास करना चाहिए।

प्रकृति में संगठन के स्तर

संभवतः पारिस्थितिकी को समझने का सबसे अच्छा तरीका यह है कि इसे संगठन के स्तर (पदानुक्रम) के नज़रिये से देखा जाए, जो पारिस्थितिकी का केंद्र बिंदु है। ये स्तर हैं: जीव (अलग-अलग), प्रजातियाँ, जनसंख्या, विभिन्न समुदाय एवं पारिस्थितिक तंत्र। प्रत्येक स्तर पर भौतिक पर्यावरण (ऊर्जा एवं पदार्थ) के साथ अंतःक्रिया से विशिष्ट कार्यमूलक प्रणालियाँ उत्पन्न होती हैं। संगठन के स्तर के पदानुक्रम का यह सिद्धांत जटिल परिस्थितियों से निपटने के लिए एक सुविधाजनक ढांचे का निर्माण करता है, क्योंकि इनमें से प्रत्येक स्तर की कुछ ख़ास विशेषताएँ हैं, और इसलिए इन स्तरों पर अलग-अलग भागों में पारिस्थितिकी का अध्ययन करना बेहद आसान हो जाता है। आइए हम इन स्तरों को एक-एक करके समझें।

जीव

जीव, इस धरती पर पाए जाने वाले हर प्रकार के जीवन का एक रूप हैं। धरती पर विभिन्न प्रकार के जीवों की एक विस्तृत श्रृंखला मौजूद है - जिसके अंतर्गत एक कोशिका वाले अमीबा से लेकर विशालकाय शार्क, और बेहद सूक्ष्म नील-हरित शैवाल से लेकर दीर्घकाय बरगद के पेड़ तक के सभी जीव शामिल हैं।

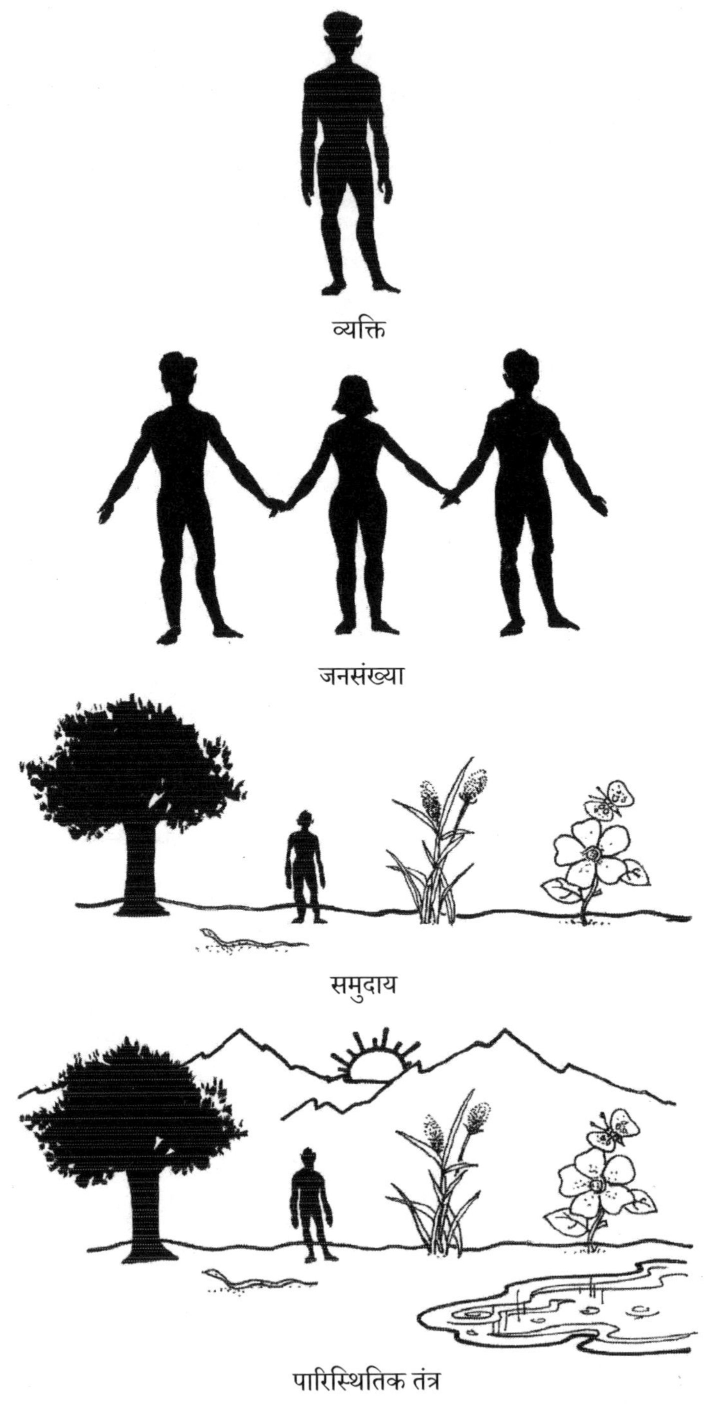

चित्र 2.1   विभिन्न स्तरों पर पारिस्थितिकी का अध्ययन किया जा सकता है

प्रजातियाँ

जीवों के ऐसे समूह, जो दिखावट, व्यवहार, गुणधर्म एवं अनुवांशिक संरचना में एक-दूसरे के समान होते हैं, उन्हें सामूहिक तौर पर एक प्रजाति के अंतर्गत रखा जाता है। समान प्रजाति के जीव एक-दूसरे के साथ प्रजनन कर सकते हैं और प्राकृतिक परिस्थितियों में प्रजननक्षम संतति उत्पन्न कर सकते हैं। उदाहरण के लिए, सभी मनुष्यों (होमो सेपियन्स) की शारीरिक संरचना एवं शारीरिक कार्यप्रणाली एक-दूसरे के समान होती है, और सभी मनुष्यों की अनुवांशिक संरचना भी समान होती है। इस प्रकार उन्हें सामूहिक तौर पर बुद्धिमान प्रजाति के अंतर्गत रखा जाता है।

जनसंख्या

किसी निश्चित समयावधि में एक निर्धारित क्षेत्र में रहने वाले समान प्रजाति के अलग-अलग जीवों के समूह को जनसंख्या कहते हैं। उदाहरण के तौर पर, गिर राष्ट्रीय उद्यान, गुजरात में एशियाई शेरों के समूह की अपनी जनसंख्या है।

समुदाय

एक क्षेत्र विशेष में रहने वाली विभिन्न प्रजातियों की जनसंख्या, जो एक-दूसरे पर परस्पर प्रभाव डालते हैं, साथ मिलकर एक समुदाय का निर्माण करते हैं। उदाहरण के लिए, जब हम गिर राष्ट्रीय उद्यान के समुदाय की बात करते हैं, तो हमारा मतलब उस क्षेत्र में मौजूद हर प्रकार के जीवन से है, जिसके अंतर्गत शेरों की जनसंख्या, हिरणों की जनसंख्या, मवेशियों की जनसंख्या, विभिन्न प्रकार के घास और अन्य सभी जीव शामिल हैं। इस प्रकार, समुदाय में एक-दूसरे पर परस्पर प्रभाव डालने वाली कई प्रजातियाँ शामिल हैं।

पारिस्थितिक तंत्र

पारिस्थितिक तंत्र का तात्पर्य जीवों के ऐसे समुदाय से है, जो जैविक, रासायनिक एवं भौतिक संबंधों तथा निर्जीव घटकों के एक गतिशील नेटवर्क में शामिल हैं। इस प्रकार का पारस्परिक प्रभाव व्यवस्था को बरकरार रखता है और इसे बदलती हुई परिस्थितियों के अनुरूप होने की अनुमति देता है। इस प्रकार, एक पारिस्थितिक तंत्र में समुदाय, निर्जीव घटक और उनकी परस्पर संबद्धता शामिल है। गिर के पारिस्थितिक तंत्र के अंतर्गत उद्यान में पाए जाने वाले जीवन के विविध रूपों के साथ-साथ यहां के निर्जीव घटक भी शामिल हैं, जैसे कि मिट्टी, चट्टान, पानी, इत्यादि। इसके अलावा, इसमें पौधों द्वारा अवशोषित की जाने वाली सौर ऊर्जा भी शामिल है।

पृथ्वी पर पाए जाने वाले सभी पारिस्थितिक तंत्रों को सामूहिक रूप से जैवमंडल कहा जाता है, जिसमें धरती के सभी सजीव प्राणी शामिल हैं, जो पारिस्थितिक तंत्र को स्थिर अवस्था में बनाए रखने के लिए समग्रतः भौतिक पर्यावरण के साथ अंत:क्रिया करते हैं।

ऊपर दिए गए विवरणों से यह स्पष्ट है कि, जीव पारिस्थितिकी के अध्ययन का बुनियादी स्तर है। जीव के स्तर पर पारिस्थितिकी के अध्ययन को स्व-पारिस्थितिकी कहा जाता है। प्रणाली के स्तर (पारिस्थितिक तंत्र, समुदाय, आदि) पर पारिस्थितिकी के अध्ययन को संपारिस्थितिकी कहा जाता है। स्व-पारिस्थितिकी के अंतर्गत अलग-अलग जीवों के साथ-साथ उसके व्यवहार, पारिस्थितिकी, आदि का विस्तृत अध्ययन किया जाता है, तो दूसरी तरफ संपारिस्थितिकी मौजूदा समय में पर्यावरण से जुड़ी समस्याओं के समाधान के लिहाज से बेहद महत्त्वपूर्ण है। यह हमें प्रणाली के हर हिस्से का अध्ययन करने और इनके बीच के संबंधों को समझने में सक्षम बनाता है।

पर्यावरण की गुणवत्ता में सुधार लाने से संबंधित प्रयासों में असफलता के कई उदाहरण मौजूद हैं, क्योंकि इस समस्या के समाधान हेतु समग्र रूप से कार्य नहीं किया गया। इन जटिलताओं को समझने के लिए, यह समझना जरूरी है कि किन घटकों को मिलाकर पारिस्थितिक तंत्र का निर्माण होता है और किस प्रकार ये अलग-अलग घटक एक-दूसरे से जुड़े हुए हैं।

पारिस्थितिक तंत्र के घटक

हरेक पारिस्थितिक तंत्र के दो भाग होते हैं: सजीव (जैव) घटक, जैसे कि पेड़-पौधे और जीव-जंतु; तथा निर्जीव (अजैव) घटक जैसे कि पानी, हवा, पोषक तत्व और सौर ऊर्जा। आइए हम एक-एक करके इनका विश्लेषण करें।

सजीव घटक

एक पारिस्थितिक तंत्र में किसी सजीव प्राणी (जैव घटक) को उत्पादक अथवा उपभोक्ता के तौर पर वर्गीकृत किया जा सकता है, जो इस बात पर निर्भर है कि वे अपना भोजन किस प्रकार प्राप्त करते हैं।

उत्पादक (**स्वपोषी**, अर्थात अपना भोजन खुद बनाने वाले), अपने परिवेश में मौजूद सरल अकार्बनिक यौगिकों का उपयोग करते हुए जीवन के लिए आवश्यक कार्बनिक पोषक तत्वों का निर्माण करने में सक्षम हैं। उदाहरण के लिए, जलीय परितंत्र में रहने वाले छोटे शैवाल और धरती पर पाए जाने वाले पेड़-पौधे प्रकाश संश्लेषण की प्रक्रिया से अपना भोजन तैयार करते हैं।

उपभोक्ता (**परपोषी**, अर्थात भोजन के लिए दूसरों पर निर्भर रहने वाले) ऐसे जीव होते हैं, जो प्रत्यक्ष या अप्रत्यक्ष रूप से उत्पादकों द्वारा प्रदान किए गए भोजन पर निर्भर रहते हैं। भोजन की आदतों के आधार पर उपभोक्ताओं को चार प्रकारों में वर्गीकृत किया जा सकता है।

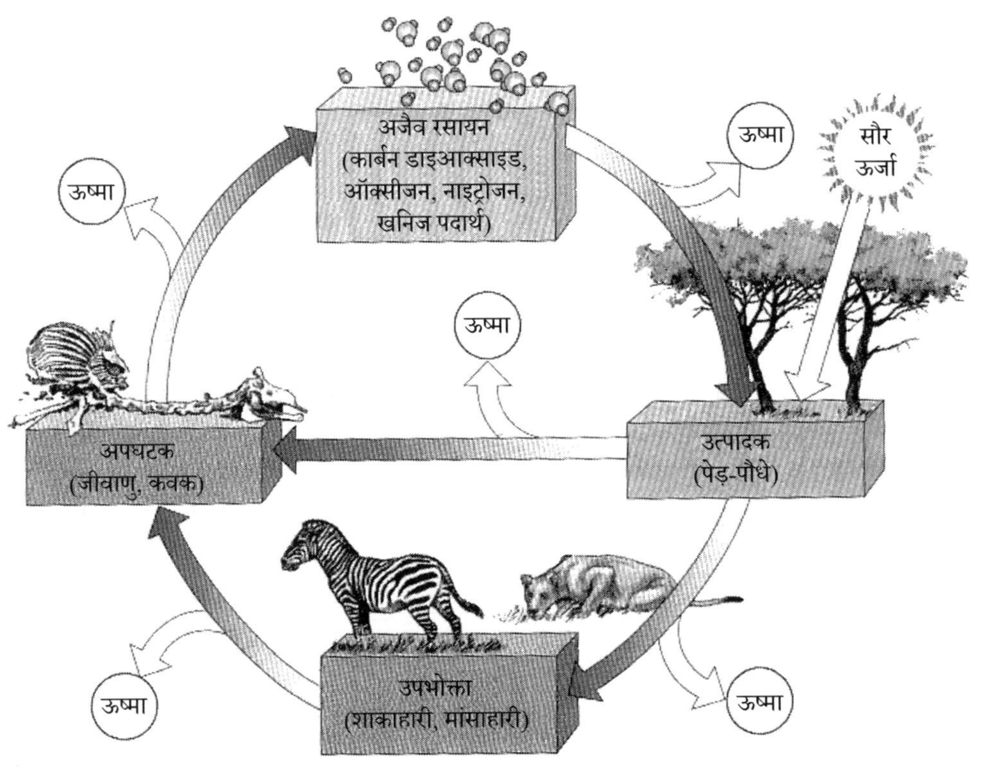

चित्र 2.2   पारिस्थितिक तंत्र सजीव एवं निर्जीव घटकों के बीच पारस्परिक प्रभाव का एक सक्रिय नेटवर्क है।

- **शाकाहारी जीव**, जैसे कि पेड़-पौधे खाने वाले हिरण, खरगोश, मवेशी, आदि, जो अपने भोजन के लिए प्रत्यक्ष रूप से उत्पादकों पर निर्भर हैं। इन्हें प्राथमिक उपभोक्ता भी कहा जाता है।
- **मांसाहारी जीव** मांस खाते हैं और वे शाकाहारी जीवों (प्राथमिक उपभोक्ता) को अपना भोजन बनाते हैं। इस प्रकार उन्हें द्वितीयक उपभोक्ता के तौर पर जाना जाता है। इसके उदाहरणों में शेर, बाघ, भेड़िये, आदि शामिल हैं।
- **सर्वाहारी जीव** पेड़-पौधों के अलावा जीव-जंतुओं को भी खाते हैं। इसके उदाहरणों में सूअर, चूहे, तिलचट्टे और मनुष्य शामिल हैं।
- **अपघटक जीव** मृत कार्बनिक पदार्थों में उपस्थित जटिल कार्बनिक अणुओं को पचा लेते हैं और उन्हें सरल अकार्बनिक यौगिक में बदल देते हैं। वे घुलनशील पोषक तत्वों को अपने भोजन के रूप में अवशोषित करते हैं। बैक्टीरिया, कवक और छोटे कीट इसके कुछ उदाहरण हैं।

अपघटक जीवों के बिना हमारी धरती

अपघटक जीव (मुख्यतः बैक्टीरिया, कवक, तथा फीता कृमि, छोटे कीट एवं अन्य कीड़े-मकोड़ों की तरह सूत्रकृमि) ऐसे जीव हैं, जो निम्नलिखित कार्बनिक पदार्थों का भोजन करते हैं। अपघटक जीव जैविक अपशिष्ट को सूक्ष्म कणों में तोड़ देते हैं और इसमें मौजूद पोषक तत्वों का पुनर्चक्रण करते हैं। अपघटक जीव ऊर्जा एवं पोषण के स्रोत के तौर पर मृत जीवों का उपयोग करते हैं। वे अपने उपयोग के लिए इन पोषक तत्वों को ग्रहण करते हैं और फिर इसे पर्यावरण में वापस भेज देते हैं, जिनका उपयोग फिर से उत्पादकों द्वारा किया जा सकता है। अपघटक जीव प्राकृतिक रूप से पुनर्चक्रण करते हैं। अगर इन अपघटक जीवों को जैवमंडल से हटा दिया जाए, तो हमारी पूरी धरती मृत जीवों का एक विशाल ढेर बन जाएगी। ऐसी स्थिति में संभवतः जीवन भी समाप्त हो जाएगा, क्योंकि जीवन के लिए आवश्यक पोषक तत्व मृत जीवों में ही पड़े रहेंगे।

निर्जीव घटक

एक पारिस्थितिक तंत्र के निर्जीव (या अजैव) घटकों में ऐसे सभी भौतिक और रासायनिक कारक शामिल हैं जो सजीवों को प्रभावित करते हैं, जैसे कि हवा, पानी, मिट्टी, चट्टान, आदि। धरती पर जीवन के लिए निर्जीव घटकों का होना आवश्यक है। धूप, पानी, हवा और खनिज लवण के अभाव में जीवन का अस्तित्व संभव नहीं है।

अजैव घटक

निर्जीव घटकों में पारिस्थितिक तंत्र के ऐसे सभी भौतिक एवं रासायनिक कारक शामिल हैं, जो सजीवों को प्रभावित करते हैं। इसके कुछ उदाहरण निम्नानुसार हैं:

भौतिक कारक	रासायनिक कारक
सूर्य का प्रकाश	मिट्टी में पानी और हवा का प्रतिशत
तापमान	पानी की लवणता
वर्षा की मात्रा	पानी में मौजूद ऑक्सीजन
मिट्टी की प्रकृति	मिट्टी में मौजूद पोषक तत्व
आग	
जल धाराएँ	

पारिस्थितिक तंत्र का वर्गीकरण

जीवों पर अजैव घटकों के प्रभाव के परिणामस्वरूप विभिन्न प्रकार के पारिस्थितिक तंत्र अलग-अलग तरीके से विकसित होते हैं। तापमान, वर्षा, मिट्टी के प्रकार और स्थान (अक्षांश एवं ऊंचाई) ऐसे प्रमुख कारक हैं, जो पारिस्थितिक तंत्र की प्रकृति एवं विकास को निर्धारित करते हैं। इन कारकों के आपसी संबंध तथा स्थानीय जैविक समुदाय के साथ अंतःक्रिया के परिणामस्वरूप विभिन्न पारिस्थितिक तंत्रों का विकास होता है।

तालिका 2.1

विश्व के कुछ प्रमुख पारिस्थितिकी तंत्र

पारिस्थितिक तंत्र का प्रकार	क्षेत्रफल *(मिलियन वर्ग किमी)*
स्थलीय पारिस्थितिक तंत्र	
उष्णकटिबंधीय वर्षावन	17.0
उष्णकटिबंधीय मौसमी वन	7.5
शीतोष्ण सदाबहार वन (टैगा)	5.0
शीतोष्ण पर्णपाती वन	7.0
उत्तरध्रुवीय वन	12.0
जंगली भूमि और क्षुपभूमि	8.5
सवाना	15.0
शीतोष्ण चरागाह	9.0
टुंड्रा	8.0
रेगिस्तानी/ अर्ध-रेगिस्तानी झाड़ी	18.0
समशीतोष्ण रेगिस्तान, चट्टान, रेत और बर्फ	24.0
खेती योग्य भूमि	14.0
कुल स्थलीय भूभाग	**145.0**
जलीय पारिस्थितिक तंत्र	
दलदल और कच्छ भूमि	2.0
झील और जलधाराएँ	2.0
खुले समुद्र	332.0
उत्थापित क्षेत्र	0.4
महाद्वीपीय जल सीमा	26.6
शैवाल युक्त क्षेत्र और प्रवाल भित्ति	0.6
ज्वारनदमुख और क्षारजल निक्षेप	1.4
कुल जलीय क्षेत्र	**365.0**
कुल जैवमंडल	**510.0**

स्रोत: टेलर जी मिलर, जूनियर 1994। *लिविंग इन द एनवायरनमेंट: प्रिंसिपल्स, कनेक्शंस एंड सॉल्यूशंस*, 8 वां संस्करण, बेलमॉन्ट: वड्सवर्थ पब्लिशिंग कंपनी

भारत के पारिस्थितिक तंत्र की रूपरेखा

विश्व के सातवें सबसे बड़े देश भारत में विभिन्न प्रकार के पारिस्थितिक तंत्र मौजूद हैं। इनमें पहाड़, पठार, नदियाँ, आर्द्रभूमि, झील, मैंग्रोव, वन और तटीय पारिस्थितिक तंत्र शामिल हैं। इस खंड में भारत के पारिस्थितिक तंत्र के स्वरूप पर चर्चा की गई है।

ट्रांस-हिमालय क्षेत्र

'ट्रांस' का अर्थ है दूसरी तरफ या दूसरी ओर मौजूद क्षेत्र। ट्रांस-हिमालय का अर्थ हिमालय के दूसरी तरफ मौजूद क्षेत्र है। भारतीय क्षेत्र के बाहर, ट्रांस-हिमालय का क्षेत्र काफी विस्तृत है। यह लगभग 2.6 मिलियन वर्ग किमी में फैला है, जिसके अंतर्गत तिब्बत का पठार भी शामिल है। भारतीय क्षेत्र के भीतर, लद्दाख (जम्मू और कश्मीर) और लाहुल-स्पीति (हिमाचल प्रदेश) में ट्रांस-हिमालय का अनुमानित क्षेत्रफल 186,200 वर्ग किमी है। पूरा क्षेत्र ऊँचाई पर स्थित एक शीत रेगिस्तान है, और इसकी ऊँचाई समुद्र तल से 4,500 मीटर से 6,600 मीटर (एमएसएल) तक है। यह एक विरल आबादी वाला क्षेत्र है और भारतीय क्षेत्र की जनसंख्या लगभग 2,50,000 है।

हालाँकि, यह इलाका देश के कुल क्षेत्रफल का महज 5 प्रतिशत है, परंतु यह क्षेत्र अत्यंत महत्त्वपूर्ण है क्योंकि यह भारत की कुछ विशाल नदी प्रणालियों के लिए अपवाह तंत्र एवं जलापूर्ति का स्रोत है, जिसमें सिंधु, ब्रह्मपुत्र एवं सतलुज जैसी नदियाँ शामिल हैं। ट्रांस-हिमालय क्षेत्र में तीन पर्वत श्रेणियां, अर्थात जस्कर, लद्दाख एवं काराकोरम प्रमुख हैं।

प्राकृतिक वनक्षेत्र की स्पष्ट तौर पर कमी ट्रांस-हिमालय के शीत रेगिस्तान की एक विशेषता है, और इस क्षेत्र में मुख्यतः विरल अल्पाइन प्रकार की वनस्पति पायी जाती है। हालाँकि यहां का वातावरण बेहद अरुचिकर और असह्य प्रतीत होता है, इसके बावजूद यहां पशुधन की उपलब्धता है। उदाहरण के तौर पर, संसार में जंगली भेड़ों एवं बकरियों की सबसे बड़ी संख्या इसी क्षेत्र में पाई जाती है। इनमें नायन अथवा बड़े आकार के तिब्बती भेड़, जंगली भेड़ या शापू, भरल या नीली भेड़ और आइबेक्स (बड़ी सींगों वाली जंगली बकरी) शामिल हैं। अन्य वन्यजीवों में तिब्बती चिंकारा, जिन्हें स्थानीय तौर पर चिरू के नाम से जाना जाता है, और तिब्बती बारहसिंघा शामिल हैं। इस क्षेत्र के छोटे जानवरों में पाइका, तिब्बती गिलहरी और खरगोश शामिल हैं। इस प्राकृतिक आवास पर कुछ शिकारी जीवों का भी कब्जा है, जिसमें हिम तेंदुए, पल्लास बिल्ली, भारतीय भेड़िया और वन-बिलाव शामिल हैं।

हिमालय

हिमालय देश के कुल भूभाग के क्षेत्रफल का लगभग 7 प्रतिशत है। भारतीय क्षेत्र में यह पर्वतमाला लगभग 2000 किलोमीटर के क्षेत्र में विस्तृत है, जो जम्मू-कश्मीर, हिमाचल प्रदेश, उत्तर प्रदेश (उत्तराखंड), सिक्किम और अरुणाचल प्रदेश के राज्यों में फैली हुई है। भारतीय क्षेत्र के बाहर इसका विस्तार पाकिस्तान, नेपाल और भूटान में है।

पर्वतमालाओं के पारिस्थितिक तंत्र अत्यंत नाजुक होते हैं और संभवतः हिमालय दुनिया में सबसे नवीनतम पर्वत श्रृंखला है। इस पर्वतमाला की युवावस्था अथवा भूगर्भीय स्थिति के कारण यह क्षेत्र अत्यधिक वर्षा, खड़ी ढलान और अस्थिर मृदा के लिए जाना जाता है, जो हिमालय पर्वतमाला को अतिसंवेदनशील बनाते हैं।

हिमालय के प्राकृतिक परिवेश में काफी विविधता है, जिसके पश्चिमी हिस्सों में शुष्क भूमध्यसागरीय और समशीतोष्ण जंगल हैं तो पूर्वी हिस्सों में उष्ण, नम, सदाबहार जंगल हैं। ऊँचाई और लंबाई के आधार पर, हिमालय को तीन अलग-अलग आवास प्रकारों में बांटा जा सकता है:

1. निम्न ऊँचाई वाला तलहटी क्षेत्र, हिमालय का सबसे अधिक आबादी वाला हिस्सा है।
2. तलहटी के ऊपर लगभग 1500 से 3,500 मीटर की ऊँचाई के बीच समशीतोष्ण क्षेत्र है, और यह क्षेत्र चौड़ी पत्तियों वाले एवं शंकुधारी वनस्पति की मिश्रित प्रजातियों से आच्छादित है। जीव-जंतुओं के समुदाय में कस्तूरी हिरण, काले रीछ, तीतर

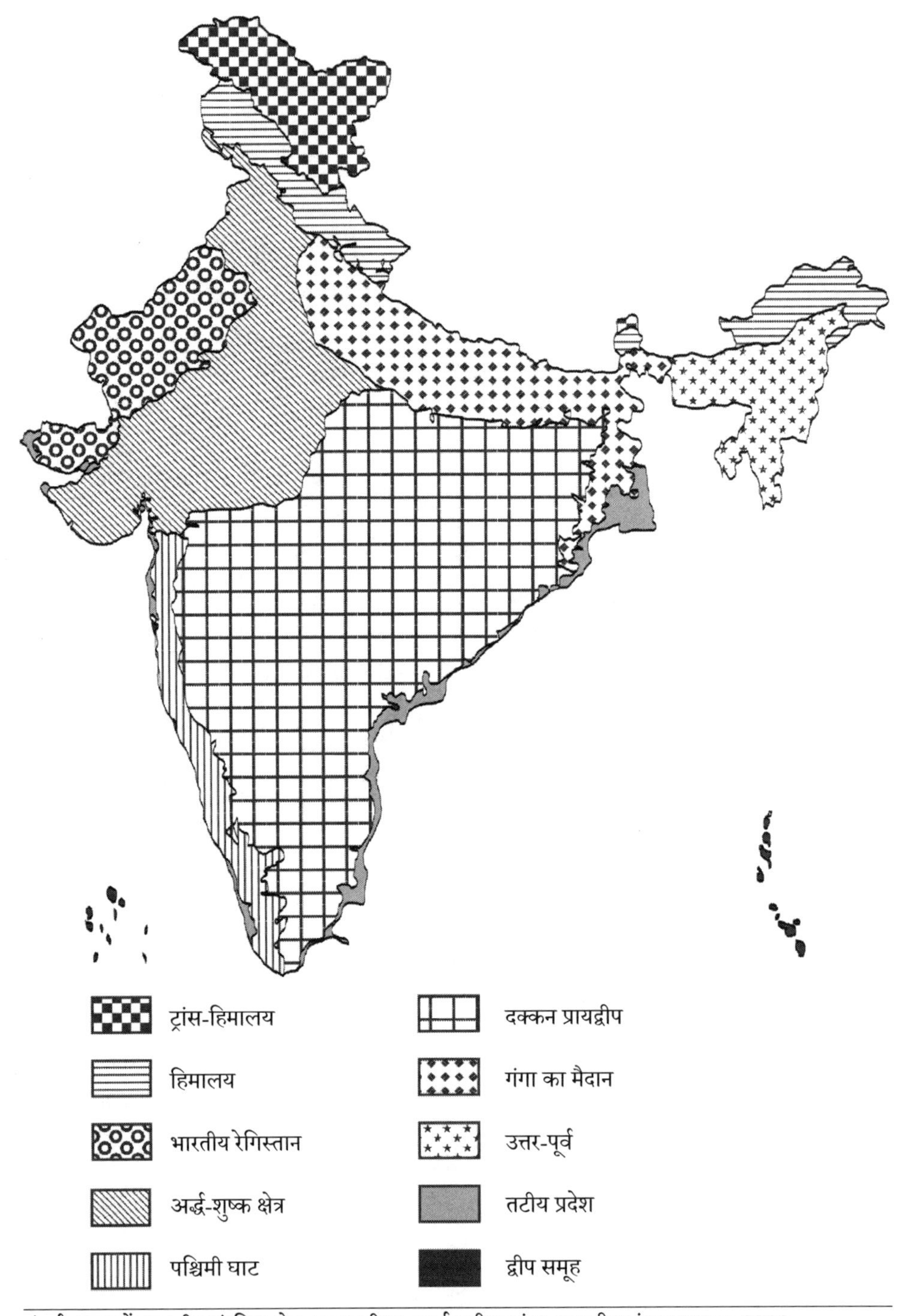

संदर्भ: भारत में वन्यजीव संरक्षित क्षेत्र: एक समीक्षा, कार्यकारी सारांश, वन्यजीव संस्थान भारत, 2000

चित्र 2.3   भारत: जैवभौगोलिक क्षेत्र

परिवार की कई पक्षियाँ, पहाड़ी भेड़ और बकरियाँ शामिल हैं। हिमालय के पश्चिमी भाग में आइबेक्स और वलयाकार सींगों वाली बकरी जैसे शाकाहारी जीवों की प्रचुरता है। पूर्वी हिस्सा अपेक्षाकृत अधिक वनाच्छादित है, जहां लाल पांडा, बिनतुरंग और छोटी बिल्लियों जैसे कई जानवर पाए जाते हैं।

3. उपपर्वतीय प्राकृतिक परिवेश (3,500 मीटर से अधिक ऊँचाई) में भोज वृक्ष, बुरुंश, जूनिपर, छोटे बांस के अलावा खुले चारागाह और छोटी झाड़ी वाले घास के मैदान पाये जाते हैं। पश्चिमी हिस्सा अपेक्षाकृत शुष्क है, परंतु पूर्व का हिस्सा नम एवं पेड़ों से आच्छादित है। 5,000 मीटर से ऊपर के परिदृश्य में चारों तरफ चट्टान एवं बर्फ फैले हुए हैं, जो इस क्षेत्र की वनस्पति की अंतिम सीमा है। प्राकृतिक परिवेश के स्वरूप में परिवर्तन के साथ-साथ जीव-जंतुओं के समुदाय में भी बदलाव दिखाई देता है। ऊँचाई पर स्थित यह खंड कई संकटग्रस्त प्रजातियों का घर है, जैसे कि आइबेक्स, शापू, भेड़िया और हिम तेंदुआ।

तालिका 2.2
भारत की जैव-विविधता

समूह	भारत में प्रजातियों की संख्या (एसआई)	विश्व में प्रजातियों की संख्या (एसडब्ल्यू)	एसआई/एसडब्ल्यू (%)
स्तनधारी	350	4,629	7.6
पक्षी	1,228	9,702	12.6
सरीसृप (रेंगने वाले जीव)	428	6,550	6.2
उभयचर	197	4,522	4.4
मछलियाँ	2,546	21,730	11.7
फूलों वाले पौधे	15,000	250,000	6.0

स्रोत: http://www.teriin.org/biodiv/status.htm

रेगिस्तान

उत्तर-पश्चिम के रेगिस्तानी इलाकों के कई हिस्सों में घास के बड़े-बड़े मैदान मौजूद हैं। रेगिस्तान में हमें कई किलोमीटर तक वनस्पतियों के कोई निशान नहीं मिल सकते हैं। पानी, या इसकी कमी, रेगिस्तानी क्षेत्र की सबसे महत्त्वपूर्ण विशेषता है। इस क्षेत्र में पौधों और जानवरों, दोनों को प्रतिदिन तापमान में होने वाले व्यापक परिवर्तन के कारण अपने शरीर में जल संतुलन को बरकरार रखने की समस्या से जूझना पड़ता है। वे इसका सामना करने के लिए अलग-अलग तरीके विकसित कर लेते हैं। उदाहरण के तौर पर, ज्यादातर रेगिस्तानी पेड़-पौधे कांटेदार होते हैं और उनकी पत्तियाँ छोटी होती हैं, साथ ही पानी की तलाश में उनकी जड़ें जमीन के काफी अंदर मौजूद होती हैं, जिससे पानी का नुकसान कम होता है। तापमान में होने वाले अत्यधिक उतार-चढ़ाव से बचने के लिए ज्यादातर रेगिस्तानी स्तनधारी बिलों या मांद में रहते हैं। इसी प्रकार, ऊंट की तरह कशेरुकी वाले जानवरों के गुर्दे काफी कार्यकुशल होते हैं, जो पानी के नुकसान को कम करने के लिए बेहद कम मूत्र उत्सर्जित करते हैं। कच्छ के रण में नमक के मैदानों पर पाए जाने वाले एशियाई जंगली गधे भी निर्जलीकरण को बर्दाश्त कर सकते हैं।

कृंतक संभवतः रेगिस्तानी जीवों के सबसे बड़े समूह का प्रतिनिधित्व करते हैं। रेगिस्तानी गर्बिल इसका एक सामान्य उदाहरण है। आमतौर पर यहां पाए जाने वाले अन्य जीवों में काले हिरन, रेगिस्तानी बिल्ली, रेगिस्तानी छिपकली, सांप और भारतीय सारंग शामिल हैं।

अर्द्ध-शुष्क क्षेत्र

अर्द्ध-शुष्क क्षेत्र, वास्तविक रेगिस्तान तथा अर्द्ध-रेगिस्तान के बीच का क्षेत्र है। यहां निम्न पर्वतीय क्षेत्रों में छोटी झाड़ियाँ और कम ऊंचाई वाले जंगल फैले हुए हैं। भारतीय रेगिस्तान की पूर्व में तथा गंगा के मैदान के पश्चिम में अवस्थित इस अर्द्ध-शुष्क क्षेत्र का कुल क्षेत्रफल लगभग 508,000 वर्ग किमी है। भारत के कुल क्षेत्रफल के लगभग 15 प्रतिशत हिस्से में फैला यह क्षेत्र कृषि के मामले में समृद्ध है (खास तौर पर पंजाब और हरियाणा राज्य), इसलिए इस क्षेत्र को भारत का अन्न भंडार कहा जाता है। हालाँकि, निम्नस्तरीय भूमि प्रबंधन तथा अल्पावधि योजनाओं ने इस क्षेत्र की पारिस्थितिकी पर प्रतिकूल प्रभाव डाला है। इसके अलावा, यहां भारत के 400 मिलियन पशुधन का एक बड़ा हिस्सा पाया जाता है, जो अत्यधिक चराई के कारण विशाल घास के मैदानों की समाप्ति का कारण है।

इस क्षेत्र के उत्तरी भाग में सिंधु नदी अपवाह तन्त्र के जलोढ़ मैदान एवं निक्षेप शामिल हैं। पंजाब के मैदान के नाम से प्रसिद्ध इस उत्तरी भाग में गहन सिंचाई एवं खेती की जाती है, जिसके अंतर्गत पंजाब एवं हरियाणा, जम्मू-कश्मीर और हिमाचल प्रदेश के दक्षिणी क्षेत्र भी शामिल हैं। दिल्ली के बाहरी इलाके और उत्तर प्रदेश के पश्चिमी छोर के अलावा राजस्थान के भरतपुर जिले का हिस्सा भी पंजाब के मैदान के अंतर्गत आता है। इस क्षेत्र में मुख्य रूप से कृषि योग्य समतल भूमि है, जिसके चारों तरफ आर्द्रभूमि - अर्थात दलदल एवं नदियों का एक नेटवर्क मौजूद है।

अर्द्ध-शुष्क क्षेत्र के उत्तरी भागों के विपरीत, इसका दक्षिणी भाग (राजस्थान, गुजरात और मध्य प्रदेश का उत्तर-पश्चिमी भाग) अपेक्षाकृत अधिक शुष्क क्षेत्र है, जहां खेती कम होती है। अरावली और विंध्य पर्वत श्रृंखलाएँ इस क्षेत्र के मध्य में अवस्थित हैं, जबकि कपास की कृषि के लिए उपयुक्त काली मिट्टी के साथ गुजरात का काठियावाड़ प्रायद्वीप इसके दक्षिणी विस्तार को चिह्नित करता है। इस क्षेत्र के शाकाहारी पशुओं में नीलगाय, काला हिरण, चौसिंगा या चार सींग वाला हिरण, चिंकारा या भारतीय मृग, सांभर और चितकबरे हिरण शामिल हैं। शाकाहारी पशुओं की इतनी बड़ी एवं समृद्ध आबादी को देखते हुए यह आश्चर्यजनक नहीं है कि, अर्द्ध-शुष्क क्षेत्र में विभिन्न प्रकार के शिकारी पशुओं की आबादी भी काफी अधिक है। वास्तव में, यह एकमात्र क्षेत्र है जो भारत में बिल्ली की तीन बड़ी प्रजातियों का आश्रय स्थल है - बाघ, तेंदुआ और एशियाई शेर। अन्य शिकारी पशुओं में भेड़िया, कैराकल और सियार शामिल हैं।

गंगा का मैदान

गंगा का मैदान हिमालय की तलहटी के समानांतर उत्तर प्रदेश से पूर्व में नेपाल, बिहार, पश्चिम बंगाल और उड़ीसा के कुछ तटीय हिस्सों तक विस्तृत है। सपाट जलोढ़ मैदान का यह पूरा क्षेत्र काफी विस्तृत है, जिसके उत्तर एवं दक्षिण दोनों ओर गंगा तथा इसकी अन्य सहायक नदियाँ मौजूद हैं। मैदानों की उपजाऊ मिट्टी, सामान्य जलवायु तथा प्रचुर मात्रा में पानी की उपलब्धता इस क्षेत्र की विशेषता है।

गंगा के मैदान को विश्व के सर्वाधिक उपजाऊ क्षेत्रों में से एक के तौर पर जाना जाता है, और यहां की आबादी काफी घनी है। इस क्षेत्र में हाथी, गैंडे, दलदली हिरण, जंगली भैंस और बाघ पाए जाते हैं। झीलों, दलदल और नदियों के एक बेहतरीन एवं विस्तृत नेटवर्क वाली यह आर्द्रभूमि एक विशेष प्राकृतिक परिवेश है। यह क्षेत्र 20 से अधिक प्रजातियों के कछुए के अलावा अकेले रहने वाले गंगा के डॉल्फिन तथा मगर एवं घड़ियाल का आश्रय स्थल भी है, विभिन्न प्रकार के जल स्रोतों से आच्छादित यह क्षेत्र इस उपमहाद्वीप में प्रवासी जल-पक्षियों के लिए शीतकालीन आवास है।

पश्चिमी घाट

भारत के पश्चिमी तट के समानांतर - दक्षिणी गुजरात में सतपुड़ा के पश्चिमी छोर से लेकर भारत के दक्षिणी सिरे पर अवस्थित केरल तक - लगभग 1500 किलोमीटर की लंबाई में पश्चिमी घाट फैला हुआ है। ये घाट प्रायद्वीपीय भारत की जटिल नदी प्रणाली के लिए जलग्रहण क्षेत्र का निर्माण करते हैं, जिसमें देश का लगभग 40% जल प्रवाहित होता है। इसमें उपमहाद्वीप का दूसरा

सबसे बड़ा उष्णकटिबंधीय सदाबहार और अर्ध-सदाबहार वन्य क्षेत्र भी शामिल है। पश्चिमी घाटों की वन्य श्रृंखला अनवरत नहीं है, जिसका कारण बीच-बीच में मौजूद घाटियाँ हैं जो पर्वत श्रृंखला की निरंतरता के साथ-साथ जैविक घटकों में भी अंतर पैदा करते हैं। घाटियों की इस श्रृंखला ने कुछ प्रजातियों के प्रसार को रोका है, जिसके कारण विशिष्ट प्रजातियों की उत्पत्ति एवं उनका स्थानीयकरण संभव हुआ है।

यहां की जलवायु (वर्षा एवं तापमान) तथा स्थानिक विशेषता (ऊँचाई और लंबाई) में विविधता के कारण यह क्षेत्र कई प्रकार के जीवों का आश्रय स्थल है। यहां पाए जाने वाले जानवरों में बाघ, हाथी, जंगली बैल, जंगली कुत्ता, काला रीछ, तेंदुआ और कई प्रकार के हिरण शामिल हैं।

पश्चिमी घाटों की एक शाखा, नीलगिरि में विशेष तौर पर घनी जंगली सदाबहार वनस्पतियों के साथ-साथ बड़े घास वाले क्षेत्र पाए जाते हैं, जिन्हें सामूहिक रूप से शोल कहा जाता है। वे हाथियों, जंगली बैल और अन्य बड़े जानवरों को आश्रय प्रदान करते हैं। ऊँचाई पर स्थित इन शोल में पाए जाने वाले कुछ पेड़-पौधे एवं जानवर, भारत के उत्तर-पूर्वी क्षेत्र में ऊँचाई पर स्थित जंगलों में भी पाए जाते हैं।

जैव विविधता के अति-संवेदनशील क्षेत्र

ऐसे क्षेत्रों को अति-संवेदनशील कहा जाता है, जो स्थानिक प्रजातियों (किसी क्षेत्र विशेष की एक मूल प्रजाति, जो केवल उसी क्षेत्र में पाई जाती है) के लिहाज से अत्यंत समृद्ध होते हैं, साथ ही ऐसे क्षेत्र मानव गतिविधियों से काफी प्रभावित एवं परिवर्तित होते हैं।

वनस्पति की विविधता, किसी क्षेत्र को अति-संवेदनशील कहे जाने का जैविक आधार है - अति-संवेदनशील क्षेत्र के रूप में अर्हता प्राप्त करने के लिए, उस क्षेत्र में कम-से-कम 1500 स्थानिक पौधों की प्रजातियाँ अवश्य होनी चाहिए, अर्थात् वैश्विक योग का 0.5 प्रतिशत। मौजूदा प्राथमिक वनस्पति, उस क्षेत्र में मानव प्रभाव के आकलन का आधार है - अति-संवेदनशील के तौर पर किसी क्षेत्र के मूल प्राकृतिक परिवेश में मौजूद वनस्पतियों के 70 प्रतिशत से अधिक का लुप्तप्राय होना आवश्यक है। इस प्रकार, अति-संवेदनशील क्षेत्र की अवधारणा उन क्षेत्रों को लक्षित है, जहां संकटग्रस्त प्रजातियों की संख्या काफी बड़ी है और वहां संरक्षणवादियों को लागत-प्रभावी तरीकों के जरिए इन प्रजातियों की रक्षा का प्रयास करना पड़ता है।

पूरे विश्व में जैव-विविधता के 25 अति-संवेदनशील क्षेत्रों की पहचान की गई है, जो धरती के कुल क्षेत्र का महज 1.4 प्रतिशत है, परंतु इसमें पौधों की लगभग 44 प्रतिशत प्रजातियाँ तथा स्थलीय कशेरुकी जीवों की 35 प्रतिशत प्रजातियाँ शामिल हैं। 25 अति-संवेदनशील क्षेत्रों में से दो भारत एवं इसके पड़ोसी देशों में है - पश्चिमी घाट / श्रीलंका क्षेत्र और भारत-बर्मा क्षेत्र (पूर्वी हिमालय का क्षेत्र)। वनस्पति की दृष्टि से यह क्षेत्र अत्यंत समृद्ध है। इन क्षेत्रों की वनस्पतियों के साथ-साथ यहां के सरीसृप, उभयचर, तितलियों और कुछ स्तनधारियों में भी स्थानिकता स्पष्ट तौर पर दिखाई देती है।

स्रोत: http://www.biodiversityhotspots.org/xp/Hotspots/hotspotsScience/

दक्कन प्रायद्वीप

आठ राज्य में विस्तृत दक्कन प्रायद्वीप का क्षेत्रफल 1,421,000 वर्ग किलोमीटर है, और यह भारत के कुल भूभाग के 43% से अधिक हिस्से पर फैला हुआ है। हालांकि इतने बड़े क्षेत्र का स्वरूप कमोबेश सजातीय है, फिर भी यहां कम-से-कम तीन प्रमुख प्राकृतिक परिवेश को आसानी से देखा जा सकता है। इन्हें मुख्यतः पर्णपाती वन, कांटेदार वन तथा झाड़ियों से युक्त भूमि के तौर पर वर्गीकृत किया जा सकता है। इसके अतिरिक्त कई स्थानों पर, मुख्य रूप से पूर्वी घाट के नाम से मशहूर पर्वत श्रृंखला में छोटे-छोटे क्षेत्रों में अर्ध-सदाबहार एवं सदाबहार वन फैले हुए हैं। यहां के जंगल, हिमालय के वन्य क्षेत्र से भी प्राचीन हैं, जो इस सर्वाधिक विविधतापूर्ण क्षेत्र की विशिष्टता है। इस क्षेत्र में हाथी, बाघ, जंगली बैल, भैंस और लगभग सभी प्रकार के पक्षी पाए जाते हैं।

द्वीप समूह और आर्द्र भूमि

भारत में दो प्रमुख द्वीप समूह भी मौजूद हैं- अरब सागर में लक्षद्वीप द्वीप समूह, और बंगाल की खाड़ी में अंडमान-निकोबार द्वीप समूह। इन द्वीपों में दक्षिण-पश्चिमी और उत्तर-पूर्वी, दोनों प्रकार के मानसून आते हैं। ये द्वीप उष्णकटिबंधीय वर्षावनों के घर हैं। अंडमान और निकोबार लगभग 600 किलोमीटर की लंबाई में उत्तर से दक्षिण तक विस्तृत 348 द्वीपों का एक समूह है। इन द्वीपों के भू-भाग का कुल क्षेत्रफल 8,327 वर्ग किलोमीटर है। लक्षद्वीप के तीन समूहों में 25 द्वीप हैं, और भू-भाग का कुल क्षेत्रफल केवल 109 वर्ग किलोमीटर है।

भारत अपने विविधतापूर्ण भू-भाग एवं जलवायु के साथ अंतर्देशीय तथा तटीय आर्द्रभूमि की समृद्ध बहुरूपता को आश्रय देता है। इनमें से 21 क्षेत्रों को राष्ट्रीय आर्द्रभूमि घोषित किया जा चुका है। भरतपुर, राजस्थान में केवलादेव राष्ट्रीय उद्यान एक महत्त्वपूर्ण आर्द्रभूमि है, जो एक मानव निर्मित झील है। हर साल सर्दियों के मौसम में यहां प्रवासी पक्षियों की कई प्रजातियाँ शरण लेने के लिए आती हैं, जिसमें लुप्तप्राय साइबेरियन क्रेन (ग्रस ल्यूकोगेरनस) भी शामिल है। चिल्का झील (1,100 वर्ग किमी) एक ऐसी ही महत्त्वपूर्ण आर्द्रभूमि है। यह भारत में खारे पानी की सबसे बड़ी झील है, जो उड़ीसा के पुरी और गंजाम जिलों में स्थित है।

क्या आप जानते हैं?

आर्द्रभूमि ऐसे क्षेत्र होते हैं, जहां पानी उस क्षेत्र के पर्यावरण एवं संबंधित पेड़-पौधे तथा पशुओं के जीवन को प्रभावित करने वाले प्राथमिक कारक होते हैं। इन क्षेत्रों का जलस्तर सतह के समीप या सतह पर होता है, और यह भू-भाग छिछले पानी से घिरा होता है।

आर्द्रभूमि को विश्व के सर्वाधिक उत्पादक क्षेत्रों में से एक माना जाता है। यह क्षेत्र जैव-विविधता हेतु अत्यंत सहायक है। आर्द्रभूमि वनस्पतियों के अनुवांशिक गुणों का महत्त्वपूर्ण भंडार भी है। आर्द्रभूमि में कई पारिस्थितिकीय कार्य भी होते हैं - पानी का भंडारण, बाढ़ में कमी, तटरेखा स्थिरीकरण, भूजल पुनर्भरण और निस्सरण, जल शोधन तथा स्थानीय जलवायु परिस्थितियों, विशेषकर वर्षा और तापमान का स्थिरीकरण।

पारिस्थितिक दृष्टि से महत्त्वपूर्ण होने के साथ-साथ आर्द्रभूमि आर्थिक रूप से भी मूल्यवान हैं, क्योंकि वे कई आर्थिक गतिविधियों में सहायक सिद्ध होते हैं, जैसे कि मत्स्य पालन, कृषि, परिवहन, वन्यजीव संसाधन, मनोरंजन और पर्यटन।

(SASEANEE का परिपत्र; 6[2], दिसंबर 1998.)

तटीय क्षेत्र एवं समुद्र

7,500 किलोमीटर लंबी तटरेखा के साथ विश्व में भारत का स्थान सातवां है। पाकिस्तान की सीमा से शुरू होने वाली भारतीय तटरेखा, पश्चिम में गुजरात से लेकर कोंकण और मालाबार तट के नीचे कन्याकुमारी तक, और फिर कोरोमंडल तट के समानांतर बंगाल के सुंदरबन एवं बांग्लादेश की सीमा तक फैली हुई है। अरब सागर की सीमा पर भारत का पश्चिमी तट है, तो बंगाल की खाड़ी के समानांतर पूर्वी तट स्थित है। पश्चिमी तट को तीन भागों में विभाजित किया गया है: उत्तरी भाग के समानांतर सौराष्ट्र तट; मध्य में कोंकण तट; और दक्षिणी भाग को मालाबार तट के रूप में जाना जाता है। पूर्वी तट कन्याकुमारी से लेकर बंगाल की खाड़ी में स्थित गंगा के डेल्टा तक विस्तृत है। इस तट के दक्षिणी हिस्से को कोरोमंडल तट कहा जाता है।

महासागरों में पाए जाने वाले जीवन में विविधता है, क्योंकि प्रकाश एवं दबाव क्षेत्रों में उतार-चढ़ाव के संदर्भ में वे विभिन्न प्रजातियों को आश्रय प्रदान करते हैं। हस्तिमकर (ड्यूगोंग), समुद्री कछुए, ज्वारनदमुखी मगरमच्छ और असंख्य जलपक्षी, समुद्र तट

एवं तटीय क्षेत्रों के निकटवर्ती प्राकृतिक परिवेश में आमतौर पर पाए जाने वाले 'वन्यजीव' हैं। प्रवाल क्षेत्र में लोगों को केकड़े, झींगा मछलियाँ, सीप, जेलिफ़िश, पफर फ़िश, ऑक्टोपस और समुद्री स्लग आसानी से दिखाई पड़ सकते हैं। मछली, खनिज संसाधन एवं ऊर्जा के संभावित स्रोतों की प्रचुरता के साथ समुद्री पारिस्थितिक तंत्र, खाद्य भंडार के रूप में एक अमूल्य संसाधन का निर्माण करते हैं तथा जल आधारित गतिविधियों के लिए संसाधन उपलब्ध कराते हैं।

सभी पारिस्थितिक तंत्र एक-दूसरे से संबद्ध हैं। हालाँकि, अध्ययन को सुविधाजनक बनाने के लिहाज से जीवित संसार को अलग-अलग पारिस्थितिक प्रणालियों में विभाजित किया जाता है, परंतु प्राकृतिक तौर पर शायद ही कभी उनके बीच कोई विभाजन होता है। वे एक-दूसरे से पूरी तरह से अलग नहीं होते हैं। अगर इनमें से किसी एक में भी किसी प्रकार की अव्यवस्था उत्पन्न होती है या बदलाव होता है, तो इसका प्रभाव देर-सवेर दूसरे पर भी अवश्य पड़ता है।

इकोटोन: संक्रमणकालीन क्षेत्र

विभिन्न पारिस्थितिक तंत्रों के एक अवस्था से दूसरे अवस्था में परिवर्तन के बीच के क्षेत्र को इकोटोन (इकोटोन) कहा जाता है; उदाहरण के तौर पर, एक वन और चरागाह के बीच का क्षेत्र। यह क्षेत्र अपने निकटवर्ती पारिस्थितिक तंत्र की प्रजातियों और विशेषताओं को साझा करता है, साथ ही इसकी अपनी विशिष्ट प्रजातियाँ भी होती हैं। इकोटोन अपने दोनों निकटवर्ती पारिस्थितिक तंत्रों के लिए अनुकूल स्थिति प्रदान करता है, और इस प्रकार यह जीवन के अधिक विविधतापूर्ण स्वरूपों को आश्रय देता है। इकोटोन क्षेत्र में कुछ विशिष्ट प्रजातियाँ भी पाई जाती हैं। इस प्रकार, इकोटोन अत्यंत उच्च प्रजातिगत विविधता के साथ जैविक रूप से समृद्ध क्षेत्र है। कुछ मामलों में, इकोटोन क्षेत्र में प्रजातियों की संख्या और कुछ प्रजातियों का जनघनत्व निकटवर्ती पारिस्थितिक तंत्रों की तुलना में अधिक होता है। बढ़ती विविधता और घनत्व की इस प्रवृत्ति को 'कोर-प्रभाव' कहा जाता है।

ज्वारनदमुख (नदी का मुहाना) - नदी और समुद्र का मिलन - स्थल इकोटोन का एक सामान्य उदाहरण है। ज्वारनदमुख में पाए जाने वाली प्रजातियों की विविधता, नदी या छिछले समुद्र की तुलना में काफी अधिक होती है। परंतु आजकल नदियों के पानी के साथ-साथ समुद्र में प्रदूषण के उच्च स्तर के कारण इस अद्वितीय प्राकृतिक परिवेश पर संकट गहरा गया है। आज, मानवीय गतिविधियों के कारण इन अनोखे सूक्ष्म-पर्यावरण के लिए खतरा उत्पन्न हो गया है।

नदियों के प्राकृतिक मुहानों से छेड़छाड़

मछलियों की कुछ प्रजातियाँ न केवल विभिन्न महासागरों और समुद्रों के पानी के बीच स्थानांतरित होती हैं, बल्कि वे समय-समय पर ताजा पानी और समुद्री जल के बीच भी स्थान परिवर्तन करती हैं। इस प्रकार की मछलियों को उभयत्रगामी (डाड्रोमोस) कहा जाता है, जो अपने जो अपने जीवनकाल का कुछ हिस्सा खारे पानी में जबकि शेष हिस्सा ताजे पानी में व्यतीत करती हैं। ईल, सैमन और ट्राउट इस प्रकार की मछलियों के उदाहरण हैं। इनमें समुद्रापगामी (अनैड्रमस) प्रजातियाँ, जो अंडे देने के लिए समुद्र से ताजे पानी की ओर जाती हैं, और समुद्राभिगामी (कटैड्रमस) प्रजातियाँ भी शामिल हैं, जो सागर या समुद्र में पैदा होते हैं और वयस्क होने के बाद ताजे पानी की ओर पलायन करते हैं। इस प्रकार, ऐसी प्रवासी प्रजातियों हेतु अपने जीवन चक्र को पूरा करने के लिए ज्वारनदमुख की इकोटोन क्षेत्र बेहद महत्त्वपूर्ण है।

आज मुख्य भूमि से ताजे पानी में हो रहे निरंतर प्रदूषण में वृद्धि के कारण कई तटीय क्षेत्रों की इकोटोन अव्यवस्थित हो रही है - जिसमें कीटनाशकों से होने वाले प्रदूषण, अपशिष्ट पदार्थों का निर्वहन, गाद, आदि का योगदान सर्वाधिक है। ज्वारनदमुख और तटीय इलाकों में प्रदूषण के कारण उभयत्रगामी (डाड्रोमोस) मछलियों के लिए अंडोत्सर्ग हेतु प्रवास करना बेहद कठिन हो जाता है, और उनकी आबादी पर प्रतिकूल प्रभाव पड़ता है। इस प्रकार का छेड़छाड़, इन प्रजातियों के जीवन चक्र के लिए एक बड़ी बाधा है।

पारिस्थितिक तंत्रों में प्रमुख जैव-रासायनिक प्रक्रियाएँ

अब तक हमने कुछ बुनियादी पारिस्थितिक अवधारणाओं पर विचार किया है। हमें मालूम है कि 'जीव' पारिस्थितिकी के अध्ययन का आधार है, जो सर्वोच्च स्तर पर मौजूद पारिस्थितिक तंत्र को समझने के लिए आवश्यक है। आइए अब हम पारिस्थितिक तंत्र की कार्य-पद्धति को समझने का प्रयास करें। पारिस्थितिक तंत्र किस प्रकार कार्य करता है? पारिस्थितिक तंत्र को कौन संतुलित रखता है? जब हम किसी जंगल, रेगिस्तान या तालाब के पारिस्थितिक तंत्र पर विचार करते हैं, तो अक्सर ऐसे प्रश्न हमारे सामने उभरकर आते हैं। इन बातों को स्पष्ट तौर पर समझने के लिए हमें यह समझना होगा कि, पारिस्थितिक तंत्र किस प्रकार कार्य करता है।

एक पारिस्थितिक तंत्र में कई प्रकार की जैव-रासायनिक प्रक्रियाएँ होती हैं। मुख्य रूप से दो ऐसी प्रक्रियाएँ हैं जो पारिस्थितिक तंत्र की कार्य-पद्धति का आधार मानी जाती हैं, अर्थात ऊर्जा का प्रवाह तथा पोषक तत्वों का चक्रण।

1. ऊर्जा के प्रवाह का अर्थ, पृथ्वी पर सूर्य के माध्यम से विभिन्न पदार्थों एवं जीवित वस्तुओं (जैसे कि भोजन) में ऊर्जा का प्रवाह है, जो फिर पर्यावरण में (गर्मी के तौर पर) और अंततः अवरक्त विकिरण के रूप में अंतरिक्ष में प्रवाहित हो जाता है।
2. जैव-मंडल के विभिन्न हिस्सों के माध्यम से सजीवों द्वारा पोषक तत्वों की प्राप्ति को ही पोषक तत्वों का चक्रण कहते हैं।

ऊर्जा के प्रवाह को समझना

किसी भी 'कार्य प्रणाली' में ऊर्जा का अवशोषण होता है या ऊर्जा मुक्त होती है। इस प्रकार, अगर हम पारिस्थितिक तंत्र की कार्यप्रणाली अथवा कामकाज के तरीके का अध्ययन करना चाहते हैं, तो हमें पारिस्थितिकी के संदर्भ में ऊष्मागतिकी के बुनियादी सिद्धांतों को समझना होगा।

1. ऊष्मागतिकी का पहला नियम कहता है कि ऊर्जा को एक रूप से दूसरे रूप में बदला जा सकता है, लेकिन इसे न तो बनाया जा सकता है और न ही नष्ट किया जा सकता है।
2. दूसरा नियम कहता है कि, ऊर्जा का किसी भी प्रकार से रूपांतरण 100 प्रतिशत कार्यक्षम नहीं होता है, अर्थात ऊर्जा का रूपांतरण हमेशा अधिक उपयोगी से कम उपयोगी स्वरूप की ओर होता है।
3. प्राकृतिक परिस्थितियों में, ऊर्जा उच्च स्तर से निम्न स्तर की ओर प्रवाहित होती है। यह ऊष्मागतिकी के दूसरे नियम की व्युत्पत्ति है।

पारिस्थितिकी के संदर्भ में इन नियमों का तात्पर्य यह है कि, पारिस्थितिक तंत्र में कहीं से भी ऊर्जा का उत्पादन नहीं किया जा सकता है। इस प्रकार, जब हम 'पारिस्थितिक तंत्र की उत्पादकता' के बारे में बात करते हैं, तो वास्तव में हम ऊर्जा के एक स्वरूप (जैसे कि, सौर ऊर्जा) से दूसरे स्वरूप (जैसे कि, जीवित प्राणियों में कार्बनिक ऊर्जा) में इसके परिवर्तन की बात करते हैं। दूसरी बात यह है कि, ऊर्जा के एक स्वरूप से दूसरे स्वरूप में परिवर्तन की प्रक्रिया, या एक जीव से दूसरे में ऊर्जा का स्थानांतरण कभी भी 100 प्रतिशत कार्यक्षम नहीं होता है; किसी भी प्रकार से ऊर्जा के रूपांतरण में हमेशा ऊष्मा के तौर पर ऊर्जा का नुकसान होता है, जो जीवों को उपलब्ध नहीं हो पाता है। ऊर्जा की हानि की यह मात्रा रूपांतरण की प्रत्येक प्रक्रिया में अलग-अलग हो सकती है, लेकिन इसका होना अवश्यंभावी है। ऊष्मागतिकी के इन दो नियमों को ध्यान में रखते हुए, हम पारिस्थितिक तंत्र में ऊर्जा के प्रवाह का विश्लेषण करने का प्रयास करते हैं।

पारिस्थितिक तंत्र में ऊर्जा का प्रवाह: सभी पारिस्थितिक तंत्र में ऊर्जा का अंतिम स्रोत सूर्य है। पृथ्वी के वायुमंडल में ऊष्मा एवं प्रकाश के तौर पर प्रवेश करने वाली ऊर्जा को जैव-मंडल द्वारा अवशोषित किया जाता है, तथा अदृश्य ऊष्मा विकिरण के तौर पर पृथ्वी की सतह से बाहर निकलती है, जिससे ऊर्जा संतुलन बरकरार रहता है (ऊष्मागतिकी का पहला नियम)। जब सौर ऊर्जा

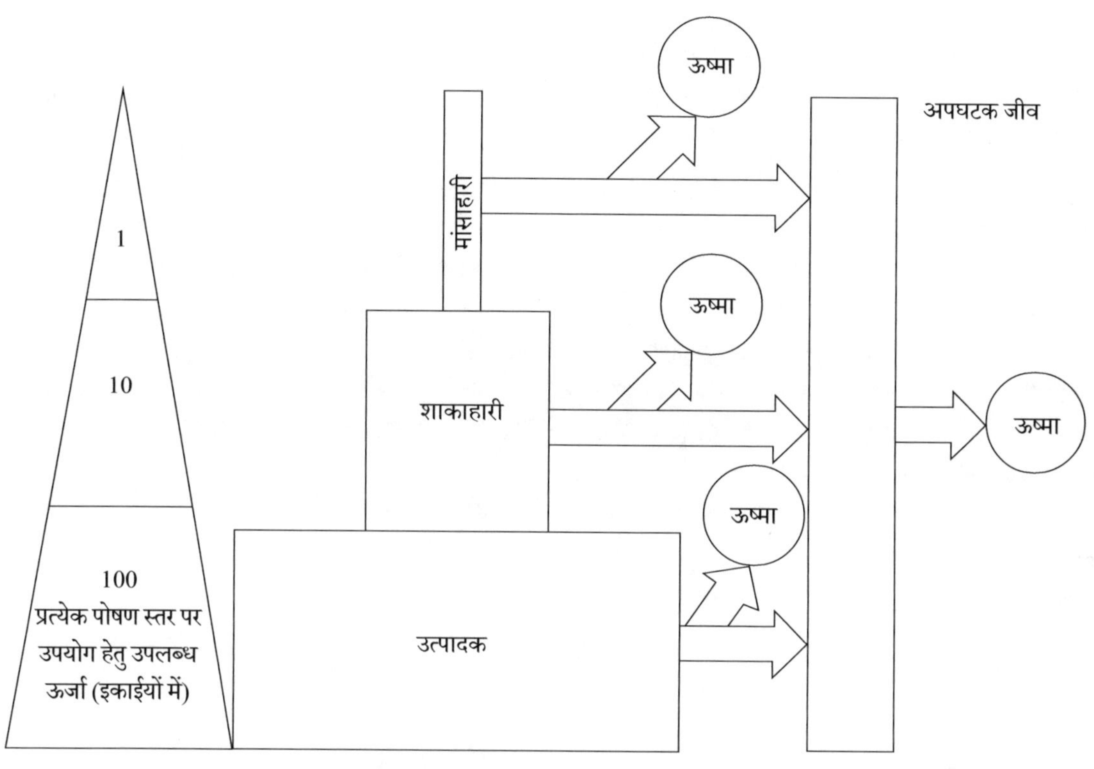

चित्र 2.4   पारिस्थितिक तंत्र में ऊर्जा का प्रवाह

पृथ्वी से टकराती है, तो यह निम्नीकृत होकर ऊष्मा ऊर्जा में परिणत हो जाती है। इस ऊर्जा का केवल एक छोटा सा हिस्सा (लगभग 10 प्रतिशत) हरे पेड़-पौधों द्वारा अवशोषित किया जाता है, और इसके बाद यह खाद्य ऊर्जा में परिवर्तित हो जाता है। भोजन के माध्यम से खाद्य ऊर्जा पारिस्थितिक तंत्र के विभिन्न जीवों की श्रृंखला में प्रवाहित होती है। सभी जीव, जीवित या मृत, अन्य जीवों के लिए भोजन के संभावित स्रोत हैं। एक टिड्डा घास खाता है, मेंढक टिड्डे को खाता है, सांप मेंढक को खा जाता है और सांप को मोर अपना भोजन बना लेता है। इन जीवों की मृत्यु होने पर, अपघटक जीव (जीवाणु, कवक, आदि) उन्हें अपना भोजन बनाते हैं।

खाद्य श्रृंखला: एक पारिस्थितिक तंत्र में, खाने और अन्य जीवों द्वारा खाए जाने की क्रमबद्ध श्रृंखला को खाद्य श्रृंखला कहते हैं। इस प्रक्रिया द्वारा यह निर्धारित होता है कि, प्रणाली के अंदर ऊर्जा कैसे एक जीव से दूसरे जीव में स्थानांतरित होती है। खाद्य श्रृंखला में, ऊर्जा (कार्बनिक रूप) को एक जीव से दूसरे में स्थानांतरित किया जाता है। आदर्श रूप में, सूर्य से लेकर हरे पेड़-पौधों तक और फिर उनसे शाकाहारी एवं मांसाहारी जीवों तक ऊर्जा का यह प्रवाह 100 प्रतिशत कार्यक्षम होना चाहिए। लेकिन वास्तव में ऐसा नहीं होता है, क्योंकि खाद्य श्रृंखला की प्रत्येक कड़ी में ऊर्जा के रूपांतरण के दौरान ऊष्मा के तौर पर 80 से 90 प्रतिशत ऊर्जा का नुकसान होता है (ऊष्मागतिकी का दूसरा नियम)। ऊर्जा के इसी नुकसान की वजह से खाद्य श्रृंखला के प्रत्येक अगले स्तर पर कम जीव पाए जाते हैं (जैसे कि शाकाहारी की तुलना में मांसाहारी जीवों की संख्या कम है)। यह खाद्य श्रृंखला में स्तरों की संख्या को भी सीमित करता है। सभी जीव एक खाद्य श्रृंखला का हिस्सा हैं, लेकिन वे एक से अधिक खाद्य श्रृंखला का भी हिस्सा हो सकते हैं। आमतौर पर खाद्य श्रृंखला में उत्पादक, प्राथमिक उपभोक्ता, द्वितीयक उपभोक्ता, तृतीयक उपभोक्ता और अपघटक जीव शामिल होते हैं।

एक पारिस्थितिक तंत्र में प्रत्येक जीव को एक निश्चित आहार स्तर पर रखा जा सकता है, जिसे 'पोषी स्तर' कहा जाता है। पोषी स्तर में खाद्य श्रृंखला के ऐसे जीव शामिल हैं, जो ऊर्जा के मूल स्रोत से उतने ही चरण पीछे हैं। हरे पेड़-पौधों को पहले पोषी स्तर (उत्पादक) में समूहबद्ध किया जाएगा, दूसरे पोषी स्तर में शाकाहारी जीव (प्राथमिक उपभोक्ता) शामिल होंगे, जबकि तीसरे पोषी स्तर में मांसाहारी जीव (द्वितीयक उपभोक्ता) शामिल होंगे, और यह सिलसिला इसी प्रकार चलता रहेगा।

खाद्य श्रृंखला के प्रकार: हालाँकि सभी खाद्य श्रृंखलाओं में जीवित जीवों की एक श्रृंखला होती है, जो भोजन तथा ऊर्जा के लिए एक-दूसरे पर निर्भर होते हैं, लेकिन इनका स्वरूप हमेशा एक समान नहीं हो सकता है। प्रकृति में दो प्रमुख खाद्य श्रृंखलाएँ हैं: पहले को चारण खाद्य श्रृंखला कहा जाता है, जिसके आधार में हरे पेड़-पौधे हैं और फिर इसके ऊपर शाकाहारी और अंततः मांसाहारी जीव हैं; दूसरी श्रृंखला के आधार में मृत कार्बनिक पदार्थ हैं, और इस श्रृंखला के ऊपर में कई अन्य जीव हैं, जिसके अंतर्गत अपमार्जक, कीड़े और सूक्ष्म-जीव शामिल हैं, जिसे अपरद खाद्य श्रृंखला कहा जाता है, और यह मृत कार्बनिक पदार्थों को खाद्य श्रृंखला में वापस लाने में सहायक है। चारण और अपरद खाद्य श्रृंखलाएँ एक दूसरे से जुड़ी हुई हैं, क्योंकि चारण खाद्य श्रृंखला के मृत जीव, अपरद खाद्य श्रृंखला के लिए आधार का निर्माण करते हैं। बदले में यह हरे पेड़-पौधों को पोषक तत्व उपलब्ध कराता है। एक-दूसरे के बिना इनका अस्तित्व संभव नहीं है।

कई खाद्य श्रृंखलाएँ एक-दूसरे से इस प्रकार जुड़ी हुई हैं कि यह मकड़ी की जाली की तरह प्रतीत होती है। कई खाद्य श्रृंखलाएँ आपस में अंतर्संबद्ध होकर एक संरचना का निर्माण करती हैं, जिसे आहार-जाल कहते हैं। पारिस्थितिक तंत्र के विभिन्न घटकों के बीच संबंधों को तलाशना, एक रोमांचक गतिविधि हो सकती है।

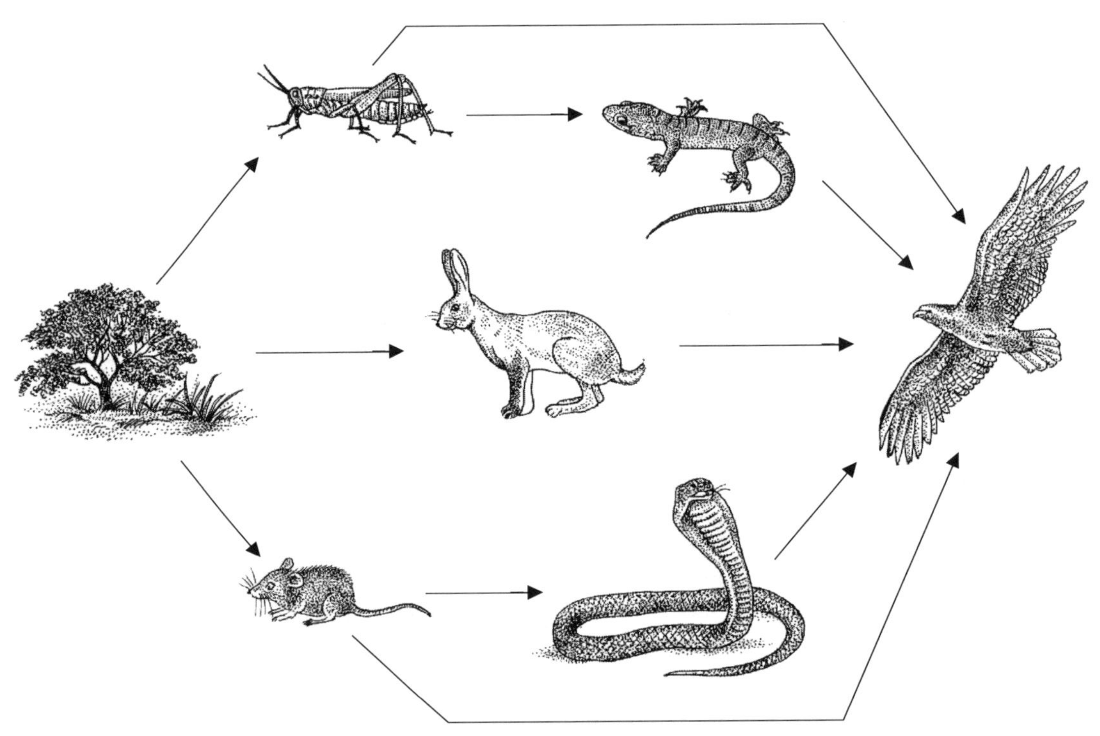

चित्र 2.5   प्रकृति में खाद्य श्रृंखलाएँ एक-दूसरे से पृथक नहीं होती हैं, बल्कि एक-दूसरे के साथ जुड़कर आहार-जाल का निर्माण करती हैं

खाद्य श्रृंखलाओं को समझना: पारिस्थितिकीय पिरामिड के माध्यम से रेखाचित्रों द्वारा खाद्य श्रृंखला में पोषी स्तर को दर्शाया जा सकता है, जिसके आधार पर उत्पादकों को रखा जाता है और इसके बाद के क्रमिक स्तरों पर उपभोक्ता मौजूद होते हैं। पारिस्थितिकीय पिरामिड मूल रूप से तीन प्रकार के होते हैं: संख्याओं का पिरामिड, जिसमें व्यक्तिगत जीवों की संख्या दर्शायी जाती है; जैव-संहति का पिरामिड, जो जीवित पदार्थों के कुल ईंधनविहीन भार या मापन के अन्य पैमानों पर आधारित होता है; तथा ऊर्जा का पिरामिड, जिसमें क्रमागत पोषी स्तर पर ग्रहण की गई ऊर्जा और / या उत्पादकता को दर्शाया जाता है। विभिन्न पोषी स्तरों के बीच जैव-संहति और ऊर्जा के प्रवाह की तुलना करने के लिए पारिस्थितिकीय पिरामिड का उपयोग किया जाता है। इस प्रकार के तुलनात्मक अध्ययन का उपयोग, ऊर्जा स्थानांतरण के संदर्भ में अधिक कुशल पारिस्थितिक तंत्र एवं समुदाय की पहचान करने में किया जा सकता है।

पोषण चक्र: जैव एवं अजैव घटकों को जोड़ने वाली कड़ी

सजीव प्राणियों को वृद्धि एवं प्रजनन के लिए भोजन की आवश्यकता होती है। जीवित रहने, वृद्धि करने या प्रजनन के लिए जीव हेतु आवश्यक भोजन या तत्व को पोषक तत्व कहा जाता है। आवश्यक मात्रा के आधार पर पोषक तत्वों को स्थूल पोषक तत्व (जिसकी अधिक मात्रा में जरूरत होती है, जैसे कार्बन, ऑक्सीजन, हाइड्रोजन, नाइट्रोजन, फास्फोरस आदि) तथा सूक्ष्म पोषक तत्व (जिसकी कम मात्रा में आवश्यकता होती है, जैसे लोहा, जस्ता, तांबा, आयोडीन आदि) के रूप में वर्गीकृत किया जा सकता है।

प्रकृति में विभिन्न प्रकार के पोषक तत्व एवं उनके यौगिक लगातार निर्जीव वातावरण से सजीव प्राणियों में प्रवेश करते हैं, और फिर निर्जीव वातावरण में वापस चले जाते हैं। पोषक तत्वों के उनके भंडार (हवा, पानी और मिट्टी) से जीवित प्राणियों तक पहुंचने और फिर उसी भंडार में वापस मिल जाने की प्रक्रिया को पोषक चक्र अथवा जैव-भू-रासायनिक चक्र (बायोजिकॉजिकल साइकिल) कहते हैं। ये पोषक चक्र प्रत्यक्ष या अप्रत्यक्ष रूप से सौर ऊर्जा और गुरुत्वाकर्षण द्वारा प्रेरित होते हैं, जिसके अंतर्गत

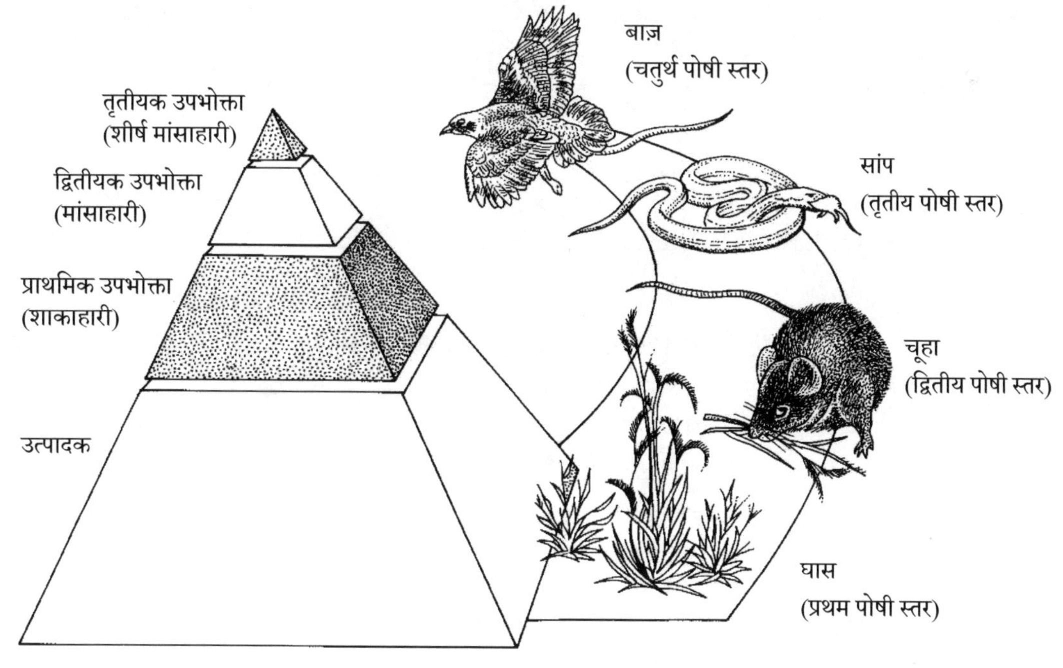

चित्र 2.6   विभिन्न पोषी स्तरों पर जीव

कार्बन, ऑक्सीजन, नाइट्रोजन, फॉस्फोरस, सल्फर और जल चक्र शामिल हैं। चूंकि हमारे ग्रह पर मौजूद विभिन्न पोषक तत्वों की मात्रा स्थिर है और लाखों वर्षों से जैव-मंडल के जैव एवं अजैव घटकों के माध्यम से पोषक तत्वों का यह चक्र निरंतर जारी है, इसलिए हम कह सकते हैं कि जैव-भू-रासायनिक चक्र (बायोजिकॉजिकल साइकल) जीवन के अतीत, वर्तमान और भविष्य के सभी रूपों को जोड़ता है। इस प्रकार, आपकी नाक की त्वचा में मौजूद कार्बन के कुछ परमाणु संभवतः पहले किसी फूल की पंखुड़ी या डायनासोर की त्वचा अथवा एक हीरे का हिस्सा रहे होंगे!

जैविक आवर्धन

खाद्य श्रृंखलाओं में केवल पोषक तत्व ही स्थानांतरित नहीं होते हैं। विषाक्त पदार्थों को भी एक पोषी स्तर से दूसरे तक स्थानांतरित किया जा सकता है। ऐसे मामलों में, पोषी स्तर में हर बार ऊपर की ओर बढ़ने के साथ विषाक्त पदार्थों का संकेंद्रण भी बढ़ता जाता है। खाद्य श्रृंखला में प्रत्येक कड़ी के साथ संकेंद्रण में इस प्रकार की वृद्धि को जैविक आवर्धन अथवा जैव संचयन कहते हैं। खाद्य श्रृंखलाओं में, उच्चतम पोषी स्तर पर मौजूद बड़े जीव अधिक संचय करते हैं, क्योंकि वे असंख्य छोटे जीवों को अपना भोजन बनाते हैं और प्रत्येक छोटे जीव में विषाक्त रसायन की अल्प मात्रा मौजूद होती है। यह समझना महत्त्वपूर्ण है कि, खाद्य श्रृंखला की शुरुआत में मौजूद सभी रसायनों की मात्रा में वृद्धि नहीं होती है। कुछ रसायन पानी के साथ बह जाते हैं/ घुल जाते हैं, लेकिन कुछ रसायन, जो स्वभाव से स्थिर रहते हैं, जीवों के ऊतकों में अवशोषित होकर जमा हो जाते हैं। आमतौर पर पारा और सीसा जैसे प्रदूषक एवं विषाक्त तत्व पर्यावरण में कम सांद्रता में पाए जाते हैं और इसलिए उन्हें हानिरहित मान लिया जाता है, लेकिन एक समय के बाद जैव संचयन की प्रक्रिया के माध्यम से ये तत्व जीवों के शरीर में जमा होकर विषाक्त या घातक स्तर तक पहुंच जाते हैं।

खाद्य श्रृंखला में विभिन्न पोषी स्तरों पर डीडीटी का जमा होना, जैव संचयन का सबसे अधिक बार दिया जाने वाला उदाहरण है। मच्छरों को नियंत्रित करने के लिए लांग आइलैंड, यूएसए में डीडीटी का छिड़काव किया गया था। छिड़काव के लिए इस्तेमाल में लाए गए डीडीटी के स्तर को ध्यानपूर्वक विनियमित किया गया था, ताकि इससे केवल मच्छरों का सफाया हो और मछली एवं अन्य वन्य जीवों को प्रत्यक्ष तौर पर कोई नुकसान नहीं पहुंचे। हालांकि, मच्छरों का सफाया करने में सफलता मिली परंतु डीडीटी बारिश के साथ धुलकर समुद्र में नहीं गया, जैसा कि अनुमान लगाया गया था। इसके विपरीत, जहरीले अवशेष अपशिष्ट पदार्थों के साथ मिल गए और अंततः इन पदार्थों को खाने वाले जीवों एवं छोटी मछलियों के ऊतकों में जमा हो गए, और धीरे-धीरे ये मछलियों का शिकार करने वाले पक्षियों के शरीर तक पहुंच गए। इसके परिणामस्वरूप, उन पक्षियों द्वारा दिए गए अंडे का बाहरी आवरण पूरी तरह से विकसित नहीं हो पाया और भ्रूण असुरक्षित हो गया। इस प्रकार, उन अंडों से चूजे नहीं निकल पाए। अंततः उस शिकारी पक्षी की पूरी जनसंख्या समाप्त हो गई।

पारिस्थितिक तंत्र: कुछ चिंताएं

अगर पारिस्थितिक तंत्र स्वयं को बनाए रखने में सक्षम है, तो क्यों न सभी प्रकार के अपशिष्ट पदार्थों को प्रकृति में ऐसे ही फेंक दिया जाए और प्रकृति को इससे अपने आप निपटने के लिए छोड़ दिया जाए? लेकिन ऐसा देखा गया है और अनुभव भी किया गया है कि, किसी भी पारिस्थितिक तंत्र या समुदाय अथवा जीव की सहनशक्ति की एक सीमा होती है। हमने प्राकृतिक व्यवस्था में बड़े पैमाने पर गड़बड़ी पैदा किए जाने के कई दुष्प्रभावों का अनुभव किया है। अगर इन प्रणालियों पर सहिष्णुता सीमाओं से परे दबाव डाला जाए, तो इसका प्रभाव जैवमंडल के साथ-साथ हमारे ऊपर भी पड़ेगा। उदाहरण के लिए, भारत के सर्वाधिक प्रसिद्ध झीलों में से एक, श्रीनगर के डल झील की स्थिति निरंतर बिगड़ती जा रही है। यह झील हर साल हजारों पर्यटकों को आकर्षित करती है, जो झील पर बने हाउसबोट तथा इसके आसपास बने होटलों में रहते हैं। पर्यटन उद्योग की ओर से इस अतिरिक्त दबाव के कारण झील में पोषक तत्वों से युक्त गंदे पानी का प्रवाह बढ़ गया है, जिसके परिणामस्वरूप सुपोषण (यूट्रोफिकेशन) की समस्या उत्पन्न हो गई है

और इस झील पर साल्विनिया नातान एवं शैवाल नामक फर्न का तेजी से प्रसार हो रहा है। इस प्रकार झील का दम घुट रहा है और अगर इसके सुधार हेतु उपाय नहीं किए गए, तो जल्द ही यह विलुप्त हो जाएगी। यहां इस बात का उल्लेख करना भी आवश्यक है कि, भूजल पुनर्भरण में झीलों की भूमिका बेहद महत्त्वपूर्ण होती है, इसलिए एक झील के नष्ट होने से उस क्षेत्र के भूजल की स्थिति प्रभावित हो सकती है।

सुपोषण (यूट्रोफिकेशन)

सुपोषण (यूट्रोफिकेशन) एक प्राकृतिक प्रक्रिया है, जिससे धीरे-धीरे पानी की उत्पादन क्षमता में वृद्धि होती है। सुपोषण की प्रक्रिया को तीन प्रमुख चरणों के माध्यम से समझा जा सकता है, अर्थात **अल्प-पोषी स्तर, मध्य-पोषी स्तर और अधि-पोषी स्तर।** गतिहीन जलस्रोतों को अपने जीवन चक्र में इन चरणों के माध्यम से गुजरना पड़ता है। प्रकृति में सुपोषण एक धीमी प्रक्रिया है, और इस स्तर तक पहुंचने में हजारों साल लग सकते हैं।

जब इनमें से एक या एक से ज्यादा चरणों की प्रक्रिया में तेजी आती है, या फिर किसी चरण को पूरी तरह से छोड़ दिया जाता है, तो प्राकृतिक संतुलन बिगड़ जाता है जिससे पारिस्थितिक तंत्र नष्ट हो सकता है। मानवीय गतिविधियों के कारण इस प्रक्रिया में तेजी आई है। सिंथेटिक डिटर्जेंट, घरेलू सीवेज, कृषि में प्रयुक्त रसायनों के बहाव और कुछ औद्योगिक अपशिष्ट पदार्थों से प्राप्त होने वाले नाइट्रेट और फॉस्फेट शैवाल (सूक्ष्म पौधों) को अप्राकृतिक पोषण प्रदान करते हैं, जिसके परिणामस्वरूप जलस्रोतों पर इनका बड़े पैमाने पर प्रसार हो जाता है। शैवाल के तीव्र प्रसार के कारण पानी की सतह पर एक आवरण बन जाता है। इसके चलते, पानी के नीचे मौजूद जीवों के लिए सूर्य के प्रकाश और ऑक्सीजन की कमी हो जाती है, जो जीवन और प्रकाश संश्लेषण गतिविधि के लिए महत्त्वपूर्ण हैं। अगर इनको नियंत्रित नहीं किया जाए, तो ये पानी में रहने वाले मछली एवं अन्य जीवों के लिए ऑक्सीजन की आपूर्ति को बाधित कर देंगे।

जब ये शैवाल मर जाते हैं, तब इनका अपघटन होता है। अपघटन के लिए अधिक मात्रा में ऑक्सीजन की आवश्यकता होती है। इसके चलते पानी में ऑक्सीजन की मात्रा कम हो जाती है। यह स्थिति ऑक्सीजन के बगैर जिंदा रहने में सक्षम जीवों (अवायवीय जीवों) को अपनी संख्या में वृद्धि करने और कार्बनिक अपशिष्ट पदार्थों पर हमला करने के लिए प्रोत्साहित करती है। जब अवायवीय जीव कार्बनिक पदार्थों को तोड़ते हैं, तो इससे मीथेन और हाइड्रोजन सल्फाइड जैसे दुर्गंधयुक्त गैसों का निर्माण होता है जो ऑक्सीजन पर जीवित रहने वाले जीवों (वायवीय जीवों) के लिए हानिकारक हैं। इस प्रकार की अव्यवस्था से जल के अंदर मौजूद हर तरह का जीवन समाप्ति की ओर अग्रसर हो जाता है।

इसके अलावा एक अन्य चिंताजनक बात यह है कि, पारिस्थितिक तंत्र को अपनी मांगों के अनुरूप बनाने की प्रक्रिया में हम अनजाने में ही इसके दायरे को सीमित कर देते हैं। उदाहरण के लिए, एक तरफ हम विकासात्मक आवश्यकताओं की पूर्ति हेतु घने जंगलों का सफाया करते हैं जहां विभिन्न प्रकार के पेड़-पौधे एवं हजारों जानवरों की प्रजातियाँ रहती हैं, तो दूसरी तरफ हम वनीकरण कार्यक्रमों के माध्यम से स्थिति को संतुलित करने का प्रयास करते हैं, जिसमें एक ही प्रकार की या बहुत कम प्रकार की प्रजातियों का वृक्षारोपण किया जाता है, और यह जंगलों की तरह नहीं होता जहां कई प्रजातियों के पेड़-पौधे एवं जीव-जंतु एक दूसरे के निकट संपर्क में होते हैं। तुलनात्मक रूप से, इस प्रकार की सरलीकृत प्रणाली प्राकृतिक या मानव निर्मित अव्यवस्था के प्रति अधिक संवेदनशील होती है। बढ़ती जनसंख्या के साथ दुनिया के कई जटिल पारिस्थितिकी तंत्रों को युवा और सरल बना दिया गया है। अगर इस प्रकार की खतरनाक प्रवृत्तियों को समय पर नियंत्रित नहीं किया गया, तो जैवमंडल का अस्तित्व खतरे में पड़ जाएगा।

पारिस्थितिक तंत्रों से वापस जीवों, प्रजातियों की ओर...

हमने पारिस्थितिकी प्रणालियों की कुछ विशेषताओं को जाना। आइए अब हम जीवों, प्रजातियों, जनसंख्या और समुदायों की कुछ विशेषताओं को पहचानें, जो उन्हें एक दूसरे से भिन्न और विशिष्ट बनाती हैं।

जीवों की कुछ विशेषताएँ

सभी जीवों की एक ख़ास विशेषता यह है कि वे अपने आसपास के वातावरण के अनुकूल होने की क्षमता रखते हैं। अनुकूलन का तात्पर्य किसी जीव के शरीर या उसके किसी हिस्से की संरचना अथवा कामकाज के तरीके में बदलाव से है, जो प्राकृतिक चयन का परिणाम है और इसके माध्यम से जीव अपने परिवेश में बेहतर ढंग से जीवित रहने और अपनी आबादी बढ़ाने में सक्षम होता है। बुनियादी तौर पर अनुकूलन को तीन प्रकार से वर्गीकृत किया जा सकता है: *शारीरिक*, *व्यवहारिक*, *और संरचनात्मक*।

जीवों की शारीरिक प्रक्रिया में बदलाव को शारीरिक अनुकूलन कहते हैं। उदाहरण के तौर पर, ऊंट जल संरक्षण के लिए संकेन्द्रित मूत्रत्याग करते हैं।

व्यवहार में बदलाव को व्यवहारिक अनुकूलन कहते हैं, अर्थात, किसी जीव के कामकाज के तरीके में बदलाव। इसके उदाहरणों में स्थानांतरण और दिन / रात के समय की गतिविधियों में बदलाव शामिल है। जाड़े के दिनों में, साइबेरियाई क्रेन कठोर सर्दी के मौसम से बचने के लिए अपेक्षाकृत हल्के मौसम वाले स्थानों पर साइबेरिया से पलायन करते हैं। गर्म रेगिस्तान में, दिन के समय के अत्यधिक तापमान से बचने के लिए कई रेगिस्तानी प्रजातियाँ नम और ठंडे स्थानों में छिपकर गर्मी से अपना बचाव करती हैं और रात के दौरान सक्रिय हो जाती हैं। इस प्रकार का निशाचर व्यवहार जानवरों को गर्मी में भी जीवित रहने में मदद करता है। जीव के शरीर विज्ञान या शारीरिक संरचना में परिवर्तन को संरचनात्मक अनुकूलन कहते हैं। उदाहरण के लिए, झिल्लीदार पंजे बत्तख को तैराकी में मदद करते हैं, जबकि रेगिस्तानी परिस्थितियों में अपने अस्तित्व को बरकरार रखने के लिए कैक्टस के पत्ते कांटों में बदल गए हैं।

प्रजातियों की कुछ विशेषताएँ

जीवों की तरह प्रजातियों के भी कुछ विशेष लक्षण होते हैं, जो उन्हें आबादी और समुदायों से अलग करने में मदद करते हैं। इनमें से दो निम्नानुसार हैं:

1. **पारिस्थितिक कर्मता:** समुदाय में अपनी कार्यात्मक भूमिका के साथ एक प्रजाति द्वारा घेरे जाने वाले प्राकृतिक स्थान, तथा तापमान, नमी, पीएच, मिट्टी और अस्तित्व को बरकरार रखने हेतु अन्य आवश्यकताओं के साथ पर्यावरणीय ढांचे में इसकी स्थिति को उस प्रजाति की पारिस्थितिक कर्मता कहते हैं। एक प्रजाति का पारिस्थितिक अधिकारक्षेत्र जीवन का एक तरीका है, जो उस प्रजाति के लिए अद्वितीय होता है। कर्मता और प्राकृतिक परिवेश दो अलग-अलग बातें हैं। पारिस्थितिक कर्मता में प्रजातियों के प्राकृतिक निवास स्थान के साथ-साथ परिवेश के प्रति उसका अनुकूलन भी शामिल है।

   पारिस्थितिक कर्मता, किसी प्रजाति के अपने संसार एवं प्राकृतिक परिवेश में रहने के तरीके की जटिल व्याख्या है। यहां तक कि सबसे सरल पारिस्थितिक कर्मता की व्याख्या को भी अच्छी तरह समझना संभवतः बेहद कठिन है, लेकिन कुछ मापदंडों या सीमाओं का मापन, अध्ययन एवं व्याख्या की जा सकती है। उदाहरण के लिए, $0°C$ तापमान पर यदि कोई मनुष्य निर्वस्त्र हो तो वह पूरी तरह जम जाएगा और उसकी मौत हो जाएगी और $60°C$ से अधिक तापमान पर भी वह बेहद गर्मी के कारण मर जाएगा। इस प्रकार मनुष्यों के लिए अनुकूल तापमान की सीमा काफी सीमित है। दूसरी तरफ, ध्रुवीय भालू शून्य से नीचे के तापमान पर रह सकते हैं, और अभी भी $37°C$ पर भी उन्हें कोई कठिनाई नहीं होती है। उसके लिए अनुकूल तापमान की सीमा हमसे काफी अलग है। इस मानदंड के अनुसार ध्रुवीय भालू और हमारी पारिस्थितिक कर्मता बिल्कुल अलग है।

   कोई भी दो चर, जैसे कि तापमान और पीएच, जिसे मापा जा सकता है और इसकी सीमा निर्धारित की जा सकती है, एक "स्थान" (या मूल्यों के समुच्चय) को परिभाषित करेगा, जिसमें एक प्रजाति का अस्तित्व बरकरार रह सकता है; अर्थात यह उस प्रजाति की पारिस्थितिक कर्मता है। इस "स्थान" से बाहर निकलते ही आपको वह प्रजाति दिखाई नहीं देगी। वहां

आपको नई प्रजाति मिल सकती है जिसकी पारिस्थितिक कर्मता पूरी तरह अलग होगी। एक पारिस्थितिक कर्मता या स्थान में जितने अधिक चर (जैसे कि, पीएच की सीमा, तापमान की सीमा, लवणता की सीमा, आदि) होंगे, वह उतना ही अधिक बहुआयामी बन जाएगा। इस बहुआयामी स्थान को कभी-कभी प्रजातियों का मौलिक स्थान भी कहा जाता है।

कई प्रजातियाँ अपने प्राकृतिक परिवेश को साझा कर सकती हैं, परंतु पारिस्थितिक कर्मता के बारे में ऐसा संभव नहीं है। प्रत्येक प्रजाति के पशु एवं पेड़-पौधे एक समुदाय के सदस्य हैं। पारिस्थितिक कर्मता, एक पारिस्थितिकी तंत्र के उन सभी भौतिक, रासायनिक और जैविक कारकों का वर्णन करती है, जो उस प्रजाति के जीवन एवं प्रजनन के लिए आवश्यक है। यह पारिस्थितिक तंत्र में प्रजातियों की भूमिका को भी परिभाषित करती है। पारिस्थितिकी तंत्र में प्रत्येक प्रजाति की एक निश्चित एवं विशिष्ट भूमिका होती है, इसलिए एक ही क्षेत्र में दो प्रजातियाँ लंबे समय तक समान पारिस्थितिक कर्मता पर आधारित नहीं रह सकती हैं।

प्रत्येक प्रजाति का एक विशिष्ट परिवेश और कर्मता है, जिसका विकास पर्यावरण पर उसके परस्पर निर्भरता के परिणामस्वरूप होता है। प्रजातियों के प्रबंधन के लिए प्राकृतिक परिवेश तथा कर्मता की आवश्यकताओं को समझना महत्त्वपूर्ण है।

2. **प्रजातियों का क्रमिक विकास और प्रजातियों का विलुप्त होना:** मौजूदा प्रजातियों का विलुप्त होना और नई प्रजातियों का विकास एक प्राकृतिक घटना है। पहले मौजूद प्रजातियों के क्रमिक विकास की प्रक्रिया से नई प्रजातियों की उत्पत्ति होती है। क्रमिक विकास एवं विलोपन की प्रक्रिया अत्यंत धीमी एवं दीर्घकालिक है। प्राकृतिक परिस्थितियों में, ये दोनों प्रक्रियाएँ जैविक पर्यावरण में हुए परिवर्तन के अनुरूप होती हैं। हालाँकि, हाल के वर्षों में मानव हस्तक्षेप के कारण, प्रजातियों के विलुप्त होने की दर, नई प्रजातियों के क्रमिक विकास की दर से आगे निकल चुकी है। प्रजातियों के विलुप्त होने की दर में वृद्धि आज एक वैश्विक चिंता का विषय है, और यही कारण है कि 'संकटग्रस्त प्रजातियाँ' या 'विलुप्त संसार' जैसे वाक्यांश अक्सर समाचार पत्रों, पत्रिकाओं एवं शोधपत्रों की सुर्खियों में रहते हैं। उदाहरण के लिए, भारत में गुलाबी सिर वाले बत्तख मांस के लिए अंधाधुंध शिकार और सजावटी मूल्य के कारण विलुप्त हो गए।

जनसंख्या की कुछ विशेषताएँ

जनसंख्या की कुछ विशेषताएँ निम्नानुसार हैं:

1. **जनसंख्या का आकार:** किसी क्षेत्र विशेष में आबादी का निर्माण करने वाले व्यक्तियों की संख्या को जनसंख्या का आकार कहते हैं। उदाहरण के लिए, भारत की जनसंख्या में 1 अरब से अधिक व्यक्ति शामिल हैं।

2. **जनसंख्या वृद्धि:** यह जनसंख्या में व्यक्तियों की संख्या में वृद्धि को दर्शाता है। जन्म, आप्रवासन, मृत्यु और उत्प्रवासन जनसंख्या में वृद्धि को प्रभावित करने वाले कारक हैं।

3. **जनसंख्या घनत्व:** यह एक निश्चित समय अवधि में प्रति इकाई क्षेत्र में जनसंख्या के रहने वाले व्यक्तियों की संख्या है। इस प्रकार, वर्ष 1997 में भारत के जनसंख्या घनत्व की गणना के लिए हमें 1 अरब या 1,000,000,000 (जनसंख्या का आकार) को 3,287,263 वर्ग किमी (भारतीय भू भाग का कुल क्षेत्रफल) से भाग देना होगा।

4. **जनसंख्या का प्रसार या वितरण:** यह उस सामान्य प्रतिरूप को संदर्भित करता है, जिसमें जनसंख्या के सदस्य अपने प्राकृतिक परिवेश में अपने अस्तित्व को बरकरार रखते हैं। जनसंख्या वितरण यादृच्छिक, समूहबद्ध, या नियमित हो सकता है अथवा इसमें उतार-चढ़ाव देखा जा सकता है। उदाहरण के लिए, कृषि क्षेत्र में आमतौर पर फसलों की आबादी एक नियमित प्रतिरूप में होती है और दो पौधों के बीच की दूरी एक समान होती है, जबकि एक प्राकृतिक वन्यक्षेत्र में एक ही प्रकार के पौधे उस जगह पर झुंड में विस्तृत हो सकते हैं जहां किसी पेड़ की छाया नहीं हो और उनके विकास के लिए पर्याप्त धूप उपलब्ध हो। इस प्रकार, जनसंख्या का प्रसार विभिन्न कारकों पर निर्भर करता है, जैसे कि भोजन, आश्रय या सुरक्षा की उपलब्धता।

5. **आयु संरचना:** किसी जनसंख्या में प्रत्येक आयु समूह के व्यक्तियों के अनुपात को आयु संरचना कहा जाता है। सामान्यतः इन्हें तीन श्रेणियों में विभाजित किया जाता है, अर्थात प्रजनन-पूर्व, प्रजनन योग्य एवं प्रजनन उपरांत आयु समूह। प्रजनन-पूर्व एवं प्रजनन योग्य श्रेणियों में व्यक्तियों का बड़ा प्रतिशत अधिक जनसंख्या वृद्धि को दर्शाता है। विकास नीतियों और योजनाओं को तैयार करने के लिए मानव आबादी की आयु संरचना को समझना महत्त्वपूर्ण है। आयु संरचना भविष्य में देश की जनसंख्या वृद्धि से संबंधित अनुमानों के आकलन में सहायक है। प्राकृतिक जनसंख्या में आयु संरचना में संतुलन बरकरार रहता है, क्योंकि प्रकृति में हमेशा योग्यतम जीव ही अपना अस्तित्व बनाए रख सकता है। हालाँकि, मानवीय गतिविधियों से इस प्रकार का संतुलन बिगड़ सकता है।

समुदायों की कुछ विशेषताएँ

जब कई प्रजातियों के अलग-अलग जीव एक साथ रहते हैं और एक-दूसरे पर निर्भर होते हैं, तो वे समुदायों का निर्माण करते हैं। समुदायों की कुछ ख़ास विशेषताएँ निम्नानुसार हैं:

1. **प्रजातीय विविधता:** यह एक समुदाय में मौजूद प्रजातियों की विविधता को दर्शाता है। प्रत्येक समुदाय में विशिष्ट प्रकार की प्रजातियाँ साथ रहती हैं। उदाहरण के तौर पर, घास के मैदानों के समुदाय में रहने वाली प्रजातियाँ, रेगिस्तान अथवा ज्वारनदमुख (नदी के मुहाने) के समुदायों की प्रजातियों से अलग होंगी।

2. **पारिस्थितिक अनुक्रम:** अधिकांश समुदायों में, किसी निर्धारित क्षेत्र में प्रजातियों की विविधता समय के साथ-साथ बदलती है। समुदायों की बनावट और कार्यप्रणाली में बदलाव की इस क्रमिक प्रक्रिया को पारिस्थितिक अनुक्रम कहा जाता है। पारिस्थितिक अनुक्रम एक ऐसा तरीका है, जिसके जरिये समुदाय अपने स्वरूप को धीरे-धीरे परिवर्तित करता है। अनुक्रमिक परिवर्तन एक सामान्य प्रक्रिया है, जो समुदाय के विभिन्न प्रजातियों और पर्यावरण के बीच विभिन्न प्रकार की अंतःक्रियाओं द्वारा संचालित होता है। प्राकृतिक और अनवरत पारिस्थितिक अनुक्रम से युवा एवं संवेदनशील समुदायों का विकास अधिक परिपक्व, उन्नत एवं चिरस्थायी समुदायों में होता है।

   अनुक्रमिक परिवर्तन प्राथमिक या द्वितीयक हो सकता है। किसी क्षेत्र में एक समुदाय की स्थापना की प्रारंभिक प्रक्रिया को प्राथमिक पारिस्थितिक अनुक्रम कहते हैं, जहां पहले किसी जीव का अस्तित्व मौजूद नहीं था; उदाहरण, किसी बंजर चट्टान पर फर्न का प्रसार। पहले मौजूद समुदाय के किसी हिस्से या पूरे समुदाय के नष्ट होने के बाद द्वितीयक पारिस्थितिक अनुक्रम होता है; उदाहरण, जंगल में आग लगने के बाद घास के बीज अंकुरित होते हैं।

3. **सजीवों की एक-दूसरे पर निर्भरता:** एक समुदाय में अलग-अलग प्रजातियों के जीव एक-दूसरे से अलग होकर नहीं रह सकते हैं। जब दो जीवों की कार्यप्रणाली या आवश्यकताएँ एक समान होती हैं, तो वे एक-दूसरे पर निर्भर हो जाते हैं। यह परस्पर निर्भरता एक ही प्रजाति के अलग-अलग जीवों (आंतरजातीय जीव) या अलग-अलग प्रजातियों के जीवों (अंतराजातीय) के बीच हो सकती है।

   परस्पर निर्भरता के तीन मुख्य प्रकार हैं- परभक्षण, प्रतियोगिता और सहजीविता।

   परभक्षण: एक जीव (शिकारी) द्वारा दूसरे जीव (शिकार) को मारकर खा जाने को परभक्षण कहते हैं। उदाहरण के लिए, एक शेर हिरण का शिकार करता है या फिर एक किंगफिशर तालाब में मछलियों को खाता है।

   प्रतियोगिता: अधिकांश समुदायों में, प्रत्येक प्रजाति के जीव सामान्य सीमित संसाधनों के लिए एक या अधिक प्रजातियों के जीवों से प्रतिस्पर्धा करते हैं। प्रतियोगिता भी दो प्रकार की हो सकती है: **हस्तक्षेप** और **दोहन।**

   हस्तक्षेप का मतलब यह है कि, भोजन, पानी आवास आदि किसी भी संसाधन के लिए एक प्रजाति के जीव अन्य प्रजातियों के जीवों को नुकसान पहुंचाते हैं, और इसमें संसाधन की अधिकता या कमी मायने नहीं रखती है। उदाहरण के लिए, कुछ प्रवाल जीव अन्य निकटवर्ती प्रवाल को जहर से मार डालते हैं।

दोहन में, दो प्रतिस्पर्धी प्रजातियों को एक विशेष संसाधन समान रूप से उपलब्ध होता है, लेकिन अंतर केवल इतना होता है कि वे कितनी जल्दी या कुशलतापूर्वक इसका लाभ उठाते हैं। इस प्रकार एक प्रजाति को अधिक संसाधन मिलता है, जिससे अन्य प्रजातियों के विकास, प्रजनन और अस्तित्व में बाधा उत्पन्न होती है। आमतौर पर इस तरह की प्रतियोगिता तब दिखाई देती है जब कोई संसाधन दुर्लभ होता है। उदाहरण के लिए, रेगिस्तान में अन्य पौधों की तुलना में घास अधिक बेहतर ढंग से विकसित होते हैं, क्योंकि उनकी जड़ें अन्य पौधों के प्रजातियों के मुकाबले कम समय में अधिक पानी को अवशोषित करने में सक्षम होती हैं।

सहजीविता: इसमें सहोपकारिता, सहभोजिता और परजीविता शामिल हैं।

सहोपकारिता (परस्पर सहयोग): ऐसी अंत:क्रिया, जिसमें दोनों प्रजातियाँ परस्पर सहयोग के माध्यम से लाभ उठाती हैं। फूल और कीड़ों के बीच का परस्पर सहयोग इसका एक सामान्य उदाहरण है, जिसमें परागण से फूल को लाभ होता है और कीट को फूलों का रस (मकरंद) मिलता है। कुछ मामलों में, परस्पर संबंध इतने घनिष्ठ हो जाते हैं कि इसमें शामिल प्रजातियाँ एक-दूसरे के बिना जीवित नहीं रह सकती हैं। उदाहरण के लिए, कवक और शैवाल की कुछ प्रजातियाँ लाईकेन (काई) के रूप में परस्पर सहयोग से रहती हैं। कवक शैवाल से अपने भोजन प्राप्त करता है। बदले में, कवक से स्रावित गुप्त रसायनों के माध्यम शैवाल को सुरक्षा मिलती है। दोनों को एक-दूसरे से अलग किए जाने पर उनका बच पाना असंभव है।

सहभोजिता: सहभोजिता एक ऐसा सहयोगपूर्ण संबंध है, जिसमें एक भागीदार को लाभ होता है जबकि दूसरे को न तो कोई लाभ होता है और न ही कोई नुकसान पहुंचता है। उदाहरण के लिए, घने जंगलों में जहां धूप पर्याप्त मात्रा में जमीन तक नहीं पहुंचती, ऑर्किड पेड़ों की दूसरी प्रजातियों के सहारे विकसित होती हैं। इस प्रकार ऑर्किड को सूर्य की पर्याप्त रोशनी का लाभ मिलता है, जबकि पेड़ को न तो लाभ होता है और न ही कोई नुकसान पहुंचता है।

परजीविता: यह एक-तरफा संबंध होता है, जिसमें परजीवी को लाभ होता है जबकि दूसरे जीव पर इसका प्रतिकूल प्रभाव पड़ता है। आमतौर पर परजीवी अपने मेजबान की तुलना में छोटे होते हैं। वे मेजबान जीव को मारते नहीं है या उसे अपना भोजन नहीं बनाते हैं, बल्कि वे केवल उनसे पोषण प्राप्त करते हैं। उदाहरण के लिए, जोंक कुत्तों के शरीर से चिपक जाते हैं और उनका खून चूसते हैं। इसी प्रकार, मनुष्य के आँत में भी फीताकृमि पाई जाती है।

<hr>

क्या आप जानते हैं?

सहजीविता घनिष्ठ संबंधों के दायरे में 'एक-साथ रहने' की घटना को संदर्भित करता है। कभी-कभी सहजीविता की व्याख्या लाभदायक संबंध के तौर पर की जाती है- जिसमें जीवों को एक-साथ रहकर हमेशा लाभ होता है। हालाँकि, पारिस्थितिक दृष्टि से, जब कभी भी दो या अधिक जीव निकट सहयोग में रहते हैं तो उनके इस संबंध को सहजीविता कहा जाता है, और इस प्रकार के संबंध में दोनों जीवों को लाभ हो सकता है, एक को नुकसान हो सकता है या वह अप्रभावित रह सकता है।

<hr>

इससे पहले कि हम निष्कर्ष तक पहुंचें...

हमने इस अध्याय की शुरूआत पारिस्थितिकी के कुछ मूल सिद्धांतों के साथ की थी, और यह कहा था कि प्रकृति में हर वस्तु एक-दूसरे से जुड़ी हुई है। बाद के खंडों में हमने प्राकृतिक प्रणाली को छोटे पदानुक्रमित इकाइयों में बेहद सतर्कता के साथ वर्गीकृत एवं श्रेणीबद्ध किया, ताकि उनकी पारिस्थितिक विशेषताओं एवं संबद्ध प्रक्रियाओं के अध्ययन में सुविधा हो। इस निबंध को निष्कर्ष तक पहुंचाने से पहले इस बात पर पुनः बल देना आवश्यक है कि, पारिस्थितिक तंत्र के सजीव एवं निर्जीव घटक एक-दूसरे पर निर्भर हैं और जुड़े हुए हैं। यह तथ्य विभिन्न पारिस्थितिक अवधारणाओं और घटनाओं को समझने के लिए बेहद महत्त्वपूर्ण है।

प्रतिस्थितित्व (बदलती परिस्थितियों में अनुकूलन की क्षमता) के विचार पर टिप्पणी

प्रस्तुत अध्याय में इस बात पर चर्चा की गई कि, मनुष्य जानबूझकर या अनजाने में विभिन्न प्राकृतिक पारिस्थितिक तंत्रों को कई प्रकार से नुकसान पहुंचाते हैं, जिनमें से कईयों में सुधार की संभावना नहीं बची है। बड़े पैमाने पर होने वाली गड़बड़ी या आघात से प्रतिस्थितित्व अथवा अव्यवस्था के बाद सजीवों की प्रणाली के सामान्य स्थिति में वापस आने की क्षमता प्रभावित होती है। देर-सवेर मानव प्रजातियों द्वारा इसके अप्रत्यक्ष परिणाम निश्चित तौर पर महसूस किए जाएँगे, क्योंकि प्रकृति में हम एक-दूसरे से अलग नहीं हैं। इसके विपरीत, हम जीवन के एक जटिल तंत्र का हिस्सा हैं।

I प्रश्नावली

1. पारिस्थितिक तंत्र के विभिन्न घटक कौन-कौन से हैं? पारिस्थितिक तंत्र की प्रक्रियाओं में उनकी क्या भूमिका है?
2. क्या प्रकृति की खाद्य श्रृंखला कभी समाप्त नहीं होने वाली है? क्यों? अपने उत्तर के पक्ष में तर्क दें।
3. "पोषक चक्र" से आप क्या समझते हैं? प्रकृति में अपघटक जीवों का क्या महत्त्व है?
4. जीवित संसार में होने वाली किसी भी दो प्रकार की अंतःक्रिया को परिभाषित करें। इसके अलावा इन अंतःक्रियाओं के महत्त्व का भी उल्लेख करें।
5. पारिस्थितिकी को परिभाषित करें। पारिस्थितिकी को समझने से इसके संरक्षण के प्रयासों को किस प्रकार सशक्त किया जा सकता है?

II अभ्यास

नीचे कुछ घटनाओं की सूची दी गई है। इन घटनाओं को पढ़े और उन्हें कालक्रम के अनुसार व्यवस्थित करें करते हुए एक अनुक्रम बनाएँ, जो आपके विचारानुसार तार्किक और सही है।

a. चूहों की संख्या बढ़ गई
b. छिपकलियों की गति धीमी हो गई
c. इल्ली (कैटरपिलर) की संख्या बढ़ गई
d. एबीसी हेल्थ सर्विसेज की ओर से ज्ञानपुर में डीडीटी भेजी गई
e. मच्छरों का सफाया किया गया
f. इल्ली (कैटरपिलर) घास की ऊपरी सतह को खा गए
g. बिल्लियों को पैराशूट से उतारा गया
h. बिल्लियों की मृत्यु
i. बिल्लियों द्वारा छिपकलियों को खाया जाना
j. चूहों द्वारा प्लेग का प्रसार
k. छिपकली विलुप्त हो गई
l. छिपकली ने मच्छरों को खाया और डीडीटी को संग्रहित किया

अब नीचे दी गई एक वास्तविक कहानी को पढ़े, जो जीवन की सच्ची घटना पर आधारित है। कहानी पढ़ने के बाद, दिए गए प्रश्नों का उत्तर दें।

सच्ची कहानी: जिस दिन बिल्लियों को पैराशूट से उतारा गया

कुछ साल पहले, एबीसी हेल्थ सर्विसेज ने ज्ञानपुर में मच्छरों को नियंत्रित करने के लिए डीडीटी की आपूर्ति की थी, जो लोगों के बीच मलेरिया फैला रहे थे। डीडीटी के छिड़काव के साथ ही मच्छरों का सफाया हो गया। गांव में हजारों छिपकलियाँ थीं जो इन मच्छरों को खाती थीं (जिसने छिड़काव के बाद डीडीटी को अवशोषित कर लिया), जिन्होंने अपने शरीर में डीडीटी को संचित कर लिया। जब इन छिपकलियों ने मच्छरों को खाया, तो उनके शरीर में डीडीटी की मात्रा काफी अधिक हो गई। शरीर में अत्यधिक डीडीटी संचित होने के कारण छिपकलियों की गति धीमी पड़ गई। इस वजह से बिल्लियों के लिए छिपकलियों को पकड़ना आसान हो गया, जो उनका पसंदीदा भोजन था। लगभग इसी दौरान लोगों को इस बात का एहसास हुआ कि, इल्लियां काफी बड़ी तादाद में घरों की छतों पर भोजन हेतु इकट्ठी होने लगीं। उन्हें लगा कि इल्लियों की आबादी को नियंत्रित रखने वाली छिपकलियां अब बिल्लियों का शिकार बन चुकी हैं। और अब, पूरे ज्ञानपुर में छिपकलियों को खाने वाली बिल्लियाँ डीडीटी के जहर के कारण मरने लगी। इसके बाद चूहों की आबादी काफी बढ़ गई क्योंकि उनकी आबादी को नियंत्रित करने के लिए बिल्लियां नहीं थीं। चूहों के साथ एक नया खतरा आया: प्लेग। अधिकारियों ने इसे नियंत्रित करने के लिए बिल्लियों को बुलाने हेतु आपातकालीन संदेश भेजे, जिन्हें हवाई जहाज द्वारा लाकर पैराशूट से उतारा गया था।

1. मनुष्यों की एक छोटी सी गतिविधि (डीडीटी का छिड़काव) ने पारिस्थितिकी तंत्र के संतुलन को किस प्रकार बिगाड़ दिया?
2. किस प्रकार खाद्य श्रृंखला की एक कड़ी के गायब होने से इसके अन्य हिस्से प्रभावित होते हैं?

III विचार-विमर्श

नीचे दिए गए कथन को पढ़े और उस पर अपने विचार व्यक्त करें।

जीवन को सहारा देने वाले कार्य आत्मनिर्भर, जीवित समुदायों द्वारा निरंतर किए जाते हैं। प्राकृतिक पारिस्थितिक तंत्र धरती के प्राकृतिक परिवेश को बरकरार रखने में सक्रियतापूर्वक योगदान दे रहे हैं। हम जिस अनुपात में पारिस्थितिक तंत्र का निर्माण करने वाले जीवों को नष्ट करेंगे, उसी अनुपात में हमें सहारा देने की पृथ्वी की क्षमता भी कम होती जाएगी। जिस हद तक हम जीवन को सहारा देने वाली प्रणालियों को संरक्षित करेंगे, व्यक्तिगत और सामूहिक रूप से हमारे जीवित रहने की संभावनाएँ भी उतनी अधिक होंगी।

पॉल एहर्लिच

चयनित ग्रंथसूची

Andrew, R.W. and Julie M. Jackson. 1996. *Environmental science: The natural environment and human impact.* London: Longman.

Bandopadhyay, J., N.D. Jayal, U. Schoettli and S. Chhatrapati. 1985. *India's environment: Crises and responses.* Dehra Dun: Natraj Publishers.

Brown, Lester R., ed. 1991. *The World Watch reader on global environmental issues.* USA: Pan Asian Business Services.

Centre for Environment Education. 1990. *Essential learnings in environmental education: A database for building activities and programmes.* Ahmedabad.

Cunningham, William P. and Barbara Woodworth Saigo. 1997. *Environmental science: A global concern*, 4th ed. New York: McGraw-Hill.

Jones, Allan M. 1997. *Environmental biology*. London: Routledge.

Miller, G. Tyler, Jr. 1996. *Living in the environment: Principles, connections and solutions*, 9th ed. Belmont: Wadsworth Publishing Company.

———. 2002. *Sustaining the earth: An integrated approach*. Belmont: Wadsworth Publishing Company.

Odum, Eugene P. 1983. *Basic ecology*, 3rd ed. New York: CBS College Publishing.

Pickering, Kevin T. and Lewis A. Owen. 1997. *An introduction to global environmental issues*, 2nd ed. London: Routledge.

Raghunathan, Meena and Mamata Pandya, eds. 1999. *The green reader: An introduction to environmental concerns and issues*. Ahmedabad: Centre for Environment Education.

Saharia, V.B. 1982. *Wildlife in India*. Dehra Dun: Natraj Publishers.

www.sanctuaryasia.com/resources/map/biogeozones.pdf (as viewed on 15 December 2003).

अध्याय 3

जैव-विविधता

सीमा भट्ट

भारत के अलग-अलग हिस्सों में मौजूद चिड़ियाघरों, वन्यजीव अभयारण्यों तथा राष्ट्रीय उद्यानों में आने वाले पर्यटक बाघों की ओर आकृष्ट होते हैं। इस खूबसूरत प्रजाति के विलुप्त होने के विचार पर भावनात्मक रूप से लोगों का जुड़ाव स्वाभाविक है। हालांकि पूरी दुनिया में बाघों के कई पक्षसमर्थक मौजूद हैं, लेकिन ऐसे लोगों की संख्या कम ही है जो धरती पर मौजूद जीवन के अन्य स्वरूपों की असाधारण विविधता से अवगत हैं। उदाहरण के तौर पर, हमें इस बात की जानकारी नहीं है कि दुनिया के विभिन्न हिस्सों में कितने प्रकार की कीड़े मौजूद हैं, उनकी क्या भूमिकाएँ हैं और उनमें से कितनी प्रजातियाँ विलुप्त होने के कगार पर हैं।

पूरी दुनिया में हर दिन कई प्रजातियाँ विलुप्त हो रही हैं; अन्य प्रजातियों को विलुप्त होने के कगार पर छोड़ दिया गया है। अतीत के किसी भी कालखंड की तुलना में आज जैविक विविधता, या जैव-विविधता पर खतरा बढ़ गया है। पिछले 200 मिलियन वर्षों में, प्रत्येक सदी में 100 से लेकर 1,000 प्रजातियाँ विलुप्त हो गईं। परंतु क्रमागत विकास की प्रक्रिया ने जीवन के नए स्वरूपों को आगे बढ़ाया, जिसने विलुप्त प्रजातियों का स्थान ग्रहण किया। वर्तमान में हर दूसरे महीने लगभग 1500 प्रजातियाँ विलुप्त हो रही हैं! जैव-विविधता को इस संकट से बचाने की आवश्यकता है।

जैव-विविधता क्या है?

जैव-विविधता दो शब्दों, "जैविक" और "विविधता" का संयोजन है। अगर हम जैव-विविधता के शाब्दिक अर्थ की बात करें, तो यह पृथ्वी पर जीवन के सभी रूपों की संख्या, विविधता और उनकी परिवर्तनशीलता को दर्शाती है। इसके अंतर्गत लाखों पेड़-पौधे, जानवर और सूक्ष्मजीव, उनके शरीर में मौजूद जीन तथा अत्यंत जटिल पारिस्थितिक तंत्र शामिल हैं। आमतौर पर जैव-विविधता को तीन स्तरों पर वर्णित किया जाता है: आनुवांशिक, प्रजाति और पारितंत्र विविधता।

आनुवंशिक जैव-विविधता

एक प्रजाति के भीतर जीन की विविधता कई पीढ़ियों से उनके अंदर मौजूद है, जिसे आनुवंशिक जैव-विविधता कहा जाता है। यह एक ऐसी विविधता है जो चावल, आम, आदि की अलग-अलग किस्मों को जन्म देती है। उदाहरण के लिए, अल्फांसो आम की किस्म लंगड़ा किस्म से अलग है, और फिर यह किस्म बंगनपल्ली से अलग है। कुछ अंतर को देखकर पहचाना जा सकता है, जैसे कि आकार या रंग; जबकि कुछ अंतरों का अनुभव इंद्रियों के माध्यम से किया जा सकता है, जैसे कि स्वाद या सुगंध; और बीमारी के प्रति संवेदनशीलता जैसे अंतरों का पता इंद्रियों से भी नहीं लगाया जा सकता है।

चित्र 3.1   आनुवांशिक विविधता गेहूँ की कई किस्मों की जनक है

प्रजातिगत जैव-विविधता

पृथ्वी पर मौजूद जीवन के लाखों अलग-अलग स्वरूपों को वर्गीकृत करने की इकाई के तौर पर प्रजाति का उपयोग किया जाता है। प्रत्येक प्रजाति दूसरी प्रजातियों से अलग होती है। घोड़ों और गधों की अलग-अलग प्रजातियाँ हैं, ठीक इसी प्रकार शेर और बाघ भी अलग-अलग हैं। एक ही के सभी सदस्यों को एकजुट करने वाली सबसे महत्त्वपूर्ण बात यह है कि, वे अनुवांशिक तौर पर एक-दूसरे के समान होते हैं और प्रजननक्षम संतति उत्पन्न कर सकते हैं। आमतौर पर एक परिभाषित क्षेत्र के भीतर प्रजातियों की कुल संख्या के संदर्भ में प्रजाति की विविधता का आकलन किया जाता है।

पारिस्थितिक तंत्र में जैव-विविधता

पारिस्थितिक तंत्र जीवन के विभिन्न स्वरूपों (पेड़-पौधे, जीव-जंतु, सूक्ष्म जीव) का समूह है, जो एक दूसरे के अलावा पर्यावरण के अजैव घटकों (मिट्टी, वायु, पानी, खनिज, आदि) से परस्पर संबद्ध हैं। इस प्रकार, पारितंत्र विविधता का तात्पर्य प्राकृतिक परिवेश की विविधता से है जिससे जीवन के विभिन्न स्वरूप जुड़े हुए हैं। यह शब्द किसी जैव-भौगोलिक या राजनीतिक सीमा के भीतर पाए जाने वाले अलग-अलग पारिस्थितिक तंत्रों को संदर्भित करता है (देखें अध्याय 2, शीर्षक 'पारिस्थितिकी')।

अनुकूलित जैव-विविधता

जब कभी भी हम जैव-विविधता की बात करते हैं, तो हमारे मन में केवल जंगली पेड़-पौधों और जीव-जंतुओं का विचार आता है। परंतु अनुकूलित पेड़-पौधों और जानवरों के बीच भी काफी विविधता है। अनुकूलित जैव-विविधता मनुष्यों के हस्तक्षेप का परिणाम हो सकती है, या फिर यह लंबी समयावधि में विभिन्न परिस्थितियों के प्रति प्राकृतिक अनुकूलन का नतीजा हो सकता है।

कृषि की शुरुआत के बाद से ही दुनिया के अलग-अलग हिस्सों में लोगों ने अपनी कुछ आवश्यकताओं और शर्तों को पूरा करने के लिए पेड़-पौधों और पशुओं की विभिन्न किस्मों का विकास किया है। इसमें उच्च उत्पादकता, बेहतर स्वाद, कीट या बीमारी के प्रति प्रतिरोध और बाढ़, सूखा या ठंढ जैसी प्रतिकूल परिस्थितियों का सामना करने की क्षमता शामिल है। जब मनुष्यों ने अनाजों के खेती की शुरुआत की होगी, तो उन्होंने आसानी से खेती एवं कटाई के लिए उपयुक्त विशेषताओं को देखते हुए फसलों का चयन किया होगा; उदाहरण के लिए, अनाज की कई किस्मों के दाने काफी बड़े होते हैं, हरेक डंठल पर दाने की अधिक पंक्तियाँ होती हैं, या फिर ऐसी फसल जिसके बीज पकने के तुरंत बाद बिखरते नहीं है। इस प्रकार का चयन वांछित विशेषताओं के साथ कुछ चुनिंदा पौधों के भंडारण और बुवाई के द्वारा किया गया था। समय के साथ-साथ ये उन फसलों के पूर्वजों के तौर पर विकसित हुए, जिन्हें आज हम जानते हैं।

विभिन्न फसलों की किस्में और पशुओं की नस्लें भी स्वयं को अलग-अलग पर्यावरणीय परिस्थितियों के अनुकूल बनाती हैं। उदाहरण के तौर पर, कंकरेज गाय अर्द्ध-शुष्क क्षेत्रों में जीवित रहने के लिए अनुकूलित हो गई है। इसी प्रकार, पहाड़ी इलाकों में उगाए गए चावल की प्रजाति, उस क्षेत्र के अनुरूप विशेषताओं को विकसित कर सकती है, जैसे कि इन क्षेत्रों के अपेक्षाकृत ठंडे तापमान को सहन करने की क्षमता। इसी प्रजाति को मैदानी इलाकों में उगाए जाने पर वहां के अनुरूप विशेषताओं का विकास होता है, जैसे कि मैदानी इलाकों में चलने वाली तेज हवाओं का सामना करने के लिए मजबूत डंठल का विकास, अथवा अधिक या कम वर्षा एवं सूर्य के प्रकाश के लिए अनुकूलित जड़ें एवं पत्तियां। इस प्रकार, चावल की दो अलग-अलग किस्में विकसित होंगी।

समय के साथ-साथ प्राकृतिक परिस्थितियों या मानवीय हस्तक्षेप के कारण इस प्रकार के अनुकूलन ने अनुकूलित पौधों की विविधतापूर्ण प्रजातियों के विकास में योगदान दिया। अनुमानों के अनुसार भारत में लगभग 50,000 से 60,000 के बीच चावल की किस्मों की खेती की जाती है। उच्च विविधता वाले अन्य फसलों में आम की 1,000 किस्में; ज्वार की 5,000 किस्में और काली मिर्च की 500 किस्में शामिल हैं।

सूक्ष्म जीवों में विविधता

जब हम जैव विविधता की बात करते हैं, तो शायद ही कभी हम धरती पर सबसे प्रचुर मात्रा में मौजूद जीवों पर विचार करते हैं- सूक्ष्मजीव या रोगाणु। सूक्ष्मजीवों में जीवाणु, विषाणु, प्रोटोजोआ, ख़मीर, कवक, आदि शामिल हैं और पृथ्वी पर जीवन के एक महत्त्वपूर्ण हिस्से का निर्माण करते हैं। जीवाणु पृथ्वी पर जीवन का सर्वाधिक प्राचीनतम स्वरूप है। सूक्ष्मजीव विभिन्न जैव-रासायनिक चक्रों में महत्त्वपूर्ण भूमिका निभाते हैं। वे अधिकांश जानवरों (मानव और कीड़े सहित) के पाचन तंत्र में रहते हैं, जहां वे भोजन को तोड़ते हैं और पाचन में सहायता करते हैं। सूक्ष्मजीव फलीदार पौधों की जड़ों में रहकर पर्यावरण में मौजूद नाइट्रोजन का रूपांतरण करते हैं और उसे पौधों के लिए सुलभ बनाते हैं (नाइट्रोजन यौगिकीकरण)। मिट्टी में हजारों जीवित सूक्ष्मजीवों की प्रजातियाँ मौजूद होती हैं, जो मृत कार्बनिक पदार्थों को अपघटित कर मिट्टी की संरचना को बनाए रखने में मदद करते हैं। केवल एक चम्मच मिट्टी में अरबों की संख्या में सूक्ष्मजीव मौजूद होते हैं!

पृथ्वी पर सूक्ष्मजीव कोशिकाओं की अनुमानित संख्या लगभग 4 से 6×1030 है, जिसके अंतर्गत धरती पर मौजूद कार्बन का तकरीबन आधा हिस्सा तथा नाइट्रोजन एवं फॉस्फेट का 90 प्रतिशत हिस्सा शामिल है। सूक्ष्मजीव ही एकमात्र जीवित रूप

हैं, जिनका अस्तित्व अत्यंत चरम वातावरण में भी मौजूद है, जैसे कि नमक से आच्छादित क्षेत्र, चट्टानों अंदर तथा अत्यंत ठंडे स्थान।

जैव-विविधता का महत्त्व

जैव-विविधता एक काल्पनिक विचार प्रतीत हो सकता है, परंतु वास्तव में यह हमारे जीवन के लगभग हर पहलू से संबंधित है। धरती पर पेड़-पौधों और पशु-पक्षियों, पालतू और जंगली, दोनों की एक विशाल विविधता है, साथ ही यहां प्राकृतिक परिवेश एवं पारिस्थितिक तंत्रों की एक विस्तृत श्रृंखला भी मौजूद है। यह विविधता दुनिया भर के लाखों लोगों की भोजन, औषधीय, कपड़े, आश्रय, आध्यात्मिक एवं मनोरंजक आवश्यकताओं की पूर्ति करती है। इससे स्वच्छ जल की आपूर्ति, पोषक चक्र तथा मृदा संरक्षण जैसे पारिस्थितिकीय कार्यों की निरंतरता भी सुनिश्चित होती है।

वास्तव में, जैव-विविधता के नुकसान से मानव जाति के अस्तित्व को खतरा हो सकता है। यहां कुछ ऐसे कारणों पर चर्चा की गई है, जिन पर विचार करते हुए प्रत्येक व्यक्ति को जैव-विविधता और इसके नुकसान के बारे में चिंतित होना चाहिए।

उत्तरजीविता

जैव-विविधता के अभाव में हमारा जीवन बड़ी आसानी से समाप्त हो जाएगा। पूरे विश्व में जीन, प्रजातियाँ, प्राकृतिक परिवेश और पारिस्थितिक तंत्र का संग्रह ही हमारी वास्तविक संपत्ति है, जो पैसे से कहीं ज्यादा महत्त्वपूर्ण है। संभवतः भारत जैसे देश में जैव-विविधता बड़ी संख्या में लोगों की मूलभूत जरूरतों को पूरा करता है, जो इसका सर्वाधिक महत्त्वपूर्ण पहलू है। भारत में आज भी बड़ी संख्या में ऐसे पारंपरिक समुदाय मौजूद हैं, जो पूर्ण या आंशिक रूप से भोजन, आश्रय, कपड़े, घरेलू सामान, दवाईयाँ, उर्वरक, मनोरंजन आदि की दैनिक जरूरतों के लिए अपने आसपास के प्राकृतिक संसाधनों पर निर्भर हैं।

स्वास्थ्य एवं उपचार

आज भी विकासशील देशों में लगभग 80 प्रतिशत लोग प्राथमिक स्वास्थ्य देखभाल के लिए पारंपरिक चिकित्सा पर निर्भर हैं, जिनमें से ज्यादातर दवाईयाँ पेड़-पौधे तथा कुछ पशुओं एवं खनिज स्रोतों से प्राप्त की जाती हैं।

स्वदेशी चिकित्सा प्रणालियाँ

भारत की पारंपरिक चिकित्सा प्रणालियाँ काफी हद तक यहां की समृद्ध जैव-विविधता पर निर्भर है। देश में चिकित्सा की तीन परंपरागत प्रणालियाँ व्यापक रूप से प्रचलित हैं - आयुर्वेद, सिद्धा और यूनानी चिकित्सा।

आयुर्वेदिक प्रणाली का यह मानना है कि, धरती पर कोई भी वनस्पति औषधीय गुणों से रहित नहीं है। पौराणिक कथा के अनुसार, ब्रह्मा ने ऋषि जीवक को एक ऐसे पेड़ या जड़ी-बूटी की तलाश के लिए भेजा, जिसमें कोई औषधीय गुण नहीं हो। ऋषि जीवक 11 वर्षों तक ऐसे किसी पौधे की तलाश में भटकते रहे, लेकिन उन्हें कोई भी ऐसा पौधा नहीं मिला। वापस लौट कर उन्होंने ब्रह्मा को अपनी असफलता के बारे में बताया, परंतु ब्रह्मा ने उन्हें एक महान चिकित्सक की उपाधि दी, जिससे उन्हें बड़ा आश्चर्य हुआ!

ऐसा नहीं है कि जैविक संसाधनों से केवल पारंपरिक औषधियाँ प्राप्त होती है। आज विकसित देशों में उपयोग की जाने वाली लगभग सभी दवाओं का एक चौथाई हिस्सा पेड़-पौधों से प्राप्त किया जाता है। इनमें 21 अत्यावश्यक दवाईयाँ भी शामिल हैं- फिर चाहे बात फिलिपेंडुला उलमारिया नामक वनस्पति से एस्पिरिन या सिन्कोना पेड़ की कई प्रजातियों की छाल से कुनैन प्राप्त होने की बात हो।

खाद्य सुरक्षा

कृषि के लिए जैव-विविधता बेहद महत्त्वपूर्ण है। पूरी दुनिया के भोजन का लगभग 90 प्रतिशत हिस्सा पौधों की 20 प्रजातियों से प्राप्त होता है। फसलों और पशुओं में प्रजनन एवं वंश-सुधार के लिए आनुवांशिक विविधता महत्त्वपूर्ण है। फसल संवर्धन से जुड़े लोगों को कीटों एवं रोगों से सुरक्षित फसलों की नई किस्मों को विकसित करने के लिए विभिन्न प्रकार की फसलों की आवश्यकता होती है। आधुनिक कृषि पद्धतियों में अनुवांशिक विविधता वाली फसलों एवं पशुओं के स्थान पर एकसमान किस्मों का प्रयोग होने लगा है, जिसके परिणाम बेहद खतरनाक हो सकते हैं। फसल प्रजातियों की विविधता को होने वाले नुकसान का सीधा असर वैश्विक खाद्य सुरक्षा पर पड़ेगा। ऐसी स्थिति में किसी एक प्रकार के कीट या रोग के आक्रमण से खेतों में खड़ी फसल नष्ट हो जाएगी या किसी विशेष पशुधन का सफाया हो जाएगा।

कई फसलों को उनकी जंगली या पारंपरिक किस्मों के अनुवांशिक गुणों की मदद से 'बचाया' गया है। 1970 के दशक की शुरुआत में एशिया के कई हिस्सों में धान की फसल की वृद्धि को रोकने वाले विषाणु का प्रसार हो चुका था, और उस वक्त भारत के जंगली चावल की एक किस्म की जीन ने चावल की फसलों को पूरी तरह विनष्ट होने से बचा लिया। फिलीपींस में अंतर्राष्ट्रीय चावल अनुसंधान संस्थान के वैज्ञानिकों ने वायरस के प्रतिरोधी जीन की तलाश के लिए 6,723 नमूनों की जांच की। इस प्रकार का जीन उन्हें 1963 में पूर्वी उत्तर प्रदेश से एकत्रित किए गए ओरीज़ा नीवरा के एकमात्र नमूने में मिला। उस नमूने की मदद से चावल की एक नई किस्म विकसित की गई, जिसका उत्पादन अब दक्षिण एवं दक्षिण-पूर्व एशिया में बड़े पैमाने पर होता है।

सौंदर्यपरक आनंद

इस धरती पर मौजूद प्रत्येक प्रजाति और पारिस्थितिक तंत्र जीवन को समृद्ध बनाता है और इसकी सुंदरता को बढ़ाता है। शायद ही कोई ऐसा कृत्रिम तरीका होगा, जो सागर तट पर सूर्यास्त का नजारा देखने, छलांग लगाते हुए हिरण को देखने, एक सुरीले पक्षी की आवाज सुनने, या पहले बारिश के बाद गीली धरती की खुशबू से प्राप्त आनंद के समकक्ष हो। किसी पारिस्थितिक तंत्र के एक बार नष्ट होने के बाद उसे दोबारा तैयार कर पाना असंभव है। किसी प्राकृतिक स्थल पर जाने वाले लोगों की संख्या, इसके सौंदर्यपरक महत्व को दर्शाता है। उदाहरण के लिए, हर साल 1,500,000 से ज्यादा लोग मुंबई के बाहरी इलाके में स्थित संजय गांधी राष्ट्रीय उद्यान का दौरा करते हैं।

नैतिक कारण

प्रत्येक प्रजाति अद्वितीय है और उसे जीवित रहने का अधिकार है। मनुष्य को किसी भी प्रजाति को खत्म करने का अधिकार नहीं है। नैतिकता के आधार पर यह तय होता है कि कोई कार्य अच्छा है या बुरा, सही है या गलत। वर्ष 1982 में प्रकृति के लिए वैश्विक घोषणापत्र को संयुक्त राष्ट्र द्वारा अंगीकृत किया गया जिसके अनुसार, "जीवन का हर रूप अद्वितीय है और व्यक्ति को इसके महत्त्व की परवाह किए बिना उसका आदर करना चाहिए, साथ ही अन्य जीवों को सर्वसम्मति से इस प्रकार की मान्यता देने के लिए मनुष्य को नैतिक कार्यप्रणाली का पालन करना चाहिए।

पारिस्थितिक सेवाएँ

प्रजातियों का विकास एक पारिस्थितिकी तंत्र या प्राकृतिक परिवेश में विशेष स्थान (भूमिका) के लिए होता है। कई प्रजातियाँ जीवित रहने के लिए जटिल तरीके से एक-दूसरे पर निर्भर भी हैं। एक प्रजाति को नष्ट करने से अन्य प्रजातियों की विलुप्ति अथवा उनमें परिवर्तन संभव है। किसी विशेष प्राकृतिक परिवेश में मौजूद जीवन का कोई विशिष्ट स्वरूप, उस परिवेश में मौजूद जीवन के अन्य स्वरूपों के अस्तित्व हेतु अनुकूल परिस्थितियों के निर्माण में सहायक है। उदाहरण के लिए, एक पेड़ न केवल आर्थिक दृष्टि से मूल्यवान उत्पाद उपलब्ध कराता है, बल्कि यह असंख्य जीवित प्राणियों का प्राकृतिक आवास भी है। इसके अलावा, यह मिट्टी

और पानी के संरक्षण में भी महत्त्वपूर्ण भूमिका निभाता है और हवा की स्वच्छता को बरकरार रखने में मददगार है। मैंग्रोव तथा प्रवाल भित्तियाँ, अपरदन की रोकथाम में अपनी सामान्य पारिस्थितिकी भूमिकाओं के अलावा, समुद्री तूफान और प्रचंड झंझावात के दौरान अपतटीय जीवन की रक्षा करने में भी महत्त्वपूर्ण भूमिका निभाते हैं। इस प्रकार की सेवाओं का मौद्रिक आधार पर सटीक मूल्यांकन करना अत्यंत कठिन है। कभी-कभी यह जानना भी मुश्किल हो जाता है कि एक प्रजाति कौन-कौन सी सेवाएँ प्रदान करती है। अक्सर इस प्रकार की पारिस्थितिक सेवाओं के मूल्य का भुगतान नहीं किया जाता है।

मुंबई के एक मामले पर गौर करते हैं। मुंबई शहर के एक बड़े हिस्से को पेयजल तानसा और बोरीवली जलाशयों से उपलब्ध कराया जाता है। वन्यजीव (संरक्षण) अधिनियम, 1972 के तहत इन जलाशयों के आसपास के वन्यक्षेत्र को संरक्षित किया गया है। फिर भी मुंबई के नागरिक इन जंगलों और जलाशयों के अनुरक्षण का भुगतान नहीं करते हैं।

धार्मिक एवं सांस्कृतिक उद्देश्य

भारत में कई पेड़-पौधों एवं जीव-जंतुओं को धार्मिक अनुष्ठान की दृष्टि से महत्त्वपूर्ण स्थान दिया गया है, जो धार्मिक, आध्यात्मिक एवं अन्य सांस्कृतिक प्रयोजनों से जुड़े हुए हैं। यहां कई प्रकार के फूलों को शुभ माना जाता है, जैसे कि मंदिरों में अड़हुल (हिबिस्कस) का फूल देवी काली को अर्पित किया जाता है, जबकि धतूरा का फूल भगवान शिव को चढ़ाया जाता है। विभिन्न देवताओं के साथ संबद्धता के कारण पेड़-पौधों एवं जीव-जंतुओं की कई प्रजातियों को पवित्र माना जाता है। कुछ जानवरों की प्रजातियों को देवों का वाहन माना जाता है और इसलिए उनकी भी पूजा की जाती है। इनमें से भगवान शिव का बैल, भगवान गणेश का चूहा और देवी दुर्गा का शेर महत्त्वपूर्ण है।

भारत और कई अन्य देशों में, पारंपरिक रूप से कुछ स्थानों पर वन्य क्षेत्रों को बिल्कुल अलग छोड़ दिया गया है, क्योंकि उन स्थानों पर किसी विशेष देवी देवता का निवास माना जाता है। समय के साथ-साथ स्थानीय समुदायों ने किसी पवित्र उपवन की तरह इन क्षेत्रों का संरक्षण किया। इस प्रकार के संरक्षण के परिणामस्वरूप ऐसे वन्य क्षेत्र आज भी जैव-विविधता की दृष्टि से समृद्ध हैं।

भारत का ख़ज़ाना

भारत विश्व के 12 सर्वाधिक विविधतापूर्ण देशों में से एक है। पृथ्वी के 2.4 प्रतिशत क्षेत्रफल के साथ भारतीय जैव-विविधता विश्व की 8.1 प्रतिशत है। अनुमानों के अनुसार, हमारे देश में पौधों की लगभग 47,000 जंगली प्रजातियाँ और 89,450 से अधिक जानवरों की जंगली प्रजातियाँ मौजूद हैं। भारत में पारिस्थितिक तंत्र, प्रजातियों तथा अनुवांशिक विविधता का दायरा काफी विस्तृत है। भारतीय उपमहाद्वीप तीन जैव-भौगोलिक क्षेत्रों के संगम पर स्थित है, जिसके कारण यहां की वनस्पतियों और जीव-जंतुओं में अफ्रीकी, यूरोपीय तथा चीनी एवं भारत-मलायी विशेषताएँ मौजूद हैं। इस समृद्ध विविधता का एक कारण यह भी है कि, भारत में लगभग हर प्रकार का प्राकृतिक परिवेश एवं जलवायु परिस्थिति मौजूद है- जिसके अंतर्गत ऊँचे पहाड़ों से लेकर समुद्र तट एवं मैदानी क्षेत्र; भारी वर्षा के क्षेत्रों से लेकर शुष्क रेगिस्तानी क्षेत्र शामिल हैं।

भारतीय उपमहाद्वीप को फसल एवं वनस्पति विविधता की उत्पत्ति के हिन्दुस्तान केंद्र के रूप में जाना जाता है। फसलों की कम-से-कम 166 प्रजातियों और इनसे संबंधित 320 जंगली प्रजातियों की उत्पत्ति यहीं हुई है। इनमें से प्रत्येक प्रजातियों की किस्मों में विविधता आश्चर्यजनक है।

भारत को कृषि योग्य फसलों की उत्पत्ति के आठ केंद्रों में से एक माना जाता है। इसमें अनाज और बाजरा की 51 प्रजातियाँ, फलों की 104 प्रजातियाँ, मसालों एवं स्वादवर्धक पौधों की 27 प्रजातियाँ, सब्जियों और दालों की 55 प्रजातियाँ, रेशेदार फसलों की 24 प्रजातियाँ, तिलहनों की 12 प्रजातियाँ तथा चाय, कॉफी, तंबाकू और गन्ना की विभिन्न जंगली किस्में शामिल हैं। भारत में स्थानीय पशुधन में भी काफी विविधता देखने को मिलती है, जिसके अंतर्गत 27 नस्लों के मवेशी, 40 नस्लों की भेड़ तथा 22 नस्लों की बकरियाँ शामिल हैं। उदाहरण के लिए, भारतीय भैंसों की आठ प्रजातियां दुनिया में भैंसों की आनुवंशिक विविधता की पूरी श्रृंखला का प्रतिनिधित्व करती हैं।

ये केवल ऐसी प्रजातियाँ हैं, जिनके आंकड़े उपलब्ध हैं। उत्तर-पूर्वी भारत की तरह यहां के जैव-समृद्ध क्षेत्रों का अभी तक पूरी तरह से पता लगाया है और अध्ययन नहीं किया गया है। किसे मालूम कि यहां के ख़ज़ाने में क्या छिपा है?

चित्र 3.2   आज भारतीय जंगलों में एक भी चीता नहीं है

भारतीय जैव-विविधता का अपक्षरण

भारत की समृद्ध जैव-विविधता तेजी से नष्ट हो रही है। भारत में आंकड़ों में दर्ज की गई वनस्पतियों का कम-से-कम 10 प्रतिशत, और संभवत: इसके जंगली जीवों की एक बड़ी संख्या संकटग्रस्त है। कई तो विलुप्त होने के कगार पर हैं। पिछले कुछ दशकों में, भारत के लगभग 50 प्रतिशत वन्यक्षेत्र नष्ट हो चुके हैं; 70 प्रतिशत से अधिक जलस्रोत प्रदूषित हो गए हैं; घास के मैदानों पर इमारतों का निर्माण कृषि कार्य या अतिक्रमण किया गया है; साथ ही कई तटीय क्षेत्र भी निम्नीकृत हुए हैं।

चीता और गुलाबी सिर वाले बतख उन विशिष्ट प्रजातियों में शामिल हैं, जो विलुप्त हो गए हैं। अरक्षणीय तरीकों से अंधाधुंध कटाई के कारण भारत में औषधीय पौधों की 150 से अधिक प्रजातियाँ पहले ही विलुप्त हो चुकी हैं। वर्तमान में अस्तित्व में मौजूद वनस्पतियों तथा जीव-जंतुओं की प्रजातियों में से फूलों की 10 प्रतिशत से अधिक प्रजातियाँ, स्तनधारियों की 21 प्रतिशत प्रजातियाँ और पक्षियों की 5 प्रतिशत प्रजातियाँ संकटग्रस्त हैं। भारत की अनुकूलित जैव-विविधता भी खतरे में है। फसलों की सैकड़ों किस्में विलुप्त हो चुकी हैं, और यहां तक कि उनके जीनों को भी संरक्षित नहीं किया गया है।

जैव-विविधता का नुकसान: कारण और परिणाम

प्रत्यक्ष या अप्रत्यक्ष तौर पर, जैव-विविधता के नुकसान के ज्यादातर कारण हमारे रहन-सहन के तरीकों से जुड़े हुए हैं। स्थायी विकास के लिए जैव-विविधता आवश्यक है, लेकिन जैव-विविधता के संरक्षण के लिए जीवित रहने के चिरस्थायी तरीकों का पता लगाना आवश्यक है। जैव-विविधता के नुकसान के प्रमुख कारण निम्नलिखित हैं।

अनियोजित विकास तथा प्राकृतिक परिवेश का विनाश

जैविक रूप से विविध प्राकृतिक प्रणालियों तथा उनके द्वारा प्रदत्त सेवाओं का पैसों के संदर्भ में अक्सर कमतर मूल्यांकन किया जाता है, और दूसरी ओर इनका उपयोग विकास की गतिविधियों में किया जाता है, जिसका बड़े पैमाने पर प्रत्यक्ष आर्थिक लाभ होता है।

आरेख 3.1
जैव-विविधता की क्षति के कारण और प्रक्रिया

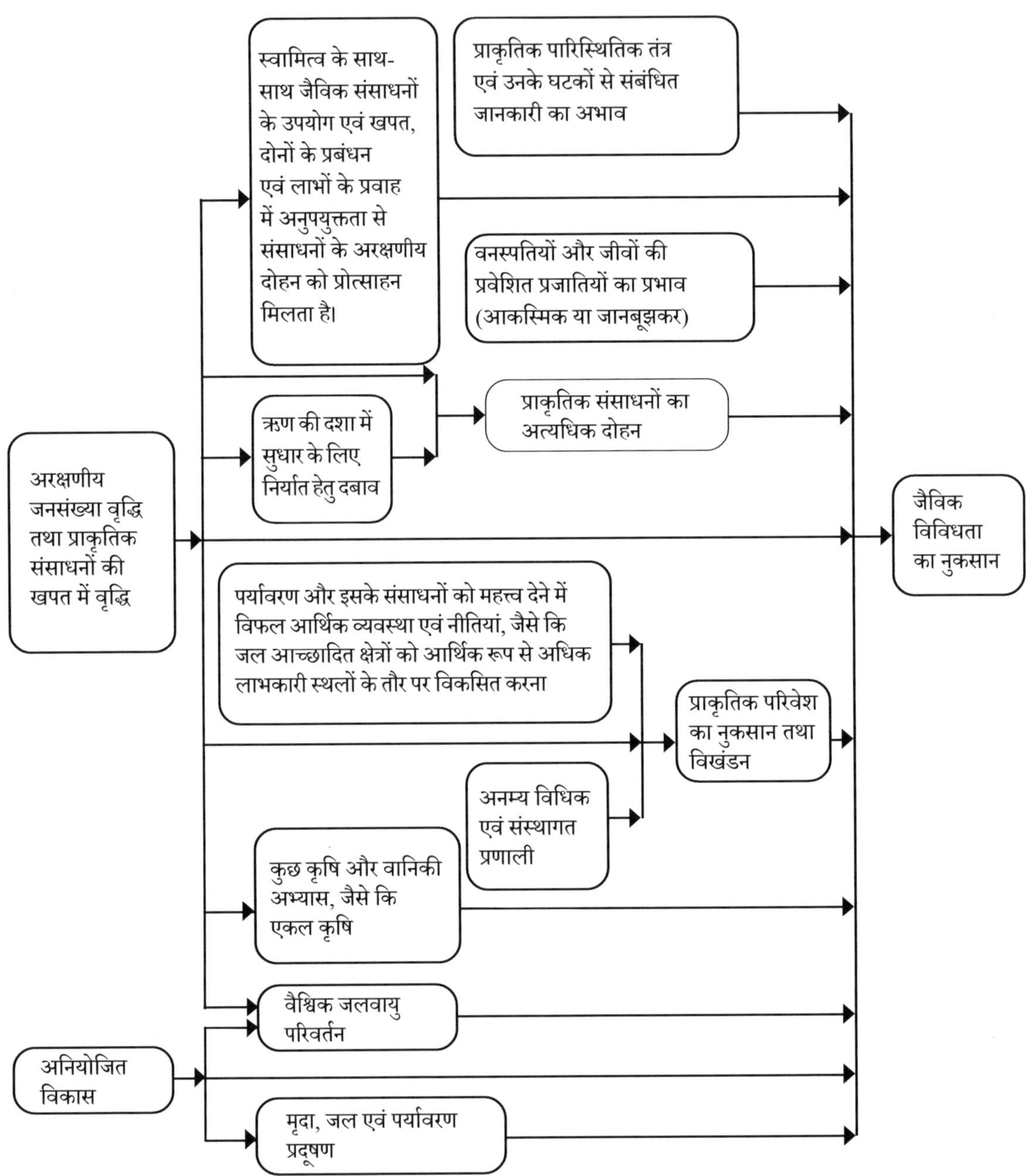

स्रोत: सीमा भट्ट द्वारा रूपांतरित वैश्विक जैव-विविधता रणनीति (डब्ल्यूआरआई, आईयूसीएन, यूएनईपी, वाशिंगटन डी.सी., 1992)

औद्योगिक संयंत्रों अथवा जल-विद्युत परियोजनाओं जैसी बड़े पैमाने पर संचालित विकास परियोजनाओं के कारण जैव-विविधता से समृद्ध क्षेत्रों को काफी नुकसान पहुंचा है। बड़े बांधों के निर्माण जैसे परियोजनाओं के कारण न केवल जंगलों के इलाके जलमग्न होते हैं, बल्कि उन क्षेत्रों की निकटवर्ती मानव बस्तियों एवं सड़कों को भी इसके दायरे में शामिल कर लिया जाता है। वर्ष 1951 सं 1980 के बीच, नदी घाटी परियोजनाओं के लिए 502,000 हेक्टेयर जंगल को रास्ते से हटा दिया गया था। द्रुतगति से औद्योगीकरण की ओर अग्रसर अर्थव्यवस्था में खनिज पदार्थों की भारी मांग के कारण बड़े पैमाने पर जंगलों का सफाया हुआ है। 70 से अधिक संरक्षित क्षेत्र, अर्थात ऐसे प्राकृतिक क्षेत्र जिन्हें विधि द्वारा सुरक्षा प्रदान की गई है और विनाशकारी मानव गतिविधियों से दूर रखने का प्रयास किया जाता है, आज उनकी सीमाओं के भीतर अथवा निकटवर्ती क्षेत्रों में मौजूदा या प्रस्तावित खनन गतिविधियों से खतरा उत्पन्न हो गया है।

जैव-विविधता की दृष्टि से समृद्ध गोवा के वन्यक्षेत्रों में लगभग 600 खनन गतिविधियों को अनुमति दी गई है। समुद्री जीवन की समृद्ध जैव-विविधता के लिए मशहूर प्रवाल भित्तियों का देश के तटीय इलाकों में स्थित सीमेंट विनिर्माण उद्योग में कच्चे माल के तौर पर अत्यधिक दोहन हो रहा है।

कृषि भूमि या सड़कों एवं आवास के निर्माण की आवश्यकताओं के कारण जैव-विविधता की दृष्टि से समृद्ध बड़े क्षेत्रों का दायरा दिन-प्रतिदिन सीमित होता जा रहा है। आवासीय क्षेत्र की जरूरतों को पूरा करने के लिए जलस्रोतों को भी संकुचित किया जाता है, जबकि पनबिजली परियोजनाओं के लिए जंगल के बड़े इलाकों को जलमग्न किया जाता है। इस प्रकार की गतिविधियों से न केवल वनस्पतियों और जीवों की असंख्य प्रजातियों का नुकसान होता है, बल्कि इसके चलते पूरा पारिस्थितिक तंत्र विलुप्त हो सकता है।

कृषि एवं वानिकी के तरीकों में बदलाव

समय के साथ-साथ किसानों ने फसलों एवं पशुओं की विविधतापूर्ण नस्लों का विकास किया और उस विविधता को बरकरार रखा है। बड़े पैमाने पर इस अनुवांशिक विविधता ने कीटों, बीमारियों और प्रतिकूल जलवायु परिस्थितियों से सुरक्षा प्रदान की है। उदाहरण के तौर पर, महाराष्ट्र के वर्ली आदिवासी पानी एवं मिट्टी की अलग-अलग परिस्थितियों के अनुसार चावल की विभिन्न किस्मों को उगाते हैं। इन किस्मों के पकने का समय अलग-अलग है और इनमें कई तरह की बीमारियों से लड़ने की क्षमता होती है, साथ ही विभिन्न सांस्कृतिक उत्सवों के दौरान इनका उपयोग किया जाता है।

पिछले कुछ दशकों में, बाज़ार के प्रभाव तथा खाद्यान्नों की मांग में वृद्धि ने किसानों को खेती के अपने पारंपरिक तरीकों में बदलाव लाने के लिए प्रेरित किया है। आज वे मिश्रित कृषि के बजाय एक फसल की खेती की तरफ बढ़ रहे हैं। उच्च उत्पादकता वाली एकल कृषि में रासायनिक उर्वरकों और कीटनाशकों का भरपूर प्रयोग किया जाता है। इससे फसलों की आनुवंशिक विविधता को गंभीर नुकसान हुआ है।

वानिकी के क्षेत्र में भी मिश्रित प्रजातियों के पेड़-पौधों के बजाय एक ही प्रकार की प्रजाति के संवर्धन पर बल दिया जा रहा है, जो जल्दी से विकसित होते हैं और आर्थिक दृष्टि से मूल्यवान होते हैं। दक्षिण भारत में, प्राकृतिक वन्य क्षेत्र के बड़े इलाकों का स्थान, एक ही प्रकार की प्रजाति के नीलगिरी (यूकेलिप्टस), बेंत (वॉटल), सागवान (टीक) और सिल्वर ओक के वाणिज्यिक बागानों ने ले लिया है, जिसका उपयोग इमारती लकड़ी या लुग्दी के लिए किया जाता है।

भारत के उत्तर-पूर्वी हिस्सों के अलावा दक्षिणी एवं पश्चिमी क्षेत्र के कुछ हिस्सों में भी स्थानीय फसलों के बजाय कॉफी, रबड़, इलायची और चाय जैसी नकदी फसलों की खेती का प्रचलन बढ़ गया है। दुग्ध उत्पादन में वृद्धि के लिए मवेशियों की स्वदेशी नस्लों को संकर-नस्लों और विदेशी नस्लों द्वारा प्रतिस्थापित किया गया है। इस प्रकार हम देख सकते हैं कि अधिक उत्पादन के नाम पर स्थायित्व एवं विविधता को एकरूपता द्वारा प्रतिस्थापित किया जा रहा है।

प्रवेशित प्रजातियों की घुसपैठ

जानबूझकर या अनजाने में गैर-देशी प्रजातियों (जिसे प्रवेशित, विदेशी या तेज़ी से फैलने वाली प्रजातियों के तौर पर भी जाना जाता है) के समावेशन के कारण दुनिया भर में जैविक विविधता पर खतरा बढ़ गया है। बाहर से लाए गए इन जानवरों एवं वनस्पतियों की प्रजातियां, स्थानीय प्रजातियों के लिए खतरा उत्पन्न करती हैं। उदाहरण के लिए, अंडमान-निकोबार द्वीप समूह में ब्रिटिशों द्वारा

चितकबरे हिरण (एक्सिस एक्सिस) की प्रजाति लाई गई थी। वर्तमान में ये हिरण इन द्वीपों पर बड़े पैमाने पर पाए जाते हैं, क्योंकि मगरमच्छ और आदमी को छोड़कर यहां इनका शिकार करने वाला कोई नहीं है। इनकी बढ़ती जनसंख्या के कारण जंगल में नए पेड़-पौधों की उत्पत्ति प्रभावित होती है, क्योंकि ये कुछ प्रजातियों की वनस्पति का अधिकाधिक मात्रा में भोजन के तौर पर इस्तेमाल करते हैं। ये हिरण इन द्वीपों की बस्तियों के आसपास उगाए जाने वाले फसलों को भी नुकसान पहुंचाते हैं। मूलतः ब्राजील से एक सजावटी पौधे के रूप में लाए गए लैंटाना कैमारा एवं अन्य विदेशी पौधे आज हमारे जंगलों में तेजी से फैल रहे हैं, जिससे स्थानीय प्रजातियों को काफी नुकसान हुआ है।

नीलगिरी (यूकेलिप्टस) जैसी विदेशी प्रजातियाँ, भारतीय वनस्पतियों की मूल प्रजातियों का स्थान ग्रहण कर रही हैं क्योंकि इनका विकास अपेक्षाकृत अधिक तेजी से होता है और ये आर्थिक दृष्टि से अधिक मूल्यवान हैं। अनुमानों के अनुसार भारतीय वनस्पतियों की कुल प्रजातियों का 18 प्रतिशत विदेशी है जिसमें 55 प्रतिशत अमेरिकी, 10 प्रतिशत एशियाई, 20 प्रतिशत एशियाई एवं मलेशियन, तथा 15 प्रतिशत यूरोपीय एवं मध्य एशियाई प्रजातियाँ शामिल हैं।

व्यावसायिक लाभ के लिए अत्यधिक दोहन

मानवों ने पेड़-पौधों एवं जीव-जंतुओं की कई प्रजातियों का अत्यधिक उपयोग किया गया है, जिसके चलते कभी-कभी ये प्रजातियां विलुप्ति के कगार पर पहुंच जाती हैं। बाघ और हाथी जैसी कई प्रजातियों का शिकार उनकी खाल, दांत, नाखून एवं पंजों आदि के लिए किया जाता है, जिनकी कीमत काफी अधिक होती है। दूसरी तरफ साँप और पक्षियों की कई प्रजातियों की तस्करी की जाती है, और उन्हें पकड़कर पालतू जानवरों के तौर पर विदेशों में बेच दिया जाता है। भारतीय जलक्षेत्र में मछली पकड़ने की अंतर्राष्ट्रीय गतिविधियों में वृद्धि के साथ-साथ इस काम में मशीनों के बढ़ते उपयोग के परिणामस्वरूप समुद्री जीव-जंतुओं के अधिकाधिक दोहन का खतरा काफी बढ़ गया है।

वर्तमान में बिना किसी नियम-कानून के दवा उद्योग का तेजी से विस्तार हुआ है, जिसका औषधीय गुणों वाले वाली वनस्पतियों पर बुरा प्रभाव पड़ा है। उदाहरण के लिए, हमारे देश में 4,000 वर्षों से भी अधिक समय से राओल्फिया सेरपेंटीना (भारतीय नाम सर्पगंधा) नामक एक प्रकार की जंगली झाड़ी का उपयोग साँप के काटने, तंत्रिका संबंधी विकार, पेचिश, हैजा और बुखार के उपचार हेतु किया जाता है। करीब 50 साल पहले, इस वनस्पति से प्राप्त अर्क (रेसरपीन), आधुनिक युग में तनाव मुक्ति की दवा का आधार बन गया। अत्यधिक संग्रह किए जाने के कारण यह आज वनस्पति संकटग्रस्त हो चुकी है।

पर्यावरण प्रदूषण

मिट्टी, पानी और वायु प्रदूषण पारिस्थितिक तंत्र के कामकाज को प्रभावित करता है, साथ ही इसके कारण संवेदनशील प्रजातियां कम अथवा विलुप्त हो सकती हैं। भारत में किए गए कई अध्ययनों में स्पष्ट रूप से विशिष्ट पौधे एवं पशु प्रजातियों की आबादी पर कीटनाशकों से होने वाले प्रदूषण के प्रभाव का पता लगाया गया है। राजस्थान के भरतपुर में केवलादेव राष्ट्रीय उद्यान में किये गए एक दीर्घकालिक अध्ययन से पता चला कि, सारस के शरीर में कीटनाशकों के अवशेष काफी अधिक मात्रा में मौजूद हैं। इन जहरीले तत्वों के अवशेष कारण सारस की मृत्यु दर में वृद्धि हो सकती है और अंततः उनकी जनसंख्या में कमी आ सकती है। कॉर्बेट राष्ट्रीय उद्यान में, भूरे सिर वाले बाज के प्रजनन पर डीडीटी के प्रभावों पर अध्ययन से पता चला कि, डीडीटी की वजह से उनके अंडों का आवरण काफी पतला हो गया है, और अब अंडे से चूजे बाहर नहीं निकल पाते या फिर अंडे से बाहर निकलने पर उनकी मृत्यु हो जाती है।

जल प्रदूषण, जलीय जैव विविधता को प्रभावित करता है। भारत में औद्योगिक अपशिष्ट, प्रवाल भित्तियों और अन्य समुद्री जीवन को नष्ट कर रहे हैं। तेल की एक पतली परत (तेल के रिसाव के कारण) पानी की सतह पर फैल सकती है, जिससे सूर्य का प्रकाश अंदर तक नहीं पहुंच पाता है। तेल की अपरागम्य परत पानी में गैसों के आदान-प्रदान को भी कम करती है। इससे जलीय जीवों को सांस लेने में तकलीफ हो सकती है, और अंततः उनकी मौत भी हो सकती है।

वैश्विक जलवायु परिवर्तन

आने वाले वर्षों में जलवायु परिवर्तन, वैश्विक जैव-विविधता को भी प्रभावित कर सकता है। इस संदर्भ में कई अनुमान लगाए गए हैं। वैश्विक तापमान में वृद्धि पर विभिन्न प्रजातियों के पौधों एवं जानवरों की प्रतिक्रिया का तरीका अलग-अलग हो सकता है। जो प्रजातियाँ खुद को गर्म तापमान के अनुरूप ढालने में असमर्थ हैं, वे विलुप्त हो सकती हैं। विशेष आश्रय की आवश्यकता वाले जीव अथवा दुर्लभ प्रजातियाँ किसी भी प्रकार के वायुमंडलीय परिवर्तन के प्रति अधिक संवेदनशील हैं, इसलिए उन पर खतरा अधिक है। जलवायु में परिवर्तन के कारण जीवों के प्राकृतिक आवास की विशेषताओं में भी बदलाव हो सकता है, जिससे उस क्षेत्र की प्रजातियाँ प्रभावित हो सकती हैं। समुद्र के बढ़ते स्तर के कारण द्वीपों और तटीय प्राकृतिक परिवेश में बाढ़ आने और जलमग्न होने का खतरा अधिक है, जिससे जैव-विविधता को बड़े पैमाने पर नुकसान हो सकता है।

पारंपरिक ज्ञान का नुकसान

परंपरागत समुदायों के रीति-रिवाज, विश्वास एवं संस्कृति का उनके आसपास मौजूद जीवन की विविधता से घनिष्ठ संबंध है। भारत में सैकड़ों आदिवासी और अन्य समुदायों के दैनिक जीवन में जैव-विविधता के उत्पादों का इस्तेमाल होता है। वे कई अलग-अलग उद्देश्यों के लिए जंगली पौधों की लगभग 5000 प्रजातियों के उपयोग के लिए जाने जाते हैं; जिसमें भोजन, वस्त्र, कीड़ों और साँप के काटने का उपचार, दवाईयाँ, शिकार, मछली पकड़ना और खेतों के लिए उपयोग में आने वाली सामग्रियाँ शामिल हैं।

वर्तमान में इन समुदायों की जीवन शैली तेजी से बदल रही है। औषधीय पौधों और उनके प्रयोगों से संबंधित बहुत सी जानकारियाँ विलुप्त हो रही है, क्योंकि पारंपरिक औषधीय चिकित्सकों की आने वाली पीढ़ी ऐसी शिक्षा प्रणाली से जुड़ी हुई है, जो उन्हें अपनी परंपरा से अलग करती है। यही वजह है कि वे अपनी पारंपरिक प्रथाओं को आगे बढ़ाने में दिलचस्पी नहीं रखते हैं। अगर उनके पारंपरिक ज्ञान को लिपिबद्ध नहीं किया गया, समझा नहीं गया और भावी पीढ़ियों तक पहुंचाया नहीं गया, तो इस ज्ञान का विलुप्त होना तय है। कुछ मामलों में, प्रजातियाँ स्थानीय रूप से ज्ञात हो सकती हैं लेकिन पारंपरिक जीवनशैली में बदलाव के कारण उससे संबंधित ज्ञान नष्ट हो सकता है। कोई प्रजाति इसलिए भी विलुप्त हो सकती है, क्योंकि हमें इस बात की जानकारी नहीं थी कि वह एक ऐसे क्षेत्र में मौजूद है जो कालांतर में विकसित हुआ है।

कानूनी प्रणाली का स्वरूप

हालाँकि जैव-विविधता की रक्षा के लिए कानून मौजूद हैं, इसके बावजूद जैव-विविधता का नुकसान जारी है। कानून को लागू करने की योजना बनाते समय हमें उस दृष्टिकोण का अभाव दिखाई देता है, जो पारिस्थितिक एवं आर्थिक वास्तविकताओं को जोड़ता है साथ ही इससे प्रभावित होने वाले लोगों को भी इसमें शामिल करता है।

जहां योजनाएँ अत्यधिक-केंद्रीकृत हैं, वहां स्थानीय लोगों की भागीदारी में बाधा उत्पन्न होती है जो अपने बहुमूल्य स्थानीय ज्ञान, अनुभव और गहरी समझ से योगदान दे सकते हैं। अक्सर परंपरागत या सामुदायिक कानून जैविक संसाधनों के स्थायी उपयोग को प्रोत्साहन देने में बेहद प्रभावशाली साबित होते हैं। बिश्नोई (अर्थात् बीस और नौ या उनतीस), राजस्थान का एक समुदाय है, जो पांच शताब्दियों से भी अधिक समय से श्री गुरु जम्भेश्वर द्वारा निर्धारित 29 सिद्धांतों का पालन कर रहे हैं। इन सिद्धांतों में पौधे और पशु प्रजातियों के संरक्षण पर जोर दिया गया है।

उत्तर-पूर्वी भारत के राज्य मिजोरम में भूमि उपयोग की पारंपरिक प्रणाली को दो अलग-अलग श्रेणियों में बांटा गया है: 'आपूर्तिकर्ता वन्यक्षेत्र', जिसमें से जैव-संहति की केवल क्रमबद्ध तरीके से कटाई को अनुमति दी जाती है, तथा 'पवित्र सुरक्षित वन', जिसमें से जैव-संहति को हटाने पर प्रतिबंध है। आज भी इन हिदायतों का पालन किया जाता है।

कभी-कभी तथाकथित समकालीन कानूनी निवारक युक्तियों का विपरीत प्रभाव दिखाई पड़ सकता है। उदाहरण के लिए, वन्यजीव (संरक्षण) अधिनियम, 1972, संरक्षित क्षेत्रों के भीतर और इसके आसपास के इलाकों, विशेष रूप से राष्ट्रीय उद्यान में

स्थानीय समुदायों के अधिकारों में कटौती करता है। ये समुदाय कई पीढ़ियों से अपनी बुनियादी आवश्यकताओं की पूर्ति के लिए इन जंगलों पर निर्भर हैं। ईंधन की लकड़ियों, भोजन, चारे और कई अन्य वन उत्पादों तक पहुंच के अधिकार में कमी से राष्ट्रीय उद्यान के अधिकारियों और स्थानीय लोगों के बीच संघर्ष की स्थिति उत्पन्न हो जाती है, जो प्राकृतिक एवं सामाजिक प्रणालियों में बड़े पैमाने पर अव्यवस्था का कारण है।

राष्ट्रीय उद्यान बनाम लोग

7 नवंबर, 1982 को भरतपुर के केवलादेव राष्ट्रीय उद्यान में पुलिस की गोलीबारी से छह लोगों की मौत हो गई। 2,200 हेक्टेयर क्षेत्र में फैला यह उद्यान 350 से अधिक पक्षियों की प्रजातियों का आश्रय स्थल है। आसपास के 14 गांवों के लगभग 4,000 मवेशी भी घास के लिए इसी उद्यान पर निर्भर थे। नवंबर 1982 में, राज्य सरकार ने किसी भी स्वीकार्य वैकल्पिक प्रावधान के बिना राष्ट्रीय उद्यान के अंदर चराई पर प्रतिबंध लगाने का फैसला किया। इसके बाद कानून के अनुसार प्रतिबंध लगाने की कोशिश करने वाले उद्यान के अधिकारियों तथा अपने चारागाह के एकमात्र स्रोत का दावा करने वाले ग्रामीणों के बीच तनाव बढ़ता चला गया। दोनों गुटों के बीच निरंतर संघर्ष के परिणामस्वरूप एक बेहद दुखद घटना घटित हुई।

दिलचस्प बात यह है, उद्यान के पारिस्थितिक तंत्र पर चराई का प्रभाव स्पष्ट नहीं है। बॉम्बे नेचुरल हिस्ट्री सोसाइटी के एक दीर्घकालिक अध्ययन ने निष्कर्ष निकाला कि, चराई वर्तमान पारिस्थितिक तंत्र को बनाए रखने में मददगार है। भैंस घास के दलदल को साफ करते हैं, उनके गोबर उर्वरक प्रदान करते हैं, जानवर सूखी घास खाते हैं जिससे जंगल की आग के साथ-साथ खरपतवार भी नियंत्रित होते हैं, और कई पक्षियों इन पशुओं के पैरों के निशानों में अपना आसरा बनाते हैं।

केवलादेव राष्ट्रीय उद्यान की घटना ऐतिहासिक दृष्टि से महत्त्वपूर्ण, परंतु संरक्षित क्षेत्रों में संघर्ष आज भी जारी है। इसके कुछ उदाहरण नीचे दिए गए हैं।

राजस्थान के रणथंभौर राष्ट्रीय उद्यान में, स्थानीय मोगिया आदिवासियों को शिकारियों द्वारा मार्गदर्शक के तौर पर नियुक्त किया जाता है। मोगिया शिकार में माहिर होते हैं। यह समुदाय अपने भोजन के लिए जंगलों पर निर्भर था, और जंगली फलों एवं कंद-मूल को इक्ट्ठा करना इनके आजीविका का साधन था। उद्यान के लिए नियमों की घोषणा ने उनकी इस आजीविका को समाप्त कर दिया और उन्होंने शिकार के अपने कौशल का उपयोग करना शुरू कर दिया।

(भरतपुर उदाहरण के बारे में अधिक जानकारी के लिए देखें, सीएसई 1985, भारतीय पर्यावरण की स्थिति, 1984–85)

प्रबंधन प्रणाली का स्वरूप

स्वामित्व से संबंधित विवाद (कानूनी बनाम पारंपरिक), प्रबंधन, तथा जैविक संसाधनों के इस्तेमाल एवं उपभोग के विषय पर संघर्ष के कारण प्राकृतिक संसाधनों के अरक्षणीय दोहन को प्रोत्साहन देने वाली स्थिति उत्पन्न हो सकती है, जिससे जैव-विविधता का नुकसान होता है।

भारत में जैव-विविधता के लिहाज से अत्यंत महत्त्वपूर्ण क्षेत्रों को संरक्षित क्षेत्र का दर्जा दिया गया है, साथ ही इन क्षेत्रों के संरक्षण पर विशेष ध्यान दिया गया है। कानूनी तौर पर इन क्षेत्रों का संरक्षण केंद्र अथवा राज्य सरकार द्वारा आरक्षित वन, संरक्षित वन, राष्ट्रीय उद्यान एवं अभयारण्य के तौर पर किया जाता है। अतीत में इस प्रकार के क्षेत्रों के भीतर अथवा आसपास रहने वाले समुदायों ने इन क्षेत्रों का लाभ उठाया है। बदले में, उन्होंने इन क्षेत्रों के स्थानीय संरक्षक के रूप में काम किया है। हालाँकि, अपने पारंपरिक अधिकारों और लाभों में कटौती के साथ इन क्षेत्रों के भीतर और आसपास रहने वाले समुदायों को आश्चर्य हो रहा है, जो इन क्षेत्रों की सुरक्षा से लाभ उठाते हैं और बाहरी नियंत्रण एवं प्रबंधन के प्रति सतर्क हैं, जिस पर पारंपरिक रूप से उनका अधिकार था। भारत के कई संरक्षित क्षेत्रों में हितों का संघर्ष अब स्पष्ट तौर पर दिखाई दे रहा है।

अंतर्राष्ट्रीय व्यापार

अंतर्राष्ट्रीय बाजारों की मांग भी जैव-विविधता की स्थिति को प्रभावित कर सकती है। उदाहरण के तौर पर, अर्थव्यवस्था (निर्यात आधारित विकास) को बढ़ावा देने हेतु, निर्यात के लिए अधिक मात्रा में उत्पादन को ध्यान में रखते हुए बड़े-बड़े कृषि क्षेत्रों में एक ही प्रकार की फसल, जैसे कि केला, गन्ना या लुगदी वाले पेड़, इत्यादि लगाए जाने लगे हैं। झींगा और श्रिम्प का बढ़ता वैश्विक बाजार इसका एक अन्य उदाहरण है, जिसने एशिया की कई सरकारों को झींगा मछलियों के संवर्धन के अनुकूल नीतियों के निर्माण हेतु प्रोत्साहित किया है। झींगा संवर्धन का काम खारे पानी में किया जाता है। हालाँकि, यह ताजे पानी के अमूल्य संसाधनों का उपयोग करता है। इसके अलावा, व्यवसायिक पैमाने पर संवर्धन के बुनियादी ढांचे से पानी काफी प्रदूषित हो जाता है, जिसे ज्वारनदमुख (नदी के मुहाने) पर छोड़ दिया जाता है। इसके परिणामस्वरूप, मछलियों के प्राकृतिक आवास माने जाने वाले मैंग्रोव नष्ट हो जाते हैं। प्राकृतिक परिवेश के इस नुकसान की कीमत उस क्षेत्र के पेड़-पौधों एवं जीव-जंतुओं की प्रजातियाँ के साथ-साथ स्थानीय लोगों को भी चुकानी पड़ती है, जो मछली के प्रोटीन, आजीविका तथा जंगल से प्राप्त अन्य सामग्रियों के लिए मैंग्रोव पारिस्थितिकी तंत्र पर निर्भर हैं।

मांग में निरंतर वृद्धि

मानव जनसंख्या में अभूतपूर्व वृद्धि के साथ-साथ समृद्ध लोगों और देशों की भौतिकवादी जीवनशैली ने जैव-विविधता को बुरी तरह प्रभावित किया है। खाद्यान्नों और भूमि की मांग में वृद्धि, खनिज पदार्थों एवं अन्य गैर-नवीकरणीय संसाधनों की अत्यधिक खपत तथा ऊर्जा का अत्यधिक प्रयोग एवं बर्बादी ने इस समस्या को और भी बढ़ा दिया है।

इनमें से कई कारकों ने विकास की बढ़ती आवश्यकताओं तथा जैव-विविधता को संरक्षित करने की ज़रूरत के बीच संतुलन स्थापित करने की जटिलता को उजागर किया है। आर्थिक विकास के लिए चिंतित होना जायज़ है। और फिर, अगर संसाधन, जिस पर विकास निर्भर है, नष्ट हो जाए तो इस प्रकार का विकास संवहनीय नहीं हो सकता है। विकास हेतु योजना निर्माण के समय इस बात पर अवश्य ध्यान देना चाहिए कि, अंततः इसकी सफलता पारिस्थितिक, सामाजिक और आर्थिक स्थायित्व पर निर्भर है। अपने जीवन यापन के तरीकों तथा उपभोग के तरीकों पर पुनर्विचार करना सबसे बड़ी चुनौती है।

जैव-विविधता का संरक्षण

अब लोगों ने इस बात को समझ लिया है कि, जैव-विविधता एक ऐसी वैश्विक निधि है, जिसे किसी भी प्रकार से खरीदा नहीं जा सकता है। अब यह बात भी स्पष्ट हो चुकी है कि, इस अमूल्य विरासत को खतरनाक दर से नष्ट किया जा रहा है। सौभाग्यवश, समय रहते इस समस्या के समाधान हेतु अंतर्राष्ट्रीय एवं राष्ट्रीय स्तर पर कई तरह के उपाय किए जा रहे हैं। संरक्षण से जुड़ी कुछ रणनीतियों पर नीचे चर्चा की गई है।

संरक्षण हेतु राष्ट्रीय रणनीतियाँ

राष्ट्रीय स्तर पर जैव-विविधता के संरक्षण के लिए कई उपाय किए जा रहे हैं।

विधि निर्माण: भारत में जैव-विविधता के संरक्षण से संबंधित कई अधिनियम लागू हैं।

पर्यावरण संरक्षण अधिनियम, 1986, पर्यावरण की सुरक्षा के सामान्य उपायों से संबंधित है, जैसे कि निर्दिष्ट क्षेत्रों में औद्योगिक एवं अन्य प्रक्रियाओं अथवा गतिविधियों पर प्रतिबंध। यह खतरनाक पदार्थों के विनिमाण, उपयोग, फैंकने और स्थानांतरण को प्रतिबंधित एवं नियंत्रित करता है।

मत्स्य पालन अधिनियम, 1897, मछली पकड़ने के लिए विस्फोटकों एवं जहरीले पदार्थों के इस्तेमाल को प्रतिबंधित करता है। यह निजी जलक्षेत्रों में मछली पकड़ने की गतिविधि को भी विनियमित करता है।

वन अधिनियम, 1927, आरक्षित, संरक्षित एवं ग्रामीण वन्यक्षेत्रों की स्थापना और इनके प्रबंधन से संबंधित है, साथ ही यह जंगल से चयनित उत्पादों की बिक्री के तरीके एवं उनकी कीमतों को भी नियंत्रित करता है।

वन (संरक्षण) अधिनियम, 1980, मुख्यतः वन भूमि के गैर-वन्य उपयोग को प्रतिबंधित अथवा विनियमित करने से संबंधित है।

वन्यजीव (संरक्षण) अधिनियम, 1972; वन्यजीव (संरक्षण) संशोधन अधिनियम, 1991; तथा वन्यजीव (संरक्षण) संशोधन अधिनियम, 2002, वन्यजीवों के शिकार पर प्रतिबंध एवं निषेध के साथ-साथ निर्दिष्ट वनस्पतियों की सुरक्षा से संबंधित है। इन अधिनियमों के अंतर्गत अभयारण्यों तथा राष्ट्रीय उद्यानों की स्थापना और प्रबंधन के अलावा केन्द्रीय प्राणि-उद्यान प्राधिकरण की स्थापना, प्राणि-उद्यानों एवं वहां मौजूद जीव-जंतुओं के अभिजनन पर नियंत्रण को भी शामिल किया गया है। ये अधिनियम जंगली जानवरों, जानवरों के अंगों से निर्मित सामग्रियों तथा उनके अंगों का ट्रॉफियों के तौर पर व्यापार और वाणिज्य को नियंत्रित भी करते हैं।

जैव-विविधता अधिनियम, 2002, को लंबी परिचर्चा और दीर्घकालिक सार्वजनिक बहस के बाद अंतिम रूप दिया गया है, जो जैव-विविधता के अंतर्राष्ट्रीय सम्मेलन पर भारत की अनुवर्ती कार्रवाई का हिस्सा है। इस अधिनियम के तहत एक राष्ट्रीय जैव-विविधता प्राधिकरण (एनबीए) का गठन किया गया है, जो विदेशों में आनुवंशिक संसाधनों के हस्तांतरण के लिए प्रस्ताव पेश करेगा, और भारत से किसी भी अन्य देश में है अनुवांशिक सामग्रियों को भेजने के लिए एक उपयुक्त प्रणाली की स्थापना करेगा। इससे यह सुनिश्चित होगा कि, देश के बाहर जाने वाली सभी अनुवांशिक सामग्रियों को अभिलेखबद्ध किया जाए। एनबीए केंद्र सरकार को जैव-विविधता के संरक्षण एवं संवहनीय उपयोग के साथ-साथ जैव-विविधता के उपयोग से उत्पन्न होने वाले लाभों को पारंपरिक समुदायों के साथ साझा करने के संबंध में भी सलाह देगा, क्योंकि इस प्रकार के समुदाय ही इसके पारंपरिक संरक्षक हैं।

राष्ट्रीय जैव-विविधता रणनीति एवं कार्य योजना (एनबीएसएपी): जैव-विविधता पर अंतर्राष्ट्रीय सम्मेलन के प्रति भारत की प्रतिबद्धता के एक हिस्से के तौर पर वर्ष 1999 के अंत में पर्यावरण एवं वन मंत्रालय (एमओईएफ), भारत सरकार द्वारा इस योजना की शुरुआत की गई थी। इसका व्यापक उद्देश्य एक व्यवहार्य कार्य योजना तैयार करना था, जो भारतीय जैव-विविधता के संरक्षण के साथ-साथ इसके स्थायी उपयोग एवं लाभों को समान रूप से साझा करने में सक्षम हो - जो जैव-विविधता पर अंतर्राष्ट्रीय सम्मेलन के मुख्य सिद्धांत हैं। देश या उसके भीतर के किसी भी क्षेत्र की पारिस्थितिक सुरक्षा, तथा जैव-विविधता एवं इसके घटकों पर आश्रित रहने वाले लोगों के आजीविका की सुरक्षा, इस योजना की दो आवश्यक शर्तें हैं।

एनबीएसएपी भारत की सबसे बड़ी सहभागिता योजनाओं में से एक है, जिसमें देश के विभिन्न हिस्सों के कई हजार लोगों ने भाग लिया है। इस प्रक्रिया के माध्यम से विभिन्न स्तरों पर सभी प्रासंगिक हितधारकों को शामिल करने का प्रयास किया गया है। यह इस बात को ध्यान में रखते हुए किया गया था कि, भारत में लाखों लोग जैव-विविधता का उपयोग करते हैं और कई लोग इसके संरक्षण में भी शामिल हैं। योजना निर्माण की अधिकांश प्रक्रियाओं में इन लोगों को कभी शामिल नहीं किया गया है। इस मामले में बैठकों, कार्यशालाओं, संगोष्ठियों, सार्वजनिक सुनवाई के साथ-साथ इस उद्देश्य के लिए आयोजित उत्सवों के माध्यम से सार्वजनिक भागीदारी को प्रोत्साहन दिया गया। इन प्रयासों के बाद कार्य योजनाओं की एक श्रृंखला तैयार की गई। राष्ट्रीय योजना के अंतर्गत इन सभी तत्वों को शामिल करने का प्रयास किया गया है।

स्वस्थानी संरक्षण: यूएनईपी (संयुक्त राष्ट्र पर्यावरण कार्यक्रम) द्वारा स्वस्थानी संरक्षण को परिभाषित करते हुए कहा गया है कि, इसका तात्पर्य 'पारिस्थितिक तंत्र और प्राकृतिक निवास के संरक्षण तथा प्राकृतिक परिवेश में प्रजातियों की व्यवहार्य आबादी की देखभाल एवं पुनः प्राप्ति से है।' यह संरक्षण की एक प्रभावी रणनीति है क्योंकि यह पारिस्थितिक तंत्रों और प्रजातियों के अपने

प्राकृतिक परिस्थितियों में रखरखाव को सुनिश्चित करता है। भारत ने जैव-विविधता के क्षेत्र में स्वस्थानी संरक्षण के लिए कई कदम उठाए हैं।

भारत में संरक्षित क्षेत्रों के नेटवर्क के माध्यम से स्वस्थानी वन्य जैव-विविधता संरक्षण के लिए प्रयास किये गए हैं। भारत में विधिक प्रणाली के माध्यम से दो प्रकार के संरक्षित क्षेत्रों को मान्यता दी गई है; राष्ट्रीय उद्यान, तथा वन्यजीव अभयारण्य। राष्ट्रीय उद्यानों को कानून द्वारा संरक्षित किया जाता है। उद्यानों के भीतर किसी भी मानव आवास, निजी जमीन अथवा जलाऊ लकड़ियों को इकट्ठा करना या चराई जैसी पारंपरिक मानवीय गतिविधियों को अनुमति नहीं दी जाती है। अभयारण्यों को भी संरक्षित किया जाता है, लेकिन इन क्षेत्रों में कुछ गतिविधियों, जैसे कि लकड़ियों को इकट्ठा करना और पशुचारण की अनुमति दी जाती है।

वर्ष 1936 में कॉर्बेट राष्ट्रीय उद्यान की स्थापना, इस दिशा में पहला कदम था। वर्ष 2003 के आंकड़ों के अनुसार, भारत में 89 राष्ट्रीय उद्यान और 500 वन्यजीव अभयारण्य हैं, जो 156,000 वर्ग किमी, या देश के 5 प्रतिशत भू-भाग पर फैले हुए हैं। इन संरक्षित क्षेत्रों ने प्राकृतिक परिवेश एवं उनके जैव-विविधता के संरक्षण में मदद की है।

पशुओं की कुछ विशिष्ट प्रजातियों को संरक्षित करने के लिए कई विशेष परियोजनाओं का शुभारंभ किया गया हैं, जिनकी सुरक्षा हेतु सशक्त प्रयास किए जाने की आवश्यकता है। इन परियोजनाओं को प्राकृतिक आवास के सुरक्षा एवं संरक्षण के माध्यम से स्वस्थानी प्रजातियों बचाने के लिए तैयार किया गया है। बाघ परियोजना और हाथी परियोजना, ऐसे ही दो प्रमुख पहल हैं। अन्य प्रजातियों के संरक्षण हेतु प्रयासों में, वर्ष 1976 में प्रारंभ की गई 'मगरमच्छ प्रजनन एवं प्रबंधन परियोजना' शामिल है, जिसका

चित्र 3.3   बाघ परियोजना से न केवल बाघों की रक्षा करने में मदद मिली है, बल्कि इससे भारतीय बाघ अभयारण्यों में अन्य जंगली जीव भी सुरक्षित हुए हैं।

संचालन वर्तमान में 16 अभयारण्यों में किया जा रहा है; साथ ही गुजरात में गिर शेर अभयारण्य परियोजना का संचालन किया जा रहा है, जिसका उद्देश्य एशियाई शेरों को बचाना है, जो कभी भारतीय उपमहाद्वीप के उत्तरी एवं मध्य भागों के बड़े हिस्से पर विचरण करते थे, लेकिन आज इनकी गिनती भारत के संकटग्रस्त पशुओं की प्रजाति में होती है।

कई गैर-सरकारी संगठन भी जीव-जंतुओं एवं वनस्पतियों की जंगली प्रजातियों के संरक्षण में शामिल हैं। उदाहरण के लिए, डब्ल्यूडब्ल्यूएफ इंडिया द्वारा बाघों एवं इसके प्राकृतिक परिवेश की सुरक्षा के लिए एक विशेष कार्यक्रम का संचालन किया जा रहा है। वर्ष 1998 में उड़ीसा में ऑलिव रिडले समुद्री कछुओं के संरक्षण के लिए 'ऑपरेशन कच्छप' की शुरुआत की गई थी। इसका संचालन भारतीय वन्यजीव संरक्षण संस्था (नई दिल्ली) द्वारा किया गया, जिसमें सरकारी विभागों के साथ-साथ एनजीओ ने भी सहयोग दिया।

औषधीय पेड़-पौधों के संरक्षण हेतु, फाउंडेशन फॉर द रिवाइटलाइजेशन ऑफ लोकल हेल्थ ट्रेडिशंस (एफआरएलएचटी) के सहयोग से आंध्र प्रदेश, कर्नाटक, केरल, महाराष्ट्र और तमिलनाडु के वन विभागों ने 54 वन्यक्षेत्रों को औषधीय वनस्पति संरक्षण क्षेत्र (एमपीसीए) के तौर पर चिह्नित किया है, जिनमें से प्रत्येक का क्षेत्रफल 200 से 540 हेक्टेयर है। इस प्रकार के एमपीसीए, उन इलाकों के सभी प्रकार के जंगलों तथा जलवायु क्षेत्रों का प्रतिनिधित्व करते हैं, और विलुप्तप्राय औषधीय पौधों की कई प्रजातियों को संरक्षण देते हैं।

मेघालय की गारो पहाड़ियों में सिट्रस (नींबू वंश) जीन अभयारण्य की स्थापना की गई है। इसका उद्देश्य, नींबू वंश की जंगली तथा उगाई गई प्रजातियों/ किस्मों और अन्य उपयोगी पौधों का संरक्षण करना है, जैसे कि सिट्रस इंडिका (जंगली नींबू की एक किस्म)।

कृषि जैव-विविधता के संरक्षण की दिशा में भी कई कदम उठाए गए हैं। बीज बचाओ आंदोलन इसका एक उदाहरण है। गढ़वाल हिमालय क्षेत्र में यह आंदोलन चलाया गया था, ताकि स्वदेशी बीजों को उन्नत एवं संकर किस्मों के बीजों द्वारा नष्ट होने से बचाया जा सके। यह बीज एवं कृषि पद्धतियों के संरक्षण पर बल देता है, जो इस क्षेत्र में पारंपरिक रूप से मौजूद थे। इस आंदोलन ने सैकड़ों स्वस्थानी एवं स्वदेशी बीजों की किस्मों को संरक्षित करने में सफलता पाई, जिसके अंतर्गत विभिन्न प्रकार की 40 फसलें, तिलहन, औषधीय पौधे तथा सब्जियाँ शामिल हैं। वर्तमान में यह आंदोलन उस क्षेत्र के कई गांवों में फैल चुका है और अब इसका नेटवर्क काफी विस्तृत है।

भारत में कई समुदायों के बीच विभिन्न स्वरूपों में प्रकृति की पूजा-अर्चना प्रचलित है। सांस्कृतिक और/ या धार्मिक कारणों से जंगलों के कई हिस्से (पवित्र वाटिका), जलस्रोत (पवित्र तालाब, झील, इत्यादि) तथा कई प्राकृतिक भू-भागों के संरक्षण की परंपरा कायम हुई है। प्राकृतिक परिवेश के संरक्षण की इस सदियों पुरानी परंपरा के कारण, इन पवित्र क्षेत्रों में दुर्लभ एवं लुप्तप्राय प्रजातियों का संरक्षण संभव हो पाया है। भारत में इस प्रकार के लगभग 14,000 पवित्र वन-क्षेत्र मौजूद है।

गैर-स्थानिक प्रजातियों का संरक्षण: प्राकृतिक परिवेश में बाहर से आए जीव-जंतुओं एवं पेड़-पौधों की प्रजातियों के संरक्षण की भी आवश्यकता है, इसलिए गैर-स्थानिक प्रजातियों का संरक्षण प्रासंगिक है। प्राणी उद्यानों तथा वनस्पति उद्यानों अथवा वन संस्थानों एवं कृषि अनुसंधान केंद्रों के माध्यम से ऐसा किया जा सकता है। गैर-स्थानिक पौधों एवं पशु प्रजातियों के संरक्षण के कई उदाहरण हैं।

ऑर्किड-समृद्ध क्षेत्रों में कई ऑर्किड अभयारण्य और ऑर्किड-आलय स्थापित किए गए हैं, जैसे कि हिमालय का तराई क्षेत्र, पश्चिमी घाट, पश्चिमी तटीय क्षेत्र और दक्षिण भारत की पहाड़ियाँ।

वर्ष 1978 में स्थापित आयुर्वेद एवं सिद्धा अनुसंधान परिषद (सीसीआरएएस) ने पूरे देश में लगभग 135 एकड़ क्षेत्र में पांच औषधीय उद्यानों के माध्यम से औषधीय पौधों की खेती को प्रोत्साहन दिया है।

पिग्मी हॉग संसार में जंगली सूअर की सबसे छोटी और दुर्लभ प्रजाति है। जंगलों में इस प्रजाति की बेहद काफी कम आबादी अस्तित्व में है यह लगभग विलुप्त होने के कगार पर है। असम के मानस राष्ट्रीय उद्यान में इसकी छोटी आबादी मौजूद है। पिग्मी हॉग संरक्षण कार्यक्रम (पीएचसीपी), सरकार और अंतर्राष्ट्रीय विशेषज्ञों के समूह के सहयोग से चलाया जाने वाला एक कार्यक्रम है, जिसके माध्यम से पिग्मी हॉग के सफलतापूर्वक प्रजनन तथा उसके बाद जंगलों में छोड़ने का सफलतापूर्वक प्रयास किया जाता है, ताकि उसे विलुप्त होने से बचाया जा सके।

मद्रास मगरमच्छ बैंक (एमसीबी) एशिया का सबसे पहला मगरमच्छ प्रजनन केंद्र था। स्थापना के बाद से ही इस केंद्र ने विभिन्न राज्यों के वन विभागों को अपने-अपने संग्रहण कार्यक्रमों और प्रजनन केंद्रों के निर्माण के लिए 1,500 मगरमच्छों तथा सैकड़ों अंडों की आपूर्ति की है।

भारत सरकार द्वारा विभिन्न फसलों, पशुओं, पक्षियों और मछलियों की प्रजातियों की आनुवंशिक सामग्रियों के संचय एवं संरक्षण की दिशा में काफी प्रयास किए जा रहे हैं। यह काम कुछ संस्थानों द्वारा किया जा रहा है, जैसे कि राष्ट्रीय पादप आनुवंशिक संसाधन ब्यूरो (एनबीपीजीआर), नई दिल्ली, तथा राष्ट्रीय पशु आनुवंशिक संसाधन ब्यूरो (एनबीएजीआर), करनाल।

स्वदेशी ज्ञान का प्रसार

सैकड़ों ऐसे ग्रामीण समुदाय मौजूद हैं, जिनका जीवन अपने पर्यावरण के साथ जुड़ा हुआ है, क्योंकि वे अपनी तात्कालिक आवश्यकताओं की पूर्ति के लिए इन संसाधनों पर निर्भर हैं। इन समुदायों के पास स्थानीय वनस्पतियों एवं जीव-जंतुओं से संबंधित ज्ञान का समृद्ध भंडार मौजूद है, जो जैव-विविधता संरक्षण के लिए बहुत महत्त्वपूर्ण है। इस प्रकार का ज्यादातर ज्ञान मौखिक रूप से एक पीढ़ी से दूसरी पीढ़ी तक पहुंचता है। स्वदेशी ज्ञान के ऐसे समृद्ध भंडार के नष्ट होने से पहले इन्हें लिपिबद्ध एवं संरक्षित किए जाने की आवश्यकता है। कई संगठनों ने इस बात की आवश्यकता महसूस की है, जो इस प्रकार के ज्ञान को लिपिबद्ध करने एवं भावी पीढ़ियों के लिए संरक्षित करने का काम कर रहे हैं।

जनसामान्य की जैव-विविधता पंजी

वर्ष 2002 में भारत में जैविक विविधता अधिनियम तैयार किया गया था, जिसके माध्यम से लोगों के पारंपरिक ज्ञान को लिपिबद्ध एवं संरक्षित करने से संबंधित चुनौतियों को दूर करने का प्रयास किया जाता है। जनसामान्य की जैव-विविधता पंजी (पीबीआर) इस दिशा में एक कदम है, जहां प्रशिक्षित वैज्ञानिक स्थानीय समुदायों के साथ मिलकर स्वदेशी स्थानीय वनस्पतियों एवं जीवों के अलावा इन से संबंधित स्वदेशी ज्ञान को लिपिबद्ध करते हैं। वास्तव में पीबीआर जैव-विविधता सूचना प्रणाली के विकास का एक माध्यम है। इस प्रकार के दस्तावेजों के निर्माण में विभिन्न क्षेत्रों के विशेषज्ञों के साथ-साथ आधुनिक युग के वैज्ञानिकों, पारंपरिक चिकित्सकों और स्थानीय विशेषज्ञों के सहयोग की आवश्यकता होती है। पीबीआर के माध्यम से लोक विज्ञान के क्षेत्र में उपलब्ध जानकारी को व्यवस्थित करने का प्रयास किया जाता है। इस प्रकार की प्रणाली का श्रेय उन सूचना प्रदाताओं एवं पारंपरिक चिकित्सकों को जाता है, जो इस ज्ञान का उपयोग करते हैं। पारंपरिक और स्थानीय ज्ञान के दस्तावेजीकरण की प्रक्रिया पहले से चली आ रही है, और अब तक हजारों की संख्या में पीबीआर को लिपिबद्ध किया जा चुका है। कुछ स्थानों पर महाविद्यालय के छात्रों को भी प्रशिक्षित किया गया है और वे भी पीबीआर को लिपिबद्ध करने में योगदान दे रहे हैं।

जैव-विविधता संरक्षण में समुदाय की भागीदारी

इस बात को स्पष्ट तौर पर स्वीकार किया जा चुका है कि, संरक्षण कार्यक्रमों हेतु योजना निर्माण, प्रबंधन एवं निगरानी में समुदायों को शामिल नहीं किए जाने की स्थिति में कोई भी प्रावधान प्रभावी नहीं हो सकता है। इस दिशा में सरकारी एवं गैर-सरकारी संगठनों द्वारा प्रयास किए जा रहे हैं।

संयुक्त वन प्रबंधन (जेएफएम): जेएफएम स्थानीय समुदायों के सहयोग से जंगलों को पुनर्जीवित करने और संवहनीयता के साथ इसके उपयोग को प्रोत्साहन देने की दिशा में सरकार का सबसे बड़ा प्रयास है। यह 1990 में शुरू की गई एक वन-प्रबंधन रणनीति है, जिसमें वन विभाग और ग्रामीण समुदाय साथ मिलकर गांवों के निकटवर्ती निम्नीकृत जंगल भूमि का संरक्षण एवं प्रबंधन करते हैं। वे इस सुरक्षा के बाद प्राप्त होने वाले लाभों को साझा करने के लिए सहमत हैं। ग्राम समुदाय एक संस्था के माध्यम से प्रतिनिधित्व करता है, जिसे

आमतौर पर वन संरक्षण समिति (एफपीसी) कहा जाता है। वर्ष 2013 में 27 राज्यों ने जेएफएम को अंगीकृत किया था, और इनके माध्यम से 63,000 से अधिक एफपीसी के अंतर्गत आने वाले लगभग 14 मिलियन हेक्टेयर वन्य भूमि का प्रबंधन किया जा रहा है।

भारत की पर्यावरण-विकास परियोजनाएँ: कुछ चुनिंदा संरक्षित क्षेत्रों के निकटवर्ती इलाकों में इस परियोजना का संचालन किया जाता है, जिसके माध्यम से ग्रामीणों को विकल्प उपलब्ध कराते हुए संरक्षित क्षेत्रों में चराई, जलाऊ लकड़ियों के संग्रह, चारे तथा लकड़ी के अलावा अन्य वन्य उत्पादन के संग्रह के जैविक दबाव को कम करने का प्रयास किया जाता है। इस योजना में गांवों का प्रतिनिधित्व उनकी पारिस्थितिकी विकास समितियों (ईडीसी) के माध्यम से किया जाता है। ईडीसी ग्रामीणों के लिए आवश्यक विकल्प के संदर्भ में निर्णय लेते हैं, और तदनुसार योजनाएँ तैयार की जाती हैं।

यह बात स्पष्ट हो चुकी है कि, संरक्षण रणनीतियों की सफलता के लिए इसमें स्थानीय समुदायों की भागीदारी एवं विश्वास आवश्यक है। भारत में हजारों की संख्या में ऐसे समुदाय-संरक्षित क्षेत्र मौजूद हैं, जहां के स्थानीय समुदाय सरकारी या कानूनी सहायता के बगैर जैव-विविधता का निरंतर संरक्षण कर रहे हैं।

आजीविका को संरक्षण के साथ जोड़ना

भारत जैसे देश में, जहां आज भी हजारों की संख्या में लोग अपनी आजीविका की जरूरतों को पूरा करने के लिए जंगलों, ताजा पानी के स्रोतों एवं समुद्री संसाधनों पर निर्भर हैं, संरक्षण से संबंधित किसी भी रणनीति के लिए यह सुनिश्चित किया जाना चाहिए कि, स्थानीय लोगों को उस क्षेत्र की जैव-विविधता का निरंतर लाभ मिलता रहे। जेएफएम और पर्यावरण विकास जैसी परियोजनाओं के रूप में सरकार निरंतर प्रयास कर रही है।

जैव-विविधता संरक्षण और आजीविका के बीच का संबंध आज भी कमजोर है। इसके सुदृढ़ीकरण हेतु कई प्रश्नों के उत्तर दिए जाने की आवश्यकता है। पहला प्रश्न, किस प्रकार यह सुनिश्चित किया जाएगा कि इससे लोग लाभान्वित होंगे? दूसरा प्रश्न, हम यह किस प्रकार सुनिश्चित करेंगे कि लोगों को लाभ मिलने की स्थिति में यह क्षेत्र संरक्षित बना रहेगा और इसे नष्ट नहीं किया जाएगा? तीसरा प्रश्न, हम यह किस प्रकार सुनिश्चित करेंगे कि इन क्षेत्रों से लाभान्वित होने वाले लोगों द्वारा इसके संरक्षण हेतु प्रयास किए जाएँगे? इन प्रश्नों के उत्तर को ध्यान में रखते हुए कुछ परियोजनाओं को तैयार करने की दिशा में प्रयास किए गए हैं। (बॉक्स देखें, एनटीएफपी बिलगिरि रंगन पर्वतमाला)

बिलगिरि रंगन पर्वतमाला, कर्नाटक में एनटीएफपी

पूर्वी और पश्चिमी घाटों के संगम स्थल पर बिलगिरि रंगास्वामी (बीआर) मंदिर अभयारण्य है। इस क्षेत्र में विभिन्न प्रकार की वनस्पतियाँ एवं जीव-जंतु पाए जाते हैं और यह गैर-लकड़ी वन्य उत्पाद (एनटीएफपी) में भी समृद्ध है। यह अभयारण्य सोलिगास नामक स्वदेशी जनजाति का निवास स्थान भी है, जिनकी संख्या लगभग 4,000 है। अतीत में स्थानांतरित कृषि एवं शिकारी-संग्राहक के तौर पर जीवन यापन करने वाले सोलिगास अब सीमित एनटीएफपी पर भरोसा करते हैं, जिसे वे अभयारण्य से एकत्र करते हैं।

बायोडायवर्सिटी कंजर्वेशन नेटवर्क (बीसीएन) नामक अंतर्राष्ट्रीय एजेंसी की सहायता से संचालित एक परियोजना, तीन अलग-अलग वन उत्पादों के स्थायी निष्कर्षण और स्थानीय प्रसंस्करण पर ध्यान देता है: (i) आंवला (फ़िलेंथस ऑफिसिनलिस), (ii) जंगली शहद, और (iii) कुछ चुनिंदा औषधीय पौधों की आयुर्वेदिक सामग्रियां। आंवला (अचार और जैम के रूप में), शहद और कुछ आयुर्वेदिक उत्पादों के प्रसंस्करण एवं विपणन ने सोलिगास की आय में वृद्धि करने में मदद की है।

अशोका ट्रस्ट फॉर रिसर्च इन इकोलॉजी एंड द एनवायरनमेंट (एटीआरईई) के माध्यम से इस परियोजना का संचालन किया जा रहा है। इस परियोजना में सोलिगास के आय के स्तर को बढ़ाने पर विचार किया जाता है, साथ ही जंगलों के संरक्षण में उनकी भागीदारी को प्रोत्साहन दिया जाता है तथा इस बात पर भी ध्यान दिया जाता है कि वे किस प्रकार अपेक्षाकृत गैर-विनाशकारी तरीके से इन वन्य उत्पादों के कटाई की निगरानी कर सकते हैं।

संरक्षण और स्वदेशी ज्ञान से प्राप्त लाभों का न्यायोचित तरीके से साझाकरण

जैव-विविधता के संसाधनों से प्राप्त लाभों का स्थानीय समुदायों तक न्यायोचित तरीके से प्रवाह सुनिश्चित करना, भारत जैसे एक बड़े देश के लिए बेहद चुनौतीपूर्ण है। कई वर्षों से बड़ी-बड़ी दवा कंपनियाँ, औषधीय स्रोतों के तौर पर वनस्पतियों एवं जीव-जंतुओं का पता लगाने के लिए विश्व के विभिन्न हिस्सों का अन्वेषण कर रही हैं, जिसके लिए स्थानीय ज्ञान का भरपूर उपयोग किया जाता है। उन्होंने इन संसाधनों पर आधारित दवाओं का भी उत्पादन किया है। दुर्भाग्यवश, उनके स्थानीय ज्ञान को कभी स्वीकृति नहीं मिली, साथ ही इन उत्पादों की बिक्री से स्थानीय समुदायों को भी कोई लाभ नहीं मिला है। अब यह सुनिश्चित करने का प्रयास किया जा रहा है कि, स्थानीय समुदायों को भी अपने ज्ञान के उपयोग का लाभ प्राप्त हो। भारत में इस दिशा में किए गए पहले प्रयास का विवरण नीचे के बॉक्स में दिया गया है।

कानी-टीबीजीआरआई मॉडल

वर्ष 1987 में, उष्णकटिबंधीय वनस्पति उद्यान एवं अनुसंधान संस्थान (टीबीजीआरआई) के वैज्ञानिकों की एक टीम, दक्षिण-पश्चिमी घाट में स्थित अगस्त्य पहाड़ियों में मानव-वनस्पति विज्ञान हेतु स्थानीय दौरे पर थी। इस दौरान उन्होंने देखा कि कानी जनजाति (उस क्षेत्र की एक स्थानीय जनजाति) के लोग, जो इस यात्रा में उनके साथ थे, एक स्फूर्तिदायक फल का सेवन कर रहे थे। कानी जनजाति के लोगों के साथ काफी देर तक विचार-विमर्श एवं यह आश्वासन प्राप्त करने के बाद कि इस फल से संबंधित जानकारी का दुरुपयोग नहीं किया जाएगा, वैज्ञानिकों ने उसके गुणों के विश्लेषण हेतु अपने साथ फल ले जाने की अनुमति प्राप्त की।

विश्लेषण से यह पता चला कि, स्थानीय लोगों के बीच आरोग्यपाचा नाम से मशहूर इस फल में 'तनाव-रोधी' गुण पाए जाते हैं। इस फल से 12 सक्रिय तत्वों को अलग करने तथा पेटेंट हेतु आवेदनपत्र दाखिल करने के बाद, टीबीजीआरआई ने जीवनी नामक एक दवा कंपनी की स्थापना की। वर्ष 1995 में, आर्य वैद्य फार्मेसी (कोयंबटूर) लिमिटेड को इस दवा के निर्माण का लाइसेंस दिया गया। टीबीजीआरआई द्वारा यह निर्धारित किया गया कि, कानी जनजाति के लोगों को दवा की बिक्री से प्राप्त राजस्व का 50% हिस्सा दिया जाएगा। वर्ष 1997 में टीबीजीआरआई ने आदिवासियों को केरल कानी समुदाय केशमा ट्रस्ट के पंजीकरण में सहायता प्रदान की। लाइसेंस शुल्क के तौर पर प्राप्त राशि का 50% हिस्सा ट्रस्ट को स्थानांतरित कर दिया गया। अब इस पैसे के इस्तेमाल पर निर्णय लेने का अधिकार ट्रस्ट के पास था। इस प्रकार के लाभ-साझाकरण समझौते को लागू करने में कई चुनौतियाँ सामने आईं। हालाँकि, यह भारत में अपनी तरह का पहला प्रयास है।

अंतर्राष्ट्रीय संरक्षण रणनीतियाँ

जैव-विविधता के संरक्षण का मुद्दा, किसी एक देश या समुदाय तक ही सीमित नहीं है। आज यह पूरे विश्व के लिए चिंता का विषय बन चुका है, क्योंकि एक देश की जैव-विविधता का सीधा प्रभाव दूसरे देश पर भी पड़ता है। वन्य क्षेत्र से समृद्ध एक देश, भूमंडलीय तापन के प्रभाव को कम करने में मदद कर सकता है। एड्स या कैंसर का इलाज किसी देश के समुद्र या जंगल में मौजूद हो सकता है, लेकिन यह दुनिया के कई हिस्सों में रहने वाले लोगों को इस बीमारी से छुटकारा दिला सकता है।

जैव-विविधता के संरक्षण के प्रति अंतर्राष्ट्रीय भागीदारी एवं प्रतिबद्धता के सशक्तिकरण के प्रयास के लिए अंतर्राष्ट्रीय स्तर पर कई संधियाँ एवं समझौते किए गए हैं (परिशिष्ट 2 देखें)। ऐसा इसलिए है, क्योंकि कुछ ऐसी समस्याएँ भी मौजूद हैं जिनका समाधान सभी देशों के एकजुट होकर काम करने के बाद ही संभव है। अंतर्राष्ट्रीय समझौतों और संधियों से ऐसी समस्याओं से निपटने में मदद मिलती है।

उदाहरण के लिए, जंगली जीवों एवं वनस्पतियों के अवैध व्यापार का मुद्दा राजनीतिक सीमाओं के दायरे में आता है, और अंतर्राष्ट्रीय समझौतों के माध्यम से ही इसे बेहतर ढंग से दूर किया जा सकता है। स्पष्ट तौर पर यह राष्ट्रीय कानूनों से ऊपर है। कुछ अंतर्राष्ट्रीय समझौतों का संक्षिप्त विवरण नीचे दिया गया है:

जैविक विविधता पर आयोजित सम्मेलन: वर्ष 1992 में ब्राजील के रियो डी जनेरियो में पर्यावरण एवं विकास पर संयुक्त राष्ट्र सम्मेलन (पृथ्वी शिखर सम्मेलन) के दौरान इस संधिपत्र पर हस्ताक्षर किए गए। यह जैव-विविधता के संरक्षण के साथ-साथ जैविक संसाधनों के स्थायी उपयोग और इसके इस्तेमाल से होने वाले लाभों के समान रूप से साझाकरण पर केंद्रित है। सदस्य देशों ने इस संधिपत्र पर हस्ताक्षर करके जैव-विविधता के संरक्षण एवं संसाधनों के स्थायी उपयोग के लिए विकासशील रणनीतियों के निर्माण के साथ-साथ जैव विविधता के मुद्दों को राष्ट्रीय योजनाओं, कार्यक्रमों एवं नीतियों में शामिल करने सहित अन्य गतिविधियों के प्रति अपनी प्रतिबद्धता प्रकट की है। राष्ट्रीय एवं अंतर्राष्ट्रीय स्तर पर जैव-विविधता के संरक्षण के लिए यह सर्वाधिक महत्त्वपूर्ण सम्मेलन रहा है।

वनस्पतियों एवं जीव-जंतुओं की संकटग्रस्त प्रजातियों के अंतर्राष्ट्रीय व्यापार पर सम्मेलन (सीआईटीईएस): वास्तव में यह एक अंतर्राष्ट्रीय संधि है, जिसे अंतर्राष्ट्रीय व्यापार से प्रभावित जंगली पौधों एवं जीव-जंतुओं की रक्षा के लिए तैयार किया गया है। वर्ष 1975 से लागू की गई इस संधि के माध्यम से संकटग्रस्त एवं विलुप्तप्राय वन्यजीवों के निर्यात, आयात और पुन: निर्यात को नियंत्रित किया जाता है। आज, इस संधिपत्र के जरिए 30,000 से अधिक प्रजातियों के पेड़-पौधों एवं जीव-जंतुओं को सुरक्षा प्रदान की जाती है, जिनका कारोबार सजीव नमूने के तौर पर, या फिर कोट के लिए या सूखी जड़ी-बूटियों के तौर पर किया जाता है।

अंतर्राष्ट्रीय महत्त्व की आर्द्रभूमि पर सम्मेलन: वर्ष 1971 में रामसर (ईरान) में हस्ताक्षर किए गए और दिसंबर 1975 में लागू किये गए इस सम्मेलन को रामसर सम्मेलन के नाम से भी जाना जाता है। यह आर्द्रभूमि के प्राकृतिक परिवेश के संरक्षण के लिए अंतर्राष्ट्रीय सहयोग की रूपरेखा तैयार करता है, जिन्हें अंतर्राष्ट्रीय महत्त्व की आर्द्रभूमि की सूची में शामिल किया गया है।

हालांकि यह सम्मेलन मूल रूप से जल पक्षियों के प्राकृतिक परिवेश के संरक्षण पर केंद्रित था, परंतु अब इसके अंतर्गत आर्द्रभूमि संरक्षण के सभी पहलुओं और इसके बुद्धिमत्तापूर्ण उपयोग को भी शामिल किया गया है। भारत में इस सम्मेलन के संधिपत्र पर 1982 में हस्ताक्षर किए, और नवंबर 2002 तक 19 जलस्रोतों को रामसर स्थलों के तौर पर निर्दिष्ट किया। ये स्थल इस प्रकार हैं: हरिके (पंजाब), पोंग बांध (हिमाचल प्रदेश), अष्टमुडी झील, सस्थामकोट्टा झील और वेम्बनाड-केयाल (केरल), चिल्का झील और भीतरकनिका सदाबहार वन (उड़ीसा), दीपोर बील (असम), कोल्लेरू झील (आंध्र प्रदेश), सो मोरिरी और वुलर झील (जम्मू-कश्मीर), पूर्वी कोलकाता आर्द्रभूमि (पश्चिम बंगाल), सांभर झील और केवलादेव राष्ट्रीय उद्यान (राजस्थान), रोपड़ झील और कन्जीली झील (पंजाब), पॉइंट कैलीमेरे वन्यजीव एवं पक्षी अभयारण्य (तमिलनाडु), भोज (मध्य प्रदेश), तथा लोकटक झील (मणिपुर)।

विश्व विरासत सम्मेलन: इस अंतर्राष्ट्रीय संधि का पूरा नाम, विश्व सांस्कृतिक एवं प्राकृतिक विरासत के संरक्षण के संबंध में सम्मेलन भी है, जिसका उद्देश्य उत्कृष्ट महत्त्व के स्थलों की सुरक्षा तथा लोगों में इनके संरक्षण के प्रति अभिरुचि को प्रोत्साहन देना है। हस्ताक्षरकर्ता देशों द्वारा नामांकित प्राकृतिक या सांस्कृतिक स्थलों को विश्व विरासत की सूची में शामिल करने से पहले सम्मेलन में दिए गए मानदंडों के अनुसार मूल्यांकन किया जाता है। इस संधि को वर्ष 1972 में पेरिस में अंगीकृत किया गया था, और वर्ष 1975 में इसे लागू किया गया था। भारत के कुल 23 स्थलों को विश्व विरासत की सूची में स्थान मिला है, जिसमें से पांच प्राकृतिक स्थल हैं। ये इस प्रकार हैं: केवलादेव राष्ट्रीय उद्यान (राजस्थान), मानस राष्ट्रीय उद्यान (असम), काजीरंगा राष्ट्रीय उद्यान (असम), सुंदरबन (पश्चिम बंगाल), तथा नंदा देवी राष्ट्रीय उद्यान (उत्तर प्रदेश/ उत्तराखंड)।

अंत में इस बात पर विचार करना बेहद महत्त्वपूर्ण होगा कि, हम में से प्रत्येक व्यक्ति जैव-विविधता के संरक्षण में क्या योगदान दे सकते हैं। जैव विविधता का संरक्षण हर किसी की समस्या है। विभिन्न स्तरों पर इसका समाधान किया जाना चाहिए। जैव-विविधता केवल किसानों के खेतों, जंगलों या जलस्रोतों तक ही सीमित नहीं है। यह शहरी क्षेत्रों में भी मौजूद है, जहां हम रहते हैं। हमें इस बात को समझना होगा, साथ ही इसके बेहतर ढंग से संरक्षण के तरीकों की तलाश करनी होगी।

I प्रश्नावली

1. क्या आप अपने गांव, जिला, राज्य या देश में किसी भी पवित्र वाटिका या तालाब के बारे में जानते हैं? क्या यह आसपास के क्षेत्र से अलग है? क्या इसके पीछे कोई कहानी है? अगर ऐसा है, तो इसके बारे में बताएँ?

2. भारत की समृद्ध जैव-विविधता के लिए कौन-कौन से कारक जिम्मेदार हैं?

3. विदेशी प्रजातियों के पेड़-पौधे और जीव-जंतु, स्थानीय प्रजातियों के लिए क्यों और किस प्रकार खतरा उत्पन्न करते हैं?

4. हमारी बदलती जीवन शैली एवं उपभोग के तरीकों से जैव-विविधता को किस प्रकार नुकसान हो रहा है?

5. जैव-विविधता की दृष्टि से संपन्न क्षेत्रों के भीतर और इसके आसपास रहने वाले स्थानीय समुदायों को इन क्षेत्रों के संरक्षण के लिए किस प्रकार प्रेरित किया जा सकता है?

6. आपने अब तक जिन स्थानों की यात्राएँ की हैं, उनमें जैविक दृष्टि से सर्वाधिक विविधतापूर्ण स्थान कौन सा था? आप उस स्थान को इस श्रेणी में क्यों रखेंगे?

II अभ्यास

1. भारत के एक राष्ट्रीय उद्यान के संदर्भ में दिए गए विवरण को पढ़ें और नीचे दिए गए प्रश्नों का उत्तर दें।

राजस्थान का रणथंभौर राष्ट्रीय उद्यान, निम्नीकृत परिवेश के बीच स्थित एक हरा-भरा द्वीप है। हाल के वर्षों में यहां बाघों का दर्शन दुर्लभ हो गया है। वर्ष 1981 में आयोजित बाघों की जनगणना के अनुसार इनकी संख्या 44 थी, जो वर्ष 1993 में घटकर 17 रह गई। इस उद्यान के चारों तरफ लगभग 60 गांव मौजूद हैं। इसके अंत:स्थ स्थलों से ग्रामीण अपनी ईंधन, चारे एवं लकड़ी की आवश्यकताओं की पूर्ति करते हैं। जब जंगल के एक बड़े हिस्से में प्रवेश को अनाधिकृत घोषित किया गया, तब अंत:स्थ क्षेत्र ने अत्यधिक दबाव का अनुभव किया, और आज इसका स्तर काफी निम्न हो चुका है। अंत:स्थ क्षेत्र को पुनर्जीवित करने की दिशा में कोई प्रयास नहीं किया गया, जिसने राष्ट्रीय उद्यान पर दबाव बढ़ा दिया है। हाल के दिनों में शिकार की बढ़ती गतिविधियाँ चिंता का कारण बन चुकी है। बाघों के अवैध शिकार के सरगना को गिरफ्तार भी किया गया। रणथंभौर भारतीय और विदेशी पर्यटकों के लिए एक महत्त्वपूर्ण पर्यटन स्थल बन गया है। जिस इलाके तक रणथंभौर के लोगों की पहुंच नहीं है, वह पर्यटकों के लिए खुला हुआ है!

समस्या:

पहली समस्या यह थी कि, रणथंभौर को राष्ट्रीय उद्यान बनाते वक्त सरकार ने यहां के स्थानीय निवासियों से परामर्श नहीं किया। इस तरह उन्हें उनके संसाधनों के पारंपरिक आधार से अचानक दूर कर दिया गया। उन्हें कोई विकल्प नहीं उपलब्ध कराया गया, जिसके चलते पाक के अधिकारियों और स्थानीय लोगों के बीच अविश्वास गहराता चला गया। दूसरी समस्या यह थी कि, बाघ जैसी लुप्तप्राय प्रजातियों के लिए प्राकृतिक परिवेश का दायरा सिमटता जा रहा था। स्थानीय नागरिक और पर्यावरण के क्षेत्र में कार्यरत लोग इस प्रकार की प्रजातियों एवं उनके अवक्रमित प्राकृतिक परिवेश के भविष्य को लेकर अत्यधिक चिंतित हैं।

प्रश्न:

a. ग्रामीणों ने इस बात को दृढ़तापूर्वक कहा कि वे कई पीढ़ियों से स्थानीय वन्य संसाधनों का उपयोग कर रहे हैं, इसलिए जंगल के हर हिस्से पर उनका पूरा अधिकार है। परंतु इस बात पर भी ध्यान दिया जाना चाहिए कि, लोगों के साथ-साथ उनके मवेशियों की आबादी भी बढ़ रही है, जबकि जंगल के क्षेत्रफल और इसकी उत्पादकता में

कोई वृद्धि नहीं हुई है। अगर वन को संरक्षित क्षेत्र घोषित नहीं किया जाए, और लोगों को स्वतंत्र रूप से इसके इस्तेमाल के लिए छोड़ दिया जाए, तो जंगल की स्थिति क्या होगी? क्या ऐसी स्थिति में भी पारिस्थितिक तंत्र की समृद्धि बरकरार रहेगी? अगर हाँ, तो क्यों? अगर नहीं, तो क्यों नहीं?

b. इस बात का निर्धारण कौन करेगा कि, स्थानीय समुदायों को स्थानीय संसाधनों के उपयोग की छूट दी जानी चाहिए अथवा नहीं? सरकार या स्थानीय लोग (या दोनों)? क्यों?

c. अगर आपको बाघों को बचाने के लिए वनों के संरक्षण हेतु मनुष्य की मूलभूत जरूरतों, जैसे कि जलाऊ लकड़ियों के इस्तेमाल को छोड़ने, या फिर बाघों के विलुप्त होने की कीमत पर लोगों की जरूरतों को पूरा करने के विकल्पों में एक का चयन करना हो, तो आप कौन सा विकल्प चुनेंगे और क्यों?

d. क्या बाघों की सुरक्षा को सुनिश्चित करते हुए वन और लोगों के बीच एक स्थायी संबंध बनाना संभव है? अगर हाँ, तो कैसे? अगर नहीं, तो क्यों नहीं?

2. घरेलू उपचार के कम-से-कम पांच ऐसे तरीकों का पता लगाएँ, जिसमें पौधों का इस्तेमाल होता है। इनका इस्तेमाल किसके उपचार हेतु किया जाता है? पौधे के किस हिस्से का इस्तेमाल किया जाता है? इसे कैसे तैयार/ निर्देशित किया जाता है? मौजूदा समय में 'आयुर्वेदिक' सामग्रियों का बाजार बढ़ता जा रहा है। बाजार में कम-से-कम पांच ऐसे उत्पादों का पता लगाएँ। आयुर्वेदिक उत्पाद के अवयवों के रूप में किन पौधों को सूची में शामिल किया गया है? क्या ये पौधे और घरेलू उपचार में इस्तेमाल किए जाने वाले पौधे एक समान हैं?

3. भारत के नक्शे पर रामसर स्थलों और विश्व धरोहर स्थलों का स्थान निर्धारित करें। क्या आपके राज्य में इनमें से कोई एक या एक से अधिक स्थल मौजूद है?

III विचार-विमर्श

1. क्या आपको लगता है कि स्थानीय स्वास्थ्य परंपराओं (जैसे कि, जनजातीय एवं आयुर्वेदिक चिकित्सा पद्धति) को पुनर्जीवित करने से भारत की जैव-विविधता को संरक्षित करने में मदद मिलेगी? क्यों या क्यों नहीं?

2. विद्यालयों और महाविद्यालयों के पाठ्यक्रम के एक हिस्से के तौर पर जैविक संग्रह एवं पृथक्करण को प्रोत्साहन देने के पक्ष और विपक्ष एवं इसकी नैतिकता पर चर्चा करें।

चयनित ग्रंथसूची

Arora, R.K. and E.R. Nayar. 1983. 'Distribution of wild relatives and related rare species of economic plants in India.' *An assessment of threatened plants of India.* S.K. Jain and R.R. Rao, eds. Calcutta: Botanical Survey of India.

Bhat, J.L. and D. Bandhu. 1994. *Biodiversity for sustainable development.* New Delhi: Indian Environ-mental Society.

Centre for Environment Education. 1995. 'Core concepts in biodiversity conservation.' Draft. Ahmedabad.

Centre for Science and Environment. 1985. *The state of India's environment, 1984–85: The second citizen's report.* New Delhi.

Forest Survey of India (FSI). 1987, 1989, 1991, 1993, 1995. *The state of forest reports.* Dehra Dun.

Kalpavriksh and MoEF. 2002. National biodiversity strategy and action plan (NBSAP)–India. Draft. New Delhi.

Kothari, A. 1995. *Conserving life: Implications of the biodiversity convention for India.* 2nd ed. New Delhi: Kalpavriksh.

Kothari, A., P. Pande, S. Singh and D. Variava. 1989. *Management of national parks and sanctuaries in India: A status report.* New Delhi: Indian Institute of Public Administration.

Ministry of Environment and Forests, Government of India. 1999. *National policy and macro-level action strategy.* New Delhi.

Navdanya. 1993. *Cultivating diversity: Biodiversity conservation and the politics of the seed.* Report No. 1. Dehra Dun: Research Foundation for Science, Technology and Natural Resources Policy.

Perreira, W. 1992. 'The sustainable lifestyle of the Warlis.' *India International Centre Quarterly* (special issue), 19(1, 2): 189–204.

Prater, S.H. 1965. *The book of Indian animals.* Mumbai: Bombay Natural History Society.

Vijayan, V.S. 1991. *Keoladeo National Park ecology study 1980–1991: Final report.* Mumbai: Bombay Natural History Society.

Whitaker, R. 1985. *Endangered Andamans.* New Delhi: WWF–India; MAB India, Department of Environment, Government of India; Environmental Services Group.

Wilson, E.O., ed. 1988. *Biodiversity.* Washington, DC: National Academy Press.

World Conservation Monitoring Centre. 1992. *Global biodiversity: Status of the earth's living resources.* London: Chapman and Hall.

WWF–India. 1992. *India's wetlands, mangroves and coral reefs.* New Delhi.

———. 1993. *Directory of Indian wetlands.* New Delhi.

अध्याय 4

पानी

अवनीश कुमार एवं सरिता ठाकुर

पानी के बिना जीवन की कल्पना भी नहीं की जा सकती है। पानी सभी सजीव प्राणियों के लिए एक अनिवार्य घटक है। सभी जीव-जंतुओं और पेड़-पौधों को पानी की आवश्यकता होती है, और यह सजीवों के शरीर में बड़ी मात्रा में मौजूद होता है। मौसम के निर्धारण में भी पानी की भूमिका बेहद महत्त्वपूर्ण है; यह भूमि की सतह को आकार देने और जलवायु को नियंत्रित करने में मदद करता है।

धरती के प्रत्येक स्थान पर मनुष्यों के वितरण को नियंत्रित करने में पानी की एक बड़ी भूमिका रही है। दरअसल, मेसोपोटामिया, मिस्र और हड़प्पा जैसी प्राचीन सभ्यताओं का उदय भी नदियों के किनारे ही हुआ था।

पानी और इसके प्रयोगों के महत्त्व को संक्षेप में इस प्रकार बताया जा सकता है:

1. **जीवन को बरकरार रखना:** जीवन की शुरूआत पानी से हुई है और पानी हर जीवित कोशिका का एक बुनियादी घटक है। यह जीवन की महत्त्वपूर्ण प्रक्रियाओं और रासायनिक प्रतिक्रियाओं के एक माध्यम के रूप में कार्य करता है, साथ ही यह शरीर में भोजन एवं अपशिष्ट पदार्थों को एक स्थान से दूसरे स्थान तक ले जाता है।

2. **कृषि:** पानी कृषि की बुनियादी ज़रूरत है। सभी फसलों और पशुओं को पानी की आवश्यकता होती है। कृषि पानी के प्रमुख उपभोक्ताओं में से एक है।

3. **उद्योग:** लगभग सभी औद्योगिक प्रक्रियाओं के लिए पानी आवश्यक है। यह अयस्क, वस्त्र, रसायन, कागज, खाद्य पदार्थ, आदि के विनिर्माण या प्रसंस्करण के लिए आवश्यक है। एक विलायक के तौर पर, एक माध्यम के तौर पर, एक प्रशीतक एजेंट के तौर पर और अपमार्जक के तौर पर पानी की ज़रूरत होती है।

4. **ऊर्जा (बिजली):** बिजली उत्पादन के लगभग सभी साधनों में पानी की आवश्यकता होती है- पनबिजली में ऊंचाई से गिरते हुए पानी के जरिए टरबाइन को घुमाकर बिजली उत्पन्न की जाती है, जबकि ताप एवं परमाणु बिजली संयंत्रों में आमतौर पर शीतलक के रूप में पानी का उपयोग किया जाता है।

5. **घरेलू उपयोग:** साफ-सफाई, खाना पकाने, धुलाई, स्नान, स्वच्छता, आदि घरेलू कार्यों के लिए पानी की आवश्यकता होती है।

6. **परिवहन का माध्यम:** पानी में चलने वाले नावों, जहाजों और पाल-नौकाओं के जरिए लोगों और सामानों को एक स्थान से दूसरे स्थान तक ले जाया जाता है।

प्रकृति में पानी की मौजूदगी

धरती का तीन-चौथाई हिस्सा पानी से ढका हुआ है। इसे पृथ्वी का जलमंडल भी कहते हैं। वास्तव में यह महासागरों, झीलों, जलधाराओं, नदियों, दलदलों, धरती की सतह के ऊपर तथा सतह के नीचे मौजूद जलस्रोतों को दर्शाता है। इसके अंतर्गत हिमशैल, ग्लेशियर, ध्रुवीय बर्फ, पहाड़ों और मिट्टी की जमी हुई परतों में पर मौजूद बर्फ एवं हिमखंड, तथा वायुमंडल में मौजूद जलवाष्प भी शामिल हैं।

जलीय चक्र

पानी का संचरण निरंतर महासागरों से वायुमंडल तक और फिर वहां से धरती की सतह तक और वापस महासागर तक होता रहता है। एक चरण से दूसरे तक पानी के इस कभी न समाप्त होने वाले संचरण को जलीय चक्र या **जल चक्र** कहा जाता है। महासागरों, झीलों और नदियों में मौजूद पानी सूर्य की गर्मी से भाप में बदल जाती है। पौधों के विभिन्न अंगों से भी पानी का वाष्पीकरण होता है। इसे **वाष्पोत्सर्जन** कहा जाता है। इस प्रकार जलवाष्प हवा में ऊपर की ओर चला जाता है। ऊपर जाते समय यह ठंडा और संघनित होता है और बहुत छोटी-छोटी बूंदों में एकत्रित होकर बादल का निर्माण करता है।

बादलों से पानी गिर कर जमीन पर पहुंचता है, उसे **वर्षण** कहते हैं। धरती पर वर्षण बारिश, बर्फ, ओलों और तुषार-वर्षा के रूप में हो सकता है। जब वायु पर बड़ी मात्रा में जलवाष्प का भार बढ़ जाता है और यह जलवाष्प ठंडा एवं संघनित होकर छोटी-छोटी बूंदों के रूप में बादल का निर्माण करता है, तब बारिश होती है। बादलों के भीतर, पानी की बेहद छोटी-छोटी बूंदें एकत्रित होकर बड़े और भारी बादलों का निर्माण करती हैं।

जब बादलों के चारों ओर की हवा ठंडा होती है, तो पानी की बूंदें बारिश के रूप में जमीन पर पहुंचती हैं, या जब तापमान हिमांक बिन्दु से नीचे होता है, तो पानी की बूंदें बर्फ के रूप में जमीन पर पहुंचती हैं।

बारिश के पानी का कुछ हिस्सा मिट्टी से रिसकर जमीन के नीचे जमा हो जाता है। इसे **भूजल** कहा जाता है। पेड़-पौधे मिट्टी से पानी अवशोषित करते हैं, जो वाष्पोत्सर्जन के दौरान पुनः वातावरण तक पहुंच जाता है। बारिश के पानी का ज्यादातर हिस्सा बहकर नदियों तक पहुंच जाता है और फिर महासागर या समुद्र में मिल जाता है। महासागरों में पानी का फिर से वाष्पीकरण होता है। इस प्रकार, एक नया चक्र शुरू हो जाता है।

सूर्य की उर्जा तथा पृथ्वी की गुरुत्वाकर्षण शक्ति द्वारा संचालित जल चक्र, धरती पर जल की निश्चित आपूर्ति का पुनर्चक्रण एवं पुनर्वितरण करता है। जल चक्र में कई प्राकृतिक प्रक्रियाएँ शामिल होती है जो पानी को शुद्ध करती हैं-

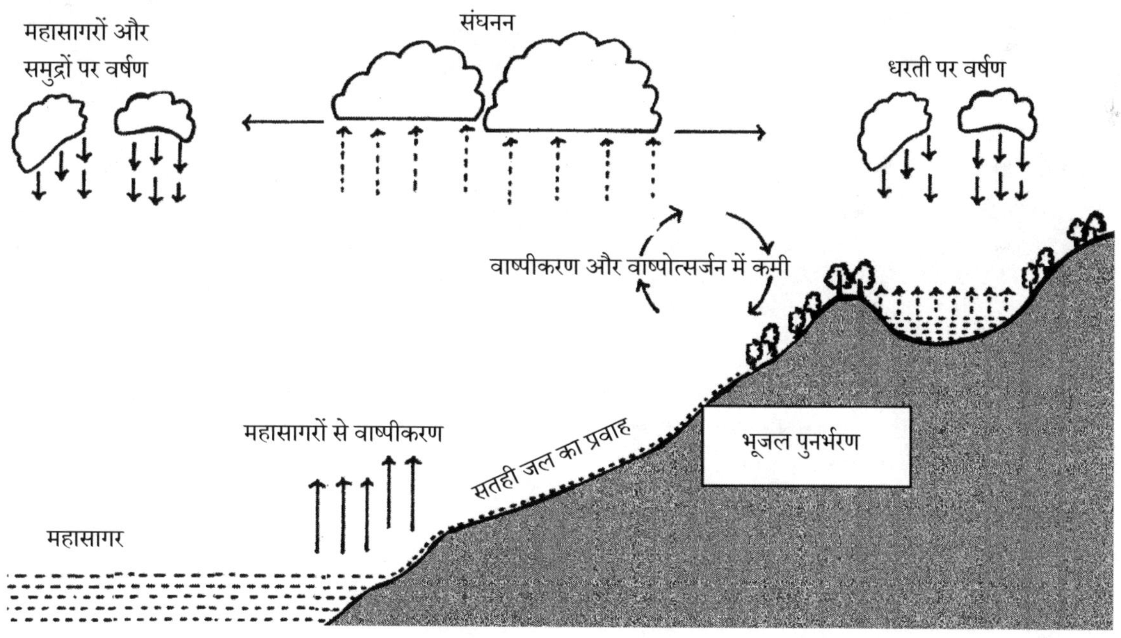

चित्र 4.1   जल चक्र सूर्य द्वारा संचालित होता है

वाष्पीकरण और वर्षण, आसवन की प्राकृतिक प्रक्रियाओं के तौर पर काम करते हैं, और मिट्टी के जरिए जमीन के अंदर तक पानी का रिसाव तथा जलधाराओं एवं जिलों के झीलों से बहाव के दौरान भी जैविक एवं रासायनिक प्रक्रियाओं द्वारा जल का शुद्धिकरण होता है।

पानी के स्रोत

अगर हम यह मान लें कि धरती पर मौजूद पूरे जलमंडल में 100 लीटर पानी है, तो वास्तव में मीठे पानी के रूप में हमारे पास लगभग आधा चम्मच पानी उपलब्ध है। पूरे जलमंडल के लगभग 97 प्रतिशत हिस्से में महासागर हैं जिसका पानी बेहद खारा होता है, और शेष हिस्सा हिमशैल एवं बर्फ के तौर पर मौजूद है।

बारिश, बर्फ और ओलों के रूप में होने वाला वर्षण ही मीठे पानी का प्राथमिक स्रोत है। इनमें बारिश सबसे ज्यादा सबसे महत्त्वपूर्ण है।

भारतीय मानसून

एशिया के नवीकरणीय मीठे पानी के लगभग 14 प्रतिशत स्रोत के साथ, जल संसाधन के मामले में भारत एशिया के सबसे समृद्ध क्षेत्रों में से एक है। यहां की औसत वर्षा 1,150 मिमी है। हालांकि, पूरे देश में अलग-अलग स्थानों एवं समय के अनुसार वर्षा के वितरण में भिन्नता है। थार रेगिस्तान जैसे कुछ क्षेत्रों में सालाना 200 मिमी से भी कम बारिश होती है, जबकि मेघालय में चेरपूंजी से 10 किलोमीटर दूर स्थित मासिनराम नामक एक गांव में 12,163 मिमी की भारी बारिश का विश्व रिकॉर्ड दर्ज है।

भारत में ज्यादातर बारिश मानसून के मौसम में होती है। हिंद महासागर और इसके आसपास के क्षेत्रों में ऋतु के अनुसार हवाओं की दिशा में परिवर्तन को मानसून कहते हैं, जो गर्मियों में दक्षिण-पश्चिम और सर्दियों में उत्तर-पूर्व की ओर से बहती है। मानसून में मौसमी बदलाव से कई प्रकार की भौतिक परिस्थितियाँ प्रभावित होती हैं, जिससे बेहद प्रचंड मौसमी हवाओं के साथ-साथ आर्द्र ग्रीष्म ऋतु तथा शुष्क शीत ऋतु का निर्धारण होता है।

हिंद महासागर के मानसून में धरती/ समुद्र के तापमान में अंतर और पार्वतिकी के परिणामस्वरूप (क्षेत्र में पहाड़ों की अवस्थिति और अभिसंस्करण) तीव्र संवहन, संसार के किसी भी अन्य क्षेत्र की अपेक्षा अधिक तीव्र प्रभाव पैदा करता है। जून से सितंबर तक 'आर्द्र गर्मी' का चरण इसकी मुख्य विशेषता है, जिसमें दक्षिण-पश्चिम से प्रचंड हवा चलने के साथ-साथ भारी बारिश होती है। मानसून के विफल रहने से सूखे की स्थिति उत्पन्न हो सकती है, जबकि इस मौसम में भारी बारिश बाढ़ का कारण बन सकती है।

मीठा पानी (स्वच्छ जल)

विशाल जल चक्र के हिस्से के रूप में मीठा पानी उपलब्ध है, जिसमें पानी समुद्र एवं जमीन से भाप बनकर ऊपर उड़ जाता है और बारिश के रूप में जमीन पर गिरता है। इसमें लवण की सांद्रता कम होती है- आमतौर पर घुले हुए लवण की मात्रा 1 प्रतिशत से कम (1000 मिलीग्राम /लीटर) होती है। हमारे मीठे पानी का स्रोत मुख्यतः भूजल के रूप में जलभृत में संचित है, अथवा धरती के सतह पर झीलों, नदियों और जलधाराओं के रूप में उपलब्ध है। धरती की सतह पर मौजूद जलस्रोत में या तो पानी का बहाव होता है, जैसे कि नदी या जलधारा या फिर यह अपेक्षाकृत स्थिर रहती है, जैसे कि तालाब या झील, जिसमें अक्सर नदियों द्वारा जलापूर्ति की जाती है।

जल संभरण (वाटरशेड) और जलग्रहण क्षेत्र

जल संभरण (वाटरशेड) एक प्रकार का अपवाह तन्त्र है। यह एक अपवाह द्रोणी है, जो हर प्रकार के वर्षण और जलनिस्सारण (पानी, तलछट, विलयित खनिज, प्रदूषक और कूड़ा-करकट) को किसी जलस्रोत अथवा जल निकाय तक पहुंचने का रास्ता बताता है। यह भूमि का एक ऐसा क्षेत्र है जो बारिश के पानी को इकट्ठा करता है और उसे किसी जलधारा, नदी अथवा झील तक पहुंचाता है या फिर यह पानी मिट्टी के जरिए रिसकर जमीन के अंदर पहुंच जाता है। हमारे घर, खेत, गांव, जंगल, छोटे नगर, बड़े शहर, इत्यादि जल संभरण का हिस्सा हैं। वह क्षेत्र, जिससे नदी प्रणाली को बहकर आने वाला पानी मिलता है, **जलग्रहण क्षेत्र** कहलाता है।

जल संभरण की संरचना एवं आकार में विविधता होती है। यह गंगा में पानी बहाकर लाने वाले हजारों हेक्टेयर जमीन का विस्तृत क्षेत्र हो सकता है - या फिर यह किसी स्थानीय तालाब में पानी बहाकर लाने वाले कुछ हेक्टेयर का एक छोटा क्षेत्र हो सकता है।

जल संभरण खुला या बंद हो सकता है, जो पानी के अपवाह पर निर्भर है। तालाबों की तरह बंद जल संभरण प्रणाली में पानी के बाहर निकलने का कोई रास्ता नहीं होता है, इसलिए इन क्षेत्रों से पानी स्वाभाविक वाष्पीकरण के माध्यम से अथवा मिट्टी के जरिए रिसकर (भूजल के तौर पर) बाहर निकलता है। जल संभरण की खुली प्रणाली में, पानी बहने वाली नदियों या खाड़ी में मिल जाता है और अंततः समुद्र तक पहुंचता है।

एक जल संभरण क्षेत्र के अंतर्गत विभिन्न प्रकार की मानवीय गतिविधियाँ होती रहती हैं, जिसमें पानी का उपयोग किया जाता है और इससे पानी की गुणवत्ता प्रभावित होती है।

भूजल (भूमिगत जल)

जमीन की सतह पर मौजूद नदियाँ एवं झीलें मीठे पानी का बड़ा स्रोत नहीं हैं। दरअसल जमीन के अंदर मिट्टी एवं पत्थर के कणों के बीच भूजल के तौर पर मौजूद पानी ही इसका सबसे बड़ा स्रोत है।

बारिश का पानी रिसकर जमीन के अंदर पहुंचता है, लेकिन इसका कुछ हिस्सा मिट्टी के कणों या पौधों की जड़ों से चिपक जाता है। इस नमी से पौधों को वृद्धि के लिए आवश्यक पानी मिलता है। शेष भाग जमीन की गहराई में संचित हो जाता है।

जमीन के अंदर मिट्टी या चट्टानों के माध्यम से प्रवाहित होने वाले भूजल की मात्रा, मिट्टी या चट्टान के बीच मौजूद खाली स्थान अथवा छिद्रों तथा इन खाली स्थानों की आपस में संबद्धता पर निर्भर है। इन छिद्रों के बीच के स्थान का आकार मिट्टी द्वारा धारण किए जाने वाले जल की मात्रा को निर्धारित करता है, जिसे **सरंध्रता** कहा जाता है। इन छिद्रों की संबद्धता से एक प्रणाली का निर्माण होता है, जो मिट्टी के माध्यम से पानी के सुगम प्रवाह का निर्धारण करता है, जिसे **पारगम्यता** कहा जाता है। अगर जमीन के अंदर मौजूद सामग्रियों के छिद्र आपस में जुड़े नहीं होंगे, तो भूजल का प्रवाह एक स्थान से दूसरे स्थान पर नहीं हो सकता है। इस प्रकार की सामग्रियों को अपारगम्य कहा जाता है। चिकनी मिट्टी या अवसादी शैल के महीन टुकड़ों में कई छोटे-छोटे छिद्र होते हैं, लेकिन ये छिद्र आपस में अच्छी तरह से जुड़ा नहीं होते हैं इसलिए, आमतौर पर चिकनी मिट्टी या अवसादी शैल के महीन कण भूजल के प्रवाह को सीमित कर देते हैं। बालू या रेत जैसी सामग्रियों में बड़े-बड़े खाली स्थान आपस में जुड़े होते हैं, जो पानी के सुगम प्रवाह को अनुमति देते हैं, इसलिए ये पारगम्य हैं।

गहराई बढ़ने के साथ-साथ ज्यादातर मिट्टियों की प्रकृति में बदलाव दिखाई देता है। पानी रिसकर धरती की गहराई तक पहुंचता है और अंत में यह अपारगम्य सामग्रियों की परत पर संचित हो जाता है। यह परत बेहद संकुलित चिकनी मिट्टी अथवा जमीन के अंदर मौजूद चट्टान की बनी हो सकती है। इस स्तर पर पानी का नीचे की ओर रिसाव बंद हो जाता है, लेकिन इसका समान स्तर पर क्षैतिज रूप से बहाव जारी रहता है। इस अपारगम्य परत के ऊपर बहने वाले पानी को **भूजल** कहा जाता है। इसका बहाव नदियों या जलधाराओं की तरह नहीं होता है, परंतु मिट्टी पूरी तरह संतृप्त होती है। इस प्रकार की सामग्रियों अथवा आधार-शैल की पानी से संतृप्त परत को **जलभृत** कहा जाता है।

जिस प्रकार सतह की गहराई के आधार पर झील की गहराई प्रत्येक स्थान पर अलग-अलग होती है, ठीक उसी प्रकार भूजल की गहराई भी प्रत्येक स्थान पर भिन्न-भिन्न होती है, साथ ही इसकी 'ऊपरी सतह' भी होती है। इसे **जलस्तर** कहा जाता है। यह एक ऐसी अस्पष्ट सीमा है, जिसके नीचे की मिट्टी पूरी तरह संतृप्त होती है और इसके ऊपर की मिट्टी अपेक्षाकृत कम संतृप्त होती है, लेकिन इसमें पर्याप्त नमी पाई जाती है। अत्यंत शुष्क मौसम में जलस्तर काफी नीचे चला जाता है, क्योंकि इस वक्त मिट्टी से पानी निकलने की दर वर्षा के दौरान भूजल संचय की दर से अधिक हो जाती है। बरसात के मौसम में जलस्तर ऊपर आ जाता है, और कभी-कभी कुछ स्थानों पर यह जमीन की सतह के स्तर तक पहुंच जाता है जिसके कारण जलभराव की स्थिति उत्पन्न हो सकती है।

उपयोग करने लायक भूजल की सर्वाधिक मात्रा 750 मीटर की गहराई तक मौजूद होती है। भूजल कुओं, झरनों के साथ-साथ नदियों एवं जलधाराओं को भी पानी की आपूर्ति करता है। सतह के पानी की तुलना में भूजल के कई फायदे हैं। भूजल जलाशयों को जलधाराओं और झीलों जैसे सतह के जलाशयों की तरह पानी के रिसाव से नुकसान नहीं होता है। यहां प्रदूषण की संभावना भी काफी कम है तथा वाष्पीकरण के कारण पानी का नुकसान भी काफी कम होता है।

आर्द्रभूमि: उपयोग एवं खतरे

आर्द्रभूमि खारे अथवा ताजे पानी का स्रोत है। इन क्षेत्रों में पानी, पर्यावरण तथा संबंधित पेड़-पौधों एवं जीव-जंतुओं के जीवन को नियंत्रित करने वाला प्राथमिक कारक है। आर्द्रभूमि को आमतौर पर स्थाई नम एवं शुष्क परिवेश के बीच का स्थल माना जाता है। छिछली झील, तालाब, परित्यक्त खदान, ज्वारनदमुख, लैगून, मैंग्रोव की दलदली मिट्टी, आदि आर्द्रभूमि के कुछ उदाहरण हैं।

आर्द्रभूमि को दुनिया के सर्वाधिक उपजाऊ क्षेत्रों में से एक माना जाता है। इनसे लोगों को कई प्रकार के लाभ होते हैं और यह जीवन के विविध स्वरूपों को आश्रय भी प्रदान करता है। इन क्षेत्रों से लोगों को मछलियों एवं अन्य जानवरों के रूप में भोजन प्राप्त होता है, साथ ही यह स्थान मनोरंजन का साधन भी है, जैसे कि पक्षियों को देखना, नौकायन इत्यादि। बाढ़ नियंत्रण एवं जल शोधन के साधन के अलावा, आर्द्रभूमि मछलियों, पक्षियों और कई अन्य प्रकार के वन्यजीवों का आवास भी है।

खेती के अलावा शहरी क्षेत्र के विस्तार एवं कई अन्य उद्देश्यों के लिए आर्द्रभूमि के दायरे को संकुचित किया जा रहा है। इसके अलावा, इन क्षेत्रों में घरेलू मलजल, औद्योगिक प्रदूषकों तथा कृषि में इस्तेमाल रसायनों को भी प्रवाहित किया जा रहा है। वनों की कटाई से मृदा अपरदन होता है तथा कई आर्द्रभूमि के जलग्रहण क्षेत्रों में अनियोजित मानवीय गतिविधियों ने अवसादन की मात्रा को बढ़ा दिया है, जिससे आर्द्रभूमि का दायरा निरंतर सिमटता जा रहा है। जंगली घास एवं खरपतवार का प्रसार भी आर्द्रभूमि की पारिस्थितिकी को नुकसान पहुंचा रहा है (जल नियमावली, यूनिसेफ)।

पानी का उपयोग

जल संकट

देश में पानी की समस्या को दर्शाने वाली कुछ समाचारों की सुर्खियाँ और वृत्तांत:

- गुजरात के सौराष्ट्र क्षेत्र के अमरेली में 18 दिनों तक पानी अनुपलब्ध
- 2003 की गर्मियों में राज्य में अभूतपूर्व पेयजल संकट के कारण, मध्यप्रदेश के विभिन्न हिस्सों में 'जल दंगों' में तीन लोगों की मौत और कई घायल हो
- हैदराबाद के कुछ हिस्सों में हर तीन दिन में सिर्फ एक घंटे के लिए नगरपालिका द्वारा पानी की आपूर्ति
- चेन्नई के एक हिस्से में प्रतिदिन मालवाहक ट्रेन के जरिए दूरस्थ स्रोत से पानी की आपूर्ति

तालिका 4.1
जल की मौजूदा एवं भावी आवश्यकताओं का क्षेत्रवार विवरण: 1990–2050

वर्ष	जनसंख्या (मिलियन में)	पानी का क्षेत्रवार उपयोग एवं भावी आवश्यकता (मिलियन हेक्टेयर-मीटर)				
		कृषि	घरेलू उपयोग एवं पशुपालन	उद्योग	ताप विद्युत संयंत्र	कुल
1990	800	46.0	2.5	1.5	3.0	53
2000	1,000	63.0	3.4	3.6	5.0	75
2025	1,400	77.0	5.0	12.0	16.0	110
2050	1,700	70.0	6.0	20.0	16.0	112

स्रोत: अनिल अग्रवाल एवं अन्य, 1999, द *सिटिजन्स फिफ्थ रिपोर्ट*, भाग II: 36

बढ़ती आबादी और जल के उपभोग से संबंधित मानवीय गतिविधियों के कारण पानी की मांग लगातार बढ़ रही है। इससे पानी की उपलब्धता में भारी कमी आई है और इसका स्तर भी काफी बिगड़ता जा रहा है। तालिका 4.1 में पानी की मांग में अनुमानित वृद्धि को दर्शाया गया है, जो वस्तुस्थिति की भयावह तस्वीर प्रस्तुत करता है।

भारत में पानी के उपयोग के प्रमुख क्षेत्र और उनकी वर्तमान स्थिति को यहां वर्णित किया गया है।

कृषि कार्यों में पानी का उपयोग

देश में कृषि कार्यों में पानी का सबसे ज्यादा, अर्थात पानी के कुल उपयोग का 80 प्रतिशत से अधिक इस्तेमाल होता है। 20 वीं शताब्दी के उत्तरार्द्ध में भारत की सिंचाई प्रणाली में काफी बदलाव आया है। किसानों को पानी के साथ-साथ सिंचाई हेतु पंपिंग के लिए बिजली पर भारी सरकारी सब्सिडी मिली, जिसका लाभ उठाते हुए भूजल का विवेकहीनता से उपयोग किया गया। पंजाब,

आरेख 4.1
भारत में कुल जल संसाधन के उपयोग का क्षेत्रवार विवरण (1997)

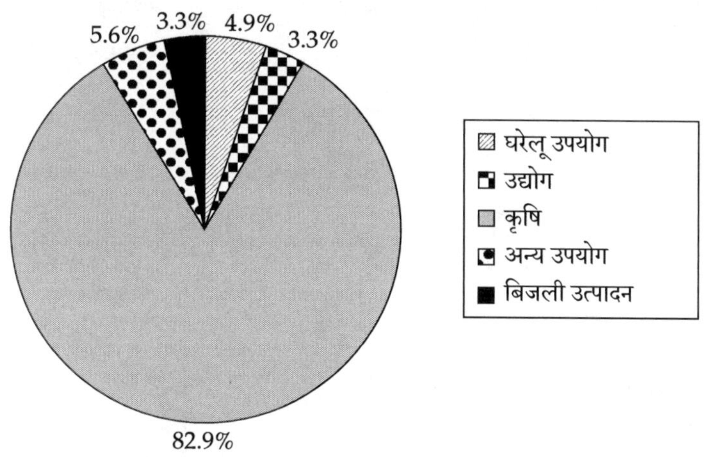

स्रोत: http://wrmin.nic.in/wresource1.htm

हरियाणा, गुजरात और उत्तर प्रदेश जैसे राज्यों में, 85 प्रतिशत से अधिक सिंचाई भूजल स्रोतों के माध्यम से की जाती है। इसके परिणामस्वरूप भूजल संसाधनों के स्तर में काफी कमी आई है। हालांकि यह सर्वविदित तथ्य है कि, बिजली एवं पंप पर सब्सिडी दिए जाने से भूजल के अंधाधुंध दोहन को प्रोत्साहन मिलता है, इसके बावजूद राजनेता वोट बैंक को खोने के डर से सब्सिडी कम करने के लिए तैयार नहीं हैं।

किसानों ने पानी के अधिक उपयोग वाली फसलों के उत्पादन को बढ़ावा दिया, जिसके कारण फसल उत्पादन की पद्धति में काफी बदलाव आया है, और यह उन क्षेत्रों में भी दिखाई देता है जहां पानी दुर्लभ है। महाराष्ट्र के कुछ इलाकों में कई किसानों ने पारंपरिक खेती के बजाए गन्ने की खेती को प्राथमिकता दी, जिसके लिए अधिक मात्रा में पानी की आवश्यकता होती है और यह सूखाग्रस्त इलाकों के लिए अनुकूल फसल नहीं है। इसके अलावा तटीय इलाकों में पंप के जरिए भूजल के अत्यधिक दोहन से खारे पानी का प्रवेश हो गया है, जो जल संसाधन की गुणवत्ता को प्रभावित करता है।

जूनागढ़, गुजरात में पानी की समस्या

जूनागढ़ गुजरात का एक जिला है जहां पंप के जरिए पानी के अंधाधुंध दोहन के परिणामस्वरूप जलस्तर खतरनाक ढंग से नीचे जा रहा है। कोई भी व्यक्ति, जो बोरवेल की खुदाई का खर्च वहन करने में सक्षम है, वह इसकी खुदाई कराता है साथ ही इसकी गहराई की कोई सीमा निर्धारित नहीं है। लोग अपने-अपने हैंडपंप को मोटर से जोड़ देते हैं, और यथासंभव अधिक से अधिक पानी निकालते हैं। हर साल गर्मियों के मौसम में हैंडपंप से निकाले जा सकने वाले पानी की मात्रा में लगभग 20 प्रतिशत की गिरावट देखी जा रही है। महिलाओं को अपने घरों से 4 किलोमीटर की दूरी से पेयजल लाना पड़ता है। इस इलाके में समुद्र के खारे पानी के प्रवेश से भी ग्रामीणों के लिए समस्या उत्पन्न हो गई है, जो भूजल और मिट्टी, दोनों की लवणता को बढ़ाता है। पानी की कठोरता अनुमेय सीमा से पार हो चुकी है, जिसके कारण इन इलाकों में हड्डी से संबंधित बीमारियों की घटनाएँ बढ़ रही हैं। जूनागढ़ की समस्या, दरअसल देश के कई हिस्सों में मौजूद पानी की समस्या की भयावह स्थिति का एक छोटा सा उदाहरण है।

जल निकासी की खराब व्यवस्था के साथ अत्यधिक सिंचाई के कारण **जलभराव** की समस्या उत्पन्न होती है। स्थलाकृतिक विन्यास की दृष्टि से जल निकासी की खराब व्यवस्था वाले क्षेत्रों में भी जलभराव की समस्या उत्पन्न होती है। अत्यधिक सिंचाई (और / या सिंचाई नहरों के रिसाव) के कारण भी जलस्तर ऊपर हो जाता है। जलस्तर के ऊपर उठने के परिणामस्वरूप उस क्षेत्र में अत्यधिक जलभराव हो जाता है। अत्यधिक जलभराव के कारण मिट्टी के कणों के बीच मौजूद हवा को पानी द्वारा प्रतिस्थापित कर दिया जाता है, जिससे पौधों के लिए ऑक्सीजन की कमी हो जाती है। जलभराव से मिट्टी की संरचना को भी नुकसान पहुंचता है। इससे पहले कि बहुत देर हो जाए, किसानों को इस बात का एहसास होना चाहिए कि जलभराव की समस्या उत्पन्न हो रही है।

औद्योगिक उपयोग

हालांकि सिंचाई हेतु उपयोग किए जाने वाले पानी की तुलना में औद्योगिक क्षेत्र में पानी के उपयोग का अनुपात काफी कम है, परंतु औद्योगिक प्रदूषण के कारण जलस्रोतों पर पड़ने वाले प्रभाव का स्तर काफी व्यापक है। विभिन्न प्रकार की औद्योगिक गतिविधियों में पानी का उपयोग किया जाता है। दरअसल औद्योगिक अपशिष्ट पदार्थों के कारण भूमिगत जल एवं पेयजल के अन्य स्रोतों में प्रदूषण की मात्रा में वृद्धि, औद्योगिक क्षेत्र में पानी के उपयोग की सबसे बड़ी समस्या है। औद्योगिक अपशिष्ट पदार्थों को पानी में प्रवाहित करने से, उस पानी का उपयोग करने वाले सजीव प्राणियों तथा उसमें रहने वाले अन्य जीवों की जिंदगी खतरे में पड़ जाती है। जल को उपचारित करने की सुविधाएँ या तो मौजूद नहीं है/ कार्यशील नहीं है, अथवा ज्यादातर स्थानों पर आदर्श के अनुकूल नहीं है और भारी धातुओं एवं कीटनाशकों जैसे सूक्ष्म-प्रदूषकों को उपचारित करने में असक्षम हैं। गंगा, यमुना,

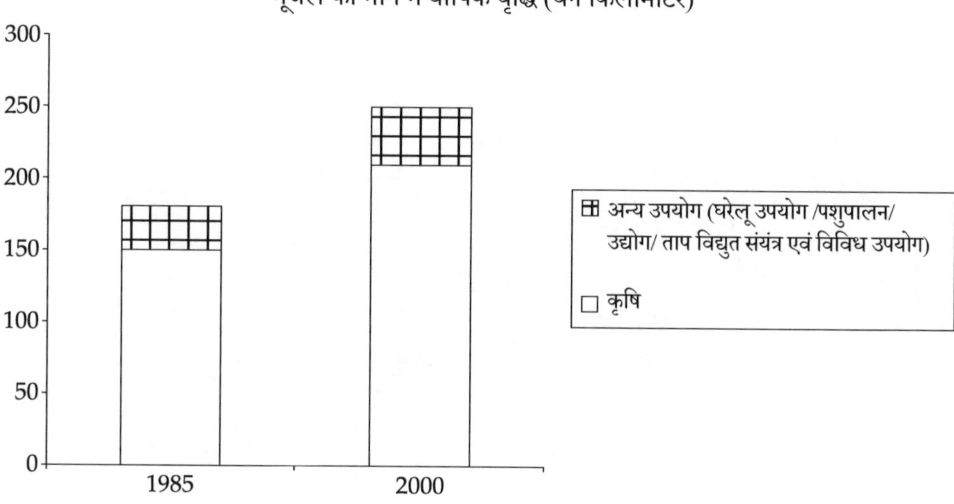

आरेख 4.2
भूजल की मांग में वार्षिक वृद्धि (घन किलोमीटर)

स्रोत: *द सिटिजन्स फिफ्थ रिपोर्ट*, भाग II— सांख्यिकीय आंकड़ा-कोष, सीएसई

दामोदर, तापी, बेतवा और पेरियार जैसी नदियों के बड़े हिस्सों को घरेलू मलजल एवं औद्योगिक अपशिष्ट पदार्थों के प्रवाह के जरिए प्रदूषित किया जा रहा है।

घरेलू उपयोग

पानी के घरेलू उपयोग में पीना, नहाना, कपड़े धोना एवं कई अन्य प्रकार के घरेलू काम शामिल हैं। उपयोग के लिए पानी सतह पर मौजूद जलाशयों के अलावा भूजल स्रोतों से उपलब्ध होता है। प्रदूषण की मात्रा में वृद्धि के कारण नदी का पानी लोगों के उपयोग के लिए निरंतर अनुपयुक्त बनता जा रहा है, जिसके चलते भूजल का अधिकाधिक दोहन किया जाने लगा है। नलकूपों की खुदाई से संबंधित नियम मौजूद नहीं है; इसके चलते कोई भी व्यक्ति इसकी खुदाई कर सकता है। इसके परिणामस्वरूप, भूजल के स्तर में तेजी से गिरावट आ रही है। गुजरात के कुछ हिस्सों में, जलस्तर में प्रतिवर्ष 9 से 12 मीटर की गिरावट दर्ज की जा रही है और यह 245 मीटर से नीचे गिरकर 275 मीटर तक पहुंच गया है।

पानी का घरेलू उपयोग इसकी उपलब्धता, कमी, प्रशुल्क और सब्सिडी के मुद्दों से संबंधित है। दिल्ली में, औसतन एक व्यक्ति प्रतिदिन 400 लीटर पानी का उपयोग करता है, जबकि इसके निकटवर्ती इलाके नजफगढ़ में यह प्रतिदिन 20 लीटर से भी कम है। दिल्ली जैसे महानगरों में, कार धोने के लिए करीब 15 से 20 लीटर पेयजल का उपयोग किया जाता है। पीने और खाना पकाने के प्रयोजनों के लिए पाइपलाइन के माध्यम से उपलब्ध कराए गए पानी का 15 प्रतिशत से कम हिस्सा उपयोग में आता है। पानी का शेष हिस्सा नालियों में बहा दिया जाता है, जिसके अंतर्गत शौचालयों एवं स्नानगृहों में विवेकहीन तरीके से पानी का इस्तेमाल भी शामिल है। जिन इलाकों में पानी की काफी कमी है, वहां जल मनोरंजन पार्कों की संख्या लगातार बढ़ रही है।

शहरी क्षेत्रों में घरेलू जलापूर्ति पर बड़ी मात्रा में सब्सिडी दी जाती है। अध्ययनों से यह पता चला है कि शहरी क्षेत्रों में जलापूर्ति हेतु परिचालन एवं रखरखाव की लागत लगभग 15 रुपये प्रति घन मीटर है। इसमें घर-घर तक पानी पहुंचाने के लिए जलापूर्ति व्यवस्था पर बड़ी मात्रा में की गई पूंजीगत व्यय शामिल नहीं है। हालांकि उपभोक्ताओं से लगभग 1.5 रुपये प्रति घन मीटर की दर से शुल्क वसूला जाता है, जो परिचालन एवं रखरखाव की लागत का दसवां हिस्सा है। इसके अलावा, ज्यादातर शहरों में पानी की

आरेख 4.3

वर्ष 1960 से 1995 के बीच अहमदाबाद में भूजल के स्तर में तेजी से गिरावट

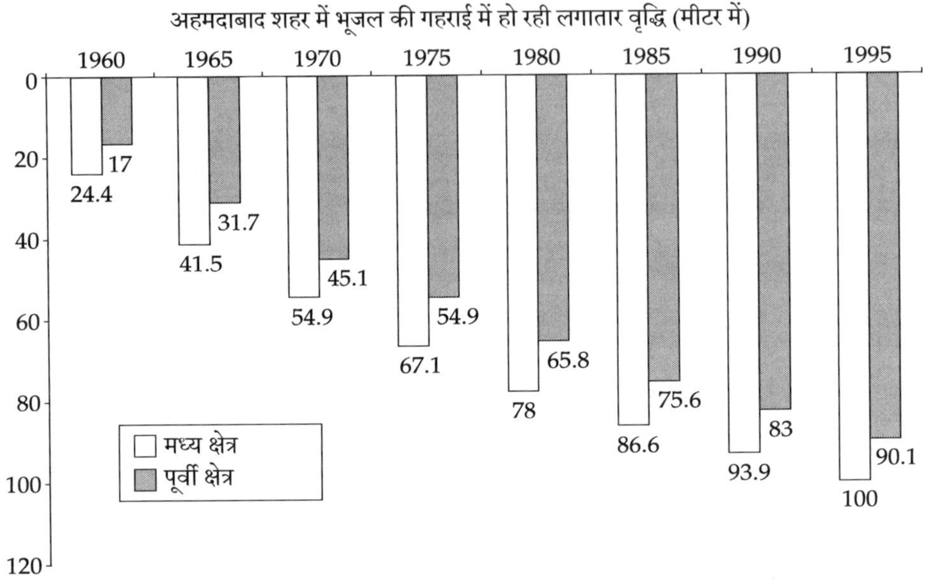

स्रोत: 'रिवाइविंग एनशिएंट विज़डम', धरोहर प्रकोष्ठ, अहमदाबाद नगर निगम

आपूर्ति बगैर मीटर के ही की जाती है। बिना मीटर वाले उपभोक्ता प्रति माह लगभग 45 रुपये के निर्धारित शुल्क का भुगतान करते हैं, जबकि वे प्रति माह लगभग 20 घन मीटर प्रति उपभोग कर सकते हैं, इस प्रकार वे उपभोग के अनुपात में केवल छठे हिस्से से भी कम शुल्क का भुगतान करते हैं। पानी पर इस प्रकार की सब्सिडी के कारण इसके दुरुपयोग को बढ़ावा मिला है।

दूसरी ओर, भारत के शहरी क्षेत्रों में रहने वाले निर्धन परिवारों के लोग निजी या सार्वजनिक नल का इस्तेमाल नहीं करते हैं, और इस प्रकार उन्हें सब्सिडी का लाभ नहीं मिल पाता है।

पानी से जुड़ी समस्याएँ

ऊपर दिए गए उदाहरणों के आधार पर हम समझ सकते हैं कि, पानी से जुड़ी समस्याएँ मुख्य रूप से इसकी मात्रा एवं गुणवत्ता से संबंधित हैं। दोनों ही समस्याएँ एक दूसरे से संबंधित हैं। उदाहरण के लिए, मानवीय गतिविधियों के लिए पानी की मांग एवं उपयोग में वृद्धि के अनुरूप अपशिष्ट जल के उत्पादन में भी वृद्धि होती है। पानी की गुणवत्ता के स्तर के नीचे जाने के कारण उपयोग हेतु पानी की आपूर्ति में भी कमी होती है।

पानी की उपलब्ध मात्रा

19वीं शताब्दी के बाद से पानी के प्रबंधन में दो प्रकार की विसंगतियों के कारण पानी की उपलब्ध मात्रा से संबंधित समस्याएँ उत्पन्न हुई हैं। सर्वप्रथम, पानी के व्यवस्थापन हेतु प्राथमिक एजेंट के तौर पर समुदायों और परिवारों की जगह, राज्य पानी के प्रमुख आपूर्तिकर्ता के तौर पर उभर कर सामने आया है। दूसरा, सतही जल एवं भूजल पर निर्भरता काफी बढ़ रही है। सरकार द्वारा जल

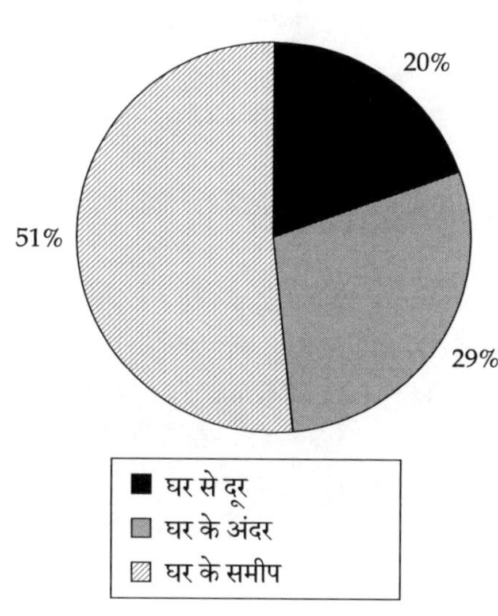

आरेख 4.4
ग्रामीण क्षेत्रों में पेयजल की उपलब्धता

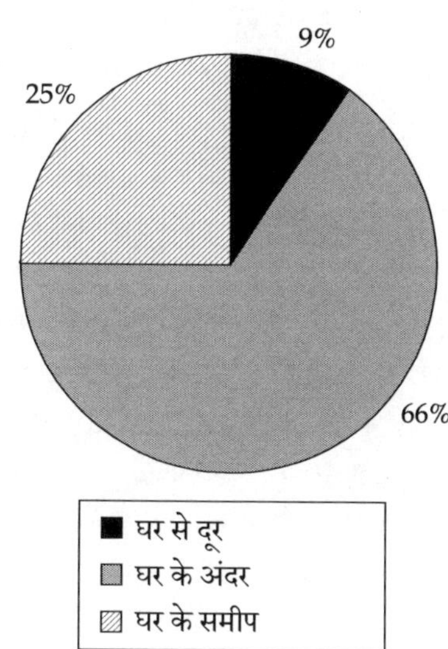

आरेख 4.5
शहरी क्षेत्रों में पेयजल की उपलब्धता

स्रोत: *डाउन टू अर्थ, विज्ञान एवं पर्यावरण केंद्र, 31 मई 2003*

आपूर्तिकर्ता की भूमिका निभाने के कारण समुदायों ने धीरे-धीरे जल संरक्षण से जुड़ी अपनी प्रथाओं को छोड़ दिया और इस प्रकार वर्षा जल, जिससे पेयजल आपूर्ति में काफी मदद मिल सकती है, को बर्बाद किया जा रहा है। कृषि क्षेत्र में, मुख्य रूप से बिजली पर दी जाने वाली सब्सिडी के कारण भूजल के उपयोग में निरंतर वृद्धि हो रही है।

आज भारत के ग्रामीण एवं शहरी, दोनों इलाकों में पानी की कमी एक बड़ी समस्या है। कुओं या पानी के टैंकरों के सामने लंबी कतारों के दृश्य और दैनिक जरूरतों के लिए पानी की खोज में महिलाओं के दिनभर लंबी दूरी तक यात्रा करने की कहानियाँ, भारत के कई राज्यों में सामान्य प्रक्रिया बन चुकी है। आज ग्रामीण आबादी के 70 प्रतिशत से ज्यादा घरों में पानी का स्रोत उपलब्ध नहीं है; लाखों लोगों को आज भी पेयजल की तलाश में काफी दूर भटकना पड़ता है। सूखा प्रभावित क्षेत्रों की स्थिति और भी गंभीर है। गुजरात के दाहोद जिले में एक घड़े में पानी भरने के लिए महिलाओं को 3 से 4 किलोमीटर दूर स्थित एक सूखी नदी तक की यात्रा करनी पड़ती है। वहाँ वे नदी के तल पर एक मीटर से अधिक गहरा गड्ढा तैयार करती हैं। उसके बाद एक महिला उस गड्ढे में उतरती है। रिसाव के जरिए उस गड्ढे में पानी के इकट्ठा होने और छोटे से घड़े को भरने में काफी वक्त लग जाता है, जिसके भरने के बाद वह ऊपर इंतजार कर रही महिला के हाथों में पकड़ा देती है। गंदे पानी को बर्तन में डालने से पहले एक साफ कपड़े की मदद से छान लिया जाता है।

बहुत अधिक पानी — बाढ़: 'अनुपयुक्त स्थान पर बहुत अधिक मात्रा में पानी का जमाव, या किसी क्षेत्र के जल निकासी प्रणाली की क्षमता से अधिक पानी की उपलब्धता' को बाढ़ के तौर पर परिभाषित किया जा सकता है। कई अन्य तरीकों से भी बाहर की बाढ़ की जाती है। एक सामान्य परिभाषा के अनुसार: 'जब किसी ऐसे क्षेत्र में पानी का सैलाब उमड़ता है, जो आमतौर पर सूखा रहता है तो इसे बाढ़ कहते हैं।'

जब किसी स्थान पर लंबे समय तक बारिश होती रहे या फिर थोड़े समय के भीतर बहुत अधिक बारिश हो जाए, अथवा किसी हिमशैल या नदी अथवा जलधारा को रोकने वाले वाला बांध टूट जाए, तो बाढ़ की स्थिति उत्पन्न होती है। गर्मी में होने वाली बारिश के साथ-साथ बर्फ के पिघलने से बाढ़ की स्थिति पैदा हो सकती है; भयंकर तूफान के कारण मानसून के मौसम में भारी बारिश हो सकती है; अथवा उष्णकटिबंधीय चक्रवात के कारण तटीय एवं अंतर्देशीय राज्यों में भारी बारिश हो सकती है।

बाढ़ को प्रेरित करने वाली मानवीय गतिविधियाँ:

वनोन्मूलन: ऊंचे-ऊंचे पेड़, छोटी-छोटी झाड़ियाँ और जड़ प्रणाली जंगलों में बारिश के पानी को रोककर एवं अवशोषित कर बाढ़ से कुछ हद तक सुरक्षा प्रदान करती हैं। जब इन्हें काट दिया जाता है, तो बारिश के पानी का बहाव काफी तेज हो जाता है और इससे मृदा अपरदन की समस्या भी उत्पन्न होती है। बारिश के पानी के साथ मिट्टी बहकर नदियों में चली जाती है और इसके तल पर जमा होने लगती है, जिसके कारण इसका स्तर ऊपर उठने लगता है। इससे नदी प्रणाली की जल-धारण क्षमता कम हो जाती है। नदी की जल-धारण क्षमता कितनी कम होगी, पानी के किनारों के ऊपर बहने एवं निकटवर्ती क्षेत्रों में बाढ़ की संभावना उतनी ही अधिक होगी। नदी के चारों ओर के क्षेत्र को **प्लावनीय भूमि** कहते हैं, जहां नदी के जलस्तर के ऊपर उठने से बाढ़ की संभावना बनी रहती है।

शहरीकरण: बढ़ती आबादी और शहरीकरण के विस्तार के साथ, शहरों के विकास के लिए प्लावनीय भूमि के अधिकाधिक क्षेत्र को लोगों के रहने योग्य बनाया जा रहा है। शहर की त्रुटिपूर्ण योजना भी बाढ़ की संभावनाओं में वृद्धि का एक कारक है। अक्सर निचले क्षेत्रों में आवासीय कॉलोनियाँ बसाई जा रही हैं, जो मध्यम बारिश के दौरान भी आसानी से जलमग्न हो जाती हैं। वर्षाजल निकास प्रणाली या तो अनुपस्थित हैं या फिर शहरी इलाकों में इसका समुचित विकास एवं रखरखाव नहीं किया जाता है, जिसके चलते बारिश का पानी, विशेष रूप से भारी बारिश के दौरान पानी तेजी से नहीं निकल पाता है। कई भारतीय शहरों में, वर्षा जल निकास हेतु बनाई गई नालियों में कचरा भरा होता है, जिसके चलते पानी निकल नहीं पाता। बारिश के पानी को बाहर निकलने का रास्ता नहीं मिल पाता है, जिसके चलते सड़कों पर पानी जमा हो जाता है।

आर्द्रभूमि (जलस्रोत जैसे कि तालाब, झील या छोटी जलधाराएँ), जिसमें नदियों के अतिरिक्त पानी अथवा बारिश के पानी को धारण करने की क्षमता या संभावना होती है और शहरी विकास के कारण इन क्षेत्रों का भी द्रुतगति से अतिक्रमण एवं पुनरुद्धार किया जा रहा है। आर्द्रभूमि जैसे जलस्रोतों की संख्या और सीमा में कमी के चलते बाढ़ की संभावना बढ़ रही है।

परिवहन नेटवर्क का निर्माण: बाढ़ संभावित क्षेत्रों में सड़कों, रेलवे और इमारतों के निर्माण जैसी मानवीय गतिविधियों के कारण जल निकासी की प्राकृतिक व्यवस्था में रुकावट आ रही है, जिसके चलते बाढ़ और बाढ़ से होने वाले नुकसान की संभावना बढ़ गई है।

भारत में बाढ़

बाढ़ प्रभावित देशों की सूची में भारत का स्थान बांग्लादेश के बाद दूसरा है। मानसून के मौसम में भारी बारिश के बाद भारत के ज्यादातर हिस्सों में बाढ़ आ जाती है। भारत में बारिश मुख्यतः जून से सितंबर के दौरान दक्षिण-पश्चिम मानसून के महीनों तक सीमित है। यहां वर्षा का वितरण भी असमान है; स्थान एवं समय के लिहाज से इसमें काफी भिन्नताएँ हैं, जिसके कारण देश के कुछ हिस्सों में सूखे की स्थिति बनी रहती है तो कुछ हिस्सों को बाढ़ का सामना करना पड़ता है। अखिल भारतीय स्तर पर प्रतिवर्ष औसतन 1,170 मिमी वर्षा होती है, परंतु किसी भी वर्ष इसके वितरण में असमानता देखी जा सकती है क्योंकि पश्चिमी रेगिस्तान में 100 मिमी वर्षा होती है जबकि उत्तर-पूर्वी क्षेत्र में 11,000 मिमी तक वर्षा दर्ज की जाती है। देश में प्रतिवर्ष होने वाली कुल बारिश का लगभग 50 लगभग केवल 15 दिनों, अर्थात कुल मिलाकर 100 घंटे से भी कम समय की अवधि में हो जाता है। इसका मतलब यह है कि बेहद कम समय में बहुत अधिक बारिश होती है। भारी बारिश के साथ-साथ हिमालय के बर्फ पिघलने की स्थिति में कई राज्यों को बाढ़ का सामना करना पड़ता है।

देश के सात राज्यों में बाढ़ की सबसे अधिक संभावना बनी रहती है, जिनमें उत्तराखंड (उत्तराखंड), उत्तर प्रदेश, बिहार, झारखंड, पश्चिम बंगाल, उड़ीसा और असम शामिल हैं। राष्ट्रीय बाढ़ आयोग के आकलन के अनुसार, देश के लगभग 40 मिलियन हेक्टेयर क्षेत्र में बाढ़ की संभावना बनी रहती है। भारत में प्रतिवर्ष बाढ़ के कारण औसतन 1,600 लोगों एवं 95,000 मवेशियों की मौत होती है और 1.2 मिलियन घरों को नुकसान होता है। बाढ़ के चलते प्रतिवर्ष 13,470,000 रुपये का नुकसान होता है।

पानी की भारी कमी — सूखा: अपर्याप्त बारिश, बारिश के देर से आगमन तथा भूजल के अत्यधिक दोहन के कारण पानी की कमी होती है और इसे सूखे की स्थिति कहा जाता है। यह असामान्य रूप से शुष्क मौसम की अवधि है, और अगर लंबे समय तक ऐसी स्थिति बनी रहे तो जलीय वितरण में असंतुलन उत्पन्न होता है जिसके कारण फसलों को नुकसान होने के साथ-साथ पानी की भारी कमी हो जाती है। सूखे की गंभीरता दरअसल नमी में कमी की मात्रा, सूखे की अवधि तथा प्रभावित क्षेत्र के आकार पर निर्भर है।

सूखे को कई अलग-अलग प्रकारों में वर्गीकृत किया जाता है। ये इस प्रकार हैं:

1. *मौसम के कारण उत्पन्न सूखे की स्थिति:* जब किसी क्षेत्र में होने वाली वर्षा, सामान्य वर्षा से 75 प्रतिशत तक कम हो जाए तो ऐसी स्थिति उत्पन्न होती है। बारिश की सामान्य स्थिति से होने वाले विचलन को उस स्थान पर पूर्व के वर्षों में होने वाली बारिश की औसत की तुलना के जरिए परिभाषित किया जाता है, जिसके लिए अक्सर 30 वर्षों के अभिलेखों का प्रयोग किया जाता है। अगर वर्षा, सामान्य बारिश से 50 प्रतिशत कम हो तो इसे सूखे की गंभीर स्थिति कहा जाता है।

2. *जल विज्ञान के प्रभावों से उत्पन्न सूखे की स्थिति:* इस प्रकार के सूखे की स्थिति, बारिश की कमी के कारण जमीन के ऊपर (धारा या नदी का प्रवाह, जलाशय और झील का जलस्तर) एवं जमीन के अंदर (भूजल) पानी की आपूर्ति पर पड़ने वाले प्रभावों से जुड़ी हुई है। जल-विज्ञान प्रणाली के घटकों, जैसे कि मिट्टी में नमी की मात्रा, जल धाराओं का प्रवाह तथा भूजल एवं जलाशयों के जलस्तर में बारिश की कमी का स्पष्ट प्रभाव कुछ समय बाद दिखाई देता है। इस प्रकार, जल विज्ञान के प्रभावों से उत्पन्न सूखे की स्थिति तथा मौसमी एवं कृषि से संबंधित सूखे की स्थिति की घटना के बीच एक अंतराल है।

3. *कृषि के लिए सूखे की स्थिति:* इस प्रकार के सूखे की स्थिति, जल विज्ञान के प्रभावों से उत्पन्न सूखे की स्थिति तथा मौसम के कारण उत्पन्न सूखे की स्थिति की विभिन्न विशेषताओं को जोड़ती है, जिसका प्रभाव कृषि पर पड़ता है। बारिश की कुल मात्रा में कमी तथा इसका समय कृषि को प्रभावित करता है। भूजल या जलाशयों के जलस्तर में कमी, मिट्टी में नमी की मात्रा में कमी, इत्यादि कृषि उत्पादन पर प्रतिकूल प्रभाव डालते हैं। कृषि के लिए सूखे की स्थिति, पानी की कमी के प्रति फसल की सुग्राह्यता या सह्यता के स्तर पर भी निर्भर है।

4. *सामाजिक-आर्थिक परिस्थितियों से उत्पन्न सूखा:* प्रभावित क्षेत्रों में लोगों के भोजन एवं सामाजिक सुरक्षा की उपलब्धता में कमी के कारण इस प्रकार के सूखे की स्थिति उत्पन्न होती है।

सूखे के कारण अकाल के हालात उत्पन्न हो सकते हैं, जो खाद्यान्न की उपलब्धता में बड़े पैमाने पर कमी की स्थिति को दर्शाता है। इन परिस्थितियों में यदि समय रहते मध्यवर्तन नहीं किया जाए, तो बड़े पैमाने पर भुखमरी हो सकती है।

मौसम के कारण उत्पन्न सूखे की स्थिति में जलवायु और मौसम की वजह से बारिश काफी कम होती है, परंतु मानवीय गतिविधियों के कारण इसका प्रभाव द्विगुणित हो जाता है। जल विज्ञान के प्रभावों से उत्पन्न सूखे की स्थिति को प्रेरित करने में वनों की कटाई की भूमिका काफी अहम होती है। पेड़ के कारण बारिश के अलावा भूजल संचयन में मदद मिलती है, और पेड़ों के उन्मूलन के बाद मिट्टी में जल धारण की क्षमता नहीं रहती है। यह भूजल के पुनर्भरण को प्रभावित करने के साथ-साथ मिट्टी में नमी की मात्रा को भी कम कर देता है, जिससे जमीन पूरी तरह सूख जाती है।

फसल के मौसम के दौरान बेहद कम बारिश होने अथवा बारिश नहीं होने का कृषि पर प्रतिकूल प्रभाव पड़ता है। परंतु यह प्रभाव कृषि के स्वरूप पर भी निर्भर है। वर्तमान में गन्ने की तरह अधिक पानी की खपत वाली फसलों का उत्पादन ऐसे क्षेत्रों में भी प्रारंभ हो गया है, जहां अतीत में निम्न से मध्यम वर्षा दर्ज की गई है। इससे कृषि के लिए सूखे की संभावना बढ़ जाती है। किसान ज्यादा से ज्यादा आमदनी को ध्यान में रखते हुए अधिक मूल्य वाली नगदी फसलों को उगाते हैं, परंतु अपर्याप्त बारिश उनकी पूरी फसल को बर्बाद कर सकती है, उन्हें इस बात पर गौर करना होगा कि कम पानी की आवश्यकता वाली फसलों के उत्पादन से इस प्रकार की स्थिति से बचा जा सकता है।

भारत में सूखे की स्थिति

भारत के कुल क्षेत्रफल के लगभग 19 प्रतिशत क्षेत्र में सूखे की संभावना बनी रहती है। हाल ही में, भारतीय मौसम विज्ञान विभाग ने ऐसे इलाकों को मौसमी सूखाग्रस्त क्षेत्र घोषित किया, जहां वार्षिक वर्षा सामान्य की तुलना में 75 प्रतिशत से भी कम थी; लेकिन अप्रैल 2003 के बाद से, सूखाग्रस्त क्षेत्र घोषित करने से संबंधित मानदंडों में संशोधन किया गया और अब सामान्य की तुलना में 90 प्रतिशत से कम बारिश वाले इलाकों को सूखाग्रस्त क्षेत्र घोषित किया जा सकता है। अगर किसी इलाके की बारिश सामान्य से 50 प्रतिशत कम हो जाए, तो उसे गंभीर सूखाग्रस्त क्षेत्र घोषित किया जाता है।

बारिश का वार्षिक औसत, वर्ष की अलग-अलग अवधि में वास्तविक स्थिति को सटीक रूप से नहीं दर्शाता है। औसत वर्षा बेहतर होने की स्थिति में मौसमी सूखे की स्थिति नहीं हो सकती है, परंतु फसल के मौसम के दौरान बारिश कम होने के परिणामस्वरूप कृषि के लिए सूखे की स्थिति उत्पन्न हो सकती है। ऐसी स्थिति में किसी जिले को सूखाग्रस्त घोषित करने में समस्या उत्पन्न हो सकती है, भले ही उस क्षेत्र को सूखे के गंभीर प्रभावों का सामना करना पड़ रहा हो।

सूखे की लाभप्रद स्थिति!

प्रख्यात पत्रकार, पी. साईनाथ ने अपनी पुरस्कार विजेता पुस्तक, 'एवरीबॉडी लव्स ए गुड ड्राउट' में एक क्षेत्र को सूखा प्रभावित घोषित किए जाने के बाद की घटनाओं एवं तीसरी फसल के तौर पर अकाल राहत सेवाएँ उपलब्ध कराए जाने का उद्धरण प्रस्तुत किया है। हालांकि सरकार की राहत योजनाएँ अभावग्रस्त क्षेत्रों एवं गरीबों के लिए होती हैं, परंतु विडंबना यह है कि इसका लाभ उन्हें ही नहीं मिलता है। इसके विपरीत ठेकेदारों, बिचौलियों और कई अन्य कार्यकर्ताओं को राहत कार्यों से सर्वाधिक लाभ मिलता है।

देश में अधिकाधिक क्षेत्रों को सूखाग्रस्त क्षेत्र घोषित किए जाने की जल्दबाजी एवं उत्सुकता हमेशा बनी रहती है, क्योंकि ऐसा किए जाने की स्थिति में ज्यादा संख्या में सरकारी योजनाएँ एवं अन्य सहायक योजनाएँ शुरू की जाएँगी। देश में कई ऐसे जिले हैं जो लगातार सूखे से प्रभावित रहते हैं और यहां भुखमरी से मौतें भी होती हैं, परंतु जरुरी नहीं है कि इन क्षेत्रों में सामान्य से कम बारिश हुई हो। उदाहरण के लिए, उड़ीसा में कालाहंडी या बिहार में पलामू या मध्य प्रदेश में सर्गुजा, कुछ ऐसे क्षेत्र है जो सूखे की आपदा के कारण हमेशा सुर्खियों में बने रहते हैं।

क्या इन जिलों में वास्तव में कम वर्षा होती है? भारत के अधिकांश जिलों में प्रतिवर्ष औसतन 800 मिमी वर्षा होती है, जो विभिन्न उपयोगों के लिए कमोबेश पर्याप्त है। पिछले 20 वर्षों में कालाहंडी की सबसे कम वर्षा 978 मिमी। यह कई जिलों की 'सामान्य' बारिश से अधिक है। अन्यथा कालाहंडी की औसत वार्षिक वर्षा 1,250 मिमी है। इसके अलावा, कालाहंडी में प्रति व्यक्ति खाद्यान्न उत्पादन का औसत, राज्य एवं राष्ट्रीय औसत से अधिक है। पलामू में भी, एक सामान्य वर्ष में औसतन 1,200 से 1,300 मिमी वर्षा होती है। सर्गुजा में शायद ही किसी वर्ष 1200 मिमी से कम वर्षा हुई हो। पहले भी कुछ वर्षों में यहां 1,500 से 1,600 मिमी तक बारिश दर्ज की गई है।

इसलिए हम कह सकते हैं कि, अपर्याप्त वर्षा समस्या नहीं है। किसी क्षेत्र को 'सूखाग्रस्त' घोषित करने के बजाय 'सूखे से पीड़ित' घोषित किए जाने के लिए जल प्रबंधन के साथ-साथ भूमि के उपयोग, फसल उत्पादन की पद्धति, सार्वजनिक वितरण प्रणाली, इत्यादि मुद्दे बेहद महत्वपूर्ण हैं।

भारत को 1966–67, 1972–73, 1979–80, 1986–87, 1996–97 और 2001–02 में सूखे का सामना करना पड़ा। प्रत्येक उदाहरण में, खाद्यान्न उत्पादन राष्ट्रीय औसत से नीचे गिर गया। भुखमरी एवं परिसंपत्तियों और पशुओं के नुकसान, आदि के चलते बड़े पैमाने पर घाटा हुआ। वर्ष 1987 में, 267 जिलों के 166 मिलियन लोग सूखे से बुरी तरह प्रभावित हुए थे।

हालांकि, वर्षों के दौरान संचित अनाज के भंडार को देखते हुए यह समझा जा सकता है कि देश में अब अकाल की स्थिति उत्पन्न नहीं होती है, परंतु आज भी ग्रामीण इलाकों में हजारों किसानों एवं श्रमिकों को सूखे का कहर झेलना पड़ता है। सरकार द्वारा 'काम के बदले अनाज' जैसे राहत उपाय सूखा प्रभावित क्षेत्रों में केवल अस्थाई तौर पर चलाए जाते हैं और अंतरिम राहत प्रदान करते हैं। सूखे की स्थिति से निजात पाने के लिए दीर्घकालिक कार्यक्रमों, जैसे कि जल-संभरण प्रबंधन और वर्षा जल संचयन, से मदद मिल सकती है।

अधिकता के बीच कमी

कभी चेरापूंजी को धरती पर सबसे ज्यादा बारिश वाले स्थान के तौर पर जाना जाता था। पिछले दशक या कुछ वर्षों में, ऊपरी जलग्रहण क्षेत्रों में मिश्रित प्राकृतिक जंगलों को धीरे-धीरे नष्ट कर दिया गया है। ढलानों पर पानी को रोक कर रखने के लिए जंगल नहीं बचे हैं, जिसके चलते प्रतिवर्ष 12,000 मिमी बारिश का पानी बड़ी तेजी से नीचे की ओर चला जाता है और वहां बाढ़ की स्थिति उत्पन्न हो जाती है। दूसरी ओर चेरापूंजी में मानसून के तुरंत बाद जलधाराएँ एवं नदियाँ सूख जाती हैं, जिसके परिणामस्वरूप उस क्षेत्र में सूखे की स्थिति के अलावा पेयजल संकट भी उत्पन्न हो जाता है।

हिमालय की तलहटी में, पिछले तीन दशकों से जारी चूना पत्थर उत्खनन ने जंगलों को नष्ट कर दिया है, जिसके चलते बारहमासी पहाड़ी जलधाराएँ या तो सूख चुकी हैं अथवा मौसमी बन गई हैं। सौराष्ट्र के इलाके में भी कई सीमेंट कारखानों के लिए प्राकृतिक जलभृतों से चूना पत्थर के उत्खनन के परिणामस्वरूप समुद्री खारे पानी का प्रसार बढ़ा है तथा मरुस्थलीकरण में वृद्धि हुई है।

पानी की गुणवत्ता

जल प्रदूषण क्या है? किसी जलस्रोत में ऐसे पदार्थों का इतनी मात्रा में मिश्रित हो जाना, जो उस जलस्रोत की प्राकृतिक गुणवत्ता को पूरी तरह बदल दे, इस स्थिति को जल प्रदूषण के तौर पर परिभाषित किया जा सकता है। इस प्रकार के बदलाव से पानी की उपयोगिता को नुकसान पहुंचता है, जीवों का स्वास्थ्य प्रभावित होता है, और देखने, स्वाद अथवा गंध की दृष्टि से यह बेहद घृणास्पद हो जाता है। जल प्रदूषण में सतही जल प्रदूषण, (नदी, झील, तालाब), भूजल प्रदूषण और समुद्री प्रदूषण शामिल है (कुछ सामान्य प्रकार के जल प्रदूषकों की सूची एवं विवरण के लिए इस पुस्तक का 'प्रदूषण' अध्याय देखें)।

देश में नगरपालिका द्वारा बड़े पैमाने पर वाहितमल निपटान और औद्योगिक प्रदूषण, भूजल एवं सतह के जलस्रोतों के प्रदूषण का सामान्य कारण है।

सुपोषण

किसी भी जलस्रोत में अनुपचारित या आंशिक रूप से उपचारित मलजल प्रवाहित किए जाने से इसमें जैविक पदार्थों की मात्रा बढ़ सकती है। धीरे-धीरे इन जैविक पदार्थों का अपघटन होता है, जो शैवाल एवं अन्य जलीय पौधों को पोषण देते हैं। पोषक तत्वों के आवश्यकता से अधिक संचय को सुपोषण कहा जाता है। जब उर्वरकों के पोषक तत्व (मुख्यतः नाइट्रोजन एवं फास्फोरस) अधिक मात्रा में जलस्रोतों में जमा होते हैं, तो सुपोषण की स्थिति उत्पन्न होती है। आमतौर पर सुपोषण की स्थिति में पादप प्लवक (छोटे शैवाल) का प्रसार काफी बढ़ जाता है। फिर जब इनकी मृत्यु होती है, तो ये अपघटित होने लगते हैं। उनके अपघटन के कारण जलस्रोतों में ऑक्सीजन की कमी हो जाती है, जो मछली एवं अन्य जलीय जीवों के जीवन के लिए अत्यंत महत्वपूर्ण है। अंततः घुटन की वजह से मछली एवं अन्य जलीय जीवों की मौत हो जाती है।

सतही जल प्रदूषण: मानव बस्तियों और उद्योगों से निकलने वाले कचरे; कृषि कार्य में प्रयुक्त रसायनों के बहाव; मूसलाधार बारिश के बाद जलस्रोतों में प्राकृतिक अवयवों, जैसे कि मिट्टी, पेड़-पौधे एवं पशु-पक्षियों के अवशेष, इत्यादि से सतह का पानी प्रदूषित हो जाता है। यहां सतही जल प्रदूषण के स्रोतों तथा इससे संबंधित अन्य समस्याओं पर चर्चा की गई है।

घरेलू वाहितमल प्रदूषण: नदियों में लगभग 75 प्रतिशत प्रदूषण वाहितमल और सार्वजनिक नालियों द्वारा प्रवाहित कचरे के कारण होता है, जबकि शेष हिस्से के लिए औद्योगिक अपशिष्ट तथा कृषि में प्रयुक्त रासायनिक अपशिष्ट पदार्थों को जिम्मेदार ठहराया जा सकता है। नदियों के किनारे स्थित बड़े शहरों एवं नगरों से प्रतिदिन लाखों लीटर वाहितमल प्रवाहित किया जाता है। इस प्रकार के अपशिष्ट को उपचारित करने की सुविधाएँ या तो अनुपलब्ध हैं अथवा अपर्याप्त हैं। विश्व बैंक के एक अध्ययन से यह पता चलता है कि, भारत के 3,119 शहरों एवं नगरों में केवल 209 शहरों में आंशिक जबकि 8 शहरों में मलजल के पूर्ण उपचार की सुविधा उपलब्ध है।

घरेलू अपशिष्ट जल में मौजूद विभिन्न प्रकार के रोग उत्पन्न करने सूक्ष्मजीवों के जरिए पानी में जैविक प्रदूषण फैल जाता है। जब पेयजल का स्रोत दूषित होता है, तो इससे स्वास्थ्य संबंधी गंभीर समस्याएँ और जल जनित बीमारियाँ उत्पन्न हो सकती हैं, जैसे कि हैजा, गैस्ट्रोएन्टेरिटिस, टाइफाइड आदि, जिनमें से कुछ घातक साबित हो सकते हैं।

दूषित पेयजल से होने वाले रोग

सूक्ष्मजीव	बीमारी	लक्षण
जीवाणु	टायफायड (आंत्र ज्वर)	दस्त, गंभीर उल्टी, बढ़ी हुई तिल्ली, आंतों में सूजन; उपचार नहीं किए जाने पर घातक हो सकता है
	हैज़ा	दस्त, गंभीर उल्टी, पानी की कमी (डीहाइड्रेशन); उपचार नहीं किए जाने पर घातक हो सकता है
	जीवाणु जनित पेचिश	दस्त; समुचित उपचार नहीं किए जाने पर नवजात शिशुओं के लिए घातक हो सकता है
	आंत्रशोथ (एँटराइटिस)	पेट में बहुत तेज दर्द, मतली, उल्टी; शायद ही कभी घातक साबित होता है
विषाणु	संक्रामक यकृतशोथ (हेपेटाइटिस)	बुखार, बहुत तेज सरदर्द, भूख में कमी, पेट दर्द, पीलिया, यकृत के आकार में वृद्धि; शायद ही कभी घातक है लेकिन इससे यकृत को स्थाई नुकसान पहुंच सकता है
परजीवी प्रोटोजोआ	अमीबा जनित पेचिश	गंभीर दस्त, सिरदर्द, पेट दर्द, ठंड, बुखार; उपचार नहीं किए जाने पर यकृत में फोड़ा, आंत्र-वेध और मृत्यु हो सकती है
	जिआर्डिया	दस्त, पेट में ऐंठन, पेट फूलना, उबकाई, थकान
परजीवी कृमि	सिस्टोसोमियासिस	पेट में दर्द, त्वचा लाल चकत्ते, रक्तहीनता (एनीमिया), दीर्घकालीन थकान, और लंबे समय से सामान्य बीमारियाँ

औद्योगिक अपशिष्ट का प्रवाह: कल-कारखानों में पानी का इस्तेमाल विभिन्न प्रकार के कार्यों में होता है, जैसे कि प्रसंस्करण, शीतलन और उत्पादन के विभिन्न चरणों में सामग्रियों को उपचारित करना। इन प्रक्रियाओं के दौरान पानी प्रदूषित हो सकता है। कभी-कभी अपशिष्ट जल औद्योगिक प्रक्रिया का उप-उत्पाद हो सकता है। कल-कारखानों द्वारा इस प्रकार के प्रदूषित पानी को सीधे जलस्रोतों में प्रवाहित कर दिया जाता है या ये अप्रत्यक्ष तौर पर जल स्रोतों से मिल जाते हैं।

औद्योगिक अपशिष्ट पदार्थों के अनियंत्रित प्रवाह के कारण देश की सभी प्रमुख नदियाँ प्रदूषित हो रही हैं। औद्योगिक अपशिष्ट पदार्थों को नदियों या अन्य जलस्रोतों में प्रवाहित किए जाने से पहले उपचारित करने के लिए विशिष्ट नियम बनाए गए हैं; परंतु कानून को सख्ती से लागू नहीं किया जाता जिसके चलते ज्यादातर स्थानों पर प्रदूषण निरंतर जारी है।

जानलेवा दामोदर

563 किलोमीटर लंबी दामोदर नदी, पश्चिम बंगाल की हुगली नदी से मिलने से पूर्व झारखंड के छह जिलों से होकर गुजरती है। एक सौ तिरासी कोयला खदानों, लौह अयस्क की 28 खदानों, चूना पत्थर की 33 खदानों तथा अभ्रक की 84 खदानों में इसका पानी इस्तेमाल किया जाता है और अपशिष्ट जल प्रवाहित किया जाता है। विभिन्न प्रकार के उद्योग- कोयना धावन संयंत्र, कोक अवन संयंत्र, देश के प्रमुख लोहा एवं इस्पात संयंत्र, ताप विद्युत संयंत्र, कांच एवं सीमेंट संयंत्र तथा उर्वरक एवं रासायनिक कारखाने - नदी के जल को बड़े पैमाने पर प्रदूषित कर रहे हैं। नदी में प्रतिदिन लगभग 6,000 मिलियन लीटर औद्योगिक अपशिष्ट जल प्रवाहित किया जाता है, जिसका ज्यादातर हिस्सा अनुपचारित होता है। इसके अंतर्गत खनन आधारित गतिविधियों तथा नदी के किनारे स्थित शहरों एवं कस्बों से प्रवाहित अनुपचारित अपशिष्ट जल शामिल नहीं है।

कुछ अनुमानों के अनुसार प्रतिदिन नदियों तक पहुंचने वाले अपशिष्ट पदार्थों में 60 टन जैविक अपशिष्ट, 2 टन गैर-धात्विक विषाक्त अपशिष्ट तथा 1.2 टन धात्विक विषाक्त अपशिष्ट शामिल हैं। खनन और औद्योगिक अपशिष्ट में सामान्यतः उड़न राख (फ्लाइ ऐश) तथा कोयले के महीन कणों के रूप में भारी मात्रा में निलंबित ठोस अपशिष्ट पहुंचते हैं। इस प्रकार के अपशिष्ट जल में अत्यधिक विषैले पदार्थ, जैसे कि फिनॉल, साइनाइड और अन्य भारी धातु पाए जाते हैं।

वर्ष 1998 की अपनी एक रिपोर्ट में केन्द्रीय प्रदूषण नियंत्रण बोर्ड ने दामोदर नदी को अत्यधिक प्रदूषित नदियों की श्रेणी में रखा था। इसका मतलब है कि इसका पानी मानव उपभोग के लिए पूरी तरह से असुरक्षित है और इसका पानी शायद ही जलीय जीवन के लिए उपयुक्त है। इसके बावजूद धनबाद और झरिया जैसे कई शहरों में भूजल को छोड़कर पेयजल का कोई अन्य स्रोत उपलब्ध नहीं है, जो दूषित है।

औद्योगिक जल प्रदूषण की समस्या तब उत्पन्न होती है, जब अपशिष्ट पदार्थों या अपशिष्ट जल के उपचार हेतु अपर्याप्त उपायों को अपनाया जाता है। भारत में जल प्रदूषण को बढ़ावा देने वाले प्रमुख उद्योगों में चमड़ा, लुगदी एवं कागज, वस्त्र और रसायन उद्योग शामिल हैं। जब इस प्रकार के उद्योगों से पर्याप्त उपचार के बिना अपशिष्ट पदार्थों को जलस्रोतों में प्रवाहित किया जाता है, तो जल में विभिन्न प्रकार के प्रदूषक — जैविक और अजैविक, दोनों प्रकार के प्रदूषक — मिल जाते हैं, जो जैव-निम्नीकरणीय नहीं हैं। विनिर्माण प्रक्रिया से उत्पन्न विभिन्न प्रकार के रासायनिक अपशिष्ट पदार्थों को — इसके अंतर्गत विलायक, तेल, प्लास्टिक, धात्विक अपशिष्ट, निलंबित ठोस पदार्थ, फिनॉल एवं अन्य रसायन शामिल हैं— उपलब्ध प्रौद्योगिकी के साथ पानी से सरलता से दूर नहीं किया जा सकता है, जिसके परिणामस्वरूप इस प्रकार का पानी मानव उपयोग हेतु अनुपयुक्त हो जाता है।

कल-कारखानों, विशेष रूप से धातु के काम में संलग्न कल-कारखाने तथा बैटरी एवं इलेक्ट्रॉनिक्स से संबंधित प्रक्रियाओं में जस्ता, तांबा, क्रोमियम टिन जैसे धातुओं के अलावा आर्सेनिक, कैडमियम, सीसा और पारा का बड़े पैमाने पर उपयोग किया जाता है। इन धातुओं का उपयोग कुछ कीटनाशकों, दवाओं, पेंट और रंजक, ग्लेज़, स्याही आदि के निर्माण में भी किया जाता है। आमतौर पर इस प्रकार के उद्योगों से प्रवाहित होने वाले अपशिष्ट पदार्थों में इन धातुओं की मात्रा काफी अधिक होती है।

इस प्रकार के पदार्थ आयनों की तरह विषाक्त होते हैं। पानी में घुलनशील कुछ यौगिकों में मौजूद होने पर, वे जलीय खाद्य श्रृंखला में प्रवेश कर सकते हैं। मनुष्य में इसकी न्यूनतम मात्रा भी गंभीर शारीरिक (तंत्रिका संबंधी विकार सहित) समस्या उत्पन्न कर सकती है। उदाहरण के लिए, सीसे की विषाक्तता को मानसिक मंदता का कारण माना जाता है, और पारे की विषाक्तता पागलपन एवं जन्मजात अपंगता का कारण बनती है।

मिनामाता की कहानी

रासायनिक प्रदूषण के दीर्घकालिक एवं अप्रत्यक्ष प्रभाव को मिनामाता की कहानी के माध्यम से अच्छी तरह समझा जा सकता है। जापान में मिनामाता खाड़ी के निकटवर्ती इलाकों में रहने वाले लोग एक रहस्यमय बीमारी से पीड़ित होने लगे, और जांच में पारे को इसका दोषी पाया गया। इस क्षेत्र में एक कारखाना बड़ी मात्रा में पारा युक्त अपशिष्ट पदार्थों को खाड़ी तक पहुंचने वाली जलधारा में प्रवाहित कर रहा था। यह पारा घोंघे और अन्य मछलियों के शरीर में संचित होने लगा, जिसका उपभोग स्थानीय निवासियों किया जाता था। इसके परिणामस्वरूप पिछले कुछ वर्षों में सैकड़ों लोगों की मौत हो गई और बड़ी मात्रा में लोग लकवाग्रस्त हो गए। देखने और सुनने की क्षमता में कमी के साथ-साथ तंत्रिका संबंधी विकार भी इसके दुष्प्रभावों में शामिल हैं। प्रसव पूर्व भ्रूण में भी इसके दुष्प्रभाव देखे गए, जबकि माता शरीर में इसकी कोई लक्षण मौजूद नहीं थे।

कल-कारखानों, खासतौर पर बिजली उत्पादन संयंत्रों से निकलने वाली गर्मी (औद्योगिक गतिविधियों का एक उप-उत्पाद) जलस्रोतों तक पहुंचने वाला एक अन्य प्रदूषक है। इस प्रकार की गर्मी से जीवन के विभिन्न स्वरूपों को न केवल प्रत्यक्ष तौर पर नुकसान होता है, बल्कि यह जलस्रोतों में पहले से मौजूद विभिन्न रसायनों के बीच रासायनिक प्रतिक्रिया को उत्प्रेरित करने में भी सक्षम है। इस प्रकार के अप्राकृतिक तापन से जलीय जीवों के प्राकृतिक जीवन चक्रों में अव्यवस्था उत्पन्न हो सकती है।

तमिलनाडु के एक औद्योगिक शहर तिरुपुर में होज़री उद्योग बड़े पैमाने पर फैला हुआ है, और आज इस शहर के भूजल स्रोतों को प्रदूषण के कारण जल संकट का सामना करना पड़ रहा है। यहां रंगाई एवं विरंजन उद्योग में प्रतिदिन 90 मिलियन लीटर से अधिक पानी का उपयोग किया जाता है और इतनी ही मात्रा में अपशिष्ट जल का प्रवाह होता है। अपशिष्ट जल का अधिकांश भाग अनुपचारित होता है, जिसे गैर-बारहमासी नॉयाल नदी में प्रवाहित किया जाता है। इस नदी के पानी में विभिन्न प्रकार के रंजक — लाल, पीले, भूरे और काले रंजक — मिश्रित हो चुके हैं। तिरुपुर से लगभग 10 से 20 किमी त्रिज्या के भीतर मौजूद भूजल पीने योग्य नहीं है।

इस तरह की कहानियाँ देश के हर हिस्से में, विशेष रूप से औद्योगिक क्षेत्र में आम हो चुकी हैं। गुजरात में उद्योगों द्वारा उपयोग किए गए कुल पानी का 80 प्रतिशत, भूजल स्रोतों से प्राप्त किया जाता है। इन उद्योगों द्वारा अधिकांश मात्रा में अपशिष्ट जल को उपचारित किए बिना ही प्रवाहित किया जाता है, जिससे ताजे पानी एवं भूजल के स्रोत प्रदूषित होते हैं। इस प्रकार, अपशिष्ट जल के उपचार और औद्योगिक अपशिष्ट जल के पुनर्चक्रण पर अधिक प्रभावी ढंग से ध्यान दिया जाना चाहिए।

मुख्य रूप से वाहितमल एवं औद्योगिक अपशिष्ट पदार्थों के कारण जल प्रदूषण होता है। सतही जल प्रदूषण को कम करने के लिए मलजल उपचार की समुचित प्रणाली तथा औद्योगिक अपशिष्ट पदार्थों के उपचार की दिशा में प्रयास किए जाने की आवश्यकता है।

कृषि में प्रयुक्त रसायनों का प्रवाह: हरित क्रांति की शुरुआत के साथ ही फसलों की पैदावार बढ़ाने के लिए रासायनिक कीटनाशकों एवं उर्वरकों का बड़े पैमाने पर इस्तेमाल किया जा रहा है। अतिरिक्त उर्वरक या कीटनाशक मिट्टी में ही मौजूद रहते हैं। बारिश के दौरान अथवा सिंचाई के पानी के साथ इस प्रकार के उर्वरक एवं कीटनाशक निकटतम जलस्रोतों तक पहुंच जाते हैं। अधिकांश भारतीय शहरों में नदियाँ पेयजल का प्राथमिक स्रोत हैं, ऐसी स्थिति में लोगों को पीने के लिए उपलब्ध पानी प्रदूषित हो जाता है। नदियों के पानी में डीडीटी, एल्ड्रिन और डाइएल्ड्रिन जैसे प्रदूषक पाए गए हैं, जो लोगों के साथ-साथ पारिस्थितिकी के लिए बहुत हानिकारक हैं। उर्वरकों एवं कीटनाशकों के उपयोग को कम करना महत्त्वपूर्ण है, क्योंकि इस अव्यक्त प्रदूषण के लिए किसी भी तरह का उपचार संभव नहीं है।

भूजल प्रदूषण: जल प्रदूषण केवल सतही पानी तक ही सीमित नहीं है। कई ऐसे मामले सामने आए हैं जिसमें भूजल को भी प्रदूषित पाया गया है। ठोस अपशिष्ट का अनुचित निपटान, भूजल प्रदूषण का एक कारण है। ठोस अपशिष्ट में उपस्थित विभिन्न प्रकार के हानिकारक पदार्थ (रसायन, धातु, आदि) पानी में घुल जाते हैं या निक्षालित हो सकते हैं। पानी में घुलने के बाद प्रदूषक मिट्टी के जरिए रिसकर भूजल तक पहुंचते हैं और इसे प्रदूषित करते हैं। अगर औद्योगिक अपशिष्ट पदार्थों का निपटान भूमिगत टैंक अथवा

कुओं में या फिर जमीन पर किया जाता है, तो इससे भी भूजल प्रदूषित हो सकता है। यह एक गंभीर समस्या है, क्योंकि भूजल पानी पीने के मुख्य स्रोतों में से एक है।

बिछरी की समस्याएँ

1990 के दशक के दौरान राजस्थान के एक छोटे से गांव, बिछरी में ग्रामीणों ने महसूस किया कि उनके कुओं का पानी भूरा हो चुका था, और कोयले के रंग के इस पानी का अब उपयोग नहीं किया जा सकता है। दरअसल, एसिड-निर्माण कारखाने द्वारा एक दशक से भी अधिक समय से बिछरी के पास अपशिष्ट पदार्थों का निपटान किया जा रहा था। अब यहां के भूजल में लौह युक्त लवण की मात्रा काफी बढ़ गई थी, जो वर्षों पहले फेंके गए अपशिष्ट पदार्थों से रिसकर जमीन के नीचे तक पहुंचा था। इसने स्थानीय भूजल बिल्कुल अलग तरह का भूरा रंग दिया, जो उपभोग के लिए पूरी तरह से अनुपयुक्त था। वर्ष 1997 में, सर्वोच्च न्यायालय ने प्रदूषणकारी कारखाने को बंद कराने और ग्रामीणों के लिए मुआवजे का आदेश दिया। अदालत ने पर्यावरण एवं वन मंत्रालय को इस नुकसान के आकलन का भी निर्देश दिया है। परंतु स्थिति में उल्लेखनीय सुधार नहीं हो पाया है, क्योंकि दूसरे जस्ता प्रगालक अन्य कुओं को दूषित कर रहे हैं।

भूजल के प्राकृतिक प्रदूषक: देश के कई इलाकों की भूमिगत चट्टानों में कुछ धातुओं अथवा यौगिकों की मात्रा काफी अधिक है। कभी-कभी जल स्तर में बदलाव, जैसे कि पानी के लिए गहरी खुदाई करना, के दौरान प्राकृतिक स्रोतों द्वारा भी पानी प्रदूषित हो सकता है। फ़्लोराइड एक ऐसा ही प्रदूषक है, जो भारत के कई हिस्सों में पाया जाता है। हालांकि, डब्ल्यूएचओ के अनुसार फ़्लोराइड मनुष्यों के लिए बहुत कम मात्रा में आवश्यक है, लेकिन 1.5 मिलियन प्रति कण (पीपीएम) से अधिक मात्रा में यह हानिकारक हो सकता है। फ़्लोराइड के लंबे समय तक अधिकतम संदूषण स्तर (एमसीएल) पर संपर्क से अस्थि फ़्लोरोसिस नामक एक गंभीर बीमारी उत्पन्न हो सकती है। 2.0 मिलीग्राम / लीटर से अधिक फ़्लोराइड के स्तर के संपर्क में लंबे समय तक रहने वाले बच्चों को दंत फ़्लोरोसिस हो सकता है, अर्थात उनके स्थायी दांतों पर भूरे रंग की परत बन जाती है या इसमें गड्ढे हो जाते हैं।

मध्यप्रदेश में बड़े पैमाने पर फ़्लोराइड की समस्या से ग्रस्त क्षेत्र, मंडला के लोगों ने जमीन से अधिकाधिक मात्रा में पानी निकालने के लिए पारंपरिक सतही कुओं को छोड़कर 45 मीटर से अधिक गहराई वाले नलकूप बनवाए। 10 से 20 मीटर गहरे पारंपरिक कुएँ सुरक्षित होते हैं, लेकिन 43 मीटर की गहराई के साथ नलकूपों के पानी में फ़्लोराइड की मात्रा काफी अधिक हो जाती है। मंडला क्षेत्र के कई बच्चों में अब फ्लोरोसिस के लक्षण दिखाई देने लगे हैं, जिसमें दांतों एवं अस्थियों की विकृति शामिल है। राजस्थान के डुंगरपुर जिले में, पीने के पानी के स्रोत में 2 से 8.5 पीपीएम फ़्लोराइड होता है। जिले में 157 गांवों के 93.5% से अधिक लोग दंत फ्लोरोसिस से पीड़ित हैं। इस बीमारी से राज्य की लगभग 100,000 आबादी प्रभावित है।

देश के कई अन्य हिस्सों में, विशेष रूप से पश्चिम बंगाल में आर्सेनिक की मौजूदगी पाई गई है, जो मानव स्वास्थ्य के लिए एक बड़ा खतरा है। यह आर्सेनिक युक्त चट्टानों के से प्रवाहित होने वाले पानी में पाया जा सकता है। पेयजल के माध्यम से लंबे समय तक आर्सेनिक के संपर्क में रहने से त्वचा, फेफड़े, मूत्राशय और गुर्दे में कैंसर हो सकता है, साथ ही त्वचा की रंगत एवं इसकी मोटाई में बदलाव आ सकता है। पश्चिम बंगाल में, आठ जिलों के लगभग 1,000 गांवों के लोग आर्सेनिक युक्त भूजल की समस्या से प्रभावित हैं। इसका मतलब यह है कि, राज्य में लगभग 4 करोड़ लोग प्रतिदिन आर्सेनिक-प्रदूषित पानी पीते हैं। विशेषज्ञों का मानना है कि भूजल के अत्यधिक दोहन और जलभृतों के आर्सेनिक से प्रदूषित होने के बीच सीधा संबंध है। कुछ शोधकर्ताओं के अनुसार, भूजल के स्तर के नीचे जाने के साथ ही आर्सेनिक सैनिक युक्त भूमिगत चट्टानें हवा के संपर्क में आती हैं और विघटित हो जाती हैं, और इस प्रक्रिया में अधिकाधिक मात्रा में आर्सेनिक निकलता है।

सतह पर बहने वाले पानी के विपरीत, भूजल नष्ट होने योग्य अपशिष्ट पदार्थों को स्वयं साफ करने में असमर्थ हैं, क्योंकि भूजल का प्रवाह इतनी धीमी गति से होता है कि यह प्रदूषकों को विसर्जित नहीं कर सकता या इसकी सांद्रता को प्रभावी ढंग से कम नहीं कर सकता है। भूजल सतह के पानी की तुलना में ठंडा होता है और यह रासायनिक प्रतिक्रियाओं को कम कर देता है, जिसके कारण

अपशिष्ट पदार्थ अपघटित हो जाते हैं। जमीन के अंदर मौजूद जलभृतों को उनकी असीमित संख्या और अगम्यता के कारण भी साफ करना मुश्किल है। ऐसी स्थिति में प्रदूषकों से बचाव ही भूजल संसाधनों की रक्षा का सर्वश्रेष्ठ तरीका है।

पेयजल की गुणवत्ता: पेयजल की गुणवत्ता एक महत्त्वपूर्ण कसौटी है, जो इसके उपयोग एवं प्रभावों से संबंधित है। गुणवत्ता की दृष्टि से पेयजल पूरी तरह शुद्ध होना चाहिए, अर्थात इसमें किसी भी प्रकार के दूषित करने वाले तत्व या प्रदूषक नहीं होने चाहिए, साथ ही इसमें सभी आवश्यक पोषक तत्व भी मौजूद होने चाहिए। अक्सर पेयजल के स्रोत, सतही एवं भूजल दोनों, प्रदूषित होते हैं। घरेलू वाहितमल, कृषि रसायनों के प्रवाह तथा औद्योगिक अपशिष्ट पदार्थों के कारण सतही जल प्रदूषित होता है, जबकि भूजल प्राकृतिक तौर पर प्रदूषित हो सकता है अथवा जमीन की सतह से प्रदूषकों के नीचे की तरफ रिसाव के जरिए भी यह प्रदूषित हो सकता है।

डब्ल्यूएचओ और यूनिसेफ जैसी एजेंसियों ने पेयजल की गुणवत्ता मानकों या विशिष्टताओं का निर्धारण किया है। भारत में, भारतीय मानक ब्यूरो ने पेयजल की गुणवत्ता के मानदंड को विनिर्दिष्ट किया है। तालिका 4.2 में कुछ महत्त्वपूर्ण मानदंडों का विवरण दिया गया है।

तालिका 4.2

पेयजल की गुणवत्ता का लक्षण निरूपण

विशेषताएँ	*अधिकतम स्वीकार्य सीमा*	*स्वीकार्य सीमा से परे प्रतिकूल प्रभाव*
रंग (हैजेन इकाई)	10	उपभोक्ता की स्वीकृति कम हो जाती है
गंध	अहानिकर	—
स्वाद	स्वीकार्य	—
मैलापन (एनटीयू)	10	उपभोक्ता की स्वीकृति कम हो जाती है
टीडीएस (मिग्रा/ ली.)	500	अरुचिकर हो जाता है, जठरांत्र जलन हो सकता है
पीएच मान	6.5–8.5	श्लेष्मा झिल्ली प्रभावित होती है
$CaCO_3$ के रूप में कुल कठोरता (मिग्रा/ली)	300	पपड़ी जमना और घरेलू उपयोग पर प्रतिकूल प्रभाव
Cu के रूप में कॉपर (मिग्रा /ली)	0.05	कसैला स्वाद, रंग बिगाड़ना और धात्विक भागों का क्षरण
Fe के रूप में लोहा (मिग्रा /ली)	0.3	स्वाद एवं रंगत प्रभावित, लोहे से संबंधित बैक्टीरिया को बढ़ावा देता है
F के रूप में फ़्लोराइड (मिग्रा /ली)	0.6–1.2	फ़्लोराइड कम होने से दांत खराब हो जाते हैं, जबकि 1.5 पी/एम से अधिक मात्रा फ्लोरोसिस का कारण है
Hg के रूप में पारा (मिग्रा /ली)	0.001	विषाक्तता* प्रभाव
As के रूप में आर्सेनिक (मिग्रा /ली)	0.05	विषाक्तता प्रभाव
Pb के रूप में सीसा (मिग्रा /ली)	0.1	विषाक्तता प्रभाव
कोलाइरूपी जीव		
कोलाइरूपी जीवाणु, जो स्तनधारियों की निचली आंतों में रहते हैं, स्वयं रोगजनक नहीं होते हैं, परंतु उन्हें जलस्रोतों के प्रदूषण के सूचक के तौर पर शामिल किया जाता है।	किसी भी वर्ष के दौरान, 100 मिलीलीटर के 95 प्रतिशत नमूनों में कोई भी कोलाइरूपी जीव नहीं होना चाहिए। किसी नमूने में 100 मिलीलीटर में 10 से अधिक कोलाइरूपी जीव नहीं होना चाहिए। 100 मिलीलीटर के किसी भी दो क्रमागत नमूनों में कोलाइरूपी जीव नहीं पाया जाना चाहिए। 100 मिलीलीटर के किसी भी नमूने में *एशरिकिआ कोली* नहीं होना चाहिए।	

स्रोत: पेयजल के लिए भारतीय मानक विनिर्देश, आईएस:105000–1983

ध्यान दें: *यहाँ विषाक्तता का तात्पर्य, धातुओं के उच्च संकेंद्रण के कारण शरीर की विभिन्न प्रणालियों एवं प्रक्रियाओं पर पड़ने वाले प्रतिकूल प्रभाव से है।

हैजा, टाइफाइड, पीलिया, मलेरिया, दस्त और पेचिश जैसी कई बीमारियों के अलावा जठरांत्र से जुड़ी कई अन्य समस्याओं का जल प्रदूषण से सीधा संबंध है। भारत में, 1990 से 2000 के दशक में दस्त और जठरांत्र संबंधी अन्य बीमारियों के कारण 1,000,000 से अधिक बच्चों की मौत हो गई। दुनियाभर में होने वाली मौतों में जल जनित रोगों का योगदान लगभग एक तिहाई है। इस प्रकार हम यह समझ सकते हैं कि, पेयजल का साफ और शुद्ध होना बेहद महत्त्वपूर्ण है।

जल की गुणवत्ता का मापन

सतही जलस्रोत भी पर्याप्त मात्रा में जलीय जीवन को सहारा देते हैं, साथ ही जल की गुणवत्ता के अन्य महत्त्वपूर्ण मानदंड हैं जो जलीय जीवन को प्रभावित करते हैं। पानी में कुछ अन्य गैसों और तत्वों के संकेंद्रण के अलावा घुली हुई ऑक्सीजन की मात्रा, कोलाइरूपी जीव और जैव-रासायनिक ऑक्सीजन आवश्यकता (बीओडी), जल की गुणवत्ता के मापन का सबसे सामान्य एवं उपयुक्त मानदंड है। बीओडी, जल में मौजूद जैविक सामग्री के आधार पर जल प्रदूषण के मापन की एक युक्ति है। जैविक पदार्थ वायवीय जीवाणुओं को भोजन प्रदान करता है, जिसे जैविक पदार्थों के अपघटन हेतु ऑक्सीजन की आवश्यकता होती है। पानी में जैविक पदार्थों की मात्रा और जीवाणुओं की संख्या जितनी अधिक होगी, ऑक्सीजन की आवश्यकता भी उतनी ही अधिक होगी। इस प्रकार, बीओडी का मान पानी में जैविक प्रदूषण के स्तर का संकेत देता है। यदि बीओडी पानी में घुली हुई ऑक्सीजन की मात्रा से अधिक है, तो यह ऑक्सीजन की कमी का संकेत है जिससे जलीय जीवों को नुकसान होता है।

समाधान की ओर

जल प्रदूषण की समस्या से निपटने का सबसे अच्छा तरीका यह है कि, प्रदूषण को दूर करने के बजाए प्रदूषण की रोकथाम पर विचार करना चाहिए। हालांकि, प्रदूषित पानी को साफ कर पीने के लिए उपयुक्त बनाने हेतु कुछ सामान्य तकनीकों का उपयोग किया जा रहा है। इसी प्रकार, घरेलू एवं औद्योगिक अपशिष्ट जल को प्रवाहित करने से पहले उपचारित किया जा सकता है, ताकि यह झील या नदी जैसे किसी भी जलस्रोत में मिलने से पहले सुरक्षित हो।

पेयजल को उपचारित करना

निस्पंदन (छानना), पानी को शुद्ध करने की दिशा में पहला कदम है। इस प्रक्रिया के माध्यम से, पानी में मिले हुए कणों को अलग कर इसके मैलेपन को दूर किया जाता है। **मृदुकरण** नामक प्रक्रिया के माध्यम से जैविक एवं अजैविक प्रदूषकों को दूर किया जाता है। कैल्शियम हाइड्रॉक्साइड (बुझा हुआ चूना) और सोडियम कार्बोनेट (सोडा) जैसे रसायनों का उपयोग पानी में घुले हुए लवणों को दूर करने के लिए किया जाता है। मृदुकरण के बाद **अवसादन** और निस्पंदन किया जाना चाहिए ताकि गाद को हटाया जा सके। इसके बाद पानी में क्लोरीन मिलाकर इसे कीटाणुरहित किया जाता है, जिससे बीमारी पैदा करने वाले जीवाणु दूर हो जाते हैं। पानी को कीटाणु रहित बनाने के लिए इसमें सोडियम हाइपोक्लोराइड के रूप में क्लोरीन की उचित मात्रा मिलाई जाती है।

सौर विकिरण के माध्यम से भी रोगाणुनाशन किया जा सकता है। सौर-पानी रोगाणुनाशन को घरेलू स्तर पर थोड़ी मात्रा में पेयजल को उपचारित करने में प्रभावी पाया गया है। सूर्य की रोशनी में मौजूद पराबैंगनी किरणें बीमारी पैदा करने वाले जीवाणुओं को मार देती हैं। परंतु, गहराई में वृद्धि के साथ विकिरण की तीव्रता घट जाती है, इसलिए पानी में मौजूद रोगाणुओं को सौर विकिरण के जरिए मारने के लिए पानी की गहराई 10 सेंटीमीटर से अधिक नहीं होनी चाहिए। कोई भी व्यक्ति पानी को बोतल में डालकर खिली हुई धूप में 6 घंटों के लिए रखकर इसे रोगाणु मुक्त कर सकता है, जो रोगाणुनाशक की बेहद कुशल, सस्ती और सरल विधि है।

अपशिष्ट जल उपचार

अपशिष्ट जल उपचार तीन चरणों में किया जाता है: प्राथमिक उपचार, द्वितीयक उपचार और तृतीयक उपचार।

प्राथमिक उपचार के अंतर्गत पानी में बहने वाले और इसकी तली में बैठने वाले ठोस अपशिष्ट पदार्थों को दूर किया जाता है। इसकी स्वीकृत प्रक्रियाओं में शामिल हैं:

1. निरीक्षण— अपशिष्ट जल में मौजूद पत्थर या लकड़ी के टुकड़े जैसी बड़ी वस्तुओं को निकालने के लिए की जाने वाली जाँच।
2. ग्रिट चैम्बर — प्राथमिक उपचार में प्रयोग किया जाने वाला एक कक्ष या टैंक, जहां भारी एवं बड़े ठोस (बजरी/ गिट्टी) स्थिर हो जाते हैं और हटा दिए जाते हैं।
3. अवसादन टैंक (नि:सादन टंकी या निर्मलक) निपटान योग्य ठोस अपशिष्ट नीचे बैठ जाते हैं जिसे पंप द्वारा दूर फेंक दिया जाता है, जबकि पानी की सतह पर तैरने वाले तेल को हटा दिया जाता है।

द्वितीयक उपचार में विलयित ठोस पदार्थों को जैविक प्रक्रिया के माध्यम से हटाया जाता है। इसमें जैविक उपचार प्रक्रियाओं का उपयोग किया जाता है, जिसमें सूक्ष्मजीव घुलनशील अपशिष्ट पदार्थों को ठोस अवसाद के रूप में बदल देते हैं। इसके बाद अवसादन की प्रक्रिया का पालन किया जाता है, जिसमें ठोस अपशिष्ट पदार्थों को तल पर जमा होने दिया जाता है। कई घरेलू सीवेज संयंत्रों में द्वितीयक उपचार के बाद पानी को प्रवाहित होने के लिए छोड़ दिया जाता है, लेकिन अगर इसके बाद नहीं है अपशिष्ट जल में रसायन की मात्रा अधिक हो तो इसका तृतीयक उपचार भी किया जाना चाहिए।

तृतीयक उपचार में नाइट्रोजन और फास्फोरस जैसे पोषक तत्वों को हटाने की प्रक्रियाएँ शामिल हैं, साथ ही इसमें कार्बन अवशोषण विधि के जरिए अन्य रसायनों को दूर किया जाता है। ये प्रक्रियाएँ भौतिक, जैविक या रासायनिक हो सकती हैं।

नदी कार्य योजनाएँ

भारत की एक तिहाई शहरी आबादी को गंगा के जरिए पानी की आपूर्ति की जाती है। वर्ष 1985 में शुरू की गई गंगा कार्य योजना (जीएपी) का उद्देश्य पानी की गुणवत्ता में सुधार करना तथा हिमालय से लेकर बंगाल की खाड़ी तक 2525 किलोमीटर लंबी गंगा नदी को पवित्र स्नान के लिए सुरक्षित बनाने के साथ-साथ इसके तट पर स्थित महत्त्वपूर्ण तीर्थ स्थलों एवं शहरी केंद्रों को शुद्ध पेयजल उपलब्ध कराना था। योजना के पहले चरण में, उत्तर प्रदेश (अब उत्तराखंड भी शामिल), बिहार (अब झारखंड भी शामिल) और पश्चिम बंगाल के 25 शहरों एवं कस्बों से प्रवाहित होने वाले 873 मिलियन लीटर अपशिष्ट जल को रोकने एवं उपचारित करने पर विशेष ध्यान दिया गया। योजना का पहला चरण मार्च 1997 तक पूरा किया जाना था, परंतु बाद में इसके दूसरे चरण की शुरुआत कर दी गई और 29 शहरों एवं कस्बों को शामिल करते हुए मार्च 1999 तक समाप्त करने का लक्ष्य रखा गया। कालांतर में, इस योजना के अंतर्गत यमुना कार्य योजना, दामोदर कार्य योजना और गोमती कार्य योजना को जोड़ा गया, जो गंगा की सहायक नदियाँ हैं। वर्ष 1995 में प्रारंभ की गई राष्ट्रीय नदी संरक्षण योजना ने देश की सभी नदियों को शामिल करते हुए इसके कार्यक्षेत्र का विस्तार किया।

हालांकि, जीएपी की वजह से गंगा की पानी की गुणवत्ता में सुधार हुआ, परंतु यह पर्याप्त नहीं था। इस दिशा में किए गए अध्ययनों से यह पता चलता है कि, डीओ और बीओडी जैसे कुछ मानदंडों के आधार पर सुधार हुआ है, जो प्रदूषण को कम करने के प्रयास के बगैर असंभव था, इसके बावजूद कार्यक्रम अपने तयशुदा लक्ष्य तक पहुंचने में सफल नहीं हो पाया। पानी की गुणवत्ता में बहुत ज्यादा अंतर नहीं आया है; पानी का रंग अभी भी काला है और यह बदबूदार है, जिसे उपचारित किए बिना उपयोग में कदापि नहीं लाया जा सकता है। इस योजना ने उपचार संयंत्रों की दीर्घकालिक संवहनीयता को भी सुनिश्चित नहीं किया, क्योंकि इसमें इस बात का उल्लेख नहीं है कि लंबे समय तक इन उपचार संयंत्रों के संचालन में होने वाले व्यय का वहन कौन करेगा। कई राज्यों में बिजली की आपूर्ति भी अनियमित है; ऐसी स्थिति में बिजली पर आधारित सुविधाओं का बेहद कम इस्तेमाल हो पाता है। नदियों के साफ सफाई की प्रक्रियाएँ भी दीर्घकालिक एवं जटिल हैं: शायद इन कार्ययोजनाओं के अपेक्षित परिणाम कुछ वर्षों बाद दिखाई देंगे।

पानी का संरक्षण एवं प्रबंधन

उपयोग के लिए उपलब्ध पानी की बेहद कम मात्रा को ध्यान में रखते हुए पानी का संरक्षण और जलस्रोतों का कुशल प्रबंधन, पहले से भी अधिक महत्त्वपूर्ण हो गया है। इसके लिए पारंपरिक एवं आधुनिक या दोनों प्रकार की प्रौद्योगिकी के साथ-साथ अच्छे अभ्यास के संयोजन की आवश्यकता है। भारत के कई इलाकों को शुष्क एवं अर्द्ध-शुष्क क्षेत्रों की श्रेणी में रखा जाता है, जहां लोगों ने सदियों से जमीन पर गिरने वाली बारिश की हर एक बूंद को संचित करने और इस अमूल्य संसाधन के विवेकसम्मत तरीके से इस्तेमाल में लाने के तरीके विकसित किए हैं। आज, बेहद सख्त नियम एवं कानून के चलते पानी के प्रबंधन एवं इस्तेमाल के कई पारंपरिक तरीके नष्ट हो चुके हैं या समाप्ति के कगार पर हैं। मौजूदा जल संकट को देखते हुए, पानी के कुशलतापूर्वक प्रबंधन हेतु प्रत्येक स्थान पर जनभागीदारी के माध्यम से ऐसी प्रणालियों एवं तरीकों को पुनर्जीवित करने की आवश्यकता है। नीचे एक मामले का अध्ययन प्रस्तुत किया गया है, जो जल संरक्षण की पारंपरिक प्रथाओं को पुनर्जीवित करने के साथ-साथ स्थानीय स्तर पर जल प्रबंधन की नई प्रणाली विकसित करने के लिए सामूहिक रूप से काम करने के समुदाय-आधारित प्रयास का एक उदाहरण है।

जोहड को पुनर्जीवित करना: सफलता की एक कहानी

राजस्थान के अलवर जिले को अर्द्ध-शुष्क क्षेत्र के रूप में वर्गीकृत किया गया है। यहां की वार्षिक औसत वर्षा 620 मिमी है, और यह क्षेत्र सूखे की समस्या से लगातार ग्रस्त रहता है। 1980 के दशक की शुरुआत में, जनसंख्या के बढ़ते दबाव, उपभोग में वृद्धि तथा पर्यावरण की समग्र गुणवत्ता में गिरावट के कारण पानी की स्थिति और ज्यादा बदतर हो गई। राजस्थान सरकार ने जिले को आधिकारिक तौर पर 'अंधकारमय क्षेत्र' घोषित किया था, अर्थात एक ऐसा क्षेत्र जहां भूमिगत जल का स्तर काफी नीचे पहुंच गया हो।

वर्ष 1985–86 के दौरान, इस क्षेत्र में बड़े पैमाने पर अकाल पड़ा जिसने पहले से ही अंधकारमय क्षेत्र की आजीविका को लगभग पूरी तरह नष्ट कर दिया और लोगों को सामूहिक प्रवासन के लिए विवश होना पड़ा। इस गंभीर परिस्थिति में एक स्वैच्छिक गैर-सरकारी संगठन, तरुण भारत संघ (टीबीएस) के समर्पित स्वयंसेवकों की एक टीम ने इलाके का दौरा किया। टीबीएस के स्वयंसेवकों को यह विश्वास था कि, पारंपरिक पद्धतियों को पुनर्जीवित करके इस इलाके की स्थिति को बेहतर बनाया जा सकता है, जिसमें जोहड (वर्षा जल के संरक्षण हेतु निर्मित मिट्टी का बाँध या रोधक बाँध) सर्वाधिक महत्त्वपूर्ण था, जिसने अतीत में अलवर की जनसंख्या को अपना अस्तित्व बरकरार रखने में मदद की थी। लेकिन ग्रामीणों के साथ इस विषय पर चर्चा की शुरुआत करना और इनको पुनर्जीवित करने में भाग लेने के लिए उन्हें समझना एक आसान काम नहीं था। स्वयंसेवकों ने फैसला किया कि, प्रचार के बजाय अभ्यास करना इसका सबसे अच्छा तरीका था। सर्वप्रथम उन्होंने गोपालपुरा गांव में पहले से मौजूद जोहड को पुनर्जीवित करने के लिए खुदाई का कार्य स्वयं प्रारंभ किया। उनकी कड़ी मेहनत और धैर्य रंग लाई। बाद में ग्रामीणों ने इस विषय पर चर्चा में भाग लेना शुरू कर दिया और धीरे-धीरे इस प्रक्रिया में शामिल हो गए।

टीबीएस कार्यकर्ताओं ने समुदाय में प्रतिबद्धता और भागीदारी की भावना पैदा की। इस आंदोलन का पूरे इलाके में प्रसार करने के लिए टीबीएस ने पानी यात्राएँ आयोजित की। प्रतिवर्ष लगभग एक से डेढ़ महीने तक आयोजित होने वाली इन यात्राओं के माध्यम से बड़े पैमाने पर लोगों को जल संचयन के अनुभवों से अवगत कराया जाने लगा। इस काम में कम-से-कम एक सौ और गांवों को शामिल करने का लक्ष्य रखा गया। इन यात्राओं के जरिए पारंपरिक तरीकों एवं ज्ञान की मदद से बारिश के पानी को इकट्ठा करने तथा जंगलों को बचाने का संदेश फैलाया जाने लगा। आज इस इलाके में 4,000 से अधिक जोहड हैं, जिसका प्रबंधन पूरी तरह समुदाय द्वारा किया जाता है और इसे समुदाय या गांव की संपत्ति के तौर पर देखा जाता है। कई मामलों में, ग्रामीणों ने कुल लागत का लगभग 90 प्रतिशत योगदान दिया है। इस प्रकरण में टीबीएस ने लोगों को प्रेरित एवं प्रोत्साहित किया।

जोहड के निर्माण से परिस्थितियों में प्रत्यक्ष बदलाव दिखाई देता है, जो किसी चमत्कार से कम नहीं है। इसके चलते कुओं के पानी का पुनर्भरण संभव हो गया, साथ ही लोगों एवं मवेशियों के लिए वर्षभर पानी की आपूर्ति भी सुनिश्चित हो गई। इसका प्रभाव

स्पष्ट तौर पर कई क्षेत्रों में दिखाई देने लगा, जिसके अंतर्गत खाद्यान्न उत्पादन में वृद्धि, बेहतर मृदा संरक्षण तथा जैव संहति की उत्पादकता में वृद्धि शामिल है। इसने अरावरी और रूपारल नामक दो नदियों को नया जीवन प्रदान किया। पहले इन नदियों में सालों भर पानी रहता था, परंतु 1980 के दशक में सूखे के दौरान लगभग इसका पानी पूरी तरह गायब हो चुका था। अब एक बार फिर इन नदियों में सालों भर पानी रहता है।

पहले कम पैदावार वाली बंजर भूमि में अब अधिक सघनता के साथ खेती की जाने लगी है और उत्पादन में भी वृद्धि हुई है। इन प्रयासों ने कथित तौर पर 'अंधकारमय क्षेत्र' को 'जल से परिपूरित क्षेत्र' में बदल दिया है। जल संचयन की पारंपरिक प्रणाली को पुनर्जीवित करने के लिए राजस्थान में किया गया प्रयास एक ऐसा उदाहरण है, जिसे गुजरात, महाराष्ट्र, आंध्र प्रदेश, उड़ीसा और कर्नाटक के सूखाग्रस्त क्षेत्रों में भी अपनाया जाना चाहिए।

जोहड: एक तकनीकी चमत्कार

तकनीकी दृष्टि से जोहड की संरचना अत्यंत सरल है, जिस में बारिश के पानी को इकट्ठा करने के लिए मिट्टी का रोधक बाँध बनाया जाता है। इनकी अद्वितीय विशेषता यह है कि इनका निर्माण पूरी तरह स्थानीय पारंपरिक ज्ञान एवं ग्रामीणों के कौशल के आधार पर किया गया है। इनके निर्माण में 'अर्हता प्राप्त' इंजीनियर शामिल नहीं है। निर्माण स्थल के चयन से लेकर डिजाइन तैयार करने एवं काम को पूरा करने तक के प्रत्येक चरण का प्रबंधन गजधर या पारंपरिक ग्रामीण इंजीनियरों द्वारा किया जाता है। इन गजधरों के पास कोई औपचारिक डिग्री नहीं है, लेकिन वे पारंपरिक ज्ञान एवं कौशल के वाहक हैं, जो इतना परिपूर्ण हैं कि आधुनिक तकनीशियन भी उनकी पद्धति को देखकर आश्चर्यचकित होते हैं। भारतीय प्रौद्योगिकी संस्थान, कानपुर में सिविल इंजीनियरिंग विभाग के पूर्व प्रमुख, श्री जी.डी. अग्रवाल, ने इन क्षेत्रों में जल-संचयन संरचनाओं का मूल्यांकन किया और पाया कि ये न केवल संरचनात्मक दृष्टि से पर्याप्त हैं, बल्कि इनके निर्माण की लागत भी काफी कम है। जोहड ने अत्यधिक वर्षा जैसी प्रतिकूल प्राकृतिक परिस्थितियों के परीक्षण का सामना किया है, और योग्य इंजीनियरों द्वारा डिजाइन किए गए कुछ अन्य संरचनाओं के विपरीत असफल नहीं रहे हैं।

वर्षा जल संचयन

जल संचयन: यह पानी के संरक्षण की सर्वप्रमुख तकनीकों में से एक है, जिसके अंदर पूरी दुनिया में जल संकट को हल करने की असीमित क्षमता है। जल संचयन का मतलब है कि, प्राकृतिक या मानव निर्मित जलग्रहण क्षेत्रों में बारिश के पानी को विचारपूर्वक इकट्ठा करना और संग्रहित करना। जलग्रहण क्षेत्रों में घर की छत, आंगन या मैदान, चट्टानी सतह या पहाड़ी ढलान या कृत्रिम रूप से तैयार अपारगम्य / अर्ध-पारगम्य जमीन शामिल हैं। जल संचयन की मात्रा बारिश की निरंतरता एवं तीव्रता, जलग्रहण क्षेत्र की विशेषता, पानी की मांग और बारिश के पानी के बहाव की मात्रा पर निर्भर है।

वर्षा जल संचयन के लिए न तो अधिक ऊर्जा की जरूरत है और न ही अधिक श्रम की आवश्यकता है, इस प्रकार समुद्र के पानी से लवण को दूर करने और नदियों को एक दूसरे से जोड़ने के विवादास्पद एवं बहुचर्चित समाधान की तुलना में यह पानी को इकट्ठा करने के सबसे व्यवहारिक विकल्प के तौर पर उभर कर सामने आता है।

भारत में सीधे वर्षा जल के रूप में अथवा गांवों या कस्बों के पास छोटे जलग्रहण क्षेत्रों से बहने वाले पानी को बड़े पैमाने पर इकट्ठा किया जा सकता है। बारिश के बेकार बहने वाले पानी के 15 प्रतिशत हिस्से को भी यदि वर्षा जल संचयन के माध्यम से संचित किया जाए, तो देश में भूजल एवं सतही जल संसाधनों पर बढ़ रहे दबाव को काफी हद तक कम किया जा सकता है, साथ ही इससे स्वच्छ पानी की उपलब्धता का दायरा भी बढ़ सकता है।

वर्षा जल संचयन की तकनीक सदियों पुरानी है। प्राचीन भारतीय सभ्यताओं में जल संचयन के तरीकों को अत्यधिक विकसित किया गया था। इस बात के प्रमाण उपलब्ध हैं कि, हड़प्पा काल के दौरान जल प्रबंधन की उत्कृष्ट व्यवस्था मौजूद थी, जैसा कि गुजरात में धौलावीरा के उत्खनन स्थल पर देखा जा सकता है।

राजस्थान में कुंड: राजस्थान के कई हिस्सों में वर्षा जल संचयन की सदियों पुरानी तकनीक मौजूद है, जिसे कुंड या कुंडी के नाम से जाना जाता है। ऊपर से ढके हुए एक भूमिगत टैंक को स्थानीय तौर पर कुंड का नाम दिया गया, जिससे पेयजल की समस्याओं से निजात पाने के लिए विकसित किया गया था। कुंड में एक तश्तरी के आकार का जलग्रहण क्षेत्र होता है, जिसमें केंद्र की ओर मंद ढाल होता है जहां एक टैंक स्थित है। टैंक के प्रवेशद्वार या मुहाने को आमतौर पर तार की जाली से सुरक्षित किया जाता है, ताकि पानी में बहकर आने वाले अपशिष्ट पदार्थों, पक्षियों एवं सरीसृपों के प्रवेश को रोका जा सके। आमतौर पर इसके ऊपरी हिस्से को एक ढक्कन से ढक दिया जाता है, जिसे हटाकर बाल्टी की मदद से पानी बाहर निकाला जा सकता है। पश्चिमी राजस्थान में सर्वप्रथम कुंड का निर्माण सन् 1607 में राजा सूर सिंह ने गांव वाडी-का-मेलन में किया था। 1895–96 के भीषण अकाल के दौरान बड़े पैमाने पर कुंड का निर्माण किया गया था। कुंड के गांव या घरों के समीप होने के कारण पेयजल की तलाश में लगने वाला समय एवं मेहनत कम हो गया। कुंड के अभाव में, थार के कई हिस्सों में परिवारों को पेयजल की तलाश में गधे, ऊंट या बैलगाड़ी से आने-जाने में 10 से 15 किमी की यात्रा करनी पड़ती थी।

गुजरात में टैंक: इस क्षेत्र में परिवारों द्वारा प्राचीन काल से ही वर्षा जल का संग्रहण एवं भंडारण किया जा रहा है। गुजरात में पुराने घरों में जल-भंडारण टैंक का निर्माण किया जाता था, जिसे टैंक कहा जाता था। मानसून के महीनों के दौरान छत से बारिश के पानी को इन भूमिगत टैंकों को तक पहुंचाया जाता था। इन टैंकों से पानी का इस्तेमाल गर्मियों के मौसम में किया जाता था, क्योंकि उस दौरान पानी की कमी होती थी। हालांकि ज्यादातर पुराने घरों में इस प्रकार के टैंक आज भी मौजूद हैं, लेकिन जल भंडारण की यह प्रणाली धीरे-धीरे खत्म हो रही है। अधिकांश नए घरों में निर्माण के दौरान वर्षा जल संचयन की व्यवस्था नहीं की जा रही है और इस प्रकार पारंपरिक ज्ञान धीरे-धीरे समाप्त हो रहा है।

मंदिर के तालाब: दक्षिण भारत में पानी के भंडारण के लिए मंदिर परिसरों में तालाब या टैंक का निर्माण किया जाता था। पानी की कमी के दौरान समुदाय द्वारा इन टैंकों के पानी का उपयोग किया जाता था।

आज लगभग सभी बड़े शहरों को पानी की कमी की समस्या से जूझना पड़ रहा है, जिसे देखते हुए शहरी क्षेत्र की इमारतों में वर्षा जल संचयन के विभिन्न तरीकों को विकसित करने का प्रयास किया जा रहा है। वर्षा जल का उपयोग छतों या अन्य सतहों से किया जाता है, जैसे कि सड़क, भूमिगत टैंक, कुएँ, या अंतः स्रावी गड्ढे। गड्ढे की मदद से जलभृतों में पानी का पुनर्भरण होता है।

घर की जरूरतों को पूरा करने में जल संचयन की क्षमता असीमित है। अनुमानों के अनुसार, भारत में ऐसा कोई भी गांव नहीं है जो वर्षा जल संचयन के माध्यम से अपनी पेयजल आवश्यकताओं को पूरा नहीं कर सकता है। इस संदर्भ में किए गए कुछ आकलन यह दर्शाते हैं कि, अकेले दिल्ली के क्षेत्र में होने वाली बारिश के पानी को इकट्ठा करने से भारत के प्रत्येक व्यक्ति की पेयजल आवश्यकताओं को पूरा करने के लिए पर्याप्त स्वच्छ पानी उपलब्ध होगा!

महासागर

महासागर पृथ्वी के 70 प्रतिशत से अधिक क्षेत्र में विस्तृत हैं। यही कारण है कि पृथ्वी को नीला ग्रह भी कहा जाता है। महासागर पृथ्वी पर जीवन के विविध रूपों के अस्तित्व को बरकरार रखने में महत्त्वपूर्ण भूमिका निभाते हैं। वे कार्बन डाइऑक्साइड के एक विशाल भंडार के रूप में काम करते हैं, इस प्रकार क्षोभमण्डल (ट्रोपोसिफयर) के तापमान को विनियमित करने में मदद करते हैं। महासागर समुद्री जीवों एवं पौधों की लगभग 250,000 प्रजातियों को आश्रय प्रदान करते हैं, जो मनुष्य सहित कई जीवों के लिए भोजन के स्रोत हैं। इसके अलावा महासागर लोहा, बालू, बजरी, फॉस्फेट, मैग्नीशियम, तेल, प्राकृतिक गैस और कई अन्य मूल्यवान संसाधनों के स्रोत के रूप में भी काम करते हैं। अपने विशाल आकार एवं लहरों की वजह से महासागर फैंके या बहाए गए कई मानव-जनित अपशिष्ट पदार्थों को अपने अंदर समाहित एवं तनुकृत करते हैं, जो जरूरत से ज्यादा होने पर नुकसानदेह साबित हो सकता है।

(जारी)

(जारी)

महासागर हमारे लिए क्या करते हैं

जल चक्र में महासागर की भूमिका बेहद अहम है; हमें बारिश एवं भोजन प्रदान करने के अलावा वे जलवायु को विनियमित करने में भी मदद करते हैं। महासागर हरित गृह (ग्रीनहाउस) प्रभाव को विनियमित करने में मदद करते हैं- अरबों की संख्या में मौजूद बेहद छोटे पौधे, जिन्हें प्लैंकटन कहा जाता है, कार्बन डाइऑक्साइड को अवशोषित करते हैं और ऑक्सीजन छोड़ते हैं- इस प्रकार कार्बन डाइऑक्साइड और ऑक्सीजन को संतुलित करने में मदद करता है। परंतु मानवीय गतिविधियों के कारण प्रत्यक्ष या अप्रत्यक्ष रूप से महासागरों के लिए खतरा उत्पन्न हो रहा है; इसके अंतर्गत जमीन पर एवं पानी में होने वाली मानवीय गतिविधियाँ शामिल हैं।

महासागरों के लिए खतरा

तटीय इलाकों के कल-कारखाने नहरों, नालियों, खाड़ी आदि के माध्यम से अपने अनुपचारित अपशिष्ट जल को समुद्र में प्रवाहित कर देते हैं। खेतों में इस्तेमाल किए जाने वाले कीटनाशकों एवं खरपतवारनाशकों में जैविक प्रदूषक मौजूद होते हैं; बारिश के पानी के बहाव से लाई गई मिट्टी में ये जहरीले रसायन भी मौजूद होते हैं, जो अंततः महासागर में मिल जाते हैं। वाहितमल में भारी धातुओं के अलावा मानव निर्मित रसायन एवं जैविक अपशिष्ट पदार्थ भी मिले होते हैं, जो अंततः समुद्र में मिलते हैं। इन सभी माध्यमों से प्रवाहित किए जाने वाले रसायन से जैव-आवर्धन की समस्या उत्पन्न होती है, और बाद में आहार श्रृंखला के सभी प्राणी इससे प्रभावित होते हैं।

सरकार की पहल

पानी की उपलब्धता में निरंतर कमी और उपयोग में विविधता को देखते हुए समुचित जल प्रबंधन पूरी तरह न्यायसंगत है। भारत सरकार ने देश में जल से संबंधित विभिन्न समस्याओं को दूर करने के लिए राष्ट्रीय जल नीति तैयार की है। जल नीति के अनुसार, जल संसाधनों हेतु योजना निर्माण एवं विकास को राष्ट्रीय दृष्टिकोण से नियंत्रित किया जाना चाहिए। इस प्रकार, जल आवंटन भी एक महत्त्वपूर्ण विषय है जिस पर ध्यान दिए जाने की आवश्यकता है। समाज के सुविधाहीन और कमजोर वर्गों पर बल देते हुए पानी की सामान एवं न्यायसंगत तरीके से उपलब्धता पर विशेष ध्यान दिया जाना चाहिए। पानी के स्रोतों की सुरक्षा और संरक्षण सहित प्रभावी जल प्रबंधन जल नीति का हिस्सा है।

सरकार ने पानी सुरक्षा एवं संरक्षण के लिए कई कार्यक्रम शुरू किए हैं। जल प्रबंधन से संबंधित कुछ कानून, नीतियाँ एवं कार्यक्रम इस प्रकार हैं:

जल (प्रदूषण निवारण एवं नियंत्रण) अधिनियम (1974): यह अधिनियम जल प्रदूषण की रोकथाम करने एवं इसे प्रतिबंधित करने के लिए एक संस्थागत ढांचे की स्थापना करता है। यह पानी की गुणवत्ता और अपशिष्ट जल के प्रवाह के संदर्भ में मानकों का निर्धारण करता है। प्रदूषणकारी उद्योगों के लिए जलस्रोतों में अपशिष्ट जल के प्रवाह से पूर्व अनुमति लेना आवश्यक है। इस अधिनियम के तहत केंद्रीय प्रदूषण नियंत्रण बोर्ड (सीपीसीबी) का गठन किया गया था।

सीपीसीबी ने राज्य प्रदूषण नियंत्रण बोर्डों के साथ मिलकर पानी की गुणवत्ता पर नजर रखने के लिए पूरे भारत में 480 नमूना केंद्रों का एक विशाल नेटवर्क तैयार किया है। प्रदूषण नियंत्रण बोर्डों द्वारा कल-कारखानों में प्रदूषण की जांच के लिए नियमित तौर पर निरीक्षण किया जाता है। बोर्डों के पास ऐसे उद्योगों की बिजली एवं पानी की आपूर्ति को रोकने का अधिकार प्राप्त है, जो प्रदूषण मानकों का पालन नहीं करते हैं।

राष्ट्रीय नदी संरक्षण योजना (एनआरसीपी): 1980 और 1990 के दशक के अंत में गंगा और यमुना कार्य योजना की शुरुआत के बाद यह निर्णय लिया गया कि, ऐसे कार्यक्रमों में अन्य नदियों को भी शामिल किया जाना चाहिए। वर्ष 1995 में देश के 10 राज्यों की 18 प्रमुख नदियों को शामिल करते हुए राष्ट्रीय नदी संरक्षण योजना की शुरुआत की गई थी। इस कार्य योजना के अंतर्गत, आंध्र प्रदेश, बिहार, गुजरात, कर्नाटक, महाराष्ट्र, मध्य प्रदेश, उड़ीसा, पंजाब, राजस्थान और तमिलनाडु राज्यों के 46 शहरों में प्रदूषण न्यूनीकरण का काम शुरू किया जा चुका है। इस योजना के तहत प्रतिदिन लगभग 1928 मिलियन लीटर मलजल

को रोकने, दिशा बदलने एवं उपचारित करने का लक्ष्य रखा गया है। नदी संरक्षण योजनाओं की देखरेख के लिए प्रधानमंत्री की अध्यक्षता में राष्ट्रीय नदी संरक्षण प्राधिकरण का भी गठन किया गया है।

राष्ट्रीय झील संरक्षण योजना (एनएलसीपी): राष्ट्रीय आर्द्रभूमि, मैंग्रोव एवं प्रवाल-शैलमाला समिति की सिफारिशों के आधार पर 21 शहरी झीलों के संरक्षण के लिए एक कार्यक्रम तैयार किया गया था। चयनित शहरी झीलों में बड़े पैमाने पर संरक्षण गतिविधियों का आयोजन किया गया, जिनकी स्थिति प्रदूषण, अतिक्रमण और प्राकृतिक परिवेश की दुर्दशा के कारण काफी दयनीय हो चुकी थी। इन कार्यक्रमों के अलावा, सरकार ने आर्द्रभूमि संरक्षण और जल प्रबंधन को भी प्राथमिकता दी है।

जल संभरण प्रबंधन कार्यक्रम: ऐतिहासिक दृष्टि से, सूखा प्रवण क्षेत्र कार्यक्रम (डीपीएपी) तथा मरुभूमि विकास कार्यक्रम (डीडीपी) ने सूखे और पानी की कमी की समस्याओं पर ध्यान दिया है। इन दोनों कार्यक्रमों के साथ-साथ एकीकृत बंजर भूमि विकास कार्यक्रम को जल संभरण के अंतर्गत लाया गया और वर्ष 1995 के बाद से जल संभरण विकास संबंधी दिशा-निर्देशों में इन्हें शामिल किया गया। इन दिशा-निर्देशों में पानी की कमी की समस्या के हर पहलू पर गौर किया गया, साथ ही स्थानीय भागीदारी के माध्यम से जल संभरण के विकास पर बल दिया गया। पानी की उपलब्धता बढ़ाने के लिए छत के ऊपर वर्षा जल संचयन पर भी बल दिया जा रहा है। दिल्ली और चेन्नई के अधिकारियों ने नए घरों के निर्माण में छत का जल संचयन संरचना स्थापित करना अनिवार्य कर दिया है।

संवहनीय भविष्य की ओर

पानी की उपलब्धता और गुणवत्ता से जुड़ी समस्याओं से स्थायी समाधान को सुनिश्चित करने के लिए हमें पारंपरिक एवं आधुनिक तकनीकों और तरीकों, सरकारी नीतियों और कानूनों, प्रोत्साहन एवं हतोत्साहन नीतियों के उपयोग के अलावा पानी के अपव्यय एवं प्रदूषण को रोकने और इसके न्यायसंगत वितरण पर भी बल देना होगा, साथ ही अपने जल संसाधनों में संबंध में निर्णय लेने एवं प्रबंधन करने में समुदाय की सक्रिय भागीदारी को प्रोत्साहन देना होगा।

I प्रश्नावली

1. निम्नलिखित शब्दों की व्याख्या करें:

   वर्षण

   वाष्पोत्सर्जन

   जल स्तर

   जलभृत

   जल संभरण

2. मिलान करें:

   A. मौसम के कारण उत्पन्न सूखा

   B. जल विज्ञान के प्रभावों से उत्पन्न सूखा

   C. कृषि के लिए सूखे की स्थिति

   D. सामाजिक-आर्थिक परिस्थितियों से उत्पन्न सूखा

   a. मिट्टी की नमी, जलधाराओं के प्रवाह, भूजल स्तर को प्रभावित करता है

   b. खाद्यान्न उत्पादन को प्रभावित करता है

   c. भोजन की उपलब्धता को प्रभावित करता है

   d. सामान्य बारिश की तुलना में 75 प्रतिशत से कम बारिश होने पर ऐसी स्थिति आती है

3. धरती पर पानी की मात्रा आज भी पहले की तरह है और भविष्य में भी यह एक समान रहेगी। क्या यह कथन सही है? यदि हाँ, तो हम हर जगह पानी की कमी सामना क्यों कर रहे हैं? क्या जल चक्र के लिए कोई खतरा मौजूद है? यदि हाँ, तो इस बारे में विस्तार से बताएँ।

4. बाढ़ के क्या कारण है एवं इसके क्या प्रभाव होते हैं? क्या आपके शहर / कस्बे के कुछ हिस्सों में बाढ़ आती है? क्यों? अगर आपका इलाका या क्षेत्र खतरे में है, ऐसी स्थिति में समाज को होने वाले नुकसान या दुर्घटना की संभावना या इस प्रकार के खतरे से बचाने के लिए आप क्या कदम उठाएँगे?

5. सूखा और अकाल के बीच क्या अंतर है?

6. गंगा की सफाई के लिए कौन-कौन से प्रयास किए गए हैं? इन प्रयासों में सफलता क्यों नहीं मिल पाई है? अगर आपको नदी की सफाई का उत्तरदायित्व दिया जाए, तो आप किस काम को अलग ढंग से करेंगे?

II अभ्यास

1. नीचे दी गई तालिका का अध्ययन करें। देश के कौन से ऐसे हैं क्षेत्र है, जहां सूखे की संभावना सबसे अधिक है? भारत के मानचित्र पर इन क्षेत्रों को दर्शाएँ। इन क्षेत्रों में अक्सर सूखे की घटना के संभावित कारण क्या हो सकते हैं? इन क्षेत्रों में किस प्रकार के सूखे की स्थिति उत्पन्न होती है, और क्यों? क्या तालिका में सूचीबद्ध क्षेत्रों में से किसी क्षेत्र में बाढ़ की संभावना है? वह क्षेत्र कौन सा है और क्यों?

मौसम के आधार पर वर्गीकृत विभिन्न मंडलों में सूखे की अवधि

मौसम के आधार पर वर्गीकृत मंडल	बेहद कम बारिश की पुनरावृत्ति
1. असम	15 वर्षों में एक बार
2. पश्चिम बंगाल, मध्य प्रदेश, तटीय आंध्र प्रदेश, केरल	5 वर्षों में एक बार
3. बिहार, उड़ीसा, उत्तरी कर्नाटक	4 वर्षों में एक बार
4. पूर्वी उत्तर प्रदेश, विदर्भ, गुजरात, पूर्वी राजस्थान	3 वर्षों में एक बार
5. पश्चिमी उत्तर प्रदेश, तमिलनाडु, कश्मीर, रायलसीमा, तेलंगाना, पश्चिमी राजस्थान	2.5 वर्षों में एक बार

स्रोत: सूखा प्रवण क्षेत्रों के विकास पर रिपोर्ट, 1998, राष्ट्रीय पिछड़ा क्षेत्र विकास समिति

2. शुद्ध पानी के महत्त्व को दर्शाते हुए एक प्रदूषण विरोधी विज्ञापन तैयार करें। इस विज्ञापन के जरिए लोगों को ऐसे कार्य करने के लिए प्रेरित किया जा सके जो पानी के लिए फायदेमंद हो, अथवा लोगों को जल प्रदूषण से बचने के लिए प्रेरित कर सके। विज्ञापन तैयार करने में अपनी कलात्मक प्रतिभा के साथ-साथ विनोदिता का भी प्रयोग करें। यह विज्ञापन मुद्रित माध्यम के लिए हो सकता है (अर्थात समाचार पत्र या पत्रिका में प्रकाशित किया जा सकता है); यह रेडियो के लिए एक कथानक हो सकता है; या फिर यह टीवी के विज्ञापन के लिए कथानक और दृश्य विचारों का संयोजन हो सकता है।

3. अपने कॉलेज में पानी की बर्बादी के तरीकों का पता लगाने के लिए एक सर्वेक्षण आयोजित करें। नलके से पानी के रिसाव और टूटी हुई पाइप, टंकी या हौज़ से अतिरिक्त पानी के बहाव, इत्यादि की सूचना दें। पता लगाएँ कि इनकी मरम्मत में कितना समय लगता है। अपने कॉलेज के लिए जल-संरक्षण रणनीति तैयार करें।

4. पता लगाएँ कि, क्या आपके शहर या आसपास के क्षेत्र में वर्षा जल संचयन के किसी भी पारंपरिक तरीके का उपयोग किया जा रहा है, या पहले कभी इसका इस्तेमाल किया जाता था? इस प्रक्रिया का विस्तृत विवरण दें। यदि यह अब उपयोग में नहीं है, तो पता लगाने की कोशिश करें कि ऐसा क्यों हुआ? क्या आपको लगता है कि इस प्रक्रिया को पुनर्जीवित किया जा सकता है? यदि हाँ, तो क्यों? यदि नहीं, क्यों नहीं?

III विचार-विमर्श

लियोनार्दो द विंची ने कहा था, 'पानी ही प्रकृति को संचालित करता है।' इस बात से उनका क्या आशय है, चर्चा करें।

संदर्भ एवं चयनित ग्रंथसूची

Agarwal, Anil, Sunita Narain and Srabani Sen. 1999. *The citizens' fifth report, Part I.* New Delhi: Centre for Science and Environment.

———.1999. *The citizens' fifth report, Part II—Statistical database.* New Delhi: Centre for Science and Environment.

Allaby, Michael. 1992. *Water—Its global nature.* Oxford: Facts on File Limited.

Athavale, R.N. 2003. *Water harvesting and sustainable supply in India,* Centre for Environment Education. New Delhi: Rawat Publications.

Centre for Science and Environment (CSE). 1999. 'Perpetual thirst.' *Down to earth* (28 February): 32–44.

———. 2003. 'Fact sheet: Simple, bare necessities.' *Down to earth* (31 May): 60.

Chettri, Mridula. 2000. 'Chronicle of a journey foretold.' *Down to earth* (15 June): 24–26.

Miller, G. Tyler, Jr. 1994. *Living in the environment: Principles, connections and solutions.* Belmont, Ca.: Wordsworth Publishing Company.

Nadkarni, Manoj. 2003. 'Coal dust, fly ash and slurry.' *Down to earth* (15 March): 27–34.

Parasuraman S. and P.V. Unnikrishnan. 2000. *India disasters report: Towards a policy initiative.* New Delhi: Oxford University Press.

Raghupati, Usha P. and Vivien Foster. 2002. 'Water: Tariffs and subsidies in South Asia—A scorecard for India.' PPIAF (Public-Private Infrastructure Advisory Facility) and WSP (Water and Sanitation Programme) Paper Series.

Sainath, P. 1997. *Everybody loves a good drought.* New Delhi: Penguin, India.

Sengupta, Sohini. 2000. 'Droughts: Reaping scarcity.' *India disaster report: Towards a policy initiative.* S. Parasuraman and P.V. Unnikrishnan, eds, pp. 165–72. New Delhi: Oxford University Press.

Sunilkumar, M. and Shailaja Ravindranath. 1998. *Water studies: Methods for monitoring water quality.* Bangalore: Centre for Environment Education.

http://envfor.nic.in/nrcd/nrcd.html as viewed on 11 March 2003.

http://wrmin.nic.in/resource/cont_gw.htm as viewed on 10 March 2003.

http://wrmin.nic.in/wresource1.htm as viewed on 10 March 2003.

अध्याय 5

ऊर्जा

किरण बी. छोकर

पृथ्वी पर सभी गतिविधियों के लिए ऊर्जा बेहद आवश्यक है। मानव समाज की प्रगति इसलिए संभव हो पाई, क्योंकि इसने अधिकाधिक ऊर्जा के दोहन एवं उपयोग का तरीका सीख लिया (देखें चित्र 5.1 - "मानव समाज के विकास में ऊर्जा की खपत")। आदि मानवों ने शिकार एवं पेड़-पौधों का भोजन कर जीवित रहने के लिए आवश्यक 2,000 किलो कैलोरी चयापचय ऊर्जा हासिल की। लगभग 400,000 साल पहले, उन्होंने ऊर्जा के एक नए स्रोत - आग के उपयोग का तरीका ढूँढ लिया।

खाना पकाने, खुद को गर्म रखने और जंगली जानवरों से बचने के लिए लकड़ी की आग का उपयोग करके, शिकारी-संग्राहक के तौर पर आदि मानवों ने संभवतः प्रति दिन 5,000 किलो कैलोरी से अधिक ऊर्जा का उपयोग नहीं किया। समय के साथ-साथ मानवों ने अयस्क से धातु निकालने और औजार बनाने में आग का इस्तेमाल करना सीख लिया। धातु के औजारों ने स्थायी कृषि को संभव बनाया। मानवों ने कृषि कार्यों में पशुओं की शक्ति का इस्तेमाल करने के लिए उसे भी पालतू बनाया। तकनीकी उन्नति के कारण कृषि उत्पादकता में सुधार हुआ और जल एवं पवन ऊर्जा का उपयोग संभव हो पाया। ताप ऊर्जा को यांत्रिक ऊर्जा में बदलने वाले वाष्प इंजन के आविष्कार के साथ यूरोप एवं अमेरिका में औद्योगीकरण की गति काफी तीव्र हो गई। 1800 के दशक के मध्य तक, इंग्लैंड, जर्मनी और अमेरिका जैसे औद्योगिक देशों में प्रतिदिन प्रति व्यक्ति 70,000 से 80,000 किलो कैलोरी का इस्तेमाल होता था।

आज, एक औसत अमेरिकी प्रतिदिन 250,000 किलो कैलोरी का उपयोग करता है, जो ऊर्जा के संदर्भ में पूर्णकालिक कार्य करने वाले सौ लोगों के बराबर है। दूसरे शब्दों में, आज प्रत्येक अमेरिकी नागरिक के पास खुद को गर्म करने, ठंडा करने, रोशनी, परिवहन, खाना पकाने, वस्तुओं का निर्माण करने, आदि के लिए 100 'ऊर्जा दास' उपलब्ध हैं। ये 'ऊर्जा दास' इंसान, घोड़े या लकड़ी नहीं हैं, बल्कि मुख्य रूप से जीवाश्म ईंधन और, कम मात्रा में जलविद्युत, परमाणु और सौर ऊर्जा के तौर पर मौजूद है।

मानव इतिहास की हर तकनीकी प्रगति, बड़े पैमाने पर ऊर्जा के दोहन की हमारी बढ़ती क्षमता, इसके उपयोगी स्वरूप में रूपांतरण तथा विभिन्न कार्यों में इसके उपयोग का परिणाम रही है, परंतु ऊर्जा के निरंतर बढ़ते इस्तेमाल के कारण कई समस्याएँ भी उत्पन्न हुई हैं। कुछ समस्याओं की प्रकृति स्थानीय है जबकि कुछ वैश्विक हैं; कुछ समस्याएँ तात्कालिक हैं, जबकि कुछ भविष्य में स्पष्ट तौर पर सामने आएँगी। उदाहरण के लिए, भारत के ग्रामीण और शहरी क्षेत्रों में जलाऊ लकड़ियों की बढ़ती मांग के कारण देश के कई हिस्सों में वन्यक्षेत्रों का अनाच्छादन एवं निम्नीकरण हुआ है। जीवाश्म ईंधन के बड़े पैमाने पर दहन से वायुमंडल में प्रदूषकों की मात्रा बढ़ रही है और हवा दिन-प्रतिदिन साँस लेने के लिए असुरक्षित बनती जा रही है। एक अख़बार की रिपोर्ट के अनुसार, वर्ष 1990 में मेक्सिको शहर की हवा लगभग 300 दिनों तक साँस लेने के लिहाज से असुरक्षित रही थी। वर्ष 1996 की विश्व कप क्रिकेट श्रृंखला के दौरान नई दिल्ली की हवा इतनी अधिक प्रदूषित हो चुकी थी कि ऑस्ट्रेलियाई क्रिकेट टीम ने इस शहर में खेलने से इनकार कर दिया।

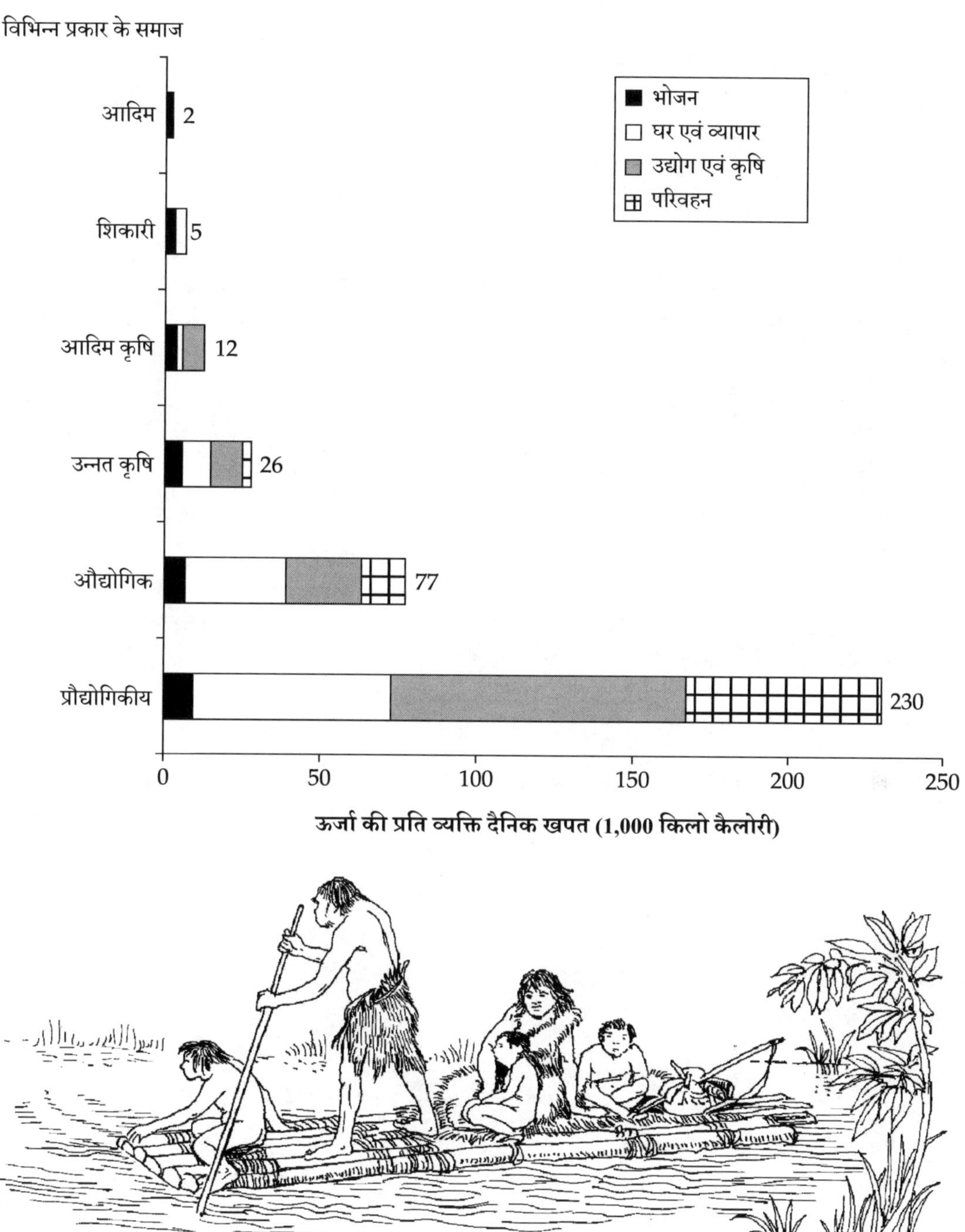

स्रोत: अर्ल कुक 1971, 'द फ्लो ऑफ एनर्जी इन एन इंडस्ट्रियल सोसाइटी', साइंटिफिक अमेरिकन, 225 (3): 136

चित्र 5.1   मानव समाज के विकास में ऊर्जा की खपत

ईंधन के दहन से उत्सर्जित कुछ गैसों के कारण गर्मी लगातार बढ़ रही है। विशेषज्ञों का अनुमान है कि वर्ष 2100 तक, औसत वैश्विक तापमान में 1 डिग्री सेल्सियस से 4.5 डिग्री सेल्सियस के बीच बढ़ोतरी हो सकती। इसलिए महत्त्वपूर्ण है कि हम ऊर्जा पर गंभीरता से विचार करें — जिसके अंतर्गत इसके स्रोत, उपयोग का तरीका, पर्यावरण पर इसके प्रभाव तथा इस दिशा में हमारे प्रयास शामिल हैं।

ऊर्जा के स्रोत

हमारी धरती ऊर्जा का विशाल भंडार है। इसकी सतह के नीचे मौजूद जीवाश्म ईंधन, इसकी सतह पर मौजूद हवा और पानी, इस पर बढ़ने वाले पेड़-पौधे, सूर्य की रोशनी, इत्यादि सभी ऊर्जा के स्रोत हैं। ऊर्जा के समस्त स्रोतों को दो मूल श्रेणियों में वर्गीकृत किया जा सकता है, अनवीकरणीय और नवीकरणीय, जो इनकी पुनर्प्राप्ति में लगने वाली समयावधि पर निर्भर है। नवीनीकरण की स्थिति मानव समय-मान से निर्धारित होती है।

अनवीकरणीय स्रोत

जीवाश्म ईंधन वास्तव में जैविक अवशेष हैं, जो कई लाख वर्षों में अश्मीभवन (जीवाश्म बनने की प्रक्रिया) के माध्यम से कोयले, तेल और प्राकृतिक गैस के रूप में परिणत हो गए हैं। मनुष्यों के लिए प्रासंगिक समय-सीमा के भीतर इनका नवीनीकरण नहीं किया जा सकता है। इसलिए इन्हें अनवीकरणीय संसाधन कहा जाता है। परमाणु ईंधन भी ऊर्जा के अनवीकरणीय स्रोत हैं। बैंक में जमा पैसे के साथ तुलना करते हुए अगर हम मान लें कि, ऊर्जा के सभी स्रोत हमारी "पूँजी" हैं, जिसे हम अपनी इच्छानुसार जल्दी-जल्दी खर्च कर सकते हैं, लेकिन एक बार इस्तेमाल के बाद यह फिर वापस नहीं आएगा। पृथ्वी पर ऊर्जा के इन स्रोतों के विशाल भंडार मौजूद हैं, लेकिन इनकी मात्रा निश्चित है और वे धीरे-धीरे समाप्त हो रहे हैं।

नवीकरणीय स्रोत

ऊर्जा के नवीकरणीय स्रोत, या अनवरत प्रवाह वाले स्रोत, पर्यावरण में प्राकृतिक ऊर्जा के अनवरत प्रवाह एवं स्रोतों पर निर्भर हैं और इनमें पुनः पूर्ति की संभावना मौजूद होती है। नवीकरणीय संसाधनों की तुलना बैंक में जमा पैसों पर निरंतर मिलने वाले ब्याज से की जा सकती है। अगर बैंक में जमा धनराशि को संसाधन मान लिया जाए, और अगर हम जमा राशि पर मिलने वाले ब्याज के बराबर या इससे कम पैसे निकालें, तो कहा जा सकता है कि संसाधन (जमा पूँजी) को खुद को नवीनीकृत कर रहा है।

जैव-ईंधन (लकड़ी, तथा जीव-जंतुओं एवं फसलों के अवशिष्ट): जैव-ईंधन ऊर्जा का नवीकरणीय स्रोत है। हालांकि, जैव-ईंधन संसाधनों के उपयोग की दर, उनकी पुनः पूर्ति की दर से अधिक हो जाने पर इसके समाप्ति की संभावना बढ़ जाती है, जैसा की बैंक में जमा पैसों के साथ होता है। जानवरों एवं मनुष्यों की मांसपेशियों की ताकत भी ऊर्जा का नवीकरणीय संसाधन हैं।

जैव-ईंधन — एक नवीकरणीय संसाधन

जैव-ईंधन को किसी जीवित आबादी, क्षेत्र, परिमाण या मापने योग्य अन्य इकाई में जीवित प्राणियों के वजन के रूप में परिभाषित किया जा सकता है। अक्सर इसे प्रति इकाई क्षेत्र में किसी भी समय, जीवित प्राणियों के शुष्क तत्व के वजन के रूप में भी जाना जाता है (पौधों के पादप-भार तथा जानवरों के प्राणी-भार)। पौधों की जैव-ईंधन प्राथमिक ऊर्जा का स्रोत है और जीवन के सभी रूपों का आधार है। यह भोजन, पशुओं के चारे, आवास और फर्नीचर के लिए लकड़ी के साथ-साथ मानव अस्तित्व के लिए आवश्यक कई अन्य उत्पादों का एक महत्त्वपूर्ण और प्रमुख स्रोत है।

(जारी)

(जारी)

> भारत में, जैव-ईंधन ऊर्जा का एक प्रमुख स्रोत है। अगर जैव-ईंधन के उपयोग की दर इसके पुनर्प्राप्ति की दर से अधिक हो जाए, तो यह संसाधन भी समाप्त हो सकता है।

नवीकरणीय संसाधन के अधिकांश स्रोत प्रत्यक्ष या अप्रत्यक्ष रूप से सूर्य की ऊर्जा से संचालित होते हैं, और ऐसा सूर्य के अस्तित्व में बने रहने तक जारी रहेगा। इसमें सौर विकिरण, बहने या ऊंचाई से गिरने वाले पानी से प्राप्त ऊर्जा और हवा से प्राप्त ऊर्जा शामिल है। हालाँकि, इन स्रोतों केवल एक निश्चित दर पर उपयोग किया जा सकता है। ये स्रोत चिरकाल तक बने रह सकते हैं इसलिए इन्हें **शाश्वत स्रोत** भी कहा जाता है।

इसके अलावा ऊर्जा के स्रोतों को "गैर-वाणिज्यिक" एवं "वाणिज्यिक" के तौर पर भी वर्गीकृत किया जा सकता है।

गैर-वाणिज्यिक ऊर्जा: ऊर्जा के इस रूप में जलाऊ लकड़ी, गोबर और कृषि अवशिष्ट जैसे ईंधन शामिल हैं, जिन्हें खरीदा नहीं जाता बल्कि पारंपरिक तौर पर इकट्ठा किया जाता है। इन्हें पारंपरिक ईंधन भी कहा जाता है। हालांकि, जब ऊर्जा के ऐसे स्रोत दुर्लभ हो जाते हैं, तब इन्हें खरीदा भी जाता है। उदाहरण के लिए, जंगलों का अनाच्छादन और इसके चलते ईंधन के लिए लकड़ी की उपलब्धता में कमी के परिणामस्वरूप न केवल शहरी इलाकों में, बल्कि ग्रामीण इलाकों में भी जलाऊ लकड़ी की बिक्री की जाने लगी है।

मानव प्राचीन काल से ही गैर-वाणिज्यिक ऊर्जा का उपयोग कर रहे हैं। अनाज, कपड़े, मछली और फलों को सुखाने के लिए हम सौर ऊर्जा का उपयोग करते हैं; जबकि अनाज पीसने के लिए बहती हुई पानी की ऊर्जा का इस्तेमाल किया जाता है। गैर-वाणिज्यिक या ऊर्जा के पारंपरिक स्रोतों में भी पशुओं और मानवों की मांसपेशियों की शक्ति भी शामिल है। इसका इस्तेमाल हम परिवहन, जुताई, अनाज से भूसी अलग करने, सिंचाई के लिए पानी को ऊंचाई तक पहुंचाने, गन्ने की पेराई करने, इत्यादि कार्यों में किया जाता है। दुर्भाग्यवश, ऊर्जा से संबंधित अधिकांश आंकड़ों में इन्हें शामिल नहीं किया जाता है। इसके अलावा ऊर्जा के अन्य स्रोतों का उपयोग पारंपरिक साधनों के जरिए नहीं किया जाता है, जैसे कि बहते हुए पानी की ऊर्जा का उपयोग पनचक्की द्वारा किया जाता है। भारत जैसे विकासशील देशों में ऊर्जा के इन स्रोतों का व्यापक रूप से उपयोग किया जाता है, और अब हम ऊर्जा के वाणिज्यिक स्रोतों पर तेजी से निर्भर होते जा रहे हैं।

गैर-वाणिज्यिक ऊर्जा के उपयोग के एकदम सटीक आंकड़े उपलब्ध नहीं हैं, परंतु वर्ष 1998 में यह अनुमान लगाया गया कि भारत की प्राथमिक ऊर्जा आपूर्ति में जैव-ईंधन ईंधन का योगदान 41 प्रतिशत है। भारत के ग्रामीण क्षेत्रों में, ईंधन की लगभग 95 प्रतिशत ज़रूरतों की पूर्ति जैव-ईंधन द्वारा की जाती थी (लकड़ी, पशुओं के गोबर और कृषि अवशेष)। कृषि समृद्ध क्षेत्रों में सूखे गोबर तथा कृषि अवशिष्ट का बड़े पैमाने पर उपयोग होता है, इसके बावजूद अपेक्षाकृत निर्धन एवं कम संपन्न क्षेत्रों में लकड़ी घरेलू ईंधन का प्रमुख स्रोत है। कुल मिलाकर, यह अनुमान लगाया जाता है कि जलाऊ लकड़ी से ग्रामीण क्षेत्रों में लगभग 60 प्रतिशत और शहरी क्षेत्रों में लगभग 35 प्रतिशत ऊर्जा आवश्यकताओं की पूर्ति की जाती है।

वाणिज्यिक ऊर्जा: इसे औद्योगिक ऊर्जा के नाम से भी जाना जाता है, क्योंकि ऊर्जा के इस स्वरूप को खरीदा और बेचा जाता है। बिजली और परिष्कृत पेट्रोलियम उत्पाद अब तक वाणिज्यिक ऊर्जा के सबसे महत्त्वपूर्ण स्वरूप रहे हैं। कोयले, तेल, प्राकृतिक गैस, बहने या ऊंचाई से गिरने वाले पानी और परमाणु ईंधन जैसे प्राथमिक ऊर्जा स्रोतों को बिजली की तरह द्वितीयक ऊर्जा में बदल दिया जाता है, जो अधिक उपयोगी एवं मूल्यवान है।

आधुनिक युग में वाणिज्यिक ऊर्जा औद्योगिक, कृषि, परिवहन और वाणिज्यिक विकास का आधार तैयार करती है। औद्योगिक देशों में वाणिज्यिक ऊर्जा न केवल आर्थिक उत्पादन का एक प्रमुख स्रोत है, बल्कि कई घरेलू और व्यक्तिगत कार्यों में भी इसका उपयोग होता है, जैसे कि बर्तन धोना, कपड़े धोना, दाढ़ी बनाना और दांतों को साफ करना।

दुनियाभर में जीवाश्म ईंधन, बड़े पैमाने पर पनबिजली एवं परमाणु संसाधन जैसे पारंपरिक स्रोतों से वाणिज्यिक ऊर्जा के उत्पादन एवं खपत में लगातार वृद्धि हो रही है। हालाँकि, सौर, हवा, समुद्री लहर, भूतापीय ऊर्जा, छोटे पैमाने पर पनबिजली और गैर-पारंपरिक जैव-ईंधन जैसे वैकल्पिक नवीकरणीय संसाधनों से वाणिज्यिक ऊर्जा के दोहन एवं इस्तेमाल की दिशा में प्रयास किए जा रहे हैं।

भारत: ऊर्जा की मौजूदा स्थिति

तीव्र औद्योगिकीकरण, मशीनीकरण, शहरीकरण, व्यावसायीकरण, जनसंख्या वृद्धि के साथ-साथ लोगों की बदलती जीवन शैली और बढ़ती इच्छाओं के कारण वर्तमान में भारत की ऊर्जा आवश्यकता में तेजी से वृद्धि हुई है। चूंकि ऊर्जा की आपूर्ति और बढ़ती मांग के बीच सामंजस्य बरकरार रखना कठिन है, जिसके चलते हैं हम अपने दैनिक जीवन में पेट्रोल, बिजली, रसोई गैस, केरोसीन, जलाऊ लकड़ी, इत्यादि के तौर पर इस्तेमाल की जाने वाली ऊर्जा की कमी का अनुभव करते हैं।

> हमारे देश में ऊर्जा की कुल खपत के आधे हिस्से का उपयोग उद्योग या कृषि क्षेत्र द्वारा नहीं किया जाता है, बल्कि घरेलू काम-काज, विशेष रूप से खाना बनाने में किया जाता है।

भारत में ऊर्जा के कुल उपयोग में गैर-वाणिज्यिक स्रोतों का महत्त्वपूर्ण योगदान है। भारत में इस्तेमाल की जाने वाली ऊर्जा का लगभग एक तिहाई हिस्सा गैर-वाणिज्यिक स्रोतों से प्राप्त किया जाता है। देश में खाना पकाने के लिए ऊर्जा के स्रोत के तौर पर सबसे अधिक जलाऊ लकड़ियों का उपयोग किया जाता है। जहां जलाऊ लकड़ी पर्याप्त मात्रा में उपलब्ध है, उन क्षेत्रों में इसके अलावा गोबर या फसलों के अवशिष्ट का उपयोग करते हैं।

ऊर्जा अनुक्रम

जब जलाऊ लकड़ियों की कमी हो जाती है, सब ग्रामीण इलाकों के निर्धन परिवार घटिया गुणवत्ता वाले ईंधन, जैसे कि गोबर, फसलों के अवशिष्ट, झाड़ियाँ, खरपतवार और पत्तों का इस्तेमाल शुरू कर देते हैं। इस प्रकार के ईंधन लकड़ी की तुलना में कम कुशल होते हैं, साथ ही इनसे भारी मात्रा में धुआं निकलता है। घरेलू स्तर पर, अक्सर लोग अपनी आवश्यकताओं के अनुसार विभिन्न प्रकार के ईंधन का उपयोग करते हैं। शहरी इलाकों में जलाऊ लकड़ियों का मुख्य रूप से गरीबों द्वारा इस्तेमाल किया जाता है, जो वैकल्पिक वाणिज्यिक ईंधन के खर्च का वहन नहीं कर सकते हैं। ज़रूरत के आधार पर, ख़ासकर सर्दियों के मौसम में गर्मी प्राप्त करने के लिए कभी-कभी रद्दी कागज, टायर और प्लास्टिक जैसे गैर-ईंधन पदार्थों का इस्तेमाल किया जाता है।

आमदनी और इस्तेमाल किए जाने वाले ईंधन के प्रकार के बीच गहरा नाता होता है। यह संबंध ऊर्जा अनुक्रम के तौर पर स्वतः स्पष्ट हो जाता है। आय में वृद्धि के साथ लोग उच्च गुणवत्ता वाले ईंधन का इस्तेमाल शुरू कर देते हैं, अर्थात लोग ऐसे ईंधन का इस्तेमाल करने लगते हैं जो अधिक ऊर्जा कुशल होने के साथ-साथ स्वच्छ एवं उपयोग की दृष्टि से सुविधाजनक भी होता है (ईंधन दक्षता, ईंधन में रासायनिक ऊर्जा का अनुपात है जिसे तापीय ऊर्जा, अर्थात गर्मी में परिवर्तित किया जाता है)।

ऊर्जा अनुक्रम में नीचे से ऊपर की ओर बढ़ने के सामान्य क्रम को ठोस ईंधन से तरल ईंधन, फिर तरल से गैस ईंधन, और इससे बिजली के तौर पर दर्शाया जाता है। रोशनी के लिए इसका सामान्य अनुक्रम वनस्पति तेल से लेकर मिट्टी के तेल और इससे बिजली तक है। खाना पकाने के लिए यह अनुक्रम जलाऊ लकड़ी से कोयला, फिर से इससे केरोसिन और आखिर में एलपीजी (द्रवित पेट्रोलियम गैस) तक है।

(जारी)

(जारी)

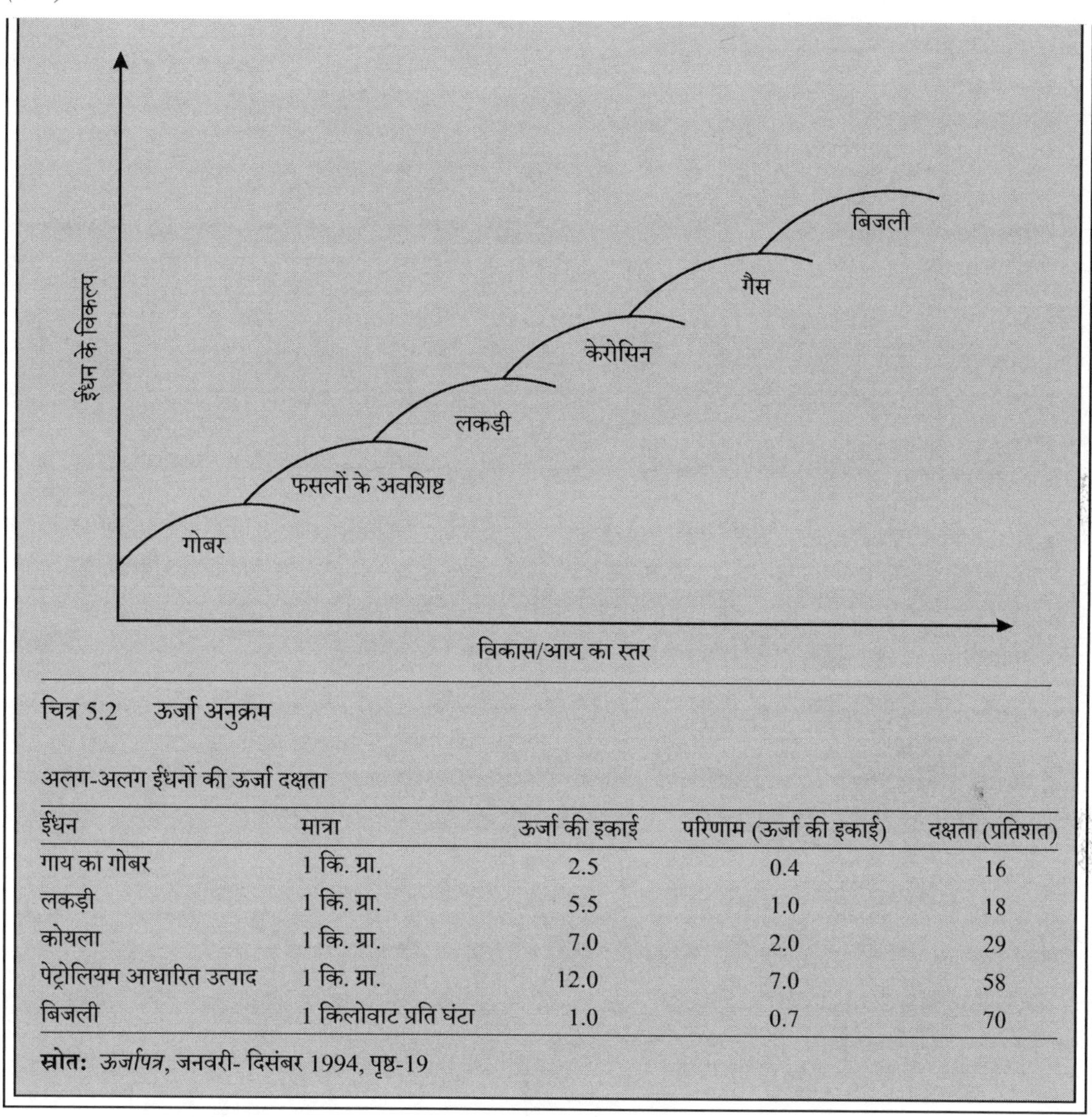

चित्र 5.2   ऊर्जा अनुक्रम

अलग-अलग ईंधनों की ऊर्जा दक्षता

ईंधन	मात्रा	ऊर्जा की इकाई	परिणाम (ऊर्जा की इकाई)	दक्षता (प्रतिशत)
गाय का गोबर	1 कि. ग्रा.	2.5	0.4	16
लकड़ी	1 कि. ग्रा.	5.5	1.0	18
कोयला	1 कि. ग्रा.	7.0	2.0	29
पेट्रोलियम आधारित उत्पाद	1 कि. ग्रा.	12.0	7.0	58
बिजली	1 किलोवाट प्रति घंटा	1.0	0.7	70

स्रोत: *ऊर्जापत्र*, जनवरी- दिसंबर 1994, पृष्ठ-19

हालांकि वाणिज्यिक ऊर्जा से संबंधित आंकड़े सहजता से उपलब्ध हैं, लेकिन गैर-वाणिज्यिक ऊर्जा से संबंधित सटीक आंकड़ों की अनुपलब्धता के कारण इस बात का शुद्धता के साथ आकलन करना बेहद कठिन हो जाता है कि भारत के कुल ऊर्जा उपयोग में प्रत्येक श्रेणी का कितना योगदान है। अनुमानों के अनुसार भारत में वाणिज्यिक ऊर्जा की हिस्सेदारी 1990 में 66 प्रतिशत से बढ़कर 21 वीं सदी के शुरुआती वर्षों में 80 प्रतिशत हो जाने की उम्मीद है।

कोयला: भारत में वाणिज्यिक ऊर्जा स्रोतों में सबसे अधिक कोयले का उपयोग किया जाता है। भारत की कुल ऊर्जा आवश्यकता का 39 प्रतिशत कोयले से प्राप्त होता है और वाणिज्यिक ऊर्जा का 56 प्रतिशत इससे प्राप्त होता है। भारत दुनिया में कोयले का चौथा सबसे बड़ा उत्पादक देश है और यहां कोयले का विशाल भंडार मौजूद है। आकलन के आधार पर इसका भंडार करीब 68 बिलियन टन है, लेकिन अनुमानों के अनुसार यह इससे तीन गुना अधिक है। भारत के अधिकांश कोयले के भंडार गोंडवाना बेसिन घाटी में मौजूद हैं।

तेल: भारत के कुल वाणिज्यिक ऊर्जा में इसका योगदान 32 प्रतिशत है। पेट्रोलियम का भंडार मुख्य रूप से अरब सागर के अपतटीय बॉम्बे हाई क्षेत्र और खंभात की खाड़ी के अलावा ऊपरी असम में मौजूद है। भारत में तेल एवं प्राकृतिक गैस का पुनर्प्राप्ति योग्य प्रमाणित भंडार 3.3 बिलियन टन है। लेकिन अगर हम दुनिया के अन्य प्रमाणित तेल उत्पादक देशों के भंडार से इसकी तुलना करते हैं तो यह काफी छोटा दिखाई देता है। एक स्रोत के अनुसार, सऊदी अरब में 35.6 बिलियन टन, जबकि कुवैत में 12.7 बिलियन टन तेल एवं प्राकृतिक गैस का भंडार मौजूद है।

1970 और 1980 के दशक में, भारत ने अपनी बढ़ती मांग को पूरा करने और विदेशी तेल पर निर्भरता कम करने के लिए अपने तेल संसाधनों का तेजी से विकास किया। वर्ष 1985 के बाद से तेल उत्पादन अपेक्षाकृत स्थिर रहा है। भारत को अभी भी कच्चे तेल के रूप में अपनी खपत के आधे हिस्से का आयात करना पड़ता है। तेल के आयात से सरकारी खजाने पर दबाव निरंतर बढ़ता जा रहा है।

प्राकृतिक गैस: यह भारत की वर्तमान वाणिज्यिक ऊर्जा आवश्यकताओं के 8 प्रतिशत की पूर्ति करता है, लेकिन इसका योगदान लगातार बढ़ रहा है। भारत के ज्यादातर तेल भंडार में प्राकृतिक गैस मौजूद हैं। प्राकृतिक गैस का वर्तमान उत्पादन, देश में इसके इस्तेमाल किए जाने वाले स्थानों तक परिवहन करने की क्षमता से अधिक है। इसके परिणामस्वरूप, कुल उत्पादन के लगभग 40 प्रतिशत गैस को स्रोत के स्थान पर ही जला दिया जाता है, जिसका मूल्य प्रति वर्ष 100 मिलियन रुपये है। हालांकि, देश की भविष्य की ऊर्जा योजनाओं में बिजली संयंत्रों में प्राकृतिक गैस का उपयोग शामिल है।

जलविद्युत (पनबिजली): यह भारत के वाणिज्यिक ऊर्जा के लगभग 3 प्रतिशत तथा बिजली के 18 प्रतिशत की आपूर्ति करता है। इसके विस्तार की असीम संभावनाएँ मौजूद हैं, लेकिन इस प्रकार की परियोजनाओं की अत्यधिक लागत तथा निर्माण पूर्व अवधि में लगने वाले समय के साथ-साथ पर्यावरणीय एवं सामाजिक आधार पर इनके खिलाफ उभरते प्रतिरोध ने इसके विकास को धीमा कर दिया है। अंतरराज्यीय नदी-जल विवाद भी इसकी धीमी प्रगति का एक बड़ा कारण रहा है।

परमाणु ऊर्जा: भारत के वाणिज्यिक ऊर्जा में इसका योगदान 1 प्रतिशत, जबकि बिजली उत्पादन में 2 प्रतिशत है। भारत में बिजली उत्पादन वाले छह परमाणु ऊर्जा केंद्रों पर 14 परमाणु रिएक्टर हैं। सर्वप्रथम वर्ष 1969 में महाराष्ट्र के तारापुर में दो रिएक्टरों को चालू किया गया था। इसके बाद, राजस्थान के रावतभाटा, तमिलनाडु के कलपक्कम और कुडनकुलम, उत्तर प्रदेश के नरौरा, गुजरात के काकरापार और कर्नाटक के कैगा में परमाणु ऊर्जा संयंत्र स्थापित किए गए।

आरेख 5.1

भारत: वाणिज्यिक ऊर्जा के स्रोत (1997–98)

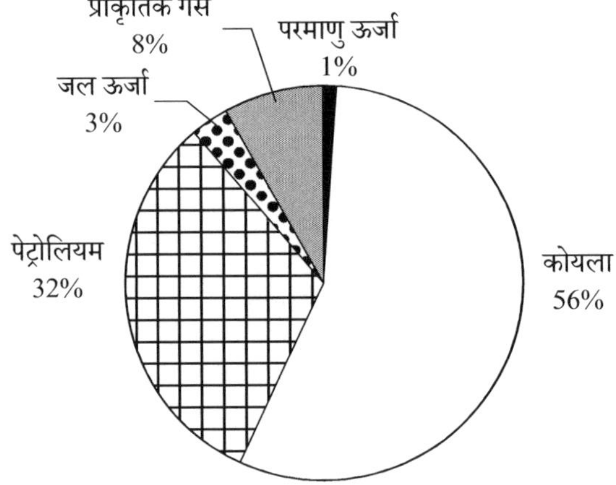

स्रोत: पर्यावरण की स्थिति, भारत (2001) यूएनईपी

समस्याएँ

वर्तमान में हम वाणिज्यिक ऊर्जा के जिन संसाधनों पर निर्भर हैं, उसका बहुत बड़ा हिस्सा गैर-नवीकरणीय है। इस प्रकार हम कह सकते हैं कि ऊर्जा की हमारी बढ़ती मांग, हमारी जीवनशैली और ऊर्जा के उपयोग का तरीका, निश्चित तौर पर चिरस्थायी नहीं है।

अन्य देशों की तुलना में भारत में प्रति व्यक्ति वाणिज्यिक ऊर्जा की खपत अब भी निम्नस्तरीय है, जो अमेरिका जैसे एक विकसित देश की तुलना में 4 प्रतिशत से भी कम है। ऐसी स्थिति में हमें ऊर्जा से जुड़े मुद्दों पर समग्रता से विचार करना होगा और विभिन्न प्रकार की नीतियों के माध्यम से एक ऐसे मार्ग का अनुसरण करना होगा तथा संस्थागत एवं तकनीकी साधनों को चुनना होगा, जो संवहनीय होने के साथ-साथ व्यवहार्य भी हो।

इस खंड में ऊर्जा संसाधनों की उपलब्धता एवं इसकी आवश्यकता, आयात में वृद्धि, असमान वितरण, अकुशल प्रौद्योगिकी, असंवहनीयता तथा पर्यावरण पर इसके प्रभाव से जुड़े मुद्दों एवं समस्याओं पर विचार किया गया है।

अपर्याप्तता (कमी)

तीव्र गति से विकासशील अधिकांश देशों की तरह भारत भी ऊर्जा की कमी का सामना कर रहा है। ईंधन की कीमतों में वृद्धि के साथ-साथ निम्नस्तरीय गुणवत्ता वाले फसल के अवशिष्ट और मवेशियों के गोबर पर गरीबों की निर्भरता, ईंधन की कमी के संकेत हैं।

भारत में बिजली उत्पादन के लिए प्राथमिक ईंधन के तौर पर कोयले का इस्तेमाल होता है। पिछले दशक में, मुख्यतः कोयले की कमी और सरकार द्वारा निर्धारित ऊर्जा की कम कीमतों के कारण बिजली उत्पादन की स्थिति बार-बार बिगड़ती रही, जो उत्पादकों को लाभ अथवा प्रोत्साहन देने के लिहाज से अपर्याप्त है। हाल के वर्षों तक, कोयले की कीमत इसके उत्पादन की लागत से कम थी।

पूरे देश में बिजली उत्पादन, संभावित मांग की तुलना में लगभग 10 प्रतिशत कम है। कुछ क्षेत्रों में स्थिति काफी गंभीर है। इसके चलते बिजली की आपूर्ति में निरंतर बाधा उत्पन्न होने के अलावा, वोल्टेज में उतार-चढ़ाव तथा योजनाबद्ध एवं अनियोजित तरीके से बिजली की कटौती की जाती है। राज्य के आधिपत्य वाली अधिकांश बिजली कंपनियाँ अकुशल हैं। वे न तो बाजार संचालित हैं और न ही सार्वजनिक या निजी शेयरधारकों के प्रति जवाबदेह हैं। एक अनुमान के अनुसार बिजली की कमी के कारण होने वाले आर्थिक नुकसान, भारत की राष्ट्रीय आय का 1 से 2 प्रतिशत है। कई कल-कारखानों ने डीजल चालित बैक-अप जेनरेटर में निवेश किया है, जिससे आयातित तेल की मांग में वृद्धि हो सकती है।

आयातित तेल पर निर्भरता

भारत में तेल की मांग लगातार बढ़ रही है। कोयले और बिजली की आपूर्ति में लगातार कमी से यह अनुमान लगाया गया था कि पेट्रोलियम उत्पादों की खपत में तेजी से बढ़ोतरी होगी। वर्तमान में कृषि क्षेत्र में सिंचाई हेतु पानी निकालने के लिए कम-से-कम 5.5 मिलियन डीजल पंप उपयोग में हैं। परिवहन क्षेत्र तेल का एक प्रमुख उपयोगकर्ता है। पिछले कुछ दशकों से सड़क और रेल परिवहन में डीजल का इस्तेमाल काफी बढ़ गया है। शहरों की तीव्र एवं अनियंत्रित वृद्धि, सार्वजनिक परिवहन सेवा की अपर्याप्तता तथा आय के स्तर में वृद्धि के कारण निजी वाहनों की संख्या, विशेष रूप से दोपहिया वाहनों की संख्या में काफी वृद्धि हुई है। नतीजतन, पेट्रोल और मोटर तेल की मांग में भी उल्लेखनीय वृद्धि हुई है।

भारत ने अपनी निरंतर बढ़ती मांग को पूरा करने के लिए तेल के आयात के साथ-साथ स्वयं के तेल संसाधनों के विकास पर भी ध्यान दिया है। वर्ष 1991–92 में भारत के कुल आयात बिल में तेल की हिस्सेदारी 25 प्रतिशत थी। हालांकि, मौजूदा प्रवृत्ति के जारी रहने की स्थिति में वर्ष 2009–10 तक तेल की मांग के 186 मिलियन टन तक पहुंचने का अनुमान है, अर्थात यह वर्ष 1992 की मांग से तीन गुना अधिक होगी। मांग में बड़े पैमाने पर वृद्धि को पूरा करने के लिए आयात की आवश्यकता का भारत की विदेशी मुद्रा स्थिति और इसके बाह्य ऋण पर विनाशकारी प्रभाव पड़ सकता है। इसके अलावा, भारतीय अर्थव्यवस्था अंतर्राष्ट्रीय तेल बाजार की अस्थिरता और इराक जैसे तेल उत्पादक देशों की राजनीतिक स्थिति के प्रति अति संवेदनशील बनी रहेगी।

असमानता

भारत ने अब तक विकास नीतियों का पालन किया है, जो विकास को उन्नति के साथ और आर्थिक विकास को वाणिज्यिक ऊर्जा की बढ़ती खपत के साथ लाने के लिए प्रयासरत है। ऊर्जा नियोजन के इस दृष्टिकोण ने भारतीय समाज में अमीर और गरीब तथा शहरी एवं ग्रामीण क्षेत्रों के बीच मौजूदा असमानता को और बढ़ा दिया है। रवींद्रनाथ और हॉल (1995) के अनुसार:

ऊर्जा नियोजन में पारंपरिक ज्ञान ने ग्रामीण और शहरी गरीबों के जीवन के महत्त्वपूर्ण पहलुओं, उनकी बुनियादी मानवीय आवश्यकताओं (पेयजल और खाना पकाने के लिए ईंधन), उनकी बस्तियों (गांवों और झुग्गी बस्तियों), उनके ईंधन के स्रोत (जलाऊ लकड़ी, फसल के अवशिष्ट, गोबर), अंतिम उपयोग (खाना पकाना एवं रोशनी की व्यवस्था) और ऊर्जा के इस्तेमाल में प्रयुक्त उनके उपकरणों (खाना पकाने के स्टोव, भट्टी) की उपेक्षा की है। इसके बजाय, संपन्न वर्ग के लोगों को ऊर्जा - तेल और बिजली - की आपूर्ति पर काफी बल दिया गया है।

जलाऊ लकड़ी की उपलब्धता में कमी का भूमिहीन गरीबों एवं सीमांत कृषकों पर काफी बुरा असर पड़ता है, जो अपने छोटे भूखंडों से पर्याप्त फसल अवशिष्ट प्राप्त नहीं कर सकते हैं, और मवेशियों के गोबर पर निर्भर रहते हैं। इसके अलावा कई बड़े किसानों और मवेशी मालिकों द्वारा घरेलू गोबरगैस संयंत्रों को अपनाने से गांवों के गरीब गोबर से भी वंचित हो गए हैं, जो पहले सड़कों और मैदान से इसे इकट्ठा करने के लिए स्वतंत्र थे। ग्रामीण भारत के कई हिस्सों में गोबर और कृषि अवशिष्ट का उपभोक्ता वस्तुओं के तौर पर तेजी से प्रसार हो रहा है। इसने ग्रामीण गरीबों को प्रभावित किया है।

इस प्रकार की विषमता का पुरुषों और महिलाओं पर अलग-अलग प्रभाव पड़ता है, क्योंकि ग्रामीण क्षेत्रों की गरीब महिलाओं को ईंधन की तलाश करने और इसे इकट्ठा करने के लिए पहले की अपेक्षा अधिक समय और ऊर्जा खर्च करने का बोझ उठाना पड़ता है। यह कहा जाता है कि, ग्रामीण भारत में लाखों गरीब महिलाएँ ऊर्जा के दुष्चक्र में फंसकर रह गई हैं: शारीरिक ऊर्जा प्राप्त करने के लिए वे भोजन करती हैं, और फिर खाना पकाने तथा इसके लिए आवश्यक ईंधन इकट्ठा करने में अपनी सारी ऊर्जा खर्च कर देती हैं।

विभिन्न प्रकार के ईंधन तक पहुंच की यह असमानता केवल अमीर और गरीबों के बीच मौजूद नहीं है, बल्कि यह शहरी एवं ग्रामीण क्षेत्रों के बीच भी समान रूप से विद्यमान है। वाणिज्यिक ईंधन का वहन या उपयोग करने में असक्षम शहरी गरीबों द्वारा जलाऊ लकड़ी की बढ़ती मांग (उदाहरण के लिए, अगर उनके पास राशन कार्ड नहीं है, जो प्रायः झुग्गी बस्तियों और फुटपाथ पर रहने वाले लोगों की सामान्य समस्या है) के परिणामस्वरूप शहरी इलाकों में ईंधन की कीमतों में तेजी से बढ़ोतरी हुई है। इसके कारण लगातार सुदूरवर्ती क्षेत्रों के जंगलों से जलाऊ लकड़ियाँ ट्रकों एवं गाड़ियों में प्रमुख शहरों को भेजी जाती है, जिससे इनकी लागत काफी अधिक हो जाती है। कुछ मामलों में इससे ग्रामीण क्षेत्रों में जलाऊ लकड़ी की आपूर्ति में कमी आती है, जो उन क्षेत्रों के लिए परंपरागत रूप से गैर-वाणिज्यिक संसाधन है। शहरी क्षेत्र की मांग में वृद्धि के कारण न केवल शहरों के आसपास के वनाच्छादित क्षेत्रों में कमी आई है, बल्कि दूरदराज के इलाकों के वन्यक्षेत्रों का दायरा भी घटता जा रहा है। उदाहरण के लिए, दिल्ली को लगभग 2,000 किलोमीटर की दूरी पर स्थित असम से जलाऊ लकड़ियाँ प्राप्त होती हैं।

सरकार केरोसिन और रसोई गैस जैसे कुछ उत्पादों पर सब्सिडी देती है, जबकि इसके लिए कर का भुगतान अन्य लोग करते हैं। उपभोक्ताओं की सुरक्षा की दृष्टि से केरोसिन की कीमत पर सब्सिडी दी जाती है, लेकिन सब्सिडी का लाभ विशेष रूप से गरीबों तक नहीं पहुंच पाता है। परिणामस्वरूप, अपेक्षाकृत सस्ते केरोसिन का उपयोग अक्सर परिवहन क्षेत्र की ईंधन में मिलावट के लिए किया जाता है, और दूसरी तरफ गरीब उपभोक्ताओं को राशन की दुकानों से आवश्यकता के अनुसार केरोसिन नहीं मिल पाता है। इसके चलते उन्हें अन्य स्रोतों के कुछ हिस्से पर निर्भर होना पड़ता है, जिसके लिए वे काफी अधिक कीमतों का भुगतान करते हैं।

जलाऊ लकड़ियों और अन्य जैव-ईंधन ईंधनों की कमी तथा उन्हें इकट्ठा करने में लगने वाले समय में वृद्धि, खाना पकाने जैसे अन्य कार्यों के लिए उपलब्ध समय कम कर देता है। इसके चलते खाद्य पदार्थों का उपलब्ध विकल्प भी प्रभावित हो सकता है।

अक्सर शहरी इलाकों की झुग्गी बस्तियों में यह देखा जाता है कि, जलाऊ लकड़ियों की कमी के कारण पौष्टिक भोजन की मात्रा बढ़ जाती है परंतु खाना पकाने की दर धीमी पड़ जाती है। इसके परिणामस्वरूप ज्वार, बाजरा और मक्का जैसे पौष्टिक परंतु अधिक ईंधन की खपत करने वाले अनाजों के बजाए, चावल जैसे अपेक्षाकृत कम पौष्टिक एवं कम ईंधन खर्च करने वाले अनाज की खपत बढ़ जाती है। भोजन में पोषक तत्वों के स्तर में गिरावट के कारण लोग बीमारियों के प्रति अधिक संवेदनशील हो जाते हैं, जिसमें महिलाएँ विशेष तौर पर शामिल हैं क्योंकि परंपरागत रूप से वे आखिर में और सबसे कम भोजन करती हैं। पोषक तत्वों के स्तर में गिरावट के साथ-साथ लंबे समय तक वायु प्रदूषण के संपर्क में रहने के कारण महिलाएँ बीमारियों के प्रति अधिक संवेदनशील होती हैं, क्योंकि उन्हें प्रतिदिन खाना पकाने के लिए चूल्हे के पास चार से छह घंटे व्यतीत करने पड़ते हैं।

अक्षमता (अकुशलता)

बिजली उत्पादन, पारेषण (ट्रांसमिशन), प्रबंधन और उपयोग में बड़े पैमाने पर अक्षमता के कारण ऊर्जा की कमी की समस्या में वृद्धि होती है। कुछ कल-कारखानों एवं बिजली संयंत्रों में पुराने उपकरणों और प्रक्रियाओं का उपयोग किया जाता है। उदाहरण के लिए, भारत में इस्पात निर्माण के लिए किसी औद्योगिक देश की तुलना में दोगुनी ऊर्जा की आवश्यकता होती है। उपकरण के निम्नस्तरीय रखरखाव और अपर्याप्त निगरानी प्रक्रिया भी अक्षमता को बढ़ा देती है। विभिन्न क्षेत्रों में अक्षमताओं के लिए जिम्मेदार कारकों में से कुछ निम्नानुसार हैं।

बिजली उत्पादन क्षेत्र: भारत में पैदा की जाने वाली बिजली का 20% से अधिक हिस्सा पारेषण (ट्रांसमिशन) एवं वितरण (टी एंड डी) के दौरान नष्ट हो जाता है। पारेषण के कई चरण, तारों एवं उपकरणों की खराब गुणवत्ता, घर्षण एवं ताप का नुकसान तथा व्यापक स्तर पर ग्रामीण विद्युतीकरण की वजह से इस प्रकार का नुकसान होता है। दूसरे शब्दों में बिजली को उत्पादन स्थान से लंबी दूरी तक ले जाने में काफी नुकसान होता है। भारतीय टी एवं डी घाटा, औद्योगिक देशों की तुलना में दो से तीन गुना ज्यादा है। इसके अलावा, बिजली के अनुचित तरीके से इस्तेमाल, चोरी तथा बिना मीटर की आपूर्ति की वजह से होने वाला नुकसान भी महत्त्वपूर्ण है।

परिवहन क्षेत्र: परिवहन क्षेत्र में सार्वजनिक और निजी, दोनों प्रकार के वाहनों का बड़े पैमाने पर निम्नस्तरीय रखरखाव देखने को मिलता है, जिसके कारण इनकी ऊर्जा अक्षमता बढ़ जाती है। मोटर वाहन निर्माता भी ईंधन के कम खर्च को प्राथमिकता नहीं देते हैं।

घरेलू क्षेत्र: अकुशल ईंधन के साथ-साथ (ईंधन में मौजूद रासायनिक ऊर्जा की काफी कम मात्रा ताप ऊर्जा में परिवर्तित हो पाती है) अकुशल चूल्हे (जो खाना पकाने वाले बर्तन तक केवल 10 से 15 ऊष्मा का हस्तांतरण करने में सक्षम है, जबकि शेष ऊष्मा नष्ट हो जाती है) का इस्तेमाल करना ऊर्जा के दृष्टिकोण से नकारात्मक है, जिसका पकाए गए भोजन और पर्यावरण पर भी बुरा असर पड़ता है। इस तरह के संयोजन से खाना पकाने में ज़रूरत से ज्यादा मात्रा में ईंधन की आवश्यकता होती है, और खाना बनाने वाले पर भी प्रदूषण का दुष्प्रभाव पड़ता है।

कृषि क्षेत्र: केंद्रीय और राज्य सरकारों द्वारा ऊर्जा की कीमतों को कृत्रिम तरीके से कम करने के लिए सब्सिडी दी जाती है, जो ऊर्जा अक्षमता को बढ़ा देती है। वर्ष 1995 में, सिंचाई के लिए बिजली की आपूर्ति पर प्रति यूनिट 1.36 रुपये का व्यय होता था, जबकि इसका उपयोग करने वाले किसानों से केवल 15 पैसे प्रति यूनिट का शुल्क लिया जा रहा था। इतना ही नहीं, कुछ राज्यों में तो बिजली मुफ्त दी जा रही थी, जो आज भी जारी है। आज भी देश के राजनेता कृषि पम्पिंग के लिए बिजली पर कम टैरिफ को वोट प्राप्ति का साधन मानते हैं, जिसमें सत्तारूढ़ और विपक्षी पार्टियों के नेता, दोनों शामिल हैं। कृषि के लिए सस्ती या मुफ्त बिजली का वादा (मुख्य रूप से पंप के जरिए पानी निकालने के लिए) किसानों के विशालकाय वोट बैंक के समर्थन पाने का जरिया है। लेकिन सब्सिडी से बिजली और पानी के दुरुपयोग को बढ़ावा मिला है और राज्य की बिजली कंपनियों को भारी नुकसान हुआ है। इसने कुशलतापूर्वक उपयोग करने की क्षमता को प्रभावित किया है।

गैर-संवहनीयता

परिभाषा के अनुसार, लंबे समय तक गैर-नवीकरणीय ऊर्जा स्रोतों का उपयोग संवहनीय नहीं है। हालाँकि जैव-ईंधन एक नवीकरणीय संसाधन है, परंतु जैव-ईंधन के खपत की वर्तमान प्रवृत्ति गैर-संवहनीय है। उदाहरण के लिए, आंशिक रूप से लकड़ी और अन्य मांगों की पूर्ति के साथ-साथ शहरी इलाकों में जलाऊ लकड़ियों की मांग को पूरा करने के लिए अधिकाधिक दोहन के परिणामस्वरूप वनों का उन्मूलन हो रहा है। वर्तमान में भारत प्रतिवर्ष लगभग 227 मिलियन टन जलाऊ लकड़ियों की ऊर्जा का उपयोग करता है, और यह आंकड़ा जनसंख्या वृद्धि के साथ बढ़ रहा है।

एक मिलियन टन लकड़ी के लिए लगभग 8,000 हेक्टेयर जंगल काटना पड़ता है। भारत प्रतिवर्ष 227 मिलियन टन जलाऊ लकड़ी का उपयोग करता है। अगर मान लें कि जलाऊ लकड़ी का 10 प्रतिशत हिस्सा पेड़ों के गिरने से प्राप्त होता है, फिर भी जलाऊ लकड़ी की शेष आवश्यकता को पूरा करने के लिए लगभग 180,000 हेक्टेयर (1800 वर्ग किमी) जंगल और वन्यक्षेत्रों की कटाई होगी।

जलाऊ लकड़ी की कमी ने गोबर और फसलों के अवशिष्ट जैसे जैव-ईंधन के अन्य संसाधनों पर दबाव बढ़ा दिया है। ईंधन के रूप में इन संसाधनों का उपयोग बढ़ने से खाद एवं गीली घास के रूप में इनके उपयोग के लिए इनकी उपलब्धता काफी कम हो जाती है।

ऊर्जा के उपयोग का पर्यावरण पर प्रभाव

विभिन्न परंपरागत ऊर्जा संसाधनों में से किसी के भी उपयोग का किसी स्तर पर प्रतिकूल पर्यावरणीय प्रभाव हो सकता है - जिसके अंतर्गत इसके निष्कर्षण, प्रसंस्करण एवं उपयोग के स्थल तक परिवहन और अपशिष्ट निपटान तक के चरण शामिल हैं। इसके कुछ उदाहरण नीचे दिए गए हैं।

जैव-ईंधन

जैव-ईंधन एक नवीकरणीय संसाधन है; लेकिन जब इसकी खपत इसकी पुनर्प्राप्ति की दर से अधिक हो जाती है, तो जैव-ईंधन अनाच्छादन (विशेष रूप से वनों की कटाई) की स्थिति उत्पन्न होती है जिसके चलते मृदा अपरदन, मिट्टी की उत्पादकता में कमी, नदियों का विदारण और प्राकृतिक परिवेश का नुकसान होता है।

जैव-ईंधन को ऊर्जा का कार्बन-उदासीन स्रोत माना जाता है, क्योंकि हरे पौधे प्रकाश संश्लेषण के लिए कार्बन डाईऑक्साइड अवशोषित करते हैं और ऑक्सीजन छोड़ते हैं, इस प्रकार समग्र रूप से कार्बन डाईऑक्साइड का संतुलन बना रहता है। लेकिन जैव-ईंधन आधारित ईंधन को जलाने से कार्बन डाईऑक्साइड के अलावा कई कार्बन-युक्त पदार्थ भी निकलते हैं, जिसके अंतर्गत कार्बन मोनोऑक्साइड, मीथेन एवं हाइड्रोकार्बन तथा कालिख और राख जैसे निलंबित कण शामिल हैं। इससे वायु प्रदूषण के अलावा ग्रीनहाउस गैसों का उत्सर्जन भी होता है, जिसके कारण वायुमंडल के तापमान में वृद्धि होती है।

तत्कालिक चिंता का विषय यह है कि, हवा की निकासी की दृष्टि से अनुपयुक्त घरों में लकड़ी के चूल्हे से निकलने वाले धुएँ, कार्बन मोनोऑक्साइड, और हाइड्रोकार्बन ग्रामीण एवं शहरी गरीबों, विशेष रूप से महिलाओं के स्वास्थ्य को प्रभावित करते हैं, जो जैव-ईंधन ईंधन का प्रमुखता से उपयोग करते हैं। इस प्रकार के धुएँ में तीन घंटे तक रहने से लगभग 400 सिगरेट के सेवन के बराबर नुकसान होता है। अगर हम इस आंकड़े को बढ़ा-चढ़ाकर कही गई बात मानते हैं, फिर भी खाना पकाने के लिए जैव-ईंधन ईंधन के इस्तेमाल के दौरान केरोसिन की तुलना में लगभग 10 गुना अधिक और एलपीजी की तुलना में 20 से 25 गुना अधिक सूक्ष्म कण उत्सर्जित होते हैं।

कोयला

कोयले का उत्खनन दो तरीकों से किया जाता है - भूमिगत खनन और विवृत खनन (खुली खदान में खनन)। खनन के दोनों तरीकों का पर्यावरण पर अलग-अलग प्रभाव पड़ता है, लेकिन वे एक साथ जंगलों और भूमि को निम्नीकृत करते हैं, पानी और हवा को प्रदूषित

करते हैं, तथा उत्खनन क्षेत्र के आस-पास रहने वाले लोगों एवं खनिकों के स्वास्थ्य को प्रभावित करते हैं। खुली खदान अपेक्षाकृत अधिक कुशल होते हैं, क्योंकि इनसे कोयले को लगभग पूरी तरह निकालना संभव हो पाता है। भूमिगत खदानों में, संरचना को बरकरार रखने के लिए 40 से 60 प्रतिशत तक कोयले को यथावत छोड़ दिया जाता है। फिर भी, कई बार खदानों की छत ढहने एवं विस्फोट के कारण खनिकों की मौत हो जाती है। इसके अलावा, चारों ओर से बंद इस खदान का माहौल धूल भरा होता है, जो खनिकों के स्वास्थ्य पर बुरा असर डालता है। न्यूमोकनोइसिस फेफड़े से संबंधित एक गंभीर बीमारी है, और खनिकों के इससे प्रभावित होने की संभावना काफी अधिक होती है। मौजूदा कार्यप्रणाली को देखते हुए खुली खदान में खनन को सुरक्षित माना जा सकता है, लेकिन इससे मिट्टी के ऊपर की वनस्पति प्रायः स्थायी तौर पर नष्ट हो जाती है। वे जलभृतों एवं जलधाराओं को भी बाधित और प्रदूषित करते हैं। खनन के कारण उड़ने वाली धूल, कई मीलों तक हवा को प्रदर्शित प्रदूषित कर देती है। खनन के बाद कभी-कभी कोयले से मिट्टी जैसी अशुद्धियों को दूर करने के लिए इसे धोया जाता है। इसमें पानी का बहुत अधिक उपयोग होता है और जल प्रदूषण भी बढ़ जाता है।

कोयले से संबंधित सबसे विकट पर्यावरणीय समस्या यह है कि, कोयले को जलाने के बाद बड़े पैमाने पर वायु प्रदूषण होता है। कोयला संभवतः "सबसे घटिया" ईंधन है, जो प्रति इकाई ऊर्जा उत्पन्न करने के लिए तेल की तुलना में 25 प्रतिशत अधिक और प्राकृतिक गैस से दोगुना अधिक कार्बन डाईऑक्साइड उत्सर्जित करता है (सर्वप्रमुख ग्रीनहाउस गैस, जो भूमंडलीय तापन का कारण है)। भारत में, कार्बन उत्सर्जन में कोयले का योगदान 66 प्रतिशत है। भारतीय पर्यावरण (संरक्षण) अधिनियम, 1986, के अनुसार कोयला आधारित बिजली स्टेशनों के लिए धुएँ की चिमनी आवश्यक है, तथा इनके लिए उत्सर्जन को निर्धारित सीमा के भीतर रखना अनिवार्य है। हालाँकि, केवल 50 प्रतिशत बिजली स्टेशनों ने निलंबित सूक्ष्म कणों (एसपीएम) को नियंत्रित करने के लिए स्थिर वैद्युत अवक्षेपित्र (इलेक्ट्रोस्टैटिक प्रेसिपिटेटर्स) जैसे उपकरणों को स्थापित किया है। वर्ष 2010 तक, देश में कोयले की खपत के 600 मिलियन टन तक पहुंचने का अनुमान है।

कोयला सल्फर और नाइट्रोजन के आक्साइड का प्राथमिक स्रोत भी है, जो वायुमंडल में मौजूद जलवाष्प के साथ मिलकर अम्ल वर्षा कराते हैं। प्रदूषकों की अम्लीय प्रकृति के कारण इमारतों, स्मारकों, धातुओं, वनस्पति, पशुओं और जलीय पारिस्थितिक तंत्रों के साथ-साथ मानव स्वास्थ्य को भी नुकसान पहुंचता है। हालाँकि कुल प्रदूषण भार के संदर्भ में भारतीय कोयले में सल्फर की मात्रा कम है (1 प्रतिशत), लेकिन ताप विद्युत संयंत्रों में बड़े पैमाने पर कोयले के दहन से इस स्थिति का लाभ नहीं मिल पाता है।

भारतीय कोयले में राख की मात्रा काफी अधिक (25 से 40 प्रतिशत) होती है। भारत में उड़न राख (फ्लाई ऐश) का निपटान, ठोस अपशिष्ट निपटान की सबसे बड़ी समस्याओं में से एक है। प्रति मेगावाट स्थापित क्षमता के लिए, लगभग 0.04 हेक्टेयर जमीन की आवश्यकता होती है, जिस पर लगभग 8–10 मीटर की ऊँचाई तक राख का ढेर बनाया जाता है। भारत की ज्यादातर ताप विद्युत केंद्रों की क्षमता 200 से 210 मेगावाट है। इससे आप बड़ी आसानी से पता लगा सकते हैं कि, कोयला आधारित प्रत्येक बिजली संयंत्र को उड़न राख के निपटान के लिए कितनी जमीन की आवश्यकता होगी!

उड़न राख (फ्लाई ऐश)

उड़न राख अत्यंत बारीक कण होते हैं, जो मुख्य रूप से गैर-ज्वलनशील पदार्थ हैं, जिसे तल पर जमा होने वाले राख के विपरीत भट्टी से गैस की धारा में प्रवाहित किया जाता है।

भारत में, 60 प्रतिशत से अधिक बिजली उत्पादन कोयले पर आधारित है, जिससे प्रतिवर्ष लगभग 80 से 100 मिलियन टन उड़न राख का उत्पादन होता है। उड़न राख के उत्पादन में चीन के बाद भारत का दूसरा स्थान है। वर्तमान में, लगभग 90 प्रतिशत उड़न राख को राख के तालाबों में घोल के रूप में फेंक दिया जाता है, जिसके लिए भारी मात्रा में पानी की आवश्यकता होती है। इसके परिणामस्वरूप भूमि बंजर हो जाती है तथा मिट्टी में भारी धातु एवं घुलनशील लवणों की मात्रा बढ़ जाती है। राख के तालाबों के जरिए पानी के जमीन के अंदर रिसाव से आसपास के खेतों एवं जलस्रोतों के अलावा भूजल प्रदूषण का स्तर बढ़ सकता है।

(जारी)

(जारी)

उड़न राख के बेहतर उपयोग की दिशा में प्रयास किए जा रहे हैं। वाणिज्यिक तौर पर इसका इस्तेमाल ईंट एवं ब्लॉक के निर्माण के साथ-साथ सीमेंट के एक घटक के तौर पर किया जा रहा है। बंद हो चुकी खदानों को भरने के लिए भी इसका इस्तेमाल किया जा रहा है। परंतु मौजूदा स्थिति यह है कि, प्रतिवर्ष उत्सर्जित उड़न राख के केवल 3 प्रतिशत का उपयोग इन कार्यों में किया जाता है। कलकत्ता विश्वविद्यालय ने अपने अनुसंधान में पाया है कि, कीटनाशक उद्योग से निकलने वाले प्रदूषकों में मौजूद जहरीले और गैर-दूषित रसायनों को उपचारित करने के लिए उड़न राख एक उत्कृष्ट उत्प्रेरक है।

तेल एवं प्राकृतिक गैस

तेल और प्राकृतिक गैस की खोज एवं निष्कर्षण की प्रक्रिया में काफी अधिक ऊर्जा की आवश्यकता होती है। बेहद सावधानी के साथ किए जाने के बावजूद, इसके अन्वेषण एवं वाणिज्यिक ड्रिलिंग की प्रक्रिया के परिणामस्वरूप कुछ जहरीले रसायन निकलते हैं, साथ ही जल एवं वायु प्रदूषण भी होता है। अन्वेषण और तेल उत्पादन के दौरान कभी-कभी आकस्मिक विस्फोट और रिसाव की समस्या भी सामने आती है।

आज, सभी महासागर काफी हद तक तेल की चिकनी परत (पानी की सतह पर तैरने वाली तेल की मोटी परत) और पेट्रोलियम अवशेष के कारण प्रदूषित हो रहे हैं। इस प्रकार का प्रदूषण अपतटीय तेल के कुएँ, जहाजों (टक्कर से, रिसाव से, और टैंकों को पानी से साफ़ करने से) तथा बारिश के पानी के साथ तेल संयंत्रों से अपशिष्ट तेल के कारण फैलता है। जब तेल भूमि अथवा पानी के पारिस्थितिक तंत्र में फैलता है, तो हवा की आपूर्ति बाधित होती है जिससे जीवित प्राणियों की मृत्यु हो जाती है। इसके अलावा तलछट एवं मिट्टी में प्रसार के माध्यम से खाद्य श्रृंखला में भी इसका प्रवेश होता है। समुद्र में, तेल प्रवाल की तरह जीवन के विविध स्वरूपों के लिए विशेष रूप से हानिकारक हैं, जो तैरकर दूर जाने में असमर्थ हैं।

तेल का रिसाव और दुर्घटनाएँ

जनवरी 1995 में आंध्र प्रदेश के पसारलपुड़ी में एक कुएँ की खुदाई के दौरान भीषण आग लग गई। आग को पूरी तरह से बुझाने में 66 दिन लग गए। वेधन उपकरणों को होने वाले नुकसान तथा हवा में धुएँ एवं अन्य प्रदूषकों के प्रसार के अलावा इस भीषण आग ने हजारों लोगों को घर से दूर कर दिया, साथ ही उस इलाके की फसल एवं पेड़ पौधे भी इसकी चपेट में आ गए।

मई 1989 में तेल टैंकर एक्सॉन वाल्डेज की कुख्यात दुर्घटना के कारण अलास्का के तट के साथ-साथ 1,930 किमी के समुद्र तट पर लगभग 42 मिलियन लीटर (ओलंपिक के आकार के 17 स्विमिंग पूल में पानी की मात्रा के बराबर) तेल फैल गया। तेल के इस प्रसार के कारण कम-से-कम 100,000 समुद्री पक्षियों, 1,000 समुद्री ऊदबिलाव और अनगिनत जलव्याघ्र (सील) की मौत हो गई। जून 1989 में जब माल्टा का एक टैंकर, एमटी पप्पी, एक ब्रिटिश जहाज के साथ टकराया तो मुंबई से खुले समुद्र में 5,000 टन से अधिक तेल फैल गया और भारतीय तट पर खतरा मंडराने लगा।

तेल, कोयले की तुलना में अधिक 'स्वच्छ' ईंधन है, लेकिन ईंधन के तीनों स्वरूपों में प्राकृतिक गैस सर्वाधिक स्वच्छ है। यह मुख्य रूप से मीथेन से बनता है, जो एक ग्रीनहाउस गैस है, साथ ही यह CO_2 की तुलना में पराबैंगनी विकिरण को अधिक प्रभावी ढंग से आकृष्ट करता है। इसलिए, तेल के कुएँ के आस-पास मौजूद अनुपयोगी गैस वायुमंडल की ओर जाने के बजाय नीचे की ओर फैल जाती है।

पेट्रोलियम उत्पादों के वाणिज्यिक प्रसंस्करण से लवण और ग्रीस जैसे ठोस पदार्थ उत्पन्न होते हैं। शोधन एवं प्रसंस्करण की प्रक्रिया के बाद तेल ईंधन के रूप में उपयोग के लिए तैयार होता है। इसका उपयोग वाहनों और भट्टियों में किया जाता है। इसके जलने पर सल्फर डाईऑक्साइड, नाइट्रोजन ऑक्साइड, कार्बन मोनोऑक्साइड और निश्चित रूप से कार्बन डाईऑक्साइड जैसे वायु प्रदूषकों का उत्सर्जन होता है।

भारत में मोटर वाहनों में अभूतपूर्व वृद्धि — वर्ष 1986 में इसकी संख्या 11 मिलियन थी, जो वर्ष 2002 में बढ़कर 59 मिलियन हो गई — के कारण परिवहन में पेट्रोलियम का उपयोग दिन प्रतिदिन बढ़ता जा रहा है। चूंकि वाहनों की संख्या में वृद्धि मुख्य रूप से शहरी क्षेत्रों में हुई है, इसलिए अधिकांश भारतीय शहरों में हवा की गुणवत्ता में काफी गिरावट आई है। धूम-कोहरा (धुंध) की समस्या आज कई शहरों में आम हो चुकी है। धुंध के साथ-साथ वायु को प्रदूषित करने वाले अन्य तत्व शहरी निवासियों के बीच श्वसन और आंखों से संबंधित समस्याएँ पैदा करते हैं। हाल ही में विश्व बैंक द्वारा जारी की गई एक रिपोर्ट के मुताबिक, भारत में प्रतिवर्ष वायु प्रदूषण के कारण 40,000 लोग समय से पहले ही मर जाते हैं।

जल विद्युत (पनबिजली)

भारत में लगभग 18 प्रतिशत बिजली टरबाइन के माध्यम से पैदा की जाती है, जो ऊंचाई से गिरने वाले पानी की ताकत से घूमता है। जल विद्युत उत्पादन के लिए बांधों के निर्माण की आवश्यकता होती है, जिसमें बड़े पैमाने पर पानी इकट्ठा किया जाता है। हालांकि, जल विद्युत उत्पादन के दौरान कार्बन डाईऑक्साइड का उत्सर्जन नहीं होता है, लेकिन वनस्पतियों के जल में डूबकर सड़ने से मीथेन गैस निकलता है, जो एक ग्रीन हाउस गैस है।

बड़े बांधों का निर्माण, भारत में पर्यावरण से जुड़े सर्वाधिक विवादास्पद मुद्दों में से एक है। अमूल्य वन्य क्षेत्रों के अलावा वन्यजीवों के प्राकृतिक परिवेश (स्थलीय एवं जलीय, दोनों), जैव विविधता तथा कृषि योग्य भूमि जलमग्नता के कारण खतरे में है। जल स्तर के ऊपर उठने के बाद अक्सर खराब प्रबंधन के कारण, उस इलाके में लवण की मात्रा बढ़ जाती है तथा जलभराव की समस्या भी उत्पन्न होती है। कृषि योग्य भूमि पर इसका काफी बुरा प्रभाव पढ़ता है और उत्पादकता प्रभावित होती है। जलभराव के कारण कई तरह की बीमारियाँ भी उत्पन्न होती है, जिसमें मलेरिया प्रमुख है। किसी भी बांध के निर्माण के दौरान हजारों की संख्या में लोग विस्थापित होते हैं। अक्सर बड़े बांधों के निर्माण के कारण सामाजिक एवं पर्यावरणीय दृष्टि से गंभीर और अपूरणीय क्षति होती है, जिसके अंतर्गत लोगों के विस्थापन के अलावा बहुमूल्य संसाधनों का निमज्जन तथा अनुप्रवाही जलविज्ञान पर पड़ने वाला प्रभाव शामिल है।

भूकंप का खतरा भी चिंता का एक प्रमुख विषय है, क्योंकि इतने बड़े पैमाने पर जल का अवरोधन किए जाने से भूपर्पटी पर जबरदस्त तनाव पैदा हो जाता है। दुनिया भर में इस प्रकार की घटनाओं के कई प्रमाण उपलब्ध हैं। भारत में वर्ष 1962 में निर्मित कोयना बांध इसका एक उदाहरण है। इसका निर्माण अपेक्षाकृत स्थिर क्षेत्र में किया गया था, जो न तो भूगर्भीय हलचल के लिए और न ही भूकंपीय गतिविधियों के लिए जाना जाता था। वर्ष 1967 में इस क्षेत्र में बड़ी तीव्रता का एक भूकंप आया, जिसमें 177 लोग मारे गए, 2,300 घायल हुए और हजारों लोग बेघर हो गए। टिहरी बांध का निर्माण भूकंप-प्रवण क्षेत्र में किया गया है, जहां भूकंप की संभावनाएँ बरकरार रहती हैं।

परमाणु ऊर्जा

काफी हद तक ऊर्जा के सभी स्रोतों में परमाणु ऊर्जा को सर्वाधिक स्वच्छ माना जाता है। इसके उत्पादन एवं उपयोग के दौरान कार्बन डाईऑक्साइड या किसी भी प्रकार के अन्य ग्रीन हाउस गैसों का उत्सर्जन नहीं होता है। इसके कारण अम्ल वर्षा या धुंध की स्थिति उत्पन्न नहीं होती है। फिर भी यह ऊर्जा का सबसे विवादास्पद स्रोत है। दुर्घटना की संभावना इस विवाद का मूल कारण है। हालांकि ऐसी किसी दुर्घटना की संभावना काफी कम है, फिर भी यदि दुर्भाग्यवश ऐसा हो जाए तो इसके परिणाम विनाशकारी होंगे।

मार्च 1979 में अमेरिका के श्री माइल द्वीप के परमाणु ऊर्जा संयंत्र में हुई दुर्घटना तथा अप्रैल 1986 में यूक्रेन के चेरनोबिल (जो पहले यूएसएसआर का हिस्सा था) में बिजली संयंत्र में विस्फोट की घटना के कारण वायुमंडल में बड़े पैमाने पर रेडियोसक्रियता का प्रसार हुआ, जिसके कारण इस बात के प्रति डर और ज्यादा बढ़ गया कि संचालन एवं रखरखाव में मानवीय त्रुटियों के कारण बड़ी तबाही हो सकती है (बॉक्स देखें, 'चेरनोबिल हादसा')। आलोचकों का मानना है कि, भारतीय परमाणु ऊर्जा संयंत्रों के निम्नस्तरीय रखरखाव के कारण ऐसी दुर्घटना लगभग हर साल घटित होती है, और अक्सर इसकी जानकारी नहीं दी जाती है।

रेडियोसक्रिय अपशिष्ट पदार्थों का प्रबंधन एवं निपटान एक अन्य समस्या है, जिसका समाधान मिल नहीं पाया है। परमाणु ऊर्जा संयंत्रों में रेडियोसक्रिय पदार्थों का उपयोग होता है, जिससे रेडियोसक्रिय अपशिष्ट का उत्पादन होता है। बिजली संयंत्रों का जीवनकाल लगभग 30 से 40 वर्षों का होता है, जिसके बाद उसका परिचालन बंद कर दिया जाता है। परंतु इन संयंत्रों में भारी मात्रा में रेडियोसक्रिय पदार्थ मौजूद होते हैं। इनमें से अधिकांश पदार्थों की रेडियो सक्रियता नष्ट होने में हजारों से लाखों वर्ष का समय लगता है। इस अवधि के दौरान, जानबूझकर या अनजाने में परमाणु विकिरण के संपर्क में आने वाले जीव-जंतुओं अथवा मनुष्य का जीवन संकट में पड़ जाता है। रेडियोसक्रिय पदार्थों के संपर्क में आने से कैंसर और अनुवांशिक दोष के अलावा मृत्यु भी हो सकती है।

जीर्ण-शीर्ण परमाणु संयंत्रों को विनष्ट करने तथा रेडियोसक्रिय अपशिष्ट पदार्थों के सुरक्षित निपटान के प्रबंधन के कई तरीकों का सुझाव दिया गया है। इस दिशा में दिए गए सभी सुझाव, मुख्यतः भूवैज्ञानिक समयावधि के दौरान रेडियोसक्रिय पदार्थों के सुरक्षित भंडारण से संबंधित हैं। हालांकि, यह एक दुःसाध्य समस्या बनी हुई है, क्योंकि हम आज भी इस बात से अनभिज्ञ हैं कि सौ प्रतिशत सुरक्षित तरीके से इन तत्वों का प्रयोग एवं निपटान किस प्रकार किया जाए। परमाणु ऊर्जा के समर्थकों का मानना है कि, अतीत में भी विज्ञान और प्रौद्योगिकी ने कई कठिन चुनौतियों का सामना किया है और हम इस समस्या का समाधान ढूँढने में अवश्य सफल होंगे।

चेरनोबिल हादसा

'चेरनोबिल' के विनाशकारी परिणामों के कारण, इसकी याद से ही परमाणु दुर्घटना के दूरगामी एवं दीर्घकालिक प्रभावों का भय सताने लगता है।

25 अप्रैल 1986 को, यूक्रेन के चेरनोबिल परमाणु ऊर्जा संयंत्र के परमाणु रिएक्टर में भीषण आग लग गई, जिसे 'रिएक्टर परमाणु दुर्घटना' के तौर पर जाना जाता है। विस्फोटों की एक श्रृंखला ने रिएक्टर के इमारत की छत को ही उड़ा दिया, जिसके बाद पूरे उत्तरी यूरोप के अलावा कनाडा एवं अमेरिका जैसे दूरस्थ इलाकों में भी रेडियोसक्रिय धूल और मलबा फैल गया। इस दुर्घटना के लिए इमारत की खराब संरचना, घटिया रखरखाव, निम्नस्तरीय प्रबंधन एवं मानवीय दोष को जिम्मेदार माना गया। विडंबना यह है कि, यह दुर्घटना उस वक्त हुई जब इस संयंत्र के इंजीनियरों ने सुरक्षा व्यवस्था की जांच के लिए स्वतः सुरक्षा उपकरणों को बंद कर दिया था।

इस दुर्घटना में लगभग 30 लोगों की मौत हुई थी, परंतु लाखों की संख्या में लोग उच्चस्तरीय विकिरण के संपर्क में आए, जिसके कारण बाद में उन्हें स्वास्थ्य संबंधी कई समस्याओं का सामना करना पड़ा। इस दुर्घटना का सबसे बुरा असर बच्चों पर पड़ा, जो रेडियोसक्रिय तत्वों के प्रति ज्यादा असुरक्षित थे। इस हादसे के बाद बेलारूस में पैदा हुए उन बच्चों पर एक सर्वेक्षण किया गया, जिनकी माताएँ विकिरण के संपर्क में आए थीं। इससे यह पता चला कि शायद ही कोई बच्चा ऐसा है, जो रोग प्रतिरोधक क्षमता की कमी से ग्रस्त नहीं है।

रेडियोसक्रियता आहार श्रृंखला के जरिए जीवन के विभिन्न स्वरूपों के बीच संचारित हो सकती है। इंग्लैंड में, रेडियोसक्रियता से प्रभावित क्षेत्रों में घास खाने वाली भेड़ों को मार दिया गया, क्योंकि उनके मांस को मानव उपभोग के लिए असुरक्षित माना गया। सूचनाओं के अनुसार, वर्ष 1994 तक इंग्लिश लेक जिले की भेड़ें रेडियोसक्रियता के अत्यधिक संपर्क में थी, और इसे बेचा नहीं जा सकता था। इस प्रकार चेरनोबिल हादसे के कारण कई ब्रिटिश किसानों को भारी आर्थिक नुकसान झेलना पड़ा। लैपलैंड में, हजारों की संख्या में बारहसिंघे (रेनडियर) अपने भोजन में रेडियोसक्रिय सीजियम -137 से प्रभावित हुए थे। चूंकि बारहसिंघे उस क्षेत्र के समाई समुदाय के आहार का एक महत्वपूर्ण हिस्सा हैं, इसलिए हजारों की संख्या में बारहसिंघे को भी मारना पड़ा। पूरे यूरोप में खाने-पीने की वस्तुओं पर प्रतिबंध लगाए गए थे, क्योंकि फलों एवं सब्जियों के साथ-साथ चराई करने वाले पशुओं के लिए घास में भी रेडियोसक्रियता के प्रभाव का अनुमान लगाया गया था, जिसके परिणामस्वरूप दूध एवं अन्य दुग्ध उत्पादों के भी दूषित होने का संदेह था।

(जारी)

(जारी)

> चेरनोबिल हादसे से कई प्रश्न उठ खड़े होते हैं: क्या परमाणु दुर्घटना के इस उदाहरण का इस्तेमाल, परमाणु ऊर्जा के उपयोग पर अविश्वास के लिए किया जाना चाहिए? दुनिया में लगभग 500 परमाणु ऊर्जा संयंत्रों की पिछली उपलब्धियाँ क्या रही हैं? हमारे पास कौन से अन्य विकल्प उपलब्ध हैं? ये विकल्प किस हद तक सुरक्षित एवं पर्यावरण के अनुकूल हैं?

भविष्य के लिए विकल्प

हालांकि, औद्योगिक देशों की तुलना में भारत वाणिज्यिक ऊर्जा का काफी कम इस्तेमाल करता है, परंतु तीव्र औद्योगिकीकरण एवं वाणिज्यिक गतिविधियों के विस्तार, जनसंख्या की अनुमानित वृद्धि दर तथा उपभोक्तावाद की बढ़ती प्रवृत्ति के कारण प्रति व्यक्ति ऊर्जा उपयोग की दर में वृद्धि हुई है, जो भविष्य में बड़े पैमाने पर इसकी मांग बढ़ने का संकेत देता है। एक अनुमान के अनुसार, वर्ष 2025 तक भारत में वाणिज्यिक ऊर्जा की खपत 1990 के दशक की तुलना में चार गुनी अधिक हो जाएगी। इसी अवधि में, पारंपरिक जैव-ईंधन ईंधन की तुलना में जीवाश्म ईंधन के अधिकाधिक उपयोग के कारण कार्बन डाईऑक्साइड के उत्सर्जन में छह गुना वृद्धि हो सकती है।

भविष्य में ऊर्जा की स्थिति को बेहतर बनाने के लिए, हमें संवहनीयता को ध्यान में रखते हुए ऊर्जा की आपूर्ति को बढ़ाने के साथ-साथ कुशलतापूर्वक उपयोग के जरिए ऊर्जा की मांग को कम करने की दिशा में कदम उठाने होंगे। हमें नवीकरणीय ऊर्जा संसाधनों के उपयोग पर अधिक ध्यान देने की ज़रूरत है, जिसका वितरण अपेक्षाकृत अधिक समान है तथा जीवाश्म ईंधन की तुलना में किफायती होने के साथ-साथ पर्यावरण के लिए कम नुकसानदेह है। इसके साथ ही हमें इस बात को भी समझना होगा कि, नवीकरणीय ऊर्जा संसाधनों के उपयोग की ओर तेजी से बढ़ने के बावजूद आने वाले कई दशकों तक हमें जीवाश्म ईंधन पर ही निर्भर रहना होगा। ऐसी स्थिति में हमें अपने वर्तमान ऊर्जा संसाधनों के अधिक स्वच्छ एवं कुशलतापूर्वक दहन के तरीके ढूँढ कर पर्यावरण पर इनके दुष्प्रभावों को कम करना होगा।

पारंपरिक ऊर्जा संसाधन

ऊर्जा के संबंध में दीर्घकालिक योजना बनाने के लिए, आयातित तेल पर निर्भरता को कम करते हुए ऊर्जा के नवीकरणीय स्रोतों के उपयोग, पर्यावरण पर कम प्रभाव डालने वाले तथा कार्यक्षम प्रौद्योगिकी के इस्तेमाल और अधिक आत्मनिर्भरता पर बल देना आवश्यक है। हालांकि, नवीकरणीय ऊर्जा स्रोतों पर आधारित कम प्रभाव डालने वाले प्रौद्योगिकी के इस्तेमाल का लक्ष्य अभी काफी दूर है। इस बीच कम समय के लिये, ऊर्जा के मौजूदा स्रोतों के पर्यावरणीय प्रभावों को कम करने वाली तकनीकों को अपनाया जाना चाहिए, जैसे कि सल्फर और नाइट्रोजन ऑक्साइड, हाइड्रोकार्बन तथा अन्य सूक्ष्म कणों के उत्सर्जन को कम करना। उदाहरण के लिए, विशेषज्ञों का मानना है कि पेट्रोलियम-आसवन प्रक्रिया में सुधार के जरिए भारतीय पेट्रोल और डीजल में सल्फर तथा कार्बन के स्तर को कम किया जा सकता है, जिसके परिणामस्वरूप वाहनों का प्रदूषण 30 प्रतिशत तक कम हो सकता है।

अगले कुछ दशकों के लिए, जीवाश्म ईंधन भारत के साथ-साथ विश्व की अधिकांश ऊर्जा आवश्यकताओं की पूर्ति करता रहेगा। भारत सरकार ने बिजली उत्पादन में प्राकृतिक गैस के इस्तेमाल को प्रोत्साहित करने की योजना बनाई है। भारत का प्राकृतिक गैस भंडार इसके तेल भंडार की अपेक्षाकृत अधिक विशाल है; कोयला आधारित संयंत्रों की तुलना में गैस आधारित विद्युत संयंत्रों का निर्माण अपेक्षाकृत अधिक किफायती एवं स्वच्छ है, और इसमें समय भी कम लगता है।

सरकार यह भी उम्मीद कर रही है कि, बिजली उत्पादन के क्षेत्र में निजी कंपनियों के प्रवेश से जलविद्युत के विकास को प्रोत्साहन मिलेगा। देश में लघु एवं सूक्ष्म जलविद्युत संयंत्रों के निर्माण के लिए छोटी-छोटी जलधाराओं और नहरों के दोहन की असीम संभावनाएँ मौजूद हैं।

जैव-ईंधन की क्षमता को स्वीकार करना

भारत में खाना पकाने में ऊर्जा के एक बड़े हिस्से का इस्तेमाल होता है। भारत की एक आबादी के बड़े हिस्से के लिए जलाऊ लकड़ियाँ खाना बनाने के लिए ऊर्जा का प्राथमिक स्रोत है। देश की लगभग 95 प्रतिशत ग्रामीण आबादी तथा 60 प्रतिशत से अधिक शहरी गरीब परिवार गैर-वाणिज्यिक ऊर्जा संसाधनों, मुख्यतः जलाऊ लकड़ी पर निर्भर हैं, लेकिन इनके द्वारा मवेशियों के गोबर और फसलों के अवशिष्ट का उपयोग भी किया जाता है। जलाऊ लकड़ी खाना पकाने की बुनियादी जरूरतों में से एक है, इसलिए देश के विकास हेतु किए जा रहे प्रयासों में इस पर अवश्य ध्यान दिया जाना चाहिए। एक ऊर्जा के स्रोत के तौर पर जैव-ईंधन में असीम संभावनाएँ मौजूद हैं, परंतु खपत की दर इसके पुनरुत्पादन की दर से कम होनी चाहिए। जलाऊ लकड़ियों के मामले में, दो तरीकों से ऐसा किया जा सकता है:

1. ईंधन के उत्पादन में वृद्धि के माध्यम से आपूर्ति में वृद्धि की जा सकती है। इसके लिए गैर-उपजाऊ भूमि की उत्पादकता में वृद्धि के साथ-साथ वनीकरण एवं सावधानीपूर्वक प्रबंधन की आवश्यकता होगी, तथा
2. जलाऊ लकड़ी के उपयोग को अधिक कुशल बनाकर मौजूदा मांग को काफी हद तक कम किया जा सकता है। दरअसल इसका संबंध मुख्यतः लकड़ी को जलाने वाले उपकरणों, अर्थात लकड़ी के चूल्हे की दक्षता में सुधार से है। चूल्हों की संरचना में सुधार के लिए दहन की प्रक्रिया में सुधार करना होगा, अर्थात् लकड़ी को कुशलतापूर्वक जलाए जाने से कार्यक्षम ऊष्मा उत्पन्न होगी, जो खाना पकाने के बर्तन तक अधिक कुशलतापूर्वक पहुंचेगी। इसके अलावा ऊष्मा चूल्हे में बनी रहेगी और इसका अपव्यय कम होगा।

वैकल्पिक संसाधन एवं प्रौद्योगिकी

ग्रामीण क्षेत्र में ऊर्जा के सर्वोत्कृष्ट समाधान के लिए, अत्यधिक उपयोग किए जाने वाले तथा अकुशल पारंपरिक ईंधन के साथ-साथ मौजूदा प्रौद्योगिकी के स्थान पर अधिक कुशल एवं संवहनीय विकल्पों का इस्तेमाल करना होगा। गोबर गैस संयंत्र, जैव-ईंधन ऊर्जा की दक्षता में संभावित वृद्धि की अत्यंत कारगर तकनीक है, जो जैव-ईंधन को आधुनिक ऊर्जा के रूप में परिवर्तित करते हैं। एक गोबर गैस संयंत्र, गोबर के उपले जलाने की तुलना में 25 प्रतिशत अधिक ऊर्जा प्रदान करता है। इसके अलावा, संपाचित्र (डाइजेस्टर) में अवशिष्ट के तौर पर निकलने वाले तलछट का प्रयोग उर्वरक के रूप में किया जा सकता है, जिसमें पारंपरिक गोबर खाद की तुलना में अधिक नाइट्रोजन मौजूद होते हैं।

वर्तमान ऊर्जा संसाधनों और प्रौद्योगिकियों के भारी पर्यावरणीय बोझ को कम करने के लिए, नवीकरणीय ऊर्जा के विकल्पों के अधिकाधिक उपयोग की ओर बढ़ना आवश्यक है। भारत सौर ऊर्जा, जैव-ईंधन, पवन ऊर्जा और पनबिजली के बेहतर उपयोग हेतु प्रौद्योगिकी का विकास कर रहा है। इन वैकल्पिक प्रौद्योगिकी में गोबरगैस संयंत्र, बायोमास गैसीफायर, पवन चक्की संयंत्र, सौर तापीय ऊर्जा एवं सोलर फोटोवोल्टिक्स, तथा अति लघु, सूक्ष्म एवं छोटे जल विद्युत संयंत्र शामिल हैं। घरेलू कचरे से बिजली उत्पन्न करने के तरीकों पर भी प्रयोग किए जा रहे हैं।

सौर ऊर्जा

देश के अधिकांश हिस्सों को तकरीबन साल भर अच्छी धूप प्राप्त होती है, जिसके कारण सौर ऊर्जा एक आशाजनक विकल्प के तौर पर उभर कर सामने आती है। भारत को प्रति वर्ष लगभग 6,000 बिलियन मेगावाट सौर ऊर्जा प्राप्त होती है। अगर केवल 10 प्रतिशत दक्षता के साथ इस ऊर्जा के 1 प्रतिशत का भी इस्तेमाल किया जाए, तो यह भारत के वर्तमान बिजली उत्पादन से लगभग 30 से 35 गुना अधिक होगा!

(जारी)

(जारी)

सौर ऊर्जा प्रौद्योगिकी में, सौर विकिरण ऊर्जा को ताप ऊर्जा (तापीय रूपांतरण) और बिजली (प्रकाश-वैद्युत रूपांतरण) में परिवर्तित किया जाता है। तापीय रूपांतरण प्रौद्योगिकी में अलग-अलग आकृतियों एवं आकारों के परावर्तक दर्पणों का इस्तेमाल किया जाता है, जिसके माध्यम से सूर्य की किरणों को केंद्रित कर निम्न, मध्यम एवं उच्च स्तरीय ऊष्मा ऊर्जा उत्पन्न की जाती है। इस ऊष्मा का प्रत्यक्ष तौर पर इस्तेमाल किया जा सकता है, साथ ही इससे बिजली भी पैदा की जा सकती है।

मध्यम स्तरीय ऊष्मा (100 डिग्री सेल्सियस से 300 डिग्री सेल्सियस के बीच का तापमान) का इस्तेमाल प्रत्यक्ष रूप से खाना पकाने के लिए किया जाता है। भारत में विश्व के सबसे बड़े सोलर-कुकर कार्यक्रम का संचालन किया जा रहा है। सोलर कुकर से जलाऊ लकड़ी की आवश्यकता में कमी आती है। इस प्रकार यह लकड़ी को इकट्ठा करने में लगने वाले समय और परिश्रम से बचाता है, साथ ही धुएँ वाली आग से होने वाले घरेलू प्रदूषण से छुटकारा दिलाता है।

भारत ने प्रकाश-वैद्युत (पीवी) या सोलर सेल के निर्माण का व्यावसायीकरण भी किया है, जो सूर्य के प्रकाश को सीधे विद्युत में परिवर्तित करता है। इस प्रकार के सेल का निर्माण सिलिकॉन की पतली परतों से होता है, जिसे एक दूसरे के ऊपर रखा जाता है। सौर विकिरण, सौर पैनलों पर क्रमिक रूप से व्यवस्थित सिलिकॉन सेल से इलेक्ट्रॉनों को हटा देता है, जिसके चलते विद्युत धारा प्रवाहित होती है। इसके बाद विद्युत धारा को एक रेगुलेटर के माध्यम से बैटरी तक ले जाकर भविष्य में उपयोग के लिए यह संग्रहित किया जाता है, या फिर इनवर्टर तक पहुंचाया जाता है जो विभिन्न उपयोगों के लिए विद्युत धारा को अनुकूलित करता है। चूंकि इकलौता सोलर सेल बहुत ही कम मात्रा में बिजली पैदा करता है, इसलिए एक पैनल के निर्माण में इस प्रकार के कई सेल को जोड़ा जाता है जिससे 30 से 100 वाट ऊर्जा उत्पन्न होती है। आवश्यकता के आधार पर कई पैनलों का उपयोग किया जा सकता है।

हालांकि, अभी भी सौर प्रकाश-वैद्युत सेल के जरिए प्रति किलोवाट बिजली उत्पादन की लागत काफी अधिक है। इसलिए, बड़े पैमाने पर उपयोग के लिए विकल्प के तौर पर इसकी गणना नहीं की जाती है। इसका उपयोग दूर-दराज के इलाकों में छोटे पैमाने पर किया जाता है, जो आर्थिक रूप से व्यवहार्य है।

फिलहाल एक और सवाल पर जोरदार बहस जारी है कि, सौर ऊर्जा संग्राहक एवं सोलर सेल किस हद तक पर्यावरण अनुकूल हैं क्योंकि इनके उत्पादन में अत्यधिक ऊर्जा खर्च होती है। सौर ऊर्जा प्रौद्योगिकी के समर्थकों के अनुसार, सौर ऊर्जा प्रणालियों के निर्माण हेतु ऊर्जा एवं ऊर्जा का उपयोग करने वाली सामग्रियों का उपयोग करना इस दिशा में बेहतर निवेश है, क्योंकि इन प्रणालियों द्वारा उत्पन्न की गई सौर ऊर्जा इनके निर्माण में प्रयुक्त ऊर्जा से कई गुना अधिक होती है।

इन नए विकल्पों को बड़े पैमाने पर अंगीकृत करने से पूर्व इन्हें स्वयं को पारंपरिक विकल्पों की तुलना में आर्थिक दृष्टि से अधिक प्रतिस्पर्धी सिद्ध करना होगा। मौजूदा समय में पारंपरिक विकल्प अधिक किफायती दिखाई देते हैं। मुख्यतः ऐसा इसलिए होता है क्योंकि पारंपरिक ऊर्जा के मूल्य निर्धारण में ऊर्जा के उपयोग के साथ पर्यावरण एवं सामाजिक प्रभावों को शामिल नहीं किया जाता है। यदि मानव स्वास्थ्य, सामाजिक कल्याण और पर्यावरणीय क्षति पर प्रभाव के इन बाह्य लागतों को मूल्य में शामिल किया जाए, तो नवीकरणीय ऊर्जा प्रौद्योगिकी अधिक प्रतिस्पर्धी साबित होगी।

सरकार निजी क्षेत्र के साथ-साथ गैर-पारंपरिक ऊर्जा स्रोत मंत्रालय (एमएनईएस) (अब नवीन और नवीकरणीय उर्जा मंत्रालय) तथा वर्ष 1987 में एमएनईएस द्वारा स्थापित भारतीय अक्षय ऊर्जा विकास संस्था (आईआरईडीए) के माध्यम से इन नई प्रौद्योगिकियों के विकास को प्रोत्साहित करती है।

ऊर्जा संरक्षण

ऊर्जा संरक्षण का अर्थ, ऊर्जा का अधिक कुशलता से उपयोग करना और इसकी बर्बादी को कम करना है। ऊर्जा संरक्षण भी ऊर्जा का एक महत्त्वपूर्ण स्रोत है क्योंकि एक इकाई ऊर्जा की बचत करना, एक इकाई ऊर्जा पैदा करने के समान है। इसके अलावा, ऊर्जा के उत्पादन की तुलना में ऊर्जा की बचत अधिक किफायती है, और इस प्रकार बचाई गई ऊर्जा का उपयोग अन्य कार्यों में किया जा सकता है। संक्षेप में, इसका मतलब 'कम निवेश में अधिक लाभ' है।

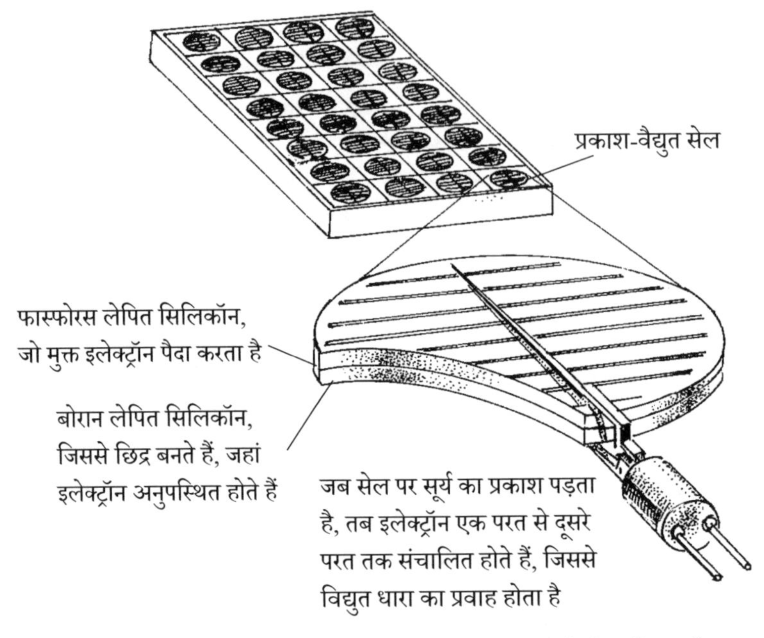

द डोरलिंग किंडर्स्ले साइंस इनसाइक्लोपीडिया पर आधारित, (डोरलिंग किंडर्स्ले, लंदन, 1993), पृष्ठ 134

चित्र 5.3   सौर पैनल

प्रत्येक क्षेत्र में ऊर्जा संरक्षण: ऊर्जा संरक्षण के कुछ क्षेत्रवार उदाहरणों पर नीचे चर्चा की गई है।

उद्योग: भारतीय उद्योग जगत में वाणिज्यिक ऊर्जा का सबसे अधिक उपयोग किया जाता है, इसलिए यह क्षेत्र ऊर्जा की बचत करने वाले उपकरणों के उपयोग के साथ-साथ अधिक कुशल एवं संवहनीय प्रक्रियाओं और कार्यप्रणाली को अपनाकर ऊर्जा संरक्षण में सबसे अधिक योगदान कर सकता है। औद्योगिक देशों में, हाल के दिनों में उत्पादन की प्रक्रिया को 'पर्यावरण अनुकूल' बनाने तथा अधिक स्वच्छ प्रौद्योगिकी के इस्तेमाल पर बल दिया जा रहा है। उत्पादों को नए सिरे से डिज़ाइन किया जा रहा है, ताकि इसमें कम-से-कम सामग्रियों का इस्तेमाल हो या फिर पारंपरिक सामग्रियों के बजाय इसमें ऐसी सामग्रियों का इस्तेमाल किया जा सके जिसके निर्माण में अपेक्षाकृत कम ऊर्जा की आवश्यकता होती है। विनिर्माण प्रक्रियाओं को और अधिक कुशल बनाया जा रहा है। **उत्पाद के जीवन काल** पर भी अधिक ध्यान दिया जा रहा है — जिसमें इसके निर्माण के प्रथम चरण से लेकर नष्ट होने तक का समय, तथा इसके उत्पादन, उपयोग, वितरण एवं निपटान से पर्यावरण पर पड़ने वाला प्रभाव भी शामिल है।

ऊर्जा के कुशलतापूर्वक उत्पादन एवं वितरण के लिए यथासंभव सह-उत्पादन इकाइयों की स्थापना, एक उपयोगी विकल्प है। एक ही प्रक्रिया से ऊर्जा के दो उपयोगी स्वरूपों के उत्पादन को सह-उत्पादन कहा जाता है। वर्तमान में, भारत में बिजली उत्पादन में ऊर्जा निविष्टि का लगभग तीन-चौथाई हिस्सा 'व्यर्थ ऊष्मा' के तौर पर नष्ट हो जाता है। कोयले के दहन तथा अन्य औद्योगिक बॉयलरों से निकलने वाली इस व्यर्थ ऊष्मा, जो अत्यधिक तापमान वाले भाप के रूप में होती है, की मदद से बिजली पैदा करनेवाले टरबाइन को घुमाया जा सकता है। अगर भाप का इस्तेमाल करने वाली मिलों में सह-उत्पादन उपकरण स्थापित किए जाएँ, तो कपड़ा उद्योग में आवश्यक बिजली के लगभग 10 प्रतिशत की आपूर्ति की जा सकती है। कृषि-औद्योगिक अपशिष्ट, जैसे कि पेराई के बाद गन्ने के अवशिष्ट का उपयोग अक्सर बिजली के सह-उत्पादन के लिए किया जाता है (देखें बॉक्स, 'गन्ने की ऊर्जा')।

आरेख 5.2
भारत: वाणिज्यिक ऊर्जा की खपत का क्षेत्रवार विवरण (1999–2000)

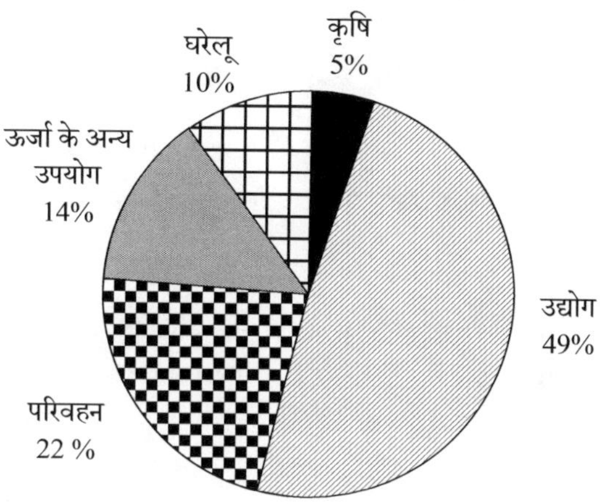

स्रोत: टीईआरआई का आकलन http://www.teriin.org/energy/overvw.htm.

गन्ने की ऊर्जा

भारत संसार में गन्ने का सबसे बड़ा उत्पादक देश है। वर्ष 1992–93 में, भारत ने 10.8 मिलियन टन चीनी और 67.86 मिलियन टन गन्ने के अवशिष्ट का उत्पादन किया। सामान्यतः इस अवशिष्ट का उपयोग सह-उत्पादन में किया जाता है, अर्थात इसका उपयोग चीनी मिलों द्वारा उपयोग किए जाने वाले भाप और बिजली के उत्पादन में किया जाता है। दुनिया भर के चीनी मिलों में ऐसा किया जाता है, परंतु इसका तरीका कार्यकुशल नहीं है। उच्च दबाव वाले बॉयलर और टर्बोजनरेटर के प्रयोग की शुरुआत के बाद, समान मात्रा में गन्ने के अवशिष्ट से अधिक बिजली पैदा की जा सकती है। इससे न केवल चीनी मिलों की जरूरतों की पूर्ति होगी, बल्कि इसके जरिए भारत में बिजली की कुल आवश्यकता के 5 से 10 प्रतिशत तक की आपूर्ति भी संभव है।

गैर-पारंपरिक ऊर्जा स्रोत मंत्रालय (एमएनईएस) ने देश की 220 बड़ी चीनी मिलों में गन्ने के अवशिष्ट पर आधारित सह-उत्पादन को सहायता देने के लिए एक राष्ट्रीय कार्यक्रम की घोषणा की है। इन मिलों में प्रतिदिन 2,540 टन से अधिक गन्ने की पेराई की जाती है, जिसमें 5 से 20 मेगावाट तक अतिरिक्त बिजली उत्पादन करने की क्षमता है। इस अतिरिक्त बिजली को ग्रिड तक भेजकर नजदीकी ग्रामीण क्षेत्रों में बिजली की आपूर्ति की जा सकती है।

वास्तव में उद्योग एक आर्थिक गतिविधि है, जो आर्थिक लाभ के सिद्धांत से प्रेरित हैं। ऐसी स्थिति में, कल कारखानों के मालिक ऊर्जा-दक्षता में तभी निवेश करेंगे जब ऊर्जा या अन्य मात्रात्मक लागतों को कम करके आर्थिक लाभ की प्राप्ति संभव होगी। कई उद्योगों में, प्रदूषण को रोकने या कम करने के साथ-साथ प्रदूषण-रोधी कानूनों के अनुरूप नवीन तकनीकों के इस्तेमाल से भी ऊर्जा की खपत में कमी आती है। रसायन, पेट्रोरसायन, लोहा एवं इस्पात, वस्त्र, लुगदी एवं कागज जैसे उद्योग अधिक प्रदूषण फैलाने के साथ-साथ ऊर्जा का भी ज्यादा मात्रा में उपयोग करते हैं। मौजूदा परिदृश्य में अदालतें कल-कारखानों द्वारा नियमों के गैर-अनुपालन के संबंध में बड़े पैमाने पर निर्णय ले रही हैं। इसे देखते हुए प्रदूषण की रोकथाम और अपशिष्ट न्यूनीकरण के उद्देश्य से नई प्रौद्योगिकियों एवं बेहतर कार्यप्रणाली को अपनाना आर्थिक दृष्टि से समझदारी भरा कदम होगा, जो प्रदूषण को नियंत्रित करने में आने वाली लागत के साथ-साथ ऊर्जा की खपत को भी कम करेगा।

परिवहन: उद्योग के बाद, यह क्षेत्र ऊर्जा का दूसरा सबसे बड़ा उपभोक्ता है। परिवहन की कार्यकुशलता को बेहतर बनाने के साथ-साथ इस ऊर्जा के अधिक कुशलतापूर्वक उपयोग के लिए, शहरी क्षेत्र की परिवहन व्यवस्था पर विशेष बल के साथ पूरी परिवहन व्यवस्था के नए सिरे से पुनर्गठन की आवश्यकता है।

शहरों और कस्बों में वाहन यातायात वायु प्रदूषण, ध्वनि प्रदूषण और सड़कों पर अत्यधिक भीड़ का प्रमुख स्रोत है। ईंधन दक्षता और प्रदूषण में कमी को सुनिश्चित करने के लिए अत्यधिक कार्यक्षम मोटर वाहनों के साथ-साथ बेहतर परिवहन व्यवस्था विकसित किए जाने की आवश्यकता है। सार्वजनिक परिवहन व्यवस्था को बेहतर बनाए जाने से प्रदूषण को कम करने के अलावा ऊर्जा एवं पैसों की बचत में मदद मिलेगी, तथा इसके चलते निजी वाहनों पर निर्भरता में कमी आएगी और जनसामान्य के लिए उपलब्ध परिवहन सेवाओं की गुणवत्ता में भी सुधार देखने को मिलेगा।

कृषि: भारत में सिंचाई के लिए इस्तेमाल किए जाने वाले पंप, कृषि क्षेत्र में ऊर्जा के प्रमुख उपभोक्ता हैं, जिनकी दक्षता को बेहतर बनाया जाना चाहिए। भारत में 9 मिलियन से अधिक बिजली आधारित सिंचाई पंप हैं, और प्रत्येक पंप प्रतिवर्ष 5,362 किलोवाट बिजली का उपयोग करता है। अध्ययनों से पता चला है कि, अगर इन पंपों में अधिक घर्षण वाले कल-पुर्जों के स्थान पर फुट वाल्व जैसे कम घर्षण वाले कल-पुर्जे लगाए जाएँ, तो 35 प्रतिशत तक बिजली की बचत की जा सकती है। इसका मतलब है कि 20,000 मेगावाट बिजली की बचत की जा सकती है — इतनी मात्रा में बिजली पैदा करने के लिए 100 ताप विद्युत संयंत्रों की आवश्यकता होगी!

बिजली: अपने ग्राहकों की बिजली आवश्यकताओं को पूरा करना, बिजली कंपनियों और राज्य बिजली बोर्डों की जिम्मेदारी है। हाल ही में एक ऐसी अवधारणा सामने आई है जो बिजली क्षेत्र के लिए विशेष रूप से बहुमूल्य है, अर्थात **मांग के पहलू का प्रबंधन (डीएसएम)**। इसमें, बिजली कंपनियाँ मौजूदा कमी को पूरा करने के साथ-साथ अधिक बिजली की तेजी से बढ़ती मांग को पूरा करने की बजाय, मांग को कम करने में अपने ग्राहकों की सहायता करती हैं।

अहमदाबाद बिजली कंपनी (एईसी) ने एक प्रायोगिक परियोजना शुरू की है, जिसमें बहु-मंजिला इमारतों और विभिन्न उद्योगों में बिजली के अधिक कार्यक्षम मोटर तथा ऊर्जा-कुशल पानी के पंप लगाए गए हैं। इसके अलावा कई अन्य क्षेत्रों की भी पहचान की गई है, जिसमें कल-कारखानों में रोशनी की पारंपरिक व्यवस्था के स्थान पर कॉम्पैक्ट फ्लोरोसेंट लाइट बल्ब (सीएफएल) लगाया जाना तथा ऊर्जा का लेखा-परीक्षण शामिल है। एईसी का अनुमान है कि, पांच साल की अवधि में डीएसएम के माध्यम से 25 मेगावाट तक बिजली की बचत की जा सकती है, या बिजली उत्पन्न करने वाले नए संयंत्र के निर्माण में लगने वाले लगभग 10 मिलियन रुपये बचाए जा सकते हैं।

भारत की मूल्य-निर्धारण नीति, ऊर्जा क्षेत्र से जुड़ी एक बुनियादी समस्या है। ऊर्जा के विभिन्न माध्यमों (बिजली, एलपीजी, केरोसिन) के उत्पादन एवं उपयोग स्थल तक पहुंचाने में आने वाली लागत की तुलना में उपभोक्ताओं को काफी कम भुगतान करना पड़ता है। अगर उपभोक्ताओं को इसके वास्तविक मूल्य का भुगतान करना पड़े, तो वे वाणिज्यिक ऊर्जा को व्यर्थ नहीं करेंगे और इसका बेहद सावधानी से उपयोग करेंगे। प्रोत्साहन के साथ तैयार की गई तर्कसंगत मूल्य-निर्धारण नीति से ऊर्जा संरक्षण को बल मिलेगा।

इमारतें और वास्तुकला: पारंपरिक तौर पर पूरी दुनिया की वास्तुकला में ऊर्जा के उपलब्ध स्रोतों, जैसे कि सूर्य की रोशनी, हवा और पानी के बेहतर उपयोग को देखते हुए निर्माण सामग्रियों का उपयोग किया जाता है और इसी के अनुसार इमारतों की संरचना तैयार की जाती है, ताकि इमारतों के अंदर का तापमान कम या अधिक करने में मदद मिल सके। इन दोनों बातों पर गौर करते हुए हम पाते हैं कि, स्थानीय जलवायु परिस्थितियों के आधार पर हर क्षेत्र के इमारतों की संरचना अलग-अलग है। इसके अलावा, ऊर्जा और पैसे के संदर्भ में परिवहन पर होने वाले व्यय से बचने के लिए स्थानीय सामग्री का उपयोग किया जाता है। हालांकि, हाल के दिनों में भवनों के निर्माण में इन सरल रणनीतियों की अनदेखी की जाती है। पश्चिमी संरचनाओं को अपनाने के क्रम में हम स्थानीय परिस्थितियों में उन्हें अनुकूलित करने की आवश्यकता की उपेक्षा करते हैं। इमारतों की संरचना की उपयुक्तता,

जैसे कि इमारतों के दरवाजे इस प्रकार होने चाहिए जिससे हवा का आवागमन हो सके तथा खिड़कियों को सीधे धूप से बचाने के लिए इसके ऊपर छज्जे दिए जाने चाहिए, इत्यादि बातों का ध्यान रखने से घर के भीतर का तापमान अपेक्षाकृत कम रहता है।

उपयुक्त सामग्री की पहचान करना और उसका उपयोग करना भी बहुत महत्त्वपूर्ण है। एक आधुनिक इमारत की नींव एवं दीवारों पक्की ईंटों का प्रयोग किया जाता है, और फिर इसके ऊपर कंक्रीट की सुदृढ़ छत बनाई जाती है, जिसमें लगभग 400 किलोवाट / वर्गमीटर (या लगभग 280 किलो कोयले) ऊर्जा का उपयोग होता है, इसके अंतर्गत कच्चे माल के निष्कर्षण से लेकर भवन निर्माण सामग्री तैयार किए जाने तक के चरण शामिल हैं। हालांकि, किसी सामग्री के निर्माण की प्रक्रिया में ऊर्जा का उपयोग, इस्तेमाल की जाने वाली प्रौद्योगिकी एवं संसाधित की जाने वाली सामग्री के आधार पर भिन्न-भिन्न होता है। कुशल प्रौद्योगिकी के साथ-साथ ऊर्जा की कम खपत करने वाले विकल्पों के प्रयोग से 25 से 30 प्रतिशत तक ऊर्जा बचाई जा सकती।

एक अन्य अनुमान के अनुसार, निवारक उपायों का उपयोग करने और वातानुकूलन (एयर कंडीशनिंग) के उपयोग में कमी लाने के अलावा कुशल वातायन-व्यवस्था को स्थापित करने, घर की संरचना तैयार करते समय धूप एवं हवा के जरिए घर को गर्म या ठंडा रखने पर विशेष ध्यान देने तथा इमारत के निर्माण में उपयुक्त सामग्रियों के उपयोग से, आधुनिक इमारतों में ऊर्जा की मांग को 70 प्रतिशत तक कम किया जा सकता है।

रिट्रीट (RETREAT)

दिल्ली के लगभग 30 किमी दक्षिण में स्थित रिट्रीट, अधिकारियों के लिए एक आवासीय प्रशिक्षण केंद्र है, जो टेरी (ऊर्जा एवं संसाधन संस्थान) के ग्वाल पहाड़ी परिसर का हिस्सा है। 36 हेक्टेयर में फैला यह खूबसूरत प्राकृतिक स्थल, एक दशक पहले बंजर था। कुछ स्थानों पर मिट्टी की ऊपरी परत का अपरदन हो चुका था, जबकि कुछ जगहों पर जमीन दलदली थी। आज इस स्थान का कायापलट हो चुका है — पेड़-पौधों की हरियाली के साथ-साथ यहां की उत्पादकता एवं संवहनीयता में सुधार आया है।

इस केंद्र को आत्मनिर्भर बनाया गया है, जो अपनी आवश्यकता के लिए बाहरी स्रोतों से बिजली की आपूर्ति पर निर्भर नहीं है। इसने पारंपरिक और आधुनिक तरीकों से ऊर्जा के नवीकरणीय स्रोतों दोहन दुकान किया है, और इस प्रकार प्राप्त ऊर्जा का इस्तेमाल आधुनिक सुविधाएँ प्रदान करने के लिए किया जाता है, जैसे कि कम लागत में रोशनी की व्यवस्था, वातानुकूलन तथा खाना पकाने एवं कपड़े धोने की व्यवस्था।

नवीन एवं स्वच्छ प्रौद्योगिकी पर आधारित स्थायी आवास के एक मॉडल के रूप में स्थापित इस परिसर में प्रत्यक्ष अथवा परोक्ष रूप से सूर्य की ऊर्जा का भरपूर उपयोग किया जाता है। यहां प्रतिदिन चौबीस सौर जल-तापन पैनल की मदद से 2000 लीटर गर्म पानी प्राप्त किया जाता है।

प्रकाश-वैद्युत पैनल सूर्य की ऊर्जा को अवशोषित करते हैं और दिन के समय अपनी बैटरी को रिचार्ज करते हैं। पैनल द्वारा उत्पन्न ऊर्जा को बैटरी बैंक में संचित किया जाता है, जो रात में बिजली का मुख्य स्रोत है। दिन के समय इमारत को 50 किलोवाट के गैसीफायर से बिजली की आपूर्ति की जाती है, जिसमें जलाऊ लकड़ी, सूखे पत्तों एवं टहनियों, फसल की कटाई के बाद खेत में छोड़े गए ठूँठ, और इसी प्रकार के अन्य जैव-ईंधन ईंधन का उपयोग किया जाता है।

विशेष रूप से तैयार किए गए रोशनदान, ऊर्जा-कुशल प्रकाश व्यवस्था, और बिजली की खपत को नियंत्रित करने और इस पर नजर रखने की एक अत्याधुनिक प्रणाली के चलते यह पूरा परिसर केवल 10 किलोवाट बिजली से रोशन होता है; इसकी तुलना में पारंपरिक तौर पर तैयार की गई संरचना में समान प्रकाश व्यवस्था के लिए लगभग 28 किलोवाट बिजली की आवश्यकता होती है।

प्रभावी ऊष्मा रोधन, पेड़ों से मिलने वाली छाया और हवा के आवागमन हेतु भूमिगत सुरंगों के एक नेटवर्क के जरिए पूरे आवासीय परिसर के जमीन के नीचे ठंडी हवा का संचार होता है, जिससे परिसर में वर्षभर कमोबेश एक समान तापमान सुनिश्चित किया जाता है, अर्थात, सर्दियों में 20 डिग्री सेल्सियस, गर्मियों में 28 डिग्री सेल्सियस, और मानसून में 30 डिग्री सेल्सियस। मानसून के दौरान आर्द्रता को कम करने और अतिरिक्त ठंडक के लिए शीतलक के माध्यम से प्रणाली को बेहतर बनाया गया है।

(जारी)

(जारी)

> सरकंडे के पौधों (फ्रेग्मीटेस) की एक परत, प्रतिदिन शौचालय एवं रसोईघर से निकलने वाले 5 घन मीटर अपशिष्ट जल की सफाई करता है; पुनर्चक्रण के बाद इस पानी का उपयोग सिंचाई के लिए किया जाता है।
>
> इन सभी तकनीकों से, परिसर को प्रतिवर्ष लगभग 570 टन कार्बन डाईऑक्साइड के उत्सर्जन से बचाया जाता है। परिसर में 25 प्रतिशत के अतिरिक्त निवेश के परिणामस्वरूप पारंपरिक तौर पर निर्मित इमारतों की तुलना में ऊर्जा लागत में 40 से 50 प्रतिशत तक की बचत होती है।
>
> ग्वाल पहाड़ी में स्थायी आवास के एक मॉडल के रूप में स्थापित यह परिसर, आगंतुकों एवं मेहमानों को संदेश देता है कि ऊर्जा के क्षेत्र में आत्मनिर्भरता कोई कल्पना नहीं है बल्कि ईंट और मोर्टार की संरचना में इसकी वास्तविकता को देखा जा सकता है। www.teriin.org/case/retreat.htm.

व्यक्तिगत स्तर पर प्रयास: व्यक्तिगत स्तर पर दो तरीकों से ऊर्जा की बचत संभव है:

ऊर्जा-कुशल उपकरणों का उपयोग: कुशलता का मतलब है कि, कम-से-कम निवेश - संसाधन, श्रम एवं लागत -से अधिकाधिक प्रतिफल की प्राप्ति हो। बेहतर कुशलता के जरिए हम किसी काम को करने में कम ऊर्जा का इस्तेमाल कर सकते हैं, और कुछ मामलों में तो अधिक काम कर सकते हैं; उदाहरण के लिए, प्रेशर कुकर का इस्तेमाल करना, रेफ्रिजरेटर या चूल्हे के ऊर्जा कुशल मॉडल का उपयोग करना, या कॉम्पैक्ट फ्लोरोसेंट लाइट बल्ब का उपयोग करना।

पारंपरिक उत्पादों की तुलना में ऊर्जा-कुशल मॉडल या उत्पादों की शुरुआती लागत अधिक होगी, परंतु इन उत्पादों के पूरे जीवनकाल में काफी कम व्यय होता है जिससे लंबे समय तक पैसों की बचत होती है, अर्थात् प्रारंभिक लागत के साथ पूरे जीवन काल में इसकी परिचालन लागत काफी कम होती है। इसके अलावा, ऊर्जा की बचत केवल एक बार होने वाली बचत नहीं है, क्योंकि एक ऊर्जा-कुशल उपकरण अपने पूरे जीवनकाल में ऊर्जा की बचत करता रहता है (बॉक्स देखें: ऊर्जा-कुशल उत्पाद)। ऊर्जा संरक्षण बेहद किफायती है, शायद इसलिए यह हमारे लिए उपलब्ध ऊर्जा का सबसे बड़ा स्रोत है।

ऊर्जा-कुशल उत्पाद

कॉम्पैक्ट फ्लोरोसेंट लाइटबल्ब्स (सीएफएल) जैसे ऊर्जा-कुशल उत्पाद, अपेक्षाकृत कम कुशल तापदीप्त बल्ब के समान रोशनी देते हैं और इसमें ऊर्जा की खपत भी कम होती है। उच्च दक्षता वाले सीएफएल का जीवनकाल, सामान्य प्रकाश बल्ब की तुलना में लगभग 10 गुना अधिक होता है, और समान मात्रा में रोशनी देने के लिए एक चौथाई बिजली का उपयोग करता है। 75 वाट के एक तापदीप्त बल्बों से 100 घंटे रोशनी प्राप्त करने पर 75 यूनिट बिजली की खपत होती है, जबकि इतनी ही रोशनी देने वाला 15 वाट का एक सीएफएल केवल 15 यूनिट बिजली की खपत करता है। सीएफएल में क्रिप्टन और आर्गन गैस होते हैं, जो सुरक्षित हैं और पर्यावरण को नुकसान नहीं पहुंचाते हैं। हम में से ज्यादातर लोगों को बाजार में उपलब्ध कई ऊर्जा-कुशल उत्पादों की जानकारी नहीं है, साथ ही जिन लोगों को इस बारे में जानकारी है वे भी नई प्रौद्योगिकी को नहीं अपना रहे हैं। ऊर्जा-कुशल उत्पादों की उच्च लागत इसका एक बड़ा कारण हो सकता है। हालांकि, ऊर्जा-कुशल उत्पादों का उपयोग करने से लंबे समय तक पैसे बचाने में मदद मिलती है, साथ ही उत्पाद के पूरे जीवनकाल में ऊर्जा की बचत भी होती है। एक अनुमान के अनुसार, अगर वर्ष 1990 में भारत में उपयोग किए जाने वाले 300 मिलियन से अधिक पारंपरिक प्रकाश बल्ब में से केवल 20 प्रतिशत को सीएफएल से बदल दिया जाए तो, देश में बिजली की आवश्यकता काफी हद तक कम हो जाएगी। ऐसी स्थिति में भारत 8,000 मेगावाट के नए विद्युत उत्पादन संयंत्रों के निर्माण से बच सकता है। लकड़ी के चूल्हे की ईंधन दक्षता को दोगुना करके जलाऊ लकड़ियों की आवश्यकता को आधा किया जा सकता है।

ऊर्जा को बर्बाद करने की प्रवृत्ति के साथ-साथ जीवनशैली में परिवर्तन: हमारे दैनिक जीवन में भी इस बात के कई स्पष्ट उदाहरण मौजूद हैं, जैसे कि ज़रूरत नहीं होने पर बल्ब का स्विच बंद करना, थोड़ी दूर जाने के लिए दोपहिया वाहन या कार के उपयोग के बजाय साइकिल का उपयोग करना अथवा पैदल चलना, रेफ्रिजरेटर को नियमित रूप से डिफ्रॉस्ट करना (बर्फ पिघलाना) या दांतों पर ब्रश करते समय नल को बंद करना — जिससे न केवल पानी की बचत होती है, बल्कि पानी को घर तक पहुंचाने में लगने वाली ऊर्जा की बचत भी होती है। इस तरह की आदतों को बदलने में पैसे खर्च नहीं करने पड़ते हैं।

अपने दैनिक जीवन में व्यर्थ के उपयोग को कम करना भी इतना ही महत्त्वपूर्ण है। प्रत्येक वस्तु के उत्पादन, पैकेजिंग और परिवहन के सभी चरणों में ऊर्जा की आवश्यकता होती है। उदाहरण के लिए, अगर हम शर्ट (क़मीज़) की बात करें तो इसके लिए रेशे के उत्पादन (प्राकृतिक या सिंथेटिक) के साथ-साथ धागा एवं कपड़ा तैयार करने तथा शर्ट बनाने में ऊर्जा की आवश्यकता होती है। शर्ट को पैक करने में इस्तेमाल किए गए प्लास्टिक की थैली और कार्टून के निर्माण में भी ऊर्जा की आवश्यकता होती है। उत्पाद के कच्चे माल के परिवहन से लेकर तैयार उत्पाद को विभिन्न स्थानों तक ले जाने के लिए भी ऊर्जा आवश्यक है। इस प्रकार एक शर्ट के अंदर ऊर्जा की निश्चित मात्रा सन्निहित है। ऐसी स्थिति में अगर हमें ज़रूरत नहीं है तो शर्ट नहीं खरीदनी चाहिए, जिससे दुकान तक जाने में खर्च की जाने वाली ऊर्जा से अधिक की बचत होगी।

अगर हमें पर्यावरण पर यथासंभव कम प्रभाव के साथ अपनी ऊर्जा आवश्यकताओं की सहायता से पूर्ति करनी है, तो अर्थव्यवस्था के प्रत्येक क्षेत्र में व्यक्तिगत स्तर से लेकर समाज के स्तर तक इन दो तरीकों को अपनाना बेहद आवश्यक है।

भावी परिदृश्य

ऊर्जा के भविष्य को बेहतर बनाने के लिए ऊर्जा आपूर्ति को स्थायी रूप से बढ़ाया जाना चाहिए, साथ ही कुशलतापूर्वक उपयोग के माध्यम से ऊर्जा की मांग को कम करने का प्रयास करना चाहिए। हमें ऊर्जा के नवीकरणीय स्रोतों पर अधिक ध्यान देना चाहिए, जिसका वितरण अपेक्षाकृत समान है, और यह जीवाश्म ईंधन की तुलना में अधिक किफायती होने के साथ-साथ पर्यावरण के लिए कम हानिकारक है। हालांकि ऊर्जा के नवीकरणीय स्रोतों की दिशा में तेजी से कदम बढ़ाए जा रहे हैं, परंतु आने वाले कई दशकों तक जीवाश्म ईंधन पर निर्भरता बरकरार रहेगी। ऐसी स्थिति में, ऊर्जा के मौजूदा संसाधनों के पर्यावरण पर दुष्प्रभाव को कम करने के लिए हमें इनके उपयोग के अधिक स्वच्छ एवं कुशल तरीकों की तलाश करनी होगी।

न्यूनतम संभावित लागत पर ऊर्जा की पर्याप्त आपूर्ति को सुनिश्चित करना, ऊर्जा की आपूर्ति में आत्मनिर्भरता प्राप्त करना और ऊर्जा संसाधनों के उपयोग के कारण प्रतिकूल प्रभावों से पर्यावरण की रक्षा करना, सरकार की ऊर्जा नीतियों का लक्ष्य है।

ऊर्जा संरक्षण अधिनियम

वर्ष 2001 में संसद द्वारा पारित ऊर्जा संरक्षण अधिनियम का उद्देश्य, ऊर्जा के कुशल उपयोग और ऊर्जा संरक्षण को बढ़ावा देना है। यह अर्थव्यवस्था के विभिन्न क्षेत्रों में ऊर्जा दक्षता उपायों को अपनाकर ऊर्जा की खपत को कम करने की असीम संभावनाओं पर केंद्रित है।

इस अधिनियम में ऊर्जा दक्षता ब्यूरो नामक एक सांविधिक प्राधिकरण के गठन का प्रावधान है। ऊर्जा के कुशलतापूर्वक उपयोग एवं इसके संरक्षण के लिए आवश्यक कार्यों के निष्पादन हेतु, निर्दिष्ट उपभोक्ताओं और एजेंसियों के साथ प्रभावी समन्वयन के लिए ब्यूरो का गठन किया गया था। इन कार्यों में विभिन्न उपकरणों की कार्यप्रणाली एवं ऊर्जा की खपत के लिए मानदंड के निर्धारण के संबंध में सुझाव देना, विभिन्न उपकरणों के लेबल आवश्यक विवरण को प्रदर्शित करने तथा इसे प्रदर्शित करने के तरीके के संबंध में सुझाव देना, ऊर्जा संरक्षण संरचना कोड के लिए दिशानिर्देश निर्धारित करना, ऊर्जा के कुशलतापूर्वक उपयोग एवं इसके संरक्षण के लिए जागरूकता और सूचना का प्रसार करना, ऊर्जा दक्षता परियोजनाओं के अभिनव वित्तपोषण को बढ़ावा देना, ऊर्जा प्रबंधकों के लिए प्रमाणन प्रक्रियाओं का निर्धारण करना, तथा ऊर्जा के कुशलतापूर्वक उपयोग एवं इसके संरक्षण के संबंध में शैक्षणिक पाठ्यक्रम तैयार करना शामिल है।

राष्ट्रीय स्तर पर हमें इस बात को समझना होगा कि, भारत में प्रति व्यक्ति ऊर्जा की खपत कम होने के साथ-साथ ऊर्जा-दक्षता का स्तर भी कम है। करीब-करीब नगण्य उत्सर्जन के साथ अधिक ऊर्जा-कुशल तकनीकों एवं ईंधन की उन्नत प्रणालियों को प्रोत्साहन दिया जाना चाहिए। स्वच्छ प्रौद्योगिकी को प्रोत्साहन देने एवं ऊर्जा की मांग को कम करने से, स्थानीय प्रदूषण के साथ-साथ कार्बन के उत्सर्जन को न्यूनतम करने में भी मदद मिलेगी।

भारत को पिछले दो दशकों में नवीकरणीय ऊर्जा संसाधनों, अर्थात पवन ऊर्जा, लघु जल-विद्युत संयंत्र, जैव-ईंधन आधारित संयंत्र और सौर प्रकाश-वैद्युत प्रणाली के क्षेत्र में काफी अनुभव प्राप्त हुआ है, जिसे संवहनीय विकास की उभरती आवश्यकताओं की पूर्ति को ध्यान में रखते हुए प्रोत्साहन दिया जाना चाहिए।

I प्रश्नावली

1. मिलान करें:

A. जैव-ईंधन	a. गैर-नवीकरणीय
B. बिजली	b. नवीकरणीय
C. तेल	c. नवीकरणीय
D. कोयला	d. वाणिज्यिक
E. पवन ऊर्जा (हवा)	e. गैर-नवीकरणीय

2. एक मिलियन टन लकड़ी के लिए लगभग 8,000 हेक्टेयर जंगल काटना पड़ता है। भारत प्रतिवर्ष 227 मिलियन टन जलाऊ लकड़ी का उपयोग करता है। अगर मान लें कि जलाऊ लकड़ी का 10 प्रतिशत हिस्सा पेड़ों के गिरने से प्राप्त होता है, फिर भी जलाऊ लकड़ी की शेष आवश्यकता को पूरा करने के लिए लगभग 180,000 हेक्टेयर (1800 वर्ग किमी) पेड़-पौधों एवं वन्यक्षेत्रों की कटाई के कारण बड़े पैमाने पर जंगलों का सफाया होगा (रवींद्रनाथ एवं हॉल, 1995)। अपने शहर या कस्बे के इलाके से इस आंकड़े की तुलना करने पर आपको क्या पता चलता है।

3. 'ऊर्जा अनुक्रम' शब्द से आप क्या समझते हैं? विस्तार से समझाएँ।

4. भविष्य में अपने जीवन की कल्पना करें जिसमें किसी भी प्रकार का तेल (पेट्रोल, डीजल, केरोसीन) उपलब्ध नहीं है और इस स्थिति का दो पृष्ठों में विस्तारपूर्वक वर्णन करें।

5. परमाणु ऊर्जा विवादास्पद क्यों है? क्या आप इसके विरोधियों द्वारा उठाए गए सवालों से सहमत हैं? क्या भारत जैसे विकासशील देश के लिए परमाणु ऊर्जा एक व्यवहार्य विकल्प है? यदि हाँ, तो क्यों? यदि नहीं, क्यों नहीं?

6. विकास की दिशा में किए जा रहे प्रयासों के एक हिस्से के तौर पर सरकार द्वारा आवश्यक वस्तुओं एवं सेवाओं पर सब्सिडी दी जाती है। उदाहरण के लिए, राज्य बिजली बोर्डों द्वारा बिजली के उपभोग हेतु लिया जाने वाला शुल्क, बिजली उत्पादन की लागत की तुलना में काफी कम है। सरकार की इस नीति/ कार्यप्रणाली के निहितार्थ क्या हैं?

7. क्या किसी उत्पाद और ऊर्जा के बीच कोई संबंध है? विस्तारपूर्वक वर्णन करें।

8. आप अपने दैनिक जीवन में ऊर्जा संरक्षण के लिए क्या कदम उठाएँगे?

II अभ्यास

1. गैर-जीवाश्म ऊर्जा के कई स्रोतों का पहले से ही उपयोग किया जा रहा है - सौर प्रकाश-वैद्युत ऊर्जा, सौर ऊष्मीय तापन, पवन ऊर्जा और गोबरगैस। आपके कॉलेज या आस-पड़ोस में ऊर्जा के किन वैकल्पिक स्रोतों का इस्तेमाल

किया जाता है? आपके शहर में ऊर्जा के कौन-कौन से वैकल्पिक स्रोत व्यावसायिक रूप से उपलब्ध हैं? अपने इलाके में उपलब्ध प्रौद्योगिकी / उपकरण का वर्णन करें, आरेख की मदद से इसकी कार्यप्रणाली को समझाएँ, बताएँ कि यह किस राज्य में उपलब्ध है, इसकी लागत क्या है तथा इसके फायदे एवं नुकसान क्या हैं?

2. ऊर्जा के संबंध में अपने बौद्धिक स्तर की जांच करें। ऊर्जा के संबंध में नीचे दिए गए प्रश्नों को पढ़ें और बताएँ कि दिया गया कथन 'सही' है अथवा 'गलत'। सभी कथन के संदर्भ में अपनी प्रतिक्रिया देने के बाद अंक तालिका की जांच करें। प्रत्येक प्रश्न का उत्तर पढ़ें, जिसे वैज्ञानिक सिद्धांतों की सहायता से विस्तारपूर्वक समझाया गया है।

ऊर्जा संबंधी प्रश्न

a. सर्दियों के मौसम में दोपहर के वक्त हमें पश्चिम की ओर मौजूद खुली खिड़कियों से पर्दे हटा देने चाहिए, ताकि दोपहर में सूर्य की गर्म किरणें कमरे में प्रवेश कर सकें।

b. अपने रेफ्रिजरेटर के फ्रीजर वाले हिस्से में ढेर सारी बर्फ जमा होने देनी चाहिए, क्योंकि ठंडी बर्फ से रेफ्रिजरेटर के अंदर की हवा जल्दी ठंडी होती है, जिससे ऊर्जा की बचत होती है।

c. आमतौर पर फूड प्रोसेसर की तुलना में हैंड मिक्सर, चटनी ग्राइंडर और जूसर जैसे छोटे घरेलू उपकरण कम ऊर्जा का उपयोग करते हैं।

d. तेज गति से गाड़ी चलाने में संचालन का समय कम होने के कारण ऊर्जा का इस्तेमाल भी कम होता है।

e. एक ही वाट क्षमता के फ्लोरोसेंट लाइट बल्ब और तापदीप्त बल्ब, समान मात्रा में रोशनी देते हैं।

f. गर्मी के मौसम में तापमान बढ़ जाने पर, कमरे को अतिरिक्त ठंडक प्रदान करने के लिए रेफ्रिजरेटर का दरवाजा खुला रखना एक अच्छा विचार है।

g. सप्ताह के अंत में वाशिंग मशीन में एक बार बड़े पैमाने पर कपड़े धोने के बजाए, हर दिन थोड़ी मात्रा में वाशिंग मशीन में कपड़े धोने से ऊर्जा की बचत होती है।

h. जब रेफ्रिजरेटर का फ्रीजर आधा या तीन-चौथाई भरा हो, तो इसकी दक्षता कम हो जाती है।

i. 60 सेकंड से अधिक समय तक वाहन को बंद कर दोबारा स्टार्ट करने के बजाय, इसे दोबारा तुरंत स्टार्ट करने में कम ईंधन की खपत होती है।

j. टायर में हवा कितनी कम होगी, ईंधन की खपत भी उतनी ही कम होगी।

अंक तालिका

अपने उत्तर की जांच करें और उसके आधार पर ऊर्जा के संबंध में अपने बौद्धिक स्तर का मूल्यांकन करें:

1. 9–10   सही उत्तर   उत्कृष्ट प्रदर्शन! आपका बौद्धिक स्तर काफी उच्च है।

2. 6–8   सही उत्तर   शानदार प्रदर्शन! आपका बौद्धिक स्तर औसत से ऊपर है।

3. 3–5   सही उत्तर   मिला-जुला प्रदर्शन! आपको अभी भी ऊर्जा संरक्षण के बारे में अधिक जानने की ज़रूरत है।

4. 0–3   सही उत्तर   अरे नहीं! दिए गए उत्तर को दोबारा पढ़ें। आप शायद बेकार में पैसा बर्बाद कर रहे हैं।

उत्तर

a. सही   पर्दे को बंद रखने से ऊर्जा की बचत, दरअसल वर्ष की समयावधि पर निर्भर है। सर्दियों के मौसम में, पर्दे को खुला रखें और अतिरिक्त गर्मी प्राप्त करने के लिए सूर्य की रोशनी को कमरे के अंदर आने दें।

b. गलत   फ्रीजर में बर्फ जमा होने से अधिक ऊर्जा खपत होती है। बर्फ ऊष्मा-रोधी के रूप में काम करता है। इग्लू भी इसी सिद्धांत पर आधारित है। अपने फ्रीजर में कभी भी एक चौथाई इंच से अधिक बर्फ जमा नहीं होने दें।

c. सही   आमतौर पर फूड प्रोसेसर की तुलना में हैंड मिक्सर, चटनी ग्राइंडर और जूसर जैसे छोटे घरेलू उपकरण कम ऊर्जा का उपयोग करते हैं। इनका निर्माण विशिष्ट कार्य के लिए किया जाता है, जिसके कारण काम आसानी से और जल्दी पूरा हो जाता है।

d. गलत   सभी वाहनों की अपनी इष्टतम गति होती है, जिस पर तेल की खपत सबसे कम होती है। अपने वाहन की इष्टतम गति का पता लगाने के लिए वाहन दिशा-निर्देश पुस्तिका देखें। उदाहरण के लिए, दोपहिया वाहनों की इष्टतम गति सीमा 40 और 50 किमी / घंटा है। इस गति सीमा पर दोपहिया वाहन सबसे अधिक ऊर्जा कुशल होते हैं। इसके अलावा, वाहन को इष्टतम गति पर चलाएँ। इसकी गति अधिक ना करें या फिर जल्दी-जल्दी ब्रेक ना लगाएँ।

e. गलत   एक ही वाट क्षमता के फ्लोरोसेंट लाइट बल्ब और तापदीस बल्ब, समान मात्रा में रोशनी नहीं देते हैं। फ्लोरोसेंट लाइट बल्ब, समान वाट क्षमता के तापदीस बल्बों की तुलना में लगभग साढ़े तीन गुना अधिक रोशनी देते हैं।

f. गलत   कमरे को ठंडा करने के लिए अपने रेफ्रिजरेटर का उपयोग करना बहुत महंगा तरीका है। अगर रेफ्रिजरेटर के दरवाजे को देर तक खुला छोड़ दिया जाए, तो वास्तव में कमरा ठंडा होने की वजह गर्म हो जाएगा!

g. गलत   एक अधिक क्षमता वाला वाशिंग मशीन एक बार में ज्यादा कपड़े धोकर ऊर्जा की बचत करता है। वाशिंग मशीन में हर दिन गिने-चुने कपड़े धोने के बजाए इन्हें इकट्ठा करके एक साथ धोना बेहतर होता है।

h. गलत   पूरी क्षमता से भरा हुआ फ्रीजर अधिक कार्यक्षम होता है।

i. सही   एक मिनट से अधिक समय तक वाहन को बंद कर दोबारा स्टार्ट करने के बजाय, इसे दोबारा तुरंत स्टार्ट करने में कम ईंधन की खपत होती है।

j. गलत   टायर में हवा के कम दबाव से ईंधन की खपत बढ़ जाती है, साथ ही टायर का जीवन भी कम हो जाता है। नियमित तौर पर अपने टायर में हवा के दबाव की जांच करें और सुनिश्चित करें कि यह विनिर्देशों के अनुसार है।

III विचार-विमर्श

1. अमेरिका में प्रत्येक नागरिक द्वारा औसतन 365 गीगा जूल ऊर्जा की खपत की जाती है, जबकि यह भारत में प्रति व्यक्ति 15 गीगा जूल है। आपके विचार से इसका क्या कारण है? इस संबंध में भारत के धनी नागरिकों की तुलना देश की गरीब जनता के साथ कैसे की जा सकती है? यह बताएँ कि क्या अमेरिकी नागरिकों और अमीर भारतीयों द्वारा अपनी ऊर्जा की खपत को कम करना न्यायोचित, वांछनीय या व्यावहारिक होगा। क्या भारतीयों के लिए अपनी ऊर्जा खपत में वृद्धि करना आवश्यक या वांछनीय है? यदि हाँ, तो क्यों? यदि नहीं, क्यों नहीं?

2. नीचे दिए गए वक्तव्यों को पढ़ें:

a. *वैकल्पिक ऊर्जा स्रोतों के उपयोग को प्रोत्साहित करने के लिए, नीति निर्माताओं को सब्सिडी को कम करने के साथ-साथ जीवाश्म ईंधन पर कर बढ़ाने, नई ऊर्जा प्रौद्योगिकियों पर अनुसंधान के वित्तपोषण में वृद्धि, तथा नवीकरणीय ऊर्जा के विकास के लिए निजी उद्योग को बढ़ावा देने की आवश्यकता होगी।*

वर्ल्ड वॉच इंस्टीट्यूट

b. जिस समाज में गरीबों की विवेकपूर्ण ढंग से उन्नति के लिए प्रयास किया जाता है, वहां इस दिशा में कोई प्रयास नहीं करने वाले समाज की तुलना में कम ऊर्जा की आवश्यकता होती है।

रेड्डी एवं गोल्डमबर्ग

c. ऊर्जा के सही उपयोग को जानना ही वास्तविक संपत्ति है।

आर. बकमिन्स्टर फुलर

d. चाहे इसे [एक परमाणु संयंत्र] कितनी ही सावधानी से तैयार किया गया हो, यांत्रिक अभियांत्रिकी की यह संरचना निश्चित तौर पर असफल हो सकती है और होगी; परमाणु उद्योग स्वयं कहता है कि, मूर्ख व्यक्तियों के रहते इसकी सुरक्षा प्रणाली को कभी भी 'अभेद्य' नहीं बनाया जा सकता है। सवाल यह नहीं है कि दुर्घटनाओं को रोकना संभव है अथवा नहीं; दरअसल वे ऐसा कर ही नहीं सकते हैं। क्या आम लोग श्री माइल आइलैंड जैसी दुर्घटनाओं के साथ रहने के लिए तैयार हो गए हैं? क्या लोग गतिशीलता के बदले होने वाली हवाई दुर्घटनाओं के लिए पूरी तरह तैयार हो चुके हैं, जिसमें सैकड़ों लोग मारे जाते हैं।

निगेल हॉक्स

e. बर्तन के अंदर क्या पक रहा है और बर्तन को किस चीज से आंच दी जा रही है, यह चिंता का विषय है।

भारत में ईंधन की कमी वाले क्षेत्र में महिलाओं की स्थिति का हवाला देती हुई **जोडी एल जैकबसन**

अब निम्नलिखित में से एक या एक से अधिक कार्यों को पूरा करें:

a. अपने सबसे पसंदीदा वक्तव्य को चुनें और इसके मूल विचार को समझाते हुए एक लेख लिखें या फिर वक्तव्य को पसंद करने का कारण बताएँ।

b. दिए गए वक्तव्यों में से एक को शामिल करते हुए लघु निबंध लिखें।

c. किसी एक या एक से अधिक वक्तव्य का तर्कसंगत तरीके से खंडन करते हुए संक्षिप्त टिप्पणी लिखें।

d. दिए गए किसी एक वक्तव्य को चित्र की सहायता से दर्शाएँ।

e. किसी एक वक्तव्य के आधार पर कार्टून या पोस्टर तैयार करें।

संदर्भ एवं चयनित ग्रंथसूची

Agarwal, Anil. 1989. 'Rural women, poverty and natural resource sustenance, sustainability and struggle for change.' *Economic and Political Weekly,* 43: WS46–WS65.

Ansari, Azhar and Pradip Dutt. 1987. *Energy directory 1987.* Calcutta: Energy Times.

Batliwala, Srilatha. 1982. 'Rural energy scarcity: A new perspective.' *Economic and Political Weekly,* 17(9).

Biswas, D. and S.A. Dutta. 1994. 'Vehicular pollution: Combating the smog and noise in cities.' *The Hindu survey of the environment,* pp. 41–45.

Brandon, Carter and Kirsten Hommann. 1996. *The cost of inaction: Valuing the economy-wide cost of environmental degradation in India.* Washington, DC: The World Bank.

Centre for Monitoring Indian Economy. 1996. *India's energy sector.* Mumbai.

Charanji, Kavita. 1996. 'The wheeze squeeze.' *Down to earth* (15 October): 22–23. New Delhi: Centre for Science and Environment.

Chengappa, Raj. 1994. 'Omnious incidents.' *India Today* (30 June): 89–96.

Cook, Earl. 1971. 'The flow of energy in an industrial society.' *Scientific American,* 225(3): 135–44.

Datye, K.R. 1997. *Banking on biomass: A new strategy for sustainable prosperity based on renewable energy and dispersed industrialization.* Assisted by Suhas Paranjape and K.J. Joy. Ahmedabad: Centre for Environment Education.

Dayal, M. 1989. *Renewable energy: Environment and development.* New Delhi: Konark Publishers.

Goldemberg, Jose, Thomas B. Johnsson, Amulya K.N. Reddy and Robert H. Williams. 1990. *Energy for a sustainable world.* New Delhi: Wiley Eastern Limited.

Goldsmith, E. and N. Hildyard. 1984. *Social and environmental effects of large dams.* Overview. Vol. 1. Cornwall, UK: Wadbridge Ecological Centre.

Gusain, P.P.S. 1990. *Renewable energy in India.* New Delhi: Development Alternatives.

Halarnkar, Samar and Subhadra Menon. 1996. 'Gasping for life.' *India Today* (15 December): 44–53.

Hess, Laura Lorenz. 1995. Sugarcane power. *Span* (January).

Holdren, H. and R.K. Pachauri. 1992. 'Energy.' *An agenda of science for environment and development into the 21st century.* J.C.I. Dooge et al., ed., compiled by M. Brennan, pp. 103–18. Cambridge: Cambridge University Press.

Kumar, Anil and Geeta Vaidyanathan. 1995. 'Making the right choice: Energy ethics in building con-struction.' *Development alternatives,* 5(5).

Lenssen, Nicholas. 1990. 'Cutting the electricity bills.' *EEG feature* (Energy/18.90).

Mahadevia, Darshini, P.R. Shukla and Eliza Wojtaszek. 1994. 'Women in energy, environment and development: A status paper on India.' Paper presented at the workshop on women in energy, environment, education and economy held at Batelle, Pacific Northwest Laboratories, 23 June.

Meadows, Donella H. (n.d.). A sustainable world: An introduction to environmental systems. Draft.

Miller, G. Tyler, Jr. 1988. *Environmental science: An introduction,* 2nd ed. California: Wadsworth Publishing Company.

Palmer, Joy. 1992. *Conservation 2000: Radiation and nuclear energy.* London: B.T. Batsford Ltd.

Ravindranath, N.H. and D.O. Hall. 1995. *Biomass, energy, and environment: A developing country perspective from India.* Oxford: Oxford University Press.

Reddy, Amulya K.N. 1997. 'Energy: Sustainable strategies.' *The Hindu survey of environment,* 27–33.

Repetto, Robert. 1994. *The second India revisited: Population, poverty and environmental stress over two decades.* Washington, DC: World Resources Institute.

Smith, K.R., M.G. Apte, M. Yuquing, W. Wongsekiarttirat and A. Kulkarni. 1994. 'Air pollution and the energy ladder in Asian cities.' *Energy,* 19: 587–600.

Tata Energy Research Institute (TERI). 1992. *TERI energy data directory and yearbook 1990/91.* New Delhi.

———. 1994. *TERI energy data directory and yearbook 1994/95.* New Delhi.

———. 1996. *TERI energy data directory and yearbook 1996/97.* New Delhi.

———. (n.d.). *Getting off this 'fuelish' path.* New Delhi.

Voluntary Health Association of India (VHAI). 1992. *State of India's health.* New Delhi.

World Resources Institute (WRI). 1988. *Energy for development.* New Delhi: Oxford & IBH Publishing Co.

———. 1992. *World resources 1992–93.* New York: Oxford University Press.

———. 1994. *World resources 1994–95.* New York: Oxford University Press.

अध्याय 6

प्रदूषण

हेमा जगदीशन

'प्रदूषण' शब्द की उत्पत्ति लैटिन भाषा के शब्द 'पुलूऐर' (pulluere) से हुई है, जिसका मतलब है 'दूषित या अशुद्ध' करना। हवा, पानी, मिट्टी या भोजन की प्रकृति में किसी भी प्रकार का बदलाव, जो मनुष्यों या अन्य जीवों के स्वास्थ्य, उनके जीवित रहने की क्षमता या अन्य गतिविधियों के लिए खतरा उत्पन्न करे, प्रदूषण कहलाता है। इस अध्याय में प्रदूषण के विभिन्न स्रोतों और इसके प्रभाव पर संक्षेप में चर्चा की गई है। हम जानते हैं कि कई मानवीय गतिविधियों के कारण प्रदूषण फैलता है, इसलिए इस पुस्तक के लगभग हर अध्याय में विभिन्न प्रकार के प्रदूषण के संबंध में चर्चा की गई है एवं उदाहरण दिए गए हैं।

प्रदूषण की समस्या सदियों से मौजूद है — दरअसल, मनुष्य की उत्पत्ति के साथ ही इसकी शुरुआत हो गई थी। अतीत में यह एक समस्या नहीं थी। मानव की गतिविधियों से जो अपशिष्ट पैदा होता था, उसे धरती की प्राकृतिक प्रणाली नियंत्रित करती थी। हवा और पानी सभी प्रदूषकों के प्रभाव को कम करने और बड़े क्षेत्र में फैलाने में सक्षम थे। जमीन पर फेंके जाने वाले अधिकांश ठोस अपशिष्ट प्राकृतिक तत्वों से बने होते थे, इसलिए ये आसानी से अपघटित हो जाते थे। इसके अलावा, आबादी काफी कम होने के कारण उत्पन्न अपशिष्ट पदार्थों की मात्रा भी बहुत बड़ी नहीं थी।

धीरे-धीरे मानवीय बस्तियों का आकार बढ़ने लगा और ये बड़ी आबादी वाले शहरों में परिणत होने लगे, जिसके चलते अपशिष्ट उत्पादन में भी वृद्धि हुई। तकनीकी आविष्कारों ने जीवन को पहले की तुलना में आसान बना दिया। कल-कारखानों का प्रसार हुआ, जिससे बड़े पैमाने पर उत्पादन की शुरूआत हुई। इसके अलावा उन्होंने बड़े पैमाने पर अपशिष्ट पदार्थों का भी उत्पादन शुरू किया, और इसे हवा, पानी एवं जमीन पर फैलाने लगे। आंतरिक दहन इंजन के आविष्कार से परिवहन के क्षेत्र में क्रांति आई, जिसमें जीवाश्म ईंधन के उपयोग के कारण वायु प्रदूषण का स्तर बढ़ गया। संश्लेषित रसायनों का आविष्कार बड़े पैमाने पर होने लगा। लगभग हर प्रकार की प्राकृतिक सामग्री का स्थान प्लास्टिक ने ले लिया। इस तरह, नए-नए प्रकार के अपशिष्ट पदार्थों एवं इसकी बढ़ती मात्रा के कारण हालात काफी बदल गए।

एक सदी पहले, लोग केवल मवेशियों द्वारा उत्पन्न अपशिष्ट पदार्थ, घरेलू अपशिष्ट तथा कोयले एवं जैवईंधन के जलने से उत्पन्न धुएँ एवं राख जैसे प्रदूषकों से निपटते थे। आज, प्रदूषण कई स्रोतों से उत्पन्न होता है - जिसके अंतर्गत कीटनाशक, उर्वरक, जीवाश्म ईंधन, विकिरण तथा नए-नए रसायनों एवं संश्लेषित सामग्रियों की पूरी फौज शामिल है। निरंतर बढ़ती जनसंख्या एवं मांग में वृद्धि के साथ मिलकर प्रदूषण पृथ्वी के अतिसंवेदनशील जीवन-समर्थन प्रणालियों के लिए एक खतरा बन गया है।

आज, लगभग प्रत्येक मानवीय गतिविधि - अपशिष्ट पदार्थों के निपटान से लेकर वस्तुओं तथा खाद्यान्नों के उत्पादन तक - प्रदूषण का कारण है।

प्रदूषण के क्या कारण हैं?

प्रदूषक ठोस, तरल या गैस हो सकते हैं। ये प्रदूषक उप-उत्पादों के रूप में अथवा प्राकृतिक संसाधनों के निष्कर्षण (खनन), कच्चे माल के प्रसंस्करण, उत्पादों के निर्माण, कृषि, बिजली उत्पादन, इत्यादि प्रक्रिया में अपशिष्ट के रूप में प्रणाली में प्रवेश करते हैं। अतिरिक्त शोर, गर्मी या विकिरण के रूप में भी प्रदूषण होता है। प्रदूषक कई प्रकार के हो सकते हैं, जो निम्नानुसार हैं:

निम्नीकरणीय (नष्ट होने योग्य) प्रदूषक: कुछ ऐसे प्रदूषक तत्व मौजूद हैं जिन्हें भौतिक, रासायनिक अथवा जैविक प्रक्रियाओं के माध्यम से नष्ट किया जा सकता है अथवा उनके प्रभाव को कम करते हुए स्वीकार्य स्तर तक लाया जा सकता है। ज्यादातर प्राकृतिक पदार्थ निम्नीकरणीय होते हैं; उदाहरण के लिए, सब्जियों के अपशिष्ट पदार्थ।

गैर-निम्नीकरणीय (नष्ट नहीं होने योग्य) प्रदूषक: इस प्रकार के प्रदूषकों को प्राकृतिक प्रक्रियाओं के जरिए नष्ट नहीं किया जा सकता है, जैसे कि प्लास्टिक, स्टाइरोफोम। अपशिष्ट के तौर पर पर्यावरण में शामिल किए जाने के बाद इनसे छुटकारा पाना बेहद कठिन होता है, और ये निरंतर संचित होते रहते हैं।

धीरे-धीरे नष्ट होने योग्य या दीर्घस्थायी प्रदूषक: इस प्रकार के प्रदूषकों के नष्ट होने में काफी लंबा समय लग जाता है, जिसके उदाहरणों में एल्यूमीनियम के डिब्बे, डीडीटी एवं इसी प्रकार के अन्य रासायनिक कीटनाशक, तथा सीएफ़सी जैसे रसायन शामिल हैं। ये पर्यावरण पर दीर्घकालिक और दूरगामी प्रभाव डालते हैं।

आमतौर पर प्राकृतिक प्रक्रियाओं के माध्यम से ज्यादातर प्राकृतिक प्रदूषण (जैसे कि ज्वालामुखी विस्फोट) का प्रभाव धीरे-धीरे कम हो जाता है, या फिर यह अहानिकर हो जाता है। लेकिन जब एक छोटे से क्षेत्र (जैसे कि शहरी या औद्योगिक क्षेत्र) में मानवीय गतिविधियों के कारण प्रदूषण (जैसे कि कोयला या पेट्रोलियम जैसे जीवाश्म ईंधनों का दहन) फैलता है, तो ऐसी स्थिति में प्रदूषक तत्व हवा, पानी और मिट्टी में संकेन्द्रित हो जाते हैं। ऐसे प्रदूषकों की मात्रा और गुणवत्ता के कारण प्राकृतिक प्रक्रियाओं द्वारा उनका प्रभाव कम नहीं होता है या फिर ये प्रदूषक बड़े क्षेत्र में तितर-बितर नहीं हो पाते हैं।

प्रदूषण एक पहचान योग्य स्रोत से फैल सकता है, जैसे किसी कारखाने की चिमनी, या एक मिल की जल निकासी पाइप, या फिर किसी वाहन की धुआं निकालने वाली पाइप। प्रदूषण के ऐसे स्रोतों को नियत स्रोत कहा जाता है। जब प्रदूषण के मूल स्रोत का पता लगाना कठिन हो तो इसे अनिश्चित स्रोत कहा जाता है; उदाहरण के लिए, हवा में रसायनों का छिड़काव या फिर विभिन्न इलाकों के खेतों से जब बारिश के पानी के जरिए उर्वरक बहकर नदी या झील में मिल जाता है। इस प्रकार के प्रदूषण को नियंत्रित करना आसान नहीं है, क्योंकि इसके मूल स्रोत का पता लगा पाना बेहद कठिन होता है।

प्रदूषण के क्या प्रभाव हो सकते हैं?

प्रदूषण हमारे ग्रह के अस्तित्व को खतरे में डाल सकता है, क्योंकि इससे न केवल मनुष्य प्रभावित होते हैं बल्कि इसका असर धरती की समस्त जीवन-सहायता प्रणालियों पर भी पड़ता है - जिसके अंतर्गत हवा, पानी, मिट्टी, पेड़-पौधे एवं जीव-जंतु शामिल हैं। प्रदूषक का प्रभाव कई कारकों पर निर्भर करता है। ये कारक इस प्रकार हैं:

1. प्रदूषक की प्रकृति, अर्थात्, जीवों के लिए यह कितना सक्रिय और हानिकारक है।
2. प्रदूषक का संकेन्द्रण अर्थात्, हवा, पानी, मिट्टी या शरीर के वजन के अनुसार प्रति इकाई प्रदूषक की मात्रा। जब प्रदूषक की मात्रा काफी अधिक हो जाती है, या जब यह काफी तेजी से जमा होने लगता है, तो इसके हानिकारक प्रभाव दिखाई पड़ते हैं।
3. प्रदूषक का स्थायित्व, अर्थात् यह हवा, पानी, मिट्टी या शरीर में कितने लंबे समय तक बरकरार रहता है।

प्रदूषण के प्रकार

प्रदूषित होने वाले घटक और / या प्रदूषक के प्रकार के आधार पर प्रदूषण को वायु प्रदूषण, जल प्रदूषण, मृदा प्रदूषण, ध्वनि प्रदूषण और विकिरण प्रदूषण के रूप में वर्गीकृत किया जा सकता है। आइए हम विभिन्न प्रकार के प्रदूषण के स्रोतों एवं प्रभावों को समझने का प्रयास करते हैं।

वायु प्रदूषण क्या है?

वायु धरती पर हर जगह मौजूद है। वायु प्राकृतिक कारणों से प्रदूषित हो सकती है, उदाहरण के लिए, ज्वालामुखी विस्फोट जिससे राख, धूल और सल्फर के यौगिक निकलते हैं; बिजली गिरने से जंगल या घास के मैदानों में लगने वाली आग से होने वाला प्रदूषण; या फिर यह कल-कारखानों एवं वाहनों से होने वाले उत्सर्जन जैसे मानव जनित कारणों से प्रदूषित हो सकती है।

वायु प्रदूषण के स्रोत: वायु को प्रदूषित करने वाले तत्वों के अंतर्गत पर्यावरण में मौजूद ऐसे ठोस, तरल या गैस शामिल हैं, जो मनुष्यों, अन्य जीवों या सामग्रियों को नुकसान पहुंचाते हैं। (बॉक्स देखें: 'वायु प्रदूषक: स्रोत एवं प्रभाव')।

हवा में प्रदूषक ठोस कण या गैसों के रूप में मौजूद हो सकते हैं। हवा में लंबे समय तक बरकरार रहने वाले ठोस कणों को निलंबित कण कहा जाता है। इस प्रकार के कण दृश्यता को कम कर सकते हैं या मानव स्वास्थ्य को नुकसान पहुंचा सकते हैं। सीसा, निकेल, लोहा, जस्ता और तांबा जैसे धातुओं के अवशिष्ट भी वायु को प्रदूषित कर सकते हैं। कई प्रकार के गैसीय प्रदूषक भी मौजूद हैं, जिसका मानव स्वास्थ्य एवं पर्यावरण पर अलग-अलग प्रभाव पड़ता है।

अक्सर वायु प्रदूषकों को दो श्रेणियों में विभाजित किया जाता है: **प्राथमिक** एवं **द्वितीयक** प्रदूषक। प्राथमिक वायु प्रदूषकों को इसके स्रोत से सीधे पर्यावरण में उत्सर्जित या प्रवाहित किया जाता है, जैसे कि ताप विद्युत संयंत्रों में कोयले के दहन से सल्फर डाइऑक्साइड और नाइट्रोजन ऑक्साइड का उत्सर्जन होता है। द्वितीयक वायु प्रदूषक, दरअसल प्राथमिक प्रदूषकों के कारण होने वाली रासायनिक प्रतिक्रियाओं से उत्पन्न होते हैं। उदाहरण के तौर पर, कोयला आधारित बिजली संयंत्रों से उत्सर्जित प्रदूषकों को हवा द्वारा प्रसारित किए जाने के क्रम में रासायनिक प्रतिक्रियाएँ होती हैं, जिससे द्वितीयक प्रदूषक उत्पन्न होते हैं- जैसे कि नाइट्रोजन डाइऑक्साइड, नाइट्रिक एसिड का वाष्प, और सल्फ्यूरिक एसिड, सल्फेट और नाइट्रेट लवण युक्त छोटी बूंदें। अम्लीय प्रकृति के रसायन **अम्ल वर्षा** के रूप में जमीन पर आते हैं।

वायु प्रदूषण के स्रोत और प्रभाव अत्यंत विविधतापूर्ण एवं जटिल हैं। वाहनों एवं कल-कारखानों से होने वाला उत्सर्जन तथा घरेलू स्तर पर ईंधन का दहन, मानव जनित वायु प्रदूषण के कुछ स्रोत हैं। इनमें से प्रत्येक को इस पुस्तक के संबंधित अध्यायों में विस्तारपूर्वक समझाया गया है।

घर के अंदर होने वाला वायु प्रदूषण, दुनिया के समक्ष स्वास्थ्य के संदर्भ में सबसे बड़ी चुनौतियों में से एक है। अनुसंधान से पता चलता है कि, जैव-संहति ईंधन से घर के अंदर धुएँ की बड़ी मात्रा उत्सर्जित होती है, और प्रतिवर्ष होने वाली मौतों में इसका योगदान 6 प्रतिशत है। भारत के ग्रामीण इलाकों में 80 प्रतिशत से अधिक लोग, खाना पकाने और गर्मी प्राप्त करने के लिए मुख्य रूप से ठोस जैव-संहति ईंधन पर निर्भर हैं। इससे घर के सीमित स्थान में बड़े पैमाने पर धुएँ एवं अन्य वायु प्रदूषक निकलते हैं, जिसके परिणामस्वरूप जोखिम का स्तर काफी बढ़ जाता है।

वायु प्रदूषक: स्रोत एवं इसके प्रभाव

प्रदूषक	स्रोत	प्रभाव
सल्फर के यौगिक, जिसमें सल्फर ऑक्साइड, हाइड्रोजन सल्फाइड शामिल हैं	जैविक अपघटन, सल्फाइड युक्त अयस्कों का प्रगलन, कोयला जैसे सल्फर युक्त ईंधन का दहन	**पेड़-पौधे:** जीवित ऊतकों की मौत; वृद्धि एवं पैदावार में कमी **मनुष्य:** पक्षाघात (लकवा); फेफड़ों को नुकसान; निमोनिया और इन्फ्लुएँजा जैसी बीमारियों के लिए प्रतिरोधक क्षमता में कमी **पदार्थ:** जंग सहित अन्य कारणों से पदार्थों को होने वाला नुकसान

(जारी)

(जारी)

प्रदूषक	स्रोत	प्रभाव
कार्बन मोनोऑक्साइड	मोटर वाहनों के इंजन, भट्टियों में ईंधन का अपूर्ण दहन	**पेड़-पौधे:** नाइट्रोजन स्थिरीकरण में रुकावट; समयपूर्व उम्रवृद्धि; कोशिकीय श्वसन में अवरोध; जड़ों की शुरुआत, आदि **मनुष्य:** केंद्रीय तंत्रिका तंत्र पर बुरा असर; लाल रक्त कोशिकाओं को संघटित करता है तथा उनकी ऑक्सीजन ले जाने की क्षमता को प्रभावित करता है
कार्बन डाइऑक्साइड	जीवाश्म ईंधन का दहन	यह गैस एक आवरण का निर्माण करता है। इसके संकेन्द्रण में वृद्धि के परिणामस्वरूप हरित गृह (ग्रीनहाउस) प्रभाव उत्पन्न होता है (अधिक जानकारी के लिए जलवायु परिवर्तन और ओजोन अवक्षय से संबंधित अध्याय देखें)।
नाइट्रोजन ऑक्साइड	बिजली के जनरेटर, वाहन, जंगलों पर गिरने वाली बिजली, आदि	**पेड़-पौधे:** विकास में बाधा, आग में जल जाना; **मनुष्य:** नाक में जलन; साँस लेने में तकलीफ; फेफड़ों में सूजन और अत्यधिक परेशानी होने पर मृत्यु
हाइड्रोकार्बन	वाहन, कल-कारखाने, तेल शोधनशाला (रिफाइनरी)	**पेड़-पौधे:** विकास में बाधा; **मनुष्य:** श्वसन तंत्र में बलगम के कारण उत्पन्न समस्या; इसके चलते कैंसर भी हो सकता है
कणिकीय पदार्थ (छोटे कण)	मोटर वाहनों के धुएँ के साथ निकलने वाले सीसे के कण और कालिख, ऐस्बेटस तथा विद्युत उत्पादन संयंत्रों से निकलने वाली उड़न राख, फ्लोराइड, एल्यूमीनियम के बारीक कण, आदि; तथा अन्य प्राकृतिक स्रोत	**पेड़-पौधे:** विकास में बाधा (पत्तियों पर इस प्रकार के कणों की एक परत बैठ जाती है, जो प्रकाश सूर्य के प्रकाश को बाधित करने के साथ-साथ प्रकाश संश्लेषण की दर को धीमा कर देते हैं); **मनुष्य:** लाल रक्त कोशिकाओं के परिपक्वन में बाधा; सेलुलर एंजाइमों के साथ आबद्ध होकर कोशिकाओं एवं विभिन्न मांसपेशियों के साथ-साथ परिसंचरण एवं तंत्रिका तंत्र के कामकाज में बाधा उत्पन्न होती है; यकृत, गुर्दे और जठरांत्र मार्ग को नुकसान होता है तथा प्रजनन क्षमता एवं गर्भावस्था को असामान्य बना देता है; साँस से संबंधित बीमारियाँ; ऐस्बेटस के कणों से फेफड़े में जख्म (एस्बेस्टोसिस) हो सकता है; फ्लोराइड के कणों से दांतों को नुकसान पहुंच सकता है और हड्डियों में कैल्शियम की मात्रा में कमी आ सकती है

जल प्रदूषण क्या है?

किसी जलस्रोत में ऐसे पदार्थों का इतनी मात्रा में मिश्रित हो जाना, जो उस जलस्रोत की प्राकृतिक गुणवत्ता को पूरी तरह बदल दे, इस स्थिति को जल प्रदूषण के तौर पर परिभाषित किया जा सकता है। इस प्रकार के बदलाव से पानी की उपयोगिता को नुकसान पहुंचता है, जीवों का स्वास्थ्य प्रभावित होता है, और देखने, स्वाद अथवा गंध की दृष्टि से यह बेहद घृणास्पद हो जाता है। जल प्रदूषण में सतही जल प्रदूषण, (नदी, झील, तालाब), भूजल प्रदूषण और समुद्री प्रदूषण शामिल है (अधिक जानकारी के लिए इस पुस्तक का 'प्रदूषण' अध्याय देखें)।

जल प्रदूषण के स्रोत: जल प्रदूषण के कुछ सामान्य स्रोत निम्नानुसार हैं:

बीमारी पैदा करने वाले घटक: इसके अंतर्गत जीवाणु, विषाणु, प्रोटोजोआ और परजीवी कृमि शामिल हैं, जो घरेलू वाहितमल एवं पशु अपशिष्ट के माध्यम से पानी में प्रवेश करते हैं। ये जल जनित बीमारियों का सबसे बड़ा कारण हैं, जिनमें से कुछ जानलेवा साबित हो सकते हैं।

ऑक्सीजन की आवश्यकता वाले अपशि: इस प्रकार के जैविक अपशिष्ट पदार्थों को अपघटन के लिए ऑक्सीजन पर जीवित रहने वाले जीवाणुओं की ज़रूरत होती है। इस प्रकार के अपशिष्ट पदार्थों के ऑक्सीकरण हेतु जीवाणुओं की बड़ी संख्या जल में मौजूद ऑक्सीजन का अवशोषण करती है, ऑक्सीजन की मात्रा कम हो जाती है और मछलियाँ एवं अन्य जलीय जीव मर जाते हैं।

अकार्बनिक रसायन: इस प्रकार के रसायन जल में घुलनशील होते हैं, जैसे कि अम्ल, लवण तथा पारा एवं सीसा जैसे विषाक्त धातुओं के घुलनशील यौगिक। ऐसे प्रदूषक तत्वों के कारण पानी पीने के लिए अनुपयुक्त हो जाता है तथा इससे मछलियों एवं अन्य जलीय जीवों को नुकसान होता है, फसल प्रभावित होते हैं और धातुओं का क्षरण होता है। कल-कारखानों, खदानों, खेतों से बहकर आने वाला पानी, तेल की खुदाई, तथा शहरी वर्षा जल निकासी जैसे कई स्रोतों से भारी मात्रा में अकार्बनिक रसायन भूजल एवं सतही जल स्रोतों तक पहुंचते हैं।

अकार्बनिक पादप पोषक: नाइट्रेट और फॉस्फेट जैसे जल में घुलनशील पोषक तत्वों से शैवाल और अन्य जलीय पौधों का अत्यधिक विकास होता है। जब ये जलीय पौधे मर जाते हैं और सड़ते हैं, तब इनका अपघटन होता है। इससे ऑक्सीजन की कमी हो जाती है, जो जल में मौजूद जीवन के विविध रूपों के लिए हानिकारक है।

गर्मी एवं गर्म पानी: कल-कारखानों तथा विद्युत उत्पादन संयंत्रों में शीतलन प्रक्रिया के बाद गर्म पानी को जलस्रोतों में बहा दिया जाता है, जिससे इनका तापमान बढ़ जाता है और जलीय जीवों का स्वास्थ्य और जीवन चक्र बुरी तरह प्रभावित होता है।

रेडियोसक्रिय पदार्थ: इसके अंतर्गत खनन प्रक्रियाओं से निकलने वाले अपशिष्ट तथा रेडियोसक्रिय धातुओं के परिशोधन एवं उनके उपयोग से होने वाला प्रदूषण शामिल है। रेडियोसक्रिय समस्थानिक (आइसोटोप) जल में घुलनशील होने के साथ-साथ खाद्य श्रृंखला में संचित होने में सक्षम हैं, और स्वास्थ्य पर प्रतिकूल प्रभाव डालते हैं।

कार्बनिक (कार्बन युक्त) यौगिक: जल में पाए जाने वाले इस प्रकार के यौगिक, मानवीय गतिविधियों द्वारा उत्पन्न सिंथेटिक रसायन होते हैं। इसमें कीटनाशक, विलायक, औद्योगिक रसायन और प्लास्टिक शामिल हैं। कुछ कार्बनिक यौगिक, अपशिष्ट भरावक्षेत्र से रिसकर भूजल एवं सतही जल स्रोतों तक पहुंचते हैं, जबकि कीटनाशक जैसे अन्य रसायन पानी के साथ मिलकर भूजल तक पहुंचते हैं, अथवा खेतों एवं घरों से बहकर आने वाले पानी के जरिए सतही जल स्रोतों तक पहुंचते हैं।

अवसाद (तलछट) या निलंबित पदार्थ: ये मिट्टी और अन्य ठोस पदार्थों के अघुलनशील कण हैं, जो मृदा अपरदन, कृषि भूमि से होने वाले जल के बहाव, निर्माण स्थलों से फेंके गए मलबे, ठोस अपशिष्ट, जलभराव के कारण बहकर आने वाली जंगली मिट्टी, जलधाराओं के तट के अपरदन, अत्यधिक चराई के कारण मैदानों के अपरदन, विवृत खनन (खुले खदानों में खुदाई), आदि गतिविधियों के परिणामस्वरूप पानी में जमा हो जाते हैं। इस प्रकार के कणों से पानी मटमैला हो जाता है और रोशनी अंदर तक नहीं पहुंच पाती है, जिससे प्रकाश संश्लेषण होता है तथा जलीय जीवन के लिए समस्या उत्पन्न होती है। अवसाद के साथ पानी में कीटनाशक और अन्य हानिकारक पदार्थ भी पहुंचते हैं।

मृदा प्रदूषण क्या है?

मृदा प्रदूषण मुख्यतः रसायनों, धातुओं के सूक्ष्म कणों एवं ठोस अपशिष्ट पदार्थों तथा खनन गतिविधियों के कारण होता है। कृषि, औद्योगिक गतिविधियाँ, खनन और ठोस अपशिष्ट पदार्थ मृदा प्रदूषण के मुख्य स्रोत हैं।

मृदा प्रदूषण के स्रोत

कृषि: प्राचीन काल में गहन कृषि का प्रचलन नहीं था। स्थानांतरित एवं स्थायी, दोनों प्रकार की कृषि पद्धतियों में जिस भूमि पर फसल उगाई गई थी, उसे अलग-अलग समय के लिए परती छोड़ दिया जाता था, ताकि मिट्टी अपनी उर्वरा शक्ति को पुनः प्राप्त करने में सक्षम हो सके। आज के युग में जनसंख्या वृद्धि एवं बढ़ते शहरीकरण के साथ-साथ कृषि भूमि की कमी के परिणामस्वरूप, थोड़े समय के लिए भी जमीन को परती छोड़ा नहीं जा सकता है। अक्सर भूखंड पर निरंतर खेती की जाती है और उसे अपनी उर्वरा शक्ति पुनः प्राप्त करने का समय नहीं दिया जाता है। अत्यधिक कृषि के कारण मिट्टी में पोषक तत्वों की कमी हो जाती है। पोषक तत्वों की भरपाई करने तथा पैदावार में वृद्धि को देखते हुए, मिट्टी की उर्वरता बढ़ाने के लिए रासायनिक उर्वरकों का भरपूर इस्तेमाल किया जाता है। कीटनाशकों का उपयोग ऐसे खरपतवार एवं कीटों को मारने के लिए किया जाता है, जो फसलों के लिए हानिकारक होते हैं। इन रसायनों का जितना अधिक उपयोग किया जाएगा, मिट्टी एवं जल स्रोतों में इनका संचय भी उतना ही अधिक होगा। (उर्वरक एवं कीटनाशकों के बारे में अधिक जानकारी के लिए 'कृषि' से संबंधित अध्याय देखें)।

उद्योग: विद्युत उत्पादन संयंत्रों में भारी मात्रा में उड़न राख का उत्पादन होता है, जो निकटवर्ती इलाकों के मृदा प्रदूषण के प्रमुख कारणों में से एक है। इसके अलावा कागज एवं लुगदी मिल, तेल परिशोधनशालाएँ, रासायनिक एवं उर्वरक विनिर्माण संयंत्र, लोहा एवं इस्पात संयंत्र, प्लास्टिक एवं रबड़ का उत्पादन करने वाले कारखाने जैसे अन्य उद्योग बड़े पैमाने पर ठोस अपशिष्ट उत्सर्जित करते हैं, जिसे जमीन पर फेंक दिया जाता है। इन अपशिष्ट पदार्थों में रसायन मिले हो सकते हैं, जो मिट्टी की गुणवत्ता तथा इससे संबंधित जीवन को प्रभावित करते हैं।

खनन: खनन गतिविधियाँ मृदा प्रदूषण का एक और महत्त्वपूर्ण स्रोत है। आमतौर पर खदानों के आसपास का क्षेत्र कैडमियम, जस्ता, सीसा, तांबा, आर्सेनिक और निकेल जैसे धातुओं के कारण प्रदूषित हो जाता है, जो पौधों के लिए जहरीले तो होते ही हैं साथ ही उनके विकास को भी बाधित करते हैं। पौधों में इस प्रकार के पदार्थों के संचित होने से यह मनुष्य और पशु उपभोग के लिए असुरक्षित हो जाता है।

शहरी ठोस अपशिष्ट पदार्थ: शहरों में फेंका जाने वाला कचरा एक अन्य प्रमुख प्रदूषक है। शहरी क्षेत्रों में, ज्यादातर प्रदूषण वाहितमल एवं घरेलू कचरे के कारण होता है। 'उपयोग करें और फेंक दें' की प्रवृत्ति और प्रयोज्य संस्कृति के कारण अपशिष्ट पदार्थों की मात्रा में भारी वृद्धि हुई है और अपशिष्ट पदार्थों का स्वरूप भी बदल चुका है। शहरी इलाकों में, अधिकांश घरेलू अपशिष्ट जैव-निम्नीकरणीय नहीं है, इसलिए ये लंबे समय तक जमीन पर बरकरार रहते हैं। इस प्रकार के अपशिष्ट पदार्थ हवा, पानी और जमीन को प्रदूषित करते हैं। बारिश के मौसम में, विषाक्त निक्षालक (पानी के संपर्क में आने पर जहरीले कचरे से निकलने वाले विषाक्त पदार्थ) बारिश के पानी के साथ बहकर निकटतम जलस्रोतों तक पहुंचते हैं, साथ ही इनका रिसाव भूजल तक भी होता है जिससे पानी के दोनों स्रोत प्रदूषित हो जाते हैं।

पाँच 'आर' अर्थात नकारना, कम करना, पुनः उपयोग करना, मरम्मत करना और पुनर्चक्रण, की मदद से ठोस अपशिष्ट की समस्या को काफी हद तक कम किया जा सकता है। इसके परिणामस्वरूप अपशिष्ट के उत्पादन में कमी आएगी। किसानों को जैविक उर्वरकों एवं जैविक कीटनाशकों के साथ-साथ एकीकृत कीट प्रबंधन प्रणाली के बारे में जानकारी देकर उर्वरकों और कीटनाशकों के अत्यधिक उपयोग को कम किया जा सकता है।

चित्र 6.1   औद्योगिक अपशिष्ट का प्रवाह

अपशिष्ट उत्पन्न करने वाली गतिविधियाँ

गतिविधियाँ	उत्पन्न अपशिष्ट
कृषि	पौधों के अवशेष, प्रसंस्करण अपशिष्ट, पशु अपशिष्ट
घरेलू	कागज़, प्लास्टिक, कांच, धातु, रद्दी, भोजन, फलों एवं सब्जियों के छिलके, बगीचे में फैलाया जाने वाला कचरा, पैकेजिंग
नगर पालिका	सड़कों, स्कूलों, कॉलेजों, कार्यालयों, कारखानों, अस्पतालों, क्लीनिकों, पेट्रोल पंपों, दुकानों, आदि की सफाई
औद्योगिक	खनन कार्यों, विनिर्माण, निर्माण कार्य, ताप विद्युत केंद्र, रसायन उद्योग, कागज निर्माण संयंत्र, कपड़ा मिलों, सीमेंट कारखानों, इंजीनियरिंग वस्तुओं के निर्माण कारखाने, आदि से उत्पन्न अपशिष्ट
स्वास्थ्य देखभाल	स्वास्थ्य देखभाल प्रतिष्ठानों से उत्पन्न अपशिष्ट, जैसे कि सुईयाँ, सिरिंज और अन्य संभावित संक्रामक अपशिष्ट

चित्र 6.2   जैविक खतरे का संकेत चिह्न

जैव-चिकित्सा अपशिष्ट: अस्पताल, क्लीनिक, चिकित्सा प्रयोगशालाएँ, नर्सिंग होम, दंत एवं पशु चिकित्सालय जैसे सभी प्रकार के स्वास्थ्य देखभाल केंद्रों से उत्पन्न कचरे को जैव-चिकित्सा अपशिष्ट कहा जाता है।

जैव-चिकित्सा अपशिष्ट के अंतर्गत धारदार वस्तुएँ, जैसे कि सुईयाँ, टूटे हुए कांच के टुकड़े, स्लाइड, गंदी पट्टियाँ, आदि शामिल हैं; रोगजन्य अपशिष्ट में जीवाणु युक्त प्लेट, ऊतक, खून तथा शरीर के अन्य तरल एवं रसायन शामिल हैं। संक्रामक और खतरनाक प्रकृति के कारण जैव-चिकित्सा अपशिष्ट का समुचित तरीके से निपटान करना बेहद महत्त्वपूर्ण है।

भारत सरकार ने जैव-चिकित्सा अपशिष्ट (प्रबंधन एवं संचालन) नियम, 1998 को लागू किया है। ये नियम उन सभी व्यक्तियों पर लागू होते हैं, जो जैव-चिकित्सा अपशिष्ट को उत्पन्न, इकट्ठा, भंडारण, परिवहन, उपचार, निपटान अथवा संभालते हैं। ये नियम जैव-चिकित्सा अपशिष्ट उत्पन्न करने वाले प्रत्येक संस्थान पर लागू है।

जैविक खतरे का संकेत चिह्न

पूरे विश्व में जैव-चिकित्सा अपशिष्ट की पहचान के लिए जैविक खतरे के संकेत चिह्न का उपयोग किया जाता है। भारत में, जैव-चिकित्सा अपशिष्ट को उत्पन्न, इकट्ठा, भंडारण, परिवहन, उपचार, निपटान अथवा संभालने की गतिविधियों में किसी भी प्रकार से शामिल सभी संस्थानों के लिए कंटेनर पर इस संकेत चिह्न का उपयोग अनिवार्य है। संकेत चिह्न का उपयोग करना अनिवार्य है, ताकि यह नियंत्रित कचरे के कंटेनरों (कोई भी तरल वस्तु, जिसमें रक्त या संभावित रूप से अन्य संक्रामक सामग्री, जैसे कि रोगजन्य और सूक्ष्म-जैविक अपशिष्ट मौजूद हो); रेफ्रिजरेटर और फ्रीजर, जिसमें रक्त या अन्य संभावित संक्रामक पदार्थ मौजूद हैं; अन्य कंटेनर, जिसमें रक्त या अन्य संभावित संक्रामक सामग्रियों का भंडारण, परिवहन अथवा स्थानांतरण किया जाता है, तथा नियंत्रित अपशिष्ट के निपटान में सामान्यतः इस्तेमाल किए जाने वाले बैग पर आसानी से दिखाई दे।

इस संकेत चिह्न के लेबल को लाल, चमकीले नारंगी अथवा नारंगी-लाल रंग का होना चाहिए, और इसे इस तरह से चिपकाना चाहिए कि यह स्पष्ट तौर पर दिखाई दे।

ध्वनि प्रदूषण क्या है?

वायुमंडल में प्रसारित की जाने वाली अवांछित ध्वनि या शोर को ध्वनि प्रदूषण माना जा सकता है, भले ही इसका प्रतिकूल प्रभाव कुछ भी हो। ध्वनि प्रदूषण घर के अंदर या बाहर हो सकता है।

तालिका 6.1

सामान्य ध्वनियों के डेसिबल का स्तर और लंबे समय तक इसके संपर्क में रहने के प्रभाव

ध्वनि के स्रोत	ध्वनि का स्तर (डेसिबल)	लंबे समय तक संपर्क में रहने के प्रभाव
उड़ान भरते समय जेट विमान	150	कर्णपटह (कान के पर्दे) को नुकसान
लाइव रॉक संगीत	120	दर्द की शुरुआत
ऑटो का हॉर्न, 1 मीटर दूर	110	सुनने की क्षमता को नुकसान
शहर की व्यस्त सड़क	90	सुनने की क्षमता को नुकसान
औसत आकार का कारखाना	80	सुनने की क्षमता को नुकसान होने की संभावना
औसत आकार के कार्यालय में बातचीत	60	अशांति
पत्तियों की सरसराहट	20	कोई नुकसान नहीं
साँस लेना	10	कोई नुकसान नहीं

ध्वनि प्रदूषण के स्रोत: आज के युग में हमारे द्वारा उपयोग किए जाने वाले विभिन्न प्रकार आधुनिक के विद्युत उपकरण ध्वनि प्रदूषण के मुख्य स्रोत हैं। घर के अंदर हम मिक्सर, वैक्यूम क्लीनर, वाशिंग मशीन, कूलर, एयर कंडीशनर, जैसे उत्पादों का उपयोग करते हैं और तेज़ आवाज़ में रेडियो तथा म्यूज़िक सिस्टम बजाते हैं। कल-कारखानों के अंदर मशीनरी द्वारा उत्पन्न शोर भी ध्वनि प्रदूषण का एक स्रोत है और एक प्रमुख व्यावसायिक स्वास्थ्य जोखिम है। घर के बाहर होने वाला ध्वनि प्रदूषण आमतौर पर मोटर वाहनों के हॉर्न, त्यौहार एवं उत्सव के दौरान बैंड-बाजे, लाउडस्पीकर तथा पटाखों से उत्पन्न होता है।

(व्यवसायिक स्वास्थ्य जोखिम के विषय में अधिक जानकारी के लिए इस पुस्तक में 'उद्योग' से संबंधित अध्याय देखें)।

घरेलू उपकरणों को अच्छी हालत में रखकर घर के अंदर होने वाले ध्वनि प्रदूषण को काफी हद तक कम किया जा सकता है। मोटर वाहनों के हॉर्न के उपयोग को कम करके घर के बाहर होने वाले ध्वनि प्रदूषण को नियंत्रित किया जा सकता है। कल-कारखानों को आवासीय इलाकों से दूर अवस्थित होना चाहिए, ताकि मनुष्यों पर ध्वनि प्रदूषण और वायु प्रदूषण के प्रभाव को कम किया जा सके।

विकिरण प्रदूषण क्या है?

विकिरण प्रदूषण, प्राकृतिक या मानव निर्मित रेडियोसक्रिय तत्वों के कारण होता है। हम अपने दैनिक जीवन में विभिन्न प्रकार के विकिरणों के संपर्क में आते हैं। विकिरण के कारण कैंसर एवं अन्य रोगों के होने की संभावना काफी बढ़ जाती है। प्रत्यक्ष रूप से प्रभावित करने के अलावा यह जीवों में आनुवांशिक दोष भी पैदा कर सकता है।

विकिरण प्रदूषण के स्रोत: मनुष्यों को ब्रह्मांडीय किरणों के तौर पर प्राकृतिक विकिरण प्राप्त होता है। एक्स-रे, रेडियम डायल वाली कलाई घड़ी, टेलीविजन आदि से संपर्क भी विकिरण के अन्य स्रोत हैं। ये सभी आयनीकरण करने वाले विकिरण के स्रोत हैं, और आमतौर पर ये स्रोत गंभीर नुकसान नहीं पहुंचाते हैं। विकिरण प्रदूषण का मुख्य स्रोत परमाणु ऊर्जा संयंत्रों और उनसे संबंधित अन्य प्रतिष्ठानों से उत्पन्न होने वाले परमाणु अपशिष्ट हैं। परमाणु बम विस्फोट भी इस प्रकार के विकिरण का एक संभावित स्रोत है।

परमाणु के भंडारण के लिए किए गए सुरक्षा उपायों को बेहतर बना कर एवं परमाणु रिएक्टरों एवं भंडारण केंद्रों में होने वाली दुर्घटनाओं की रोकथाम तथा परमाणु हथियारों के परीक्षण को न्यूनतम करके विकिरण प्रदूषण को काफी हद तक कम किया जा सकता है।

> **क्या आप जानते हैं?**
>
> लगातार विकिरण के संपर्क में रहने वाले सभी तकनीशियन एवं विकिरण चिकित्सक (रेडियोलॉजिस्ट) को लिथियम बैज पहनना चाहिए, जिसे थर्मल ल्यूमिनेसेंट डॉसीमेट्री (टीएलडी) बैज कहा जाता है। यह बैज एक्स-रे को अवशोषित करता है और एक्स-रे बैज पहनने वाले व्यक्ति द्वारा विकिरण के संपर्क में आने के स्तर को मापता है। बाद में इस बैज को बीएआरसी (भाभा परमाणु अनुसंधान केंद्र) भेजा जाता है, ताकि हर तीन महीनों में एक्स-रे के संपर्क में रहने वाले व्यक्ति पर इसके प्रभाव की निगरानी की जा सके। यदि व्यक्ति में विकिरण का स्तर स्वीकार्य सीमा से परे है, तो उसे कुछ समय के लिए रेडियोलॉजी विभाग से स्थानांतरित कर दिया जाता है। बीएआरसी एकमात्र लाइसेंसधारक है, जो भारत में इस बैज को प्रदान करने के लिए अधिकृत है।

युद्ध के कारण होने वाला प्रदूषण

युद्ध एवं आतंकवादी हमलों के कारण जान-माल को भारी नुकसान होने के साथ-साथ विभिन्न प्रजातियों के प्राकृतिक परिवेश का भी नुकसान होता है। युद्ध एवं आतंकवादी हमलों के दौरान कई प्रकार के प्रदूषक पर्यावरण में मिल जाते हैं, जो बेहद खतरनाक हैं।

संयुक्त राष्ट्र पर्यावरण कार्यक्रम (यूएनईपी) द्वारा अधिकृत फिलिस्तीनी क्षेत्रों में पर्यावरण की स्थिति पर किए गए एक अध्ययन से पता चला है कि, युद्ध के कारण बड़े पैमाने पर अपशिष्ट पदार्थों के निपटान के अलावा इस क्षेत्र में भूजल प्रदूषण और तटीय जल प्रदूषण का स्तर काफी बढ़ गया है तथा प्राकृतिक वनस्पतियों को काफी नुकसान पहुंचा है। अफगानिस्तान में, जहां कृषि लगभग 85 प्रतिशत आबादी का मुख्य आधार है, केवल 15 प्रतिशत जमीन खेती के लिए उपयुक्त है। ऐसी स्थिति में युद्ध के कारण यहां की कृषि काफी प्रभावित हुई है, क्योंकि इस भूमि पर बिछाई गई बारूदी सुरंगों के कारण खेती करना लगभग असंभव है। इसके अलावा, खनन कार्य के लिए इस्तेमाल की जाने वाली लगभग 75 प्रतिशत भूमि वास्तव में चराई भूमि है, और खदानों में होने वाले विस्फोट के कारण इसका भी इस्तेमाल नहीं किया जा सकता है। यूएनईपी के अध्ययन के अनुसार, अपशिष्ट रसायनों एवं अन्य प्रदूषक तत्वों के बड़े पैमाने पर उत्सर्जन के कारण अफगानिस्तान में जल संसाधनों पर भी खतरा मंडरा रहा है। वर्ष 1991 के खाड़ी युद्ध के दौरान कई स्थानों पर तेल का बहाव देखा गया। रेगिस्तानी क्षेत्र में तेल के तीन सौ कुओं को अधजला छोड़ दिया गया, जिसके कारण लगभग 40 मिलियन टन मिट्टी प्रदूषित हुई, जबकि तेल के 736 कुओं में आग लगाई गई थी जिसके कारण भारी मात्रा में कार्बन डाइऑक्साइड और हाइड्रोकार्बन का उत्सर्जन हुआ (*गोबर टाइम्स*, 15 अप्रैल 2003, पृष्ठ- 68)।

प्रदूषण से निपटना

अतीत में इस समस्या के समाधान हेतु मुख्यतः प्रदूषकों की सफाई या प्रदूषण नियंत्रण पर बल दिया गया। इस दृष्टिकोण में उन तरीकों का पता लगाया जाता है, जिसके जरिए पर्यावरण में मौजूद प्रदूषण के प्रभाव को कम किया जा सके। इस प्रक्रिया में सामान्य तौर पर कल-कारखानों से निकलने वाले अपशिष्ट जल एवं गैसीय उत्सर्जन को साफ करना अथवा उपचारित करना और उद्योगों द्वारा उत्सर्जन एवं प्रवाह के संदर्भ में मानदंडों का निर्धारण करना, आदि शामिल है। देर से ही सही, परंतु अब यह बात स्पष्ट हो चुकी है कि इस प्रकार की युक्तियाँ केवल मौजूदा परिस्थिति पर की गई प्रतिक्रिया है, जो स्थायी समाधान प्रस्तुत करने में असक्षम है। वे समस्या के मूल कारणों से निपटने में असफल साबित होते हैं।

नियंत्रित प्रदूषण

सभी श्रेणियों के वाहनों के लिए हर छह महीने में नियंत्रित प्रदूषण (पीयूसी) प्रमाणपत्र प्राप्त करना आवश्यक है। पेट्रोल वाहनों के मामले में निष्क्रियता एसओ का मापन किया जाता है, जबकि डीजल वाहनों के मामले में गतिवर्द्धन के दौरान मुक्त धुएँ के स्तर को मापा जाता है। आरटीओ के अलावा कुछ पेट्रोल एवं सर्विस स्टेशन भी पीयूसी प्रमाणपत्र जारी करने के लिए अधिकृत हैं। ये प्रमाण पत्र अप्रत्यक्ष रूप से वाहन के प्रदर्शन एवं आवश्यक रखरखाव के लिए मार्गदर्शक की भूमिका निभाते हैं। मानक से नीचे पाए जाने पर वाहन की सर्विसिंग कराई जानी चाहिए और उसे उपयुक्त स्तर पर लाया जाना चाहिए।

(www.giteweb.org/iandm/senguptapresentation.pdf. पर आधारित)

प्रदूषण की रोकथाम

आज इस बात को तेजी से समझा जाने लगा है कि 'पहले से मौजूद प्रदूषण को दूर करने' के लिए किया जा रहा प्रयास पर्याप्त नहीं है। प्रदूषण की रोकथाम या प्रदूषकों के उत्सर्जन पर नियंत्रण आवश्यक है; अर्थात पर्यावरण में प्रदूषकों एवं अपशिष्ट पदार्थों को न्यूनतम मात्रा में छोड़ा जाना चाहिए या इस पर बिल्कुल रोक लगानी चाहिए। प्रदूषण की रोकथाम के प्रयास में उत्पादन के सभी क्षेत्रों में विभिन्न स्तरों पर किया जाने वाला बदलाव जरूरी है — जिसके अंतर्गत औद्योगिक एवं कृषि क्षेत्र के अलावा घरेलू एवं वाणिज्यिक उपयोग हेतु उत्पादन भी शामिल हैं।

नई रणनीति में उत्पादन की पूरी प्रक्रिया पर ध्यान दिया जाता है, जिसमें अपशिष्ट उत्सर्जन के क्षेत्र का पता लगाने के साथ-साथ इसे न्यूनतम करने के तरीके भी ढूंढे जाते हैं। इसमें कई क्षेत्रों में सुधार की संभावनाएँ शामिल हो सकती हैं- विनिर्माण प्रक्रियाओं को बदलना, अलग तरह से कच्चे माल का उपयोग करना, खतरनाक पदार्थों के विकल्प की तलाश करना, संयंत्रों के संचालन एवं रखरखाव की प्रक्रिया को बेहतर बनाना, तथा अपशिष्ट पदार्थों का पुन: उपयोग करना एवं पुनर्चक्रण।

पर्यावरण निगरानी कार्यक्रम

पर्यावरण में शामिल हो रहे प्रदूषकों की गुणवत्ता और मात्रा का निरंतर मूल्यांकन करने के लिए निगरानी कार्यक्रमों की आवश्यकता होती है। यह प्रदूषण नियंत्रण के विषय पर विचारपूर्वक निर्णय लेने में मदद करता है, साथ ही पर्यावरण में प्रदूषण की स्थिति की समीक्षा करने में भी मदद करता है।

पर्यावरण-अनुकूल पारंपरिक प्रथाओं का संरक्षण

आमतौर पर पारंपरिक व्यवसाय या अभ्यास के स्थान पर आधुनिक प्रक्रियाओं को अपनाने के कारण प्रदूषण से संबंधित समस्याएँ उत्पन्न हुई हैं। उदाहरण के लिए, पारंपरिक तरीकों से की जाने वाली खेती रासायनिक उर्वरकों और कीटनाशकों पर निर्भर नहीं थीं। आज हम देख सकते हैं कि रसायनों पर आधारित खेती के बजाए जैविक खेती को अपनाया जाने लगा है, जो पर्यावरण-अनुकूल और संवहनीय है। इसलिए, पारंपरिक ज्ञान पर भरोसा करना और वर्तमान जरूरतों को पूरा करने के लिए इसे उन्नत करना, प्रदूषण की रोकथाम का एक तरीका है।

प्रौद्योगिकी आधारित समाधान

प्रौद्योगिकी को प्रदूषण नियंत्रण के साथ-साथ इसकी रोकथाम के लिए परिष्कृत किया जाना चाहिए, जिसके अंतर्गत समस्याओं पर शोध करना और उपयुक्त समाधान की तलाश करना शामिल है।

जैव-प्रौद्योगिकी का महत्त्व

अपशिष्ट प्रबंधन के तरीकों को बेहतर बनाने, जहरीले प्रदूषक तत्वों के प्रभाव को कम करने तथा मलजल के उपचार, आदि कई क्षेत्रों के लिए जैव-प्रौद्योगिकी बेहद महत्त्वपूर्ण साधन है। अमेरिका में रहने वाले एक वैज्ञानिक, डॉ. आनंद चक्रवर्ती, ने तेल खाने वाले जीवाणु को संश्लेषित करने में सफलता प्राप्त की। यह जीवाणु विभिन्न प्रकार के हाइड्रोकार्बन के असर को कम करने में सक्षम है। सर्वप्रथम वर्ष 1990 में इसका प्रयोग टेक्सास में एक जलस्रोत पर फैले तेल की सफाई के लिए किया गया था। जैवोपचारण जैसी प्रौद्योगिकी खतरनाक अपशिष्ट को साफ करने तथा इसे गैर-खतरनाक या कम खतरनाक अपशिष्ट के रूप में बदलने में मदद कर सकती हैं। उदाहरण के लिए, जीएस -15 नाम का एक सूक्ष्म-जीव यूरेनियम का उपयोग कर सकता है और परमाणु संयंत्रों से यूरेनियम युक्त अपशिष्ट को उपचारित करने के लिए बायोरिएक्टर में इसका इस्तेमाल किया जा सकता है।

नियम-क़ानून

प्रदूषण को कम करने के अपने प्रयासों में भारत सरकार ने मौजूदा आवश्यकताओं एवं स्थायी विकास को ध्यान में रखते हुए, समय-समय पर विभिन्न कानूनों को पेश किया है। कानूनों के कार्यान्वयन के लिए अपेक्षित विभिन्न अधिनियमों एवं नियमों से उद्योगों को अधिक जिम्मेदार बनाने की उम्मीद की जाती है, क्योंकि उत्सर्जन या प्रदूषण मानकों के उल्लंघन की स्थिति में उन पर जुर्माना लगाया जा सकता है या फिर उस उद्योग को बंद किया जा सकता है। (परिशिष्ट 1 देखें, 'भारत में पर्यावरणीय कानून')।

पर्यावरण अधिनियम एवं नियम

पर्यावरण संरक्षण अधिनियम (1986), पर्यावरण एवं वन मंत्रालय द्वारा प्रस्तुत एक सुरक्षात्मक कानून है, जिसका उद्देश्य नियमों के निर्धारण, मानदंडों के संबंध में अधिसूचना, पर्यावरण प्रयोगशालाओं को अधिसूचना, अधिकारों के प्रत्यायोजन, खतरनाक रसायनों के प्रबंधन के लिए एजेंसियों की पहचान, राज्यों में पर्यावरण संरक्षण परिषदों की स्थापना, आदि व्यापक कानूनी युक्तियों के माध्यम से पर्यावरण की सुरक्षा को सुनिश्चित करना है।

पर्यावरण (संरक्षण) नियम (1986), के माध्यम से प्रदूषक तत्वों के उत्सर्जन या निर्वहन के लिए मानकों का निर्धारण किया गया है। इन मानकों को मोटे तौर पर तीन श्रेणियों में वर्गीकृत किया गया है: स्रोत संबंधी मानक, जिसके लिए प्रदूषण फैलाने वाले को इसके स्रोत पर ही प्रदूषकों के उत्सर्जन एवं निर्वहन को प्रतिबंधित करने की आवश्यकता होती है; उत्पादों संबंधी मानक, जो नए विनिर्मित उत्पादों, जैसे कि कारों के लिए प्रदूषण मानदंडों का निर्धारण करता है; तथा परिवेश संबंधी मानक, जिसके माध्यम से हवा में प्रदूषकों के अधिकतम स्तर का निर्धारण किया जाता है और स्वस्थ जीवन को बरकरार रखने के लिए पर्यावरणीय गुणवत्ता के संबंध में विनियामक निकायों का मार्गदर्शन किया जाता है।

शिक्षा और जागरूकता

प्रदूषण मुक्त पर्यावरण के लिए नागरिकों को उनके अधिकारों एवं जिम्मेदारियों के बारे में शिक्षित करना अत्यंत आवश्यक है। इस जागरूकता से प्रदूषण फैलाने वाले उद्योगों या व्यक्तियों के खिलाफ सशक्त नागरिक कार्रवाई होगी, और लंबे समय में

प्रदूषण मुक्त वातावरण बनाने में मदद भी मिलेगी। यह प्रदूषण को कम करने में योगदान देने के लिए हर नागरिक को प्रोत्साहित करेगा।

कुछ प्रकार के प्रदूषण को व्यक्तिगत कार्रवाई द्वारा नियंत्रित किया जा सकता है, उदाहरण के लिए, वाहनों से उत्पन्न होने वाले प्रदूषण में कमी या फिर अपशिष्ट निपटान को कम करना। अन्य प्रकार के प्रदूषणों से निपटने के लिए विभिन्न युक्तियों (नीतियाँ, कानून, आर्थिक उपाय, तकनीकी उपाय) के साथ-साथ नीति निर्माताओं, उद्योगपतियों सहित समाज के विभिन्न वर्गों की भागीदारी की आवश्यकता होगी।

प्रदूषण नियंत्रण उपायों के प्रभावी कार्यान्वयन के लिए प्रत्येक नागरिक एवं एजेंसियों के सहयोग की आवश्यकता है। इसकी शुरुआत नीतिगत स्तर पर करनी होगी। सरकार द्वारा नीतियों के निर्धारण के बाद कानून बनाए जाते हैं। कानून को लागू करना, इस दिशा में अगला कदम है। कार्यान्वयन को आर्थिक रूप से व्यवहार्य बनाने के तरीके खोजना भी एक चुनौती है।

प्रदूषण को नियंत्रित करने की दिशा में किया गया हर प्रयास सागर में एक बूंद की तरह है ... और हर बूंद अमूल्य है।

I प्रश्नावली

1. प्राथमिक एवं द्वितीयक प्रदूषकों के बीच क्या अंतर है?
2. प्राकृतिक प्रक्रियाओं के जरिए प्रदूषण किस तरह फैलता है?
3. 'प्रदूषण के प्रभाव को कम करना ही एकमात्र समाधान है।' क्या आप इस बात से सहमत हैं? क्यों या क्यों नहीं?
4. जैव-चिकित्सा अपशिष्ट चिंता का कारण क्यों है?
5. प्रदूषण से निपटने के पाँच तरीके कौन-कौन से हैं?
6. पर्यावरण (संरक्षण) नियम (1986) के लिए विभिन्न प्रकार के मानक कौन-कौन से हैं?

II अभ्यास

1. A. अपने पड़ोस में प्रदूषण फैलाने वाली पाँच इकाईयों की पहचान करें एवं उनके नाम लिखें — वर्कशॉप (जैसे कि मोटर वाहन गैराज, बढ़ई की कार्यशाला, विद्युत कार्यशाला, आदि), कियोस्क, दुकान (चाय की दुकान, रेस्तरां, किराना स्टोर), आदि।

   a. _______________________ .
   b. _______________________ .
   c. _______________________ .
   d. _______________________ .
   e. _______________________ .

   B. प्रत्येक इकाई द्वारा उत्पन्न अपशिष्ट पदार्थों की प्रकृति दर्ज करें: (उदाहरण के लिए, मोटर वाहन के गैराज में अपशिष्ट के तौर पर बेकार इंजन तेल, स्नेहक, पेट्रोल, डीजल, आदि उत्पन्न होगा)। इसके अलावा अपने घर के

आस-पास, 1 वर्ग किलोमीटर के दायरे में प्रत्येक इकाई द्वारा उत्पन्न अपशिष्ट और सभी इकाईयों द्वारा उत्पन्न कुल अपशिष्ट का अनुमान लगाएं। इस आंकड़े को नीचे दी गई तालिका में दर्ज करें।

प्रतिष्ठान का प्रकार		उत्पन्न अपशिष्ट का प्रकार	उत्पन्न अपशिष्ट की मात्रा	1 वर्ग किलोमीटर के दायरे में प्रतिष्ठानों की संख्या

C. इनमें से कुछ प्रदूषकों के स्वास्थ्य पर पड़ने वाले प्रभावों की पहचान करें। इस जानकारी के लिए आपको पुस्तकालय जाकर शोध करना पड़ सकता है।

प्रदूषक का नाम   **स्वास्थ्य पर प्रभाव**

इंजन का तेल

धुआं

लकड़ी का बुरादा

रसोई का कचरा

2. अपने स्थानीय राज्य प्रदूषण नियंत्रण बोर्ड, या केंद्रीय प्रदूषण नियंत्रण बोर्ड से प्राप्त आंकड़ों (इंटरनेट पर या अन्य माध्यमों से प्रकाशित) के आधार पर निम्नलिखित मानकों को ध्यान में रखते हुए अपने शहर या कस्बे अथवा अपने निकटवर्ती शहर की परिवेशी वायु गुणवत्ता का पता लगाएँ: सल्फर डाइऑक्साइड, नाइट्रोजन डाइऑक्साइड और निलंबित सूक्ष्म-कण। क्या यह पर्यावरण संरक्षण अधिनियम के अनुसार अनुमत सीमा के भीतर है? राष्ट्रीय औसत के साथ इस आंकड़े की तुलना करने पर क्या परिणाम सामने आते हैं? पिछले 10 वर्षों के उपलब्ध आंकड़े की तालिका बनाएँ। क्या आप इसमें किसी ख़ास प्रवृत्ति का अनुभव करते हैं?

इसके अलावा, निम्नलिखित विषयों पर जानकारी इकट्ठा करें।

a. आपके शहर / कस्बे में पंजीकृत वाहनों की संख्या; तथा,

b. स्थानीय अस्पतालों में श्वसन संबंधी स्वास्थ्य समस्याओं के दर्ज मामलों की संख्या

क्या वायु गुणवत्ता वाले आंकड़ों के साथ इनमें से किसी का कोई संबंध है?

III विचार-विमर्श

1. अगर विशिष्ट पर्यावरण गुणवत्ता मानकों को निर्धारित करने वाला कोई पर्यावरण कानून या नियम नहीं हो, तो किसी प्रकार के प्रदूषण का पता नहीं चलेगा। इस कथन पर चर्चा करें।

2. प्रदर्शन प्रदूषण की समस्या से पूरी तरह निजात पाने के लिए, छोटे-मोटे उपायों से आगे बढ़ने तथा उद्गम स्थल पर ही प्रदूषकों की रोकथाम करने के दृष्टिकोण को अपनाने की आवश्यकता है। इसके लिए ऊर्जा, परिवहन और औद्योगिक संरचनाओं को रोकथाम की दिशा में पुनः अनुकूलित करना होगा।

हिलेरी एफ. फ्रेंच

क्या आप इस कथन से सहमत हैं? प्रदूषण की रोकथाम के लिए जिन तीन क्षेत्रों का उल्लेख किया गया है, उनमें कौन-कौन से आवश्यक कदम उठाए जाने चाहिए?

चयनित ग्रंथसूची

Banerjee, B.N. 1986. *Bhopal gas tragedy—accident or experiment*. New Delhi: Paribus Publishers.

Brown, L., ed. 1988. *State of the world, 1988*. New York: WW Norton and Company.

———., ed. 1991. *State of the world, 1991*. New York: WW Norton and Company.

———., ed. 1994. *State of the world, 1994*. New York: WW Norton and Company.

Diwan, P., ed. 1987. *Environment protection: Problems, policy administration, law*. New Delhi: Deep & Deep Publication.

Gosh, G.K. 1992. *Environmental pollution: A scientific dimension*. New Delhi: S.B. Nangia.

Khopkar, S.M. 1995. *Environmental pollution analysis*. New Delhi: New Age International (P) Ltd.

Mehta, S., S. Munale and U. Sankar. 1997. *Controlling pollution: Incentives and regulations*. New Delhi: Sage Publications.

Miller, G. Tyler, Jr. 1996. *Living in the environment: Principles, connections and solutions*, 9th ed. Belmont: Wadsworth Publishing Company.

Ministry of Environment and Forests. 1998. *Annual report (1997–1998)*. New Delhi.

Nath, Kamal. 1995. *India's national and global environmental concerns*. New Delhi: Ministry of Environment and Forests.

Prasad, D., M.L. Choudhary. 1992. *Environmental pollution—radiation (Environmental pollution and hazards series)*. S.G. Misra, ed. New Delhi: Venus Publishing House.

Rajashekhara, C.V. 1992. *Environmental administration and pollution control, Vol. 2 (Global environment series)*. New Delhi: Discovery Publishing House.

Sethi, I., M.S. Sethi and S.A. Iqbal. 1991. *Environmental pollution: Causes, effects and control*. New Delhi: Commonwealth Publishers.

Sharma, A. and A. Roychoudhury. 1996. *Slow murder: The deadly story of vehicular pollution in India, Vol. 3 (State of the Environment)*. New Delhi: Centre for Science and Environment.

Srivastava, Y.N. 1989. *Environmental pollution*. New Delhi: Ashish Publishing House.

TEDDY 1997/98. New Delhi: Tata Energy Research Institute.

अध्याय 7

कृषि

कल्याणी कंडुला

भारत, जो कभी अपनी आबादी की खाद्यान्न आवश्यकताओं को पूरा करने के लिए आयात पर निर्भर था, आज न केवल अनाज के उत्पादन में आत्मनिर्भर है बल्कि पर्याप्त मात्रा में अनाज के भंडारण में भी सफलता प्राप्त की है। पिछले चार दशकों में कृषि के क्षेत्र में हुई प्रगति, स्वतंत्र भारत के सफलता की सबसे बड़ी कहानियों में से एक है। सकल घरेलू उत्पाद (जीडीपी) में कृषि एवं इससे संबंधित गतिविधियों का योगदान सबसे अधिक (लगभग 33 प्रतिशत) है। देश की श्रमिक संख्या का लगभग दो-तिहाई हिस्सा आजीविका के साधन के रूप में कृषि पर निर्भर है।

कृषि का उद्भव

आमतौर पर यह माना जाता है और स्वीकार किया जाता है कि, दुनिया के उपोष्णकटिबंधीय क्षेत्रों की नदी घाटियों में कृषि विकसित हुई है। सर्वविदित है कि मिस्र की नील नदी, मेसोपोटामिया (अब इराक) की टिग्रीस और यूफ्रेट्स नदी, चीन की ह्वांगहो नदी और प्राचीन भारत की सिंधु नदी घाटियों में सबसे पहले फसल उत्पादन का कार्य प्रारंभ हुआ था। छोटे मानव समूह पानी और उपजाऊ जमीन के आसपास के क्षेत्र में एकजुट होकर बसने लगे, जहां फसलों को उगाने के साथ-साथ कुछ जानवरों को पालतू बनाने की प्रक्रिया शुरू हुई। धीरे-धीरे खाद्यान्न आपूर्ति सुनिश्चित होती चली गई और इन छोटी-छोटी मानव बस्तियों का गांवों के तौर पर विकास हुआ। कृषि के लिए अनुकूल ऐसे क्षेत्रों में अधिशेष खाद्यान्न के उत्पादन से शहरी केंद्रों के विकास में सहायता मिली और प्रारंभिक सभ्यताओं ने जन्म लिया।

प्राचीन भारत में सिंधु घाटी में कृषि का विकास हुआ। इसने हड़प्पा और लोथल जैसे प्राचीन शहरी केंद्रों के विकास को प्रोत्साहन दिया। हड़प्पा के खंडहरों में विशाल अन्नागार मिले हैं, जो उस कालखंड में अधिशेष खाद्यान्न उत्पादन को दर्शाते हैं।

जमीन पर फसल उगाने, फसल की कटाई एवं पशुपालन को सम्मिलित तौर पर कृषि के रूप में परिभाषित किया जा सकता है, लेकिन इस प्रक्रिया में कई जटिल और एक दूसरे से जुड़े हुए कारक भी शामिल हैं - मिट्टी, वनस्पति, पशु, औजार, मानव श्रम, अन्य निविष्टियाँ और पर्यावरणीय प्रभाव। समय के साथ-साथ, दुनियाभर में कई तरह की कृषि प्रणालियाँ विकसित हुई।

कृषि का वर्गीकरण

कृषि प्रणालियों को मोटे तौर पर **पारंपरिक** और **आधुनिक** के रूप में वर्गीकृत किया जा सकता है।

पारंपरिक कृषि प्रणाली

पारंपरिक कृषि मुख्यतः दो प्रकार की होती है: पारंपरिक निर्वाह कृषि, तथा पारंपरिक गहन कृषि। **पारंपरिक निर्वाह कृषि** के अंतर्गत, खेती पर आधारित परिवार के जीवन निर्वाह के लिए पर्याप्त फसल या पशुधन एवं पशुधन उत्पादों का उत्पादन होता है, साथ ही अधिशेष उत्पादन को बेचा जाता है अथवा विषम परिस्थितियों के लिए बचा कर रखा जाता है; जबकि **पारंपरिक गहन कृषि** में कृषि योग्य जमीन से अधिकाधिक उपाधि प्राप्त करने के लिए मानव श्रम, उर्वरक, पानी एवं अन्य प्रकार के निवेश किए जाते हैं, ताकि परिवार के भरण-पोषण हेतु पर्याप्त उत्पादन के अलावा बिक्री के लिए अधिशेष उत्पादन भी किया जा सके।

पारंपरिक कृषि में पूरी प्रक्रिया पर किसानों का नियंत्रण होता है— वे बीज एकत्रित करते हैं, उगाई जाने वाली फसल एवं इसकी किस्मों का निर्धारण करते हैं, परिवार के भरण-पोषण के लिए बचा कर रखे जाने वाले अनाज की मात्रा तथा बिक्री हेतु अनाज की मात्रा का निर्धारण करते हैं।

कृषि की पारंपरिक प्रणालियों को सिंचित कृषि; वन आधारित कृषि; पशुधन-आधारित ग्राम्य कृषि प्रणाली; तथा, फसल आधारित पशुपालन प्रणाली के रूप में वर्गीकृत किया जा सकता है।

सिंचित कृषि: इस प्रकार की कृषि नदी घाटियों के किनारे विकसित हुई है। इस कृषि का स्वरूप निर्वाह या गहन (या उत्पादक) हो सकता है। आमतौर पर इस प्रकार की कृषि में है खाद्य फसलें उगाई जाती हैं, परंतु कुछ नकदी फसलों की खेती भी की जाती है।

वन-आधारित कृषि: इस प्रकार की कृषि का प्रसार नदी घाटियों से वन क्षेत्र की ओर हुआ है। घने जंगलों में खेती करना कोई आसान काम नहीं था। इसलिए, कृषि के एक नए स्वरूप का विकास किया गया, जिसे झूम कृषि (स्थानान्तरण कृषि), या काटने एवं जलाने पर आधारित कृषि के तौर पर भी जाना जाता है। इस प्रकार की खेती में मूल रूप से खाद्य फसलें उगाई जाती हैं। कृषि के इस रूप को निर्वाह कृषि के रूप में भी जाना जाता है।

झूम कृषि (स्थानान्तरण कृषि)

झूम कृषि, खेती की एक ऐसी विधि है जिसमें कृषि योग्य भूमि को बार-बार बदला जाता है। जंगल के एक छोटे से हिस्से को साफ किया जाता है और उस पर एक या कुछ मौसमों तक खेती की जाती है, इसके बाद उस भूखंड को कुछ वर्षों तक परती छोड़ दिया जाता है, और इस दौरान किसान अगले मौसम में खेती के लिए किसी दूसरे भूखंड को साफ करता है। कुछ वर्षों बाद मूल भूखंड द्वारा प्राकृतिक तरीके से उर्वरा शक्ति हासिल करने पर किसान उस पर दोबारा फसल उगाता है और यह सिलसिला जारी रहता है।

इस प्रकार की खेती को 'काटने एवं जलाने पर आधारित कृषि' भी कहा जाता है, क्योंकि इस प्रक्रिया में पेड़ों अथवा जंगली झाड़ियों को काटा जाता है और फिर जमीन पर गिरी हुई वनस्पतियों में आग लगा दिया जाता है। वनस्पतियों को जलाए जाने के कारण मिट्टी में पोषक तत्वों की आपूर्ति होती है जिसका इस्तेमाल एक या दो वर्षों तक फसल उत्पादन में किया जा सकता है, क्योंकि इसके बाद मिट्टी की उर्वरा शक्ति खत्म हो जाती है। थोड़े समय बाद वह जमीन प्राकृतिक वनस्पतियों से ढक जाती है, जिससे मृदा अपरदन रुकने के साथ-साथ कृषि उपयोग के कारण नष्ट हुई उर्वरा शक्ति भी वापस आती है।

खेती का यह पारंपरिक तरीका कम आबादी के लिए व्यवहार्य था। जनसंख्या में वृद्धि के कारण भूमि पर दबाव भी बढ़ता गया; नियमित आवर्तन की अवधि घटती चली गई और फिर मिट्टी को प्राकृतिक तरीके से उर्वरा शक्ति दोबारा हासिल करने का पर्याप्त समय दिए बिना किसान उस पर खेती करने लगे। इसके परिणामस्वरूप, खेती का यह पारंपरिक व्यवहारिक नहीं रह गया। उत्तर-पूर्वी भारत के कुछ इलाकों में आज भी इस प्रकार की खेती की जाती है, जहां आवर्तन की अवधि लगभग बीस वर्ष से घटकर तीन या चार वर्ष तक रह गई है।

पशुधन-आधारित ग्राम्य कृषि प्रणाली: पश्चिम और मध्य एशिया के घास के मैदानों में बड़ी संख्या में पशुओं को पालतू बनाया जाता था। पशुपालन में मुख्यतः घास खाने वाली शाकाहारी प्रजातियों के पशु शामिल थे: अर्थात भेड़, बकरी, मवेशी, घोड़ा और ऊँट। इन इलाकों की जलवायु एवं पर्यावरणीय परिस्थितियों के कारण खेती काफी जोखिम भरा और अनिश्चित कार्य था, परंतु बड़े पैमाने पर पशुपालन इसका उपयुक्त विकल्प साबित हुआ। शुरुआती दौर में मवेशियों तथा भेड़ एवं बकरियों को पालने वाले लोग खानाबदोश जीवन व्यतीत करते थे, जो घास के मैदानों की तलाश में अपने पशुओं को एक स्थान से दूसरे स्थान तक ले जाते थे। जब घास के मैदानों पर दबाव काफी बढ़ गया तब उन्होंने चरागाह या बिल्कुल नए इलाकों का रुख किया। इन पशुपालकों ने पशुओं की उन प्रजातियों का चयन किया, जो स्थानांतरण के साथ-साथ सूखे की स्थिति तथा भोजन एवं पोषण की कमी का सामना करने में सक्षम हो। भारत के कुछ हिस्सों में आज भी इस प्रकार की कृषि प्रचलित है; उदाहरण के लिए, गुजरात में रबारी और जम्मू एवं कश्मीर एवं हिमाचल प्रदेश में गुर्जरों द्वारा इस प्रकार की खेती की जाती है।

फसल आधारित पशुपालन प्रणाली: कई शताब्दियों पहले पशुपालन के क्षेत्र में एक बड़ी क्रांति हुई थी, जब फसल उत्पादन एवं पशुपालन को मिश्रित फसल-पशुधन खेती प्रणालियों के तहत एक साथ लाया गया था। खेती की इस प्रणाली में कृषि उप-उत्पादों, अर्थात् फसल के अवशेष और पुआल, का इस्तेमाल जानवरों के चारे के तौर पर किया जाता है। दूसरी ओर खेती के कामों में जानवरों का इस्तेमाल किया जाता है, साथ ही जानवरों के गोबर का इस्तेमाल खेतों में खाद के तौर पर किया जाता है। कृषि उत्पादों (अनाज, बीज और फल) तथा पशु उत्पादों (दूध, मांस और ऊन) का इस्तेमाल मानव उपभोग के लिए किया जाता है। यह बड़ी क्रांति थी, जिसके कारण अधिशेष अनाज का उत्पादन संभव हो सका और समाज को निर्वाह के स्तर से आगे निकलने में कामयाबी मिली।

आधुनिक कृषि प्रणाली

कृषि की आधुनिक प्रणालियों में बड़े पैमाने पर फसल उत्पादन करने अथवा पशुओं की संख्या में वृद्धि हेतु भारी मात्रा में जीवाश्म-ईंधन ऊर्जा, पानी, रासायनिक उर्वरक एवं कीटनाशकों का उपयोग किया जाता है। आधुनिक कृषि कई प्रकार की होती है, जिसके अंतर्गत मशीनों एवं रसायनों पर आधारित कृषि, वाणिज्यिक कृषि, अनुबंध कृषि और जैव-प्रौद्योगिकी पर आधारित आनुवंशिक कृषि शामिल है।

मशीनों एवं रसायनों पर आधारित कृषि: प्रकार की खेती में पशु श्रम के उपयोग, जैविक खाद तथा कीट नियंत्रण के पारंपरिक तरीकों के स्थान पर मशीनों एवं विभिन्न प्रकार के रसायनों का इस्तेमाल किया जाता है। खाद्यान्न उत्पादन तथा पानी की उपलब्धता में वृद्धि के लिए कृषि की इस प्रणाली को अपनाया गया था, लेकिन धीरे-धीरे लोगों ने नगदी फसलों एवं एकल फसल के उत्पादन में इस पद्धति का इस्तेमाल करना शुरु कर दिया।

वाणिज्यिक कृषि: इस प्रकार की खेती में किसान बाहरी बाजारों की मांग को पूरा करने के लिए नगदी फसलों का उत्पादन करते हैं। आमतौर पर इस प्रणाली में एकल फसल का उत्पादन किया जाता है। इस तरह की खेती में मशीनों के साथ-साथ रासायनिक उर्वरकों एवं कीटनाशकों का भरपूर इस्तेमाल होता है।

अनुबंध कृषि: इस प्रकार की कृषि के अंतर्गत बागवानी और फूलों की खेती शामिल है। फसलों की पैदावार बाजार की मांग के अनुसार तय होती है। इस परिस्थिति में किसान जमीन पर अपनी इच्छानुसार फसल नहीं उगा सकते हैं। उगाई जाने वाली फसल के अलावा कृषि उत्पादों की कीमत भी बाजार के आधार पर ही तय होती है।

जैव-प्रौद्योगिकी पर आधारित आनुवंशिक कृषि: कृषि के इस रूप में पौधों की विभिन्न किस्मों का संवर्धन एवं प्रसारण प्रयोगशालाओं के माध्यम से किया जाता है। इस प्रकार की कृषि पर विभिन्न निगमों एवं वैज्ञानिकों का नियंत्रण होता है। किसानों को बीज, नवीनतम प्रौद्योगिकी, बाजार, आदि के लिए बाहरी एजेंसियों पर निर्भर रहना पड़ता है।

उत्पादन प्रक्रिया के रूप में कृषि

उत्पादन की अन्य गतिविधियों की तरह कृषि में भी तीन बुनियादी घटक हैं: निवेश, इस्तेमाल की जाने वाली प्रौद्योगिकी या प्रक्रियाएँ, तथा उत्पादन एवं परिणाम। निवेश के अंतर्गत उत्पादन को संभव बनाने के लिए सभी आवश्यक चीजें शामिल हैं। आमतौर पर कृषि निवेश में बीज, पानी, उर्वरक, कीटनाशक, मानव श्रम और ऊर्जा (ट्रैक्टर, सिंचाई पंप आदि चलाने के लिए) शामिल हैं।

कृषि के स्वरूप को प्रक्रियाओं के अंतर्गत रखा जा सकता है। उदाहरण के लिए, क्या किसान अपनी जमीन पर प्रतिवर्ष तीन फसलों का उत्पादन करते हैं, अथवा क्या वे भूमि की उर्वरा शक्ति को वापस पाने के लिए इसे कुछ समय तक परती छोड़ देते हैं? क्या किसान केवल एक ही प्रकार के फसल का उत्पादन करते हैं अथवा क्या वे विभिन्न प्रकार के फसलों का उत्पादन करते हैं?

उत्पादन एवं परिणाम ऐसी चीजें हैं, जो उत्पादन प्रक्रिया से उत्पन्न होती हैं। इसके अंतर्गत: (a) खाद्यान्न, फल, सब्जियों, आदि के उत्पादन में वांछित मात्रा में उत्पादन; तथा (b) अपशिष्ट उत्पादन के साथ-साथ कृषि से जुड़े उत्पाद एवं परिणाम शामिल हैं।

उत्पादन प्रक्रिया में कुछ ऐसे अपशिष्ट होते हैं, जिन्हें रोका नहीं जा सकता है। उदाहरण के लिए, तिलहन के उत्पादन में केवल पौधे के बीज ही मानव उपयोग के लिए आवश्यक होते हैं। पत्तियों एवं कुछ अन्य हिस्सों को चारे के तौर पर इस्तेमाल किया जा सकता है, लेकिन पौधे के अन्य हिस्से, डंठल, जड़, आदि का प्रत्यक्ष तौर पर कोई उपयोग नहीं होता है, इसलिए अवशिष्ट के तौर पर इनका निपटान किया जाता है। फसल उत्पादन की प्रक्रिया में भी कई प्रकार के अपशिष्ट उत्पन्न होते हैं। उदाहरण के लिए, अगर किसान द्वारा आवश्यकता से अधिक उर्वरक का उपयोग किया जाए तो इसका कुछ हिस्सा पौधों द्वारा अवशोषित नहीं किया जाता है, जो मिट्टी में बरकरार रहता है। यह बारिश के पानी के साथ बहकर निकटवर्ती जल स्रोतों में मिल जाता है और उसमें रहने वाले जीवों एवं उस पर आश्रित प्राणियों के स्वास्थ्य को प्रभावित करता है।

20 वीं शताब्दी में वैज्ञानिक एवं तकनीकी विकास के जरिए खाद्यान्न उत्पादन की दिशा में बड़े बदलाव हुए हैं। उदाहरण के लिए, रासायनिक उर्वरकों के इस्तेमाल से समान आकार के भूखंड में अनाज उत्पादन की मात्रा में भारी वृद्धि हुई। रासायनिक कीटनाशकों एवं खरपतवारनाशी ने अनावश्यक पौधों एवं कीटों को मारकर फसलों की सुरक्षा सुनिश्चित की। मशीनों के उपयोग ने बड़े भूखंडों को कृषि योग्य बनाने की प्रक्रिया आसान कर दी। बांधों एवं जलाशयों के निर्माण के साथ-साथ नहरों के निर्माण तथा नदियों के पानी को आवश्यक स्थल तक पहुंचाने से सिंचाई योग्य भूमि का क्षेत्रफल काफी बढ़ गया और इसे फसल उत्पादन के लिए उपयुक्त बनाया।

आजादी के बाद भारतीय कृषि का स्वरूप

पिछले 200 वर्षों में खेती करने के तरीके में बड़ी तेजी से बदलाव आया है, जो शायद पहले कभी नहीं हुआ था। कृषि के आधुनिकीकरण ने खाद्यान्न उत्पादन के क्षेत्र में भारत को आत्मनिर्भर बना दिया है। उच्च उपज देने वाली किस्मों की बेहतर उत्पादकता के कारण ऐसा संभव हो पाया। वर्ष 1996 में, भारतीय किसानों ने 60 मिलियन टन से अधिक गेहूं का उत्पादन किया, जो स्वतंत्रता के समय 6 मिलियन टन था।

कृषि उत्पादन में इस क्रांति को हरित क्रांति के नाम से जाना जाता है। 1967–68 से लेकर 1977–78 की अवधि तक चलने वाले इस क्रांति ने भारत को खाद्यान्न की कमी से जूझ रहे देश के स्थान पर विश्व में खाद्यान्न उत्पादन में अग्रणी देश के तौर पर ला खड़ा किया।

भारत में हरित क्रांति

वर्ष 1943 में बंगाल का दुर्भिक्ष, पूरे विश्व के इतिहास में सबसे निकृष्टतम खाद्यान्न संकट था। ब्रिटिश शासन के तहत पूर्वी भारत (इसके अंतर्गत मौजूदा बांग्लादेश भी शामिल है) में केवल एक वर्ष के भीतर चालीस लाख लोग भूख से मर गए थे।

अभी-अभी स्वतंत्र हुए भारत की कार्यसूची में खाद्यान्न सुरक्षा के स्तर को हासिल करना सर्वोपरि था। वर्ष 1967 तक, इस दिशा में किए जा रहे ज्यादातर प्रयास कृषि क्षेत्र के विस्तार पर केंद्रित थे। परंतु भुखमरी के कारण होने वाली मौतों की संख्या तथा खाद्यान्न उत्पादन की तुलना में जनसंख्या दर में तीव्र वृद्धि को देखते हुए उत्पादकता को बढ़ाने के लिए ठोस कदम उठाए जाने की आवश्यकता महसूस की गई। इसके बाद 'हरित क्रांति', वर्ष 1968 में अमेरिका के डॉ. विलियम गॉड द्वारा सृजित शब्द, के रूप में इस दिशा में प्रयास आरंभ हुआ, जिसके बाद भारत ने उच्च उपज देने वाली गेहूं की किस्मों की खेती के जरिए उत्पादकता में बड़े पैमाने पर सुधार किया।

हरित क्रांति के जनक के तौर पर मशहूर डॉ. एम.एस. स्वामीनाथन ने मैक्सिको से गेहूं की बौनी किस्म को भारत लाकर इस क्रांति की शुरुआत में महत्त्वपूर्ण योगदान दिया। मैक्सिको में फसल की पैदावार बढ़ाने वाले एक कार्यक्रम के हिस्से के तौर पर गेहूं की इन किस्मों को कृषि वैज्ञानिक डॉ. नॉर्मन बोरलॉग द्वारा विकसित किया गया था। उन्होंने पौधों की नस्ल सुधार से संबंधित कुछ उन्नत अवधारणाओं को अपनाते हुए गेहूं की नई किस्मों का विकास किया। सबसे महत्त्वपूर्ण अवधारणा एक ऐसे सक्षम पौधे का विकास करना था, जो अपने वर्धन काल में न्यूनतम ऊर्जा खर्च करे और उच्च पैदावार के लिए मुक्त ऊर्जा का उपयोग करे। वांछित परिणाम प्राप्त करने के लिए उन्होंने मैक्सिको और कोलंबिया के गेहूं की किस्मों के साथ जापान के गेहूं की विविध किस्मों का संकर तैयार किया। नव विकसित गेहूं की बौनी किस्मों को वर्ष 1962 में जारी किया गया था। वर्ष 1965 तक, मैक्सिको में गेहूं की प्रति एकड़ की उपज वर्ष 1950 में उपज के स्तर की तुलना में 400 प्रतिशत तक बढ़ गई।

भारत में हरित क्रांति के तीन मूल घटक निम्नानुसार हैं:

1. **कृषि योग्य भूमि का निरंतर विस्तार:** भारत में कृषि योग्य भूमि का विस्तार अनवरत जारी रहा, परंतु यह खाद्यान्न की बढ़ती मांग को पूरा करने के लिए पर्याप्त नहीं था। हालांकि यह हरित क्रांति की सबसे महत्त्वपूर्ण विशेषता नहीं थी, इसके बावजूद कृषि योग्य भूमि का विस्तार जारी रहा।

2. **मौजूदा कृषि योग्य भूमि में दो फसलों की खेती:** दो फसलों की खेती हरित क्रांति की सर्वप्रमुख विशेषता थी। देश में मानसून पर आधारित एक मौसम में एक फसल की पद्धति प्रचलित थी, जो हर साल वर्षा के मौसम में की जाती थी। अब प्रतिवर्ष दो फसलों का उत्पादन किया जाने लगा। सिंचाई के साधनों का बड़े पैमाने पर विस्तार होने के कारण यह संभव हो सका। कृषि के लिए पानी एकत्रित करने तथा वितरित करने के लिए कई बड़े बांधों एवं नहर आधारित सिंचाई प्रणाली का निर्माण किया गया, जिसका उपयोग जल-विद्युत उत्पादन में भी किया जाता था।

3. **आनुवंशिक रूप से उन्नत बीज का उपयोग:** भारतीय कृषि अनुसंधान परिषद ने मुख्य रूप से गेहूं, चावल, बाजरा एवं मक्के की उच्च उपज वाली किस्मों (एचवाईवी) के नए-नए बीजों को विकसित किया। गेहूं की के 68 किस्म, उच्च उपज वाली किस्मों में सर्वाधिक उल्लेखनीय है। इस किस्म को विकसित करने का श्रेय डॉ. एम.पी. सिंह को जाता है, जिन्हें भारतीय हरित क्रांति का नायक कहा जाता है।

इस प्रकार के मध्यवर्तन के परिणामस्वरूप खाद्यान्न उत्पादन के क्षेत्र में अपेक्षित परिणाम हासिल हुए; लेकिन इसके कुछ अप्रत्याशित और अवांछित परिणाम भी सामने आए। पर्यावरण पर पड़ने वाले दुष्प्रभावों सहित अन्य अवांछित परिणामों की जानकारी काफी देर से हुई। उदाहरण के लिए, संकर बीजों को गहन सिंचाई के साथ-साथ भारी मात्रा में अकार्बनिक उर्वरकों एवं कीटनाशकों की आवश्यकता होती है, जिसके चलते समय धीरे-धीरे मिट्टी में पोषक तत्वों की कमी, सतही एवं भूजल प्रदूषण, उत्पादन की लागत में वृद्धि तथा ग्रामीण समुदायों में आर्थिक एवं सामाजिक तौर पर विघटन जैसी कई समस्याएँ उत्पन्न होती हैं (पर्यावरण एवं समाज पर प्रभाव से संबंधित खंड में विस्तृत विवरण देखें)। रासायनिक उर्वरकों और कीटनाशकों के उपयोग का किसानों और ऐसे फसलों के उपभोक्ताओं, दोनों के स्वास्थ्य पर भी बुरा असर पड़ता है।

इसके कई अन्य दुष्परिणाम भी थे। ऐसा माना जाता है कि इस प्रक्रिया से उगाई गई फसलों में पोषक तत्वों (प्रोटीन, विटामिन, खनिज, आदि) की मात्रा, पारंपरिक तरीकों से उगाई गई फसलों में मौजूद पोषक तत्वों की तुलना में काफी कम होती है। हालांकि, इस समस्या के संबंध में वैज्ञानिकों द्वारा अभी तक गहन अनुसंधान नहीं किया गया है।

पर्यावरण एवं समाज पर प्रभाव: पर्यावरण एवं समाज पर हरित क्रांति के तेजी से ज्ञात होते जा रहे हैं और पंजाब में इसे अधिक स्पष्टता के साथ देखा जा सकता है, जहां से भारत में हरित क्रांति की शुरुआत हुई थी।

यह क्रांति किस हद तक हरित थी? पंजाब की कहानी: वास्तव में हरित क्रांति उन्नत बीज एवं बड़े पैमाने पर उर्वरकों के उपयोग पर आधारित थी। हरित क्रांति की शुरुआत के बाद से ही पंजाब में उर्वरक की खपत में तीस गुना वृद्धि हुई, क्योंकि नई किस्म के उन्नत बीजों के लिए अत्यधिक मात्रा में उर्वरकों की आवश्यकता थी। कुछ वर्षों तक पंजाब में बड़े पैमाने पर पैदावार के बाद, एनपीके (नाइट्रोजन-फास्फोरस-पोटैशियम) उर्वरक के पर्याप्त इस्तेमाल के बावजूद कई स्थानों से उत्पादन में निरंतर गिरावट की सूचना मिलने लगी। दरअसल पौधों एनपीके के अलावा भी अन्य पोषक तत्वों की आवश्यकता होती है। इनमें जस्ता, लोहा, तांबा, मैगनीज, मैग्नीशियम, मॉलब्डेनम, बोरॉन, आदि कई सूक्ष्म पोषक तत्व शामिल हैं। इन सूक्ष्म पोषक तत्वों में पंजाब में जस्ते की बड़े पैमाने पर कमी देखने को मिली। इसके परिणामस्वरूप, एनपीके के इस्तेमाल के बावजूद चावल और गेहूं के उत्पादन में वृद्धि नहीं हो पाई। वास्तव में, गेहूं और चावल की उत्पादकता अस्थिर है और पंजाब के ज्यादातर जिलों में भी इनके उत्पादन में गिरावट आई है।

हरित क्रांति के कारण पारिस्थितिक तंत्र में विभिन्न तत्वों के अवशेष की अतिरिक्त मात्रा के संचित होने से मिट्टी की विषाक्तता काफी बढ़ गई है। फ्लोराइड विषाक्तता इसका एक उदाहरण है, जो भारत के विभिन्न भागों में सिंचाई का अनपेक्षित परिणाम है। कुछ स्थानों पर, सिंचाई के लिए बड़े पैमाने पर भूजल निकासी के कारण जल स्तर काफी नीचे पहुंच गया और फ्लोराइड युक्त चट्टानों के संपर्क में आ गया, जिससे पानी में फ्लोराइड की मात्रा में वृद्धि हुई है, जो मानव उपभोग के लिए असुरक्षित माना जाता है।

भूमि उपयोग के तरीके में बदलाव: पंजाब में, भूमि के उपयोग के तरीके में काफी तेजी से बदलाव हुआ। हरित क्रांति की शुरुआत के बाद से, गेहूं उत्पादक क्षेत्र का आकार लगभग दोगुना हो गया, जबकि चावल उत्पादन क्षेत्र में पांच गुना वृद्धि हुई। इसी अवधि के दौरान, दालों (फलीदार पौधों) के उत्पादन क्षेत्र का आकार घटकर आधा रह गया। गेहूं और चावल को मृदा की उर्वरा शक्ति कम करने वाली फसल माना जाता है, जबकि दालों को मृदा की उर्वरा शक्ति बढ़ाने वाली फसल माना जाता है। फलीदार पौधों की खेती कम करने के कारण मिट्टी में प्राकृतिक तरीके से उर्वरा शक्ति वापस नहीं आ पाती है। गेहूं एवं चावल की फसलों के लगातार उत्पादन के कारण मिट्टी में पोषक तत्वों की स्पष्ट तौर पर कमी हो जाती है।

आनुवंशिक विविधता को होने वाला नुकसान: पारंपरिक कृषि पद्धतियों में फसल की विभिन्न किस्मों के उत्पादन को प्रोत्साहन दिया जाता है। हरित क्रांति ने आनुवंशिक विविधता को दो तरीकों से नुकसान पहुंचाया। सर्वप्रथम इसने चावल एवं गेहूं की तरह एक फसली कृषि को प्रोत्साहन दिया, जिसने मिश्रित कृषि तथा गेहूं, मक्का, बाजरा, दाल और तिलहन जैसे विविध फसलों के आवर्तन का स्थान ले लिया। दूसरा, चावल एवं गेहूं के साथ हरित क्रांति ने अनाज उत्पादन को अधिकतम करने के लिए विदेशी बौनी किस्मों से प्राप्त एकल किस्मों की खेती को प्रोत्साहित किया। गेहूं एवं चावल की विभिन्न देशी किस्मों को इसकी कीमत चुकानी पड़ी, जो अलग-अलग स्थानों की मिट्टी, पानी और जलवायु परिस्थितियों में उत्पादन के लिए अनुकूल थी। लाखों लोगों की खाद्य आवश्यकताओं को पूरा करने के लिए फसल की एक-दो किस्मों पर निर्भर रहना बेहद खतरनाक है। हरित क्रांति की शुरुआत के बाद से पंजाब में उगाई जाने वाली गेहूं की सभी किस्मों को बोरलॉग गेहूं की आनुवंशिक रूप से संकुचित किस्मों से जबकि चावल की सभी किस्मों को अंतर्राष्ट्रीय चावल अनुसंधान संस्थान (आईआरआरआई) से प्राप्त किया गया। इससे फसल विभिन्न प्रकार की बीमारियों एवं अन्य प्रतिकूल प्राकृतिक परिस्थितियों के प्रकोप से बचने के लिहाज से अधिक असुरक्षित हो जाती है।

रबी के मौसम में गेहूं तथा खरीफ के मौसम में चावल के उत्पादन को देखते हुए पंजाब में फसल उत्पादन पद्धति में एक बड़ा बदलाव दिखाई देता है। गेहूं के उत्पादन क्षेत्र में वृद्धि की कीमत चना, जौ, तोरिया और सरसों को चुकानी पड़ी, जिसे आमतौर पर गेहूं की पारंपरिक किस्मों के साथ मिश्रित फसल के रूप में बोया जाता था। इसी प्रकार, चावल उत्पादन क्षेत्र में वृद्धि की कीमत मक्का के अलावा मूंग और मसूर जैसी खरीफ दलहनी फसलों, मूंगफली, हरे चारे और कपास को चुकानी पड़ी। फलीदार पौधों के स्थान

पर चावल उत्पादन के कारण नाइट्रोजन स्थिरीकरण बेहद कठिन हो गया और धान के लिए भारी मात्रा में कृत्रिम उर्वरकों का उपयोग किया जाने लगा। इसके अलावा, इस प्रकार के अभ्यास से विभिन्न खाद्य फसलों में पोषक तत्वों की मात्रा सीमित रह जाती है।

सिंचाई से संबंधित समस्याएँ: गहन सिंचाई हरित क्रांति का एक प्रमुख घटक है। हरित क्रांति ने दो स्तरों पर सिंचाई के पानी की आवश्यकता को बढ़ा दिया। सर्वप्रथम, यह बाजरा एवं तिलहन जैसे कम पानी की आवश्यकता वाले फसलों के स्थान पर अधिक पानी की आवश्यकता वाले फसलों के उत्पादन को प्रोत्साहन देता है, जिसके अंतर्गत एकल फसल का उत्पादन तथा गेहूं एवं चावल की बहु-फसल शामिल है। इसके लिए वर्ष भर पर्याप्त मात्रा में पानी आवश्यक है। दूसरा, हरित क्रांति द्वारा प्रोत्साहित की जाने वाली फसल की किस्मों को स्वदेशी किस्मों की तुलना में अधिक पानी की आवश्यकता होती है। उदाहरण के तौर पर, उच्च उपज वाली गेहूं की किस्मों को पारंपरिक किस्मों की तुलना में तीन गुना अधिक सिंचाई की आवश्यकता होती है।

पानी की बढ़ती मांग के कारण पंजाब के भूजल संसाधनों पर दबाव काफी बढ़ गया है। पंजाब के नब्बे प्रतिशत भूजल का इस्तेमाल कृषि में किया जाता है। यह राष्ट्रीय औसत से 20 प्रतिशत अधिक है। अनुसंधान से पता चलता है कि, कृषि के लिए इस्तेमाल किए गए हर 3 लीटर भूजल की तुलना में केवल 1 लीटर भूजल का पुनर्भरण संभव हो पाता है।

अतिरिक्त पानी की निकासी व्यवस्था पर विचार किए बिना सिंचाई करना बेहद खतरनाक साबित हो सकता है। अगर जल स्तर जमीन की सतह से 1.5 से 2.1 मीटर नीचे हो, तो भूमि पर जलभराव की समस्या उत्पन्न हो जाती है। यदि पानी के निकासी की दर, इसके अवशोषण की दर से कम हो तो जलस्तर भी ऊपर पहुंच जाता है। जलभराव से एक अन्य समस्या जन्म लेती है - लवणन (लवण की मात्रा में वृद्धि)। कम वर्षा वाले क्षेत्रों में, मिट्टी में लवण की बड़ी मात्रा मौजूद होती है। अत्यधिक सिंचाई के कारण यह लवण भूमि की सतह पर आ जाता है और पानी के वाष्पीकरण के बाद इसके अपशिष्ट सतह पर बच जाते हैं। यह मिट्टी की ऊपरी परत में लवण को एकत्रित भी कर सकता है। इस प्रकार मिट्टी में अत्यधिक मात्रा में लवण का निर्माण होता है, जिसे लवणन कहा जाता है। लवणन से मिट्टी की उत्पादकता काफी कम हो जाती है और लवण की मात्रा अत्यधिक हो जाने पर जमीन बंजर हो जाती है। इन दोनों स्थितियों, जलभराव और लवणन, के परिणामस्वरूप मरुस्थलीकरण की स्थिति उत्पन्न होती है। हरित क्रांति की खेती को संभव बनाने के लिए पंजाब की उपजाऊ जमीन पर अत्यधिक सिंचाई की जाने लगी, जिससे अब इसपर मरुस्थलीकरण का खतरा मंडराने लगा है।

असमानता में बड़े पैमाने पर वृद्धि: हरित क्रांति पर आधारित कृषि के लिए भारी मात्रा में निवेश एवं प्रौद्योगिकियों की आवश्यकता होती है, जैसे कि नए बीज, अधिक उर्वरक एवं कीटनाशक, ट्रैक्टर एवं अन्य कृषि मशीनरी, तथा सिंचाई। पारंपरिक तरीके से की जाने वाली खेती में कृषि पर निवेश हेतु व्यय नहीं करना पड़ता था, या स्थानीय स्तर पर गैर-मौद्रिक तरीकों से प्राप्त करना संभव था, या ज्यादातर किसानों द्वारा सस्ती कीमत पर उपलब्ध कराया जाता था। लेकिन इस तरह के निवेश को बाजार से खरीदना आवश्यक था, और गरीब किसानों के लिए इसके व्यय का वहन करना कठिन हो गया। इसलिए मौजूदा असमानता में वृद्धि हुई।

हरित क्रांति पर आधारित कृषि में प्रौद्योगिकी के उपयोग हेतु बड़े आकार के भूखंड आवश्यक थे, जिसके बिना खेती पर किए जाने वाले इस प्रकार के निवेश का कोई औचित्य नहीं था। उदाहरण के लिए, छोटे आकार के भूखंड पर ट्रैक्टर का उपयोग करना आर्थिक रूप से व्यवहार्य नहीं है। इसके परिणामस्वरूप, छोटे भूखंडों और कम पूंजी वाले किसान, बड़े आकार के भूखंड वाले किसानों के साथ प्रतिस्पर्धा करने में असमर्थ थे। उदाहरण के लिए, पंजाब में 5 एकड़ तक की भूमि वाले छोटे किसान 48.5 प्रतिशत हैं। वर्ष 1974 के आसपास पंजाब का हर छोटा किसान आर्थिक रूप से नुकसान झेल रहा था, जबकि 5 से 10 एकड़ के बीच जमीन वाले किसानों को लाभ हो रहा था। ऐसी स्थिति में छोटे किसान अपनी जमीन को बनाए रखने में असमर्थ हो गए और उन्होंने इसे बड़े किसानों को बेच दिया। वर्ष 1970 से 1980 के बीच, इस आर्थिक गैर-व्यवहार्यता के कारण पंजाब में छोटे किसानों की संख्या में 25 प्रतिशत तक की कमी आई। नए भूमिहीन किसानों में से कुछ लोग अधिक संपन्न किसानों के लिए काम करने वाले कृषि मजदूर बन गए।

अतीत पर नजर डालने से ऐसा प्रतीत होता है कि, हरित क्रांति से समाज का प्रत्येक वर्ग समान रूप से लाभान्वित नहीं हुआ था। बड़े आकार के भूखंड, सिंचाई की सुविधा, उर्वरक एवं कीटनाशकों पर अत्यधिक निवेश तथा गहन सिंचाई की आवश्यकता के कारण हरित क्रांति का लाभ केवल कुछ विशेष फसलों, चुनिंदा इलाकों एवं बड़े किसानों को हुआ। इस प्रकार सभी के लिए वरदान साबित होने के बजाए, हरित क्रांति ने ग्रामीण समाज की असमानता को और बढ़ा दिया।

अंतर्राष्ट्रीय चावल अनुसंधान संस्थान (आईआरआरआई) के नवीनतम अध्ययन एवं शोध से पता चलता है कि, हरित क्रांति के बाद कई देशों में चावल की उपज में गिरावट आ गई है, और जनसंख्या वृद्धि के अनुरूप उत्पादन की दर में वृद्धि नहीं हुई है। खाद्यानों की प्रति हेक्टेयर उत्पादकता में गिरावट आई है: यह वर्ष 1967–82 की अवधि में 2.2 प्रतिशत से घटकर 1980 एवं 1990 के दशक के दौरान 1.5 प्रतिशत रह गया। जनसंख्या विस्फोट एवं पर्यावरण के स्तर में गिरावट के साथ मिलकर इन प्रवृत्तियों ने पहले से ही 40 प्रतिशत कृषि भूमि को प्रभावित किया है, जबकि वन्य क्षेत्र में भी 20 से 30 प्रतिशत की कमी आई है। इन तथ्यों से यह स्पष्ट है कि कृषि को अधिक उत्पादक बनाए जाने की आवश्यकता है, साथ ही इसके प्रतिकूल प्रभाव को न्यूनतम करने पर भी ध्यान दिया जाना चाहिए।

कृषि एवं पर्यावरण

कुछ तथ्यों पर एक नज़र

- भारत में लगभग 60 प्रतिशत कृषि योग्य भूमि मृदा अपरदन, जलभराव एवं लवणता की मात्रा में वृद्धि की समस्याओं से ग्रस्त है।
- यह अनुमान लगाया गया है कि, मृदा अपरदन के परिणामस्वरूप प्रतिवर्ष 4.7 से लेकर 12 बिलियन टन ऊपरी मिट्टी का ह्रास होता है।
- लगभग 30 मिलियन हेक्टेयर भंगुर भूमि को खेती योग्य बनाया गया है, जिसका स्तर लगातार गिरता जा रहा है।
- हमारे पशुओं को प्रतिवर्ष 932 मिलियन टन हरे चारे और 750 मिलियन टन सूखे चारे की आवश्यकता होती है। लेकिन इनकी उपलब्धता क्रमशः 250 और 414 मिलियन टन है। अपर्याप्त चारे से पशुधन की उत्पादकता एवं स्वास्थ्य पर भी बुरा असर पड़ता है।

आधुनिक कृषि प्रणालियों में किये जाने वाले निवेश, प्रक्रिया और परिणाम ने हमारे पर्यावरण को कई तरीकों से प्रभावित किया है। पर्यावरण पर प्रभाव डालने वाले कुछ कारकों पर यहां चर्चा की गई है।

उर्वरक

पौधों के विकास में मदद करने वाले पोषक तत्वों के साथ मिट्टी की उर्वरता बढ़ाने के लिए उर्वरकों का उपयोग किया जाता है। उर्वरक कई प्रकार के होते हैं और मिट्टी को विभिन्न प्रकार के पोषक तत्व प्रदान करते हैं। उर्वरकों को मोटे तौर पर दो समूहों में विभाजित किया जा सकता है — जैविक खाद और रासायनिक उर्वरक।

जैव उर्वरक प्राकृतिक होते हैं; उदाहरण के लिए, गाय का गोबर और वानस्पतिक खाद। वे प्राकृतिक घटकों से बने होते हैं और जैव-निम्नीकरणीय होते हैं। पारंपरिक कृषि में जैव उर्वरकों का उपयोग किया जाता है।

रासायनिक उर्वरकों का निर्माण कारखानों में किया जाता है, और इन्हें बाजार में बेचा जाता है। इस प्रकार के उर्वरक फसल की पैदावार बढ़ाने में मददगार साबित होते हैं, लेकिन उनके लंबे समय तक उपयोग से मिट्टी के स्वास्थ्य पर हानिकारक प्रभाव पड़ सकता है। खेतों में उर्वरकों की आवश्यकता से अधिक मात्रा बारिश के पानी के जरिए तालाबों, झीलों और नदियों तक पहुंच जाती

है। पानी के साथ बहकर आने वाले उर्वरक तालाब, झील और नदी में शैवाल की वृद्धि को तेज करते हैं। जब ये शैवाल मरते हैं और अपघटित होते हैं, तो इस प्रक्रिया में जल में घुलनशील ऑक्सीजन की मात्रा काफी कम होने लगती है जो जलीय जीवन के लिए अत्यंत महत्त्वपूर्ण है। ऑक्सीजन की मात्रा कम होने से मछली सहित जलीय जीवन को नुकसान पहुंच सकता है या इनकी मृत्यु हो सकती है। इस घटना को सुपोषण के रूप में जाना जाता है। रासायनिक उर्वरक पानी में घुल जाते हैं और मिट्टी के जरिए रिसकर भूजल के स्रोत तक पहुंचते हैं और फिर नाइट्रोजन की मात्रा बढ़ाकर भूजल को प्रदूषित करते हैं।

जैव उर्वरक

रासायनिक उर्वरक का गहन उपयोग न केवल महंगा है, बल्कि नदियों एवं मिट्टी जैसे प्राकृतिक संसाधनों पर भी इसका हानिकारक प्रभाव पड़ता है। खेतों से बहकर आने वाले रसायन पानी और मिट्टी को प्रदूषित करते हैं। ऐसी स्थिति में इसके विकल्प की तलाश आवश्यक है। जैव उर्वरक इसका एक विकल्प है। वे नाइट्रोजन के स्थिरीकरण एवं फॉस्फेट के विलेयीकरण (घुलाना) में सक्षम होते हैं, साथ ही इसमें सेल्यूलोज को अपघटित करने वाले सूक्ष्मजीव भी होते हैं। जब बीज या मिट्टी पर इनका प्रयोग किया जाता है, तब पौधों को उपयुक्त मात्रा में पोषक तत्व मिलते हैं तथा रासायनिक उर्वरकों के अत्यधिक प्रयोग से होने वाले नुकसान में भी कमी आती है। इस प्रकार यह पर्यावरण-अनुकूल, आर्थिक रूप से व्यवहार्य और सामाजिक तौर पर स्वीकार्य माध्यम है। इसमें राइज़ोबियम और एज़ोटोबैक्टर भी मौजूद होते हैं।

राइज़ोबियम जैव-उर्वरक के सबसे महत्त्वपूर्ण घटक होते हैं, जो फलीदार पौधों पर गांठ बनाकर वायुमंडलीय नाइट्रोजन का स्थिरीकरण करते हैं और इसे अमोनिया में बदल देते हैं। एज़ोटोबैक्टर गैर-सहजीवी सूक्ष्मजीव होते हैं। वे पौधों की वृद्धि में सहायता करने वाले तत्वों एवं रसायनों का उत्पादन करते हैं, जो जड़ में रोग पैदा करने वाले कारकों को दूर करते हैं। एज़ोटोबैक्टर की प्रतिक्रिया मिट्टी में मौजूद कार्बनिक पदार्थ की मात्रा पर निर्भर करती है। *(इंडियन फार्मर्स डाइजेस्ट, मई 2001)*

कीटनाशक

फसल के विकास में बाधा पहुंचाने वाले कुछ प्रजातियों को मारने या अवांछित फफूँद, कीटों अथवा खरपतवार की रोकथाम के लिए कीटनाशकों का उपयोग किया जाता है, क्योंकि वे फसलों को नुकसान पहुंचाते हैं। उदाहरण के लिए, कुछ कीड़े फसलों को खा जाते हैं जिन्हें कीट कहा जाता है; जबकि मधुमक्खी जैसे कुछ कीड़े फायदेमंद होते हैं, क्योंकि वे पौधों के परागण में सहायक होते हैं। आमतौर पर, फसलों के बीच उगने वाले बेकार के पौधों को खरपतवार कहते हैं। नियंत्रित किए जाने वाले कीटों अथवा पौधों की प्रजातियों के आधार पर कीटनाशकों को कई श्रेणियों में विभाजित किया जा सकता है।

कीट-पतंगों को मारकर उनकी आबादी को नियंत्रित करने के लिए कीटनाशकों का उपयोग किया जाता है। अवांछित फफूँद, जो पौधों को कमजोर कर सकते हैं या फलों को नष्ट कर सकते हैं, उन्हें फफूँदनाशी की मदद से नियंत्रित किया जाता है। कुतरने वाले जीवों और चूहों को कृंतकनाशी द्वारा मारा जाता है। हानिकारक पौधों को शाकनाशी द्वारा नियंत्रित किया जाता है।

एक आदर्श कीटनाशक केवल विशिष्ट प्रकार के कीटों (लक्षित जीव) की वृद्धि को कम करता है या उन्हें मारता है, जो समस्या उत्पन्न करते हैं। हालाँकि, ज्यादातर कीटनाशक विशिष्ट नहीं होते हैं और विभिन्न प्रकार के गैर-लक्षित जीवों को भी मार देते हैं। उदाहरण के लिए, अधिकांश कीटनाशक कीटों की लाभदायक एवं हानिकारक दोनों प्रजातियों को मारते हैं; कृंतकनाशी कुतरने वाले जीवों के साथ-साथ अन्य जानवरों के साथ-साथ कृन्तकों को भी मारता है; जबकि ज्यादातर शाकनाशी विभिन्न प्रजातियों के पौधों को मार देते हैं, जिसमें नुकसानदेह एवं गैर-नुकसानदेह प्रजातियों के पौधे भी शामिल हैं। विभिन्न प्रकार के कीड़ों की 1,000 से अधिक प्रजातियों में कुछ ही कीट हानिकारक होते हैं, लेकिन कीटनाशकों की मदद से सभी का सफाया किया जाता है। कीटनाशक मेंढक, सांप और पक्षियों जैसी अन्य प्रजातियों को भी प्रतिकूल रूप से प्रभावित करते हैं, जो कुदरती तौर पर कीट नियंत्रक का काम

करते हैं। वे केंचुओं को भी नष्ट कर देते हैं, जो कृषि के लिए बेहद फायदेमंद होते हैं। इसके अलावा, लंबे समय तक कीटनाशकों के संपर्क में रहने से मनुष्य एवं जानवरों के स्वास्थ्य को नुकसान पहुंच सकता है। इस प्रकार, कीटनाशक सिर्फ कीटों को नहीं मारते हैं, बल्कि वे मनुष्यों सहित कई तरह की जीवित प्राणियों को भी मार सकते हैं।

कीटनाशक प्रदूषण

हरित क्रांति के उत्साहजनक परिणामों का अनुभव करने के बाद, भारत अब मिट्टी में बड़े पैमाने पर उपयोग किए जाने वाले रासायनिक उर्वरकों एवं कीटनाशकों के अवशिष्ट प्रभावों से जूझ रहा है।

1980 से 1990 के दशक में भारत में कीटनाशकों के उपयोग में लगभग बीस गुना वृद्धि हुई, जो 6 मिलियन हेक्टेयर से बढ़कर 125 मिलियन हेक्टेयर तक पहुंच गई। 1990 के दशक की शुरुआत में लगभग 75,000 मीट्रिक टन की उच्च वार्षिक खपत के बाद, एकीकृत कीट प्रबंधन (आईपीएम) के रूप में मध्यवर्तन किया जाने लगा, जिसके बाद भारत में कीटनाशकों के उपयोग में गिरावट की प्रवृत्ति दिखाई देने लगी।

दिलचस्प बात यह है कि, वैश्विक औसत की तुलना में भारत में प्रति हेक्टेयर कीटनाशकों की खपत काफी कम है - अर्थात् कोरिया के प्रति हेक्टेयर 6.6 किलोग्राम और जापान के प्रति हेक्टेयर 12.0 किलोग्राम की तुलना में यहां प्रति हेक्टेयर 0.5 किलोग्राम कीटनाशकों का उपयोग होता है।

भारत में कीटनाशकों के अपेक्षाकृत कम उपयोग के बावजूद, देश में खाद्य उत्पादों में प्रदूषण का स्तर काफी खतरनाक हो चुका है। लगभग 20 प्रतिशत भारतीय खाद्य उत्पादों में कीटनाशकों के अवशेष मौजूद होते हैं, जो 2 प्रतिशत की वैश्विक सहाता सीमा से काफी ऊपर है। विश्व स्तर पर 80 प्रतिशत खाद्य उत्पादों की तुलना में केवल 49 प्रतिशत भारतीय खाद्य उत्पादों में किसी प्रकार का अवशिष्ट नहीं पाया जाता है। (http://www.teri.res.in/teriin/news/terivsn/issue31/pesticid.htm.)

लंबी समयावधि तक उपयोग किए जाने के बाद कीटनाशक का असर धीरे-धीरे कम होने लगता है। कीड़ों, पौधों, रोगाणुओं, कशेरुकी जीवों और कुछ हद तक खरपतवार में कीटनाशकों के प्रतिरोध के मामलों की संख्या काफी बढ़ गई है, जो एक चिंताजनक स्थिति है। उदाहरण के लिए, वर्ष 1938 में केवल सात प्रजातियाँ डीडीटी का प्रतिरोध करने में सक्षम थी, और यह संख्या आज बढ़कर 447 तक पहुंच गई है। ये सभी प्रजातियाँ लगभग सभी प्रमुख वर्गों के कीटनाशकों का प्रतिरोध करने में सक्षम हैं।

भारत में, नियमित तौर पर इस्तेमाल किए जाने वाले 133 कीटनाशकों में से 34 को कुछ देशों में प्रतिबंधित या सीमित कर दिया गया है, परंतु इनका आज भी यहां धड़ल्ले से उपयोग हो रहा है। डीडीटी और बेंजीन हेक्साक्लोराइड की तरह खतरनाक कीटनाशकों में से कुछ कैंसर पैदा करने में सक्षम है। भारत में इनके उपयोग को प्रतिबंधित किए जाने के बावजूद इनका इस्तेमाल जारी है और ये निरंतर जलाशयों तक पहुंच रहे हैं। ऐसा माना जाता है कि, डीडीटी जैसे कीटनाशकों के अत्यधिक संचय के परिणामस्वरूप पक्षियों के अंडे का आवरण सामान्य से काफी पतला हो जाता है। जब पक्षी इन अंडों को सेने के लिए इनपर बैठते हैं, तो ये अंडे टूट जाते हैं और अंदर विकसित होने वाले चूजे की मौत हो जाती है। इस प्रकार के प्रदूषण से बाज़, गिद्ध और मछलियों का भक्षण करने वाले अन्य पक्षी विशेष रूप से प्रभावित होते हैं।

खेतों में मौजूद कीटनाशक बारिश के पानी के साथ बहकर स्थानीय नदियों या झीलों में प्रवेश करते हैं। नहाने, धोने एवं अन्य कार्यों में इस प्रकार के पानी का उपयोग करने वाले लोग स्पष्ट रूप से प्रभावित होते हैं।

कीटनाशक उन किसानों के स्वास्थ्य को भी प्रभावित करते हैं, जो उनका इस्तेमाल करते हैं। वे शरीर में त्वचा एवं आंखों या नाक एवं मुंह के माध्यम से थोड़ी मात्रा में प्रवेश कर सकते हैं। पंजाब में, जिन क्षेत्रों में बड़े पैमाने पर उर्वरकों एवं कीटनाशकों का इस्तेमाल किया जाता था, वहां महिलाओं के स्तन-दुग्ध के नमूने एकत्रित किए गए, जिसमें कीटनाशकों की मात्रा काफी पाई गई।

जैव-कीटनाशक

जैविक कीट नियंत्रण, कीटों को नियंत्रित करने की एक ऐसी विधि है जिसमें कीटों को उनके प्राकृतिक शत्रुओं की मदद से नियंत्रित किया जाता है, जिसके अंतर्गत विभिन्न प्रकार के पक्षी, मकड़ियाँ, घुन, फफूँद, जीवाणु, विषाणु या पौधे शामिल हैं। इनके कुछ उदाहरणों पर नीचे चर्चा की गई है।

धान के खेतों में किसान बांस के डंठल लगा देते हैं, ताकि शिकारी पक्षी उस पर बैठ सकें और धान के पौधों पर मौजूद हानिकारक कीटों को अपना भोजन बना सकें। तेलंगाना, आंध्र प्रदेश में किसान दीपावली और संक्रांति के दौरान खेतों में थोड़ी मात्रा में आग जलाते हैं, ताकि उड़ने वाले कीट-पतंगे आग में जलकर नष्ट हो जाएँ। नीम में कई प्रकार के रसायन होते हैं जिसमें अज़ाडिर्चिन भी शामिल हैं, जो कई महत्त्वपूर्ण कीटों के प्रजनन एवं पाचन प्रक्रियाओं को प्रभावित करने में सक्षम है। नीम कीट-प्रतिकर्षक और कीट-रोधी के रूप में भी काम करता है, और इसका तेल पत्तों पर पड़ने वाली गांठ /इसमें होने वाले छेद, ऐफिड और इल्ली के खिलाफ प्रभावी है। पर्यावरण के लिए सुरक्षित होने के अलावा नीम कई प्रकार के कीड़ों की रोकथाम के लिए प्रभावी है। माना जाता है कि, नीम से लगभग 200 प्रजातियों के कीटों को नियंत्रित किया जा सकता है।

जैविक नियंत्रण के तरीके बाहरी कारकों, जैसे कि जलवायु, फसल के प्रकार, भूखंड के आकार आदि के प्रति संवेदनशील होते हैं। कृषि के लिए जैविक नियंत्रण कोई नई बात नहीं है। आरंभिक किसानों ने फसल चक्रण और जैविक खाद के उपयोग के माध्यम से जैविक नियंत्रण के तरीकों को अपनाया। इसके अलावा कई अन्य पारंपरिक तरीकों की मदद से रोगाणुओं को जैविक तरीके से नष्ट करने के लिए पर्याप्त समय और अवसर देकर फसल के रोगों को प्रभावी तरीके से नियंत्रित करते हैं।

आनुवंशिक विविधता

कृषि के तरीके फसली पौधों एवं पशुओं की आनुवंशिक विविधता से प्रभावित होते हैं तथा इन्हें प्रभावित भी करते हैं। यह विविधता फसली पौधों एवं पशुओं की संख्या, इनकी अलग-अलग किस्मों और परिवर्तनशीलता को दर्शाती है। इनमें फसलों एवं पशुओं की पारंपरिक और आधुनिक किस्में, उनके जंगली संबंधी तथा अन्य जंगली प्रजातियाँ शामिल हैं, जिनका इस्तेमाल मौजूदा समय के साथ-साथ भविष्य में भी खाद्य एवं कृषि कार्यों में किया जा सकता है। कृषि के संरक्षण एवं संवर्धन हेतु आनुवंशिक विविधता महत्त्वपूर्ण है।

फसलों की आनुवंशिक विविधता का महत्त्व: केवल 30 प्रकार के फसल पूरी दुनिया को भोजन उपलब्ध कराते हैं। इन फसलों से 95 प्रतिशत आहार ऊर्जा (कैलोरी) या प्रोटीन की प्राप्ति होती है। विश्व स्तर पर पौधों से मिलने वाली ऊर्जा का आधा हिस्सा गेहूं, चावल और मक्का से प्राप्त होता है। इसके अलावा ज्वार, बाजरा, आलू, शकरकन्द, सोयाबीन और चीनी (गन्ना / चुकंदर) छह ऐसी फसल हैं, जिन्हें शामिल करने के बाद ऊर्जा के सेवन में पौधों का योगदान 75 प्रतिशत हो जाता है।

हालांकि विश्व की ज्यादातर आबादी को ऊर्जा एवं प्रोटीन की आपूर्ति करने वाले पौधों की प्रजातियों की संख्या सीमित है, परंतु इन प्रजातियों की विविधता का स्तर काफी व्यापक है। उदाहरण के लिए, एक अनुमान के अनुसार चावल की प्रजातियों (ओराय्ज़ा सैटिवा) की 100,000 अलग-अलग किस्में हैं। चावल की उत्पत्ति भारत में हुई और यहां से पूरे एशिया में इसका प्रसार हुआ। चावल को ऐसे स्थानों पर भी उगाया जाता है जहां अन्य खाद्य फसलों की खेती करना अत्यंत कठिन है। ऐसा इसलिए संभव हो पाता है क्योंकि चावल के पौधे में आनुवंशिक रूप से स्वयं को स्थानीय पर्यावरण के अनुकूल ढालने की क्षमता होती है। एक प्रसिद्ध चावल वैज्ञानिक, डॉ. रिचेरिया के अनुसार, वैदिक काल के दौरान भारत में चावल की 400,000 किस्में मौजूद थी। आज भी भारत में चावल की 200,000 किस्में मौजूद हैं। इसका मतलब यह है कि, अगर कोई व्यक्ति सालों भर प्रतिदिन चावल की एक नई किस्म खाए, तो वह 500 वर्षों से अधिक समय तक हर दिन एक नई किस्म के चावल का उपयोग कर सकता है! यह एक प्रजाति के भीतर आनुवंशिक विविधता का महत्त्व है।

फसलों की इस आश्चर्यजनक विविधता के आधार पर उनके वर्गीकरण में मदद मिलती है। आमतौर पर, फसल की किस्मों को आधुनिक किस्मों और किसानों की किस्मों में वर्गीकृत किया जा सकता है। आधुनिक किस्में, निजी कंपनियों या सार्वजनिक-वित्त

तालिका 7.1

भारत में कृषि फसलों की विविधता

समूह	प्रजातियों की संख्या
अनाज और बाजरा	51
फल	104
मसाले	27
सब्जियाँ एवं दालें	55
रेशेदार फसल	24
तिलहन	12

पोषित अनुसंधान संस्थानों में पौधों के पेशेवर प्रजनकों द्वारा तैयार किए गए उत्पाद हैं। आमतौर पर इस प्रकार की किस्मों को उच्च उपज देने वाली किस्म (एचवाईवी) कहा जाता है। सामान्यतः इनमें आनुवंशिक एकरूपता का स्तर काफी उच्च होता है। दूसरी ओर, किसानों की किस्में ऐसे उत्पाद हैं जिनका संवर्धन एवं चयन किसानों द्वारा कई पीढ़ियों से किया जाता रहा है। किसानों की किस्में आनुवंशिक रूप से समान नहीं होते हैं और इनमें बड़े पैमाने पर आनुवंशिक विविधता पाई जाती है। इस आनुवंशिक विविधता के कारण, किसानों की किस्मों के संरक्षण के प्रयासों पर काफी बल दिया जा रहा है।

आनुवंशिक विविधता से खेती के तरीकों को स्थायित्व मिलता है। इससे किसान अपनी पारिस्थितिक जरूरतों, संस्कृति एवं परंपराओं के अनुकूल फसलों का चयन कर सकते हैं। यह कठिन परिस्थितियों में उन्हें आत्मनिर्भरता और सुरक्षा प्रदान करता है। किसी विशेष फसल या किस्म की अच्छी उपज नहीं होने की क्षतिपूर्ति अन्य फसलों या किस्मों की उपज से की जाती है। आनुवंशिक विविधता वास्तव में भविष्य की प्रतिकूल परिस्थितियों के खिलाफ एक बीमा है। हालाँकि हम आज आनुवंशिक संसाधनों के संभावित उपयोग से अवगत नहीं हैं, लेकिन भविष्य में हम इसके कई लाभों से परिचित हो सकते हैं, जैसे कि नए रोगों के प्रतिरोध की क्षमता अथवा जलवायु में परिवर्तन के प्रति अनुकूलन की क्षमता, इत्यादि।

आनुवंशिक विविधता एक ऐसी संभावित मूल्यवान निधि का प्रतिनिधित्व करती है, जिससे लोग अब तक अपरिचित हैं। इसके कारण वन्य पारिस्थितिक तंत्र और पारंपरिक खेती, दोनों प्रणालियों का अस्तित्व बरकरार है क्योंकि प्राकृतिक परिवेश के पौधों में नए और मूल्यवान आनुवंशिक विशेषताओं को शामिल करने एवं विकसित करने की संभावनाएँ मौजूद हैं। उदाहरण के लिए, जंगली ब्राजील कैसावा के जीनों से प्राप्त रोग प्रतिरोधक क्षमता के कारण भारत में कैसावा की पैदावार 18 गुना बढ़ गई है।

तालिका 7.2

भारत में घरेलू मवेशियों की विविध नस्लें

समूह	प्रजातियों की संख्या
मवेशी	30
भेड़	40
बकरी	20
ऊंट	8
घोड़ा	6
गदहा (गधा)	2
मुर्गी	18

मवेशियों की आनुवंशिक विविधता: आधुनिक खेती में उत्पादकता को बढ़ाने पर पूरा ध्यान दिया जाता है। एक ही दिशा में ध्यान केंद्रित किए जाने के कारण विभिन्न नस्लों की अन्य विशेषताओं को वाले पशुओं को नजरअंदाज करते हुए कुछ पशुओं के चयन को प्रोत्साहन मिला है। किसी खास विशेषता को ध्यान में रखते हुए चुना गया यह संकुचित आनुवंशिक आधार, अन्य स्थानीय परिस्थितियों में पूरी तरह से अनुपयुक्त हो सकता है, जैसे कि सूखे का सामना करने की क्षमता, या बीमारी जैसी किसी संभावित समस्या से निपटने की क्षमता। एक व्यापक आनुवंशिक आधार विभिन्न परिस्थितियों में संवहनीय पशुपालन को संभव बनाता है।

आनुवंशिक रूप से संशोधित जीव (जीएमओ): भारतीय कृषि के लिए अभिशाप या वरदान?

जब से विश्व व्यापार संगठन (डब्ल्यूटीओ) के कृषि समझौते पर भारत में बहस शुरू हुई, किसानों के अस्तित्व की रक्षा के लिए कृषि उत्पादकता में वृद्धि एवं खाद्य गुणवत्ता में सुधार को जोर-शोर से आगे लाने का काम शुरू हो गया। इसमें आनुवंशिक रूप से संशोधित जीवों (जीएमओ) के माध्यम से फसल उत्पादकता में सुधार को प्रोत्साहित किया जाने लगा है।

जीएमओ भारतीय कृषि के लिए कई तरह से वरदान साबित हो सकता है। बीमारियों के हमलों (महंगे एवं खतरनाक कीटनाशकों के उपयोग को कम या उपयोग बंद करते हुए) की रोकथाम तथा प्रतिकूल अजैविक कारकों से सुरक्षा को देखते हुए आनुवंशिक रूप से परिष्कृत बीजों के विकास से फसल के नुकसान को काफी हद तक कम किया जा सकता है। चूंकि भारत में कृषि विस्तार के लिए उपलब्ध कृषि योग्य भूमि सीमित है, ऐसी स्थिति में पौधों की सह्यता सीमा को बढ़ाकर अनुर्वर भूमि पर भी खेती की जा सकती है। इसके अलावा फलों और सब्जियों को लंबे समय तक सुरक्षित रखने में भी मदद मिल सकती है। मानव और पशुओं के स्वास्थ्य को आनुवंशिक रूप से संशोधित एवं बेहतर पौष्टिक गुणवत्ता वाले फसलों तथा खाद्य टीके एवं अन्य औषधीय उत्पादों के माध्यम से बेहतर किया जा सकता है।

हालाँकि, जीएमओ को मानव स्वास्थ्य एवं पर्यावरण के लिए संभावित खतरे के तौर पर भी देखा जाता है। आनुवंशिक रूप से संशोधित फसलों की सुरक्षा के बारे में उठाए गए प्रश्नों पर गंभीरतापूर्वक विचार किया जाना चाहिए। कॉर्नेल विश्वविद्यालय की रिपोर्ट से पता चला है कि, आनुवंशिक रूप से संशोधित मक्के की फसल के परागकणों का सेवन करने वाली तितलियों की विकास दर धीमी हो गई एवं मृत्यु दर अधिक हो गई। स्विटज़रलैंड के वैज्ञानिकों ने भी यह दिखाया है कि, संकर किस्म के मक्के के उत्पादक क्षेत्रों में जैविक तरीके से कीटों को नियंत्रित करने वाले कीड़े, जो कृषि के लिए फायदेमंद होते हैं, गंभीर रूप से प्रभावित हुए हैं। दोनों मामलों में मक्के की बीटी किस्म को इसका दोषी पाया गया। यह आनुवंशिक तौर पर परिष्कृत मक्के की एक किस्म है, जिसमें रोग प्रतिरोधक क्षमता का ठीक उसी प्रकार विकास किया गया है जैसे कि भारत में मोनसेंटो द्वारा लगाए गए बदनाम बीटी कपास में किया गया था।

मानव खाद्य श्रृंखला में जीएमओ का समावेश एक बड़ा मुद्दा है और वैज्ञानिकों, शोधकर्ताओं, नीति निर्माताओं, गैर-सरकारी संगठनों, प्रगतिशील किसानों, उद्योगपतियों तथा सरकार के प्रतिनिधियों को इस संदर्भ में सार्वजनिक मंच पर चर्चा करनी चाहिए।

दो प्रमुख प्रश्नों पर परिचर्चा नितांत आवश्यक है:

1. क्या आनुवंशिक रूप से संशोधित जीव (जीएमओ) मानव और पर्यावरण के लिए सुरक्षित हैं?
2. क्या जीएमओ भारतीय किसानों को उत्पादकता में सुधार लाने तथा उन्हें गरीबी के दुष्चक्र से बाहर निकालने में मदद करेगा?

(www.envirodebate.net, 8 दिसंबर 2003 को देखा गया)

संवहनीय कृषि क्या है?

पारिस्थितिक दृष्टि से स्वस्थ, आर्थिक रूप से व्यवहार्य, सामाजिक रूप से न्यायसंगत, सांस्कृतिक रूप से उपयुक्त तथा समग्र वैज्ञानिक दृष्टिकोण पर आधारित कृषि को ही संवहनीय माना जाता है। संवहनीय कृषि में मुख्यतः तीन लक्ष्य अंतर्निहित होते हैं — पर्यावरणीय स्वास्थ्य, आर्थिक लाभप्रदता तथा सामाजिक एवं आर्थिक साम्यावस्था।

संवहनीय कृषि का अर्थ है:

- पोषक चक्र, नाइट्रोजन स्थिरीकरण, तथा कीटों एवं शिकारी जीवों के बीच संबंध जैसी प्राकृतिक प्रक्रियाओं का समावेश;
- बाहरी और गैर-नवीकरणीय तत्वों के उपयोग को न्यूनतम करना, जो पर्यावरण या किसानों और उपभोक्ताओं के स्वास्थ्य को नुकसान पहुंचाते हैं;
- समस्या विश्लेषण, प्रौद्योगिकी विकास, अनुकूलन एवं विस्तार, तथा निगरानी एवं मूल्यांकन की सभी प्रक्रियाओं में किसानों और ग्रामीणों की भागीदारी;
- उत्पादक संसाधनों और अवसरों तक अधिक न्यायसंगत पहुंच;
- स्थानीय पारंपरिक ज्ञान, प्रक्रियाओं एवं संसाधनों का अधिक उत्पादक उपयोग;
- खेतों में प्राकृतिक संसाधनों और उद्यमों की विविधता का समावेश;
- किसानों और ग्रामीण समुदायों की आत्मनिर्भरता में वृद्धि; तथा,
- कृषि कार्यों के संचालन की आर्थिक व्यवहार्यता

संवहनीय कृषि के कुछ घटक निम्नानुसार हैं:

कृषि योग्य भूमि, प्रजातियों एवं विविधता का उचित तरीके से चयन

शुरूआती चरण में निवारक रणनीतियों को अपनाए जाने से निवेश को कम किया जा सकता है तथा उत्पादन प्रणाली को स्थायित्व प्रदान किया जा सकता है। उदाहरण के लिए, शुष्क क्षेत्र में, जहां वर्षा दुर्लभ और अनिश्चित होती है, कम पानी की आवश्यकता वाली बाजरा और ज्वार जैसी फसलें उपयुक्त हैं। ऐसे क्षेत्रों में गहन सिंचाई की व्यवस्था से चावल या कपास जैसी पानी की आवश्यकता वाली फसलों के उत्पादन को बढ़ाया जा सकता है, लेकिन इससे जलभराव एवं लवणन जैसी समस्याएँ उत्पन्न हो सकती हैं। इसी प्रकार, फसल की कीट-प्रतिरोधी किस्मों के चयन से बाहरी कीटनाशकों के उपयोग की आवश्यकता कम हो जाती है।

विविधता

विविधतापूर्ण फसल उत्पादन करने वाले खेत, आर्थिक और पारिस्थितिक रूप से अधिक नम्य होते हैं। कम समय में अधिक उत्पादन तथा प्रबंधन की सुविधा के दृष्टिकोण से एक फसली कृषि अधिक फायदेमंद है। परंतु किसी भी वर्ष एक कीट या बीमारी का हमला पूरी फसल का सफाया कर सकता है और किसान का कारोबार चौपट हो सकता है और / या उस फसल पर निर्भर समुदायों की स्थिरता पर गंभीर प्रभाव पड़ सकता है। जब खेतों में एक समय पर एकाधिक फसलों को उगाया जाता है, तो एक या दो फसल के उत्पादन में कमी के परिणाम इतने गंभीर नहीं होते हैं। इसके अलावा, फसल चक्रण, अर्थात एक निश्चित समयावधि में किसी भूखंड पर विभिन्न फसलों को उगाने जैसी प्रक्रियाओं से खरपतवार, रोगाणुओं तथा कीट-पतंगों को नियंत्रित किया जा सकता है, जो विशिष्ट फसलों पर निर्भर रहते हैं और उन्हें प्रभावित करते हैं।

मृदा प्रबंधन

स्वस्थ मिट्टी संवहनीयता का एक महत्त्वपूर्ण घटक है। स्वस्थ मिट्टी स्वस्थ पौधों को जन्म देती है, जो रोग प्रतिरोधी होने के साथ-साथ कीटों के प्रति भी कम संवेदनशील होते हैं। मृदा की गुणवत्ता को कम करने वाली फसल प्रबंधन प्रणाली के लिए अक्सर अधिक मात्रा में पानी, पोषक तत्वों, कीटनाशकों, और / या उच्च पैदावार हेतु आवश्यक जुताई के लिए ऊर्जा की ज़रूरत होती है। संवहनीय प्रणालियों में मिट्टी को कमजोर और जीवित माध्यम के रूप में देखा जाता है, और इसकी दीर्घकालिक उत्पादकता एवं स्थायित्व को सुनिश्चित करने के लिए संरक्षित किया जाना चाहिए। मिट्टी की उत्पादकता को बरकरार रखने एवं बेहतर बनाने के तरीकों में वानस्पतिक खाद और / या जैविक खाद का उपयोग करना, जुताई को कम करना, गीली मिट्टी पर आवागमन से बचना, तथा पौधों और / या गीली घास के साथ मिट्टी की ऊपरी परत का संरक्षण करना शामिल है। जैविक पदार्थों के उपयोग को नियमित तौर पर बढ़ाने या मृदा-संरक्षण फसलों के उपयोग से मिट्टी की स्थायित्व, जुताई और सूक्ष्मजीव की विविधता बढ़ सकती है।

निविष्टियों का प्रभावी उपयोग

संवहनीय कृषि बड़े पैमाने पर प्राकृतिक, नवीकरणीय एवं खेतों में की गई निविष्टियों पर निर्भर है। इसमें खेती के किसी विशेष तरीके के पर्यावरणीय, सामाजिक और आर्थिक प्रभावों पर समान महत्त्व दिया जाता है। लेकिन इसका मतलब यह नहीं है कि संवहनीय कृषि में अजैविक तत्वों का उपयोग पूरी तरह से प्रतिबंधित है। जैविक और अजैविक तत्वों को विवेकपूर्ण तरीके से एक साथ उपयोग में लाया जा सकता है, ताकि सुनिश्चित किया जा सके कि इस रणनीति से न्यूनतम मात्रा में विषाक्तता फैले और बेहद कम ऊर्जा का उपयोग हो, लेकिन उत्पादकता एवं लाभप्रदता बरकरार रहे।

संवहनीय कृषि से जुड़ा एक रोचक उदाहरण नीचे दिया गया है, जो यहां चर्चा किए गए कई सिद्धांतों के उपयोग को दर्शाता है।

बीज बचाओ

उत्तराखंड (उत्तराखंड) राज्य के टिहरी गढ़वाल जिले का जारधरगांव, एक विशिष्ट हिमालयी गांव है। 1966 के दशक में हरित क्रांति के बाद इन पहाड़ी इलाकों के किसानों ने भी उत्पादकता बढ़ाने के लिए अधिक निवेश एवं गहन तकनीकों से युक्त कृषि का उपयोग करना शुरू कर दिया। उच्च उपज देने वाली किस्मों के उन्नत बीजों के साथ-साथ विभिन्न प्रकार के कीटनाशकों उर्वरकों एवं अन्य बाह्य आदानों का उपयोग शुरू हुआ। आधुनिकीकरण की दौड़ में, किसानों ने संवहनीय कृषि की अपनी पारंपरिक पद्धति को तेजी से खोना शुरू कर दिया। विडंबना यह थी कि, निवेश एवं निविष्टियों में भारी वृद्धि के बावजूद मृदा की उर्वरता और भूमि उत्पादकता धीरे-धीरे कम होने लगी। इस बात का अहसास होने के बाद, किसानों ने खेती की नई पद्धति से दूर रहने तथा पारंपरिक तौर पर संवहनीय कृषि की अपनी पुरानी पद्धति की ओर वापस लौटने के लिए एक आंदोलन की शुरुआत की। *बीज बचाओ आंदोलन* के नाम से मशहूर यह आंदोलन, न केवल पारंपरिक बीज के संरक्षण से संबंधित है, बल्कि यह कृषि जैव विविधता, संवहनीय कृषि और स्थानीय परंपराओं को प्रोत्साहन भी देता है।

यह कोई आसान काम नहीं था। खेती की कई पारंपरिक तकनीक और स्वदेशी बीज पहले ही नष्ट हो चुके थे। इन प्रक्रियाओं को पुनर्जीवित करना सबसे महत्त्वपूर्ण कार्य था। यह बीज बचाओ आंदोलन का आधार था। जारधरगांव के किसान और सामाजिक कार्यकर्ता, विजय जरदारी के नेतृत्व में ग्रामीणों के एक समूह ने परंपरागत बीज की किस्मों की खोज के लिए दूरदराज के गांवों का दौरा शुरू किया। कई दिनों तक भटकते रहने के बाद, समूह ने 250 किस्मों की चावल, 170 किस्मों की राजमा और कई अन्य किस्मों को एकत्रित किया जिसे इस क्षेत्र में विलुप्त मान लिया गया था। इस खोज के दौरान पहली बार सूचना के संग्रह को लिपिबद्ध किया गया। उदाहरण के लिए, खोज के दौरान बीज बचाओ आंदोलन के कार्यकर्ताओं ने पाया कि,

रामासिरि की घाटी में किसानों ने चारधान (चार अनाज) नामक एक लाल किस्म के चावल को विकसित किया था। इस चावल में काफी मात्रा में पौष्टिक तत्व मौजूद थे और इसमें किसी बाहरी निवेश की आवश्यकता भी नहीं थी। किसानों ने चावल की अन्य स्वदेशी प्रजातियाँ भी विकसित की, जिन्हें स्थानीय रूप से *थापचिनी*, *झुमकीया*, *रिक्वा* और *लाल बासमती* के नाम से जाना जाता है। इसके बाद खेती को रासायनिक उर्वरकों एवं कीटनाशकों के उपयोग से पूरी तरह मुक्त किया गया, और उसके बाद पैदावार भी काफी अच्छी रही।

खेती की एक और उल्लेखनीय पारंपरिक प्रणाली प्रकाश में आई, जिसे बारानजा (शाब्दिक अर्थ 12 अनाज) कहा जाता है। इसके अंतर्गत एक ही खेत में 12 फसलों को एक साथ उगाया जाता है। इससे न केवल एक फसली कृषि पर रोक लगाने में मदद मिली, बल्कि मिट्टी की उर्वरा शक्ति को पुनः प्राप्त करने तथा खाद्य सुरक्षा को सुनिश्चित करने के लिहाज से भी यह उपयुक्त है। पारंपरिक मिश्रित खेती की बारानजा प्रणाली में 12 या इससे अधिक फसलों को एक साथ उगाया जाता है। अनाज, दाल, सब्जियाँ, लता, और कंद-मूल सदृश सब्जियों को संयुक्त रूप से उगाया जाता है। इन 12 फसलों को एक-दूसरे के साथ सामंजस्यपूर्ण तरीके से उगाया जा सकता है। फलीदार पौधों की लताएँ प्राकृतिक सहारे के तौर पर अनाज के पौधों का उपयोग करती हैं, जबकि इनकी जड़ें मिट्टी को दृढ़ता से पकड़े रखती हैं जिससे मृदा अपरदन नहीं हो पाता है। नाइट्रोजन स्थिरीकरण की क्षमता के कारण फलीदार पौधों से मिट्टी में पोषक तत्वों की वापसी होती है, जिसका उपयोग अन्य फसलों द्वारा किया जाता है। इस प्रक्रिया में किसी भी प्रकार के रसायन का उपयोग नहीं किया जाता है और अखरोट एवं नीम के पत्तों के साथ-साथ राख एवं गोमूत्र के उपयोग से कीटों को नियंत्रित किया जाता है। जैव-कृषि की यह व्यवस्था पारिस्थितिक संतुलन को बनाए रखने में मदद करती है और एक या दो फसलों के नुकसान की स्थिति में भी किसानों को अन्य किस्मों की फसलों से लाभ प्राप्त करने में सक्षम बनाती है। इसके अलावा, फसलों की विविधता से पोषण सुरक्षा भी सुनिश्चित होती है। बाजरा में कैल्शियम, लोहा, फास्फोरस और विटामिन पाए जाते हैं, जबकि फलियाँ प्रोटीन का समृद्ध स्रोत होती हैं।

भविष्य की चुनौतियाँ

खेती के लिए कृषि योग्य भूमि के आकार में निरंतर कमी तथा जल संसाधनों के लगातार संकुचित होने की स्थिति को देखते हुए, पारिस्थितिक तंत्र की बुनियादी संरचना को नष्ट किए बिना अथवा पर्यावरण के दीर्घकालिक कल्याण के साथ समझौता किए बिना निरंतर बढ़ रही जनसंख्या हेतु भोजन, फाइबर आदि की बढ़ती मांग को पूरा करने के लिए जैविक पैदावार को बढ़ाना एक चुनौती है। इस प्रकार की व्यवस्था को बनाए रखने के लिए कुछ युक्तियाँ निम्नानुसार हैं:

1. किसी क्षेत्र की कृषि व्यवस्था, वहां की पर्यावरण संबंधी विशेषताओं (मिट्टी, पानी, जलवायु एवं कीटों की आबादी) के अनुरूप होनी चाहिए। उदाहरण के लिए, शुष्क और अर्ध-शुष्क क्षेत्रों में अधिक पानी की आवश्यकता वाली फसलों को नहीं उगाया जाना चाहिए। इसके अलावा, ऐसे क्षेत्रों में पशुचारण को भी सीमित किया जाना चाहिए। सिंचाई प्रणालियों का उपयोग करके जल संरक्षण को प्रोत्साहित किया जाना चाहिए, जिससे पानी की बर्बादी कम हो सके तथा लवणन को रोकना संभव हो सके।

2. जहां तक संभव हो सके, स्थानीय तौर पर उपलब्ध नवीकरणीय जैविक संसाधनों एवं अनुभव पर निर्भर रहना तथा संसाधनों की नवीकरणीयता को बरकरार रखते हुए उनका उपयोग करना कृषि के लिए अच्छा माना जाता है। इसके उदाहरणों में, पशुओं एवं फसलों के अवशिष्ट से तैयार जैविक उर्वरक (हरित एवं वानस्पतिक खाद) का उपयोग करना, फसल सिंचाई के लिए वर्षा जल के संचयन एवं भंडारण हेतु सरल युक्तियों का निर्माण करना, तथा स्थानीय परिस्थितियों में अनुकूल फसलों की खेती करना शामिल है।

बेहतर कृषि प्रणाली में निम्नलिखित बातें भी शामिल हैं:

- कृषि भूमि पर वानस्पतिक आवरण को बरकरार रखना;
- जैविक खाद, फसल चक्रण और विभिन्न फसलों को एक साथ उगाने के तरीके का उपयोग करना, जिससे मिट्टी में जैविक तत्वों की मात्रा में वृद्धि होती है;
- एकल कृषि के स्थान पर विभिन्न फसलों और पशुधन के मिश्रण को बनाए रखना;
- सूर्य, हवा और बहते हुए पानी की तरह स्थानीय रूप से उपलब्ध, चिरस्थायी और नवीकरणीय ऊर्जा संसाधनों का उपयोग करके कृषि में जीवाश्म ईंधन के उपयोग को कम करना तथा बड़े पैमाने पर रासायनिक उर्वरकों के स्थान पर जैविक उर्वरकों का अधिक से अधिक मात्रा में उपयोग करना; तथा,
- रासायनिक कीटनाशकों के बजाय जैविक कीट नियंत्रण पर बल देना।

किसानों को स्थानीय लोगों के लिए खाद्यान्नों की उपलब्धता को कम करने वाली नकदी फसलों के निर्यात के बजाय स्थानीय उपभोग के लिए खाद्यान्न उत्पादन हेतु प्रोत्साहित करने तथा कृषि के जिम्मेदार तरीकों को अपनाने वाले किसानों को प्रोत्साहन प्रदान करने वाली सरकारी नीतियों से संवहनीय कृषि को बढ़ावा देने में मदद मिलेगी।

आज, कृषि के क्षेत्र में मशीनों के साथ-साथ रसायनों के अधिकाधिक प्रयोग के दुष्प्रभाव स्पष्ट तौर पर दिखाई पड़ने लगे हैं, ऐसी स्थिति में खेती के तरीकों एवं प्रक्रियाओं पर पुनर्विचार करने की आवश्यकता महसूस की जाने लगी है। डॉ. एम.एस. स्वामीनाथन के शब्दों में, 'आज हमें सदाबहार क्रांति की जरूरत है, जो कृषि उत्पादन को संवहनीयता प्रदान करती है, साथ ही यह पारिस्थितिकी, अर्थशास्त्र, सामाजिक एवं लैंगिक समानता तथा चिरस्थायी आजीविका के सिद्धांतों पर आधारित है।

I प्रश्नावली

1. हरित क्रांति से होने वाले प्रमुख लाभ कौन-कौन से थे?
2. हरित क्रांति के कारण कौन-कौन सी समस्याएँ उत्पन्न हुई?
3. रासायनिक उर्वरक के विकल्प क्या हैं? इनके क्या लाभ हैं?
4. कृषि में आनुवंशिक विविधता को बरकरार रखना क्यों आवश्यक है?
5. संवहनीय कृषि क्या है? इसके प्रमुख घटक कौन-कौन से हैं?
6. पशुधन-आधारित ग्राम्य कृषि प्रणाली तथा फसल आधारित पशुपालन प्रणाली के बीच प्रमुख अंतर क्या हैं? इनमें से किसका विकास सबसे पहले हुआ था?

II अभ्यास

1. उमरगाँव के आधे एकड़ क्षेत्रफल वाले कल्पवृक्ष कृषि भूमि पर दो विधियों का उपयोग करते हुए धान के उत्पादन का तुलनात्मक विश्लेषण नीचे दिया गया है: विधि ए: जैविक सामग्रियों के उपयोग तथा संवहनीय कृषि प्रणाली के माध्यम से उगाई गई फसल; तथा विधि बी: रासायनिक उर्वरकों और कीटनाशकों के उपयोग से उगाई गई फसल।

तालिका 7.3

आधी एकड़ जमीन पर धान का उत्पादन

जैविक सामग्रियों का उपयोग (विधि ए), तथा रासायनिक उर्वरकों एवं कीटनाशकों का उपयोग (विधि बी)

	विधि ए	*विधि बी*
सकल उत्पादन	50 किग्रा	100 किग्रा
सकल आय	50 रुपये	100 रुपये
उत्पादन की लागत		
a. रासायनिक उर्वरक	0 रुपये	15 रुपये
b. पानी (बिजली के पंपों की मदद से सिंचाई)	6 रुपये	25 रुपये
c. कीटनाशक और निराई की लागत	4 रुपये	40 रुपये
d. कुल लागत	10 रुपये	80 रुपये
निवल लाभ	40 रुपये	20 रुपये
स्वाद	मीठा	कड़वा
धान में विषाक्त तत्वों का अनुपात	बिल्कुल नहीं	बहुत ज्यादा

स्रोत: कल्पवृक्ष कृषि भूमि, भास्कर सेव, उमरगाँव

ध्यान दें: उपरोक्त परिणाम किसी विशेष मामले से संबंधित हैं और परिस्थितियों के अनुसार परिणाम भिन्न हो सकते हैं।

तालिका 7.3 के आधार पर निम्नलिखित प्रश्नों का उत्तर दें:

a. विधि बी (अर्थात रासायनिक उर्वरकों एवं कीटनाशकों के उपयोग की विधि) के अनुसार सकल उत्पादन विधि ए (अर्थात जैविक कृषि) की तुलना में अधिक है, लेकिन विधि ए के अनुसार निवल लाभ, विधि बी की तुलना में अधिक है। क्यों?

b. औसतन, उर्वरकों पर 25 प्रतिशत की सब्सिडी तथा बिजली पर 80 प्रतिशत की सब्सिडी दी जाती है। तालिका में दिए गए आंकड़ों में सब्सिडी भी शामिल है। यह मानते हुए कि उर्वरक या बिजली पर कोई सब्सिडी नहीं दी जाती है, उत्पादन की लागत और दोनों तरीकों का उपयोग करके निवल आय की गणना करें। (उत्तर नीचे दिया गया है)

c. अपने इलाके में भूमि को पट्टे पर प्राप्त करने की लागत का पता लगाएँ। अगर इसे भी उत्पादन की लागत के हिस्से के तौर पर शामिल किया जाए, तो निवल आय क्या होगी?

d. गणना में यह माना गया है कि, दोनों तरीकों से उपजायी गई फसल का बाजार मूल्य समान है। लेकिन जहां जैविक फसलों के स्वास्थ्य और पर्यावरणीय लाभों के बारे में जागरूकता है, वहां इन फसलों की कीमत रासायनिक उर्वरकों के उपयोग से उत्पादित फसलों के बाजार मूल्य की तुलना में लगभग 1.5 गुना अधिक है। अगर इस तरह के बाजार में फसल का विपणन होता है, तो जैविक तरीके से उगाए गए धान की निवल आय क्या होगी? (उत्तर नीचे दिया गया है)

e. अगर आप एक किसान होते, तो आप खेती के किस तरीके को अपनाते और क्यों? आपको अपने उत्तर को केवल ऊपर बताए गए कारकों के दायरे में सीमित करने की जरूरत नहीं है।

उत्तर:

2b. विधि ए में, पानी की लागत बढ़कर 30 रुपये हो जाएगी और इस प्रकार कुल लागत 34 रुपये होगी। इस विधि के परिणामस्वरूप केवल 16 रुपये का लाभ होगा। विधि बी में, उर्वरक की लागत में 20 रुपये और पानी की लागत में 125 रुपये की वृद्धि होगी। इस प्रकार, कुल लागत 185 रुपये हो जाएगी, जिससे 85 रुपये का नुकसान होगा।

2d. जैविक विधि (विधि ए) से उगाए गए फसल के विक्रय मूल्य में 75 रुपये की वृद्धि होगी। इस प्रकार, उर्वरक और बिजली पर सरकारी सब्सिडी प्राप्त किए बिना 41 रुपये का लाभ प्राप्त होगा।

2. नीचे दी गई कहानी को ध्यानपूर्वक पढ़ें और इस पर आधारित प्रश्नों के उत्तर दें।

मगनभाई की कहानी

1980 के दशक में, गुजरात के सौराष्ट्र क्षेत्र में मगनभाई नामक एक किसान बाबारियो की फसल उगाते थे, जो बाजरे की एक स्थानीय किस्म है। वह अपने ही खेतों के बीज का इस्तेमाल किया करते थे। खेती में उन्होंने रासायनिक उर्वरक या कीटनाशकों का प्रयोग नहीं किया और बहुत कम मात्रा में सिंचाई की। फसल के उप-उत्पादों का इस्तेमाल उन्होंने मवेशियों के चारे और ईंधन के अलावा घर की छप्पर बनाने एवं जैविक खाद तैयार करने के लिए किया। उनके बाजरे का स्वाद अत्यंत मीठा था। बाजरे के दाने बिल्कुल खुले हुए थे, अर्थात इन पर किसी प्रकार का प्राकृतिक आवरण नहीं था। खेत पर पक्षियों की बड़ी संख्या बाजरे के दाने से अपना पेट भरती थी। पक्षी अनाज के दाने चुगने के अलावा फसल को नुकसान पहुंचाने वाले कीटों को भी खाया करते थे। यह कीटों को नियंत्रित करने का प्राकृतिक तरीका था। अपने परिवार की वार्षिक खपत के अनुसार अनाज को अलग रखने के बाद, किसान बचे हुए अनाज को स्थानीय बाजार में बेच देता था।

पाँच साल बाद

उस इलाके के अन्य किसानों की देखादेखी मगनभाई ने भी एक निजी कंपनी से बाजरे की संकर प्रजाति का बीज खरीदा। बाजरे की इस किस्म की खेती के लिए बड़े पैमाने पर निवेश की आवश्यकता होती है, जैसे कि रासायनिक उर्वरक और कीटनाशक। इसके लिए गहन सिंचाई व्यवस्था भी आवश्यक थी। कुल अनाज उत्पादन में वृद्धि हुई। लेकिन बौनी किस्म होने के कारण इससे अधिक मात्रा में फसल अवशिष्ट प्राप्त नहीं हो पाया। ऐसी स्थिति में, जैविक खाद के बदले कीटनाशकों एवं रासायनिक उर्वरकों की खरीदारी के अलावा मगनभाई को स्थानीय बाजार से अपने मवेशियों के लिए चारा, ईंधन के लिए लकड़ियाँ तथा छप्पर बनाने का सामान खरीदना पड़ा।

अनाज के दाने पर प्राकृतिक आवरण की मौजूदगी के कारण पक्षी अब दाना चुग नहीं सकते थे और इसलिए उन्हें खेतों में अब शायद ही कभी देखा जाता था। इस प्रकार अब कीट नियंत्रण की प्राकृतिक व्यवस्था मौजूद नहीं थी। चूंकि कुल उत्पादन, उस स्थानीय किस्म की तुलना में अधिक था जिसकी खेती वह कई वर्षों से करता आ रहा था। शुरुआत में मगनभाई भी काफी खुश थे, परंतु इतनी मेहनत के बावजूद साल के अंत में उनके पास कोई बचत नहीं थी।

अब कल्पना करें...

मगनभाई लगातार 10 वर्षों तक इस संकर किस्म की फसल को उगाते रहे। आपको क्या लगता है कि इन 10 वर्षों में मगनभाई की स्थिति कैसी रही होगी, और क्यों?

वास्तव में इन *10 वर्षों में मगनभाई की स्थिति कैसी थी?*

मगनभाई लगातार 10 वर्षों तक इस संकर किस्म की फसल को उगाते रहे। पिछले साल, उस इलाके के खेतों में बीमारी और कीटों के प्रसार के कारण पूरी फसल नष्ट हो गई।

उन्होंने कई प्रकार के कीटनाशकों, खरपतवारनाशी एवं उर्वरकों की खरीद के लिए एक बड़ी धनराशि उधार ली थी, लेकिन इस प्रकार के निवेश का कोई लाभ नहीं हुआ, क्योंकि कीटों में रसायन प्रतिरोधक क्षमता विकसित हो चुकी थी।

मगनभाई ने पिछले साल भी चारे, ईंधन तथा छप्पर बनाने का सामान खरीदने के लिए पैसे उधार लिये थे, क्योंकि अब उनके पास इसके लिए पर्याप्त मात्रा में फसल के अवशेष नहीं थे।

उसने सोचा था कि अच्छी पैदावार होने के साथ ही वह अपने सारे कर्जे चुका देगा। लेकिन उनकी किस्मत ही खराब थी; अब वह उधार ली गई राशि के ब्याज का भुगतान भी बड़ी मुश्किल से कर पा रहा था।

खेतों में रासायनिक कीटनाशकों एवं उर्वरकों का छिड़काव करते समय सांस के जरिए मगनभाई के शरीर में रसायन का प्रवेश हुआ। इसके परिणामस्वरूप सिरदर्द और मतली की समस्या उत्पन्न हुई। लेकिन अब उसके पास डॉक्टर की फीस भरने या दवाइयाँ खरीदने तक के पैसे नहीं हैं।

इस साल मगनभाई को बाजरे की स्थानीय किस्म, बाबारियो की बुवाई करते हुए देखा गया, लेकिन अब वह उसी खेत पर दिहाड़ी मज़दूर के रूप में काम कर रहा है, जो कभी उसका अपना था।

अब जरा सोचिए...

मगनभाई अपनी स्थिति को बेहतर बनाने के लिए क्या कर सकते हैं? आपको क्या लगता है कि 'संकर प्रजाति की फसल के जाल' से निकलने में उन्हें कितने वर्षों का समय लगेगा?

(इस अभ्यास को रमेश सवालिया और गोपाल कुमार जैन द्वारा विकसित किया गया है)

III विचार-विमर्श

1. जीएमओ के समर्थन एवं विरोध में चर्चा करें, जो आधुनिक कृषि का एक हिस्सा बनते जा रहे हैं। क्या आनुवंशिक रूप से संशोधित फसलों से बने खाद्य पदार्थों के लेबल पर भी इस बात का उल्लेख किया जाना चाहिए?
2. खेती के पारंपरिक तरीकों का पता लगाने तथा पारंपरिक ज्ञान को बचाने के प्रयास के प्रमुख आर्थिक और पारिस्थितिकीय लाभ एवं नुकसान क्या हैं?

संदर्भ एवं चयनित ग्रंथसूची

Agarwal, Anil and Sunita Narain, eds. 1985. *State of India's environment 1984–85: The second citizens' report.* New Delhi: Centre for Science and Environment.

Dudhani, A.T. and J. Carr-Harris. 1992. *Agriculture and people.* New Delhi: South-South Solidarity.

Food and Agriculture Organization. 1996. *The state of the world's plant genetic resources for food and agri-culture.* New Delhi.

Ghotge, Nitya S. and Sagari R. Ramdas. 2003. 'Livestock and livelihoods.' Unpublished paper. Pune: ANTHRA.

Indian Farmers Digest. May 2001.

'Land of Five Tears.' 1998. *Outlook,* 28 December.

Randhawa, M.S. 1986. *A history of agriculture in India,* Vol. 4. New Delhi: Indian Council of Agricultural Research.

Reijntjes, C., B. Haverkort and A. Water-Bayer. 1992. *Farming for the future.* London: Macmillan.

Shiva, V. 1989. *The violence of green revolution.* Dehra Dun: Research Foundation for Science and Ecology.

www.teri.res.in/teriin/news/terivsn/issue31/pesticid.htm.

www.envirodebate.net as viewed on 8 December 2003.

अध्याय 8

शहरी पर्यावरण

विवेक एस. खडपेकर एवं सुनील जैकब

आदिम मानव अपने अस्तित्व को बरकरार रखने के लिए शिकार करने तथा भोजन एकत्रित करने पर निर्भर थे। वे छोटे-छोटे समूहों में भोजन की तलाश में एक स्थान से दूसरे स्थान तक जाते थे। समय के साथ-साथ उन्होंने पाया कि खाद्यान्नों की खेती की जा सकती है और कुछ पशुओं को भी पालतू बनाया जा सकता है। इस खोज के कारण एक निश्चित स्थान पर जीवित रहना संभव हो गया, जिसके बाद मानव बस्तियों की स्थापना होने लगी।

शुरुआती दौर में ग्रामीणों ने अपने अस्तित्व की रक्षा, खाद्यान्न उत्पादन, आश्रय निर्माण, शिकार, तथा इन गतिविधियों के लिए आवश्यक औज़ार बनाने का काम स्वयं किया। जैसे-जैसे वे सफल होते गए, उनमें से कुछ लोगों ने अधिशेष उत्पादन करना प्रारंभ कर दिया, जिसकी मदद से वे अन्य समुदायों के साथ विनिमय एवं व्यापार कर सकते थे। इस प्रकार उपयोग एवं उपभोग हेतु वस्तुओं के अधिक विकल्प उपलब्ध हो गए।

व्यापार के माध्यम से विभिन्न प्रकार की वस्तुओं को उपलब्ध कराया जा सकता था, इसलिए प्रत्येक गांव के लिए हर आवश्यक वस्तु का निर्माण करना अब ज़रूरी नहीं रह गया था। विकास की एक नई प्रवृत्ति सामने आई: इस प्रकार केंद्र में स्थित गांव अब **बाज़ारों** के रूप में उभरने लगे। उनकी मुख्य गतिविधि कृषि नहीं थी, इसलिए उनकी जमीन का गैर-कृषि कार्यों हेतु बड़े पैमाने पर उपयोग किया जाने लगा और यह घनी आबादी को सहारा देने में सक्षम था।

शहरी केंद्रों का प्रादुर्भाव एवं क्रमिक विकास

इस प्रकार शहरी स्थानों या कस्बों का विकास प्रारंभ हुआ। बड़ी आबादी, विभिन्न प्रकार के व्यवसाय तथा आने वाले लोगों की बड़ी संख्या के साथ, वे उत्पादों एवं वस्तुओं के विनिमय स्थल के रूप में महत्त्वपूर्ण हो गए, जहां दुनिया के बड़े हिस्से से संपर्क के साथ-साथ विचारों, सूचनाओं एवं ज्ञान का आदान-प्रदान किया जाता था। वे धन, शक्ति, उद्यम, संरक्षण एवं अवसर के केंद्र बन गए।

गांव की तुलना में कस्बों में वस्तुओं एवं ऊर्जा की खपत काफी अधिक थी, जिससे यहां अपशिष्ट उत्पादन भी अपेक्षाकृत अधिक था। ग्रामीण क्षेत्रों में, अपशिष्ट पदार्थों के निपटान एवं अपघटन के लिए स्थान उपलब्ध था और पूरी तरह अपघटन के बाद यह प्राकृतिक पर्यावरण में वापस चला जाता था। कस्बों में ऐसी व्यवस्था नहीं थी, जहां अपशिष्ट पदार्थों के प्रबंधन के लिए विशेष प्रयासों की आवश्यकता थी। उन्हें भंडारण एवं अपनी संपत्ति की रक्षा हेतु सुविधाओं की भी आवश्यकता थी। इस प्रकार लोगों, उनकी संपत्ति और वाणिज्य को विनियमित करने एवं उसकी रक्षा करने के लिए विभिन्न संस्थानों का विकास हुआ — जिसमें पुलिस एवं कराधान व्यवस्था शामिल है। शुरुआती दौर में बस्तियों के विकास के साथ उभरने वाले विशिष्ट व्यवसाय अब अधिक जटिल हो चुके थे तथा इनकी संख्या भी काफी अधिक हो चुकी थी।

शहरीकरण — जिस प्रक्रिया के माध्यम से समाज शहरी विशेषताओं को आत्मसात करता है — की ये आवश्यक विशेषताएँ कई हजार वर्षों से अस्तित्व में हैं, लेकिन इनके दायरे, गति और जटिलता में वृद्धि हुई है। शुरुआती कस्बों का आकार अपेक्षाकृत

छोटा था। समय बीतने के साथ-साथ, केंद्रीय भाग में अथवा रणनीतिक दृष्टि से महत्त्वपूर्ण स्थान पर मौजूद कुछ कस्बों के आकार एवं जटिलता में वृद्धि हुई, जो कालांतर में **शहर** के तौर पर विकसित हुए।

शहरों के उत्थान एवं अस्तित्व की रक्षा के लिए बड़े आकार के परिक्षेत्र के साथ-साथ विभिन्न प्रकार की सामग्रियों और मानव संसाधन की जरूरत थी। इसलिए, शहरों का विकास ऐसे स्थानों पर हुआ जहां से इन आंतरिक इलाकों तक बड़ी आसानी से पहुंचा जा सकता था, जो आमतौर पर व्यापारिक मार्गों के महत्त्वपूर्ण संधि-स्थल या नदियों को आसानी से पार करने योग्य स्थल थे। शहरों के लिए पानी की उपलब्धता को सुनिश्चित किया जाना बेहद महत्त्वपूर्ण था। शुरुआती दौर में महान सभ्यताओं का विकास नदियों के किनारे हुआ, जो बाढ़ के दौरान अपने साथ पर्याप्त पानी और तलछट लेकर आती थी, जिससे भूमि उपजाऊ हो गई थी। 4000 से 1500 ईसा पूर्व के बीच इस प्रकार की सभ्यताओं का विकास नील (मिस्र), दज़ला-फ़रात (इराक), ह्वांगहो (चीन), तथा सिंधु (पाकिस्तान और भारत) नदी घाटियों में हुआ। इनमें से प्रत्येक नदी घाटी में एक शहरी संस्कृति विकसित हुई, जिसकी कलात्मक एवं तकनीकी उपलब्धियाँ उत्कृष्ट थी।

शहरी सफाई व्यवस्था एवं स्वच्छता प्रबंधन से जुड़ी पर्यावरणीय समस्याओं का समाधान सर्वप्रथम सिंधु घाटी सभ्यता में किया गया था। मौजूदा पाकिस्तान एवं उत्तर-पश्चिमी भारत के विशाल भूभाग में स्थित हड़प्पा, मोहनजोदड़ो, लोथल एवं अन्य शहरों में सड़कों के दोनों किनारों पर बने जल-निकासी मार्ग को ढका गया था, तथा घर से निकलने वाले अपशिष्ट जल निकासी व्यवस्था को इस से जोड़ा गया था। यह इस सभ्यता की सबसे बड़ी देन है। इससे हमें पर्यावरण से जुड़ी एक और सीख मिलती है। कुछ विद्वानों का मत है कि जंगलों के अत्यधिक दोहन के कारण इस सभ्यता का पतन हुआ — मुख्य रूप से ईंटों का निर्माण करने वाली भट्टी में बड़े पैमाने पर लकड़ियों का प्रयोग किया जाता था — जिसके परिणामस्वरूप वनोन्मूलन के साथ-साथ वन्य जीवन को नुकसान हुआ तथा पर्यावरण को अपूरणीय क्षति हुई। विद्वानों के इस मत पर वाद-विवाद किया जा सकता है, परंतु इस बात के पर्याप्त प्रमाण उपलब्ध है कि लगभग 4,000 वर्ष पूर्व इस क्षेत्र में भारी मात्रा में वर्षा होती थी तथा यहां जंगल एवं वन्य जीवन की प्रचुरता थी। आज यह क्षेत्र काफी हद तक अर्द्ध-शुष्क या शुष्क है।

सिंधु घाटी सभ्यता के पतन के उपरांत 3,000 वर्षों की अवधि में, विश्व के कई भागों में बड़े-बड़े शहरों एवं सभ्यताओं का उदय हुआ, जिन्हें धर्म, व्यापार, राष्ट्र-राज्यों के अभ्युदय, साम्राज्य निर्माण और उपनिवेशवाद जैसी विभिन्न शक्तियों ने आकार दिया। इनमें से प्रत्येक ने सांस्कृतिक, आर्थिक एवं तकनीकी दृष्टि से नागरिक जीवन में अपना योगदान दिया, जिनमें से कुछ आज भी अस्तित्व में हैं।

15 वीं सदी के बाद, यूरोप के उपनिवेशवाद ने शहरों को आकार देने और उपनिवेशों में शहरीकरण में प्रमुख भूमिका निभाई, जिसके प्रभाव आज भी दिखाई देते हैं। 18 वीं सदी के अंत तक, भारत को शामिल करते हुए ब्रिटेन का साम्राज्य सबसे बड़ा था, जिसने ऐसे स्थानों पर मद्रास (चेन्नई), कलकत्ता (कोलकाता) और बॉम्बे (मुंबई) जैसे नए शहरों की स्थापना की, जहां पहले शहरी आबादी का अस्तित्व मौजूद नहीं था।

कई बातों पर विचार करते हुए इन शहरों के लिए स्थान का निर्धारण किया गया था। इन स्थानों से विशाल समुद्री इलाके के अलावा स्थलीय भूभाग पर नियंत्रण किया जा सकता था; वैश्विक व्यापार के लिए बंदरगाहों तथा पारगमन में व्यापारिक वस्तुओं की बड़ी मात्रा के लिए गोदामों के रूप में इनका उपयोग किया जा सकता था। अंग्रेजों को अपने व्यापार के कुछ पहलुओं को संभालने के लिए स्थानीय लोगों की जरूरत थी। इस दौरान उन्होंने विभिन्न उपयोगी वस्तुओं, जहाज निर्माण और वस्त्रों के लिए लघु एवं बड़े उद्योगों की स्थापना को प्रोत्साहित किया। इसके परिणामस्वरूप व्यापार एवं रोजगार की तलाश में आंतरिक इलाकों से लोग यहां पहुंचने लगे, और शहरों को उनकी जरूरतों को भी पूरा करना पड़ा।

शहरी विकास की गति में वृद्धि

इन घटनाओं ने भारत में शहरी विकास की एक रूपरेखा तैयार की, जो और यह विस्तार न केवल 'नए' ब्रिटिश शहरों में बल्कि दिल्ली, अहमदाबाद, हैदराबाद और पुणे जैसे महत्त्वपूर्ण पुराने शहरी केंद्रों में आज भी द्रुत गति से जारी है। यहां विशेष रूप से दो घटनाओं का उल्लेख आवश्यक है, जिसके कारण दिल्ली का विकास हुआ - 20 वीं शताब्दी की शुरुआत में ब्रिटिश भारत की

राजधानी का कलकत्ता से दिल्ली स्थानांतरण, तथा वर्ष 1947 में विभाजन के बाद पाकिस्तान के शरणार्थियों का प्रवेश। दूसरी घटना ने वास्तव में कई अन्य शहरों को भी प्रभावित किया, परंतु इसका प्रभाव दिल्ली में स्पष्ट तौर पर दिखाई पड़ता है।

19वीं शताब्दी के मध्य से शहरी क्षेत्रों की प्रगति से जुड़ी कई महत्त्वपूर्ण समस्याएँ भी सामने आईं, जिसके अंतर्गत भीड़-भाड़ एवं लोगों की आबादी में निरंतर वृद्धि; सफ़ाई व्यवस्था, जल निकासी, पानी की उपलब्धता एवं आपूर्ति तथा ठोस अपशिष्ट प्रबंधन से जुड़ी समस्याएँ; जल, वायु और मिट्टी के प्रदूषण से पर्यावरणीय स्वास्थ्य में निरंतर गिरावट; यातायात एवं परिवहन से जुड़ी समस्याएँ; सार्वजनिक खुली जगहों, हरियाली, जंगली इलाकों, जल निकायों तथा अन्य प्राकृतिक पर्यावरणीय संपत्तियों का नुकसान; अपराध एवं हिंसा में वृद्धि; शहरी अर्थव्यवस्था के अनौपचारिक क्षेत्र और मलिन बस्तियों का उद्भव, तथा कई अन्य समस्याएँ शामिल हैं। इन मुद्दों पर चर्चा शुरू करने से पहले, हमें यह समझना चाहिए कि 'शहरी', 'शहरी विकास' और 'शहरीकरण' जैसे शब्दों का आज के संदर्भ में, विशेष रूप से भारत के संदर्भ में क्या अर्थ है।

शहरी स्थानों का वर्गीकरण

अध्ययन के अलग-अलग विषयों में शहरी स्थानों को वर्गीकृत करने के अपने तरीके हैं। परंतु लगभग सभी तरीकों में भारत की जनगणना का बड़े पैमाने पर उपयोग किया जाता है। यह (ए) नगरपालिका, निगम, छावनी बोर्ड, अधिसूचित शहर क्षेत्र समिति, आदि के साथ सभी स्थानों तथा (बी) 5000 की न्यूनतम जनसंख्या वाले अन्य सभी स्थानों; गैर-कृषि व्यवसायों में कम से कम 75 प्रतिशत पुरुष कामकाजी आबादी; और प्रति वर्ग किलोमीटर में कम से कम 400 लोगों की आबादी के घनत्व को 'शहरी' के तौर पर परिभाषित करता है।

जनसंख्या आकार के आधार पर शहरी स्थानों को छह श्रेणियों में बांटा गया है:

श्रेणी	जनसंख्या
श्रेणी I (शहर)	100,000 या अधिक
श्रेणी II	50,000–99,999
श्रेणी III	20,000–49,999
श्रेणी IV	10,000–19,999
श्रेणी V	5,000–9,999
श्रेणी VI*	5,000 से कम

ध्यान दें: * श्रेणी VI में ऐसे स्थान शामिल हैं जिसकी जनसंख्या 5,000 से कम है, लेकिन इसके बावजूद कामकाजी आबादी के अधिकांश हिस्से के व्यवसाय, घनत्व, आदि के आधार पर इन्हें शहरी के रूप में वर्गीकृत किया जाता है। इनमें दूरस्थ क्षेत्रों में बसे उपनगर शामिल हैं, जिनका विकास विनिर्माण स्थलों, बिजली उत्पादन स्थलों, खनन गतिविधियों या इसी प्रकार के अन्य केंद्रों के आसपास होता है।

उपरोक्त श्रेणियों के अलावा जनगणना में शहरी समुदाय भी सूचीबद्ध हैं - अर्थात शहरों को उनके निकटवर्ती क्षेत्रों के साथ मिलाकर औपचारिक रूप से शहरी क्षेत्र के तौर पर निर्दिष्ट किया गया है, जो शहरी भूमि के उपयोग एवं कार्यों का समायोजन करते हैं, अथवा जिन क्षेत्रों में सभी व्यावहारिक उद्देश्यों के लिए दो या अधिक निकटवर्ती शहरों को मिलाकर एक बड़े, एकल शहरीकृत विस्तार का निर्माण किया गया है।

कुछ शब्दों का भारत की जनगणना में उपयोग नहीं किया गया है परंतु कुछ आधिकारिक एजेंसियों ने इसका इस्तेमाल किया है, जिसके अंतर्गत महानगर (1 मिलियन या इससे अधिक जनसंख्या) और मेगासिटी (4 मिलियन या इससे अधिक जनसंख्या) शामिल हैं।

शहरीकरण और शहरी विकास

अक्सर 'शहरीकरण' और 'शहरी विकास' का ग़लती से एक-दूसरे के स्थान पर उपयोग किया जाता है। हालांकि वास्तविक अर्थों में दोनों शब्द एक दूसरे से जुड़े हुए हैं, परंतु उनकी गतिशीलता एक दूसरे से भिन्न है। शहरीकरण एक ऐसी प्रक्रिया है, जिसके माध्यम से कोई भी समाज व्यवसाय, भूमि उपयोग, जनसंख्या घनत्व आदि की दृष्टि से शहरी बन जाता है। इसमें समाज प्राथमिक क्षेत्र की आर्थिक गतिविधियों (कृषि, पशुपालन, शिकार आदि) से आगे निकलकर द्वितीयक क्षेत्र की आर्थिक गतिविधियों (विनिर्माण) पर निर्भर होने लगता है, जिसे **तृतीयक क्षेत्र** की गतिविधियों (व्यापार, बैंकिंग, परिवहन, आदि सेवाएँ) से समर्थन हासिल होता है। शहरीकरण को एक बड़े क्षेत्र, जैसे कि एक देश, अथवा इसके किसी प्रदेश की कुल आबादी में शहरी क्षेत्रों में रहने वाली आबादी के प्रतिशत के रूप में व्यक्त किया जाता है।

दूसरी ओर, अगर हम कहते हैं कि पिछले कुछ वर्षों में किसी शहर - अथवा किसी देश या प्रदेश में कुछ शहरों की आबादी में वृद्धि हुई है, तो हम शहरीकरण के बजाय शहरी विकास की बात कर रहे हैं। मूलतः शहरी विकास तीन अलग-अलग तरीकों से संभव है:

1. स्वाभाविक जनसंख्या वृद्धि के जरिए (जब निवास करने वाली जनसंख्या की जन्म दर, मृत्यु दर से अधिक हो);
2. लोगों के स्थानान्तरण के जरिए (जब शहर से बाहर जाने वाले लोगों की तुलना में शहर में आने वाले लोगों की संख्या अधिक हो); तथा
3. शहर की सीमाओं के पुनःवर्गीकरण के जरिए (इसके अंतर्गत शहरी विशेषताओं वाले निकटतम क्षेत्रों को शामिल किया जाता है, जो पहले बाहर थे), या ग्रामीण स्थानों का शहरी क्षेत्र के तौर पर रूपांतरण।

शहरीकरण के बिना शहरी विकास संभव है; लेकिन शहरीकरण के लिए शहरी विकास आवश्यक है (विपत्ति के अकल्पनीय परिदृश्य को छोड़कर, जिसमें शहरी आबादी को प्रभावित किए बिना चुनिंदा ग्रामीण आबादी कम हो जाती है)। इस अंतर को मात्रात्मक रूप से समझने के लिए, देखें कि वर्ष 1991 और 2001 की जनगणना के बीच भारत की आबादी में किस प्रकार बढ़ोतरी हुई। इस दशक में ग्रामीण एवं शहरी आबादी में संयुक्त रूप से 21 प्रतिशत की वृद्धि हुई और यह 1 अरब के पार पहुंच गया। शहरी जनसंख्या में 31 प्रतिशत की वृद्धि हुई (शहरी विकास)। लेकिन पूरे भारत के शहरीकरण में सिर्फ दो प्रतिशत की वृद्धि हुई, जो 26 प्रतिशत से 28 प्रतिशत तक पहुंच गई। इस दशक के दौरान शहरी आबादी में कुल मिलाकर 67 मिलियन की वृद्धि हुई, और यह संख्या ब्रिटेन, इटली या फ्रांस जैसे प्रमुख देशों की पूरी आबादी की तुलना में अधिक थी। तुलनात्मक अर्थ में, यह भारत जैसे बड़े विकासशील देश के लिए नगण्य था।

इस दशक में शहरीकरण के स्तर में होने वाली समग्र वृद्धि नाटकीय नहीं थी, लेकिन विभिन्न आकार के शहरी स्थानों में आबादी का वितरण महत्त्वपूर्ण है। वर्ष 2001 में, तकरीबन 38 प्रतिशत लोग 1 लाख से अधिक की आबादी वाले शहरों में रहते थे। शेष 62 फीसदी लोग 5,000 से 100,000 के बीच 3,600 छोटे और मध्यम स्तरीय शहरों में रहते थे। 38 प्रतिशत की शहरी आबादी में लगभग 15 प्रतिशत लोग तीन शहरी संकुलन (यूए) में रहते थे, जिनमें प्रत्येक की आबादी 10 मिलियन से अधिक थी, जबकि लगभग 9 प्रतिशत लोग 3 से 6 मिलियन की आबादी वाले पाँच यूए में रहते थे, और 1 से 3 मिलियन की आबादी वाले शहरों में लगभग 15 प्रतिशत लोग रहते थे। 1950 के दशक के बाद से यह प्रवृत्ति निरंतर जारी है, जिसे नीचे दिए गए आरेख से स्पष्ट तौर पर समझा जा सकता है, जो दर्शाता है कि शहरी और कुल जनसंख्या दोनों में महानगरीय केंद्रों का हिस्सा, 1 मिलियन से कम आबादी वाले छोटे शहरों और कस्बों की तुलना में उच्च दर से बढ़ रहा है।

इस प्रकार, बड़े शहरों की वजह से भारत के शहरी विकास और शहरीकरण की प्रक्रिया में तेजी आई है। छोटे और मध्यम शहरों के सापेक्ष महत्त्व में गिरावट आई है और इनका विकास भी अवरूद्ध हो रहा है। छोटे एवं मध्यम आकार के ज्यादातर शहर अपने अंतर्देशीय इलाकों के लिए केंद्रीय स्थान के तौर पर कार्य करने में असमर्थ हैं, जो इनकी समृद्धि और विकास को सुनिश्चित करने के

आरेख 8.1

भारत: ग्रामीण एवं शहरी क्षेत्रों में जनसंख्या वितरण, 1951–2001

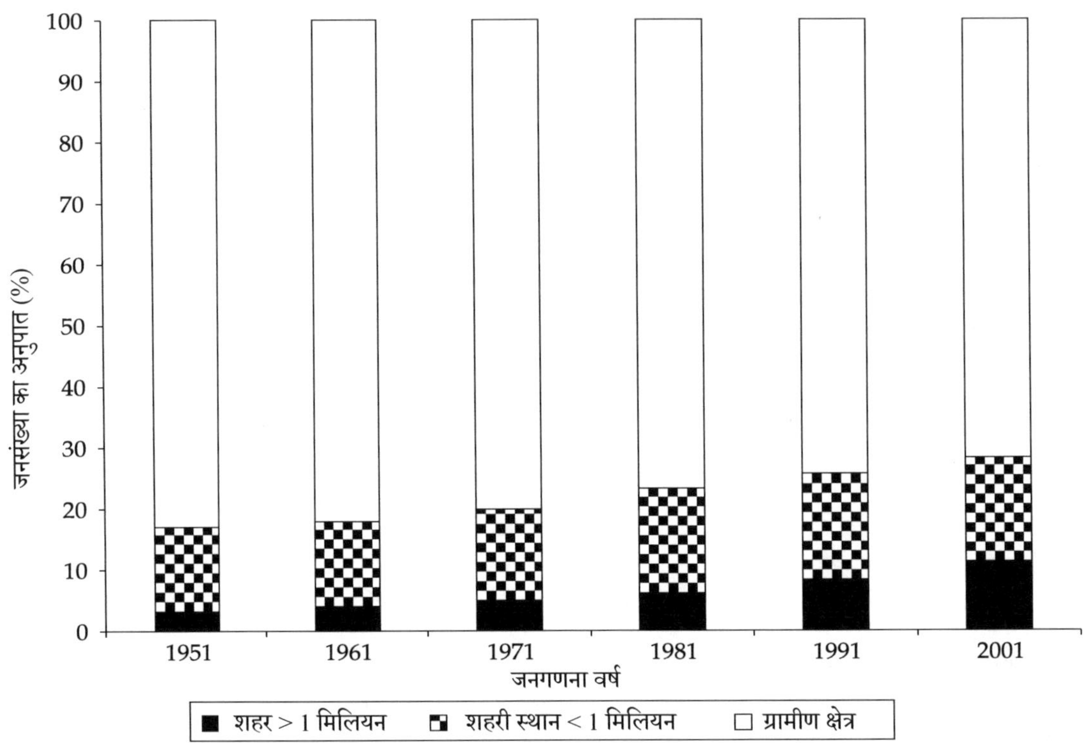

स्रोत: टाटा सर्विस लिमिटेड, 1982–83, 1993–94, 2002–03, स्टैटिकल आउटलाइन ऑफ इंडिया, मुंबई

लिए आवश्यक है। दूसरी ओर, बड़े शहरों का अत्यधिक तीव्र गति से विकास हो रहा है जो उनकी क्षमता से अधिक है, और इससे नागरिक सेवाएँ एवं सुविधाएँ प्रभावित हो रही हैं। दोनों ही मामलों में, कुल मिलाकर शहरी परिवेश के स्तर में गिरावट आई है। छोटे कस्बे उपेक्षा से पीड़ित हैं; जबकि बड़े शहर जनसंख्या के अत्यधिक दबाव से जूझ रहे हैं।

शहरों की ओर स्थानांतरण

ब्रिटिश काल में शुरुआती शहरी विकास का पुनरावलोकन करने पर हम पाते हैं कि, यह न केवल शहरों में अवसरों की मौजूदगी (आकर्षक तंत्र/पुल फैक्टर) द्वारा संचालित था, बल्कि यह ग्रामीण इलाकों एवं छोटे शहरों में अवसरों की अनुपस्थिति (दबाव तंत्र/ पुश फैक्टर) से भी प्रेरित था। औपनिवेशिक व्यापार नीति मुख्य रूप से ब्रिटिश कारखानों में उत्पादों के प्रसंस्करण हेतु भारत से कच्चे माल को खरीदने (उदाहरण के लिए, भारतीय कपास को इंग्लैंड में धागे और कपड़े के रूप में बदल दिया जाता था), तथा तैयार माल को भारत सहित पूरे विश्व में बेचने पर आधारित थी। बड़े पैमाने पर उत्पादन के कारण, इनमें से कई उत्पाद कच्चे माल, परिवहन, प्रसंस्करण, शुल्क, कमीशन और अन्य शुल्कों के खर्च को जोड़ने के बाद भी भारत में कुटीर उद्योगों द्वारा स्थानीय स्तर पर उत्पादित वस्त्रों की तुलना में सस्ते थे। बिक्री एवं आय में कमी का सामना करने वाले ग्रामीण कारीगरों को आजीविका की

खोज में स्थानांतरण के लिए विवश होना पड़ा, जिनके लिए बढ़ती अर्थव्यवस्था वाले शहरों में अधिक विकल्प उपलब्ध थे। कम पैदावार, अनिश्चित वर्षा तथा जमींदारों के शोषण के चलते छोटे किसानों ने भी अपने अस्तित्व की संभावना को बेहतर बनाने के लिए शहरों का रुख किया।

शहरों में विनिर्माण उद्योगों में वृद्धि के साथ ग्रामीण क्षेत्रों से गरीबों के इस तरह के प्रवास में वृद्धि हुई। जिन लोगों के पास शहरी रोजगार के लिए आवश्यक कौशल नहीं था, उन्होंने नौकर बनकर जीवन यापन करना शुरू कर दिया। वे गरीब बने रहे, परंतु उन्हें अपने अस्तित्व की सुरक्षा की उम्मीद थी और वे बेहतर भविष्य के प्रति आशान्वित थे। अपेक्षाकृत संपन्न शहरी निवासियों के विपरीत, उनका आश्रयस्थल भी सुरक्षित नहीं था। उन्होंने स्वयं के लिए कच्चे घरों का निर्माण किया, जिसमें अक्सर बुनियादी सुविधाएँ मौजूद नहीं होती थी। इस प्रकार उन्होंने शहरी परिवेश को समझने में गलती की और यहां के लिए अहितकर हिस्से का निर्माण किया, अर्थात उन्होंने झुग्गी बस्तियां बसाई जहां आमतौर पर बड़ी संख्या में लोग रहते हैं और यहां के पर्यावरण एवं स्वच्छता का स्तर बेहद निम्न है, तथा बुनियादी सुविधाओं की कमी है - ऐसी परिस्थितियां लोगों के जीवन की गुणवत्ता को न्यूनतम बनाती हैं। शहरी अर्थव्यवस्था के अनौपचारिक क्षेत्र में झुग्गी बस्तियों की भूमिका बेहद महत्त्वपूर्ण है।

अनौपचारिक क्षेत्र और झुग्गी बस्तियाँ

आमतौर पर झुग्गी बस्तियों का निर्माण निचले इलाकों अथवा हाशिये पर स्थित भूखंड पर किया जाता है, जिसे न तो कानूनी मान्यता मिलती है और न इसके मालिक इसे छोड़कर जा पाते हैं। इस प्रकार की बस्तियां संभावित लाभप्रद रोजगार स्थलों के निकट बसाई जाती हैं। झुग्गी बस्तियों में रहने वाले शहरी गरीब अपने लिए ठिकाना बनाते हैं, जिसके निर्माण में काफी कम लागत आती है। ऐसी बस्तियाँ अक्सर शहर के संपन्न या धनी इलाकों में स्थित होती हैं और इस संपत्ति में उनकी कोई हिस्सेदारी नहीं होती है, भले ही इसके निर्माण में वे भी अपना योगदान देते हैं।

भारत में, कम आमदनी, अत्यधिक किराए, निर्धारित मानकों के अनुरूप किफायती आवास की कमी तथा जीवन-यापन की लागत में वृद्धि के कारण, झुग्गी बस्तियों की आबादी देश की जनसंख्या की तुलना में चार गुना तेजी से बढ़ रही है। भारत के बड़े शहरों में पहले से ही एक तिहाई आबादी झुग्गी बस्तियों में रह रही है और यह अनुपात दिन प्रतिदिन बढ़ता जा रहा है (देखें तालिका 8.1)। वर्ष 2001 की भारतीय जनगणना के अनुमानों के अनुसार (जो नीचे तालिका में दिए गए आंकड़ों की तुलना में अधिक नवीन हैं), मुंबई की करीब 49 प्रतिशत आबादी झुग्गी बस्तियों में रहती है!

शहरी अनौपचारिक क्षेत्र में झुग्गी बस्तियां विभिन्न प्रकार की गतिविधियों का केंद्र है। वे शहर में महत्त्वपूर्ण लेकिन अपेक्षाकृत कम मूल्य की सेवाएँ प्रदान करते हैं: अर्थात इन इलाकों में श्रम कानूनों की जांच से परे सस्ते श्रमिक उपलब्ध होते हैं; साथ ही यहां कूड़ा बीनने, उपकरणों की छोटी-मोटी मरम्मत करने, कपड़े धोने एवं इस्त्री करने जैसी कई सेवाएँ उपलब्ध होती हैं। यहां दैनिक उपभोग की कई सामग्रियों का पर्याप्त मात्रा में विनिर्माण भी होता है — जिसके अंतर्गत रूमाल एवं कमीज़ से लेकर घरों में लगाए जाने वाले कूलर और स्टील की अलमारी जैसी वस्तुएँ शामिल हैं — जिनका स्तर कभी-कभी निम्न कोटि का होता है परंतु ये वस्तुएँ आमतौर पर ब्रांडेड संस्करणों की तुलना में काफी सस्ती होती हैं। कौशल विकास एवं गुणवत्ता नियंत्रण हेतु प्रशिक्षण दिए जाने के बाद अनौपचारिक क्षेत्र ने भी स्थानीय स्तर के बड़े एवं औपचारिक उद्योगों के लिए परिष्कृत इंजीनियरिंग तथा अन्य उत्पादों के घटकों के विनिर्माण और संयोजन में अपनी क्षमता का प्रदर्शन किया है। महंगे रेडीमेड कपड़ों के निर्माताओं जैसे कई उद्योगों लोग नियमित तौर पर अनौपचारिक क्षेत्र में मौजूद अपनी सहायक इकाइयों को विनिर्माण का कार्य सौंपते हैं, और अतिरिक्त खर्च से बचते हैं।

अक्सर झुग्गी बस्तियों को शहर में बसने वाले परजीवी की तरह देखा जाता है, जो भुगतान किए बिना शहरी संसाधनों और सुविधाओं का फायदा उठाते हैं। वास्तव में, झुग्गी झोपड़ियों में रहने वाले लोग अप्रत्यक्ष कर का वहन करते हैं (उदाहरण के लिए, चुंगी या प्रवेश कर, जिसे शहर में प्रवेश के बाद अधिकांश बुनियादी जरूरतों पर लगाया जाता है), जो उनकी कम आमदनी के एक

तालिका 8.1

दस लाख से अधिक आबादी वाले चयनित शहरों में झुग्गी बस्तियों की जनसंख्या, 1991 और 2001

(मिलियन में)

शहर	1991			2001 (अनुमानित)		
	कुल जनसंख्या	झुग्गी की जनसंख्या	कुल जनसंख्या का प्रतिशत	कुल जनसंख्या	झुग्गी की जनसंख्या	कुल जनसंख्या का प्रतिशत
बृहन्मुंबई (ग्रेटर बॉम्बे)	12.60	4.32*	34.30	17.07	5.86	34.30
कोलकाता	11.02	3.63*	32.93	13.11	4.31	32.90
मद्रास	5.42	1.53	28.13	6.98	1.96	28.10
हैदराबाद	4.34	0.86	19.78	6.30	1.25	19.80
बैंगलोर	4.13	0.52	12.50	6.36	0.79	12.50
अहमदाबाद	3.31	0.67*	20.23	4.36	0.89	20.31
पुणे	2.49	0.41*	16.44	3.53	0.58	16.30
कानपुर	2.03	0.42	20.55	2.49	0.51	20.60

स्रोत: केंद्रीय सांख्यिकी संगठन (1997), पर्यावरण सांख्यिकी का संकलन, योजना एवं कार्यक्रम कार्यान्वयन मंत्रालय, भारत सरकार, नई दिल्ली

ध्यान दें: *ये आंकड़े वर्ष 1981 में चिह्नित झुग्गी आबादी पर आधारित हैं

अंश के रूप में काफी अधिक हो सकती है। बदले में, नागरिक के तौर पर वे न्यूनतम नागरिक सेवाओं का एक अंश भी नहीं प्राप्त करते हैं (इसके अंतर्गत सुनिश्चित जलापूर्ति, सफ़ाई व्यवस्था, स्वास्थ्य सेवाएँ, शिक्षा शामिल हैं)।

अपने घर का निर्माण खुद करके झुग्गी बस्तियों में रहने वाले लोग परोक्ष रूप से सार्वजनिक धन को बचाने में मदद करते हैं। वे सरकार द्वारा आवासीय सुविधाएँ प्रदान करने के बोझ को प्रभावी ढंग से कम कर देते हैं। इसके अलावा, पिछले कई दशकों से विभिन्न शहरों में यह प्रवृत्ति देखी गई है कि यदि झुग्गी बस्तियों में रहने वाले लोगों को तर्कसंगत एवं परोक्ष रूप से यह आश्वासन दिया जाए कि, जिस भूमि का उन्होंने अधिग्रहण किया है वहां से उन्हें बेदखल नहीं किया जाएगा - या फिर स्वामित्व की क़ानूनी सुरक्षा भी दी जाएगी - तो वे अत्यंत प्रगतिशीलता के साथ अपने आवास की गुणवत्ता को बेहतर बनाने के लिए अपनी क्षमता के अनुसार संसाधनों में निवेश करते हैं। फिर भी अपशिष्ट जल निकासी व्यवस्था एवं जलापूर्ति जैसी बुनियादी ढांचागत सेवाएँ प्रदान करना उनकी क्षमता से परे है। वास्तव में यह एक ऐसा क्षेत्र है, जहां शहरों में मध्यवर्तन एवं निवेश की ज़रूरत है।

एक आम धारणा यह है कि, ग्रामीण क्षेत्रों से गरीबों के शहर की ओर पलायन के कारण की झुग्गी बस्तियों की आबादी बढ़ती है। शहरी विकास के प्रारंभिक दौर, अर्थात औद्योगिकीकरण (लगभग 19वीं सदी के मध्य से लेकर 20वीं सदी के उत्तरार्ध तक) के समय के लिए यह बात सही है, जब कोलकाता, मुंबई और चेन्नई जैसे बड़े शहरों की आबादी काफी बढ़ गई थी। वर्तमान में, लोगों के शहर की ओर पलायन की तुलना में स्थानीय जनसंख्या में स्वाभाविक वृद्धि ही झुग्गी बस्तियों की आबादी के बढ़ने का कारण है। इस बात को नागरिकों, प्रशासकों या राजनेताओं को हमेशा ध्यान में रखना चाहिए, जो शहरों में प्रवेश करने वाले लोगों (परोक्ष रूप से गरीबों के लिए) के लिए परमिट की वकालत करते हैं।

निकट भविष्य में झुग्गी बस्तियों के बिना शहरों की कल्पना करना संभव नहीं है। बाहरी स्रोतों से सेवाएँ प्राप्त करने की उभरती प्रवृत्ति तथा निश्चित आय के साथ सुरक्षित नौकरियों में कमी को देखते हुए यह माना जाता है कि, अधिक से अधिक स्व-रोजगार अनौपचारिक क्षेत्र में स्थानांतरित हो सकते हैं। भविष्य की झुग्गी बस्तियों में ऐसे वर्गों एवं व्यवसायों के लोग भी शामिल हो सकते हैं, जो अब तक इस दायरे से बाहर थे। इस प्रकार उनका आर्थिक महत्त्व बरकरार रहेगा। इसलिए, शहरी नीति निर्माण में झुग्गी बस्तियों

के पर्यावरण एवं प्रबंधन को उच्च प्राथमिकता दी जानी चाहिए, उनके योगदान के महत्त्व को स्वीकार किया जाना चाहिए तथा शहरी सेवाओं के योजना निर्माण एवं प्रबंधन में उन्हें भी शामिल किया जाना चाहिए।

भारत में वर्तमान शहरीकरण के निहितार्थ

जीवन की गुणवत्ता के दृष्टिकोण से शहरी पर्यावरण के कई पहलुओं, अर्थात प्रदूषण, अत्यधिक भीड़-भाड़, ऊर्जा की बढ़ती खपत, सामाजिक एवं मानसिक तनाव, संघर्ष, इत्यादि को शहर के नुकसान के तौर पर देखा जा सकता है, जो यहां प्राप्त होने वाले लाभों की तुलना में कहीं अधिक हैं। शहर प्रत्यक्ष अथवा परोक्ष रूप से पानी, जंगल, ईंधन और भूमि जैसे संसाधनों पर भारी दबाव डालते हैं, और उपयोग के बाद अपशिष्ट के तौर पर पर्यावरण में वापस लौटा देते हैं। तीव्र शहरीकरण के साथ अरक्षणीय विकास, उस क्षेत्र के साथ-साथ दूरस्थ परिवेश को प्रतिकूल रूप से प्रभावित करता है। पर्यावरण और लोगों पर पड़ने वाले इस प्रभाव के निहितार्थ पर पर्याप्त विचार किया जाना चाहिए। शहर में अत्यधिक भीड़-भाड़ के कारण यहां का रहन-सहन बेहद अस्वास्थ्यकर होता है, साथ ही यह बुनियादी ढांचे को भी प्रभावित करता है। शहरी पर्यावरण का स्वरूप तेजी से बिगड़ता जा रहा है। स्वस्थ पर्यावरण एवं जीवन के आवश्यक घटकों — हवा, पानी और भूमि — का स्तर लगातार गिरता जा रहा है।

उपरोक्त तर्कों के आधार पर शहरीकरण के फायदों को नकारने की कोशिश नहीं की गई है। भारत को अपने निवासियों की बुनियादी विकासात्मक जरूरतों को पूरा करने से पहले लंबा रास्ता तय करना है। इसके लिए शहरीकरण आवश्यक है। लेकिन यह जिस मार्ग पर चल रहा है, वह विकसित देशों द्वारा अपनाए गए मार्ग से बिल्कुल अलग है। विकास का एक अलग रास्ता भी एक नए प्रकार के शहरीकरण और शहरी विकास को दर्शा सकता है। हमें अपने शहरी परिवेश से जुड़े महत्त्वपूर्ण मुद्दों तथा शहरी नियोजन एवं प्रबंधन की प्रक्रियाओं पर पुनर्विचार करने की आवश्यकता है।

शहरी पर्यावरण से जुड़ी समस्याएँ

वर्तमान में शहरी भारत के समक्ष लोगों के जीवन की गुणवत्ता को बेहतर बनाना सर्वप्रमुख चुनौती है। इसके अंतर्गत — स्वास्थ्य (शारीरिक एवं मानसिक दोनों), शिक्षा, पोषण, आजीविका सुरक्षा, शोषण से सुरक्षा, सांस्कृतिक एवं रचनात्मक आकांक्षाओं की पूर्ति, सामाजिक न्याय, सामाजिक समरसता एवं शांति, तथा मौलिक लोकतांत्रिक स्वतंत्रता और मानव अधिकार — शामिल हैं। सैद्धांतिक तौर पर समस्त भारतीय को इन अधिकारों का आश्वासन दिया जाता है। हालांकि, व्यावहारिक दृष्टि से इस संदर्भ में भ्रम की स्थिति बनी हुई है कि इनमें से कौन से अधिकार किसे उपलब्ध हैं। वे ग्रामीण और शहरी, दोनों तरह के समाज को कष्ट पहुँचाते हैं, लेकिन शहरी परिवेश उन्हें इसके निकट संपर्क में लाता है और टकराव की स्थिति उत्पन्न होती है। इनमें से कुछ पथभ्रष्टता और मुद्दों पर नीचे चर्चा की गई है।

संसाधनों की खपत और अपशिष्ट उत्पादन में वृद्धि

आर्थिक विकास के साथ लोगों की क्रय शक्ति भी बढ़ जाती है, जिससे संसाधनों की खपत अधिक होती है। देश में शहरी आबादी ग्रामीण आबादी की तुलना में काफी कम है, फिर भी यहां संसाधनों की खपत अधिक है। यह दिल्ली और मुंबई जैसे बड़े शहरों में स्पष्ट रूप से दिखाई देता है। शहर में रहने वाले लोग, प्रति व्यक्ति अधिक संसाधनों का उपयोग करते हैं, और तुलनात्मक रूप से अधिक अपशिष्ट उत्पन्न करते हैं। आज, ज्यादातर अपशिष्ट जैव-निम्नीकरणीय नहीं हैं। आज शहरों में अधिकांश जमीन पर इमारतों, सड़कों, आदि का निर्माण किया जा रहा है, जिससे मिट्टी की ऊपरी परत का अपरदन हुआ है और इसमें पाए जाने वाले सूक्ष्म-जीव भी विलुप्त होते जा रहे हैं, जिसके कारण निम्नीकरणीय जैविक अपशिष्ट के अपघटन का प्राकृतिक तंत्र निष्प्रभावी हो रहा है।

अवसंरचना पर बढ़ता दबाव

शहरी केंद्रों में आवास, जलापूर्ति, अपशिष्ट निपटान और सफ़ाई व्यवस्था जैसे आवश्यक बुनियादी सुविधाओं एवं सेवाओं की तुलना में जनसंख्या घनत्व बेहद तीव्र गति बढ़ रहा है। इससे शहर में रहने वाले लोगों के लिए प्रदूषित, अति संकुलित एवं अस्वास्थ्यकर स्थिति उत्पन्न हुई है, जो धनी एवं निर्धन वर्ग के लोगों के जीवन की गुणवत्ता को समान रूप से प्रभावित करती है। निम्नस्तरीय सफ़ाई व्यवस्था के कारण निर्धन वर्ग के लोगों को बीमारी का खतरा अधिक है, परंतु अगर बीमारी महामारी का रूप धारण कर ले तो यह आर्थिक वर्ग की सीमाओं में कोई भेद नहीं करेगी। इस प्रकार, अगर अपशिष्ट जल निकासी व्यवस्था केवल उन लोगों के लिए उपलब्ध है जो इसका भुगतान करने में सक्षम है और असक्षम लोगों के लिए यह अनुपलब्ध है, तो इसके परिणाम सभी के लिए घातक होंगे।

सार्वजनिक स्थल एवं संपत्ति

घनी आबादी वाले क्षेत्रों के निवासियों को ऐसे स्थान की आवश्यकता होती है, जहां वे किसी प्रकार का भुगतान किए बिना मनोरंजन, व्यायाम, बैठक, शांतिपूर्ण चिंतन कर सकें अथवा कुछ समय के लिए शहर की भीड़ और कोलाहल से दूर रहने का आनंद ले सकें। इन जरूरतों को पूरा करने के लिए शहरों में बाग़ एवं उद्यानों, वन्य क्षेत्रों, जल क्रीडा स्थल, झील एवं अन्य सार्वजनिक स्थलों और संपत्तियों का निर्माण किया जाता है। यहां भूजल पुनर्भरण जैसी मूल्यवान पारिस्थितिक सेवाएँ भी उपलब्ध कराई जाती हैं। जमीन की बढ़ती मांग के साथ इस प्रकार की संपत्तियों का वाणिज्यिक उपयोग हेतु इस्तेमाल किए जाने का खतरा बढ़ गया है। शहरी परिवेश में इनका संरक्षण, प्रबंधन एवं योजना निर्माण एक महत्त्वपूर्ण मुद्दा है।

सांस्कृतिक विरासत को क्षति

सांस्कृतिक विरासत के दोनों स्वरूप, अर्थात वस्तुगत (जैसे कि स्मारक, शिल्प कला, ऐतिहासिक स्थल) एवं गैर-वस्तुगत (जैसे कि व्यंजन, त्यौहार, परंपरा), लोगों की पहचान और आत्मसम्मान का एक विशिष्ट पहलू है। अक्सर तीव्र शहरीकरण के कारण इसे नुकसान होता है। निर्मित विरासत - जो एक शहर की पहचान का अभिन्न अंग है - को नए, व्यवसायिक दृष्टि से 'व्यवहार्य' प्रगति के पक्ष में अपना बलिदान देना पड़ता है, जिससे लोग शहर के गौरवपूर्ण प्रतीकों से वंचित हो जाते हैं। पुरानी इमारतों को जिन कार्यों के लिए तैयार किया गया था, उन्हें अक्सर नए उपयोगों द्वारा प्रतिस्थापित किया जाता है। उदाहरण के लिए, जब अहमदाबाद की पुरानी दीवारों वाले शहर में एकल परिवार वाले मुहल्ले के घरों के स्थान पर बहुमंजिला इमारतें बनाई जाती हैं या गोदाम बनाए जाते हैं, तो आने-जाने वाले लोगों एवं वाहनों की संख्या में वृद्धि से उस मुहल्ले का ताना-बाना बिगड़ जाता है, जो इन बदलावों को आकर्षित करते हैं (प्रतिवेश से संबंधित बॉक्स देखें)। मूलतः सांस्कृतिक दृष्टि से समरूप समुदायों के सुरक्षा एवं मित्रवत तरीके से रहने के लिए निर्मित यह परिवेश नष्ट हो जाता है। कई पुराने शहरी इलाकों ने एक अलग जीवनशैली और सांस्कृतिक पहचान विकसित की है, जो संरक्षण के समुचित उपायों के अभाव में विचारहीन शहरी विकास के हमले के साथ इस खतरे का सामना करते हैं।

प्रतिवेश

प्रतिवेश अहमदाबाद की पुरानी दीवारों वाले शहर का एक प्रारूपिक मुहल्ला है। आमतौर पर इसके निवासी एक ही समुदाय के लोग होते हैं, जो अक्सर एक-दूसरे के संबंधी होते हैं, तथा सामाजिक एवं सांस्कृतिक मूल्यों और परंपराओं को साझा करते हैं। आमतौर पर आधुनिक मुहल्लों के निवासी समान आय वर्ग के होते हैं, परंतु इसके विपरीत पोल्स में रहने वाले लोगों की संपन्नता का स्तर भिन्न-भिन्न होता है। जरूरत या संकट के समय, सामुदायिक ट्रस्ट या इसी प्रकार के तंत्र के माध्यम से अधिक संपन्न लोगों द्वारा अपेक्षाकृत कम संपन्न लोगों की मदद की जाती है।

(जारी)

(जारी)

> गर्म शुष्क क्षेत्रों में भी प्रतिवेश (पोल) के समान मुहल्ले होते हैं। घरों की पंक्तिबद्ध श्रृंखला छाया प्रदान करती है तथा सड़कों एवं गलियों को दिन के समय झुलसा देने वाली धूप से बचाती है, जिसमें आमतौर पर घरों के पीछे की दीवार लंबी और आपस में जुड़ी होती है, जबकि सामने का हिस्सा थोड़ा संकरा होता है और इसमें छाया देने वाले झरोखे और छज्जे बनाए जाते हैं। इस प्रकार के घरों में ऊपर की मंजिल तथा बालकनी आगे की ओर निकली होती है, जिससे अधिक मात्रा में गर्मी घर के अंदर नहीं आ पाती है। घर का भीतरी आंगन संवहन प्रक्रिया के माध्यम से अंदर की गर्म वायु को बाहर निकालता है और घरों को ठंडा रखने में मदद करता है।

वायु प्रदूषण

शहरों में प्रदूषित हवा के स्तर में लगातार वृद्धि एक बड़ी समस्या है, जो श्वसन संबंधी बीमारियों का एक प्रमुख कारण है। मोटर वाहनों एवं कल-कारखानों से निकलने वाला धुआं और उत्सर्जन इसका प्रमुख कारण है, जो प्रदूषण नियंत्रण हेतु निर्धारित मानकों के अनुरूप नहीं होते हैं। घटिया तरीके से रखरखाव तथा मिलावटी ईंधन प्रदूषण को बढ़ाते हैं। ट्रैफिक पुलिस और कारखानों में काम करने वाले मजदूर अपने व्यवसाय के कारण इस प्रकार के प्रदूषण के लगातार संपर्क में होते हैं, इसलिए ऐसे लोगों के स्वास्थ्य पर खतरा भी अधिक है (तालिका 8.2 देखें)।

गरीबों के घरों में अपूर्ण दहनशील एवं 'निम्नस्तरीय' रसोई ईंधन (कोयला, जैव-संहति अवशेष और कई मामलों में तो प्लास्टिक एवं रबर के अपशिष्ट का उपयोग किया जाता है) के उपयोग तथा घरों में वायु-संचार की घटिया व्यवस्था के कारण उत्पन्न वायु प्रदूषण भी एक महत्त्वपूर्ण पहलू है, जिसकी अक्सर उपेक्षा की जाती है। शहर के कुल वायु प्रदूषण में इसके योगदान की मात्रा को

तालिका 8.2

चयनित शहरों में वायु प्रदूषण का स्तर

शहर	वायु प्रदूषण के स्तरों की सीमा (माइक्रोग्राम / एम^3)		
	SO2	*NOx*	*SPM*
एनएएक्यू के मानदण्ड	15.0 – 80.0	15.0 – 80.0	70.0 – 360.0
मुंबई	6.1 – 111.7	5.4 – 115.8	60.6 – 473.2
कोलकाता	6.0 – 122.0	6.0 – 73.1	77.3 – 833.3
दिल्ली	10.1 – 85.1	20.1 – 104.5	145.3 – 929.8
हैदराबाद	5.1 – 70.7	7.5 – 124.1	59.3 – 458.0
अहमदाबाद	5.4 – 110.9	3.6 – 70.0	72.4 – 575.4
पुणे	17.1 – 29.0	10.1 – 34.0	112.0 – 166.5
कानपुर	8.2 – 22.4	7.7 – 63.0	233.7 – 809.2

स्रोत: भारतीय आर्थिक सर्वेक्षण (1998–99), 1999–2000 का बजट पूर्व दस्तावेज़, 1999 की विशेष अनुपूरक संख्या 1, सरकारी राजपत्र से समाचार, भारत सरकार, नई दिल्ली

टिप्पणियाँ: एनएएक्यू - *राष्ट्रीय परिवेशी वायु गुणवत्ता*

NOx - *नाइट्रोजन ऑक्साइड (NO2 के रूप में)*

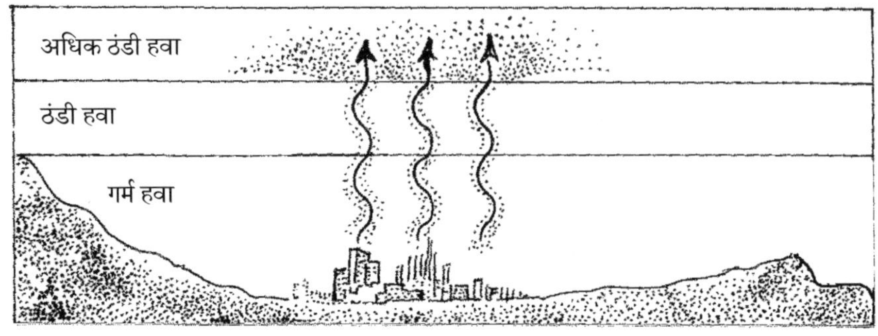

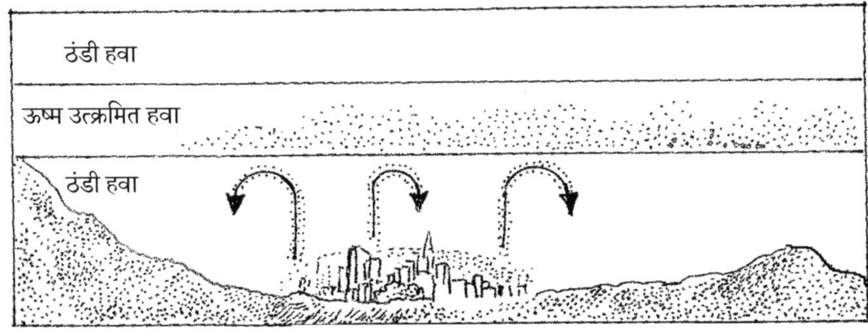

चित्र 8.1   ऊष्मीय उत्क्रमण

निर्धारित करना बेहद कठिन है, लेकिन यह उन महिलाओं के स्वास्थ्य के लिए एक बड़ा खतरा है, जो इस तरह की रसोई में काफी समय व्यतीत करती हैं। इसके अलावा यह उनके साथ रहने वाले शिशुओं के लिए भी खतरनाक है।

आंशिक रूप से प्राकृतिक घटनाओं के कारण भी वायु प्रदूषण होता है, परंतु शहरी इलाकों में मानव जनित प्रदूषण का स्तर लगातार बढ़ रहा है। इसमें सांस के जरिए शरीर के अंदर प्रवेश करने वाले निलंबित सूक्ष्म-कण — मोटर वाहन एवं औद्योगिक गतिविधियों से निकलने वाली धूल एवं अन्य सूक्ष्म-कण — शामिल हैं, जो इतने बारीक होते हैं कि प्राकृतिक निस्पंदन तंत्र को पार कर श्वासनली के जरिए शरीर के अंदर प्रवेश कर जाते हैं।

ऊष्मीय उत्क्रमण अक्सर सर्दियों के मौसम में होने वाली एक घटना है, जिसके चलते वायु प्रदूषण होता है। संवहन के कारण ऊपर की ओर जाने में असमर्थ ठंडी हवा सूर्यास्त के बाद जमीन के आसपास संकेंद्रित हो जाती है, और यह विशेष तौर पर ऐसे स्थानों में होता है जहां हवा नहीं चलती है। शहरी इलाकों में, जहां वायु अधिक प्रदूषित है, धूम-कोहरे का निर्माण होता है जिससे आंखों में जलन, नाक बहना तथा कुछ लोगों के लिए सांस में तकलीफ जैसी समस्याएँ उत्पन्न होती हैं। दिल्ली में श्वसन रोग से पीड़ित लोगों की संख्या में भारी वृद्धि हुई है, जिसमें बच्चों की संख्या सबसे अधिक है। वर्ष 2000 में किए गए एक अध्ययन से पता चला है कि, शहर में 11 प्रतिशत स्कूली बच्चे अस्थमा से पीड़ित हैं। एक और अध्ययन का अनुमान है कि, वर्ष 1995 में केवल कोलकाता में निलंबित सूक्ष्म-कणों की वजह से होने वाली असमय मृत्यु एवं बीमारी के कारण रु. 9.59 अरब का नुकसान हुआ था!

पानी की उपलब्धता और प्रदूषण

अधिकांश शहरी इलाकों में सुरक्षित पेयजल की उपलब्धता भी एक समस्या है। उच्च जनसंख्या घनत्व वाले कई बड़े शहरों में बहने वाली नदियों में औद्योगिक गतिविधियों के अनुपचारित मलजल एवं अपशिष्ट पदार्थों के संकेंद्रण से पानी को साफ करने वाली प्राकृतिक जैव-रासायनिक प्रक्रियाओं में बाधा उत्पन्न होती है। भारत की सर्वाधिक पवित्र नदियों में से एक, गंगा की लंबाई का अधिकांश हिस्सा (1,760 किमी) जैविक ऑक्सीजन आवश्यकता (बीओडी) के संदर्भ में प्रदूषित है। दिल्ली में बहने वाली यमुना नदी में 15 नालों से अपशिष्ट जल प्रवाहित किया जाता है, जिसके कारण इस नदी की स्थिति भी किसी बड़े नाले की तरह हो गई है।

भारत में प्रदूषण फैलाने वाले लगभग 135,000 कारखाने प्रतिदिन 13,000 मिलियन लीटर अपशिष्ट जल का उत्पादन करते हैं, जिनमें से बड़े और मध्यम उद्योगों से उत्पन्न केवल 60 प्रतिशत अपशिष्ट जल को उपचारित किया जाता है। शेष अपशिष्ट जल नदियों में अपना रास्ता खोज लेते हैं। घरेलू अपशिष्ट जल रोगजनक और जल-जनित बीमारियों का मुख्य स्रोत है। अपशिष्ट जल को उपचारित करने अथवा इसके निपटान के समुचित तरीके के अभाव में, शहर के भीतर जमा अपशिष्ट जल मच्छरों के प्रसार को प्रोत्साहन देता है। घरेलू अपशिष्ट जल के कारण भूमिगत जल भी प्रदूषित होता है, जो कई शहरों में पीने के पानी का एकमात्र स्रोत है। भूमिगत पाइप लाइन के संक्षारण की वजह से, इसके जरिए घरों तक पहुंचने वाले पेयजल में भी अपशिष्ट जल मिश्रित हो जाता है। उद्योगों द्वारा अनुपचारित रासायनिक अपशिष्ट को घरेलू मल-जल प्रणाली में प्रवाहित किये जाने से संक्षारण की प्रक्रिया तेज हो जाती है, जिससे जलस्रोतों के साथ-साथ मिट्टी भी प्रदूषित होती है।

उपयोग हेतु पानी की कमी के कारण, इसके लंबी दूरी तक परिवहन एवं भूमिगत स्रोतों से इसे ऊपर तक लाने में बड़े पैमाने पर ऊर्जा खर्च की जाती है।

स्थानीय सरकारी निकायों द्वारा पाइपलाइन के माध्यम से जलापूर्ति, शहरी विकास के अनुरूप नहीं है। नलकूपों की गहराई मनमाने ढंग से निर्धारित की जाती है और भूमिगत स्रोतों से अत्यधिक मात्रा में पानी निकाला जाता है, जिसके चलते बड़े पैमाने पर जलस्तर लगातार नीचे गिरता जा रहा है। अहमदाबाद के पश्चिमी भागों में, वर्ष 1965 में जलस्तर 20–25 मीटर था, जो वर्ष 1990 में 80–90 मीटर तक पहुंच गया। वर्तमान में यह औसतन प्रतिवर्ष 3 मीटर नीचे जा रहा है। शहरों के अधिकांश हिस्सों पर बड़ी-बड़ी इमारतों और पक्की सड़कों का कब्जा है, जिसके कारण रिसाव के माध्यम से भूजल पुनर्भरण का स्तर लगभग नगण्य हो गया है। बारिश का पानी बहकर दूर चला जाता है, जिससे निचले इलाकों में बाढ़ की समस्या उत्पन्न होती है।

ठोस अपशिष्ट

अपशिष्ट पदार्थों का अनियोजित निपटान शहरी क्षेत्रों में प्रदूषण का एक मुख्य कारण है, जिसका सार्वजनिक स्वास्थ्य पर गंभीर प्रभाव पड़ रहा है। किसी इलाके की आर्थिक उन्नति का पता उस स्थान पर उत्पन्न अपशिष्ट के स्वरूप से लगाया जा सकता है। शुरुआती दौर में मानव बस्तियों द्वारा उत्पन्न अपशिष्ट मुख्य रूप से जैविक और जैव-निम्नीकरणीय (बचा हुआ भोजन, सब्जियाँ, फलों के छिलके, इत्यादि) था। आज उत्पन्न अपशिष्ट की मात्रा काफी अधिक है, जिसमें गैर-जैवनिम्नीकरणीय सामग्रियों (इसके अंतर्गत प्लास्टिक, टेट्रा पैक एवं पान मसाला के पाउच जैसी मिश्रित सामग्रियों से बने पदार्थ - जो प्लास्टिक एवं पेपर अथवा पेपर एवं एल्यूमीनियम का मिश्रण होता है- शामिल होते हैं), जहरीले पदार्थों, आदि का अनुपात काफी उच्च होता है। ये लंबे समय तक पर्यावरण में रहते हैं तथा हवा, पानी और भूमि को दूषित करते हैं। तालिका 8.3 एक कालखंड की आंशिक छवि प्रस्तुत करती है, जब उपभोक्तावाद में वृद्धि के बावजूद स्थिति इतनी अस्पष्ट नहीं थी, जितनी आज है।

इस तालिका के माध्यम से पिछले आठ वर्षों में बड़े और छोटे शहरों के बीच वानस्पतिक अपशिष्ट एवं निष्क्रिय अपशिष्ट (अर्थात, गैर-जैवनिम्नीकरणीय) के बीच के अनुपात को दर्शाया जा सकता है, जो शहरों में आज भी अधिक है। इस बात पर ध्यान

तालिका 8.3
भारतीय शहरों में सार्वजनिक ठोस अपशिष्ट की भौतिक विशेषताएँ

जनसंख्या सीमा (लाख में)	1–5	5–10	10–20	20–50	>50
सर्वेक्षण किए गए शहरों की संख्या	12	15	9	3	4
संघटन (नम वजन के आधार पर %)					
कागज़	2.91	2.95	4.71	3.18	6.43
रबड़, चमड़ा और सिंथेटिक	0.78	0.73	0.71	0.48	0.28
कांच	0.56	0.56	0.46	0.48	0.94
धातु	0.33	0.32	0.49	0.59	0.80
कुल वानस्पतिक अपशिष्ट	44.57	40.04	38.95	56.67	30.84
निष्क्रिय अपशिष्ट	43.59	48.38	44.73	40.07	53.90

स्रोत: एनईईआरआई (1995), भारत में एसडब्लूएम पर रणनीति पत्र (अगस्त)

तालिका 8.4
भारतीय शहर: प्रति व्यक्ति अपशिष्ट उत्पादन

जनसंख्या सीमा (लाख में)	औसत अपशिष्ट उत्पादन (ग्राम/व्यक्ति/दिन)
1–5	210
5–10	250
10–20	270
20–50	350
>50	500

स्रोत: एनईईआरआई (1996), भारत में एसडब्लूएम पर रणनीति पत्र (फरवरी)

देना भी आवश्यक है कि, बड़े शहरों में छोटे शहरों और कस्बों की तुलना में प्रति व्यक्ति अधिक अपशिष्ट का उत्पादन होता है (तालिका 8.4)।

ठोस अपशिष्ट का निपटान करना शहरी प्राधिकरणों के लिए एक चुनौती है। समय के साथ नए अपशिष्ट भराव्क्षेत्र की आवश्यकता होती है, क्योंकि पुराने भराव्क्षेत्र की क्षमता एक निश्चित समयावधि में समाप्त हो जाती है। आमतौर पर नए अपशिष्ट भराव्क्षेत्र शहर से दूर स्थित होते हैं। अपशिष्ट को अधिक दूरी तक ले जाया जाता है और इस क्रम में अधिक ईंधन के इस्तेमाल से वाहनों से होने वाला वायु प्रदूषण भी बढ़ जाता है। परिवहन के दौरान अपशिष्ट के रास्ते में बिखरने की संभावनाएँ भी मौजूद रहती हैं। सूक्ष्म रूप से विश्लेषण करने पर हम पाते हैं कि, इस विधि से केवल प्रदूषण एक स्थान से दूसरे स्थान तक फैलता है, जिसका प्रभाव शहर की सीमाओं के बाहर स्थित मानवीय बस्तियों पर पड़ता है।

अपशिष्ट को स्रोत पर पृथक्कृत नहीं किया जाता है, और इसकी मिश्रित संरचना इसके निम्नीकरण को रोकती है। अक्सर बारिश के दौरान अपशिष्ट पदार्थों के विषाक्त तत्व पानी के संपर्क में आते हैं तथा सतही एवं भूमिगत जल को प्रदूषित करते हैं। सिंचाई के लिए प्रदूषित जल के उपयोग से खाद्य फसलों की गुणवत्ता के साथ-साथ मानव एवं पशु स्वास्थ्य पर भी बुरा असर पड़ता है, और इस प्रकार के दुष्प्रभावों को अपशिष्ट के स्रोत से दूर स्थित इलाकों में भी महसूस किया जा सकता है।

ध्वनि प्रदूषण

सड़क पर वाहनों की बढ़ती संख्या, शहर के भीतर औद्योगिक गतिविधियों का प्रसार, तथा धार्मिक, सामाजिक एवं सार्वजनिक कार्यक्रमों के दौरान लाउडस्पीकर के उपयोग के परिणामस्वरूप शहरी परिवेश (यहां किसी विशिष्ट परिवेश के बजाय सामान्य परिवेश की बात की गई है) में शोर का स्तर काफी बढ़ गया है। ध्वनि की तीव्रता को डेसीबल (डीबी) में मापा जाता है। इस पैमाने पर, ध्वनि के स्तर में एक डेसीबल की वृद्धि से तीव्रता दस गुना बढ़ जाती है। इस प्रकार, ध्वनि की तीव्रता में 1 से 3 डेसीबल की वृद्धि से शोर में सौ गुना वृद्धि होती है। प्रमुख भारतीय शहरों में शोर का स्तर 60 से 90 डेसीबल तक होता है। दिन के समय (सुबह 6 बजे से रात 10 बजे तक) विधिक तौर पर अधिकतम अनुमत सीमा निर्धारित है, जो आवासीय क्षेत्रों में 55 डीबी, वाणिज्यिक क्षेत्रों में 65 डीबी और औद्योगिक क्षेत्रों में 75 डीबी है। रात के समय के लिए इनकी निर्धारित सीमा क्रमशः पहले दो श्रेणियों के लिए 10 डीबी और तीसरे के लिए 5 डीबी हैं। उच्च स्तर के शोर के लगातार संपर्क में रहने से मानसिक एवं शारीरिक स्वास्थ्य को नुकसान पहुंचता है। चिड़चिड़ापन, आक्रामकता, रक्तचाप में वृद्धि, सिरदर्द, अनिद्रा, सुनने की क्षमता में कमी, इत्यादि इसके कुछ दुष्प्रभाव हैं (विभिन्न स्रोतों से ध्वनि स्तर की तीव्रता के लिए प्रदूषण के अध्याय में तालिका 6.1 देखें)।

भूमि उपयोग के स्वरूप में परिवर्तन

जब शहरी क्षेत्र का विस्तार होता है और निकटवर्ती ग्रामीण इलाके इसमें शामिल होते हैं, तो कृषि योग्य भूमि का इस्तेमाल इमारतों एवं सड़कों के निर्माण में किया जाने लगता है। इस प्रकार, अपनी पुन: प्रयोज्यता के कारण गतिशील प्रकृति की कृषि भूमि, स्थाई तौर पर शहरी उपयोग की भूमि में परिवर्तित हो जाती है। इस प्रकार केवल भूमि के स्वरूप में ही बदलाव नहीं आता है, बल्कि किसी इलाके के शहरीकरण के कारण उस क्षेत्र के निवासियों की आजीविका एवं जीवन शैली भी प्रभावित होती है। खेती में कठिनाइयाँ दिन प्रतिदिन बढ़ती जा रही हैं, जिसके कारण किसान अपनी जमीन बेच रहे हैं। एक बार इस तरह से अर्जित की गई धनराशि खत्म होने पर, उनके पास कोई लाभकारी रोजगार नहीं बचता है। नए शहरी क्षेत्रों में पानी और स्वच्छता के बुनियादी ढांचे की कमी, स्वास्थ्य समस्याओं का कारण बनती है। पुराने और नए, दोनों प्रकार के परिवेश एवं निवासियों के जीवन की गुणवत्ता निरंतर निम्न होती जाती है।

अक्सर विनिर्माण परियोजनाओं के लिए तालाब एवं झीलों जैसी आर्द्रभूमि को निर्माण योग्य भूमि में परिवर्तित किया जाता है, जिसके परिणामस्वरूप सतही वर्षा जल एवं प्राकृतिक निक्षेप के लिए जलग्रहण क्षेत्र का स्थायी तौर पर नुकसान होता है। इसके चलते भारी बारिश के दौरान शहरों में बाढ़ की स्थिति उत्पन्न हो जाती है। भूमि के स्वरूप में इस प्रकार के परिवर्तन से भूजल पुनर्भरण का एक महत्त्वपूर्ण साधन नष्ट हो जाता है। आर्द्रभूमि के साथ इसके पारिस्थितिक तंत्र को भी नुकसान पहुंचता है, जो जीवन के विविध स्वरूपों को आश्रय प्रदान करते हैं - जिसमें मुख्य रूप से वहां के स्थानीय एवं प्रवासी पक्षी शामिल हैं, जिन्हें घोंसला बनाने एवं प्रजनन के लिए नए स्थान की तलाश करनी होती है। इस प्रकार का परिवर्तन अलग-अलग तरीकों से लोगों के जीवन को भी काफी प्रभावित कर सकता है। उदाहरण के लिए, 4,000 हेक्टेयर आर्द्रभूमि को निर्माण योग्य भूमि में परिवर्तित किए जाने के कारण पूर्वी कोलकाता में प्रतिवर्ष लगभग 25,000 टन मछली का नुकसान हुआ, जिसके चलते मछुआरों के समुदाय की आजीविका खतरे में पड़ गई तथा शहर को सस्ते पोषण के एक प्रमुख स्रोत से वंचित होना पड़ा। इसके अलावा शहर को प्रकृति द्वारा दी गई दो महत्त्वपूर्ण नागरिक सुविधाओं, अर्थात तूफानी बारिश के पानी हेतु निक्षेप क्षेत्र तथा वाहित मल के लिए प्राकृतिक ऑक्सीकरण तालाबों से भी हाथ धोना पड़ा।

वनस्पतियाँ

झाड़ियों, घास के मैदानों, पेड़-पौधों तथा प्राकृतिक वनस्पतियों पर शहरीकरण का प्रभाव सबसे पहले पड़ता है। वायु प्रदूषण को अवशोषित करने, ऑक्सीजन को मुक्त करने, पत्तियों से पानी के वाष्पीकरण के माध्यम से हवा को ठंडा करने, ध्वनि प्रदूषण को कम करने, वन्य जीवन को आवास प्रदान करने तथा पर्यावरण की सुंदरता को बढ़ाने के लिहाज से वनस्पति अत्यंत महत्त्वपूर्ण है। इससे मृदा अपरदन को कम करने में भी मदद मिलती है।

शहरी क्षेत्रों के लिए नियोजन

शहरों के अनियमित एवं द्रुतगामी विकास के कारण अप्रत्याशित एवं अवांछनीय पर्यावरणीय परिस्थितियाँ उत्पन्न होती हैं, जिसे आपात नियंत्रण दृष्टिकोण के साथ बेहतर बनाना असंभव है। शहरी क्षेत्रों को अधिक जीवंत और संवहनीय बनाने के लिए बड़े पैमाने पर योजना निर्माण आवश्यक है। पारंपरिक दृष्टि से, शहरी नियोजन में मुख्य योजना तैयार करना शामिल है, जिसके अंतर्गत भूमि उपयोग (आवासीय, वाणिज्यिक, औद्योगिक, संस्थागत, मनोरंजन, आदि) तथा जनघनत्व (प्रति इकाई क्षेत्र में परिवारों या व्यक्तियों की संख्या) जैसे पहलुओं पर विस्तृत दिशानिर्देश निर्धारित किए जाते हैं। यह मानते हुए कि इन दिशानिर्देशों का अक्षरशः पालन किया जाएगा, सड़क, जलापूर्ति के लिए मुख्य पाइप लाइन का निर्माण तथा वर्षा जल निकासी व्यवस्था के साथ-साथ मलजल निकासी एवं इसे प्रवाहित किए जाने से पूर्व उपचार, जैसी बुनियादी सुविधाओं के लिए योजना तैयार की जाती है। हाल के वर्षों में, शहरी ठोस अपशिष्ट प्रबंधन की दिशा में पहले की तुलना में अधिक ध्यान दिया जा रहा है।

इस प्रकार के भौतिक नियोजन की प्रभावकारिता की अपनी सीमाएँ हैं। यह पहले से मौजूद समस्याओं का प्रत्यक्ष समाधान नहीं निकालता है (मामूली संशोधन से परे), इसके अलावा परिवहन अपशिष्ट संग्रह अथवा विशेष नागरिक सुविधाओं की व्यवस्था का विस्तृत विवरण भी नहीं देता है। इन्हें आमतौर पर पूरक समाधान माना जाता है - जिसका प्रयोग मुख्य योजना के अवरूद्ध होने की स्थिति में विवरणों का पता लगाने के लिए अथवा समस्याओं के सामने आने पर समाधान हेतु अनौपचारिक निर्णय लेने के लिए किया जाता है। इस प्रकार, यदि निजी वाहनों की संख्या अनुमानित संख्या से अधिक हो जाती है (जैसा 1990 के दशक से भारत में हुआ है), तो इनका संचलन एवं पड़ाव एक बड़ी समस्या बन जाती है। शहर के आवासीय एवं वाणिज्यिक क्षेत्रों में वाहनों के

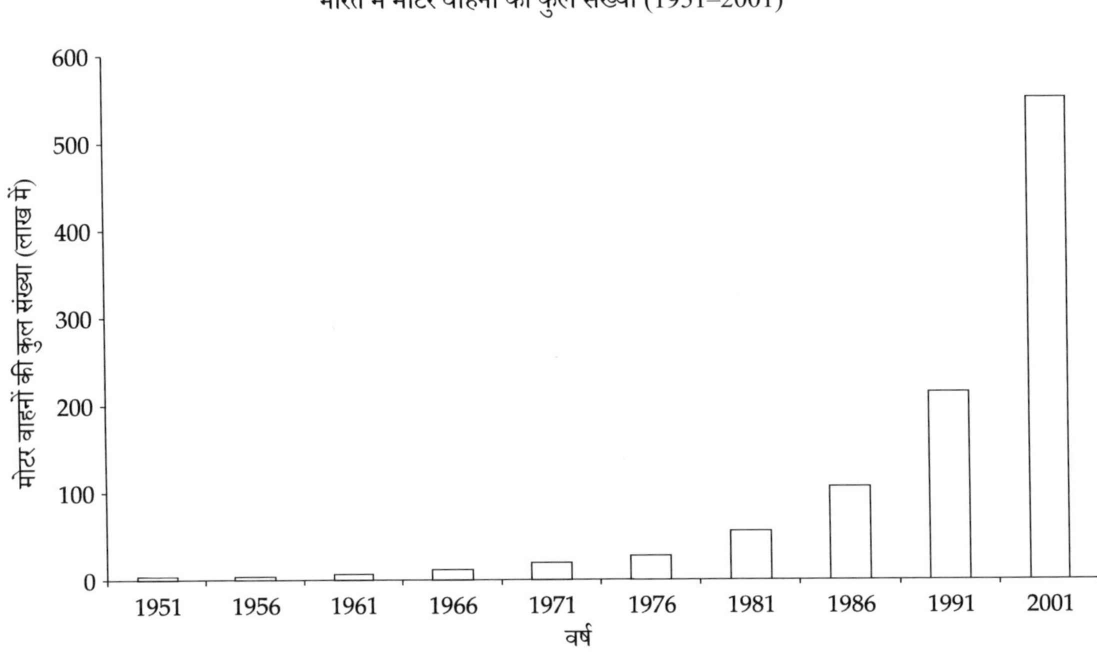

आरेख 8.2

भारत में मोटर वाहनों की कुल संख्या (1951–2001)

स्रोत: भारत सरकार, सड़क परिवहन एवं राजमार्ग मंत्रालय
<http://morth.nic.in/motorstat/>

पड़ाव हेतु आवंटित स्थान, वाहनों की मौजूदा संख्या के लिए अपर्याप्त हैं। ऐसी स्थिति में वाहन फुटपाथ पर अपना पड़ाव बना लेते हैं, जिससे लोगों को गाड़ियों के आवागमन हेतु बनाए गए रास्ते पर चलना पड़ता है और उनके जीवन पर खतरा बढ़ जाता है। शहरी नियोजन और प्रबंधन के लिए इस समस्या का हल ढूंढना एक बड़ी चुनौती है।

शहरी परिवहन हेतु योजना निर्माण

शहरों के विकास में परिवहन की भूमिका को बेहद अहम माना जाता है, जो अक्सर शहर के स्वरूप को आकार देने वाला प्रमुख उपकरण बन जाता है। सामान्य गैर-मोटर संचालित वाहनों से मोटर संचालित वाहनों पर आश्रित होने की स्वाभाविक प्रवृत्ति को चौड़ी एवं नई सड़कों के निर्माण तथा फ्लाईओवर और पार्किंग स्थल जैसी अन्य आधारभूत संरचनाओं की आवश्यकता से बल मिलता है और इसके परिणामस्वरूप सड़क पर मोटर वाहनों की संख्या में वृद्धि होती है।

परिवहन का वास्तविक उद्देश्य शहर के पर्यावरण पर न्यूनतम प्रतिकूल प्रभाव डालते हुए, अपेक्षाकृत कम समय और कम खर्च में लोगों की पर्याप्त संख्या को एक स्थान से दूसरे स्थान तक पहुंचाना है। यह अधिकाधिक संख्या में वाहनों को अधिक तेज गति से चलाए जाने के लिए प्रोत्साहित नहीं करता है।

जब हम वाहनों के बजाय केवल लोगों की गतिशीलता पर पुनर्विचार करते हैं, तो क्या हम सड़क पर भीड़-भाड़, वायु प्रदूषण एवं सड़क दुर्घटना जैसी यातायात समस्याओं के समाधान के तौर पर उस दृष्टिकोण की निरर्थकता को देख सकते हैं, जो महंगे बुनियादी ढांचे (सड़क, फ्लाईओवर, पार्किंग स्थल) पर निर्भर है।

हमें यह समझना होगा कि, यातायात नियोजन का उद्देश्य नागरिकों की बड़ी संख्या के लिए गतिशीलता विकल्पों को बेहतर करना एवं इसका विस्तार करना है, ताकि वे अत्यधिक विलंब, लागत और अपने स्वास्थ्य को जोखिम में डाले बिना अपने काम, अध्ययन, खरीदारी, मनोरंजन, आदि के लिए न्यूनतम असुविधा के साथ सफर कर सकें। शहरों के कुल वायु प्रदूषण में मोटर वाहनों का योगदान 65 प्रतिशत है। इसके अलावा मोटर वाहनों के उत्सर्जन साथ-साथ तेज रफ़्तार, ड्राइविंग के दौरान तनाव एवं सड़क दुर्घटनाओं से भी लोगों के जीवन एवं स्वास्थ्य पर संकट बढ़ गया है। यातायात व्यवस्था में मोटर वाहनों की अधिक संख्या से शहर के प्राकृतिक एवं मानव निर्मित परिवेश पर खतरा बढ़ जाता है, क्योंकि खुले क्षेत्रों, प्राकृतिक स्थलों एवं प्राचीन संरचनाओं का अतिक्रमण करते हुए सड़कों, फ्लाईओवर और पार्किंग स्थलों का निर्माण किया जाता है, तथा सड़क चौड़ीकरण योजनाओं के दौरान अनिवार्य रूप से टकराव की स्थिति उत्पन्न होती है।

मोटर वाहनों की अधिकता को ध्यान में रखते हुए किया गया यातायात नियोजन, अधिक से अधिक सड़कों के निर्माण और मौजूदा सड़कों के चौड़ीकरण पर निर्भर है। दुर्भाग्यवश, सड़कों को चौड़ा करने के क्रम में अक्सर सड़क के किनारे पैदल चलने वाले लोगों को छाया देने वाले पेड़ों को नुकसान पहुंचाया जाता है, जिससे फुटपाथ की चौड़ाई में कमी आती है, इमारतों के सामने का स्थान कम हो जाता है और तथा गाड़ियों के लिए पड़ाव निर्माण हेतु सार्वजनिक स्थलों का अतिक्रमण किया जाता है। स्थिति और भी बदतर हो जाती है जब नई सड़कों के निर्माण एवं सड़कों के चौड़ीकरण की परियोजनाओं को शहर के विकास के तौर पर चिह्नित किया जाता है, जिसके चलते वास्तुकला, ऐतिहासिक एवं सांस्कृतिक के महत्त्व की अमूल्य विरासत संरचनाओं के नुकसान का खतरा उत्पन्न होता है। पुणे शहर में सड़कों के चौड़ीकरण की प्रस्तावित परियोजनाओं के कारण प्रथम श्रेणी की विरासत संरचनाओं में सूचीबद्ध मजूमदार वाडा और आगा खान पैलेस के साथ-साथ यहां की पहाड़ियों नदियों एवं अन्य प्राकृतिक संपत्ति पर संकट गहरा गया है।

इस बात में कोई दो राय नहीं है कि, समाज के गरीब वर्ग को इस प्रकार के विकास की कीमत चुकानी पड़ती है और उन्हें परिवहन पर अपनी आय का 30 प्रतिशत खर्च करने के लिए विवश होना पड़ता है।

ऐसी स्थिति में कौन से विकल्प उपलब्ध हैं? क्या परिवहन एवं यातायात के प्रबंधन के ऐसे तरीके मौजूद हैं जिससे शहर और नागरिकों पर इनके प्रतिकूल प्रभावों को न्यूनतम किया जा सके? क्या इस तरह के विकल्पों को किसी अन्य स्थान पर आजमाया गया है और इसके परिणाम क्या रहे हैं?

(जारी)

(जारी)

शहर के पर्यावरण एवं स्वास्थ्य को नुकसान पहुंचाए बिना लोगों के आवागमन की बढ़ती ज़रूरतों को सफलतापूर्वक पूरा करने वाले शहरों ने, बिना किसी अपवाद के एक कुशल सार्वजनिक परिवहन व्यवस्था का निर्माण किया है। कार एवं दोपहिया वाहनों जैसे निजी वाहनों की तुलना में सार्वजनिक परिवहन व्यवस्था के माध्यम से कम वाहनों में अधिक से अधिक लोगों को ले जाया जा सकता है, साथ ही इससे ऊर्जा की खपत में कमी आती है, वायु प्रदूषण कम होता है तथा सड़क दुर्घटनाओं (प्रति व्यक्ति) में भी कमी आती है।

पर्याप्त एवं कुशल सार्वजनिक परिवहन व्यवस्था के साथ-साथ शहरी यातायात और परिवहन हेतु योजना निर्माण के लिए मौजूदा बुनियादी ढांचे को अनुकूलित करने के उपायों की भी आवश्यकता है, जिसे आमतौर पर करदाताओं के पैसों से बनाया जाता है। इसके माध्यम से न केवल पैदल यात्रा, साइकिल चालन तथा यात्रा के अन्य गैर-मोटर चालित परिवहन से जुड़ी सुविधाओं को प्रोत्साहन देना चाहिए, बल्कि समग्र रूप से परिवहन को न्यूनतम करने या समाप्त करना में सहायक भी होना चाहिए - जैसे कि, बेहतर भूमि उपयोग योजना और संचार प्रौद्योगिकी (इंटरनेट शॉपिंग / बैंकिंग आदि)। हमारे देश के तेजी से विकसित हो रहे शहरों में सुरक्षित और पर्याप्त मात्रा में साइकिल चालन पथ निर्माण को प्राथमिकता दी जानी चाहिए, क्योंकि आज भी देश के ज्यादातर शहरों में सड़क उपयोगकर्ताओं में साइकिल चालकों का अनुपात संतोषजनक है, इसके बावजूद उनकी आवश्यकताओं को परिवहन योजना में बहुत कम प्राथमिकता मिलती है। इसके विपरीत, यूरोप और दक्षिण अमेरिका के एम्स्टर्डम, बर्लिन और कई अन्य शहरों में यात्रा के पर्यावरण-अनुकूल तरीके के रूप में साइकिल चालन को प्रोत्साहित किया जाता है, जो न केवल सड़क की भीड़-भाड़ तथा वायु प्रदूषण को कम करने में बल्कि महत्त्वपूर्ण समुदायों को अधिक मानवीय बनाने में भी महत्त्वपूर्ण भूमिका निभा सकता है। उदाहरण के लिए, पुणे शहर में लगभग 800,000 साइकिलें हैं, यहां एक भी साइकिल चालन पथ मौजूद नहीं है।

इस प्रकार, शहरी क्षेत्रों के लिए आदर्श यातायात एवं परिवहन योजना में परिवहन के सभी माध्यमों की भूमिका को स्वीकार किया जाता है - जिसके अंतर्गत गैर-मोटर चालित परिवहन (पैदल चलना और साइकिल चलाना), मध्यवर्ती सार्वजनिक परिवहन (ऑटो रिक्शा, टैक्सी एवं मिनीबस), सार्वजनिक परिवहन (बस, ट्राम, उपनगरीय रेल), तथा सभी नागरिकों की जरूरतों को पूरा करने के लिए निजी परिवहन (निजी दो या चार पहिया वाहन) शामिल हैं। इस प्रकार की व्यवस्था तभी संभव है, जब प्रत्येक माध्यम की सही तरीके से पहचान की जाए और उसकी संपूर्ण क्षमता का उपयोग किया जाए।

औद्योगिक एवं विकासशील देशों के कई शहरों ने इस दिशा में कदम उठाए हैं, और सभी नागरिकों के लिए यातायात के विकल्पों को बेहतर बनाने के साथ-साथ शहरों के वातावरण में सुधार करने में भी सफलता पाई है। ब्राजील का कुरितिबा शहर, पर्यावरण की दृष्टि से स्थायी समाधान के साथ परिवहन योजना निर्माण का एक बेहतरीन उदाहरण प्रस्तुत करता है। कुरितिबा में आधुनिक बसों एवं विशेष मार्गों के जरिए सार्वजनिक बस परिवहन व्यवस्था को अत्यधिक तीव्र एवं शानदार स्वरूप दिया गया है, साथ ही यहां निजी वाहनों के इस्तेमाल पर कुछ प्रतिबंध भी लगाए गए हैं। शहर में कई पार्क, उद्यान एवं सार्वजनिक स्थलों का निर्माण किया गया है, और यहां पैदल चलने वाले यात्रियों / साइकिल चालकों के लिए बड़े क्षेत्र आरक्षित हैं। परिवहन योजना के क्षेत्र में कुरितिबा के मार्गदर्शी कार्य से प्रेरित होकर कोलंबिया के बोगोटा में ट्रांसमिलिनेओ नामक अत्याधुनिक एवं तीव्र बस परिवहन व्यवस्था तैयार की गई है, जो शहर के 70 प्रतिशत से अधिक यात्रियों की आवश्यकताओं को पूरा करती है। इसके अलावा, यहां 300 किलोमीटर से अधिक के क्षेत्र को विशेष तौर पर साइकिल चालन एवं सार्वजनिक स्थलों के तौर पर आरक्षित किया गया है, जहां मोटर वाहन यातायात प्रतिबंधित है।

फरवरी 2003 से, लंदन ने सेंट्रल बिज़नेस डिस्ट्रिक्ट में प्रवेश करने वाली प्रत्येक कार पर £ 7 का कठोर शुल्क लागू किया है, जिसके बाद इस इलाके के सड़क की यातायात में लगभग 17 प्रतिशत की कमी आई है। सिंगापुर में सेंट्रल बिज़नेस डिस्ट्रिक्ट में वाहनों की संख्या को सीमित करने के लिए क्षेत्रीय-लाइसेंसिंग योजनाएँ (एएलएस) लागू की गई हैं, साथ ही यहां द्रुतगामी बसों, टैक्सियाँ एवं उपनगरीय रेल व्यवस्था के माध्यम से सार्वजनिक परिवहन को उत्कृष्ट बनाया गया है। इसके अलावा, वाहन परमिट प्रणाली के माध्यम से शहर में पंजीकृत नए वाहनों की कुल संख्या को नियंत्रित किया जाता है। पेरिस ने निजी वाहनों के इस्तेमाल को हतोत्साहित करने और बेहतर एवं आधुनिक सार्वजनिक परिवहन व्यवस्था के उपयोग को प्रोत्साहित करने के लिए पार्किंग पर भारी शुल्क लागू किया है।

(जारी)

(जारी)

अगर हम अपने शहरों को बचाने तथा अपने नागरिकों के लिए परिवहन विकल्पों को बेहतर बनाने की दिशा में प्रतिबद्ध हैं, तो हमें अपनी नीतियों को पर्यावरण-अनुकूल और स्थायी बनाना होगा तथा वर्तमान समय के मोटर वाहन के प्रभुत्व वाली नीतियों से दूर जाना होगा।

(इसे सुजीत पटवर्धन एवं संस्कृति मेनन के सहयोग से तैयार किया गया है)

अपने शहर / कस्बे की परिवहन व्यवस्था पर विचार करें और इसकी समीक्षा करें। क्या सार्वजनिक परिवहन व्यवस्था पर्याप्त है? क्या यह कुशल है? आपके शहर / कस्बे में कितने सड़कों पर फुटपाथ या साइकिल चालन पथ बनाये गए हैं?

शहर निर्माण की योजना बनाते समय पर्यावरणीय दृष्टि से संवेदनशील विषयों, जैसे कि प्राकृतिक जल निकासी प्रणाली, जलस्रोत, वन्य क्षेत्रों और पहाड़ियों की गुणवत्ता के संरक्षण एवं संवर्धन को सुनिश्चित किया जाना चाहिए। इस योजना में शहरी विकास की संभावित प्रवृत्ति को शामिल किया जाना चाहिए। हर नागरिक, विशेषकर निर्धन वर्ग के लोगों के पास अपना आश्रय होना चाहिए, जो स्वस्थ जीवन और कामकाजी परिस्थितियाँ प्रदान करने में सक्षम हो। आवासीय क्षेत्रों को महत्त्वपूर्ण कार्यस्थलों के निकट बसाया जाना चाहिए, ताकि परिवहन पर कम से कम ऊर्जा, समय और पैसा खर्च हो। अनौपचारिक क्षेत्र की वाणिज्यिक गतिविधियों, जिसके अंतर्गत सड़क पर सामान बेचने वाले और फेरीवाले शामिल हैं, को नियोजन प्रक्रिया में स्थान दिया जाना चाहिए और इनके लिए समुचित व्यवस्था की जानी चाहिए। कुशल एवं विश्वसनीय परिवहन सेवाएँ उपलब्ध कराई जानी चाहिए, जो निजी वाहनों की आवश्यकता को कम करने तथा परिवहन के इन दोनों स्वरूपों एवं मध्यवर्ती सार्वजनिक परिवहन (ऑटोरिक्शा, टैक्सी, आदि) के उपयोग के बीच तर्कसंगत संतुलन स्थापित करने में सक्षम हो।

विभिन्न आयु वर्ग के बच्चों के सुरक्षित तरीके से खेलने के लिए घरों से उचित दूरी पर सार्वजनिक स्थलों का निर्माण आवश्यक है। शहर की योजना बनाते समय आवास एवं आर्थिक गतिविधियों के अनौपचारिक क्षेत्र को सक्रियतापूर्वक शामिल किया जाना चाहिए, जो निकट भविष्य में अपरिहार्य है। वास्तव में, इन वांछनीय लक्ष्यों को प्राप्त करना थोड़ा कठिन है। लेकिन इंदौर में झुग्गी बस्ती नेटवर्किंग परियोजना जैसे अभिनव प्रयोगों के उदाहरण भी मौजूद हैं, जिसका वर्णन नीचे के बॉक्स में किया गया है, जो यह दर्शाता है कि झुग्गी बस्तियों की स्थिति में सुधार जैसे वांछनीय लक्ष्यों को प्राप्त करना संभव है।

परिवर्तन की शुरुआत: इंदौर में झुग्गी बस्तियों की नेटवर्किंग

इंदौर मध्य प्रदेश के बड़े शहरों में से एक है। 1 मिलियन जनसंख्या के साथ इस शहर की झुग्गी बस्तियों का भी विस्तार हो रहा था। रहन-सहन के घटिया स्तर के कारण इन बस्तियों के निवासियों के लिए खतरा बढ़ता जा रहा था। वर्ष 1990 में इंदौर विकास प्राधिकरण ने इसके समाधान हेतु इंदौर आवास परियोजना की शुरुआत की, ताकि शहरी आवास एवं अन्य सेवाओं की कमी को दूर किया जा सके। 8 वर्ष की अवधि में इस परियोजना ने 183 झुग्गी बस्तियों में यह साबित करके दिखाया कि, झुग्गी बस्तियों को हटाने के बजाय उन्हें बेहतर बनाया जा सकता है।

बुनियादी ढांचे में सुधार, स्वास्थ्य देखभाल, और सामुदायिक विकास इस परियोजना के प्रमुख घटक थे। बुनियादी सुविधाओं के अंतर्गत व्यक्तिगत या सामुदायिक नल के साथ जलापूर्ति, व्यक्तिगत या सामुदायिक शौचालयों के साथ स्वच्छता, पक्की सड़क, सड़क पर रोशनी की व्यवस्था और ठोस अपशिष्ट प्रबंधन को शामिल किया गया था। स्वास्थ्य देखभाल के अंतर्गत निवारक देखभाल, पर्यावरण के विषय पर जागरूकता निर्माण एवं प्राथमिक सेवाओं पर बल दिया गया। जबकि सामुदायिक विकास के तहत अड़ोस-पड़ोस के समूहों का निर्माण, महिलाओं के लिए व्यावसायिक प्रशिक्षण, वयस्क साक्षरता, विद्यालय पूर्व एवं अनौपचारिक शिक्षा, और सामुदायिक बचत तंत्र को शामिल किया गया था।

(जारी)

(जारी)

झुग्गी बस्तियों की नेटवर्किंग (एसएन) की अवधारणा, इस परियोजना की सबसे बड़ी विशेषता थी जिसके तहत बुनियादी सुविधाएँ उपलब्ध कराई गई। यह अवधारणा पूरे शहर के एकीकृत उन्नयन के लिए रूपरेखा प्रदान करती है, जिसमें झुग्गी इलाकों को अलग-अलग बस्तियों के रूप में नहीं देखा जाता है बल्कि इन्हें शहरी नेटवर्क का हिस्सा माना जाता है। इस नेटवर्क के माध्यम से शहर के निचले इलाके में स्थित अधिकांश झुग्गी बस्तियों को जल निकासी की प्राकृतिक प्रणाली एवं जलमार्गों के साथ जोड़ा जाता है, जिससे विभिन्न सेवाओं को उपलब्ध कराने के साथ-साथ यहां के पर्यावरण एवं सौंदर्य में सुधार की संभावनाएँ बढ़ जाती हैं।

एसएन के माध्यम से इंदौर में मल-जल निकासी प्रणाली एवं उपचार संयंत्र स्थापित किया गया। आवासीय कॉलोनी और झुग्गी बस्तियों से अनुपचारित जल सीधे जलस्रोतों तथा शहर के बीचों-बीच बहने वाली खान नदी में प्रवाहित किया जाता था। मल-जल प्रवाह हेतु बनाए गए नाले अपशिष्ट जल को नदी के प्रभावित तटों से उपचार संयंत्र तक पहुंचाते हैं। नालों के इस जाल ने पूरे शहर की खुली नालियों को प्राकृतिक ढलान के अनुरूप निर्मित भूमिगत मल-जल प्रवाह प्रणाली में परिवर्तित कर दिया, जो गुरुत्वाकर्षण के तहत सुगम प्रवाह को सुनिश्चित करते हैं। इस प्रणाली को झुग्गी बस्तियों से प्रत्यक्ष तौर पर जोड़ दिया गया, जिससे बेहद खर्चीले और अधिक समय लेने वाले भूमि-अधिग्रहण की प्रक्रिया तथा विध्वंस से बचना संभव हो गया।

एसएन ने न केवल 450,000 झुग्गी बस्तियों को फायदा पहुंचाया, बल्कि इसका लाभ पूरे शहर को मिला। शहर के बीचों-बीच बहने वाली नदी के किनारों से मल-जल के सीधे प्रवाह को रोक दिया गया तथा इसके परिदृश्य को पूरी तरह बदल दिया गया और दोनों किनारों पर पैदल यात्री पथ एवं उद्यानों का निर्माण किया गया। इस परियोजना में प्रत्येक शौचालय को मल-जल निकासी प्रणाली से जोड़ा गया तथा पाइपलाइन के नेटवर्क के जरिए हर घर में जल आपूर्ति की व्यवस्था की गई। लगभग 80,000 परिवारों के लिए किफायती शौचालयों का निर्माण किया गया, जिससे इनके उपयोगकर्ताओं का आत्मसम्मान बढ़ा तथा उन्होंने सामुदायिक शौचालयों की तुलना में इसके रखरखाव पर विशेष ध्यान दिया।

अर्थव्यवस्था की कुछ प्रगतिशील युक्तियों को अपनाया गया। जलापूर्ति व्यवस्था के लिए मौजूदा स्रोतों को मुख्य आपूर्ति तंत्र के साथ जोड़ दिया गया। जल निकासी व्यवस्था के लिए, इंजीनियरिंग के सामान्य अभ्यास के विपरीत सड़कों की ऊंचाई उसके चारों और निर्मित संरचनाओं की तुलना में कम रखी गई,

ताकि भारी बारिश की स्थिति में भी जल निकासी सुगम हो और बाढ़ की स्थिति से बचा जा सके। इससे बारिश के जल निकासी हेतु नालियों के निर्माण पर होने वाला व्यय भी कम हो गया। इनकी लंबाई एवं गहराई को कम किया जा सका, क्योंकि कुछ हद तक सड़कें इनका काम कर रही थी। खुदाई से निकलने वाली मिट्टी का इस्तेमाल निचले इलाकों को भरने के लिए किया गया, जिससे इनका ढलान वर्षा जल निकासी नालियों तथा सड़कों की ओर हो गया और यहां जलभराव को रोकना संभव हो पाया। बड़े पैमाने पर शहर की प्राकृतिक छटा को निखारने का प्रयास किया गया। केवल कुछ खुले स्थानों पर ही रास्तों का निर्माण किया गया और शेष हिस्से को समुदाय द्वारा भूदृश्य निर्माण हेतु छोड़ दिया गया। इनमें से कई इलाकों में घास लगाए गए, जो पत्थर अथवा ईंटों से बनी फ़र्श की तुलना में बेहद सस्ते थे, और नालियों के प्रवाह को नियंत्रित करने में सहायक भी थे।

एसएन परियोजना वास्तव में प्रशासन, समुदाय और निजी हितधारकों के बीच एक साझेदारी है। इसमें प्रत्यक्ष लाभार्थियों का योगदान भी बेहद महत्त्वपूर्ण रहा है। उन्होंने अपने घरों को मुख्य लाइन से जोड़ने के शुल्क का भुगतान कर, मल-जल निकासी व्यवस्था के निर्माण की लागत में योगदान दिया है। लाभार्थी स्वयं-सहायता समूहों के माध्यम से मिट्टी की खुदाई और भूदृश्य निर्माण का कार्य करते हैं। सामुदायिक स्वयंसेवक स्वास्थ्य, शैक्षणिक एवं सामाजिक कार्यों का संचालन करते हैं। सहकारी समूह परिक्रामी निधि का संचालन करते हैं। स्व-नियोजित महिला संघ (सेवा) एवं इसी प्रकार के अन्य स्थापित संगठनों से अलग-अलग परिवारों को संबद्ध किया गया है, जबकि आवास एवं शहरी विकास निगम (हुडको) ने आवास और पर्यावरण सुधार कार्यों का वित्तपोषण किया है।

यह परियोजना राष्ट्रीय झुग्गी बस्ती नीति के मसौदे के अनुरूप झुग्गी बस्तियों के उन्नयन की प्रभावशीलता को दर्शाती है, जिसमें यह कहा गया है कि, 'झुग्गी बस्तियाँ शहरी क्षेत्रों का एक अभिन्न अंग हैं तथा श्रम बाजार एवं अनौपचारिक उत्पादन गतिविधियों के माध्यम से शहरी अर्थव्यवस्था में इनका योगदान महत्त्वपूर्ण है। इस प्रकार, इस नीति ने सभी झुग्गी बस्तियों के उन्नयन एवं सुधार

के दृष्टिकोण का समर्थन किया है। यह सख़्त दिशानिर्देशों के अलावा किसी भी आने परिस्थिति में झुग्गी बस्तियों को हटाए जाने की वकालत नहीं करता है।

शहरी क्षेत्रों का प्रबंधन

नगर निगम, नगर पालिका, नगर पंचायत, छावनी बोर्ड और विशेष क्षेत्र विकास प्राधिकरण जैसे स्थानीय सरकारी निकाय, किसी शहरी क्षेत्र के प्रशासन एवं रखरखाव के लिए ज़िम्मेदार हैं। उनके कार्यों में निम्न में से कुछ या सभी बातें शामिल हो सकती हैं:

1. अत्यावश्यक या प्रमुख कार्य:

   - भूमि के उपयोग एवं भवन निर्माण कार्यों का विनियमन
   - सड़कों एवं पुलों का निर्माण
   - घरेलू, औद्योगिक एवं वाणिज्यिक उपयोग के लिए जलापूर्ति व्यवस्था
   - सार्वजनिक स्वास्थ्य, सफ़ाई व्यवस्था, संरक्षण एवं ठोस अपशिष्ट प्रबंधन
   - शहरी सुविधाओं की व्यवस्था जैसे कि, पार्क, उद्यान, खेल के मैदान
   - कब्र और कब्रिस्तान, दाह-संस्कार, शमशान, विद्युत शवदाहगृह की व्यवस्था
   - पशुओं को बंद करने का बाड़ा, पशुओं के प्रति नृशंस व्यवहार की रोकथाम
   - जन्म एवं मृत्यु के पंजीकरण सहित महत्त्वपूर्ण आंकड़े एकत्र करना
   - सड़क पर प्रकाश व्यवस्था, पार्किंग स्थल, बस पड़ाव सहित सार्वजनिक सुविधाओं का निर्माण
   - बूचड़खानों और चर्मशोधनशाला का विनियमन

2. पर्यावरण प्रबंधन से संबंधित कार्य
3. योजना निर्माण कार्य
4. अन्य कार्य

राज्य की नीतियों एवं परंपराओं पर आधारित शेष कार्य, अर्थात् सार्वजनिक परिवहन, अग्निशमन सेवाएँ, सांस्कृतिक, शैक्षिक और सौंदर्य के पहलुओं को बढ़ावा देना नगरपालिका एजेंसियों की जिम्मेदारी हो सकती है। इन कार्यों का संचालन स्थानीय स्तर पर किया जा सकता है परंतु इसकी लागत का वहन इससे उच्चस्तरीय सरकारों द्वारा किया जाता है। वैकल्पिक रूप से, इन्हें नगर निगम के कार्यों के रूप में सूचीबद्ध किया जा सकता है।

शहरी स्थानीय निकाय (यूएलबी) पारंपरिक रूप से अपनी सेवाओं पर आरोपित करों एवं उपकरों के माध्यम से अपनी आय का सृजन करते हैं। संपत्ति कर और चुंगी (नगरपालिका सीमा में प्रवेश करने वाले सामानों एवं व्यापारिक वस्तुओं पर आरोपित शुल्क), इनके राजस्व का मुख्य स्रोत है। कई अलग-अलग कारणों से ये दोनों कर बेहद अलोकप्रिय है, तथा नगरपालिका द्वारा दी जाने वाली सेवाओं एवं इसके प्रबंधन की लागत को पूरा करने में सक्षम नहीं हैं। हालांकि इन दोनों करों पर यूएलबी के पूर्ण नियंत्रण के कई लाभ हैं, परंतु इसके कुछ नुकसान भी हैं। संपत्ति कर राजनीतिक दृष्टि से बेहद पेचीदा मामला है, और खर्च की पूर्ति के लिए समय-समय पर इसमें वृद्धि करना अत्यंत कठिन है। चुंगी एकत्रित करने की विधि बेहद दुष्कर एवं अलोकप्रिय है, जिसमें वाहनों को रोकना एवं उनकी जांच करना शामिल है, क्योंकि इससे अत्यधिक विलंब एवं यातायात अवरोध जैसी समस्याएँ उत्पन्न होती हैं तथा इससे उत्पीड़न एवं भ्रष्टाचार में वृद्धि होती है। भारत में लगभग सभी राज्यों (गुजरात और महाराष्ट्र को छोड़कर, जो औद्योगिक दृष्टि से अधिक विकसित राज्य हैं) ने चुंगी को समाप्त कर दिया है, तथा इसके स्थान पर राज्य सरकार द्वारा एकत्र किए जाने वाले

प्रवेश कर को शामिल किया है, जिसे संग्रहण के बाद यूएलबी को सौंप दिया जाता है। इसमें स्थानीय निकायों को अपनी राजकोषीय स्वायत्तता से समझौता करना पड़ा है। जब राज्य एवं स्थानीय निकायों के स्तर पर परस्पर विरोधी राजनीतिक दल सत्तारुढ़ होते हैं, तो यह बेहद संवेदनशील मुद्दा बन जाता है।

इस प्रकार, स्पष्ट है कि यूएलबी को अधिक वित्तीय स्वायत्तता नहीं मिली है। लेकिन दूसरी तरफ, राज्यों के माध्यम से एक अभूतपूर्व संसदीय विधायी उपायों द्वारा इन्हें अधिक शक्तियाँ एवं जिम्मेदारियाँ देने का प्रयास किया गया है, साथ ही शहरी सेवाओं हेतु योजना निर्माण एवं उनके प्रबंधन में नागरिकों की प्रत्यक्ष भागीदारी को प्रोत्साहित करने का भी प्रयास किया गया है।

---

74 वां संविधान संशोधन अधिनियम

वर्ष 1992 के 74 वें संविधान संशोधन अधिनियम के माध्यम से भारत सरकार ने शहरों और कस्बों में स्थानीय स्वशासी निकायों के सशक्तिकरण की दिशा में पहल की। इसके जरिए नगरपालिकाओं को स्थानीय स्वशासी संस्थाओं के तौर पर कार्य करने में सक्षम बनाने के लिए, राज्य विधानमंडलों को शक्ति प्रदान की गई है। इस अधिनियम के तहत, स्थानीय निर्वाचित निकायों को शहरी सेवाओं के नियोजन, वित्तपोषण और प्रबंधन में बड़ी भूमिका निभाने का अधिकार दिया गया है।

यह अधिनियम के प्रावधानों के माध्यम से यह सुनिश्चित करने का प्रयास किया गया है कि, नगरपालिका सेवाओं हेतु योजना निर्माण एवं प्रबंधन में नागरिकों को शामिल किया जाए तथा स्थानीय निकायों में गरीबों, महिलाओं एवं अल्पसंख्यक समूहों का पर्याप्त प्रतिनिधित्व मौजूद हो। यह शासन के प्रत्येक स्तर पर पारदर्शिता सुनिश्चित करता है तथा लोगों को योजनाकारों एवं शहरी प्रबंधकों के साथ अपनी जरूरतों के बारे में संवाद करने का अधिकार देता है।

इस प्रकार की अंतर्विरोधी प्रतीत होने वाली घटनाओं के परिणामस्वरूप, एक तरफ यूएलबी की वित्तीय स्वायत्तता में कमी आई है तो दूसरी तरफ नियोजन, वित्तपोषण एवं प्रबंधन में बड़ी भूमिका के लिए उनके सशक्तिकरण की प्रक्रिया जारी है। इसका वास्तविक अर्थ यह है कि नागरिकों को बेहतर गुणवत्ता युक्त शहरी जीवन के लिए ज्यादा भुगतान करना होगा, परंतु गुणवत्ता के निर्धारण में उनके विचारों को भी शामिल किया जाएगा तथा वे इसकी मांग करने में सक्षम होंगे। हालांकि, यह इस बात का संतोषजनक जवाब नहीं देता है कि शहरी गरीब इस प्रकार की योजना में कैसे फिट बैठते हैं। हाल के वर्षों में दुनिया भर के कई अध्ययनों ने यह निष्कर्ष निकाला है कि, गरीब जलापूर्ति एवं अपशिष्ट जल निकासी व्यवस्था जैसी न्यूनतम आवश्यक सुविधाओं के लिए भुगतान करने को तैयार हैं। निर्विवादित तौर पर ये शहरी जीवन की गुणवत्ता के बुनियादी घटक हैं, परंतु किसी भी प्रकार से इन्हीं दो घटकों को संपूर्ण गुणवत्ता युक्त जीवन की पहचान नहीं माना जा सकता है। सर्वाधिक विवादास्पद प्रश्न यह है कि, क्या गरीब वास्तव में सभी आवश्यक सुविधाओं के लिए भुगतान कर सकते हैं, जिसके अंतर्गत न्यूनतम शोर वाले स्थान पर आश्रय, स्वास्थ्य सेवाएँ, शिक्षा, पौष्टिक आहार, परिवहन एवं अन्य सुविधाएँ शामिल हैं।

पर्यावरण एवं स्वास्थ्य

स्वस्थ शरीर के लिए स्वस्थ वातावरण पहली आवश्यकता है। पर्यावरण की निम्नस्तरीय स्थिति के कारण नागरिकों के स्वास्थ्य एवं इससे संबंधित अन्य समस्याएँ उत्पन्न होती हैं। घटिया सफ़ाई व्यवस्था, जल जनित बीमारियों तथा अत्यधिक संकुलित बस्तियों में रहने के कारण संक्रामक रोगों का तेजी से प्रसार होता है, साथ ही वायु प्रदूषण के कारण श्वसन संबंधी समस्याएँ उत्पन्न होती हैं। स्वास्थ्य एवं इससे जुड़ी अन्य समस्याओं के उपचारात्मक समाधान पर अधिकांश आधिकारिक समय, प्रयास एवं संसाधनों का व्यय होता है। दूसरी तरफ, अगर हम इन समस्याओं के मूल कारणों पर विचार करें और निवारक युक्तियों के माध्यम से इसके स्रोत पर प्रहार करें, तो संसाधनों का अधिक तर्कसंगत उपयोग किया जा सकेगा और सेवाएँ भी बेहतर होंगी। अगर हमारा पेयजल स्वच्छ

हो, साँस लेने वाली हवा साफ हो और परिवेश स्वास्थ्यकर हो, तो निश्चित तौर पर हम स्वस्थ जीवन जी सकते हैं। बीमारियों के कारण प्रत्येक व्यक्ति के एक दिन के काम के नुकसान से शहर की अर्थव्यवस्था भी प्रभावित होती है।

एक स्वस्थ शहर का स्वस्थ अर्थव्यवस्था से सीधा संबंध है, जिससे न केवल काम एवं उत्पादकता में होने वाले नुकसान को दूर किया जा सकता है, बल्कि चिकित्सा पर होने वाले व्यय में भी कमी आती है। देश में एक गंदे शहर को साफ-सुथरा शहर बनाना संभव है, जिसे प्लेग के बाद सूरत की स्थिति में सुधार के उदाहरण से स्पष्ट तौर पर समझा जा सकता है।

शहरी अपशिष्ट का सहभागितापूर्ण प्रबंधन: सूरत के परिवर्तन की कहानी

तापी नदी के तट पर बसा सूरत, गुजरात का दूसरा सबसे बड़ा और भारत का बारहवां सबसे अधिक आबादी वाला शहर है, जो हीरे को तराशने और बिजली करघा कारोबार के लिए प्रसिद्ध है। सभी बड़े शहरों की तरह इस शहर के विकास में भी तेजी आने के साथ-साथ झुग्गी बस्तियों, अपशिष्ट पदार्थों तथा क्षमता से अधिक अपशिष्ट जल प्रवाह में वृद्धि हुई। सितंबर 1994 में सूरत में प्लेग ने अपने पांव पसारे, जिसमें करीब 200 लोगों की मृत्यु हुई और इस भयावह माहौल में बड़े पैमाने पर लोगों का पलायन हुआ। मानव त्रासदी के अलावा इस महामारी के कारण सूरत की अर्थव्यवस्था को एक बड़ा झटका लगा। प्रतिदिन कई करोड़ रुपये के नुकसान के साथ-साथ देश की अर्थव्यवस्था एवं छवि को भी क्षति पहुंची। इसके अलावा औद्योगिक उत्पादन, पर्यटन, निर्यात और कई अन्य गतिविधियों पर भी बुरा प्रभाव पड़ा। भारत आने वाली अंतर्राष्ट्रीय उड़ानों को अस्थायी तौर पर रोक दिया गया और सूरत से अनाज के निर्यात पर प्रतिबंध लगा दिया गया।

शहर में कई दिनों तक होने वाली लगातार बारिश के कारण यह महामारी बड़े पैमाने पर फैल गई, साथ ही निचले इलाकों में बाढ़ एवं जलजमाव के कारण सैकड़ों जानवरों की मौत हो गई। दोषपूर्ण जल निकासी व्यवस्था को इसका प्रमुख कारण माना गया। बाढ़ के साथ शहरी अपशिष्ट प्रबंधन की अपर्याप्त व्यवस्था से जुड़े जोखिम भी सामने आए। सूरत नगर निगम (एसएमसी) ने सामान्य स्थिति को यथाशीघ्र बहाल करने की दिशा में प्रयास करते हुए सरकार, गैर सरकारी संगठनों, नागरिक संगठनों और निजी क्षेत्र को शामिल करते हुए एक कार्य-योजना तैयार की। सार्वजनिक और निजी अस्पतालों में डॉक्टरों ने नागरिक अधिकारियों के साथ मिलकर काम किया। अपशिष्ट पदार्थों एवं मलबे को साफ करने, जानवरों के शवों का निपटान करने, गंदे पानी को पंप की मदद से बाहर निकालने, तथा कीटनाशकों एवं चूहों के नियंत्रण हेतु बड़े पैमाने पर छिड़काव करने को सर्वोच्च प्राथमिकता दी गई।

पर्यावरणीय स्वच्छता चिंता का विषय बन गया। शुरुआती गति को बरकरार रखने के लिए, मई 1995 में शहर की सफाई व्यवस्था हेतु एक वृहत स्तरीय कार्यक्रम प्रारंभ हुआ। इस कार्यक्रम के अंतर्गत अपशिष्ट के संग्रहण एवं निपटान व्यवस्था की निगरानी करने, विनियमित एवं सुव्यवस्थित करने के साथ-साथ इसे स्वच्छता एवं सार्वजनिक स्वास्थ्य से जोड़ने को सर्वोच्च प्राथमिकता दी गई। शहर को छह प्रशासनिक क्षेत्रों के तहत 52 स्वच्छता वार्डों में विभाजित किया गया। अत्यंत सावधानीपूर्वक वार्ड स्तरीय योजना की शुरुआत की गई, जिसमें सब्जी बाजार, भोजनालय और भीड़-भाड़ वाले क्षेत्रों जैसे महत्त्वपूर्ण स्थानों की विशेष आवश्यकताओं पर विचार किया गया। परिवारों, उद्योगों और भोजनालयों को पर्यावरण स्वच्छता निर्देश दिए गए तथा प्रत्येक श्रेणी के लिए अपशिष्ट संग्रहण के अलग-अलग तरीकों की रूपरेखा तैयार की गई।

शुरुआती चरण में, निजी क्षेत्र ने स्वैच्छिक योगदान देते हुए ट्रकों और एक्स्केवेटर की मदद से 4,000 टन कचरा साफ करने का काम किया। कालांतर में, अपशिष्ट संग्रहण, सड़कों की सफाई, तथा नगर निगम द्वारा अपशिष्ट की ढुलाई जैसे कार्यों का निजीकरण किया गया। ठेकेदार नगर निगम की देखरेख में काम करते थे और नियत कार्यों को नहीं किए जाने की स्थिति में उन पर अर्थदंड भी लगाया जाता था। एक वर्ष की अवधि के भीतर इन उपायों से अपशिष्ट संग्रहण की दर 50 प्रतिशत से बढ़कर 94 प्रतिशत हो गई, और प्रतिदिन लगभग 1,100 टन अपशिष्ट पदार्थों का निपटान किया जाने लगा। इसने नगर निगम के कर्मचारियों, अधिकारियों एवं नागरिकों के मनोबल को ऊंचा किया। सूरत के निवासियों, जिन्होंने पहले मलिनता एवं गंदगी को अपने जीवन का हिस्सा मान लिया था, को अब अपने शहर पर गर्व महसूस होने लगा और अब वे इसकी भलाई के बारे में चिंतित हैं।

(जारी)

(जारी)

एसएमसी के स्वास्थ्य विभाग ने सुलभ इंटरनेशनल और पर्यावरण जैसे गैर-सरकारी संगठनों की मदद से इस दिशा में कई कदम उठाए, जिसमें सार्वजनिक स्वास्थ्य मानचित्रण, स्वास्थ्य सेवाओं की बुनियादी संरचना का सशक्तिकरण, स्वास्थ्य कर्मचारियों के बीच नैतिकता को पूर्व रूप में लाना तथा बड़े पैमाने पर स्वच्छता अभियान का संचालन शामिल हैं। इन उपायों ने शहर के स्वास्थ्य सूचकों को नाटकीय ढंग से बेहतर बना दिया। भविष्य में महामारी के संभावित के प्रकोप के लिए प्रारंभिक चेतावनी प्रणाली के रूप में कार्य करते हुए एसएमसी ने नियमित तौर पर इन संकेतकों की निगरानी प्रारंभ कर दी। झुग्गी बस्तियों की स्वच्छता पर विशेष ध्यान दिया गया। निकटवर्ती क्षेत्रों के विकास एवं स्थानांतरण के लिए रणनीतियाँ अपनाई गईं। जल आपूर्ति हेतु नल की व्यवस्था, भुगतान के बाद उपयोग किए जाने वाले शौचालय, नालियों और पक्की सड़कों जैसी सामुदायिक सुविधाओं की व्यवस्था पर बल दिया गया।

18 महीनों के भीतर, बेहद गंदे और कचरे से भरे शहर के तौर पर सूरत की छवि बदल गई और यह देश के स्वच्छ शहरों में एक बन गया। शहर के सभी हितधारकों के सकारात्मक एवं सक्रिय भागीदारी के साथ एसएमसी ने तीव्र एवं असाधारण उपक्रमों के माध्यम से इस बदलाव का नेतृत्व किया। सूरत की मृत्यु दर एवं शिशु मृत्यु दर में नाटकीय ढंग से गिरावट दर्ज की गई है। इस द्रुतगामी बदलाव में सामुदायिक भागीदारी की भूमिका बेहद अहम रही है। नागरिकों के व्यवहार में बदलाव आया; उन्होंने शहर में जीवन की परिस्थितियों को बेहतर बनाने के लिए सक्रिय रूप से भाग लेना प्रारम्भ किया।

निष्कर्ष

ऐतिहासिक दृष्टि से देखा जाए तो शहर विकास के साधन रहे हैं, और निकट भविष्य में भी यह स्थिति बरकरार रहेगी। ऐसी स्थिति में, बेहतर जीवन शैली के इच्छुक लोगों के कारण शहरी आबादी में निरंतर वृद्धि होती रहेगी। शहरी परिवेश में रहने वाले लोगों तथा काम करने वाले लोगों के जीवन की गुणवत्ता पर इसका सीधा प्रभाव पड़ेगा। संचार एवं परिवहन की आधुनिक तकनीकों तथा आर्थिक गतिविधियों के बदलते स्वरूप की संभावनाओं के साथ, यह संभव है कि शहर की भौतिक संरचना, या इसके कुछ पहलुओं जिससे हम परिचित हैं, के मूल रूप में बदलाव आ सकता है। इसके साथ-साथ, जनसंख्या के एक बड़े हिस्से द्वारा अपने अस्तित्व को बरकरार रखने एवं आजीविका से संबंधित चुनौतियों के कारण शहर के मूल में इसका चिरपरिचित चरित्र बरकरार रहेगा।

अर्थशास्त्र एवं प्रौद्योगिकी के माध्यम से शहरी परिवेश के भविष्य को आकार देने के संबंध में नए तर्क प्रस्तुत किए जा सकते हैं, परंतु इतना तो तय है कि शहर को व्यवहार्य बनाने वाले सामाजिक एवं सांस्कृतिक आयामों में इतनी आसानी से परिवर्तन संभव नहीं है। अवसर, समाजीकरण, जीवन कौशल सीखने, बौद्धिक स्तर पर प्रोत्साहन, सांस्कृतिक समृद्धि, पारस्परिक विचार-विमर्श एवं संभाषण के उपयुक्त स्थल के तौर पर शहरी परिवेश की सघनता एवं लोगों की एक दूसरे से निकटता के फायदे, इसके सभी प्रकार के नुकसान से कहीं अधिक हैं। इन सकारात्मक मूल्यों को खोना नहीं चाहिए; तथा नियोजन एवं प्रबंधन के प्रयासों के साथ-साथ नई प्रौद्योगिकी को भी नुकसानदायक की स्थिति को बेहतर बनाने के लिए प्रयत्न करना चाहिए।

शहरीकरण के फायदों का आनंद लेने के लिए, हमें न केवल प्राप्त सेवाओं हेतु भुगतान के लिए तैयार रहना होगा बल्कि हमें भविष्य में शहरी जीवन की कुछ 'स्वतंत्रताओं' के प्रति स्वयं को अनुशासित करना होगा जिसे हम आजतक महत्त्वहीन समझते आए हैं: जिसके अंतर्गत कचरा फैलाना; अपनी सुविधा के अनुसार वाहन चलाना और इसे खड़ा करना; सार्वजनिक स्थानों और सड़कों का अतिक्रमण करना, जिसका उद्देश्य अपनी दुकान या घर के दायरे के विस्तार के साथ-साथ सामाजिक एवं धार्मिक अनुष्ठानों के लिए इन स्थानों का उपयोग करना है; पानी की बर्बादी (निकट भविष्य में हमें कपड़े धोने, नहाने, खाना पकाने और पीने के लिए नालियों और नालों के उपचारित जल का प्रयोग करना पड़ सकता है। अमेरिका के अंतरिक्ष कार्यक्रमों के लिए इसके निष्कर्षण हेतु प्रौद्योगिकी पहले से ही विकसित की जा चुकी है; हमें शहरों में उपयोग हेतु केवल इसके किफायती दरों पर उपलब्ध होने अथवा इन्हें किफायती बनाए जाने का इंतजार करना है); ऊर्जा की बर्बादी, सड़कों के चौड़ीकरण के लिए सुविकसित पेड़ों की कटाई और इसी प्रकार की कई अन्य बातें शामिल हैं।

इसके साथ-साथ, शहरी विकास और शहरीकरण के नकारात्मक परिणामों को परिवर्तित करने की दिशा में गंभीर प्रयास किए जाने की आवश्यकता है — प्राकृतिक वातावरण से लोगों का अलगाव, प्राकृतिक संसाधनों का अरक्षणीय दोहन, पर्यावरण की स्थिति में गिरावट, सामाजिक संघर्ष और तनाव। विश्लेषण के अंत में इस बात पर सभी का ध्यान आकृष्ट करना उचित होगा कि, शहरी पर्यावरण की उन्नति की दिशा में प्रयासों का निर्धारण नौकरशाहों, तकनीकी विशेषज्ञों एवं नीति-निर्माताओं के दृष्टिकोण के बजाय जनभागीदारी से किया जाना चाहिए।

I प्रश्नावली

1. 'शहरीकरण' और 'शहरी विकास' में क्या अंतर है?

2. शहरी वायु प्रदूषण के मुख्य कारण क्या हैं?

3. आपके कस्बे या शहर में झुग्गी बस्तियों की जनसंख्या का अनुपात क्या है? 26 प्रतिशत के राष्ट्रीय औसत से इसकी तुलना किस प्रकार की जा सकती है?

4. क्या आप अपने शहर की विरासत संरचनाओं अथवा प्राकृतिक महत्त्व के स्थलों (जैसे कि नदियाँ, झील, पहाड़ियाँ, शहरी जंगल, आदि) को सूचीबद्ध कर सकते हैं, जिन्हें निकट भविष्य में शहरी विकास परियोजनाओं (जैसे कि सड़कों का चौड़ीकरण फ्लाईओवर अथवा इमारतों का निर्माण) के कारण नुकसान हो सकता है?

5. 74 वें संविधान संशोधन अधिनियम के मुख्य घटक कौन-कौन से हैं?

6. ऐसे कौन से कारक हैं, जिनकी वजह से बेहद गंदे और कचरे से भरे शहर के तौर पर सूरत की छवि बदल गई और यह देश के स्वच्छ शहरों में एक बन गया?

7. आपके शहर में प्रतिवर्ष नए वाहनों की संख्या में कितनी वृद्धि होती है? इन नए वाहनों के लिए कितने अतिरिक्त स्थान की आवश्यकता होगी?

II अभ्यास

1. संदर्भ पुस्तकों या इंटरनेट की सहायता से निम्नलिखित प्रश्नों के उत्तर ढूँढने का प्रयास करें:

a. भारत में किस समय से नियमित जनगणना का आयोजन किया जा रहा है?

b. जनगणना की इस अवधि में देश की कुल जनसंख्या एवं शहरी आबादी कितनी बढ़ी है? इस आंकड़े को रेखा-चित्र के माध्यम से दर्शाएँ।

c. एक रेखा-चित्र के माध्यम से, प्रारंभ से लेकर 20 वीं सदी के अंत तक भारत के चार सबसे बड़े शहरों की जनसंख्या वृद्धि को दर्शाएँ। इन में से किसी भी एक शहर के लिए उन महत्त्वपूर्ण विकासात्मक गतिविधियों का पता लगाएँ, जिसने सदी के दौरान इसके विकास को प्रभावित किया हो।

d. वर्ष 1951 से 2001 की अवधि के बीच अपने कस्बे/ शहर की जनसंख्या वृद्धि की रूपरेखा तैयार करें। इसके अनुरूप अपने कस्बे/ शहर के क्षेत्रफल में विस्तार का पता लगाएँ। इन 50 वर्षों के दौरान किस प्रकार की महत्त्वपूर्ण आधारभूत संरचनाओं, संस्थानों, व्यवसायों और उद्योगों की स्थापना हुई और कब? इस प्रकार की विकासात्मक गतिविधियों के दौरान वहां की जनसंख्या क्या थी?

2. ऐसे लोगों के साक्षात्कार के माध्यम से अपने शहर के इतिहास की पड़ताल करें, जो यहां लंबे समय से रह रहे हैं: जब वे बचपन या युवावस्था में इस शहर में आए थे, या अगर उनका जन्म यही हुआ था, तो उस दौर में शहर का स्वरूप कैसा था? इस अवधि में उन्होंने किस प्रकार के बदलावों को देखा है? कौन सी अभूतपूर्व घटना उनके लिए यादगार रही है? भविष्य में वे किस प्रकार के बदलाव देखने को उत्सुक हैं? इस मौखिक इतिहास परियोजना को एक रिपोर्ट के रूप में लिखें।

III विचार-विमर्श

झुग्गी बस्तियाँ शहरी जीवन की 'समस्या' के बजाय इसका 'समाधान' प्रस्तुत करती हैं। क्या आप इस कथन से सहमत हैं? चर्चा करें।

चयनित ग्रंथसूची

Agarwal, Anil. 1996. *Slow murder: The deadly story of vehicular pollution in India*, Vol. 3 (*State of the environment series*). New Delhi: Centre for Science and Environment.

Agarwal, Anil and Sunita Narain, eds. 1985. *State of India's environment, 1984–85: The second citizens' report.* New Delhi: Centre for Science and Environment.

Centre for Environment Education. 1990. *Essential learnings in environmental education.* Ahmedabad.

Gallion, Arthur B. and Simon Eisner. 1984. *The urban pattern: City planning and design,* 4th ed. New Delhi: CBS Publishers and Distributors.

Manorama Yearbook. 1997. Kottayam: Malayala Manorama.

Maurya, S.D. 1989. *Urbanization and environmental problems.* Allahabad: Chugh Publication.

National Institute of Urban Affairs. 1994. *Urban environmental maps for Delhi, Bombay, Ahmedabad, Vadodara.* New Delhi.

Parikh, Kirit S., ed. 1997. *India Development Report 1997.* Delhi: Indira Gandhi Institute of Development Research, Oxford University Press.

Raghunathan, Meena and Mamata Pandya. 1994. *Puzzling out pollution.* Ahmedabad: Centre for Environ-ment Education.

Ramachandran, R. 1989. *Urbanization and urban systems in India.* New Delhi: Oxford University Press.

Sarin, Madhu. 1982. *Urban planning in the Third World: The Chandigarh experience.* London: Mansell Publishing Limited.

Shelter. 1997. New Delhi: Human Settlement Management Institute, Housing and Urban Development Corporation (October).

Tata Services Limited. 1996. *Statistical outline of India 1995–96.* Mumbai: Department of Economics and Statistics.

The New Encyclopaedia Britannica, Vol. 6, 15th ed. 1985. Chicago: Encyclopaedia Britannica, Inc.

World Bank. 1997. *World Development Report.* New York: Oxford University Press.

World Resources Institute Home Page (www.wri.org). 1997.

अध्याय 9

उद्योग जगत

मीना रघुनाथन

भारत विश्व के 10 सबसे बड़े औद्योगिक देशों में शामिल है, जो एक महत्त्वपूर्ण उपलब्धि है। देश के विकास के लिए व्यापारिक वस्तुओं का उत्पादन करने, लोगों की जरूरतों को पूरा करने तथा रोजगार के अवसरों का सृजन करने के लिए औद्योगिक गतिविधि आवश्यक है। इसके अलावा हमें यह भी स्वीकार करना होगा कि, औद्योगिक गतिविधियों से प्रदूषकों का उत्सर्जन होता है जो हवा, पानी एवं भूमि को प्रदूषित करते हैं तथा मानव जीवन एवं जीवन के अन्य स्वरूपों की गुणवत्ता को प्रतिकूल रूप से प्रभावित करते हैं।

उद्योग विकास के लिए महत्त्वपूर्ण हैं, साथ ही पर्यावरण पर उद्योगों के प्रभावों से अवगत होना भी बेहद जरूरी है। इसे भली-भांति समझने के बाद ही इसके दुष्प्रभावों को कम करने में मदद मिल सकती है।

उद्योग पर्यावरण को किस प्रकार प्रभावित करते हैं

कल-कारखानों के कारण होने वाला प्रदूषण सर्वप्रमुख एवं अधिक स्पष्ट है, जिसके आधार पर हम कह सकते हैं कि पर्यावरण पर उद्योग-धंधों का बुरा प्रभाव पड़ता है। जल एवं वायु प्रदूषण के अलावा ठोस अपशिष्ट निपटान प्रक्रिया को प्रत्यक्ष तौर पर देखा और महसूस किया जा सकता है। औद्योगिक अपशिष्ट एवं प्रदूषकों की प्रकृति और संरचना, प्रत्येक उद्योग के लिए अलग-अलग होती है और कई बार तो एक उद्योग में भी इसका स्वरूप भिन्न-भिन्न होता है। दरअसल अपशिष्ट पदार्थों का उत्पादन, इस्तेमाल किए जाने वाले कच्चे माल, उत्पादन प्रक्रिया एवं संचालन के तरीकों पर निर्भर है। विभिन्न उद्योग अलग-अलग प्रकार के प्रदूषक उत्पन्न करते हैं। उदाहरण के लिए, खाद्य प्रसंस्करण उद्योग जैविक अपशिष्ट उत्पन्न करते हैं, जो आसानी से अपघटित होते हैं लेकिन इनके लिए जैविक ऑक्सीजन आवश्यकता (बीओडी) काफी अधिक होती है; लुग़दी एवं पेपर निर्माण कारखानों में जहरीले यौगिकों और गाद का उत्पादन होता है; इलेक्ट्रॉनिक उद्योग में तांबा, सीसा, मैंगनीज़ जैसे भारी धातुओं के अपशिष्ट का बड़े पैमाने पर उत्पादन होता है। प्रदूषण के अलावा, उद्योग-धंधे कई अन्य तरीकों से भी पर्यावरण को प्रभावित करते हैं। इस प्रकार के अन्य पर्यावरणीय प्रभाव कौन-कौन से हैं? आइए हम इनमें से कुछ कारकों की जाँच करें।

कच्चा माल: यह किसी भी प्रकार के उद्योग की सबसे बुनियादी आवश्यकता है। कागज उद्योग, कपड़ा उद्योग, सीमेंट उद्योग जैसे सभी उद्योगों के लिए कच्चा माल आवश्यक है। कारखाने में किसी भी प्रकार की वस्तु का निर्माण किया जा सकता है, फिर चाहे वह हवाई जहाज हो या कपड़ा या कागज। परंतु इसे कच्चे माल की जरूरत होती है; उदाहरण के तौर पर, हवाई जहाज निर्माण के लिए एल्यूमीनियम, कपड़ा निर्माण के लिए प्राकृतिक या सिंथेटिक फाइबर, तथा काग़ज़ निर्माण लकड़ी की लुग़दी की जरूरत होती है।

कच्चे माल के निष्कर्षण एवं खनन तथा इसके प्रसंस्करण, जैसे कि अयस्क से धातु निकालने की क्रिया, का पर्यावरण पर गहरा प्रभाव पड़ता है। उदाहरणस्वरूप, सीमेंट उत्पादन के लिए चूना पत्थर के खनन के कारण काफी बड़ा भूभाग निम्नकोटिकृत हो जाता है। वस्त्र निर्माण उद्योग के लिए कपास का उत्पादन किया जाता है, और इसके लिए कई हेक्टेयर भूमि को रासायनिक उर्वरकों की मदद से अधिक उपजाऊ बनाया जाता है साथ ही कपास की अच्छी पैदावार के लिए बड़े पैमाने पर कीटनाशकों का छिड़काव भी किया जाता है। अगर किसी कागज निर्माण कारखाने के लिए लकड़ी की ज़रूरत हो, तो कई हेक्टेयर भूमि पर मौजूद पेड़ या बांस को काटना आवश्यक हो जाता है।

कच्चे माल का परिवहन: निष्कर्षण स्थल से कच्चे माल एवं अन्य आवश्यक सामग्रियों को कारखाने तक पहुंचाने के लिए परिवहन सेवाओं का उपयोग किया जाता है। परिवहन के दौरान वाहनों के जरिए जीवाश्म ईंधन से होने वाला प्रदूषण, इसका एक दुष्प्रभाव है।

अन्य आवश्यकताएँ: अधिकांश उत्पादन प्रक्रियाओं के लिए कच्चे माल के अतिरिक्त पानी एवं बिजली की आवश्यकता होती है। पानी की जरूरत को पूरा करने के लिए निकटवर्ती सतही जल स्रोतों (जैसे कि, नदी, झील, आदि) अथवा भूमिगत जल का उपयोग किया जा सकता है। दोनों ही मामलों में पर्यावरण पर पड़ने वाले गंभीर प्रभावों को ध्यान में रखा जाना चाहिए, खासकर यदि उत्पादन प्रक्रिया का संचालन बड़े पैमाने पर किया जा रहा हो अथवा इसके लिए अधिक पानी आवश्यक हो। उदाहरण के तौर पर, अगर किसी अर्ध-शुष्क क्षेत्र में एक कारखाना स्थापित किया जाता है, जहां भूजल का स्तर पहले से ही काफी नीचे है, तो ऐसी स्थिति में कारखाने द्वारा भूजल के इस्तेमाल के कारण स्थानीय समुदायों के लिए पेयजल की उपलब्धता में कमी आ सकती है। आखिरकार, भूजल की मात्रा सीमित है और दोनों पक्षों द्वारा इसके अधिकाधिक दोहन का प्रयास किया जाएगा। किसी भी उत्पादन प्रक्रिया के लिए बिजली एक अन्य आवश्यकता है। बिजली का उत्पादन चाहे जल विद्युत संयंत्र, ताप विद्युत संयंत्र या परमाणु ऊर्जा संयंत्र या किसी अन्य माध्यम से किया जाए, पर्यावरण पर इसका गंभीर प्रभाव अवश्य पड़ता है। इसलिए हम कह सकते हैं कि, कारखाने द्वारा इस्तेमाल की जाने वाली प्रत्येक किलोवाट बिजली का पर्यावरण पर प्रभाव पड़ता है। (विद्युत उत्पादन संयंत्रों के प्रभावों के बारे में अधिक जानकारी के लिए 'ऊर्जा' से संबंधित अध्याय देखें)

औद्योगिक क्रांति के बाद औद्योगिक गतिविधि में वृद्धि, वायु प्रदूषण के मुख्य कारणों में से एक है। जनसंख्या वृद्धि एवं उद्योग जगत के बड़े पैमाने पर विस्तार के साथ ऊर्जा की आवश्यकता कई गुना बढ़ गई है। इस बढ़ती हुई जरूरत को पूरा करने के लिए, कई बड़ी विद्युत परियोजनाओं का संचालन किया जा रहा है। ताप विद्युत केंद्रों में कोयले के इस्तेमाल से हवा को प्रदूषित करने वाले तत्वों की मात्रा में वृद्धि हुई है, जिसके अंतर्गत कार्बन, सल्फर और नाइट्रोजन के विभिन्न ऑक्साइड शामिल हैं। इसके अलावा, ताप विद्युत केंद्रों द्वारा उप-उत्पाद के रूप में उड़न राख (फ्लाई ऐश) का बड़े पैमाने पर उत्सर्जन होता है, जो एक बड़े भूभाग को काले और धूल भरी परत से ढक लेता है।

औद्योगिक उत्पादन की बढ़ती मांग को पूरा करने के लिए इस्पात एवं रसायन संयंत्र, कागज निर्माण संयंत्र, तेल शोधनशाला, पेट्रोरसायन संयंत्र, विद्युत उत्पादन संयंत्र जैसे कई औद्योगिक प्रतिष्ठानों की तीव्र गति से स्थापना की गई। इनकी संख्या में वृद्धि के साथ-साथ कारखानों से निकलने वाले प्रदूषकों के स्तर में भी वृद्धि हुई है। इनसे न केवल धुएँ और कालिख का उत्सर्जन होता है, बल्कि अन्य कणों के साथ-साथ गैसीय प्रदूषक भी निकलते हैं। भारतीय उद्योग जगत के कुछ क्षेत्रों द्वारा प्रदूषकों के उत्सर्जन में योगदान को तालिका 9.1 के माध्यम से दर्शाया गया है। इन प्रदूषकों के कारण न केवल मानव स्वास्थ्य प्रभावित होता है, बल्कि वनस्पतियों एवं जीव-जंतुओं, मिट्टी, पानी और मानव निर्मित संरचनाओं पर भी इसका बुरा प्रभाव पड़ता है।

उत्पादन प्रक्रियाएँ: निस्सन्देह प्रक्रियाओं का भी पर्यावरण पर प्रभाव पड़ता है। इन प्रक्रियाओं से तरल, ठोस, गैस के रूप में प्रदूषक और अपशिष्ट पदार्थ उत्पन्न हो सकते हैं अथवा शोर या गर्मी का स्तर बढ़ सकता है। इनमें से कुछ प्रदूषक जहरीले

तालिका 9.1
भारतीय उद्योग के उप-क्षेत्रों का प्रदूषण में योगदान

क्षेत्र	औद्योगिक उत्पादन में योगदान	कुल औद्योगिक प्रदूषण में योगदान (%)				
		जहरीले पदार्थ	बीओडी	सूक्ष्म-कण	सल्फर	नाइट्रोजन
लोहा एवं इस्पात	12.5	23	0	23	2	5
औद्योगिक रसायन	7.5	44	29	8	11	15
अलौह धातु	2.1	6	10	3	1	0
अन्य रसायन	6.8	6	1	1	0	1
खाद्य उत्पाद	15.3	1	38	11	4	8
कागज एवं लुगदी	2.0	2	19	4	15	11
गैर-धात्विक खनिज उत्पाद	3.4	1	0	32	3	10
पेट्रोलियम शोधनशाला	6.8	6	2	6	31	21
कपड़ा	11.1	3	1	6	30	23
कुल	67.5	92	100	94	97	94

स्रोत: *पर्यावरण की स्थिति,* (2001) यूएनईपी

या खतरनाक हो सकते हैं, जो पर्यावरण में लंबे समय तक मौजूद रहते हैं। इनमें से कुछ स्थानीय पर्यावरण को प्रदूषित कर सकते हैं; जबकि कुछ प्रदूषक सैकड़ों मील दूर स्थित किसी दूसरे राज्य या देश के पर्यावरण को प्रभावित करने में सक्षम होते हैं। अक्सर उद्योगों की उत्पादन प्रक्रिया के जरिए ध्वनि प्रदूषण होता है, जैसे कि, कारखाने में मोटर के चलने से होने वाला शोर। यह भी प्रदूषण का एक रूप है।

उत्पादों की डिब्बाबंदी: उत्पादन प्रक्रिया के बाद तैयार उत्पादों को डिब्बे में बंद किया जाता है और एक स्थान से दूसरे स्थान तक ले जाया जाता है। इससे भी पर्यावरण प्रभावित होता है। इस प्रक्रिया में अधिक मात्रा में संसाधनों का उपयोग किया जाता है। उदाहरण के लिए, बिस्कुट को पहले वलीयित काग़ज में और फिर एक प्लास्टिक शीट में पैक किया जाता है, और अंत में इसे गत्ते के डिब्बे में डाल दिया जाता है। इनमें से प्रत्येक पैकिंग सामग्री को अपने-अपने प्रसंस्करण चक्र से गुजरने पड़ता है। डिब्बाबंदी के बाद, तैयार उत्पादों को दूर-दराज के अलग-अलग बाजारों तक पहुंचाया जाता है। परिवहन में संसाधनों का प्रयोग होता है और इससे प्रदूषण फैलता है।

उपयोग के पर्यावरणीय प्रभाव: जब भी किसी उत्पाद का उपयोग किया जाता है, तो पर्यावरण पर इसका प्रभाव अवश्य पड़ता है। उदाहरण के लिए, जब हम एक स्कूटर खरीदते हैं, इसे चलाने के लिए हमें भारी मात्रा में जीवाश्म ईंधन की जरूरत होती है। इसी तरह, एक वॉशिंग मशीन को चलाने के लिए पानी, डिटर्जेंट और बिजली की जरूरत होती है। यह प्रक्रिया किसी उत्पाद के पूरे जीवनकाल में जारी रहती है।

इस प्रकार, एक विनिर्माण उद्योग में कच्चे माल की जरूरत होती है जिसे संसाधित किया जाता है और इससे उत्पाद (जो इस उत्पादन प्रक्रिया का वांछित परिणाम है), और उप-उत्पाद (प्रदूषण सहित), दोनों का उत्पादन होता है, जो उत्पादन प्रक्रिया का एक आवश्यक लेकिन अवांछित परिणाम है।

खतरनाक अपशिष्ट

महाराष्ट्र: महाराष्ट्र के नवी मुंबई से लगभग 20 किलोमीटर की दूरी पर स्थित ठाणे-बेलापुर औद्योगिक क्षेत्र में लगभग 1,200 औद्योगिक इकाइयाँ हैं, जहां प्रतिदिन 100 टन से अधिक ठोस अपशिष्ट का उत्सर्जन होता है। इस अपशिष्ट का लगभग 85 प्रतिशत या तो अम्लीय अथवा क्षारीय प्रकृति का है। इस इलाके में प्रतिदिन 5 टन रासायनिक अपशिष्ट का उत्पादन भी होता है, और हैलोजन की मौजूदगी के कारण इसे उपचारित करना अत्यंत कठिन है। इस इलाके में नगरपालिका के अपशिष्ट के साथ भारी मात्रा में खतरनाक अपशिष्ट पदार्थों का निपटान भी किया जाता है। इस औद्योगिक क्षेत्र के आसपास के लगभग सभी जलस्रोत प्रदूषित हैं। उल्हास नदी का पानी उत्तरी छोर पर ठाणे की खाड़ी में मिल जाता है। उल्हास नदी के तलछट में पारे और आर्सेनिक का स्तर काफी अधिक है। इसके परिणामस्वरूप, ठाणे की खाड़ी देश के सबसे प्रदूषित समुद्र जल में से एक है।

गुजरात: अहमदाबाद-वड़ोदरा-सूरत औद्योगिक क्षेत्र में लगभग 2,000 से अधिक संगठित औद्योगिक इकाइयाँ हैं, जबकि सोडा एश, डाई, सूत और उर्वरक जैसे रसायनों का उत्पादन करने वाली 63,000 से अधिक लघु-स्तरीय इकाइयाँ मौजूद हैं। वलसाड जिले के वापी में 1,800 औद्योगिक इकाइयाँ हैं, जिनमें से 450 को प्रदूषणकारी उद्योगों की श्रेणी में रखा गया है। आमतौर पर, इस इलाके की सभी औद्योगिक इकाइयाँ 2 किलोमीटर के दायरे में स्थित निचले इलाकों में अपने अपशिष्ट का निपटान करती हैं। इसके परिणामस्वरूप, दमन गंगा नदी के तट पर एक बहुत बड़े इलाके में अवैध अपशिष्ट निपटान क्षेत्र बन गया है। वड़ोदरा में भारतीय पेट्रोकेमिकल कॉर्पोरेशन लिमिटेड (आईपीसीएल) द्वारा नांदेसरी के निकट एक स्थान पर हर महीने 1,800 टन खतरनाक अपशिष्ट का निपटान किया जाता है। आईपीसीएल का अपशिष्ट निपटान स्थल एक पहाड़ी पर है। बरसात के मौसम में, इस खतरनाक अपशिष्ट के तत्व पानी के साथ बहकर नदी में मिल जाते हैं। (पर्यावरण की स्थिति, भारत, 2001, यूएनईपी)

पर्यावरण पर पड़ने वाले प्रभाव को कम करना

उद्योगों के दुष्प्रभावों को समझने के बाद, हमें इसे कम करने के तरीकों पर विचार करना होगा। किसी भी उद्योग की स्थापना एवं संचालन के पूर्व दिशा-निर्देशों का पालन किया जाना चाहिए और इसकी नियमित तौर पर जाँच-पड़ताल की जानी चाहिए।

उद्योग की अवस्थिति: प्रदूषण फैलाने वाले किसी भी प्रकार के उद्योग को पारिस्थितिक रूप से संवेदनशील क्षेत्र या मानव बस्तियों के निकट स्थित नहीं होना चाहिए। उदाहरण के लिए, मुंबई की आधारभूत संरचना एवं बाजार का स्वरूप उत्कृष्ट हो सकता है, परंतु घनी आबादी वाले इस इलाके में ज्यादा मात्रा में प्रदूषण फैलाने वाले उद्योगों की स्थापना नहीं की जा सकती है। भारत सरकार ने कुछ उद्योगों की स्थापना के लिए दिशानिर्देश जारी किए हैं। इसके अनुसार, दिशानिर्देशों में उल्लेखित उद्योगों की स्थापना के लिए सरकार की ओर से पर्यावरण स्वीकृति प्राप्त किया जाना आवश्यक है। इन दिशानिर्देशों में उद्योगों की अवस्थिति के संदर्भ में सुझाव दिए गए हैं, जैसे, कुछ विशेष प्रकार के उद्योगों की स्थापना करते समय कुछ क्षेत्रों से बचने की आवश्यकता है। इनमें पारिस्थितिक रूप से संवेदनशील क्षेत्र, तटीय क्षेत्र, बड़ी मानवीय बस्तियाँ, बाढ़ के मैदान, आदि शामिल हैं। इन दिशानिर्देशों के अनुसार उद्योगों की स्थापना के समय कुछ निर्दिष्ट शर्तों का अनुपालन अनिवार्य है; उदाहरण के लिए, किसी भी प्रकार के वन्य क्षेत्र या कृषि भूमि का सफाया कर उद्योगों की स्थापना नहीं की जा सकती है; उद्योगों की स्थापना से पूर्व पर्याप्त मात्रा में भूमि का अधिग्रहण किया जाना चाहिए ताकि अपशिष्ट को उपचारित करने एवं ठोस अपशिष्ट के भंडारण हेतु स्थान उपलब्ध हो।

भोपाल त्रासदी

उद्योगों के सामान्य परिचालन से होने वाली पर्यावरणीय समस्याओं के अलावा, दुर्घटनाओं की स्थिति में पर्यावरण एवं मानव स्वास्थ्य पर गंभीर प्रभाव पड़ते हैं। देश के भोपाल शहर में स्थित यूनियन कार्बाइड के कारखाने में हुई औद्योगिक दुर्घटना को विश्व की बड़ी त्रासदियों में से एक माना जाता है। 4 दिसंबर 1984 को जब पूरा शहर चैन की नींद सो रहा था, उस वक्त शहर के वातावरण में एक घातक रसायन फैल गया। यूनियन कार्बाइड कारखाने के भंडारण के एक टैंक में गड़बड़ी के कारण लगभग 40 टन मिथाइल आइसोसाइनेट (एमआईसी) हवा में फैल गया, जो बेहद घातक रसायन है। इसके परिणामस्वरूप कम से कम 4,000 लोगों को अपनी जान गंवानी पड़ी, इस दुर्घटना के कारण लोगों के स्वास्थ्य पर पड़ने वाले प्रभाव को आज भी महसूस किया जाता है।

इतनी बड़ी दुर्घटना कैसे हुई? इसके कई कारण थे। इसका एक कारण यह था कि इस कारखाने में रसायन के निर्माण एवं भंडारण हेतु अपनाई गई सुरक्षा युक्तियाँ अपर्याप्त थी, और आवश्यक स्थिति में सुरक्षा के उपाय नाकाम साबित हुए। कारखाने के निकट घनी आबादी की मौजूदगी का भी इस त्रासदी में बढ़ा योगदान था। इसके अलावा, कारखाने में संसाधित किए जाने वाले रसायनों, इसके संभावित प्रभाव तथा इसे उपचारित करने के तरीकों के बारे में बहुत कम जानकारी उपलब्ध थी। इसके परिणामस्वरूप, जब एमआईसी का स्राव हुआ तो बहुत कम लोगों को इस गैस के बारे में जानकारी थी। डॉक्टरों को पता नहीं था कि मरीजों का इलाज कैसे किया जाए। असहाय नागरिकों को नहीं पता था कि उन्हें किस प्रकार की सावधानी बरतनी चाहिए। शहर के अधिकारीगण यह समझ नहीं पा रहे थे कि अर्धरात्रि के इस संकट को कैसे संभाला जाए।

इस बात पर आज भी वाद-विवाद होते हैं कि, हादसे के पीड़ितों को पर्याप्त मुआवजा मिला अथवा नहीं। लेकिन क्या पैसों से जिंदगी की क्षति, स्वास्थ्य को नुकसान एवं बीमार बच्चों की अवस्था की भरपाई की जा सकती है? भोपाल त्रासदी के बाद भारत सहित कई अन्य देशों ने इस प्रकार के उद्योगों को विनियमित करने के लिए सख्त कानून बनाये हैं। परंतु भविष्य में किसी और शहर में भोपाल जैसी दुर्घटना न हो, इसे सुनिश्चित करने की दिशा में अभी हमें लंबा रास्ता तय करना है।

आमतौर पर, एक औद्योगिक क्षेत्र में विभिन्न प्रकार के उद्योगों को स्थापित किया जाता है, जिसके कई लाभ हैं। कई उद्योगों को राज्य औद्योगिक विकास निगम जैसे संस्थानों अथवा स्वयं द्वारा विकसित किए गए आधारभूत संरचनाओं से लाभ हो सकता है। आधारभूत संरचनाओं के रखरखाव पर होने वाले व्यय को सभी उद्योगों द्वारा साझा किया जा सकता है। इसके अलावा, यदि कच्चे माल एवं उत्पादित वस्तुओं को एक ही स्थान से लाया जाए अथवा पहुंचाया जाए, तो इसका परिवहन भी आसान हो जाता है। इस प्रकार उस इलाके के सभी उद्योग अपने उत्पादन एवं विपणन आवश्यकताओं के लिए स्वयं को संगठित कर सकते हैं। एक उद्यमी को अपने साथी उद्यमियों के बीच होने का लाभ मिल सकता है, जबकि आने वाले ग्राहकों को भी एक ही स्वरूप के विभिन्न उद्योगों तक पहुंचने में आसानी होती है। उद्योगों से निकलने वाले अपशिष्ट को सामूहिक तौर पर उपचारित किया जा सकता है, जिससे इसकी लागत में कमी आती है और अपशिष्ट का बेहतर उपचार संभव हो पाता है। वास्तव में, कुछ मामलों में एक उद्योग का अपशिष्ट उत्पाद दूसरे के लिए कच्चा माल बन सकता है।

प्रवाहित अपशिष्ट हेतु सामान्य उपचार संयंत्र

उद्योग की विभिन्न प्रक्रियाओं में पानी एवं अन्य रसायनों का उपयोग किया जाता है। पानी एवं रसायन का अप्रयुक्त मिश्रण, उद्योगों से अपशिष्ट जल के रूप में बाहर आता है। अगर अपशिष्ट जल को बिना उपचारित किए प्रवाहित किया जाता है, तो इससे पर्यावरण को बड़े पैमाने पर नुकसान हो सकता है। प्रवाहित अपशिष्ट हेतु सामान्य उपचार संयंत्र (सीईटीपी) में, विभिन्न उद्योगों के प्रवाह (अपशिष्ट जल) को उपचारित किया जाता है और निपटान के लिए सुरक्षित बनाया जाता है।

पर्यावरणीय प्रभाव का आकलन (ईआईए): एक योजना निर्माण युक्ति के तौर पर ईआईए का उद्देश्य, परियोजना के स्वरूप एवं रूपरेखा निर्माण के दौरान भावी पर्यावरणीय समस्याओं / चिंताओं का पूर्वानुमान करना और इस समस्या का हल निकालना है। समस्याओं एवं प्रभावों की पहचान करने तथा इसे न्यूनतम करने की योजना तैयार करने के लिए इस तरीके का इस्तेमाल किया जाता है, जो योजना निर्माताओं एवं सरकारी अधिकारियों को निर्णय लेने की प्रक्रिया में सहायता प्रदान करता है। भारत में, पर्यावरण एवं वन मंत्रालय ने ईआईए के लिए क्षेत्रीय दिशानिर्देश जारी किए हैं। भारत में ईआईए प्रक्रिया इस प्रकार है:

- अनुवीक्षण
- विकल्पों पर विचार
- आधारभूत आंकड़ा संग्रहण
- प्रभाव का पूर्वानुमान, इसे न्यूनतम करने के उपायों का विवरण तथा पर्यावरणीय प्रभाव का ब्यौरा
- सार्वजनिक सुनवाई
- पर्यावरण प्रबंधन योजना
- निर्णय लेना
- सफ़ाई की स्थिति की निगरानी

सार्वजनिक सुनवाई के विषय से संबंधित प्रावधान अत्यंत महत्त्वपूर्ण है। नियम के अनुसार, ईआईए रिपोर्ट के पूरा होने के बाद जनता को प्रस्तावित विकास परियोजनाओं के बारे में सूचित किया जाना चाहिए और उनसे परामर्श करना चाहिए। कानून के अनुसार, प्रस्तावित परियोजना से प्रभावित होने वाला कोई भी व्यक्ति ईआईए का कार्यकारी सारांश प्राप्त कर सकता है। एनजीओ और सतर्क नागरिक समूह इस प्रावधान के समुचित उपयोग को सुनिश्चित करने में महत्त्वपूर्ण भूमिका निभा सकते हैं।

पर्यावरण प्रबंधन योजना (ईएमपी): किसी भी प्रदूषणकारी उद्योग के लिए संचालन से पूर्व ईएमपी तैयार करना जरूरी है। इस योजना से पता चलता है कि, परियोजना के चालू होने के दौरान और उसके बाद क्या पर्यावरण संरक्षण की दिशा में कौन से प्रयास किए जाने हैं या प्रस्तावित किए गए हैं। यह प्रबंधन योजना संसाधनों के संरक्षण एवं प्रदूषण के स्तर में कमी के विचारों पर आधारित है, साथ ही इसमें अपशिष्ट प्रबंधन के तरीकों, कारखाने की देख-रेख की प्रक्रिया तथा आपदा प्रबंधन योजना पर भी विचार किया जाता है।

व्यावसायिक स्वास्थ्य

कभी-कभी कार्यस्थल या काम की प्रकृति के कारण भी स्वास्थ्य पर बुरा असर पड़ सकता है। मज़दूरों एवं कर्मचारियों के शारीरिक, मानसिक या सामाजिक कल्याण पर काम के माहौल के प्रभाव को **व्यावसायिक स्वास्थ्य** कहा जाता है। कार्यस्थलों पर कई ऐसे कारक होते हैं, जिनकी प्रकृति खतरनाक होती है या कार्यकर्ता के स्वास्थ्य को नुकसान पहुंचा सकते हैं। इन्हें **व्यावसायिक जोखिम** कहा जाता है। उदाहरण के लिए, एक किसान कीटनाशकों और उर्वरकों में मौजूद हानिकारक रसायनों के संपर्क में आता है; एक शिक्षक को चॉक से उड़ने वाले धूल का सामना करना पड़ता है; कपास मिलों में मज़दूरों को कपास की धूल का सामना करना पड़ता है, जिसके कारण बाईसोनोसिस नामक घातक श्वसन रोग हो सकता है।

नियम-कानून: एक बार जब किसी उद्योग का परिचालन प्रारंभ होता है, तो यह सुनिश्चित करने के लिए नियम और विनियम हैं कि इससे पर्यावरण को किसी प्रकार का नुकसान नहीं पहुंचे। इन नियमों और विनियमों को कुछ कानूनी अधिनियमों

के तहत अधिनियमित किया जाता है। इन नियमों एवं विनियमों को शामिल करने वाले कुछ महत्त्वपूर्ण अधिनियम इस प्रकार हैं: जल प्रदूषण की रोकथाम एवं नियंत्रण के लिए जल अधिनियम; वायु प्रदूषण की रोकथाम, नियंत्रण एवं निवारण के लिए वायु अधिनियम; तथा पर्यावरण संरक्षण एवं सुधार के लिए पर्यावरण अधिनियम।

भारतीय कॉर्पोरेट जगत पर्यावरण के प्रति तेजी से जिम्मेदार हो रहा है, साथ ही पिछले दो दशकों में पर्यावरण की दृष्टि से हानिकारक औद्योगिक प्रक्रियाओं को रोकने के लिए कानूनी रूपरेखा का सशक्तिकरण भी किया गया है। प्रदूषण के न्यूनीकरण हेतु जल अधिनियम (1974) तथा वायु अधिनियम (1981) पहले से ही मौजूद थे, जिसके बाद पर्यावरण संरक्षण के व्यापक कानून के तौर पर पर्यावरण संरक्षण अधिनियम या ईपीए (1986) को लागू किया गया। इस अधिनियम के तहत, प्रवर्तन करने वाली एजेंसियों के पास पर्यावरण प्रदूषण को रोकने, नियंत्रित करने अथवा सीमित करने के लिए किसी भी औद्योगिक संचालन या प्रक्रिया को बंद करने, प्रतिबंधित करने या इस पर रोक लगाने के निर्देश देने का अधिकार है। ईएपीए पर्यावरण के विभिन्न पहलुओं की गुणवत्ता हेतु मानकों के साथ-साथ विभिन्न स्रोतों के संबंध में उत्सर्जन मानकों का भी निर्धारण करता है। यह प्रतिबंधित क्षेत्रों को परिभाषित करता है, जहां किसी भी प्रकार की औद्योगिक गतिविधि का संचालन नहीं किया जा सकता है, और किसी भी औद्योगिक संयंत्र के लिए संबंधित प्राधिकरण को प्रवेश और निरीक्षण की शक्तियाँ देता है।

प्रदूषण नियंत्रण

केंद्रीय प्रदूषण नियंत्रण बोर्ड (सीपीसीबी) पर्यावरण एवं वन मंत्रालय, भारत सरकार का एक स्वायत्त निकाय है। राज्य प्रदूषण नियंत्रण बोर्डों और प्रदूषण नियंत्रण समिति के साथ सीपीसीबी, प्रदूषण की रोकथाम एवं नियंत्रण से संबंधित कानूनों को लागू करने के लिए जिम्मेदार है। ये निकाय ऐसे नियमों और विनियमों का विकास करते हैं, जिसके माध्यम से वायु एवं जल प्रदूषकों के उत्सर्जन और प्रवाह तथा शोर के स्तर के संबंध में मानकों का निर्धारण किया जाता है।

प्रदूषण की रोकथाम एवं न्यूनीकरण को सुनिश्चित करने के लिए खतरनाक अपशिष्ट (प्रबंधन एवं संचालन) नियम, 1989, पर्यावरण (औद्योगिक परियोजनाओं की अवस्थिति) नियम, 1999, जैसे अन्य नियम भी बनाए गए हैं।

लेकिन सच्चाई तो यह है कि प्रदूषण को हम केवल कानून की मदद से नियंत्रित नहीं कर सकते हैं। कई अन्य तरीकों से भी उद्योगों के पर्यावरणीय प्रभाव को कम किया जा सकता है।

पारिस्थितिकी दक्षता: दरअसल यह वस्तुओं के उत्पादन का ऐसा तरीका है जो पर्यावरण के लिए कम हानिकारक है, साथ ही इसमें न्यूनतम संसाधनों का उपयोग किया जाता है और उत्पादित वस्तुओं की लागत में वृद्धि नहीं की जाती है। पारिस्थितिकी दक्षता पर समग्रता से विचार किया जाना चाहिए। इस प्रकार, इसमें प्रयुक्त कच्चे माल की मात्रा में कमी; उपयोग की जाने वाली ऊर्जा की मात्रा में कमी; प्रदूषण न्यूनीकरण; सामग्रियों का पुनर्चक्रण, तथा नवीकरणीय सामग्रियों का उपयोग करना शामिल है।

एक सामान्य उदाहरण पर विचार करें। घर पर, प्रेशर कुकर में आलू को उबालने में कम समय लगता है और इस प्रकार सामान्य बर्तन में इसे उबालने की तुलना में कम ईंधन की खपत होती है। इसलिए हम कह सकते हैं कि प्रेशर कुकर से ईंधन की बचत होती है और यह पर्यावरण के अनुकूल है।

इसी प्रकार, कई प्रक्रियाएँ पर्यावरण के अनुकूल भी हैं: जैसे कि अगर हम उबालने से पहले दाल को कुछ देर तक भिगोकर रखें, तो इसे पकाने में कम समय लगेगा। औद्योगिक उत्पादन की तकनीकों और प्रक्रियाओं में भी इसी तरह के बदलाव किए जा सकते हैं। चीनी मिलों में कृषि औद्योगिक अपशिष्ट पदार्थों, जैसे कि गन्ने के अपशिष्ट के उपयोग से बिजली का निर्माण करना इसका एक उदाहरण है (ऊर्जा से संबंधित अध्याय देखें)।

पर्यावरणीय एवं आर्थिक प्रदर्शन में सुधार

पर्यावरण एवं ऊर्जा के सामूहिक प्रबंधन के माध्यम से, पर्यावरण-औद्योगिक स्थल के सदस्य अपने पर्यावरण एवं आर्थिक प्रदर्शन को बेहतर बना सकते हैं, जिसके परिणामस्वरूप प्राप्त होने वाला संयुक्त लाभ, प्रत्येक कंपनी द्वारा व्यक्तिगत प्रदर्शन के स्तर से प्राप्त लाभ की तुलना में कहीं अधिक होगा (पारिस्थितिकी-दक्षता पर गठित कार्यदल की रिपोर्ट, 1996, सतत विकास पर अमेरिका के राष्ट्रपति की परिषद)। http://www.greenroofs.ca/cein/whatsein.html

---

उत्पादन की स्वच्छ कार्यप्रणाली: स्वच्छ उत्पादन (सीपी) की अवधारणा के तहत उत्सर्जित अपशिष्ट को उपचारित करने के बजाए स्रोत पर इसके उत्सर्जन को कम करने या समाप्त करने पर बल दिया जाता है। सीपी के माध्यम से कच्चे माल एवं ऊर्जा का संरक्षण होता है, विषाक्त कच्चे माल को हटाया जाता है तथा उत्पादन प्रक्रिया से निकलने वाले सभी प्रकार के अपशिष्ट एवं उत्सर्जन की विषाक्तता को कम किया जाता है। यह उत्पाद के पूरे जीवन चक्र के दौरान पर्यावरणीय प्रभावों को कम कर देता है, जिसके अंतर्गत कच्चे माल के निष्कर्षण से लेकर अपशिष्ट पदार्थों के निपटान तक के सभी चरण शामिल हैं।

लकड़ी के चूल्हे अथवा एलपीजी के स्थान पर सोलर वॉटर हीटर का उपयोग करना, दैनिक जीवन में स्वच्छ प्रौद्योगिकी के उपयोग का एक उदाहरण है। लकड़ी के चूल्हे के उपयोग के दौरान धुआँ उत्पन्न होता है; एलपीजी के निष्कर्षण एवं प्रसंस्करण के चरण में प्रदूषण फैलता है। सोलर वॉटर हीटर नवीकरणीय ऊर्जा का उपयोग करता है, जिससे किसी भी प्रकार का प्रदूषण नहीं होता है। अगर उद्योग स्वच्छ उत्पादन पर अधिक बल देना चाहते हैं, तो उन्हें प्रदूषकों के उत्सर्जन को कम करना होगा तथा पर्यावरण पर कम दबाव डालना होगा।

मानकों को बरकरार रखना

अन्तर्राष्ट्रीय मानकीकरण संगठन (आईएसओ), विभिन्न देशों के राष्ट्रीय मानक संस्थानों से मिलकर बना है। आईएसओ स्वैच्छिक तकनीकी मानकों की रूपरेखा तैयार करता है, जो उत्पाद एवं सेवाओं के अधिक कुशल, सुरक्षित एवं स्वच्छ तरीके से विकास, निर्माण और आपूर्ति में योगदान देता है। प्रमाणीकरण का कार्य आईएसओ द्वारा स्वयं नहीं किया जाता है। इसके द्वारा मार्गदर्शिका एवं मानदंडो का निर्धारण किया जाता है और इसी के अनुरूप मूल्यांकन गतिविधियों का संचालन किया जाता है।

पर्यावरण के संदर्भ में आईएसओ के मानक, बेहतर पर्यावरणीय अभ्यास पर वैश्विक आम सहमति को प्रतिबिंबित करते हैं। हवा, पानी और मिट्टी की गुणवत्ता के साथ-साथ शोर एवं विकिरण जैसे पहलुओं की निगरानी के लिए 350 से अधिक अंतरराष्ट्रीय मानक निर्धारित किए गए हैं।

आईएसओ 14001, पर्यावरण मानकों से जुड़ी समस्याओं को संबोधित करने का तरीका उपलब्ध कराता है। आईएसओ 14001, पर्यावरण प्रबंधन के लिए विशेष संदर्भ के साथ उद्योग के सभी प्रणालियों के लिए मानकों के निर्धारण को आवश्यक बताता है, तथा संसाधन संरक्षण एवं प्रदूषण की रोकथाम की दिशा में काम करके आर्थिक लाभ की प्राप्ति और पर्यावरण संरक्षण लागत को कम करने का लक्ष्य रखता है, और इसका लाभ उद्योग और पर्यावरण, दोनों को मिलता है।

जब भारतीय एल्यूमिनियम कंपनी लिमिटेड ने आईएसओ 14001 की पर्यावरण प्रबंधन प्रणाली के तहत बॉक्साइट खदान के लिए पर्यावरण प्रबंधन योजना का विकास प्रारंभ किया, तब खनन एवं उससे संबंधित अन्य गतिविधियों के लिए 'खुद पर लागू किए जाने वाले कई मानकों' को विकसित किया गया था। ये मानक राष्ट्रीय / अंतर्राष्ट्रीय मानकों के लगभग समान थे। कानूनी के अनुसार निर्धारित सीमा से बेहतर प्रदर्शन को सुनिश्चित करने के लिए, लागू किए जाने के बाद इनका सख्ती से पालन किया गया। इन मानकों को प्राप्त करने के लिए संचालन की सभी विधियों को संशोधित किया गया था।

पारिस्थितिकी-औद्योगिक समूह निर्माण: पारिस्थितिकी-औद्योगिक समूह निर्माण, उद्योगों, समुदायों और व्यवसायों के लिए अपनी प्रतिस्पर्धात्मकता, आर्थिक व्यवहार्यता तथा मानव एवं पारिस्थितिक तंत्र के स्वास्थ्य में सुधार के लिए एक नए दृष्टिकोण के तौर पर उभर कर सामने आया है। यह दृष्टिकोण औद्योगिक पारिस्थितिकी की अवधारणा पर आधारित है, जो उद्योगों के समूह के भीतर अपशिष्ट के सामूहिक प्रवाह की संभावनाओं को देखता है। इसमें किसी इकाई के अपशिष्ट को दूसरे इकाई में कच्चे माल के तौर पर उपयोग की संभावनाओं की तलाश की जाती है, जिसका अंतिम उद्देश्य सभी उद्योगों को एक औद्योगिक प्रणाली के घटकों के तौर पर एकत्रित करना है।

पारिस्थितिकी-औद्योगिक समूह निर्माण में निजी क्षेत्र, सरकार और शैक्षिक संस्थानों के बीच नए स्थानीय एवं क्षेत्रीय व्यापार संबंधों को विकसित करना शामिल है, ताकि उत्पादन क्षमता, निवेश, प्रतिस्पर्धा तथा समुदाय एवं पारिस्थितिक तंत्र के स्वास्थ्य में सुधार के लिए नए एवं उपलब्ध ऊर्जा संसाधनों, सामग्रियों, पानी, मानव श्रम एवं आधारभूत संरचनाओं का उपयोग किया जा सके।

इस प्रकार के समूहों का निर्माण उद्योग संघों के रूप में किया जाता है, जो अपने सदस्यों को उत्पादन की स्वच्छ तकनीक एवं अपशिष्ट के न्यूनतम उत्पादन में सहायता प्रदान करते हैं।

प्रदूषण फैलाने वालों पर अर्थदंड

प्रदूषण फैलाने वालों पर अर्थदंड का सिद्धांत बेहद सरल है: जो लोग प्रदूषण फैलाते हैं उन्हें पर्यावरण को होने वाले नुकसान के लिए भुगतान करना होगा। 1970 के दशक में इस विचार की उत्पत्ति हुई, जब ओईसीडी के सदस्य देशों ने यह सुनिश्चित किया कि आम जनता के बजाए प्रदूषण फैलाने के लिए जिम्मेदार उपक्रमों पर अर्थदंड आरोपित किया जाएगा।

हालांकि यह देखने में बेहद सरल लगता है, परंतु इसे लागू करने में कई कठिनाइयाँ हैं। उदाहरण के लिए, प्रदूषण फैलाने वाली इकाईयों को कब और कितना भुगतान करना चाहिए?

सरकार के साथ-साथ उद्योग जगत की ओर से किए गए इन प्रयासों ने प्रदूषण की रोकथाम करने और अधिक संवहनीय प्रौद्योगिकी को अपनाने में बहुत योगदान दिया है। इस दिशा में किए गए प्रयास, भारतीय उद्योग जगत में स्वच्छ पर्यावरण की ओर कॉर्पोरेट उत्तरदायित्व की बढ़ती भावना को दर्शाते हैं।

वास्तव में उद्योग ऐसे आर्थिक सिद्धांतों पर आधारित गतिविधि है, जिसका उद्देश्य लाभार्जन करना होता है। इसलिए, निर्माता कुशल प्रौद्योगिकी और प्रदूषण निवारण उपायों में तभी निवेश करते हैं कि, जब इनसे मात्रात्मक लागतों को कम करने या मात्रात्मक लाभ को बढ़ाने की संभावनाएँ मौजूद होती हैं। कई उद्योगों के लिए, प्रदूषण को रोकने या कम करने तथा प्रदूषण-रोधी कानूनों के अनुपालन पर होने वाले व्यय को कम करने के लिए नई प्रौद्योगिकी के इस्तेमाल से ऊर्जा की खपत को कम करने में भी मदद मिलती है। वर्तमान में हालात ऐसे हैं कि अदालतों को प्रदूषण नियंत्रण कानून के गैर-अनुपालन को देखते हुए उद्योगों के खिलाफ बड़े पैमाने पर निर्णय देने के लिए विवश होना पड़ा है। ऐसी स्थिति में प्रदूषण की रोकथाम एवं अपशिष्ट न्यूनीकरण के उद्देश्य से नई प्रौद्योगिकी और उन्नत कार्यप्रणाली को अपनाना आर्थिक दृष्टि से समझदारी भरा कदम होगा, जिससे प्रदूषण निवारण पर होने वाले व्यय में भी कमी आएगी।

व्यक्तिगत तौर पर हम लोग क्या कर सकते हैं?

उद्योग, वस्तुओं एवं सेवाओं का उत्पादन करते हैं, क्योंकि लोगों को इनकी आवश्यकता होती है। अगर पर्यावरण के अनुकूल उत्पादों की मांग में वृद्धि हो जाए, तो उद्योगों को ऐसी वस्तुओं के उत्पादन हेतु विवश होना पड़ेगा। परंतु उपभोक्ताओं को कैसे मालूम होगा कि कोई उत्पाद पर्यावरण के अनुकूल है अथवा नहीं? उत्पादों पर 'इकोमार्क' के निशान के लिए विश्वस्तर पर आंदोलन चलाए

जा रहे हैं जिससे इसमें अवश्य मदद मिलेगी। ऐसी योजना के अंतर्गत, सरकार द्वारा निर्दिष्ट एजेंसी, पर्यावरण अनुकूल तरीके से तैयार किए जाने वाले उत्पादों से पूरी तरह संतुष्ट होने के बाद ही उसे प्रमाणित करती है। भारत में इकोमार्क के प्रावधान के बावजूद, आज तक कुछ गिने-चुने उत्पादों को ही पर्यावरण अनुकूल उत्पाद के तौर पर प्रमाणित किया गया है।

उपभोक्ता भी कुछ वस्तुओं और सेवाओं के उपभोग को कम करने या अथवा उपयोग नहीं करने के विकल्प का चयन कर सकते हैं। उदाहरण के लिए, पर्यावरण के प्रति जागरूक व्यक्ति दुकानों पर प्लास्टिक की थैलियों में समान लेने के बजाए अपने कपड़े के थैले का इस्तेमाल करने को प्राथमिकता दे सकते हैं। लोग अपने खेतों या बगीचों में रासायनिक उर्वरकों के बजाय जैविक खाद का उपयोग कर सकते हैं। उपभोक्ताओं द्वारा जिम्मेदारी निभाई जाने से उत्पादित वस्तुओं के स्वरूप एवं उत्पादन की प्रक्रिया में बदलाव लाया जा सकता है। एक

चित्र 9.1   भारत का इकोमार्क

उपभोक्ता के रूप में, कुछ भी खरीदने से पहले पूछें: यह कहां से आता है? इसका निपटान कैसे किया जाता है? इसका जीवनकाल कितने समय का है? क्या इसकी मरम्मत की जा सकती है? क्या यह आपके लिए वाकई आवश्यक है?

I प्रश्नावली

1. पर्यावरण पर उद्योगों के संभावित प्रभाव कौन-कौन से हैं?
2. पर्यावरणीय प्रभाव आकलन के क्या उद्देश्य हैं?
3. आपके विचार से प्रदूषण को कम करने की दिशा में उद्योगों को प्रोत्साहित करने के लिए सर्वाधिक प्रभावशाली प्रलोभन क्या होगा?
4. अगर आप एक औद्योगिक इकाई की स्थापना कर रहे हैं, तो पर्यावरण पर न्यूनतम प्रभाव सुनिश्चित करने के लिए आप क्या कदम उठाएँगे?
5. 'स्वच्छ उत्पादन' की अवधारणा का क्या तात्पर्य है? इसे 'शुद्ध उत्पादन' क्यों नहीं कहा जाता है?
6. कृषि समाज की तुलना में औद्योगिक समाज के फायदे और नुकसान क्या हैं?

II अभ्यास

1. नीचे दिया गया उद्धरण एक वेबसाइट की रिपोर्ट है। इसे ध्यानपूर्वक पढ़ें और अंत में दिए गए प्रश्नों के उत्तर दें।

पश्चिमी भारत के व्यस्त शहर अहमदाबाद से 400 किलोमीटर की दूरी पर स्थित वापी तक चारों ओर फैले विशाल औद्योगिक प्रतिष्ठानों की श्रृंखला, 'स्वर्णिम गलियारे' का निर्माण करती है। उद्योगपतियों के लिए यह स्वर्णिम गलियारा एक स्वर्ग है, जहां सरकार द्वारा निर्धारित सभी नियमों की अवहेलना की जाती है।

विभिन्न प्रकार के रसायनों, रंजक (डाई), पेंट, उर्वरक, प्लास्टिक, लुग्दी एवं कागज का निर्माण करने वाले सैकड़ों छोटे एवं मध्यम आकार के कारखाने अनुपचारित अपशिष्ट को हवा एवं पानी में उत्सर्जित करते हैं, जिससे चारों ओर कई मीलों तक खेतों की मिट्टी विषाक्त हो जाती है। हवा में औद्योगिक गैसों का संकेंद्रण, विशेष रूप से सर्दियों में, बढ़ जाता है जिससे साँस लेने में कठिनाई होती है। इनमें से अधिकांश उद्योगों में विषाक्त अपशिष्ट के

निपटान की कोई सुरक्षित प्रणाली नहीं है और उन्हें उपचारित किए बिना ही नदी में प्रवाहित कर दिया जाता है। इससे नदी के पारिस्थितिक तंत्र को गंभीर नुकसान पहुंचाता है।

नांदेसरी गांव में, 220 हेक्टेयर उपजाऊ कृषि भूमि को रसायनों का विनिर्माण करने वाले औद्योगिक क्षेत्र में बदल दिया गया। इस इलाके में कपास, गन्ना, मूंगफली और गेहूं की भरपूर पैदावार होती है, जो अब कारखानों से निकलने वाले जहरीले अपशिष्ट पदार्थों के कारण विषाक्त हो चुकी है।

पहले कभी स्वच्छ जल प्रवाहित करने वाली अमलाखाड़ी की धारा अब काले कीचड़ और बदबूदार पानी का स्रोत बन चुकी है, और इसका पानी पीने वाले पशुओं की मौत हो रही है। स्वर्णिम गलियारे में अलग-अलग रंगों के खतरनाक अपशिष्ट पदार्थों का ढेर दिखाई देता है, जिस पर बच्चे खेलते हैं। परित्यक्त रासायनिक ड्रम भी उनके खेल का मैदान का हिस्सा हैं।

अधिकांश मज़दूर गरीब प्रवासी हैं, जिन्हें इस बात का डर लगा रहता है कि अगर वे व्यावसायिक स्वास्थ्य एवं सुरक्षा के मुद्दों को उठाएँगे तो उन्हें अपनी नौकरियों से हाथ धोना पड़ेगा। जब कभी किसी कंटेनर में विस्फोट होता है और पाइप फट जाती है, तो वे प्रदूषण, स्वास्थ्य समस्याओं, दुर्घटनाओं के खतरे की शिकायत करते हैं।

परंतु बात यहीं खत्म नहीं होती है, अरब सागर में गुजरात का 1,600 किमी लंबा समुद्री तट, बंदरगाहों पर स्थित उद्योगों के निशाने पर है। भारत के एकमात्र समुद्री राष्ट्रीय उद्यान तथा इसके बेहद संवेदनशील मैंग्रोव को सूची से हटाए जाने की मांग कई लोगों द्वारा की जा रही है, जिसके बीच से एक प्रस्तावित पाइपलाइन के जरिए ओमान से मध्य एवं उत्तरी भारत में कच्चे तेल का आयात किया जाएगा। भविष्य में आयातित तेल का बड़े हिस्से को गुजरात के बंदरगाहों के जरिए अन्य भागों तक पहुंचाया जाएगा। कच्छ की खाड़ी में मैंग्रोव वन्य क्षेत्र पर पहले ही तेल के प्रसार का बुरा असर पड़ा है।

21 अक्टूबर 2002 को उच्च न्यायालय ने आदेश जारी करते हुए अमलाखाड़ी में उपचारित किए जाने से पूर्व अपशिष्ट के प्रवाह पर रोक लगा दी। परंतु दूसरी ओर, राष्ट्रीय पर्यावरण अभियांत्रिकी अनुसंधान संस्थान (एनईईआरआई) ने इस बात की अनुशंसा की है कि अपशिष्ट का निपटान गहरे समुद्री इलाकों में किया जाना चाहिए। इसे ध्यान में रखते हुए $3 मिलियन की लागत से 55 किमी की एक पाइपलाइन का निर्माण किया जा रहा है, हालांकि राष्ट्रीय समुद्र विज्ञान संस्थान द्वारा समुद्री जीवन पर इसके प्रभाव के आकलन का कार्य अभी तक पूरा नहीं किया गया है। उद्योग जगत पर निगरानी रखने के लिए गठित किए गए अलग-अलग नियामक बोर्ड गुजरात में विभिन्न उद्देश्यों के लिए काम कर रहे हैं, और इनके बीच आपसी तालमेल की कमी स्पष्ट तौर पर दिखाई देती है।

अब निम्नलिखित प्रश्नों के उत्तर दें:

a. क्या आपको लगता है कि इस रिपोर्ट को निष्पक्ष एवं तर्कसंगत तरीके से तैयार किया गया है?

b. अगर आप को इस प्रकार की एक रिपोर्ट तैयार करने का कार्य सौंपा जाए या अगर आप इस रिपोर्ट की सत्यता की जांच करना चाहते हैं, तो आप किन लोगों का साक्षात्कार करेंगे?

c. अगर इस प्रकार के उद्योग बंद हो जाए तो इसका क्या असर होगा? उन मुद्दों की सूची बनाएँ जो इनके बंद होने के बाद सामने आ सकती हैं।

d. नीचे दिए गए संगठनों / संस्थानों के बारे में अधिक जानकारी प्राप्त करें, और प्रत्येक पर एक संक्षिप्त टिप्पणी लिखें:
राष्ट्रीय पर्यावरण अभियांत्रिकी अनुसंधान संस्थान (एनईईआरआई),
राष्ट्रीय समुद्र विज्ञान संस्थान (एनआईओ),
केंद्रीय प्रदूषण नियंत्रण बोर्ड (सीपीसीबी)

e. आपके अनुसार इस क्षेत्र के औद्योगिकीकरण का स्थानीय लोगों के आर्थिक, सामाजिक एवं पर्यावरणीय जीवन पर क्या प्रभाव पड़ रहा है?

f. इस अवतरण को एक उपयुक्त शीर्षक दें।

2. नीचे तीन 'अधूरी कहानियाँ' दी गई हैं? इन्हें ध्यानपूर्वक पढ़ें और आपके विचार से जो उपयुक्त हो, उसके अनुसार इन्हें पूरा करें।

a. आर्थिक रूप से पिछड़े राज्य के 550 वर्ग किमी में निमीपुर अभयारण्य स्थित है। इस अभयारण्य के अधिकांश क्षेत्र में जंगली झाड़ियाँ हैं। यहां की शेष भूमि समतल और सूखी है जहां मानसून के मौसम में घास उग आती है। यह अभयारण्य हिरण की एक विशेष प्रजाति का घर है, जो भारत में किसी अन्य स्थान पर नहीं पाया जाता है। यह अभयारण्य पकेरी जनजाति का भी घर है, जो कई पीढ़ियों से इस इलाके में निवास कर रहे हैं। पकेरी खानाबदोश हैं, जो अपने मवेशियों के झुंड के साथ अभयारण्य में एक स्थान से दूसरे स्थान पर जाते रहते हैं। देश के एक बड़े औद्योगिक घराने ने अभयारण्य में खनन की शुरुआत करने और एक बड़े औद्योगिक परिसर का निर्माण करने की अनुमति के लिए सरकार से संपर्क किया, जो पकेरी जनजाति के लोगों को रोजगार प्रदान करेगा और उनकी गरीबी दूर हो जाएगी। राज्य में कई लोगों का यह मानना है कि औद्योगिक परिसर के निर्माण से अन्य उद्योग भी इस क्षेत्र में आकृष्ट होंगे और राज्य का आर्थिक विकास संभव होगा। लेकिन वन्यजीव संरक्षण के लिए कार्यरत लोग इस पर विरोध प्रकट कर रहे हैं, क्योंकि उनके अनुसार खनन एवं उद्योग गतिविधियों से दुर्लभ हिरण का निवास स्थान नष्ट हो जाएगा। कुछ लोगों का मानना है कि औद्योगिक परिसर अकुशल एवं अशिक्षित पकेरी लोगों को रोजगार प्रदान नहीं कर सकता है। उन्हें लगता है कि पकेरियों के जीवन का पारंपरिक तरीका भी खतरे में पड़ जाएगा, क्योंकि खनन के कारण भूमि को नुकसान होगा और चराई असंभव हो जाएगी।

b. चेतन केमिकल इंडस्ट्रीज लिमिटेड (सीसीआईएल) एक बड़ा रासायनिक कारखाना है, जो राज्य में कई उद्योगों के लिए रसायनों की आपूर्ति करता है। इस कारखाने में 5,000 से ज्यादा कर्मचारी कार्यरत हैं। सीसीआईएल के अपशिष्ट जल को निकटवर्ती नदी में प्रवाहित किया जाता है। नदी के निचले इलाकों में रहने वाले लोगों ने विरोध प्रकट करते हुए शिकायत की है कि, कारखाने के अपशिष्ट जल के कारण उनकी कृषि योग्य भूमि नष्ट हो गई है, मवेशियों की मौत हो रही है और इसके कारण त्वचा से संबंधित रोग फैल रहे हैं। प्रदूषण नियंत्रण अधिकारियों ने सिफारिश की है कि कारखाने को बंद कर दिया जाना चाहिए क्योंकि यह बड़े पैमाने पर प्रदूषण उत्पन्न कर रहा है। मज़दूर संघ इस बात का विरोध कर रहा है, क्योंकि कारखाने के बंद होने की स्थिति में उन्हें अपनी आजीविका से हाथ धोना पड़ेगा।

c. सूर्य प्रदेश की सरकार अपनी राजधानी के बाहर सूचना प्रौद्योगिकी के एक विशाल परिसर का निर्माण करना चाहती है। उनका मानना है कि, इस परिसर के निर्माण से देश और दुनिया भर की कई कंपनियाँ आकर्षित होंगी, और इससे सूर्य प्रदेश के लोगों को रोजगार मिलेगा। परिसर निर्माण के लिए चयनित क्षेत्र में लगभग 2,000 पेड़ हैं। वैज्ञानिकों का कहना है कि, बड़े पैमाने पर प्रदूषित शहर के लिए इस इलाके का प्रत्येक पेड़ 'हरित फेफड़े' के रूप में कार्य करता है।

III विचार-विमर्श

1. जब पर्यावरण और औद्योगिक विकास से जुड़ी समस्याओं को एक-दूसरे के साथ जोड़ दिया जाता है, तो सामने एक बेहतर लक्ष्य नजर आता है। क्या आप इस बात से सहमत हैं? चर्चा करें।

2. पर्यावरण पर उद्योग के प्रभाव को निर्धारित करने में औद्योगिक अवस्थिति नीति की भूमिका बेहद अहम है। कैसे?

चयनित ग्रंथसूची

Asian Development Bank. 1994. *Industrial pollution prevention*. Manila: ADB.

1998. 'Cleaner production.' *Industry and environment,* 21(4) (October–December).

1997. 'Industrial accidents: Prevention and preparedness.' *Industry and environment*, 20(3) (July–September).

Levin, Lester. 1996. *An investigative approach to industrial hygiene*. New York: Van Nastrand, Reinhold.

Miller, G. Tyler, Jr. 1996. *Living in the environment: Principles, connections and solutions*, 9th ed. Belmont: Wadsworth Publishing Company.

1997. 'Product development and the environment.' *Industry and environment*. 20(1–2).

Tomorrow. 1991. 1(2).

Tomorrow. 1999. 9(1).

अध्याय 10

जलवायु परिवर्तन और ओज़ोन अवक्षय

किरण बी. छोकर, ममता पंड्या एवं मीना रघुनाथन

बदलाव पर्यावरण की मूलभूत विशेषता है। अतीत के हिमयुग से लेकर वर्तमान के औद्योगिक युग तक, पृथ्वी की जलवायु में निरंतर बदलाव आया है। वैज्ञानिकों ने पिछली कई सदियों में पृथ्वी के जलवायु का अध्ययन किया और पाया कि, पिछले 800,000 वर्षों में कई हिमयुगों के दौरान ग्रह के औसत तापमान में भूगर्भिक अवधि के दौरान काफी उतार-चढ़ाव आया है।

अतीत का हिमयुग प्राकृतिक कारकों की वजह से होने वाले जलवायु परिवर्तन का एक बेमिसाल उदाहरण है। आज जो बात हमें सबसे अधिक परेशान कर रही है वह यह है कि, मानवीय गतिविधियों के कारण इस प्रकार के परिवर्तनों में अभूतपूर्व गति से वृद्धि हुई है। वैज्ञानिक प्रमाणों से यह स्पष्ट है कि, पृथ्वी के जलवायु में निरंतर बदलाव आ रहा है। वातावरण धीरे-धीरे गर्म हो रहा है और यह प्रवृत्ति भविष्य में भी जारी रहेगी। वैज्ञानिकों के अनुमान के अनुसार वर्ष 2050 तक संसार का तापमान औसतन 1.5 डिग्री सेल्सियस से 4.5 डिग्री सेल्सियस के बीच बढ़ जाएगा।

धरती की जलवायु सूर्य, वायुमंडल, महासागर, भूमि और जीवमंडल के बीच जटिल अंतःक्रिया का एक परिणाम है। वायुमंडलीय एवं महासागरीय धाराओं की जटिल अंतःक्रिया के कारण गर्मी बढ़ेगी, जिसके परिणामस्वरूप तूफान, सूखे, बाढ़ एवं अन्य प्राकृतिक घटनाओं की आवृत्ति और तीव्रता में वृद्धि हो सकती है, जिनका अभी तक अनुमान नहीं लगाया जा सका है। वायुमंडल के तापमान में वृद्धि से संबंधित कई उदाहरण पहले से ही मौजूद हैं। उदाहरण के लिए, सदी के नौ सबसे गर्म वर्षों में वर्ष 1988 को सर्वाधिक गर्म वर्ष माना गया। पूरे विश्व के लिए जुलाई 1998 का महीना सबसे गर्म था। वर्ष 1998 को भारत में पिछले 50 वर्षों में सबसे अधिक गर्म वर्ष माना गया, जिसके चलते 3,000 से अधिक लोगों की मौत हो गई। हिमालय के क्षेत्र में हिमनदों का घटता आकार भी एक चिंताजनक विषय है - गंगोत्री के मामले में यह प्रतिवर्ष 18 मीटर कम होता जा रहा है।

पिछले दो दशकों से वैज्ञानिक लंबे समय से हो रहे जलवायु परिवर्तन के प्रमाणों को एकत्रित करने और इस पर विचार-विमर्श करने में लगे हुए हैं। क्या तापमान में वृद्धि की यह प्रवृत्ति केवल जलवायु में होने वाले प्राकृतिक परिवर्तन के कारण है अथवा यह एक दीर्घकालिक प्रवृत्ति है? और यदि कोई प्रवृत्ति है, तो इसका कारण क्या है - मानवीय गतिविधि या प्राकृतिक परिवर्तन? वर्ष 1988 में संयुक्त राष्ट्र ने अंतरराष्ट्रीय जलवायु परिवर्तन पैनल (आईपीसीसी) का गठन किया, जो जलवायु परिवर्तन की जांच के लिए विश्व के सभी प्रमुख वायुमंडलीय वैज्ञानिकों को शामिल करते हुए गठित किया गया एक आधिकारिक वैज्ञानिक निकाय है। वर्ष 1995 में प्रकाशित आईपीसीसी की दूसरी आकलन रिपोर्ट में कहा गया कि जलवायु परिवर्तन एक दीर्घकालिक प्रवृत्ति है, और इसके लिए मानवीय गतिविधियों को मुख्य रूप से जिम्मेदार माना गया। लोगों द्वारा जीवाश्म ईंधन का बड़े पैमाने पर उपयोग इसका मूल कारण है। इस प्रकार के गैसों के दहन की स्थिति में वायुमंडल में गर्मी को अवशोषित करने वाले गैस उत्सर्जित होते हैं, जिन्हें **ग्रीन हाउस गैस (जीएचजी)** कहा जाता है।

जलवायु का अध्ययन

एक कहावत है कि, 'जलवायु की आप उम्मीद करते हैं जबकि मौसम आपको प्राप्त होता है।' जलवायु शब्द, वर्ष की अवधि में किसी स्थान के मौसम के सामान्य औसत स्वरूप को दर्शाता है। आमतौर पर जलवायु विशेषज्ञ किसी स्थान के मौसम का आकलन करने के लिए 30 वर्ष की अवधि पर विचार करते हैं।

वैज्ञानिक बर्फ के भीतरी हिस्से, परागकण के अवशेष तथा पुराने पेड़ों के छल्ले के व्यास के साथ-साथ पौधों की विभिन्न प्रजातियों के अलग-अलग खंडों के बारे में जानकारी एकत्रित करने के बाद अतीत की जलवायु का पता लगाते हैं। बर्फ में मौजूद हवा का विश्लेषण कर वैज्ञानिक यह पता लगा सकते हैं कि, बर्फ के निर्माण के दौरान हवा का तापमान कितना था। समुद्र एवं झीलों की गाद तथा सूक्ष्मजीवों के कवच के ऑक्सीजन समस्थानिक से हमें पता चलता है कि इस कवच के निर्माण के समय पानी का तापमान कितना था।

पृथ्वी की जलवायु में संभावित परिवर्तनों का अध्ययन करने के लिए वैज्ञानिकों ने जलवायु को प्रभावित करने वाली विभिन्न प्रणालियों एवं घटकों (जैसे कि वायुमंडलीय एवं महासागरीय परिसंचरण) के जटिल गणितीय मॉडल का विकास किया है, जिसे सुपर कंप्यूटर पर संचालित किया जाता है।

हरितगृह (ग्रीनहाउस) प्रभाव

हालांकि, कार्बन डाइऑक्साइड, मीथेन और नाइट्रस ऑक्साइड जैसे प्रमुख जीएचजी का उत्सर्जन केवल जीवाश्म ईंधन के दहन के कारण नहीं होता है। सामान्य प्राकृतिक प्रक्रियाओं के कारण भी इनका उत्सर्जन होता है। हरितगृह के लिए बनाए गए कांच के आवरण की तरह, जीएचजी भी सूर्य के प्रकाश को क्षोभमण्डल (वायुमंडल की सबसे निचली परत) से गुजरने की अनुमति देता है, परंतु गर्मी को रोक लेता है। जब पृथ्वी की सतह से गर्मी क्षोभमण्डल की ओर जाती है, तब इसका कुछ हिस्सा अंतरिक्ष में विलीन हो जाता है जबकि कुछ हिस्सा जीएचजी के कणों द्वारा सतह पर परावर्तित कर दिया जाता है, जिससे हवा गर्म हो जाती है। गर्मी के इस प्राकृतिक संतुलन अथवा हरितगृह प्रभाव के कारण पृथ्वी पर रहने योग्य परिस्थितियाँ मौजूद हैं। इसके मौजूद नहीं होने पर यह एक ठंडा, निर्जीव ग्रह होता।

इस प्रकार, सामान्य परिस्थितियों में ग्रीनहाउस गैस, जो वायुमंडल का 1 प्रतिशत से भी कम हिस्सा है, हितकारी और उपयोगी होते हैं। वायुमंडल में इनका स्तर 'स्रोतों' (गैसों का उत्सर्जन करने वाली प्रक्रियाएँ) 'निक्षेप' (प्रकाश संश्लेषण जैसी प्रक्रिया है जो इन्हें अवशोषित करती है, पृथक करती हैं अथवा हटा देती हैं। चूंकि CO_2 पानी में घुलनशील है, इसलिए महासागर भी एक विशाल निक्षेप स्थल है) के बीच संतुलन से निर्धारित होता है। परंतु, वर्तमान समय में बहुत सी मानवीय गतिविधियों के कारण इस इष्टतम संतुलन में बाधा पहुंचती है। प्राकृतिक जीएचजी के नए या अतिरिक्त स्रोतों की शुरूआत, मानव निर्मित जीएचजी, जैसे कि सीएफसी (क्लोरोफ़्लोरोकार्बन) और उनके विकल्प अथवा प्राकृतिक निक्षेप स्थलों में हस्तक्षेप (जैसे कि वनों की कटाई) के कारण इस प्रकार के व्यवधान उत्पन्न हो सकते हैं।

उदाहरण के तौर पर, एक हेक्टेयर उष्णकटिबंधीय वन्य क्षेत्र की मिट्टी एवं जैव-संहति में लगभग 445 टन कार्बन संचित होता है। जब कृषि भूमि अथवा मानव बस्तियों के निर्माण हेतु जंगल का सफाया किया जाता है, तो यहां संचित कार्बन डाइऑक्साइड की एक बड़ी मात्रा वायुमंडल में शामिल हो जाती है।

जंगलों के सफाए के बाद, अब प्रकाश संश्लेषण के माध्यम से वायुमंडल के कार्बन डाइऑक्साइड के स्तर को संतुलित करने के लिए पेड़-पौधों की संख्या काफी कम रह गई है। इस प्रकार के व्यवधान से वायुमंडल में जीएचजी का स्तर बढ़ जाता है, जिससे पृथ्वी के तापमान में वृद्धि होती है जिसे 'भूमंडलीय तापन' कहा जाता है। यह जलवायु परिवर्तन को प्रेरित करता है।

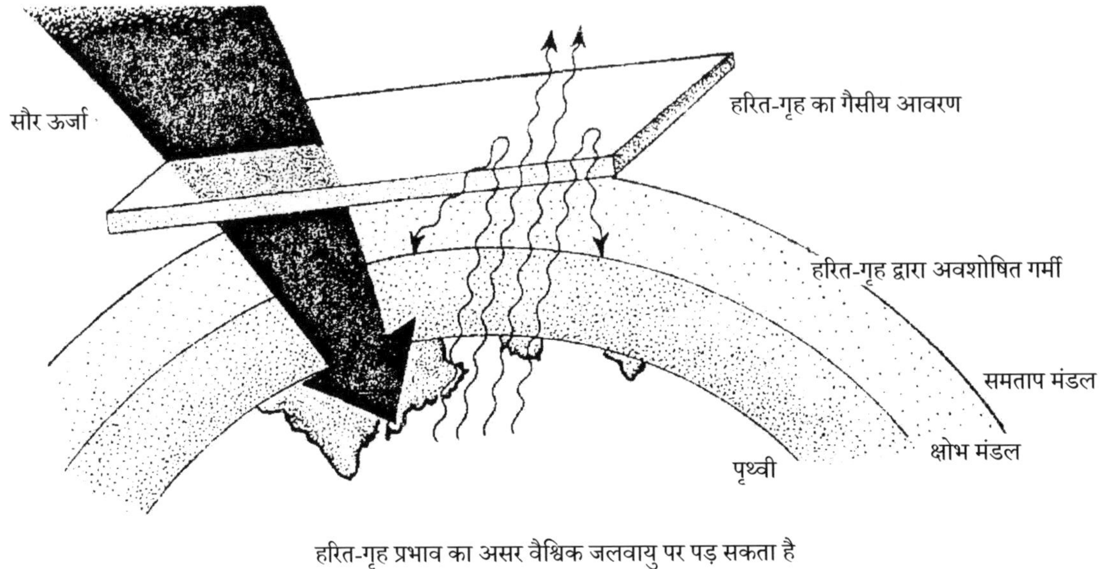

चित्र 10.1   हरितगृह प्रभाव

पृथ्वी के ताप को बढ़ाने वाले संभावित कारक

मानव गतिविधियों के कारण वायुमंडल में उत्सर्जित जीएचजी, वायुमंडल की गर्मी को प्रभावित कर सकते हैं। इनमें से कई गैसों का जीवनकाल काफी लंबा होता है जो 10 वर्षों से लेकर हजार वर्षों की अवधि का हो सकता है। आज हम वायुमंडल में जिसका उत्सर्जन कर रहे हैं, वह दीर्घकाल तक इस ग्रह को गर्म करता रहेगा।

कार्बन डाइऑक्साइड (CO2), मानव गतिविधियों द्वारा उत्पन्न जीएचजी से वर्तमान में हो रहे भूमंडलीय तापन के 55 प्रतिशत से अधिक के लिए जिम्मेदार है। औद्योगीकरण से पूर्व की अवधि (लगभग 1750 ई.) के बाद से इसके संकेंद्रण में 30 प्रतिशत से अधिक वृद्धि हुई है, और वर्तमान में यह प्रतिवर्ष 1 प्रतिशत बढ़ रहा है। जीवाश्म ईंधन का दहन इसका मुख्य स्रोत (75 प्रतिशत) है, जिसके अंतर्गत कोयले का दहन एवं मोटर वाहनों का उत्सर्जन शामिल है। वनों की कटाई और जैव-संहति के दहन का इसमें 25 प्रतिशत योगदान है। CO2 लगभग 200 वर्षों तक वायुमंडल में बना रहता है।

जीएचजी की वृद्धि में **मीथेन (Ch4)** का योगदान 16 प्रतिशत है। यह किसी अणु के आधार पर CO2 से 20 से 25 गुना अधिक गर्मी को अवशोषित कर सकता है। यह केवल 10 से 12 वर्षों तक वायुमंडल में रहता है, लेकिन CO2 बनने के दौरान जब यह हाइड्रॉक्सिल (ओएच) तीव्र प्रतिक्रिया करता है, तो इसका पृथक्करण होता है। धान के पौधों के अवशिष्ट के अपघटन, प्राकृतिक झीलों, अपशिष्ट भरावक्षेत्र, मवेशियों, भेड़ों एवं दीमक की आँतों से भी मीथेन का उत्सर्जन होता है। प्राकृतिक गैस में रिसाव के जरिए भी मीथेन निकलता है। औद्योगीकरण से पूर्व की अवधि की तुलना में आज इसका संकेंद्रण दोगुना हो गया है। एक सामान्य घरेलू गाय प्रतिवर्ष 73,000 लीटर मीथेन का उत्पादन कर सकती है। लगभग एक-तिहाई मनुष्यों की आँत में भी मीथेन उत्पन्न करने वाले विषाणु मौजूद होते हैं। मीथेन की मात्रा में वृद्धि दरअसल संसार की जनसंख्या वृद्धि से संबंधित है — अधिक लोगों को अधिक भोजन और मवेशियों की जरूरत होती है।

मीथेन उत्सर्जन का सबसे बड़ा कृषि स्रोत धान की खेती से जुड़ा है। अनुमानों के अनुसार, धान के खेत में प्रतिवर्ष 25 से 170 मिलियन टन मीथेन का उत्सर्जन होता है। हालांकि, इन अनुमानों पर संदेह किया जाता है। कृषि क्षेत्रों में इसका मापन बेहद कम

पैमाने पर हुआ है। कृषि क्षेत्रों से संबंधित मौजूदा अध्ययन के परिणामों में भी भिन्नताएँ हैं, क्योंकि मापन की पद्धति, फसल उत्पादन के तरीके तथा फसल की किस्मों में अंतर है। इसके अलावा मिट्टी के गुण, तापमान, प्रयुक्त उर्वरक एवं खेती की प्रक्रिया ऐसे कारक हैं, जो धान के खेतों में इसके उत्सर्जन दर को प्रभावित करते हैं।

मीथेन और धान के खेत

मीथेन मिथानोजेनिक नामक जीवाणु द्वारा जैविक प्रक्रिया से उत्पन्न होता है। चावल/धान के खेतों में जलभरावयुक्त एवं उष्ण प्रकृति की मिट्टी मिथानोजेनेसिस हेतु आदर्श स्थिति प्रदान करती है। मिथानोजेनेसिस, वास्तव में मीथेन और कार्बन डाइऑक्साइड का उत्पादन है जो मिथानोजेनिक द्वारा संचालित जैविक प्रक्रियाओं द्वारा उत्पन्न होता है। मिथानोजेनिक एक-कोशिकीय सूक्ष्म जीव हैं, जो साधारण कार्बनिक यौगिकों के किण्वन या कार्बन के उत्पादन के साथ अवायवीय (बिना ऑक्सीजन के) स्थिति के तहत H_2 के ऑक्सीकरण द्वारा मीथेन का उत्पादन करते हैं।

धान के खेतों में प्रयुक्त जैविक पदार्थ ही मीथेन के उत्सर्जन के संभावित स्रोत हैं, जैसे कि चावल की भूसी, मिट्टी, जैविक पदार्थ तथा धान के पौधों के गलने से होने वाले कार्बन की आपूर्ति।

मानवीय गतिविधियों द्वारा उत्सर्जित ग्रीन हाउस गैसों में **नाइट्रस ऑक्साइड (NO_2)** का योगदान 6 प्रतिशत है। नायलॉन उत्पादन के दौरान जैव-संहति एवं कोयले की तरह जीवाश्म ईंधन के दहन, मिट्टी में नाइट्रोजन युक्त उर्वरकों के टूटने, मवेशियों के अपशिष्ट तथा नाइट्रोजन से प्रदूषित भूजल के कारण इसका उत्सर्जन होता है। क्षोभमण्डल में इसका जीवनकाल 120 से 190 वर्ष है और यह CO_2 के एक अणु की तुलना में लगभग 200 गुना गर्मी को अवशोषित करता है। इसका संकेंद्रण प्रतिवर्ष 0.25 की दर से बढ़ रहा है।

प्राकृतिक एवं रासायनिक, दोनों प्रकार के उर्वरक नाइट्रीकरण, अर्थात मिट्टी में नाइट्रोजन की कमी के माध्यम से नाइट्रस ऑक्साइड के उत्सर्जन में योगदान देते हैं। अमोनिया को नाइट्रेट में बदलने की प्रक्रिया को नाइट्रीकरण कहते हैं जो नाइट्रस ऑक्साइड उत्पन्न कर सकती है। हाल के वर्षों में, कृषि उत्पादन की बढ़ती मांग के कारण उर्वरकों के उपयोग में वृद्धि हुई है। मिट्टी में आवश्यकता से अधिक नाइट्रेट का पौधों द्वारा उपयोग नहीं किया जाता है और यह बारिश के जल के साथ बहकर सतही जल एवं भूजल को प्रदूषित करता है। मिट्टी में शेष नाइट्रेट से भी वायुमंडल में नाइट्रस आक्साइड का उत्सर्जन संभव है।

ऐसा माना जाता है कि, **क्लोरोफ्लोरोकार्बन (CFCs)** का मानवीय गतिविधियों द्वारा उत्सर्जित ग्रीन हाउस गैसों में 24 प्रतिशत योगदान है। CFCs मानव निर्मित ग्रीन हाउस गैस है। इसका एक अणु CO_2 की तुलना में 1,500 से 1,700 गुना अधिक गर्मी अवशोषित कर सकता है और यह वायुमंडल में हजारों वर्षों तक बरकरार रह सकता है। इसका मुख्य स्रोत प्रशीतक, औद्योगिक विलायक द्रव, एयरोसोल प्रणोदक से होने वाला रिसाव तथा प्लास्टिक फोम का उत्पादन है।

1990 के दशक में सीएफसी के संकेंद्रण में 4% की वृद्धि हुई, परंतु अब इनके उपयोग को चरणबद्ध तरीके से कम किया जा रहा है क्योंकि इनके कारण ओज़ोन का अवक्षय हो रहा है। सीएफसी के विकसित किए गए विकल्प पृथ्वी के वायुमंडल में सीधे ओज़ोन को नष्ट नहीं करते, लेकिन भूमंडलीय तापन में योगदान अवश्य देते हैं। हालांकि वर्तमान में, सीएफसी के जिन विकल्पों को नीचे सूचीबद्ध किया गया है उनका जलवायु परिवर्तन में बहुत कम योगदान है, परंतु 21 वीं शताब्दी में उनके उपयोग में अनुमानित वृद्धि का इस क्षेत्र में महत्त्वपूर्ण प्रभाव पड़ सकता है।

हाइड्रोफ्लोरोकार्बन गैस (HFCs), CFCs का मानव निर्मित विकल्प है, जिसका उपयोग प्रशीतन में किया जाता है, जैसे कि फोम या इंसुलेशन निर्माण के लिए एजेंट के तौर पर तथा खासकर अर्धचालकों के निर्माण में विलायक द्रव, सफाई एजेंट के तौर पर इसका उपयोग किया जाता है। हालांकि, CO_2 के मुकाबले भूमंडलीय तापन में इनकी क्षमता 4,000 से 10,000 गुना अधिक है।

परफ्लोरोकार्बन (PFCs) CFCs के स्थान पर उपयोग की जाने वाली गैस है, साथ ही यह एल्युमीनियम को पिघलाने के दौरान उत्पन्न उपोत्पाद भी है। यूरेनियम संवर्धन प्रक्रिया के दौरान भी इसका कम मात्रा में उत्पादन होता है। जीएचजी के रूप में यह CO_2 की तुलना में 6,000 से 10,000 गुना अधिक गर्मी अवशोषित कर सकता है।

सल्फर हेक्साफ्लोराइड (SF6) एक मानव निर्मित गैस है, जिसका इस्तेमाल सर्किट ब्रेकर जैसे उच्च वोल्टेज उपकरणों में रोधक सामग्री के रूप में किया जाता है। इसका उपयोग केबल शीतलन प्रणाली में पानी के रिसाव का पता लगाने के लिए भी किया जाता है। यह CO2 की तुलना में 25,000 गुना अधिक गर्मी अवशोषित कर सकता है।

अन्य हरितगृह गैस

ओज़ोन (O3) एक हरितगृह गैस है, जिसकी गर्मी-प्रतिधारण क्षमता CO2 की तुलना में 2,000 गुना अधिक है। जमीनी स्तर पर, ओज़ोन हवा में बहुत कम मात्रा में पाया जाता है और जब विभिन्न प्रदूषक सूर्य के प्रकाश में प्रतिक्रिया करते हैं तब इसकी उत्पत्ति होती है। मानव स्वास्थ्य के अलावा यह जीव-जंतुओं एवं पेड़-पौधों के जीवन के लिए भी हानिकारक है।

कार्बन मोनोऑक्साइड (CO) को आमतौर पर हरितगृह गैस नहीं माना जाता है, क्योंकि यह प्रत्यक्ष रूप से गर्मी नहीं फैलाता है। हालांकि भूमंडलीय तापन में वृद्धि के लिए यह अप्रत्यक्ष रूप से जिम्मेदार है, क्योंकि यह मीथेन और ओज़ोन के स्तर को बढ़ाता है। CO ओज़ोन निर्माण प्रक्रिया में भाग लेता है। मोटर वाहन CO उत्सर्जन के प्रमुख स्रोत हैं।

हरितगृह गैसों के मानव निर्मित स्रोत	
हरितगृह गैस	**स्रोत**
कार्बन डाइऑक्साइड	जीवाश्म ईंधन का दहन
	औद्योगिक प्रक्रियाएँ
	वनोन्मूलन
मीथेन	मवेशी
	धान के खेत
	जैव-संहति का दहन
	प्राकृतिक गैस का परिवहन एवं प्रबंधन
	कोयला खनन
	वाहित मल/ अपशिष्ट भरावक्षेत्र
CFCs	प्रशीतन
	फोम
	एरोसोल
	विलायक द्रव
नाइट्रस ऑक्साइड	जीवाश्म ईंधन का दहन
	उर्वरक का उपयोग
	जैव-संहति का दहन
	वनोन्मूलन
	जैविक खाद का प्रबंधन

स्रोत: आईपीसीसी, 2001

हरितगृह गैसों में कितनी वृद्धि हुई है? वायुमंडल में हरितगृह गैसों के संकेंद्रण में निरंतर वृद्धि होती रही है। औद्योगीकरण के पूर्व की अवधि की तुलना में CO2, CH4 और N2O के वायुमंडलीय संकेंद्रण में क्रमशः 30 प्रतिशत, 145 प्रतिशत और 15 प्रतिशत की वृद्धि हुई है। उदाहरण के तौर पर, 1750 के दशक में CO2 का संकेंद्रण 280 ppmv (मात्रा के अनुसार प्रति मिलियन भाग) था, जो 2000 में लगभग 360 ppmv तक पहुंच गया।

अपेक्षाकृत अधिक उष्ण वायुमंडल के प्रभाव: अधिकांश वैज्ञानिक इस बात से सहमत हैं कि पिछले 120 वर्षों में पृथ्वी का औसत तापमान 0.6°C बढ़ गया है। पृथ्वी के तापमान में इतनी कम मात्रा में वृद्धि का क्या प्रभाव पड़ेगा? क्या यह चिंता का विषय है?

मौसम की उग्रता: वैज्ञानिकों का अनुमान है कि, अगर हरितगृह गैसों का उत्सर्जन इसी प्रकार बढ़ता रहा तो वर्ष 2050 तक धरती का औसत तापमान 1.5 डिग्री सेल्सियस से 4.5 डिग्री सेल्सियस तक बढ़ जाएगा। इसके परिणामस्वरूप ज्यादातर स्थान पहले की अपेक्षा अधिक गर्म होंगे। कुछ स्थान अधिक शुष्क हो जाएँगे जबकि कुछ स्थानों पर नमी बढ़ जाएगी। जलवायु परिवर्तन प्रक्रियाओं के चलते समुद्री धाराओं का स्थान परिवर्तन एवं दिशा में बदलाव हो सकता है। इसके परिणामस्वरूप, जापान एवं उत्तरी यूरोप जैसे कुछ स्थान अधिक ठंडे हो सकते हैं, जहां गर्म महासागरीय धाराओं के कारण तापमान की सौम्यता बनी हुई है।

भूमंडलीय तापन के कारण जलवायु प्रणाली में होने वाले ऊर्जा असंतुलन के परिणामस्वरूप मौसमी घटनाएँ अधिक उग्र होंगी, तथा बेहद तेज गर्मी, सूखा, बाढ़ (कुछ इलाकों में भारी वर्षा के कारण) एवं प्रचंड तूफान की घटनाएँ बढ़ जाएँगी।

समुद्र के जलस्तर में वृद्धि: जलवायु परिवर्तन पर गठित अंतर्राष्ट्रीय पैनल (आईपीसीसी) के अनुसार, पिछली शताब्दी में विश्व स्तर पर समुद्र के जलस्तर में 10 से 15 सेमी तक वृद्धि हुई है, परंतु इस बात के निश्चित प्रमाण नहीं है कि इसका कारण केवल हरितगृह प्रभाव ही है। वर्तमान अनुमानों के अनुसार वर्ष 2030 तक इसमें 10 से 30 सेंटीमीटर की वृद्धि होगी और वर्ष 2100 तक यह 50 सेंटीमीटर ऊपर आ जाएगा। यह वृद्धि तापमान बढ़ने से समुद्री जल के आयतन में विस्तार तथा हिमनदों एवं ध्रुवीय बर्फ के पिघलने के कारण होगी, जो वर्तमान में पृथ्वी पर कुल ताजे पानी के 70 प्रतिशत का स्रोत है।

दुनिया की कुल एक तिहाई जनसंख्या तथा दुनिया के एक तिहाई से अधिक आर्थिक अवसंरचना तटीय क्षेत्रों में केंद्रित हैं। ऐसी स्थिति में, समुद्र के जलस्तर में वृद्धि के कारण समुद्र के तटीय इलाकों एवं द्वीपों में रहने वाली एक बड़ी आबादी को विस्थापित होना पड़ेगा, और छोटे द्वीपसमूह संभवतः जलमग्न हो जाएँगे। मालदीव गणराज्य एक ऐसे देश का उदाहरण है, जो भविष्य में समुद्र के जलस्तर में होने वाली किसी भी प्रकार की वृद्धि के प्रति अत्यंत असुरक्षित है। समुद्र के जलस्तर में तीव्र वृद्धि के कारण इसे लोगों के लिए रहने के स्थान की समस्या के साथ-साथ ताजे पानी की उपलब्धता एवं तटीय संरक्षण की समस्याओं से भी जूझना पड़ेगा।

नदी से घिरे हुए क्षेत्र पर भी खतरे की संभावना बढ़ी है। इन क्षेत्रों में से कई स्थानों पर पहले से ही बाढ़ की संभावनाएँ मौजूद हैं। इन उपजाऊ कृषि क्षेत्रों पर निर्भर हजारों लोग प्रभावित होंगे। समुद्र के जल स्तर में 1 मीटर की वृद्धि से मिस्र, बांग्लादेश, चीन एवं भारत में सघन जनसंख्या वाले कई तटीय शहर बाढ़ की चपेट में आज आएँगे, जो संसार का सबसे अधिक चावल उत्पादक क्षेत्र है।

जल संसाधनों पर प्रभाव: आमतौर पर जनसंख्या वृद्धि और आर्थिक विकास के कारण पानी की मांग बढ़ रही है; लेकिन कुछ देश ही इसके भावी संकट को समझ रहे हैं जहां इसका अधिक कुशलतापूर्वक प्रयोग किया जा रहा है। अनुमानों के अनुसार, जलवायु परिवर्तन के कारण पानी की उपलब्धता की कमी से जूझ रहे संसार के कई क्षेत्रों में पानी की भारी किल्लत हो जाएगी (जैसा कि पानी के अनुमानित बहाव से प्रतिबिंबित होता है), लेकिन कुछ क्षेत्रों के जलस्तर में वृद्धि भी होगी। पानी के तापमान में वृद्धि के कारण ताजे पानी की गुणवत्ता पर बुरा प्रभाव पड़ेगा, परंतु कुछ क्षेत्रों में प्रवाह में वृद्धि के कारण इसका समायोजन संभव है।

कृषि उत्पादन: मौसम के स्वरूप में बदलाव का कृषि क्षेत्र पर दूरगामी प्रभाव पड़ेगा। गर्मी के वैश्विक वितरण में होने वाले बदलाव के कारण, खाद्यान्न उत्पादन में काफी अंतर आ सकता है। वर्तमान में जो इलाके अधिक खाद्यान्न उत्पादन करते हैं

वहां संभवतः उत्पादन में कमी आएगी, लेकिन जलवायु परिवर्तन दुनिया के साइबेरिया जैसे ठंडे प्रदेशों में कृषि के लिए अधिक अनुकूल हो सकता है। कुछ इलाकों में अधिक वाष्पीकरण एवं शुष्क मिट्टी के कारण लंबे समय तक सूखे की स्थिति बनी रहेगी। सूखे इलाकों में सिंचाई की आवश्यकता बढ़ जाएगी। अपेक्षाकृत गर्म इलाकों में कृषि को कीटों के उपद्रव तथा फसल की बीमारियों एवं खरपतवार में वृद्धि से काफी नुकसान होगा।

समुद्र के जलस्तर में वृद्धि के कारण तटीय इलाकों की बाढ़ से कृषि भूमि को काफी नुकसान होगा। इससे तटीय इलाकों के जलभृतों में खारे पानी का प्रवेश होगा, जो कृषि उत्पादन को प्रभावित करेगा।

पारिस्थितिक तंत्र और जैव विविधता को नुकसान: तीव्र जलवायु परिवर्तन के कारण प्राकृतिक पारिस्थितिक तंत्र पर गंभीर प्रभाव दिखाई देगा। पेड़-पौधों एवं जीव-जंतुओं की प्रजातियों को जलवायु परिवर्तन के अनुकूल अपने अस्तित्व की रक्षा के लिए विस्थापित होने पर विवश होना पड़ेगा। जो प्रजातियाँ ठंडी जलवायु के अनुकूल हैं, उनके प्राकृतिक परिवेश नष्ट हो जाएँगे जिसके कारण उनके विलुप्त होने की संभावनाएँ बढ़ जाएँगी। कुछ प्रजातियाँ विस्थापित हो सकती हैं, लेकिन अन्य प्रजातियाँ ऐसा करने में सक्षम नहीं होंगी। संवेदनशील पारिस्थितिक प्रणालियों को भारी क्षति हो सकती है, जो कई सदियों में भी अपनी पूर्व अवस्था को प्राप्त नहीं कर सकती हैं। समुद्री पारिस्थितिक तंत्र, विशेष रूप से धीमी गति से वृद्धि करने वाले उष्णकटिबंधीय प्रवाल, जलवायु परिवर्तन से प्रभावित होंगे। नदियों और झीलों के तापमान में वृद्धि के कारण मछलियों एवं अन्य जल जीवों की मृत्यु होगी।

बड़े पैमाने पर वन्य क्षेत्रों का सफाया हो जाएगा। क्षेत्रीय जलवायु परिवर्तन से कई राष्ट्रीय उद्यानों, वन्यजीव संरक्षण क्षेत्र और प्रवाल भित्तियों पर खतरा बढ़ जाएगा। बड़े पैमाने पर तापमान में वृद्धि एवं जंगल में आग के कारण पारिस्थितिक तंत्र खतरे में पड़ जाएगा। मौसम के अत्यधिक शुष्क होने के कारण जंगल में लगने वाली आग बढ़ जाएगी, जिससे जंगलों का सफाया होने के साथ-साथ वायुमंडल में CO2 की मात्रा भी बढ़ जाएगी।

जलवायु परिवर्तन और प्रजातियाँ

मानव जनित अन्य कारकों के अलावा जलवायु परिवर्तन के कारण जैव-विविधता को बड़े पैमाने पर नुकसान होने की आशंका है। जानवरों और पौधों की अलग-अलग प्रजातियों द्वारा तापमान एवं वर्षा में होने वाले बदलाव पर विभिन्न तरीकों से प्रतिक्रिया की संभावना है; हालांकि, हम केवल इन संभावित प्रवृत्तियों के संदर्भ में अनुमान लगा सकते हैं। उदाहरण के लिए, जलवायु परिवर्तन के परिणामस्वरूप प्रजातियों के प्राकृतिक परिवेश के स्वरूप में बदलाव के चलते संबंधित प्रजातियों के समुदायों से इसका संपर्क टूट जाएगा, जो परागण जैसे महत्त्वपूर्ण कार्यों के लिए एक-दूसरे पर निर्भर हैं।

जलवायु परिवर्तन से कुछ प्रजातियाँ लाभान्वित होंगी, जबकि कुछ को इसका नुकसान उठाना पड़ेगा। स्वयं को अनुकूलित करने में सक्षम प्रजातियाँ, दीर्घकाल में अन्य प्रजातियों से आगे निकल सकती हैं। कुछ 'विजेता' एवं 'पराजित' प्रजातियों की सूची नीचे दी गई है।

जलवायु परिवर्तन से लाभान्वित होने वाली संभावित प्रजातियाँ

अनुकूलनीय एवं सामान्य प्रजातियाँ: ऐसी प्रजातियाँ जो खुद को बदलती परिस्थितियों के अनुसार ढ़ालने में सक्षम हैं और हर स्थान पर बड़ी संख्या में पाई जाती हैं।

पूर्णता: अव्यवस्थित परिवेश में स्वयं को स्थापित करने में सक्षम प्रजातियाँ: ऐसी प्रजातियाँ जो अव्यवस्थित क्षेत्रों में भी अपने अस्तित्व को बरकरार रखने में सक्षम हैं, जबकि दूसरी ओर अन्य प्रजातियों की मृत्यु हो रही है।

(जारी)

(जारी)

मनुष्यों के साथ रहने वाली सहभोजी प्रजातियाँ: मनुष्यों के साथ रहने के लिए अनुकूलित प्रजातियाँ, जैसे कि चूहा, छछूंदर, गौरैया, कबूतर, कौआ और तिलचट्टा।

अवसर मिलते ही द्रुतगति से प्रजनन करने में सक्षम प्रजातियाँ: ऐसी प्रजातियाँ जिन्हें 'आर-चयनित' प्रजातियों अथवा 'आर-रणनीतिज्ञ' प्रजातियों के तौर पर जाना जाता है, जो जलवायु परिवर्तन का लाभ उठाकर प्रजनन दर को बढ़ाने में सक्षम हैं, जैसे कि परजीवी।

जल्दी से फैलने में सक्षम प्रजातियाँ: ऐसी प्रजातियाँ, जो बाह्य कारकों पर बहुत अधिक भरोसा किए बिना जल्दी से फैलने में सक्षम हैं। जब उनका प्राकृतिक परिवेश रहने योग्य नहीं रह जाता है तब ये शीघ्रता से नए क्षेत्रों में बसने में सक्षम होते हैं।

CO2 के स्तर में वृद्धि से लाभान्वित होने वाली प्रजातियाँ: हालांकि इसके स्तर में वृद्धि का शुरुआती दौर में पौधों को लाभ होने की संभावना है, परंतु इसके दीर्घकालिक प्रभाव का विषय विवादास्पद है।

जलवायु परिवर्तन नुकसान की आशंका वाली प्रजातियाँ

अत्यंत कम संख्या में मौजूद प्रजातियाँ: इसके अंतर्गत ऐसी प्रजातियाँ शामिल हैं, जिन्होंने पिछले कई युगों से अपने अस्तित्व को सीमित स्थान पर बरकरार रखा है और आज भी जीवित हैं। बदलाव की स्थिति में इन्हें अपने अस्तित्व की रक्षा के लिए उपयुक्त परिवेश या जलवायु नहीं मिल सकती है।

अलग-थलग रहने वाली प्रजातियाँ: ऐसी प्रजातियाँ, जो दुर्गम स्थानों में निवास करती हैं और अन्य उपयुक्त स्थानों पर स्थानांतरित करने में सक्षम नहीं हैं।

आनुवंशिक रूप से शक्तिहीन प्रजातियाँ: इसके अंतर्गत कम आनुवंशिक विविधता और बहुत छोटी जनसंख्या आकार वाली प्रजातियाँ शामिल हैं।

अति विशिष्ट पारिस्थितिक आश्रय में रहने वाली प्रजातियाँ: संकीर्ण प्राकृतिक परिवेश में निवास करने वाली प्रजातियाँ जो इसी पर निर्भर रहती हैं।

एक से अधिक प्राकृतिक परिवेश पर निर्भर प्रजातियाँ: ऐसी प्रवासी प्रजातियाँ, जिन्हें समय के साथ अलग-अलग प्राकृतिक परिवेश की आवश्यकता होती है।

धीमी गति से विकसित होने वाली और कम विस्तृत प्रजातियाँ: इस प्रकार की प्रजातियों को बदलते परिस्थितियों के अनुकूल होने में काफी कठिनाई होती है।

(सम लाइक इट हॉट, ए मार्कम एवं अन्य, 1993, से संकलित)

मानव स्वास्थ्य पर प्रतिकूल प्रभाव: वैश्विक तापमान में वृद्धि के कारण मानव स्वास्थ्य प्रत्यक्ष एवं अप्रत्यक्ष तौर पर प्रभावित हो सकता है। अगर पृथ्वी के तापमान में वर्तमान की अपेक्षा वृद्धि हो जाए तो भोजन और ताजे पानी की उपलब्धता में बाधा आएगी। अत्यधिक गर्मी एवं जलवायु की अन्य विषम परिस्थितियों के कारण होने वाली मौतें, इसका प्रत्यक्ष परिणाम है।

जलवायु परिवर्तन के अप्रत्यक्ष प्रभाव और भी जटिल हैं, क्योंकि इसके अंतर्गत मिश्रित पारिस्थितिक संबंध और प्राकृतिक परिवेश के बीच की अंतः क्रिया शामिल है। सूखा, समुद्र के जल स्तर में वृद्धि तथा जलधाराओं के नए स्वरूप, जैसे विभिन्न कारकों से जल जनित बीमारियाँ फैलेंगी। समुद्र के जल स्तर में वृद्धि के कारण तटीय शहरों में अपशिष्ट जल प्रवाह प्रणाली एवं सफ़ाई व्यवस्था अस्त-व्यस्त हो सकती है, जिससे संक्रामक रोगों के प्रसार की संभावना है। मलेरिया जैसे उष्णकटिबंधीय रोगों का प्रसार

समशीतोष्ण क्षेत्रों में भी हो सकता है, जिससे लगभग 60 प्रतिशत आबादी प्रभावित होगी। इसके अलावा एन्सेफलाइटिस, पीत ज्वर तथा डेंगू बुखार जैसी उष्णकटिबंधीय बीमारियाँ भी समशीतोष्ण क्षेत्रों में फैल सकती हैं।

संघर्ष और शरणार्थियों की संख्या में वृद्धि: जलवायु परिवर्तन के परिणामस्वरूप संसार के सभी देशों की सामाजिक एवं आर्थिक संरचनाएँ प्रभावित होंगी। आतंकवाद, गृहयुद्ध एवं आर्थिक संकट भी इसके कुछ परिणाम हो सकते हैं। पर्यावरण से जुड़ी समस्याओं के कारण राष्ट्रों के बीच संघर्ष की स्थिति उत्पन्न हो सकती है, उदाहरण के लिए, पानी जैसे संसाधनों के लिए युद्ध। समुद्र के जलस्तर में वृद्धि तथा मौसम के स्वरूप में बदलाव के कारण गंभीर रूप से प्रभावित क्षेत्रों से बड़े पैमाने पर लोगों का प्रभाव हो सकता है। वर्ष 2050 तक, भूमंडलीय तापन के कारण पर्यावरण शरणार्थियों की संख्या 150 मिलियन तक पहुंच सकती है, और ये लोग अन्य देशों में शरण ले सकते हैं जिससे वहां सामाजिक तनाव एवं राजनीतिक अस्थिरता का माहौल उत्पन्न हो सकता है।

भूमंडलीय तापन के इन सभी परिणामों के कारण पूरी दुनिया को बड़े पैमाने पर आर्थिक नुकसान होगा।

जलवायु परिवर्तन का मुकाबला

वास्तव में भूमंडलीय तापन भारत के लिए बेहद खतरनाक साबित हो सकता है। भारत एक अरब से अधिक की आबादी वाला विकासशील देश है, और आने वाले दशकों में भी इसकी जनसंख्या एवं अर्थव्यवस्था में वृद्धि जारी रहेगी। भारत में लगभग दो-तिहाई जनसंख्या ग्रामीण क्षेत्रों में निवास करती है, जो जलवायु के प्रति संवेदनशील प्राकृतिक संसाधनों पर काफी हद तक निर्भर हैं। आज भी ग्रामीण आबादी का बहुत बड़ा हिस्सा कृषि पर निर्भर है तथा वन्यक्षेत्र एवं मत्स्य पालन भी उनके आजीविका के साधन हैं। भारतीय कृषि पूरी तरह मानसून पर निर्भर है, और यहां की 60 प्रतिशत कृषि भूमि वर्षा पर आधारित है, और यह क्षेत्र जलवायु परिवर्तन के प्रति अत्यंत संवेदनशील है। इसलिए भारत को जलवायु परिवर्तन का सामना करने के लिए कड़े कदम उठाने चाहिए। अन्य देशों को भी इसी दिशा में काम करना चाहिए।

जलवायु परिवर्तन और भारत के लिए संकट

जलवायु परिवर्तन अंतर्राष्ट्रीय चिंता का विषय है। भूमंडलीय तापन के लिए जिम्मेदार गैसों कि कोई राजनीतिक सीमा नहीं होती है। विश्व के किसी भी स्थान पर यदि जीएचजी गैसों का उत्सर्जन होता है, तो यह भूमंडलीय तापन एवं जलवायु परिवर्तन में योगदान देता है। 1980 के दशक में वैज्ञानिकों ने इस बात को प्रमाणित किया कि मानवीय गतिविधियों के कारण उत्पन्न हरितगृह गैसों (जीएचजी) के उत्सर्जन से वैश्विक जलवायु परिवर्तन हो रहा है, जिसने विभिन्न देशों की सरकारों को भूमंडलीय तापन की दिशा में सामूहिक प्रयास के लिए प्रेरित किया।

जलवायु परिवर्तन पर आयोजित सम्मेलन

वर्ष 1990 में, संयुक्त राष्ट्र महासभा ने जलवायु परिवर्तन पर ढांचागत सम्मेलन (एफसीसीसी) के लिए अंतर-सरकारी वार्ता समिति (आईएनसी) का गठन किया। जून 1992 में 154 देशों और यूरोपीय संघ (ईयू) द्वारा रियो डी जनेरियो में आयोजित पर्यावरण एवं विकास पर संयुक्त राष्ट्र सम्मेलन अथवा पृथ्वी सम्मेलन में संधिपत्र पर हस्ताक्षर किए गए। नवंबर 1999 तक, 181 देशों और यूरोपीय संघ ने सम्मेलन की अभिपुष्टि की, जिसके अनुसार संधिपत्र पर हस्ताक्षर करने वाले सभी देशों को जीएचजी उत्सर्जन में कमी लाने हेतु स्वैच्छिक प्रयास करने के लिए प्रतिबद्ध किया गया (परिशिष्ट 2 देखें)।

इस सम्मेलन का उद्देश्य 'वायुमंडल में हरितगृह गैसों के संकेंद्रण के स्थिरीकरण' के स्तर को प्राप्त करना है, जो जलवायु में परिवर्तन के कारण मनुष्यों पर होने वाले दुष्प्रभावों को रोकने में सक्षम होगा (एफसीसीसी, अनुच्छेद 2)। इस संधिपत्र में आगे कहा

गया है कि, इस प्रकार के स्तर को उस समयावधि के भीतर प्राप्त किया जाना चाहिए, जो पारिस्थितिक तंत्र को जलवायु परिवर्तन के प्रति स्वाभाविक रूप से समायोजित करने की अनुमति दे, ताकि यह सुनिश्चित किया जा सके कि खाद्यान्न उत्पादन पर कोई संकट न हो तथा संवहनीयता के साथ आर्थिक विकास के लक्ष्य को प्राप्त करना संभव हो।

इस संधि पत्र में इस बात का भी वर्णन है कि, विश्व स्तर पर अतीत में और वर्तमान में हरितगृह गैसों के उत्सर्जन में औद्योगिक देशों का योगदान सर्वाधिक रहा है। इसमें इस बात का भी उल्लेख किया गया है कि, विकासशील देशों में प्रति व्यक्ति उत्सर्जन अभी भी अपेक्षाकृत कम है, लेकिन आर्थिक विकास की प्रक्रिया में वृद्धि के साथ उत्सर्जन में भी वृद्धि की संभावना है। जलवायु परिवर्तन की वैश्विक प्रकृति को ध्यान में रखते हुए, यह संधिपत्र अंतर्राष्ट्रीय स्तर पर उपयुक्त प्रतिक्रिया करने और औद्योगिक देशों के लिए जलवायु परिवर्तन से मुकाबला करने की मांग करता है।

इस संधिपत्र का पालन करते हुए, औद्योगिक देशों (सामूहिक रूप से संलग्न-1 देश के तौर पर संदर्भित) ने, वर्ष 2000 तक हरितगृह गैसों के उत्सर्जन को सीमित करने और वर्ष 1990 की तुलना में इसे कम करने के प्रति स्वैच्छिक प्रतिबद्धता दिखाई। विकासशील देशों (गैर-संलग्न 1 देश के तौर पर संदर्भित) के लिए विकास संबंधी आवश्यकताओं को ध्यान में रखते हुए इस प्रकार की प्रतिबद्धता को आवश्यक नहीं किया गया था। औद्योगिक देशों से हरितगृह गैसों के उत्सर्जन में कमी लाने वाली परियोजनाओं के वित्तपोषण के साथ-साथ गैर-संलग्न 1 देशों के लिए पर्यावरण की दृष्टि से उत्कृष्ट प्रौद्योगिकियों के हस्तांतरण को प्रोत्साहन देने एवं उनका वित्तपोषण करने की अपेक्षा की गई।

विश्व स्तर पर अलग-अलग देशों के बीच होने वाली वार्ताएँ इस बात पर केंद्रित हैं कि, सभी देशों के लिए उत्सर्जन के स्तर का निर्धारण किस प्रकार किया जाए। क्या हर देश को इसे मौजूदा स्तर पर बनाए रखने का प्रयास करना चाहिए? अथवा, क्या औद्योगिक देशों को उत्सर्जन कम करना चाहिए, जबकि विकासशील देशों द्वारा उत्सर्जन जारी रखा जाना चाहिए? क्या उत्सर्जन के स्तर का निर्धारण ऐतिहासिक आधार पर अथवा प्रति व्यक्ति आय के आधार पर किया जाना चाहिए? इस सम्मेलन में कई प्रकार की व्यवस्थाओं पर चर्चा की गई, जो विकसित देशों को विकासशील देशों में उत्सर्जन में कमी के लिए भुगतान और ऋण प्राप्त करने की अनुमति देता है।

क्योटो प्रोटोकॉल

दिसंबर 1997 में क्योटो में आयोजित सदस्य देशों की एक बैठक में प्रतिनिधियों ने क्योटो प्रोटोकॉल को मंजूरी दी, जो औद्योगिक देशों के लिए कानूनी रूप से बाध्यकारी शर्तों को निर्धारित करता है। इसमें विभिन्न देशों को स्वच्छ प्रौद्योगिकी की ओर आगे बढ़ने में सक्षम करने के लिए प्रस्ताव भी दिए गए (परिशिष्ट 2 देखें)।

क्योटो प्रोटोकॉल में छः हरितगृह गैसों को सूचीबद्ध किया गया, जिनके उत्सर्जन को कम करने एवं नियंत्रित करने की बात कही गई। इन गैसों में कार्बन डाइऑक्साइड (CO_2), मीथेन (CH_4), नाइट्रस ऑक्साइड (N_2O), हाइड्रोफ्लोरोकार्बन (HFCs), परफ्लोरोकार्बन (PFCs) और सल्फर हेक्साफ्लोराइड (SF_6) शामिल हैं। इसमें मॉन्ट्रियल प्रोटोकॉल के तहत पहले से ही ओज़ोन अवक्षय के लिए जिम्मेदार जीएचजी को सूचीबद्ध नहीं किया गया।

यह प्रोटोकॉल औद्योगिक देशों से उत्सर्जन में कमी लाने का आह्वान करता है। सभी गैसों के उत्सर्जन में कमी के साथ-साथ उन्हें उत्सर्जन में संयुक्त रूप से वर्ष 1990 के स्तर की तुलना में 5 प्रतिशत तक कमी लाने हेतु वचनबद्ध किया गया है। इन लक्ष्यों को प्राप्त करने के लिए वर्ष 2008–12 की अवधि निर्धारित की गई, जिसे प्रथम प्रतिबद्धता अवधि के तौर पर संदर्भित किया गया है।

वास्तव में क्योटो प्रोटोकॉल तब लागू होगा, जब विश्व में 55 प्रतिशत जीएचजी गैसों के उत्सर्जन हेतु जिम्मेदार 55 देश इस प्रोटोकॉल की अभिपुष्टि (अनुपालन करने के प्रति सहमत होंगे) करेंगे। इस दिशा में कई दौर की वार्ताओं के बावजूद, मुख्यतः अमेरिका के कारण आम सहमति नहीं बन पाई है, जिसका जीएचजी गैसों के उत्सर्जन में सबसे बड़ा योगदान है और उसने ही इस सामूहिक प्रयास से पीछे हटने का फैसला किया है। इसके पीछे यह तर्क दिया गया कि, उत्सर्जन में कटौती से देश की आर्थिक

व्यवस्था को नुकसान होगा और इस संधि के कारण तेल, कोयला, ऑटोमोबाइल एवं अन्य उद्योगों के प्रभावित होने की संभावना व्यक्त की गई। अंतर्राष्ट्रीय समुदाय अब रूस की ओर आशा भरी निगाहों से देख रहा है, जिसके अनुमोदन के बाद इसे लागू किया जा सकता है।

वैश्विक तापन हेतु वाद-विवाद

वैश्विक तापन का एक विवादास्पद मुद्दा है। वैज्ञानिक अनिश्चितता इसके सबसे बड़े कारणों में से एक है; दूसरा कारण, औद्योगिक और विकासशील देशों के योगदान की समस्या और इसके समाधान से संबंधित है।

वैज्ञानिक विचारधाराओं की अनिश्चितता

पृथ्वी की जलवायु भौतिक, रासायनिक और जैविक प्रक्रियाओं की एक अत्यंत जटिल संरचना है, जो एक दूसरे से परस्पर संबद्ध हैं। इसलिए, वैश्विक जलवायु परिवर्तन के संभावित कारणों को समझना अत्यंत जटिल है। वैज्ञानिकों ने पृथ्वी की जलवायु प्रणाली के कंप्यूटर मॉडल के जरिए इसे समझने का प्रयास किया। इन मॉडलों को सामान्य परिसंचरण मॉडल, या जीसीएम कहा जाता है, जिसके अंतर्गत वायुमंडल एवं महासागरों के व्यवहार को नियंत्रित करने वाले प्रासंगिक भौतिक सिद्धांतों को शामिल करने का प्रयास किया जाता है। इस प्रकार एक यथार्थवादी मॉडल विकसित करने का प्रयास किया जाता है, परंतु बादलों के निर्माण जैसी कुछ प्रक्रियाओं को समझना और मॉडल में शामिल करना अत्यंत जटिल एवं कठिन कार्य है। इसी जटिलता के कारण, विभिन्न प्रकार के मॉडल से अलग-अलग नतीजे प्राप्त होते हैं। हालांकि, इस बात पर धीरे-धीरे आम सहमति बनी है कि मानवीय गतिविधियों के कारण जलवायु प्रभावित हो सकता है और वास्तव में ऐसा हो रहा है, परंतु कुछ वैज्ञानिक आज भी इससे असहमत हैं।

परहेज चिकित्सा से बेहतर है

पर्यावरण की रक्षा के लिए सरकारों, संस्थाओं और व्यक्तियों को अपनी-अपनी क्षमता के अनुसार **एहतियाती सिद्धांत** को अपनाने की जरूरत है। वास्तव में, इसका अर्थ यह है कि जब हमारे मन में संशय हो तो सावधानी बरतना ही बेहतर है, विशेष तौर पर यदि पर्यावरण को गंभीर या अपरिवर्तनीय नुकसान का खतरा मौजूद हो। पर्यावरण के स्तर में गिरावट की रोकथाम से जुड़े उपायों को टालने या स्थगित करने के लिए वैज्ञानिक अनिश्चितता को बहाना नहीं बनाया जाना चाहिए।

योगदान में भिन्नता

अतीत में औद्योगिक दृष्टि से विकसित देशों ने भूमंडलीय तापन में महत्त्वपूर्ण योगदान दिया है, क्योंकि उन्होंने बड़ी मात्रा में जीवाश्म ईंधन ऊर्जा का उपयोग किया है और आज भी कर रहे हैं, जिसके दहन के परिणामस्वरूप वायुमंडल में भारी मात्रा में हरितगृह गैसों का उत्सर्जन होता है। एक अध्ययन से पता चला है कि, औसतन अमेरिका के एक निवासी द्वारा कार्बन डाइऑक्साइड के रूप में वायुमंडल में लगभग 260 टन कार्बन का उत्सर्जन किया जाता है, जबकि भारत में यह औसत लगभग 6 टन है। एक अमेरिकी नागरिक द्वारा 1900 के बाद से वायुमंडल में उत्सर्जन की कुल मात्रा, एक औसत भारतीय की तुलना में 40 गुना अधिक है। वर्ष 1999 में, जीवाश्म ईंधन के दहन के माध्यम से पूरे विश्व में उत्सर्जित होने वाले कार्बन में अमेरिका का योगदान 25 प्रतिशत था, जबकि इसकी तुलना में काफी बड़ी आबादी वाले देश भारत का योगदान 4.5% था (तालिका 10.1 देखें)।

तालिका 10.1
जीवाश्म ईंधन के दहन से प्रतिवर्ष कार्बन उत्सर्जन

देश	*1999 में वैश्विक उत्सर्जन में % योगदान*
अमेरिका	25.5
रूस	4.6
जापान	6.0
ईयू	14.5
चीन	13.5
भारत	4.5
इंडोनेशिया	0.9
ब्राजील	1.5

स्रोत: *स्टेट ऑफ़ द वर्ल्ड, 2001.*

चूंकि वायुमंडल में संचित होने वाली अधिकांश हरितगृह गैसें औद्योगिक देशों की गतिविधियों का परिणाम हैं, जिसे देखते हुए विकासशील देश यह तर्क देते हैं कि पहले विकसित देशों द्वारा इस दिशा में सुधारात्मक कार्रवाई की जानी चाहिए। इन देशों ने तर्क प्रस्तुत किया है कि, उत्सर्जन को सीमित करने से विकसित देशों के आर्थिक विकास में किसी प्रकार का व्यवधान उत्पन्न नहीं होगा। इसके अलावा, विकासशील देश इस बात को दृढ़तापूर्वक कहते हैं कि उनकी आजीविका का एक बहुत बड़ा भाग धान की खेती एवं मवेशी पालन पर निर्भर है, जो हरितगृह गैसों के उत्पादन में योगदान देते हैं; साथ ही उनके आर्थिक विकास हेतु आवश्यक गतिविधियों में हरितगृह गैसों का उत्पादन निश्चित तौर पर होगा। उनका तर्क है कि, विकास में इस स्तर पर हरितगृह गैसों उत्सर्जन को सीमित करने से उनकी आर्थिक वृद्धि बाधित होगी।

दूसरी ओर, औद्योगिक देशों का मानना है कि, तेजी से बढ़ती अर्थव्यवस्था वाले भारत और चीन जैसे विकासशील देशों के कारण जीएचजी के उत्सर्जन में काफी वृद्धि होगी। सबसे पहले औद्योगिक देशों द्वारा उत्सर्जन में कमी के लक्ष्य को निर्धारित करने और इसे पूरा करने की जिम्मेदारी को स्वीकार करते हुए विकसित देश यह तर्क देते हैं कि, विकासशील देशों के लिए अधिक ऊर्जा कुशल बनने हेतु कई लागत प्रभावी अवसर मौजूद हैं। उन्हें लगता है कि, विकासशील देशों को भी जीएचजी उत्सर्जन में कमी लाने एवं इसे तत्काल नियंत्रित करने की दिशा में प्रयास करना चाहिए।

इस विचार-विमर्श में कई विकासशील देशों की भावना को अभिव्यक्त करते हुए प्रख्यात भारतीय पर्यावरणविद्, स्वर्गीय अनिल अग्रवाल ने कहा था, 'हरितगृह प्रभाव के समाधान की दिशा में किए जा रहे प्रयास निरंतर उपहास योग्य बनते जा रहे हैं। हाल ही में इसका एक नवीनतम समाधान प्रस्तुत किया गया, जिसके अनुसार पश्चिमी देशों द्वारा वायुमंडल में उत्सर्जित कार्बन के प्रभाव को कम करने के लिए अल्पविकसित देशों में वृक्षारोपण किया जाना चाहिए, ताकि पश्चिम के देश कारों, विद्युत उत्पादन संयंत्रों और उद्योगों के अपने जखीरे का निरंतर विस्तार कर सकें, जबकि पिछड़े देश पेड़ उगाने का कार्य करते रहें।'

समाधान की ओर

जीएचजी गैसों के संकेंद्रण को मौजूदा स्तर पर स्थिर करने के लिए, इनके उत्सर्जन में तत्काल 60 प्रतिशत तक कमी लाने की आवश्यकता है। मौजूदा स्थिति यह है कि क्योटो प्रोटोकॉल द्वारा अनुशंसित कटौती को अपनाने को लेकर सभी देश एक-दूसरे से झगड़ रहे हैं, इसलिए राजनीतिक एवं आर्थिक कारकों को देखते हुए इतने बड़े पैमाने पर परिवर्तन की संभावना बेहद कम है।

इस प्रकार, न केवल जलवायु परिवर्तन के प्रभावों को कम करने के लिए कदम उठाने की आवश्यकता है, बल्कि भूमंडलीय तापन और जलवायु परिवर्तन के प्रभावों के अनुकूलन के लिए खुद को तैयार करना भी जरूरी है। इसमें निम्नलिखित कदम शामिल होंगे:

- जीवाश्म ईंधन के उपयोग में कमी;
- नवीकरणीय ऊर्जा संसाधनों के उपयोग पर ध्यान केंद्रित करना, जो जीएचजी गैसों का उत्सर्जन नहीं करते;
- ऊर्जा-कुशल एवं स्वच्छ उत्पादन तकनीकों और प्रक्रियाओं के उपयोग में वृद्धि;
- वनों की कटाई में कमी, वन प्रबंधन की बेहतर प्रक्रियाओं को अपनाना, और कार्बन को पृथक्कृत करने के लिए वनीकरण प्रारंभ करना;
- कार्बन को पृथक्कृत करने के लिए अन्य विकल्पों की तलाश करना (जैसे कि गहरे जलभृतों और महासागरों के नीचे के भंडारण);
- कृषि को संवहनीय बनाने की तकनीक एवं प्रक्रियाओं को अपनाना;
- जनसंख्या वृद्धि को सीमित करना;
- बाढ़ और सूखे की तरह प्राकृतिक आपदाओं की आवृत्ति में अपेक्षित वृद्धि से निपटने के लिए आपदा प्रबंधन योजनाओं एवं रणनीतियों का विकास, तथा;
- इन सभी बातों का पालन करने की आवश्यकता के बारे में बड़े पैमाने पर जागरूकता फैलाना

जलवायु परिवर्तन के मुद्दे और भारत

भारत जलवायु परिवर्तन के प्रभावों के प्रति अत्यंत असुरक्षित है - लगातार आने वाले बाढ़ और गंभीर सूखे की स्थिति, प्रचंड तूफान, समुद्री जल स्तर में वृद्धि के कारण तटीय इलाकों एवं द्वीप समूह के जलमग्न होने की संभावना, वर्षा के स्वरूप में परिवर्तन, आदि। इन समस्याओं के कारण भोजन एवं जल आपूर्ति व्यवस्था बाधित होगी, बड़ी संख्या में लोगों का पलायन होगा तथा बीमारियों एवं मृत्युदर में वृद्धि होगी।

मुख्यतः कृषि आधारित अर्थव्यवस्था होने के कारण, भारत जलवायु परिवर्तन के प्रभावों के लिए विशेष रूप से असुरक्षित है। तापमान, वर्षा और $CO2$ के स्तर के साथ-साथ मिट्टी की नमी में परिवर्तन तथा कीटों, छोटे कीड़ों, बीमारियों या खरपतवार के वितरण एवं आवृत्ति में वृद्धि का पौधों के विकास पर प्रतिकूल प्रभाव पड़ेगा, जिसके चलते खाद्यान्न फसलों की उत्पादकता में कमी आएगी। बेहद खराब मौसम से संबंधित घटनाओं की आवृत्ति एवं तीव्रता में वृद्धि का कृषि पर सीधा असर पड़ेगा। इसके अलावा, आईपीसीसी का अनुमान है कि समुद्र के जल स्तर में 1 मीटर की वृद्धि से उड़ीसा और पश्चिम बंगाल की लगभग 1,700 वर्ग किलोमीटर कृषि भूमि जलमग्न हो जाएगी। समाज के सबसे असुरक्षित वर्ग, अर्थात गरीबों, सीमांत कृषकों एवं भूमिहीन कृषि मज़दूरों पर इसका सबसे ज्यादा प्रभाव पड़ेगा।

जलवायु परिवर्तन की समस्या के समाधान की दिशा में भारत की प्रतिबद्धता, बीते कुछ वर्षों में उठाए गए कई कदमों से परिलक्षित होती है, जिसके अंतर्गत नीतिगत पहल, विकास योजनाएँ, ऊर्जा संरक्षण, ऊर्जा दक्षता और नवीकरणीय ऊर्जा को बढ़ावा देने के लिए विभिन्न उपक्रमों, गतिविधियों एवं अनुसंधान को सहायता उपलब्ध कराना, तथा बड़े पैमाने पर वृक्षारोपण कार्यक्रमों का संचालन एवं निरंतर अनुसरण करना शामिल है। पर्यावरण संरक्षण और सतत विकास को राष्ट्रीय प्राथमिकताओं की सूची में शीर्ष स्थान पर रखा गया है। इसलिए, भले ही जलवायु परिवर्तन सम्मेलन के अनुसार भारत को अपने हरितगृह गैसों के उत्सर्जन में कटौती की आवश्यकता नहीं है, फिर भी वर्तमान में संचालित विभिन्न कार्यक्रमों एवं गतिविधियों के साथ-साथ इस दिशा में उठाए गए कदमों का इस लक्ष्य की प्राप्ति में प्रत्यक्ष या अप्रत्यक्ष योगदान है।

नीतिगत स्तर पर किए गए प्रयासों की बात की जाए, तो 1988 की राष्ट्रीय वन नीति के मुख्य उद्देश्यों से भारत की प्रतिबद्धता परिलक्षित होती है, क्योंकि यह 'पर्यावरणीय स्थिरता और वायुमंडलीय संतुलन सहित पारिस्थितिक संतुलन को सुनिश्चित करती है, जो मानव, जीव-जंतुओं एवं पेड़-पौधों के अलावा जीवन के सभी रूपों के संरक्षण के लिए महत्त्वपूर्ण हैं।' 2001 की राष्ट्रीय कृषि नीति के अनुसार, 'कृषि में मौजूदा जोखिम को कम करने तथा भारतीय कृषि को सूखे एवं बाढ़ की स्थिति का सामना करने में अधिक सक्षम बनाने के लिए, बाढ़ प्रवण कृषि क्षेत्रों को बाढ़-रोधी तथा वर्षा आधारित कृषि क्षेत्रों को सूखा-रोधी बनाने हेतु प्रयास किए जाएँगे ताकि प्राकृतिक अनियमितताओं से किसानों की रक्षा की जा सके।'

सरकार द्वारा किए जा रहे प्रयासों के अलावा, कई एनजीओ भी समुदायों को विभिन्न गतिविधियों के माध्यम से अपने प्राकृतिक संसाधनों को उन्नत करने एवं संरक्षित करने में सहायता उपलब्ध करा रहे हैं, जिसके अंतर्गत वनीकरण एवं पुनर्वनरोपण, जल संचयन, मृदा एवं नमी संरक्षण, जैविक कृषि, कृषि और ऊर्जा में वैकल्पिक प्रौद्योगिकियों का पक्षसमर्थन, बायोगैस संयंत्रों की स्थापना, पशुपालन एवं कृषि के बेहतर तरीकों को प्रोत्साहन, आदि गतिविधियाँ शामिल हैं। हालांकि इन गतिविधियों को बड़े पैमाने पर प्रोत्साहन नहीं मिला है, फिर भी सतत विकास की ये गतिविधियाँ जलवायु परिवर्तन के अनुकूल होने में समुदायों की क्षमता को बढ़ाएगी।

यूएनएफसीसीसी की दिशा में प्रतिबद्धता के रूप में, जिसके लिए भारत भी एक पक्षकार है, भारत में अपनी पहली राष्ट्रीय संसूचना तैयार की है जिसे शीघ्र प्रस्तुत किया जाएगा। इसमें विभिन्न मानव गतिविधियों, निक्षेप स्थल के माध्यम से उत्सर्जित हरितगृह गैसों की जानकारी, जलवायु परिवर्तन के परिणामस्वरूप भारत के लिए उत्पन्न विषम परिस्थितियों का आकलन तथा जलवायु परिवर्तन को ध्यान में रखते हुए तैयार की गई सरकारी नीतियाँ शामिल हैं।

भूमंडलीय तापन और ओज़ोन अवक्षय

आमतौर पर लोग हरितगृह प्रभाव और ओज़ोन अवक्षय को एक ही बात मानने की भूल कर बैठते हैं, जबकि ये दोनों बिल्कुल अलग-अलग गैसों की वजह से होने वाली एक-दूसरे से पूरी तरह स्वतंत्र घटनाएँ हैं। CFCs से निकलने वाले क्लोरीन द्वारा रासायनिक प्रक्रिया के माध्यम से ओज़ोन नष्ट होती है, जबकि बड़े पैमाने पर गैर-प्रतिक्रियाशील हरितगृह गैसों से भूमंडलीय तापन होता है और ओज़ोन पर इसका नगण्य रासायनिक प्रभाव पड़ता है। वायुमंडल में बढ़ने वाले कार्बन डाइऑक्साइड से ग्रह का तापमान बढ़ सकता है, परंतु इससे ओज़ोन नष्ट नहीं होती है। इसके अलावा ओज़ोन की परत में हो रहे छिद्र से भी भूमंडलीय तापन नहीं होता है। चूंकि ओज़ोन एक हरितगृह गैस है, इसलिए वास्तव में ओज़ोन कमी के कारण भूमंडलीय शीतलन होता है (ड्रयू शिंडेल, 1999)।

ओज़ोन और इसका अवक्षय

समताप मंडल में ओज़ोन की कमी एक अन्य वैश्विक पर्यावरणीय समस्या है, जो गंभीर चिंता का विषय बनती जा रही है।

ओज़ोन एक स्वाभाविक रूप से उत्पन्न होने वाली गैस है, जो पृथ्वी के वायुमंडल बेहद कम मात्रा में पाई जाती है। पृथ्वी के वायुमंडल में ओज़ोन के दो क्षेत्र हैं। ओज़ोन के अणु वायुमंडल के ऊपरी हिस्से (समताप मंडल) में एक बहुत ही विरल परत बनाते हैं, जो पृथ्वी की सतह से लगभग 17 से 48 किमी ऊपर है। इसे **ओज़ोन परत** कहा जाता है। वायुमंडल में मौजूद कुल ओज़ोन का लगभग 90 प्रतिशत समताप मंडल में पाया जाता है। थोड़ी मात्रा में ओज़ोन वायुमंडल की निचली परत (क्षोभ मंडल) में भी मौजूद होते हैं।

ओज़ोन जिस स्थान पर मौजूद है, उसके आधार पर ही इसे अच्छा या बुरा माना जाता है। समताप मंडल में मौजूद ओज़ोन, हानिकारक पराबैंगनी विकिरण से पृथ्वी को बचाने वाले सुरक्षात्मक परत के रूप में कार्य करता है। क्षोभ मंडल में मौजूद ओज़ोन,

एक हानिकारक प्रदूषक के रूप में कार्य करता है और कभी-कभी प्रकाश-रासायनिक धुंध भी पैदा करता है। क्षोभ मंडल में इस गैस की मात्रा अधिक होने से मनुष्य के फेफड़े एवं ऊतकों के साथ-साथ पेड़-पौधों को भी नुकसान पहुंचता है। ओज़ोन एक हरितगृह गैस भी है और हरितगृह प्रभाव में योगदान देता है।

पृथ्वी की सतह से 50 किमी की ऊँचाई तक मौजूद ओज़ोन की कुल मात्रा को 'ओज़ोन स्तंभ' कहा जाता है। कुल ओज़ोन स्तंभ का मापन डॉब्सन इकाई (डीयू) में किया जाता है, जिसके अंतर्गत सामान्य तापमान और समुद्री दबाव के स्तर पर शुद्ध ओज़ोन गैस की परत की तुलना समरूप ओज़ोन परत की मोटाई से की जाती है। दूसरे शब्दों में, सामान्य तापमान पर 100 डीयू = सामान्य तापमान और समुद्री दबाव के स्तर पर 1 मिमी शुद्ध ओज़ोन गैस है। मध्य-अक्षांशों में ओज़ोन की औसत मात्रा 3 मिमी या 300 डीयू है। भौगोलिक स्थिति एवं मौसम के अनुसार वातावरण में ओज़ोन के स्तर में भिन्नता पाई जाती है। भूमध्यरेखीय अक्षांशों में यह 260 डीयू से थोड़ा कम होता है। दोनों गोलार्द्ध में ध्रुवों की ओर आगे बढ़ने पर इसकी मात्रा भी बढ़ती है, जो अधिकतम 400 डीयू के ऊपर है।

वायुमंडल में हर समय ओज़ोन के स्तर में अल्प मात्रा में स्वाभाविक रूप से उतार-चढ़ाव होता रहता है। मौसम के अलावा हवा के स्वरूप में बदलाव एवं अन्य प्राकृतिक कारकों से भी यह प्रभावित होता है। करोड़ों वर्षों से, प्रकृति ने इस नाजुक संतुलन को बरकरार रखा है। हालांकि, आज, कई मानवीय गतिविधियाँ भी ओज़ोन परत को नुकसान पहुंचा रही हैं, और ऊपरी वायुमंडल में ओज़ोन के स्तर में कमी आ रही है। ऊपरी वायुमंडल में ओज़ोन की मात्रा में कमी को ओज़ोन अवक्षय कहा जाता है। इस अवक्षय के कारक रसायनों को ओज़ोन क्षयकारी पदार्थ (ओडीएस) कहा जाता है।

ओज़ोन के अवक्षय से वायुमंडल की निचली परत में संभावित खतरनाक पराबैंगनी (यूवी) किरणों को आने का रास्ता मिलता है। पृथ्वी पर जीवन के अधिकांश रूपों पर अत्यधिक यूवी विकिरण का बुरा प्रभाव पड़ेगा।

ओज़ोन छिद्र की खोज कैसे हुई

1980 के दशक के अंत में अंटार्कटिका में मौजूद ब्रिटिश वैज्ञानिक वहां के वायुमंडल में ओज़ोन का मापन कर रहे थे, और इसी दौरान उन्होंने दुनिया के समक्ष इस अप्रिय खोज को प्रस्तुत किया — जिसके अनुसार प्रतिवर्ष वसंत ऋतु (सितम्बर-अक्टूबर) में अंटार्कटिका के ऊपर ओज़ोन परत का अवक्षय हो रहा था। यह पाया गया कि उसके बाद से प्रतिवर्ष दक्षिणी वसंत के दौरान, अंटार्कटिका के ऊपर 15 से 24 किमी की ऊंचाई पर समताप मंडल में मौजूद ओज़ोन का 50 से 95 प्रतिशत हिस्सा नष्ट हो जाता है, और इसके कारण अंटार्कटिका के ऊपर की परत में दरार आ जाती है जिसे 'ओज़ोन छिद्र' कहा जाता है।

अद्वितीय मौसम के कारण अंटार्कटिक ओज़ोन अवक्षय का सर्वप्रमुख स्थान है। दक्षिणी गोलार्ध की धुँधली सर्दियों के दौरान पृथ्वीमी हवाओं का एक शक्तिशाली चक्रवाती भंवर बनता है। इन परिस्थितियों में तापमान 85 डिग्री सेल्सियस से नीचे पहुंच जाता है, और बर्फ के कणों से बादल का निर्माण होता है, जिसे 'ध्रुवीय समतापमंडलीय बादल' कहा जाता है। इस प्रकार के बादलों की सतह पर उच्च प्रतिक्रियाशील क्लोरीन अत्यधिक मात्रा में संकेंद्रित होती है।

क्लोरीन के परमाणु जम जाते हैं और बर्फ के कणों के भीतर कैद हो जाते हैं। ध्रुवों पर सर्दियों के मौसम की समाप्ति के साथ वसंत ऋतु में सूर्य की पहली किरण इन पर पड़ती है, और क्लोरीन के परमाणु मुक्त हो जाते हैं। इसके बाद ये ओज़ोन के साथ प्रतिक्रिया करना प्रारंभ करते हैं। इसलिए वसंत ऋतु के दौरान यह छिद्र अधिक स्पष्ट हो जाता है। हालांकि, उष्णकटिबंधीय क्षेत्रों से आने वाली ओज़ोन-युक्त हवा धीरे-धीरे इन छिद्रों को भर देती है। इसलिए छिद्र की यह घटना अस्थायी है।

नवीनतम वैज्ञानिक अनुसंधानों से यह प्रमाणित हुआ है कि, आर्कटिक क्षेत्र में भी ओज़ोन अवक्षय की घटना होती है। परंतु आर्कटिक का समतापमंडल क्लोरीन के हमले से अपेक्षाकृत सुरक्षित है, क्योंकि यहां का मौसम थोड़ा गर्म है और बादलों का निर्माण भी कम होता है। इसके अलावा यह अंटार्कटिका की तरह भंवर के जरिए पृथक्कृत भी नहीं होता है।

क्या ओज़ोन का अवक्षय हमारे लिए चिंता का विषय है?

ओज़ोन परत हानिकारक पराबैंगनी विकिरण को जमीन पर पहुंचने से पहले ही अवशोषित कर लेती है। समताप मंडल में ओज़ोन अवक्षय के परिणामस्वरूप अधिक मात्रा में यूवी विकिरण पृथ्वी की सतह तक पहुंचता है। यूवी विकिरण के उच्च स्तर का मानव जीवन, पशु जीवन, पेड़-पौधों एवं अन्य वस्तुओं पर प्रत्यक्ष प्रभाव पड़ता है।

ओज़ोन अवक्षय का प्रभाव विश्व स्तर पर दिखाई देगा, हालांकि पृथ्वी के कुछ हिस्से अन्य क्षेत्रों की तुलना में अधिक गंभीर रूप से प्रभावित हो सकते हैं। ऑस्ट्रेलिया, न्यूजीलैंड, दक्षिण अफ्रीका और दक्षिण अमेरिका के कुछ हिस्सों में ओज़ोन परत लगातार समाप्त हो रहा है, इसलिए ये देश शेष विश्व की तुलना में अधिक असुरक्षित हैं।

जीवन के विविध रूपों एवं सामग्रियों पर ओज़ोन अवक्षय के कुछ प्रभाव निम्नानुसार हैं:

मनुष्य और जीव-जंतु: ओज़ोन अवक्षय से त्वचा के कैंसर की दर में वृद्धि हो सकती है तथा त्वचा पर झाइयों और इसकी उम्र बढ़ने का कारण बनता है। इसके कारण मनुष्यों और जानवरों में मोतियाबिंद तथा अन्य नेत्र रोगों की आवृत्ति में वृद्धि होगी। मनुष्यों की रोगों से लड़ने की क्षमता (प्रतिरक्षा प्रणाली) भी कमजोर हो जाएगी।

पेड़-पौधे: यूवी विकिरण में वृद्धि के कारण पेड़-पौधों की पत्तियों का आकार सिकुड़ जाता है तथा अंकुरण का समय भी बढ़ जाता है। इससे मकई, चावल, सोयाबीन, मटर, ज्वार और गेहूं की फसल की उपज कम हो सकती है।

खाद्य श्रृंखला: जब यूवी विकिरण महासागरों की सतह के नीचे गहराई में प्रवेश करती है, तब अति-सूक्ष्म पादप प्लवकों के विकास में कमी आ सकती है। ये छोटे चलायमान उत्पादक, महासागरीय खाद्य श्रृंखला और आहार-जाल के आधार का निर्माण करते हैं और वातावरण से CO_2 को दूर करने में मदद करते हैं। इससे स्थलीय पारिस्थितिकी प्रणालियों की खाद्य श्रृंखला भी प्रभावित होगी, क्योंकि जमीन पर मौजूद आधे से अधिक पेड़-पौधों पर यूवी के उच्च स्तर का प्रतिकूल प्रभाव पड़ता है।

विभिन्न वस्तुओं पर प्रभाव: यूवी विकिरण में वृद्धि के परिणामस्वरूप पेंट एवं कपड़ों को नुकसान पहुंचता है और इनका रंग तेजी से उतरने लगता है। धूप के सीधे संपर्क में रहने वाली वस्तुएँ, जैसे कि प्लास्टिक के फर्नीचर, पाइप, आदि, भी तेजी से खराब हो जाती हैं।

ओज़ोन क्षयकारी पदार्थ

ओज़ोन क्षयकारी पदार्थ (ओडीएस) ओज़ोन अणुओं को नष्ट करते हैं। ये सभी मानव निर्मित पदार्थ हैं।

CFCs: क्लोरोफ़्लोरोकार्बन (CFCs), क्लोरीन, फ्लोरीन और कार्बन से बने गैस या तरल पदार्थ हैं। इनका इस्तेमाल रेफ्रिजरेटर और एयर कंडीशनर के कम्प्रेसर में शीतलक के रूप में किया जाता है। कंप्यूटर, फोन आदि में उपयोग किए जाने वाले इलेक्ट्रॉनिक सर्किट बोर्डों को साफ करने के लिए भी इनका इस्तेमाल किया जाता है। इसके अलावा इनका उपयोग गद्दे और कुशन, उपयोग करके फैंकने लायक स्टायरोफोम कप, पैकेजिंग सामग्री, इन्सुलेशन, कोल्ड स्टोरेज आदि के लिए फोम के निर्माण में किया जाता है।

CFCs ओज़ोन को विखंडित करने के मामले में अत्यंत प्रभावशाली हैं। वे पृथ्वी की सतह से धीरे-धीरे ऊपर की ओर जाते हैं और समताप मंडल में एकत्रित होते हैं। यहां, उच्च-ऊर्जा वाले पराबैंगनी (यूवी) विकिरण के प्रभाव में आकर वे क्लोरीन के परमाणुओं को तोड़ते और मुक्त करते हैं, जिसके कारण ओज़ोन अणु (O_3) के ऑक्सीजन अणु (O_2) में और फिर ऑक्सीजन परमाणु (O) में विखंडन की दर बढ़ जाती है। उत्प्रेरक श्रृंखला प्रतिक्रिया के माध्यम से CFCs का एक अणु, 100,000 ओज़ोन अणुओं को तोड़ सकता है।

हर बार जब एक पॉलीस्टीरीन कप को फेंक दिया जाता है, तो इससे समताप मंडल में सीएफसी के अणुओं की संख्या 1 बिलियन बढ़ जाती है — यह ओज़ोन के 100 ट्रिलियन अणुओं को नष्ट कर सकता है। CFCs ओज़ोन परत को सीधे नष्ट नहीं करते हैं, बल्कि वे वायुमंडल की ऊपरी परत में क्लोरीन के वाहक के रूप में कार्य करते हैं।

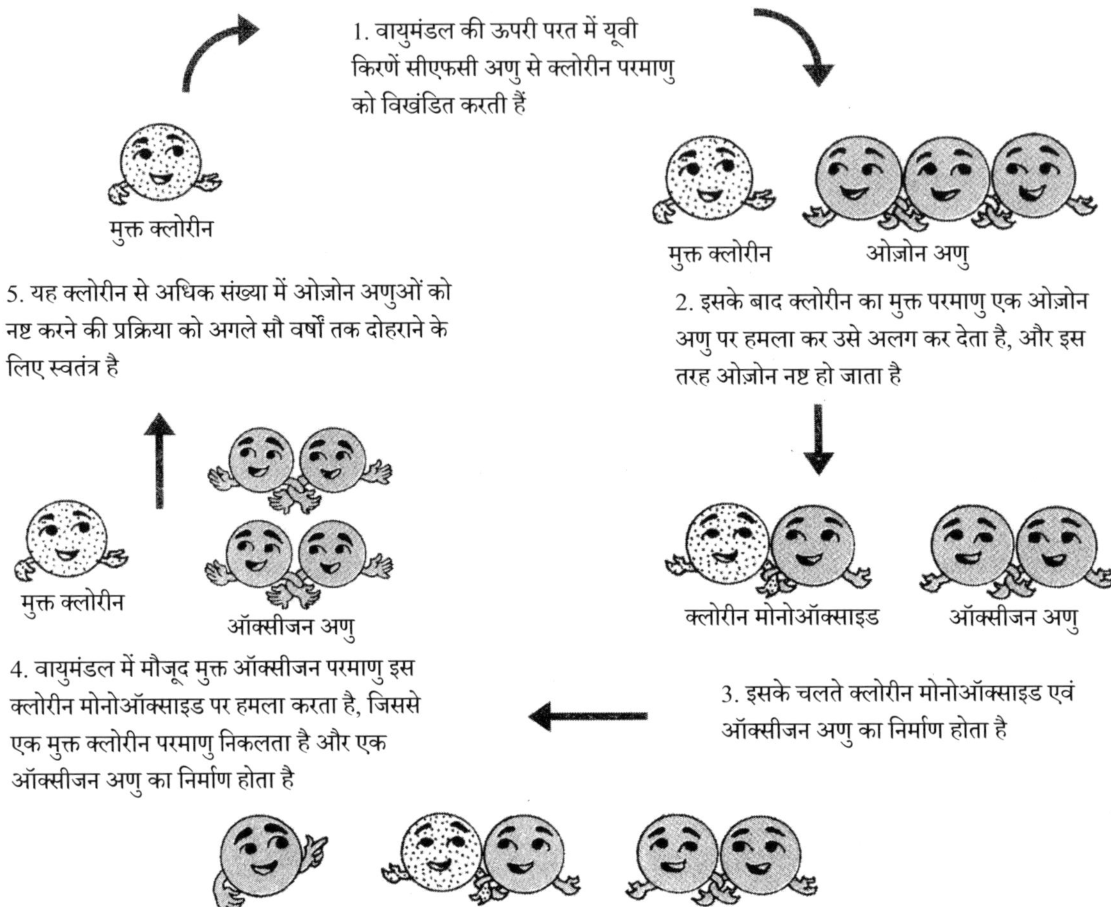

चित्र 10.2   किस तरह नष्ट हो रही है ओज़ोन परत

हैलॉन: हैलॉन की संरचना CFCs के समान हैं, लेकिन इसमें क्लोरीन के स्थान पर ब्रोमीन के परमाणु होते हैं। ओज़ोन के लिए ये सीएफसी की तुलना में अधिक खतरनाक होते हैं। हैलॉन का उपयोग अग्निशामक एजेंट के रूप में किया जाता है। ब्रोमीन का प्रत्येक अणु, एक क्लोरीन परमाणु से सैकड़ों गुना अधिक ओज़ोन अणु को नष्ट कर देता है।

CCl4: कार्बन टेट्राक्लोराइड का इस्तेमाल कपड़े और धातुओं के लिए सफाई विलायक के अलावा करेक्शन फ्लूड, ड्राई क्लीनिंग स्प्रे, स्प्रे ऐडेशिव, अग्निशामक, आदि जैसे उत्पादों में भी किया जाता है, जो ओज़ोन अवक्षय में सहायक है।

ओज़ोन क्षयकारी पदार्थों को यथाशीघ्र चरणबद्ध तरीके से हटाया जाना ओज़ोन परत की सुरक्षा के लिए आवश्यक है। इसका तात्पर्य यह है कि, पूरे विश्व में सीएफसी और अन्य ओज़ोन क्षयकारी पदार्थों के उत्पादन, खपत एवं उत्सर्जन पर रोक लगाई जानी चाहिए।

ओडीएस को चरणबद्ध तरीके से समाप्त करने की दिशा में CFCs के लिए ओज़ोन-अनुकूल स्थानापन्न पदार्थों अथवा विकल्प की तलाश की जानी चाहिए। वर्तमान समय में HFC, PFC, SF6 और HC (हाइड्रोकार्बन) उभरते हुए विकल्प हैं।

इस प्रकार की प्रक्रिया एवं प्रौद्योगिकी को अपनाना, जिसमें इन रसायनों का उपयोग नहीं हो, CFCs उत्सर्जन को कम करने का दूसरा तरीका है।

अंतर्राष्ट्रीय स्तर पर किए गए प्रयास

आज पूरी दुनिया में ओज़ोन परत को बचाने के प्रयास किए जा रहे हैं। इस दिशा में संयुक्त राष्ट्र संघ ने एक समिति का गठन किया, जिसने समझौते का मसौदा तैयार किया और CFCs में चरणबद्ध तरीके से कटौती की बात कही। यह समझौता, जिसे मॉन्ट्रियल प्रोटोकॉल कहा जाता है, वर्ष 1987 में लागू हुआ (परिशिष्ट 2 देखें)। कानूनी रूप से बाध्यकारी इस समझौते के तहत, CFCs हैलॉन के उपभोग और उत्पादन पर निर्धारित समय के भीतर रोक लगाए जाने की बात कही गई है। यह समिति पूरे विश्व में ओज़ोन क्षयकारी पदार्थों के उत्सर्जन की मात्रा की नियमित तौर पर जांच करती है। यह समिति विकासशील देशों को CFCs के इस्तेमाल में कमी लाने के लिए तकनीकी और वित्तीय सहायता प्रदान करती है।

मॉन्ट्रियल प्रोटोकॉल के अनुसार, हस्ताक्षर करने वाले सभी देशों को प्रतिवर्ष ओडीएस की खपत एवं उत्पादन का मूल्यांकन करना होगा। सभी हस्ताक्षरकर्ता देशों को वर्ष 2000 तक ओडीएस की खपत एवं उत्पादन को समाप्त करना था। केवल उन विकासशील देशों को, जिनकी ओडीएस की प्रति व्यक्ति खपत 0.3 किग्रा से कम थी, चरणबद्ध तरीके से समाप्त करने के लिए 10 साल की रियायती अवधि दी गई। विकासशील देशों के लिए इसकी चरणबद्ध समाप्ति को निष्पक्ष बनाने के लिए, जो उच्च मूल्य वाले विकल्प और मशीनरी का वहन करने में सक्षम नहीं हैं, इस समझौते के माध्यम से औद्योगिक देशों द्वारा वित्त-पोषित पर्यावरण निधि के गठन का प्रस्ताव है। यह निधि विकासशील देशों को अधिक ओज़ोन-अनुकूल रसायनों को अपनाने में मदद करेगा।

हर प्रकार के ओडीएस के लिए नए और बेहतर विकल्प की तलाश करने तथा विकल्प के पर्यावरणीय प्रभावों का आकलन करने के लिए, पूरे विश्व में बड़े पैमाने पर शोध अध्ययन चल रहे हैं।

संयुक्त राष्ट्र महासभा ने 16 सितंबर को ओज़ोन परत के संरक्षण के लिए अंतर्राष्ट्रीय दिवस के रूप में घोषित किया है। वर्ष 1987 में इसी दिन मॉन्ट्रियल, कनाडा में विभिन्न देशों द्वारा ओज़ोन क्षयकारी पदार्थों के उत्पादन एवं खपत को नियंत्रित करने के लिए मॉन्ट्रियल प्रोटोकॉल पर हस्ताक्षर किए।

भारत और ओज़ोन की समस्या

भारत ओज़ोन समस्या को लेकर अत्यधिक चिंतित है और वर्ष 1992 में मॉन्ट्रियल प्रोटोकॉल पर हस्ताक्षर किए। ओज़ोन क्षयकारी पदार्थों को समाप्त करने के लिए देश में सख्त उपाय किए गए हैं।

इन उपायों में ओडीएस के आयात एवं निर्यात लाइसेंस और नए ओडीएस उत्पादन संयंत्रों के निर्माण पर प्रतिबंध सहित इसके व्यापार पर प्रतिबंध शामिल है। पर्यावरण एवं वन मंत्रालय, भारत सरकार द्वारा गठित ओज़ोन प्रकोष्ठ, मॉन्ट्रियल प्रोटोकॉल से संबंधित सभी मामलों का समन्वयन करने वाली प्रमुख भारतीय एजेंसी है।

औद्योगिक देशों CFCs के प्रमुख उत्पादक और उपभोक्ता हैं। भारत जैसे विकासशील देशों में इसका प्रयोग बहुत कम होता है। उदाहरण के लिए, भारत में CFCs की प्रति व्यक्ति वार्षिक खपत 0.01 किग्रा है, जबकि अमेरिका में यह लगभग 50 गुना अधिक है। इसलिए, हम ओडीएस के प्रदूषण में हमारा योगदान बहुत अधिक नहीं है। हालांकि, भारत जैसे गर्म देश में, अक्सर खाद्य पदार्थों, दवाइयों, टीकों आदि के संरक्षण के लिए प्रशीतन और एयर कंडिशनिंग की आवश्यकता होती है।

इसके बावजूद, भारत ने मॉन्ट्रियल प्रोटोकॉल पर हस्ताक्षर करते हुए यह दर्शाया कि ओज़ोन की कमी एक वैश्विक समस्या है, जिसका समाधान निकालने के लिए सभी देशों के सामूहिक प्रयास की आवश्यकता है। भारत ने हमेशा कहा है कि, इस प्रकार के समझौते सभी पक्षों के लिए निष्पक्ष एवं न्यायसंगत होने चाहिए।

पर्यावरण-अनुकूल फ्रिज

भारत में रेफ्रिजरेटर के एक अग्रणी निर्माता, गोदरेज इंडस्ट्रीज लिमिटेड द्वारा ओज़ोन क्षयकारी पदार्थों के उपयोग को कम करने की दिशा में एक बड़ी पहल की गई है। गोदरेज अब पर्यावरण-अनुकूल फ्रिज का निर्माण कर रहा है। पेंटाकूल ब्रांड नाम के तहत बाजार में उतारा गया पर्यावरण-अनुकूल फ्रिज, गोदरेज और राष्ट्रीय रासायनिक प्रयोगशाला (एनसीएल), पुणे के संयुक्त प्रयासों का परिणाम है। यह तकनीक अन्य हानिकारक गैसों के इस्तेमाल के बजाए अत्यंत सुरक्षित पेंटेन गैस के उपयोग पर आधारित है। पर्यावरण-अनुकूल रेफ्रिजरेटर की अवधारणा का उपयोग, पर्यावरण पर हानिकारक तकनीक के प्रतिकूल प्रभाव तथा पर्यावरण-अनुकूल प्रौद्योगिकी को अपनाने एवं उपयोग करने की आवश्यकता के संदर्भ में उपभोक्ताओं के बीच जागरूकता पैदा करने के लिए किया जा रहा है।

परिवर्तन लाने की दिशा में प्रयास

दुनिया भर के वैज्ञानिक जलवायु में होने वाले परिवर्तन की निगरानी कर रहे हैं। भूमंडलीय तापन और ओज़ोन अवक्षय को न्यूनतम करने की दिशा में राष्ट्रीय एवं अंतर्राष्ट्रीय स्तर पर प्रयास जारी हैं। हमें यह समझना होगा कि, भले ही सभी देश अपने उत्सर्जन को कम करने के लिए तत्काल और शीघ्रता से कार्य कर रहे हैं परंतु कुछ हद तक जलवायु परिवर्तन और ओज़ोन अवक्षय को रोका नहीं जा सकता है। हमें यह भी समझना होगा कि, व्यक्तिगत तौर पर हमारे कई निर्णय एवं कार्य भी इन समस्याओं में योगदान देते हैं। हममें से प्रत्येक व्यक्ति ओज़ोन परत और पृथ्वी की जलवायु के भावी नुकसान को रोकने के लिए प्रयास कर सकता है - जिसके अंतर्गत ऊर्जा की बर्बादी को रोकना, स्टायरोफोम कप जैसे सीएफसी युक्त उत्पादों की खरीदारी से बचना, आदि शामिल है। उपभोक्ता के तौर पर हम सामूहिक रूप से मांग को प्रभावित कर सकते हैं, जिससे बाजार के लिए पर्यावरण-अनुकूल उत्पादों एवं सेवाओं को उपलब्ध कराना नितांत आवश्यक हो जाएगा।

▌ प्रश्नावली

1. व्यक्तिगत तौर पर ऐसी पाँच चीजों की सूची बनाएँ, जो ओज़ोन परत के भावी नुकसान को रोकने में मदद कर सकती हैं?
2. व्यक्तिगत तौर पर ऐसी पाँच चीजों की सूची बनाएँ, जो भविष्य में वायुमंडल में जीएचजी की अधिक संकेंद्रण को रोकने में मदद कर सकती हैं?
3. ऊर्जा दक्षता में सुधार से जलवायु परिवर्तन से निपटने में कैसे मदद मिल सकती है? विस्तार से बताएँ।
4. जीवाश्म ईंधन के उपयोग में कमी को सुनिश्चित करने के लिए सरकार क्या कदम उठा सकती है?
5. कौन से ऐसे कदम हैं, जिनसे जलवायु परिवर्तन के अनुरूप ढलने में मदद मिलेगी? अगर हम जीएचजी उत्सर्जन को कम करने के लिए कदम उठा रहे हैं, तो क्या हमें अनुकूलन के बारे में चिंता करने की आवश्यकता है? अगर हाँ, तो क्यों? अगर नहीं, क्यों नहीं?

6. नीचे तालिकाबद्ध किए गए प्रत्येक गैस के सामने इसका रासायनिक चिह्न लिखें, साथ ही अगर यह हरितगृह गैस है तो इसके आगे G लिखें, और अगर यह ओज़ोन क्षयकारी पदार्थ है, तो इसके सामने O लिखें।

गैस	रासायनिक चिह्न	G/O
मीथेन		
ओज़ोन		
परफ़्लोरोकार्बन		
नाइट्रस ऑक्साइड		
हैलॉन		
कार्बन डाइऑक्साइड		
पेंटेन		
कार्बन मोनोऑक्साइड		
सल्फर हेक्साफ्लोराइड		

II अभ्यास

1. भूमंडलीय तापन से वाष्पीकरण की दर बढ़ जाएगी। वायुमंडल में जलवाष्प की मात्रा में वृद्धि के क्या परिणाम होंगे? क्या इससे वायुमंडल का तापमान बढ़ जाएगा या तापमान में कमी आएगी? आप सही दिशा में सोच रहे हैं या नहीं, इस बात की जांच के लिए पुस्तकालय या इंटरनेट की मदद से शोध करें।

2. कल्पना करें कि आप 2020 ईस्वी में हैं। अब कल्पना करें कि इस वक्त तक CFCs और अन्य ओडीएस को चरणबद्ध नहीं तरीके से नहीं हटाया गया है, तो पृथ्वी की स्थिति क्या होगी। उस कालखंड में अपने आसपास के वातावरण, जलवायु एवं मौसम की स्थिति, लोगों के सामान्य स्वास्थ्य, आदि का वर्णन करें।

III विचार-विमर्श

1. *वर्तमान में आतंकवाद एक बड़ी चिंता का विषय है, लेकिन दीर्घकाल में अंतर्राष्ट्रीय समुदाय के लिए जलवायु परिवर्तन का मुद्दा आतंकवाद से भी बड़ा बन जाएगा। आतंकवाद का आना-जाना लगा रहेगा; अतीत में भी ऐसा हुआ है... और हमारे लिए इस बात को समझना बेहद महत्त्वपूर्ण है। लेकिन जलवायु परिवर्तन के कारण इस ग्रह की मौलिक संरचना में ऐसा बदलाव आएगा कि इंसानों के लिए अपने अस्तित्व की रक्षा करना कठिन हो जाएगा।*

डेविड एंडरसन

कनाडा के पर्यावरण मंत्री

6 फरवरी, 2004

इस कथन पर अपनी राय व्यक्त करें।

2. क्या आप विकासशील देशों के इस तर्क से सहमत हैं कि, CO2 के उत्सर्जन को कम करने की प्राथमिक जिम्मेदारी औद्योगिक देशों की होना चाहिए, क्योंकि अतीत के अलावा वर्तमान समय में भी इस उत्सर्जन में उनका योगदान सबसे अधिक है। अगर हाँ, तो क्यों? अगर नहीं, क्यों नहीं?

संदर्भ एवं चयनित ग्रंथसूची

Achanta, Amrita. N, ed. 1993. *The climate change agenda: An Indian perspective*. New Delhi: Tata Energy Research Institute.

Agarwal, Anil. 1996. *Slow murder: The deadly story of vehicular pollution in India*, Vol. 3 (*State of the environment series*). New Delhi: Centre for Science and Environment.

———. 1998. 'Kyoto's ghost will return.' *Down to earth* (15 June).

Agarwal, Anil and Sunita Narain. 1992. *Towards a green world: Should global environmental management be built on legal convention or human rights?* New Delhi: Centre for Science and Environment.

Agarwal, Anil and Anju Sharma. 1997. 'A farce of a face-off.' *Down to earth* (31 December).

Agarwal, Anil, Sunita Narain and Anju Sharma, eds. 1999. *Green politics.* New Delhi: Centre for Science and Environment.

Centre for Environment Education. 1998. *Ozone eleven: Information and teaching ideas on ozone depletion for teachers.* Ahmedabad.

———. 2003. *Climate change education, training and public awareness: Initiatives in India.* A report. Ahmedabad.

Centre for Science and Environment (CSE). 1996. 'Above suspicion?' *Down to earth* (30 June).

———. 1999. 'Beating Retreat.' *Down to earth* (30 April): 27–34.

Climate Change Secretariat. 1999. *The Kyoto protocol to the convention on climate change.* Bonn.

Kalshian, Rakesh. 1996. 'Hot and anxious.' *Down to earth* (15 August).

Kandel, Robert. 1990. *Our changing climate.* New York: McGraw-Hill Inc.

Legget, Jeremy, ed. 1990. *Global warming: The green peace report.* Oxford: Oxford University Press.

Markham, A., N. Dudley and S. Sostotton. 1993. *Some like it hot.* Gland: WWF–International.

Miller, G. Tyler, Jr. 2002. *Living in the environment,* 12th ed. Belmont: Wadsworth Publishing Company.

Ministry of Agriculture, Government of India. 2001. *Annual report 2000–2001.* New Delhi.

Murthy, N.S., M. Pandya and J. Parikh. 1997. 'Economic development, poverty reduction and carbon emissions in India.' *Energy economics*, 19: 327–54.

Neal, Philip. 1992. *Conservation 2000: The greenhouse effect.* London: B.T. Batsford Ltd.

Ravindranath, N.H. and B.S. Somashekhar. 1995. 'Potential and economics of forestry options for carbon sequestration in India.' *Biomass and bioenergy*, 8 (5): 323–36.

Retallack S. and P. Bunyard. 1999. 'We are changing our climate! Who can doubt it?' *Ecologist*, 29 (i): 60–63.

Shindell, Drew. 1999. 'Modeling global climate change.' *National forum*, 79 (2): 28–31.

Tilling, Stephan. 1990. *Ozone and the greenhouse effect: A practical GCSE course work guide.* Shrewsbury: Fields Studies Council.

UNEP. 1999. *Convention on climate change.* Geneva: UNEP's Information Unit for Conventions for the Climate Change Secretariat.

अध्याय 11

जनसंख्या, उपभोग और पर्यावरण

कल्याणी कंडुला

- वर्ष 2001 में 1,027 मिलियन जनसंख्या के साथ, भारत विश्व का दूसरा सबसे बड़ा आबादी वाला देश था। अमेरिका की जनसंख्या 281 मिलियन थी।
- भारत में प्रति व्यक्ति अनाज की वार्षिक खपत 200 किग्रा से कम है। भारत में लोगों का मुख्य आहार चावल या गेहूं जैसे स्टार्चयुक्त अनाज हैं, जबकि दूसरी तरफ औसत अमेरिकी प्रत्यक्ष या अप्रत्यक्ष रूप से प्रतिवर्ष 800 किग्रा अनाज की खपत करता है, जिसमें बीफ, पोल्ट्री, पोर्क, अंडे, दूध, पनीर, आइसक्रीम और दही शामिल हैं।
- भारत में केवल 28 प्रतिशत लोगों के पास स्वच्छता सुविधाएँ उपलब्ध हैं। अमेरिका की शत प्रतिशत आबादी को नगरपालिका द्वारा सेवाएँ उपलब्ध कराई जाती हैं।
- वर्ष 2001 में, भारत में प्रति व्यक्ति बिजली की खपत 335 किलोवाट-घंटे के समतुल्य थी। इसी अवधि के भीतर, अमेरिका में प्रति व्यक्ति बिजली की खपत 12,331 किलोवाट घंटे थी।
- अमेरिका वर्तमान में विश्व के कुल खनिज संसाधनों एवं गैर-नवीकरणीय ऊर्जा के लगभग 25 प्रतिशत का उपयोग करता है, जबकि भारत केवल 3 प्रतिशत का उपयोग करता है।
- अमेरिका वैश्विक प्रदूषण एवं अपशिष्ट पदार्थों के लगभग 25 प्रतिशत का उत्पादन करता है, जिसके अंतर्गत हरितगृह गैसों के उत्सर्जन का 18 प्रतिशत तथा ओजोन न्यूनीकरण में सहायक CFCs के उत्सर्जन का 22 प्रतिशत शामिल है। भारत वैश्विक प्रदूषण एवं अपशिष्ट पदार्थों के लगभग 3 प्रतिशत का उत्पादन करता है, जिसके अंतर्गत हरितगृह गैसों के उत्सर्जन का 4 प्रतिशत तथा ओजोन न्यूनीकरण में सहायक CFCs के उत्सर्जन का 0.7 प्रतिशत शामिल है।

विश्व में किस देश की जनसंख्या सबसे अधिक हैं?

विश्व का कौन सा देश सबसे अधिक संसाधनों का उपभोग करता है?

विश्व का कौन सा देश सबसे अधिक अपशिष्ट पदार्थों का उत्पादन करता है?

किस देश की जनसंख्या को जीने योग्य स्वस्थ एवं सुरक्षित वातावरण के लिए आवश्यक बुनियादी सुविधाएँ, जैसे कि सफाई व्यवस्था, उपलब्ध हैं?

इस अध्याय में हम इन प्रश्नों पर विचार करेंगे।

भारत की आबादी का एक बड़ा हिस्सा, बेहद कम संसाधनों का उपयोग करता है और प्रदूषण में न्यूनतम योगदान देता है। परंतु लोगों की संख्या अधिक होने के कारण, समग्र प्रभाव बेहद महत्त्वपूर्ण हो जाता है। लोगों के जीवन की गुणवत्ता भी एक महत्त्वपूर्ण पहलू है। ज्यादातर भारतीय स्वच्छता, शिक्षा, स्वास्थ्य सुविधाएँ जैसी बुनियादी आवश्यकताओं की कमी के साथ अवांछनीय परिस्थितियों में रहने को विवश हैं। इससे पर्यावरण पर सीधा और प्रतिकूल प्रभाव पड़ता है, जो बेहतर गुणवत्ता युक्त जीवन के अवसरों को भी सीमित करता है।

दूसरी तरफ, अमेरिका की आबादी अपेक्षाकृत कम है परंतु यहां के लोग समृद्ध हैं। हालांकि, वे संख्या में बहुत अधिक नहीं हैं परंतु अपनी जीवनशैली के कारण वे अधिकाधिक संसाधनों का उपभोग करते हैं, और ज्यादा मात्रा में प्रदूषण एवं अपशिष्ट पदार्थ उत्पन्न करते हैं।

पर्यावरण के साथ इसका क्या संबंध है? क्या लोगों की अधिकता से पर्यावरण का स्वास्थ्य प्रभावित होता है? क्या लोगों के रहन-सहन के तरीके एवं उनके द्वारा उपयोग की जाने वाली वस्तुओं — उनकी जीवनशैली — का पर्यावरण पर प्रभाव पड़ता है?

जनसंख्या, उपभोग, पर्यावरण: परस्पर संबद्धता

जनसंख्या वृद्धि एवं उपभोग के पर्यावरण पर प्रभावों की चर्चा के लिए निम्नलिखित समीकरण का उपयोग किया जा सकता है:

लोगों की संख्या × प्रति व्यक्ति संसाधनों की खपत की मात्रा = जनसंख्या का पर्यावरण पर प्रभाव

अब तक की बातों से हम समझ चुके हैं कि अमेरिका, जिसकी आबादी भारत की एक तिहाई है, का पर्यावरण पर बहुत अधिक प्रभाव पड़ा है। 28.1 करोड़ (281 मिलियन) अमेरिकियों के उपभोग के वर्तमान स्तर का पर्यावरण पर प्रभाव, 1,400 करोड़ (14 बिलियन) भारतीयों के बराबर है। इसलिए हम कह सकते हैं कि भारत 'जनसंख्या विस्फोट' से जूझ रहा है, तो अमेरिका 'अत्यधिक उपभोग' की समस्या से पीड़ित है।

इससे यह स्पष्ट हो जाता है कि, जब हम पर्यावरण के स्तर में गिरावट की बात पर विचार करते हैं तो हमें इसके साथ जनसंख्या एवं उपभोग के विषय पर भी विचार करना होगा।

आइए हम सब से पहले जनसंख्या और उसके बाद उपभोग के पहलुओं पर विचार करें।

पूरे विश्व में उपभोग पर होने वाला व्यय

वर्ष 1950 के बाद से पूरे विश्व में उपभोग पर होने वाले व्यय में छह गुना वृद्धि हुई, जो वर्ष 1998 में 24 ट्रिलियन डॉलर हो गई। इस व्यय में विश्व की पाँच सर्वाधिक अमीर आबादी का योगदान 86 प्रतिशत है, जबकि पाँच निर्धनतम देशों का योगदान केवल 1.3 प्रतिशत है।

दुनिया के तीन सबसे अमीर व्यक्तियों की कुल परिसंपत्ति, 48 अल्प विकसित देशों के संयुक्त घरेलू उत्पाद से अधिक है। इसके अलावा, पूरी दुनिया में करीब 3 बिलियन लोग प्रतिदिन \$2 से भी कम में गुजारा करते हैं, जो बीसवीं सदी में उपभोक्ता वस्तुओं एवं सेवाओं के खपत में आई तेजी से पूरी तरह अलग हैं। इस प्रकार हम कह सकते हैं कि, वैश्विक आबादी का एक बहुत बड़ा हिस्सा अभावग्रस्त है।

(http://www.un.org/ecosocdev/geninfo/afrec/subjindx/122undp.htm.)

जनसंख्या वृद्धि के स्वरूप को समझना

जनसंख्या में वृद्धि या कमी को प्रभावित करने वाले तीन मुख्य कारक हैं: जन्म, मृत्यु और प्रवासन।

किसी निश्चित भौगोलिक क्षेत्र में एक वर्ष में प्रति हजार लोगों में जन्म की संख्या को **जन्म दर** के रूप में परिभाषित किया गया है। इसी प्रकार, एक वर्ष में प्रति हजार लोगों में मृत्यु की संख्या को **मृत्यु दर** कहा जाता है। वर्ष 1921 की जनगणना के अनुसार, भारत में जन्म दर 48 प्रति हजार थी जबकि मृत्यु दर 47 प्रति हजार थी। जन्म एवं मृत्यु दर के लगभग सामान्य स्थिति में होने के

कारण जनसंख्या वृद्धि की दर बेहद धीमी थी। वर्ष 2001 में, जन्म दर घटकर 24 प्रति हजार हो गई और मृत्यु दर 9 हजार प्रति हजार हो गई। **प्रवासन** एक विशिष्ट भौगोलिक क्षेत्र की जनसंख्या में परिवर्तन की दर है, जो उस क्षेत्र में लोगों के निवास हेतु आने अथवा वहां से किसी दूसरे स्थान पर जाने के कारण घटित होती है।

जब किसी क्षेत्र में जन्म दर मृत्यु दर से अधिक होती है, तो वहां की जनसंख्या में वृद्धि दर्ज की जाती है। जब मृत्यु दर जन्म दर के समान होती है, तो जनसंख्या का आकार स्थिर रहता है। इसे शून्य जनसंख्या वृद्धि की स्थिति कहा जाता है। जब मृत्यु दर जन्म दर से अधिक होती है, तो जनसंख्या का आकार घटता है।

1921 में, भारत में पैदा हुए व्यक्ति की औसत आयु 20 वर्ष थी। वर्तमान में एक भारतीय की औसत जीवन प्रत्याशा 63 वर्ष है। चिकित्सा विज्ञान और स्वास्थ्य सुविधाओं में सुधार के कारण मृत्यु दर में गिरावट आई है। हम चेचक जैसी कई खतरनाक बीमारियों को नियंत्रित करने में सक्षम हुए हैं। अब तपेदिक जैसी बीमारियों का इलाज संभव है, जिसे कुछ वर्ष पूर्व तक घातक माना जाता था।

भारत ने भी अपनी जन्म दर को कम करने में काफी हद तक सफलता पाई है, परंतु इसमें मृत्यु दर की तरह गिरावट नहीं आई है। भारत की जन्म दर आज भी 24 प्रति हजार व्यक्ति है, जो विकसित देशों के 14 प्रति हजार की तुलना में काफी अधिक है। इसलिए जनसंख्या वृद्धि को कम करने के लिए जन्म दर को कम करना आवश्यक है।

जनसांख्यिकी

मानव जनसंख्या की प्रवृत्ति के अध्ययन को जनसांख्यिकी कहा जाता है। जनसांख्यिकी विशेषज्ञ, जनसंख्या वृद्धि को प्रभावित करने वाले कारकों का विश्लेषण करते हैं, जिसके अंतर्गत कुल प्रजनन दर, प्राकृतिक वृद्धि की दर, प्रवासन का स्वरूप, आबादी की आयु संरचना, जनसांख्यिकीय बदलाव और पर्यावरणीय कारक शामिल हैं। जनसंख्या की भावी प्रवृत्ति का आकलन करने तथा जनसंख्या संबंधी पर्यावरणीय समस्याओं को हल करने के उद्देश्य से वैकल्पिक परिस्थितियों का विश्लेषण करने के लिए इन आंकड़ों का उपयोग किया जाता है।

उच्च जन्मदर को प्रेरित करने वाले कारक

भारत में उच्च जन्मदर को प्रेरित करने वाले कई कारक हैं। इनमें से कुछ कारकों पर यहां चर्चा की गई है।

उच्च शिशु मृत्यु दर: जब लोग इस बात के प्रति आश्वस्त नहीं होते कि जन्म लेने वाले बच्चों में से कितने बच्चे जीवित रहेंगे, तब अधिक बच्चे पैदा करने की प्रवृत्ति देखी जाती है। भारत में कई बच्चे अपने पहले जन्मदिन से पहले मर जाते हैं। एक वर्ष में पैदा होने वाले हजार बच्चों में से एक वर्ष की आयु तक के बच्चों की मृत्यु की संख्या को शिशु मृत्यु दर कहा जाता है। भारत जैसे विकासशील देशों में, अपर्याप्त पोषण, असुरक्षित पेयजल और चिकित्सा देखभाल की कमी के कारण बड़ी संख्या में नवजात शिशुओं की मौत हो जाती है। जिन देशों ने अपनी जनसंख्या वृद्धि को सफलतापूर्वक कम कर दिया है, उन्होंने अपनी शिशु मृत्यु दर को कम करने में भी सफलता पाई है।

हाल के वर्षों में, भारत में शिशु मृत्यु की संख्या घटकर 63 प्रति हजार हो गई है। हालांकि, अन्य देशों के साथ तुलना में यह दर अभी भी काफी अधिक है। उदाहरण के लिए, चीन में शिशु मृत्यु दर 29 है, जबकि जापान में यह केवल 5 है।

गरीबी: गरीब लोग यह सोचते हैं कि अधिक बच्चे होने से अतिरिक्त काम में हाथ बटाने वाले लोग अधिक होंगे, जो खेतों में काम करने, दिहाड़ी मजदूरी करने अथवा सड़कों पर भीख मांगने, पानी या जलावन हेतु लकड़ियाँ लाने, माता-पिता के काम में व्यस्त रहने पर अपने से छोटे भाई-बहनों की देखभाल करने तथा बुढ़ापे में अपने माता-पिता की देखभाल करने जैसे कामों में सहयोग करेंगे। परंतु निर्धन व्यक्ति अपने बच्चों को पर्याप्त भोजन के अलावा शिक्षा एवं अन्य सुविधाएँ देने में असमर्थ रहता है,

जिसके कारण अधिकांश बच्चे अशिक्षा एवं अकुशलता के कारण जीवनपर्यंत गरीब रहते हैं, और वयस्क होने पर खुद भी अधिक संख्या में बच्चे पैदा करने की ओर प्रवृत्त होते हैं।

बेटों को प्राथमिकता: हमारे देश के ज्यादातर इलाकों में बेटों को काफी वरीयता दी जाती है। यह प्रवृत्ति केवल निर्धन एवं अशिक्षित वर्ग तक ही सीमित नहीं है, बल्कि समाज के सभी वर्गों में पाई जाती है। अधिकतर समुदायों में, पारंपरिक तौर पर बेटे ही परिवार के नाम, भूमि एवं अन्य संपत्तियों को उत्तराधिकार में प्राप्त करते हैं और आगे की पीढ़ियों को हस्तांतरित करते हैं। बेटियाँ विवाह के बाद परिवार से दूर हो जाती हैं, इसलिए वृद्धावस्था में बेटों से ही अपने माता पिता की देखभाल की उम्मीद की जाती है। इसके अलावा, भारत के अधिकांश समुदायों में दहेज प्रथा जैसी कुरीतियाँ प्रचलित हैं। दहेज के कारण परिवार पर काफी आर्थिक दबाव आ सकता है, जो गरीबों के अलावा अपेक्षाकृत संपन्न लोगों को भी प्रभावित करता है। हालांकि, दहेज लेने अथवा देने पर कानून द्वारा प्रतिबंध लगाया गया है, इसके बावजूद यह प्रथा आज तक कायम है इसलिए लोग बेटों को प्राथमिकता देते हैं। कई परिवारों में, अक्सर एक बेटे या फिर एक से अधिक बेटों की इच्छा के कारण कई बच्चों का जन्म होता है।

कम उम्र में विवाह की प्रथा: कम उम्र में विवाह की प्रथा ग्रामीण क्षेत्रों में विशेष तौर पर प्रचलित है, जो उच्च जन्म दर का एक अन्य कारण है। कम उम्र में विवाह करने वाले दंपत्तियों के बच्चों की संख्या अधिक होती है, क्योंकि वे अपेक्षित समय से काफी पहले ही बच्चों को जन्म देना प्रारंभ कर देते हैं। बाल विवाह को रोकने के लिए समय-समय पर कानून बनाये गये हैं, लेकिन अक्सर इन कानूनों का उल्लंघन किया जाता है। भारत में वर्तमान कानून के अनुसार, लड़कियों के लिए विवाह की उम्र 18 वर्ष जबकि लड़कों के लिए 21 वर्ष निर्धारित की गई है और इससे पूर्व विवाह को अवैध माना गया है।

अशिक्षा: उच्च जन्म दर के लिए अशिक्षा भी जिम्मेदार है। साक्षर व्यक्ति अनपढ़ लोगों की तुलना में प्रासंगिक जानकारी को अधिक सहजता से प्राप्त कर सकते हैं। इस संदर्भ में, महिलाओं की शिक्षा बहुत महत्त्वपूर्ण है। यह पाया गया है कि, अनपढ़ महिलाओं की तुलना में साक्षर महिलाओं के बच्चों की संख्या कम होती है, साथ ही वे अपने बच्चों को बेहतर पोषण एवं स्वास्थ्य देखभाल उपलब्ध कराने में सक्षम होती हैं।

इस बात को केरल के उदाहरण से समझा जा सकता है। वर्ष 1991 तक, राज्य में बड़े पैमाने पर साक्षरता अभियान चलाया गया जिसके कारण महिला साक्षरता दर बढ़कर 86 प्रतिशत हो गई, जो देश में सबसे ज्यादा है। उस समय, भारत में महिला साक्षरता का औसत केवल 39 प्रतिशत था। वर्ष 1991 में, भारत की औसत जन्म दर 28 प्रति हजार थी जबकि राज्य में औसत जन्म दर 17 प्रति हजार दर्ज की गई, जो देश में सबसे कम थी। इसी प्रकार, शिशु मृत्यु दर के मामले में देश के 74 की तुलना में राज्य में 17 प्रति हजार जीवित जन्म दर्ज की गई थी, जो सबसे कम थी।

जन्म दर को प्रभावित करने वाले अन्य कारक:

- जिन स्थानों पर बच्चों के लालन-पालन पर होने वाला व्यय काफी अधिक होता है, वहां लोग कम बच्चे पैदा करते हैं। विकसित देश इसके उदाहरण हैं।
- जिन समुदायों में महिलाएँ शिक्षा प्राप्त करती हैं और घर से बाहर निकलकर रोजगार करती हैं, वहां भी लोग कम बच्चे पैदा करते हैं।
- जब लोगों को सामुदायिक सुरक्षा एवं पेंशन जैसी सुविधाएँ उपलब्ध होती हैं, तो उन्हें वृद्धावस्था में बच्चों से देखभाल की आवश्यकता नहीं होती है।

इस बात में कोई संदेह नहीं है कि, **जन्म दर को कम करने** के लिए एक अच्छा परिवार नियोजन कार्यक्रम होना जरूरी है, जिसके माध्यम से लोगों को गर्भनिरोध के लिए सुरक्षित, प्रभावी एवं किफायती साधन उपलब्ध कराए जाते हैं। इसके अलावा सभी को, विशेष रूप से महिलाओं को, शिक्षा और पर्याप्त स्वास्थ्य देखभाल सुविधाएँ उपलब्ध कराना भी महत्त्वपूर्ण है। लड़कों एवं लड़कियों के लिए अवसरों की समान रूप से उपलब्धता को सुनिश्चित करना भी बेहद महत्त्वपूर्ण है, ताकि वे आर्थिक और सामाजिक गतिविधियों के हर क्षेत्र में लड़कों की तरह सक्षम हो सकें।

राष्ट्रीय जनसंख्या नीति

भारत ने वर्ष 1952 में दुनिया का पहला राष्ट्रीय परिवार नियोजन कार्यक्रम शुरू किया, और उस समय इसकी आबादी लगभग 400 मिलियन थी। जनसंख्या-नियंत्रण प्रयासों के 51 वर्षों के बाद, वर्ष 1993 में भारत 1,065.5 मिलियन जनसंख्या के साथ दुनिया में दूसरा सबसे अधिक आबादी वाला देश है। वर्ष 1952 में, भारत की जनसंख्या में प्रतिवर्ष 5 मिलियन की वृद्धि हो रही थी, जबकि वर्ष 2003 में 15.5 मिलियन की वृद्धि हुई!

वर्ष 2000 में भारत की जनसंख्या 1 अरब को पार कर गई, इसलिए इसे राष्ट्रीय जनसंख्या नीति में विशेष महत्त्व का वर्ष घोषित किया गया। केवल लक्षित आबादी के आंकड़ों को स्थिर करने के उद्देश्य में परिवर्तन लाया गया, और शिशु स्वास्थ्य एवं उत्तरजीविता, निरक्षरता, महिलाओं के सशक्तिकरण जैसे सामाजिक-आर्थिक मुद्दों तथा नियोजित पितृत्व में पुरुषों की भागीदारी में वृद्धि पर बल देते हुए जनसंख्या नियंत्रण के लक्ष्य को हासिल करने की दिशा में प्रयास किया गया, जो इसके स्वरूप को व्यापक बनाने के अलावा इस सदी के मध्य तक स्थिर आबादी के दीर्घकालिक उद्देश्य को बेहतर तरीके से प्राप्त करने का भरोसा भी दिलाता है।

सरकार के स्तर पर इस बात को समझा गया कि, जनसंख्या का संबंध केवल आंकड़ों से नहीं बल्कि यह जनसामान्य और विशेष रूप से महिलाओं के जीवन एवं स्वास्थ्य की गुणवत्ता से संबंधित है, साथ ही यह भी माना गया कि, राष्ट्रीय एवं राज्य विधानसभाओं के अलावा स्थानीय सरकारी संस्थाओं में नीति निर्माण के विभिन्न स्तरों पर विचार-विमर्श के माध्यम से जनसंख्या से जुड़े ज्वलंत मुद्दों को उठाया जाना चाहिए और इसकी निरंतरता बरकरार रहनी चाहिए।

इस बात को बेहतर तरीके से और व्यापक स्तर पर समझने की आवश्यकता है कि, किसी भी दंपति द्वारा वांछित बच्चों की संख्या सामाजिक-आर्थिक एवं सांस्कृतिक कारकों की एक बड़ी संख्या पर निर्भर है जो बेहद जटिल रूप से एक दूसरे से जुड़े हुए हैं, इसलिए जनसंख्या नियंत्रण से संबंधित किसी भी प्रकार की नीतिगत कार्रवाई में इन सभी बातों पर गंभीरता से विचार किया जाना चाहिए।

अपने शरीर के अंगों तथा प्रजनन व्यवहार पर महिलाओं के अधिकारों को स्पष्ट रूप से मान्यता देना और उनका सम्मान करना, वास्तव में जनसंख्या से संबंधित विषयों पर महिला सशक्तिकरण का एक अभिन्न अंग है। निरंतर प्रचार एवं संवाद के माध्यम से इस प्रकार की स्वीकृति को समाज के प्रत्येक स्तर पर और विशेष रूप से धार्मिक, न्यायिक एवं कानून का प्रवर्तन करने वाली संस्थानों द्वारा मान्यता दी जानी चाहिए।

इस प्रकार, जनसंख्या नियंत्रण की दिशा में किए जा रहे प्रयासों के अंतर्गत मानवाधिकारों एवं बुनियादी लोकतांत्रिक सिद्धांतों से कोई समझौता नहीं किया जाना चाहिए। अक्सर परिवार नियंत्रण को हतोत्साहित करने वाली गतिविधियों; विशेष सामाजिक समूह की प्रजनन शक्ति से जुड़ी टिप्पणियों, तथा; कभी-कभी महानगरीय क्षेत्रों में प्रवास को नियंत्रित करने की मांग में इस प्रकार के समझौते अंतर्निहित होते हैं। सुविज्ञतापूर्ण सार्वजनिक वार्ता तथा प्रामाणिक आंकड़ों के बड़े पैमाने पर प्रचार-प्रसार के माध्यम से इन मामलों को संतुलित और तर्कसंगत दृष्टिकोण से प्रस्तुत किए जाने की आवश्यकता है।

क्या जनसंख्या वृद्धि की एक निश्चित प्रवृत्ति होती है?

जनसांख्यिकीय विशेषज्ञों (जनसंख्या का अध्ययन करने वाले) ने, 19वीं शताब्दी के दौरान औद्योगीकरण के बाद विकसित यूरोपीय देशों के जन्म और मृत्यु दर की जांच के आधार पर जनसंख्या में परिवर्तन की एक परिकल्पना का विकास किया, जिसे जनसांख्यिकीय संक्रमण कहा जाता है। यह संक्रमण चार चरणों में होता है:

1. औद्योगीकरण से पूर्व के चरण में, जीवन-यापन की परिस्थितियाँ बेहद कठिन होती हैं और जन्म दर भी काफी अधिक होती है (संक्रामक रोगों, कुपोषण आदि के कारण मरने वाले बच्चों की संख्या की तुलना में जन्म लेने वाले बच्चों की संख्या काफी अधिक होती है), लेकिन इस दौरान मृत्यु दर भी काफी अधिक होती है। इसलिए, इस अवधि में जनसंख्या वृद्धि काफी कम होती है।

2. संक्रमणकालीन चरण में, औद्योगीकरण की शुरुआत के साथ खाद्यान्न उत्पादन में वृद्धि होती है और लोगों का स्वास्थ्य भी बेहतर होता है। मृत्यु दर में कमी आती है, लेकिन जन्म दर अधिक रहती है, इसलिए जनसंख्या तेजी से बढ़ती है।

3. औद्योगीकरण के चरण में, उद्योग-धंधों का बड़े पैमाने पर प्रचार होता है। जन्म दर में कमी आती है और यह धीरे-धीरे मृत्यु दर के समीप आ जाती है। इसका कारण यह है कि, शहर के लोग यह महसूस करते हैं कि बच्चों के पालन-पोषण में काफी व्यय होता है। उन्हें लगता है कि, बहुत अधिक बच्चे होने के कारण वे रोजगार के अवसरों का अधिकाधिक लाभ नहीं उठा सकते हैं। जनसंख्या वृद्धि धीमी और अस्थिर गति से जारी रहती है, जो उस क्षेत्र की आर्थिक गतिविधि पर निर्भर है।

4. औद्योगीकरण के बाद के चरण में, जन्म दर घटकर मृत्यु दर के समान हो जाती है, और इस प्रकार वह देश शून्य जनसंख्या वृद्धि के स्तर तक पहुंच जाता है। कालांतर में जन्म दर मृत्यु दर से भी कम हो जाती है और इस प्रकार कुल जनसंख्या का आकार धीरे-धीरे कम होने लगता है।

क्या आपको लगता है कि, यह परिकल्पना भारत की जनसंख्या पर भी लागू होती है?

जनसंख्या वृद्धि की सीमाएँ

जनसंख्या वृद्धि की सीमाओं पर 1798 में माल्थस द्वारा प्रतिपादित सिद्धांत, प्राचीनतम और सर्वाधिक लोकप्रिय सिद्धांतों में से एक है। एक ब्रिटिश पादरी और बुद्धिजीवी थॉमस माल्थस ने अपनी प्रसिद्ध रचना, 'एन एसे ऑन द प्रिंसिपल ऑफ़ पॉपुलेशन' में जनसंख्या में चरघातांकी वृद्धि और खाद्यान्न आपूर्ति में अंकगणितीय वृद्धि की चेतावनी दी थी। उन्होंने एक ऐसे विश्व की तस्वीर प्रस्तुत की, जिसमें जनसंख्या वृद्धि एवं खाद्यान्न आपूर्ति के बीच तालमेल को बरकरार रखना संभव नहीं होगा।

आज, पृथ्वी के साथ तालमेल बैठाने योग्य उपयुक्त जनसंख्या के बारे में लोगों की राय अलग-अलग है। इनमें से एक सिद्धांत को **जनसंख्या की सीमा का सिद्धांत** कहा जाता है। इसके अनुसार जनसंख्या एवं आर्थिक वृद्धि की सीमाएं निश्चित हैं। हवा, पानी, खनिज, भूमि की उपलब्धता तथा उपयोग किए जाने योग्य ऊर्जा के सभी स्रोतों की निश्चित मात्रा में उपलब्धता को इस प्रकार की

तालिका 11.1

भारत की जनसंख्या

वर्ष	जनसंख्या	वार्षिक वृद्धि दर (%)	प्रति वर्ग किमी जनघनत्व
1901	238,396,327	–	77
1911	252,093,390	0.56	82
1921	251,321,213	0.03	81
1931	278,977,238	1.04	90
1941	318,660,580	1.33	103
1951	361,088,090	1.25	117
1961	439,234,771	1.96	142
1971	548,159,652	2.20	177
1981	683,329,097	2.22	216
1991	843,930,861	2.11	267
2001	1,027,015,247	1.62	324

स्रोत: आशीष बोस (1991), पॉपुलेशन ऑफ़ इंडिया *1991: सेंसस रिजल्ट एंड मेथडोलॉजी*, दिल्ली: बी.आर. पब्लिशिंग कॉर्पोरेशन

सीमाओं का निर्धारक माना गया है, जिनकी समाप्ति अवश्यंभावी है। उदाहरण के तौर पर, भूमि की उपलब्धता में कमी के कारण विश्व स्तर पर कृषि व्यवस्था बाधित होगी, क्योंकि पूरी दुनिया में कृषि योग्य भूमि के एक बड़े हिस्से का निम्नीकरण हो रहा है। कई इलाकों में भूजल पुनर्भरण की दर इसके दोहन की दर से काफी कम है, जिसके चलते यह समाप्ति के कगार पर है।

दूसरी ओर **कॉर्नोकोपियन सिद्धांत** के अनुसार, अगर विज्ञान और प्रौद्योगिकी की उन्नति रुक जाए तो विकास भी सीमित हो जाता है, परंतु इन क्षेत्रों में उन्नति के बाधित होने का कोई कारण नहीं है। इसलिए जब तक इन इस दिशा में प्रगति जारी रहती है तब तक पृथ्वी को परिमित मानना गलत होगा, क्योंकि प्रौद्योगिकी संसाधनों का निर्माण करती है। कुछ लोगों का ऐसा मानना है कि जनसंख्या अथवा आय में वृद्धि के कारण होने वाली संसाधनों की कमी वास्तव में हमें अधिक संपन्न बनाती है, क्योंकि इस प्रकार की कमी से प्रौद्योगिकी के विकास को बल मिलता हैं उदाहरण के तौर पर, अगर 17वीं सदी के इंग्लैंड में जलाऊ लकड़ियों की कमी नहीं होती, तो कोयले का विकास संभव नहीं था। अगर कोयला और हेल का तेल दुर्लभ नहीं हुआ होता, तो शायद तेल के कुओं की खुदाई नहीं की गई होती।

विश्व जनसंख्या दिवस

वर्ष 1987 में जब विश्व की जनसंख्या 5 बिलियन तक पहुंच गई, तब पहली बार विश्व जनसंख्या दिवस मनाया गया। वर्ष 1988 में संयुक्त राष्ट्र जनसंख्या निधि (यूएनएफपीए) की शासी परिषद ने प्रतिवर्ष 11 जुलाई को विश्व जनसंख्या दिवस के तौर पर निर्दिष्ट किया, और फिर संयुक्त राष्ट्र संघ ने जनसंख्या के मुद्दों तथा विकास एवं पर्यावरण में उनकी भूमिका के बारे में जागरूकता निर्माण के लिए इसे साधन के रूप में अधिकृत किया।

विभिन्न देशों की सरकारों, संयुक्त राष्ट्र संघ की एजेंसियों एवं संगठनों, गैर-सरकारी संगठनों, विश्वविद्यालयों, जनसंख्या से जुड़े संस्थानों तथा नागरिकों ने इसके अनुपालन में शामिल होना प्रारंभ किया और जनसंख्या के मुद्दों पर जागरूकता निर्माण में मदद की। आयोजित कार्यक्रमों में राष्ट्रीय और स्थानीय नेताओं के नेतृत्व में संचालित रैलियाँ एवं भाषण, व्याख्यान, प्रिंट एवं इलेक्ट्रॉनिक मीडिया पर संचालित कार्यक्रम तथा अन्य पूरक कार्यक्रम, प्रदर्शनी और विभिन्न खेलों के कार्यक्रम शामिल हैं।

अत्यधिक जनसंख्या

अत्यधिक जनसंख्या को केवल आंकड़ा मानने की भूल नहीं की जानी चाहिए। किसी क्षेत्र की जनसंख्या को तब अत्यधिक मान लिया जाता है, जब प्राकृतिक संसाधनों को तेजी से कम किए बिना और पर्यावरण की स्थिति को निम्नकोटिकृत किए बिना वहां की जनसंख्या का भरण-पोषण संभव नहीं है होता है। हम जानते हैं कि, पृथ्वी पर संसाधन सीमित मात्रा में उपलब्ध हैं। इन परिमित संसाधनों की वजह से धरती पर प्रत्येक स्थान की क्षमता निर्धारित होती है, जो अधिकतम संख्या में लोगों का भरण-पोषण कर सकती है। प्रौद्योगिकी की मदद से कुछ हद तक **वहन क्षमता** को बढ़ाया जा सकता है। उदाहरण के लिए, आधुनिक बीज, रासायनिक उर्वरक, कीटनाशकों और मशीनों का उपयोग करते हुए समान भूखंड से अधिक खाद्यान्न का उत्पादन किया जा सकता है, परंतु ऐसा अनिश्चितकाल तक संभव नहीं होगा।

लगभग सभी अमीर राष्ट्र पूरी दुनिया के संसाधनों का दोहन कर रहे हैं और वैश्विक पर्यावरण को प्रभावित करने वाले अपशिष्ट पदार्थ उत्सर्जित कर रहे हैं। क्या इन देशों की जनसंख्या को अत्यधिक माना जा सकता है? कई गरीब और विकासशील देशों में, बढ़ती जनसंख्या की जरूरतों को पूरा करने के लिए प्राकृतिक संसाधनों का दोहन किया जा रहा है। क्या इन देशों की जनसंख्या को अत्यधिक माना जा सकता है?

यह स्पष्ट है कि, 'अत्यधिक जनसंख्या' एक तुलनात्मक शब्द है। इसका कोई निरपेक्ष मान नहीं निकाला जा सकता है, जिसके आधार पर यह कहा जा सके कि 'इससे ऊपर होने पर अत्यधिक जनसंख्या की स्थिति उत्पन्न होती है!'

निस्संदेह, अत्यधिक जनसंख्या एक चिंताजनक विषय है। इसके साथ-साथ, अत्यधिक उपभोग भी उतना ही महत्त्वपूर्ण विषय है जिसे अक्सर नजरअंदाज कर दिया जाता है।

अत्यधिक उपभोग

मानव उपभोग की लगभग सभी गतिविधियाँ पर्यावरण को प्रभावित करती हैं। आइए देखें कि, उत्पादों का उपभोग किस तरीके से पर्यावरण को प्रभावित करता है:

- यह गैर-नवीकरणीय संसाधनों (जैसे कि धातु एवं खनिज पदार्थ) को कम करता है।
- अत्यधिक मछली पकड़ने तथा वनों, भूजल संसाधनों, आदि के अधिकाधिक दोहन जैसी गतिविधियों से नवीकरणीय संसाधनों में तेजी से कमी आती है।
- इससे प्रदूषण और अपशिष्ट पैदा होता है, जो पर्यावरण द्वारा अवशोषित किए जाने की क्षमता से परे है।

इसे हम एक सरल उदाहरण के माध्यम से समझने का प्रयास करते हैं।

आइए हम किसी उत्पाद (या सेवा) पर विचार करें; उदाहरण के लिए हम सूजी / रवा के एक पैकेट की बात करते हैं। सूजी /रवा के पैकेट के उत्पादन में पर्यावरण संसाधनों का उपयोग किया जाता है — इसके अंतर्गत कच्चा माल (जैसे कि गेहूं), ऊर्जा, पानी, पैकेजिंग सामग्री, आदि शामिल हैं। उत्पाद के उपभोग के दौरान भी पर्यावरण संसाधनों का उपयोग भी किया जाता है। हर बार सूजी को पकाकर उपमा बनाने के दौरान मसाले, नमक, पानी और खाना पकाने के ईंधन की जरूरत होती है। सूजी के उपभोग के दौरान उत्सर्जित अपशिष्ट पदार्थों के अलावा, इसकी पैकेजिंग सामग्री भी पर्यावरण को प्रभावित करती है (इसके लिए उद्योग से संबंधित अध्याय भी देखें)।

आवश्यकताएँ, इच्छाएँ और विलासिता सामग्रियाँ

आवश्यकताएँ पूरी तरह अनिवार्य होती हैं, जिसके बिना हम कुछ नहीं कर सकते हैं। भोजन, पानी, आवास, वस्त्र और सामाजिक संपर्क को बुनियादी आवश्यकता माना जाता है, जो पूरी दुनिया के सभी लोगों के लिए एक समान है। आवश्यकताओं के विपरीत, इच्छाएँ व्यक्ति की सामाजिक और आर्थिक पृष्ठभूमि पर निर्भर हैं। शहर में रहने वाले एक व्यक्ति की इच्छाओं में व्यक्तिगत कंप्यूटर शामिल हो सकता है। एक किसान बढ़िया हल प्राप्त करने की इच्छा रख सकता है। हमारे द्वारा उपभोग की जाने वाली वस्तुओं की मात्रा एवं गुणवत्ता इस बात को निर्धारित करती है कि, हम अपनी आवश्यकताओं या फिर इच्छाओं अथवा विलासिता संबंधी इच्छाओं को पूरा कर रहे हैं।

अपने अस्तित्व के लिए हर व्यक्ति को उपभोग की आवश्यकता होती है। जीवित रहने के लिए भोजन, पानी, वस्त्र और आवास बुनियादी आवश्यकताएँ हैं, जिन्हें प्राकृतिक संसाधनों से प्राप्त किया जाता है। इनकी खपत कब अत्यधिक उपभोग में बदल जाती है? यह भी एक ऐसा प्रश्न है जिसका उत्तर देना मुश्किल है।

आइए पहले हम भोजन की आवश्यकता पर विचार करें। दाल और चावल एक साधारण भोजन है। दूसरी ओर, पुलाव, मिठाई, आइसक्रीम एवं इसी प्रकार के अन्य महंगे खाद्य पदार्थों से सजी थाली भी भोजन है। हमारे द्वारा खाए जाने वाले भोजन की मात्रा और इसका प्रकार, यह निर्धारित करता है कि हम अपनी बुनियादी आवश्यकताओं को पूरा कर रहे हैं या विलासिता का आनंद ले रहे हैं।

आवश्यकता और विलासिता की धारणाएँ हर व्यक्ति, समुदाय और देश के लिए अलग-अलग होती हैं। जिस चीज को कुछ लोग जीवन की बुनियादी आवश्यकता मानते हैं, उसे अन्य लोग विलासिता की वस्तु समझ सकते हैं।

कल और आज ...

वर्षों पहले का समय काफी अच्छा था, जब हमारे पास ख़रीदारी के लिए कपड़े के थैले हुआ करते थे। थैले के पूरी तरह फट जाने तक, हम सैकड़ों बार इसमें दुकान से सामान लाते थे। हमारे पास फेंकने के लिए प्लास्टिक की थैलियाँ नहीं थीं। हम कप या स्टील के गिलास में चाय पीते थे; गंदगी फैलाने के लिए पेपर कप नहीं होते थे। उन दिनों शीतल पेय की बोतलें और डिस्पोजेबल कप नहीं थे; इसके बजाय हम बोतलों का उपयोग करते थे। दूध के पाउडर का खाली डिब्बा हमारे रसोईघर की दराज पर वर्षों तक चीनी या दाल को रखने के लिए इस्तेमाल में लाया जाता था। दूध की ख़रीदारी कांच की बोतलों में की जाती थी जिसे अगले दिन लौटाया जाता था; कूड़ेदान में फेंकने के लिए प्लास्टिक की थैलियाँ नहीं थीं। हमारे पास रूमाल थे, जिसे फटने से पहले तक बार-बार धोकर इस्तेमाल में लाया जाता था; फेंकने के लिए कोई पेपर नैपकिन नहीं था। बच्चों को साफ कपड़े का डायपर (इसे आमतौर पर दादी की पुरानी कोमल साड़ियों से बनाया जाता था) पहनाया जाता था, जिसे धोकर पुनः इस्तेमाल में लाया जाता था: किसी चीज को फेंका नहीं जाता था। उन दिनों हम अपशिष्ट का उत्पादन नहीं करते थे।

सुविधा उपभोक्तावाद के इस नए युग में, हमारे द्वारा उपभोग की गई वस्तुओं और अपशिष्ट उत्पादन की मात्रा समान हो सकती है। हमें उत्पाद की तुलना में इसकी पैकेजिंग के लिए अधिक पैसों का भुगतान करना पड़ सकता है। भारत की बहुमूल्य ऊर्जा के एक चौथाई हिस्से का इस्तेमाल ऐसी वस्तुओं के उत्पादन में किया जाता है, जिसे अंततः अपशिष्ट के तौर पर फेंक दिया जाता है। अखिल भारतीय खाद्य परिरक्षक संघ के मुताबिक, पैकेजिंग का मूल्य एक उत्पाद की कीमत का लगभग 55% होता है (द वीक, 2 अक्टूबर 1994)।

जब आबादी का एक हिस्सा अधिक मात्रा में संसाधनों का उपयोग करता है और प्रदूषण फैलाने के साथ-साथ पर्यावरण के स्तर में गिरावट में योगदान देता है, तो इसे अत्यधिक उपभोग की स्थिति माना जाता है। अत्यधिक उपभोग, विकसित देशों के अलावा विकासशील देशों के समृद्ध वर्ग के लोगों में स्पष्ट तौर पर दिखाई देता है।

हमें इस बात को ध्यान में रखना चाहिए कि, अत्यधिक जनसंख्या के साथ-साथ अत्यधिक उपभोग का विषय भी बेहद गंभीर है और इन दोनों समस्याओं के समाधान की दिशा में समान प्रतिबद्धता के साथ प्रयास किया जाना चाहिए। हमारी चिंता का विषय केवल लोगों की संख्या नहीं है। यह लोगों के जीवन की गुणवत्ता, लोगों के उपभोग की प्रवृत्ति, लोगों द्वारा इस्तेमाल की जाने वाली प्रौद्योगिकी तथा लोगों और पर्यावरण पर इन सभी कारकों के प्रभाव के साथ संबंधित है।

अत्यधिक जनसंख्या के साथ-साथ अत्यधिक उपभोग के प्रभाव को हाल ही में स्वीकार किया गया है। रेखाचित्र से पता चलता है कि, सदियों तक धीमी गति से जनसंख्या वृद्धि के बाद पिछली आधी शताब्दी में जनसंख्या विस्फोट की स्थिति उत्पन्न हो गई है।

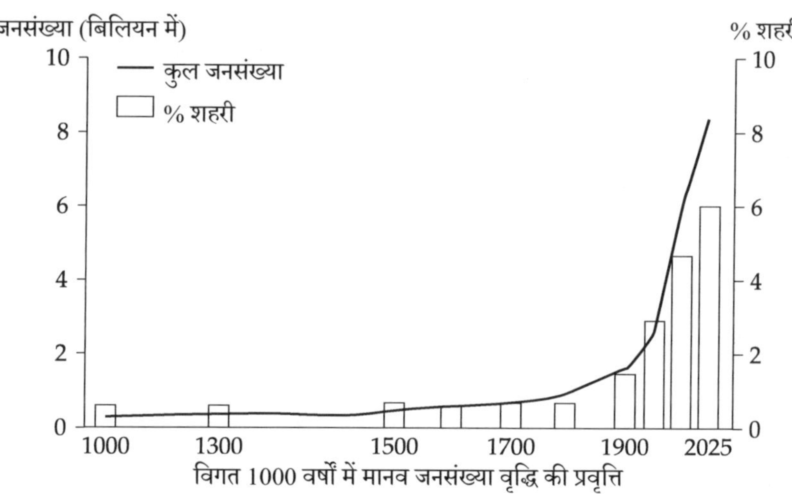

मानव आबादी को एक अरब तक पहुंचने में 20 लाख वर्ष लग गए। इसके बाद, आबादी को दो अरब तक पहुंचने में महज 130 वर्ष का समय लगा, जबकि तीसरी अरब आबादी के लिए 30 वर्ष, चौथी के लिए 15 वर्ष और पांचवी के लिए केवल 12 वर्ष का समय लगा। जे-आकार के वक्र से यह पता चलता है कि शुरूआत में जनसंख्या वृद्धि की दर धीमी थी, और कालांतर में इसमें तीव्र वृद्धि हुई।

पिछली कुछ शताब्दियों में कृषि, स्वास्थ्य आदि के क्षेत्र में तेजी से सुधार हुआ है। बेहतर भोजन की उपलब्धता और बेहतर स्वास्थ्य से मृत्यु दर में कमी आई है। बेहतर स्वास्थ्य सुविधाओं का एक अर्थ यह भी है कि, पहले की तुलना में आज जन्म के बाद जीवित बचने वाले बच्चों की संख्या भी अधिक हो गई है। इससे जनसंख्या वृद्धि दर में वृद्धि हुई है।

पिछले दो शताब्दियों के दौरान एक नए प्रकार के समाज का अभ्युदय हुआ है, जिसे शहरी औद्योगिक समाज कहा जाता है। शहरी औद्योगिक समाज को अधिक उत्पादन तथा वस्तुओं के अधिक उपयोग, जीवाश्म ईंधन और अन्य गैर-नवीकरणीय संसाधनों के अधिक उपयोग, प्राकृतिक सामग्रियों के उपयोग के बजाए सिंथेटिक सामग्रियों के उपयोग की ओर झुकाव, तथा प्रति व्यक्ति ऊर्जा की खपत में वृद्धि से चिह्नित किया जाता है। अत्यधिक जनसंख्या तथा अत्यधिक उपभोग, दोनों ही नवीनतम घटनाएँ हैं। ये पर्यावरण पर पड़ने वाले प्रभाव में वृद्धि की अवधि के अनुरूप हैं।

जनसंख्या एवं उपभोग, पर्यावरण को किस प्रकार प्रभावित करते हैं?

मानव आबादी को सहारा देने वाले क्षेत्र की क्षमता, लोगों की संख्या के साथ-साथ वहां रहने वाले लोगों की आवश्यकता एवं जीवनशैली पर भी निर्भर है। अगर लोगों की जरूरतें कम हैं और उनकी जीवनशैली सरल है, तो यह किसी ऐसे स्थान की अपेक्षा अधिक लोगों को सहारा प्रदान करने में सक्षम हैं जहां लोगों की जरूरत एवं इच्छाएँ अनंत हैं।

जब किसी क्षेत्र की आबादी इसकी क्षमता से अधिक हो जाती है, तो अत्यधिक जनसंख्या की स्थिति उत्पन्न होती है। ऐसी स्थिति उत्पन्न होने पर, जीवन और अर्थव्यवस्थाओं को सहारा देने वाले पर्यावरणीय संसाधन कम हो जाते हैं, और इतनी अधिक मात्रा में अपशिष्ट पदार्थों का उत्पादन होता है कि उसे पृथ्वी की प्राकृतिक प्रक्रियाओं द्वारा अपघटित नहीं किया जा सकता है। ऐसा तब हो सकता है, जब बहुत से लोग अपनी बुनियादी जरूरतों को पूरा करने की कोशिश कर रहे हों। लेकिन यह तब भी हो सकता है, जब कम आबादी वाले किसी क्षेत्र में लोग अधिकाधिक मात्रा में उपभोग करते हैं।

पर्यावरण पर जनसंख्या एवं उपभोग के प्रभावों को समझने के लिए, आइए हम कुछ विशिष्ट उदाहरणों को देखें।

वनोन्मूलन

वनों से हमें इमारती लकड़ियाँ, जलाऊ लकड़ियाँ, कागज के लिए लुगदी के अलावा कई बड़े और छोटे उत्पाद मिलते हैं, इसलिए यह आर्थिक दृष्टि से महत्त्वपूर्ण हैं। पारिस्थितिक दृष्टि से भी वन्य क्षेत्र काफी महत्त्वपूर्ण हैं। जंगल मृदा का संरक्षण करते हैं, जैव विविधता के भंडार हैं और वर्षा जल के बहाव को धीमा करने के साथ-साथ बड़े पैमाने पर जल का अवशोषण करते हैं जिससे झरनों, जलधाराओं एवं भूजल स्रोतों का पुनर्भरण होता है। वे हरितगृह गैसों के लिए निक्षेप स्थल के रूप में कार्य भी करते हैं।

वनोन्मूलन और उपभोग के बीच संबंध: दुनिया भर में वनोन्मूलन के लिए काफी हद तक अधिकाधिक उपभोग की प्रवृत्ति ज़िम्मेदार है। अक्सर, अल्पविकसित देश, विदेशी कंपनियों को लकड़ी की कटाई के लिए अपने वन्य क्षेत्र बेहद कम मूल्य पर बेच देते हैं। वे आर्थिक विकास को प्रोत्साहित करने, विदेशी कर्ज के ब्याज का भुगतान करने आदि के लिए ऐसा करते हैं। लकड़ी की कटाई के लिए भुगतान किए गए शुल्क में वनों की कटाई से जुड़े पर्यावरणीय लागत को शामिल नहीं किया जाता है, और इसलिए इतने बड़े पैमाने पर वनों की कटाई की क्षतिपूर्ति करने वाले पुनर्नवीनीकरण कार्यक्रम का संचालन संभव नहीं है।

समृद्ध देशों के फास्ट फूड आउटलेट्स में सस्ते बीफ़ की मांग को, उपभोग के पर्यावरण पर पड़ने वाले प्रभाव के उदाहरण के तौर पर देखा जा सकता है। मध्य अमेरिका और अमेज़ोनिया के ज्यादातर हिस्सों में, पशुपालन हेतु अस्थाई चारागाह के निर्माण के लिए वनों की कटाई की जाती है। इस प्रकार के चारागाहों का इस्तेमाल कुछ वर्षों तक ही किया जाता है, और फिर जंगल के किसी अन्य हिस्से का सफाया कर चारागाह बनाया जाता है। अगर हम पर्यावरणीय लागतों को शामिल करते हुए इस प्रकार के चरागाह, जिसे उष्णकटिबंधीय वनों की कटाई के बाद तैयार किया गया है, पर आश्रित पशुओं से बने हैमबर्गर की वास्तविक लागत की गणना करें, तो यह 5 वर्ग मीटर जंगल की लागत के बराबर होगी। वनों के मूल्य (आर्थिक और पारिस्थितिक, दोनों) को ध्यान में रखते हुए, यह लागत हैमबर्गर के सामान्य कीमत की तुलना में काफी अधिक होगी।

जापान इसका एक अन्य उदाहरण है, जो सभी उष्णकटिबंधीय लकड़ी का 60 प्रतिशत आयात करता है। इसके परिणामस्वरूप पापुआ न्यू गिनी, थाईलैंड, मलेशिया, कोलंबिया और कैमरून सहित कई देशों में वनों की कटाई हुई है। आयात की गई ज्यादातर लकड़ियों का इस्तेमाल अस्थायी उपयोग की वस्तुओं के निर्माण में किया जाता है, जैसे कि कंक्रीट के लिए नए-नए साँचे, पैकिंग के बक्से, चॉपस्टिक, आदि। इस प्रकार का उदाहरण भारत में भी देखा जा सकता है, जहां शहरी इलाकों में फर्नीचर एवं इमारती लकड़ियों की आवश्यकता को पूरा करने के लिए जंगलों की कटाई की जाती है।

वनोन्मूलन और जनसंख्या के बीच संबंध: एक अनुमान (हैरिसन, 1992) के अनुसार, वर्ष 1973–88 के दौरान विकासशील देशों में जनसंख्या वृद्धि के कारण 79% उष्णकटिबंधीय वनों का सफाया हुआ है।

अगर जलाऊ लकड़ियों को एकत्रित करने वाले किसी स्थानीय समुदाय की जनसंख्या, उस क्षेत्र के स्थानीय वन्य संसाधन द्वारा स्वयं को पुनः विकसित करने की क्षमता से कम हो, तो वह समुदाय अनिश्चित काल तक उस संसाधन का लाभ उठा सकता है। परंतु जनसंख्या वृद्धि के साथ-साथ जलाऊ लकड़ियों को एकत्रित करने वाले लोगों की संख्या भी बढ़ती जाती है। जब जलाऊ लकड़ियों को एकत्रित करने वाले लोगों की संख्या, वन्य संसाधन द्वारा स्वयं को पुनः विकसित करने की क्षमता से अधिक हो जाती है, तब एक समय ऐसा आता है जब वन्य भंडार कम होने लगता है और वनाच्छादित क्षेत्र गायब होने लगते हैं।

यह अनुमान लगाया गया था कि, वर्ष 2000 में लगभग 2.4 बिलियन लोग अपनी ईंधन आवश्यकताओं की पूर्ति के लिए वनों की कटाई कर रहे हैं, और यह वनों के प्राकृतिक विकास के माध्यम से पुनर्जीवित होने की दर से अधिक है। इनमें से, लगभग 350 मिलियन लोग संसाधनों के अत्यधिक दोहन के बगैर अपनी न्यूनतम आवश्यकताओं को पूरा नहीं कर सकते हैं।

एक अन्य विचारधारा के अनुसार, जनसंख्या वृद्धि की अपेक्षा आर्थिक एवं राजनीतिक कारकों का वनों की कटाई पर अधिक हानिकारक प्रभाव पड़ता है। उदाहरण के लिए, संयुक्त राष्ट्र संघ के अनुसार जनसंख्या वृद्धि के परिणामस्वरूप किसानों द्वारा वर्षावन के केवल छोटे टुकड़ों का विनाश होता है, और वे केवल वनों के बाहरी हिस्सों को कृषि योग्य भूमि में बदलते हैं (संयुक्त राष्ट्र संघ, 1990)। वर्षावन के बड़े इलाकों की कटाई के लिए जनसंख्या वृद्धि जिम्मेदार नहीं है। किसानों के लिए वर्षा वनों के बड़े हिस्से का दोहन करना मुश्किल है, क्योंकि इस प्रकार के जंगल काफी सघन होते हैं और यहां नदी, खाई जैसी कई बाधाएँ होती हैं। जब इन क्षेत्रों में वृहत आकार की बुनियादी ढांचा परियोजनाएँ (जैसे कि राजमार्गों का निर्माण) संचालित की जाती है तब लोग इसका दोहन करना प्रारंभ करते हैं, और फिर यह क्षेत्र भूमिहीन किसानों और नए प्रवासियों के लिए सुलभ हो जाता है जो संपत्ति के अधिकारों की गैरमौजूदगी का लाभ उठाते हुए इसका सफाया करते हैं।

मृदा अपरदन

मृदा अपरदन एवं अन्य कारणों की वजह से भूमि का खतरनाक दर से निम्नीकरण हो रहा है। भूमि की दशा में यह गिरावट वाकई चिंता का विषय है, क्योंकि मिट्टी के पुनर्निर्माण की स्वाभाविक प्रक्रिया बेहद धीमी है। बहते पानी और हवा के कारण प्राकृतिक रूप से मृदा अपरदन होता है। कृषि, वनों की कटाई, अत्यधिक चराई तथा अन्य मानवीय गतिविधियों के कारण मृदा अपरदन की आशंका बढ़ जाती है। आज पूरे विश्व में मृदा अपरदन की दर इसके पुनर्निर्माण की दर से काफी अधिक है।

मृदा अपरदन और उपभोग के बीच संबंध: एक अनुमान के अनुसार, अमेरिका की धरती के मूल ऊपरी परत का एक तिहाई हिस्सा जलधाराओं, झीलों एवं महासागरों में मिल गया है, जिसका प्रमुख कारण अत्यधिक कृषि एवं चराई तथा वनोन्मूलन रहा है। अमेरिका में होने वाले मृदा अपरदन का 86 प्रतिशत हिस्सा उस भूमि से आता है, जिसका इस्तेमाल पशुचारण अथवा मवेशियों के लिए चारा उत्पादन हेतु किया जाता है। मवेशी के प्रत्येक आधा किलो बीफ के लिए लगभग 16 किग्रा मिट्टी का अपरदन हो सकता है! इसके अलावा अमेरिका में मृदा अपरदन का लगभग 14 प्रतिशत हिस्सा उस भूमि से आता है, जिसका इस्तेमाल मानव उपभोग हेतु फसलों के उत्पादन में किया जाता है।

मृदा अपरदन और जनसंख्या के बीच संबंध: एशिया और अफ्रीका में पूरे विश्व का दो-तिहाई मृदा अपरदन होता है। जनसंख्या वृद्धि के कारण निवास योग्य भूमि, कृषि, आदि के लिए जमीन पर अतिरिक्त दबाव पड़ता है जो अंततः वन्य क्षेत्रों को प्रभावित करता है।

'झूम कृषि', जनसंख्या वृद्धि से प्रेरित मृदा अपरदन का एक अन्य उदाहरण है। यह उष्णकटिबंधीय जंगलों के लोगों की पारंपरिक खेती का एक रूप है। इसमें पेड़ों और अन्य वनस्पतियों को काटकर जंगल के छोटे टुकड़े को साफ किया जाता है और फिर अवशेषों को जला दिया जाता है। इस राख से मिट्टी की उर्वरा शक्ति बढ़ जाती है। इस तैयारी के बाद, साफ की गई भूमि पर एक निश्चित अवधि के लिए खेती की जाती है, फिर इसे 10 से 30 वर्ष तक परती (बिना जोती बोई भूमि) छोड़ दिया जाता है, जिसके बाद यह जमीन दोबारा फसल उत्पादन के लिए उपजाऊ हो जाती है।

इस प्रकार की कृषि व्यवस्था प्रारंभिक समाजों के लिए संवहनीय थी, क्योंकि छोटी आबादी के कारण खाद्यान्न आपूर्ति के लिए जंगल के केवल छोटे हिस्सों को साफ करना पड़ता था, और उस जमीन को लंबे समय तक छोड़ पाना भी संभव था ताकि यह अपनी उर्वरा शक्ति को पुनः प्राप्त कर सके। बढ़ती आबादी के साथ, इस तरह की खेती के लिए जंगलों के साफ किए जाने वाले टुकड़ों की संख्या में भी वृद्धि हुई, जिसके परिणामस्वरूप अधिक संख्या में किसानों को कम जमीन के लिए प्रतिस्पर्धा करनी पड़ती। जंगलों के सीमित होने के कारण किसानों को छोड़े गए भूखंड पर अपेक्षाकृत कम समय में लौटने के लिए विवश होना पड़ता है, और कभी-कभी तो यह अवधि केवल दो वर्ष की होती है। इसके परिणामस्वरूप मिट्टी की ऊपरी परत और पोषक तत्व गायब हो जाते हैं।

जलवायु परिवर्तन

पृथ्वी के तापमान को बढ़ाने वाली गैसों जैसे कि, कार्बन डाइऑक्साइड, मीथेन, क्लोरोफ्लोरोकार्बन, नाइट्रस ऑक्साइड और नाइट्रोजन ऑक्साइड की वजह से होने वाले प्रदूषण के कारण वैश्विक जलवायु पर संकट मंडरा रहा है।

जलवायु परिवर्तन और उपभोग के बीच संबंध: यह सर्वविदित तथ्य है कि विश्व की एक-चौथाई से कम जनसंख्या वाले समृद्ध देश, अपनी उपभोग संबंधी आवश्यकताओं को पूरा करने के लिए मोटर वाहनों, विद्युत उत्पादन संयंत्रों एवं अन्य औद्योगिक संयंत्रों में ईंधन के दहन के माध्यम से लगभग तीन-चौथाई कार्बन डाइऑक्साइड का उत्सर्जन करते हैं। वर्ष 1970 के बाद से अमेरिका की जनसंख्या में 25 प्रतिशत की वृद्धि हुई, परंतु यात्री कारों की बिक्री में 50 प्रतिशत की बढ़ोतरी हुई है। यह बढ़ी हुई संख्या स्वाभाविक रूप से अमेरिका द्वारा उत्सर्जित हरितगृह गैसों के योगदान को बढ़ाती है।

जलवायु परिवर्तन और जनसंख्या के बीच संबंध: जनसंख्या में वृद्धि, खाद्यान्न आपूर्ति की मांग में वृद्धि के साथ जुड़ी हुई है। मनुष्य बढ़ती आबादी की जरूरतों को पूरा करने के लिए खाद्यान्न उत्पादन का विस्तार करने की कोशिश करता है, जिसके परिणामस्वरूप भोजन और चारागाह के लिए वन क्षेत्रों की कटाई में वृद्धि होती है, तथा पशुधन एवं जीवाश्म ईंधन के दहन के कारण अधिक मात्रा में हरितगृह गैसों (मीथेन सहित) का उत्सर्जन होता है। जनसंख्या वृद्धि के कारण अधिक मात्रा में जैविक अपशिष्ट का उत्सर्जन होता है। इस प्रकार के अपशिष्ट पदार्थों के सड़ने से भी मीथेन गैस निकलती है। मीथेन एक हरितगृह गैस है जो भूमंडलीय तापन में योगदान देता है। मीथेन का एक अणु, कार्बन डाइऑक्साइड के एक अणु से लगभग 25 गुना अधिक सूर्य की गर्मी को अवशोषित करता है।

वनोन्मूलन, मृदा अपरदन और जलवायु परिवर्तन तीन प्रमुख पर्यावरणीय समस्याएँ हैं, जिनकी चर्चा यहां पर्यावरण पर अत्यधिक जनसंख्या एवं अत्यधिक उपभोग के प्रभावों को स्पष्ट करने के लिए की गई है। स्पष्ट है कि, वर्तमान में हम पर्यावरण के जिन खतरों से अवगत हैं, उस पर लोगों और उनकी जीवन शैली का प्रभाव पड़ता है, जिसके अंतर्गत जैव विविधता को होने वाला नुकसान, ओजोन परत का अवक्षय, मरुस्थलीकरण जैसी समस्याएँ शामिल हैं। ऐसी स्थिति में, पर्यावरण एवं विकास से संबंधित समस्याओं को हल करने के प्रयास में जनसंख्या और उपभोग, दोनों की भूमिकाओं को समझना बेहद महत्त्वपूर्ण है। इसके लिए जनसंख्या और उपभोग के की प्रवृत्ति को बेहतर ढंग से समझना आवश्यक है।

भारत की कहानी

वर्तमान में, भारत अपने सभी लोगों के जीवन के लिए आवश्यक खाद्यान्नों का पर्याप्त मात्रा में उत्पादन करता है। परंतु केवल पर्याप्त मात्रा में खाद्यान्नों के उत्पादन से समाज के सभी वर्गों तक भोजन की उपलब्धता सुनिश्चित नहीं होती है। व्यापक गरीबी का मतलब है कि लोगों के पास खाद्यान्न उत्पादन के लिए पर्याप्त जमीन नहीं है अथवा खरीदकर खाने के लिए पर्याप्त पैसा नहीं है।

गरीबी एक अत्यंत जटिल समस्या है, जो अत्यधिक जनसंख्या और अत्यधिक उपभोग, दोनों से संबंधित है। सामान्य अर्थों में गरीबी का तात्पर्य भोजन, वस्त्र, आवास, शिक्षा और स्वास्थ्य के संबंध में न्यूनतम मानव आवश्यकताओं को पूरा करने में असमर्थता है।

भारत में अर्थशास्त्री और योजनाकार इसके लिए पारिभाषिक पद **'गरीबी रेखा'** का उपयोग करते हैं। जो लोग प्रतिदिन पेटभर भोजन नहीं कर सकते हैं, वे गरीबी रेखा से नीचे हैं। इस परिभाषा के अनुसार, भारत की लगभग एक-तिहाई आबादी 'गरीबी रेखा के नीचे' रहती है। 1950 के दशक के शुरूआती दिनों की तुलना में वर्तमान में यह अनुपात काफी कम है, क्योंकि उस दौरान भारत की लगभग आधी आबादी गरीबी रेखा से नीचे थी। हालांकि, जनसंख्या में भारी वृद्धि के कारण, 1951 में गरीबों की संख्या 164 मिलियन से बढ़कर 1993–94 में 320 मिलियन हो गई। भारत के लगभग 77 प्रतिशत गरीब ग्रामीण क्षेत्रों में रहते हैं।

गरीबों के लिए आहार

गरीबी रेखा को प्रति व्यक्ति मासिक व्यय के रूप में परिभाषित किया जाता है, जिसके आधार पर ग्रामीण क्षेत्रों में रहने वाले लोग प्रतिदिन 2,400 कैलोरी तथा शहरी क्षेत्रों में रहने वाले लोग 2,100 कैलोरी के समतुल्य भोजन खरीदने में सक्षम होते हैं।

औसत मूल्य के आधार पर, गरीबी रेखा से नीचे रहने वाले व्यक्ति का दैनिक आहार निम्नानुसार होगा:

अनाज	400 ग्राम
दाल	1 कप पकाया हुआ
दूध	1/3 कप
खाद्य तेल	2 चम्मच
सब्जियाँ	1 आलू, 1 छोटा बैंगन, 1 प्याज, 1/2 टमाटर
सूखी मिर्च	1 चम्मच
चाय की पत्ती	1 चम्मच, दो कप चाय के लिए पर्याप्त
अंडे	हर पाँच दिन बाद एक 1 अंडा
ताजा फल	हर हफ्ते एक फल

इन खाद्य पदार्थों को खरीदने के बाद, व्यक्ति के पास अन्य सभी खर्चों के लिए प्रतिदिन लगभग 2 रुपये बचेगा। हर तीसरा भारतीय इस बेहद किफायती भोजन पर व्यय करने में सक्षम नहीं है।

आमतौर पर गरीबी का मापन नकद आय के संदर्भ में किया जाता है, क्योंकि यह दर्शाता है कि लोग अपनी भोजन एवं अन्य बुनियादी आवश्यकताओं को पूरा करने के लिए उन्हें खरीदने में सक्षम है अथवा नहीं। लेकिन ग्रामीण आबादी का एक बड़ा हिस्सा अपनी दैनिक जरूरतों को पूरा करने के लिए प्रत्यक्ष तौर पर अपने खेतों में उगाए गए अनाज तथा पर्यावरणीय संसाधनों, जैसे कि घास के मैदान, जंगल, जलस्रोत, इत्यादि पर निर्भर हैं। ऐसी स्थिति में केवल आय के आधार पर लोगों की गरीबी को दर्शाया नहीं जा सकता है।

गरीब होने का दंश

गरीब अपने जीवन की रक्षा के लिए प्रतिदिन संघर्ष करते हैं। हालांकि, गरीबी की स्थिति के बावजूद इन लोगों के परिवार का आकार काफी बड़ा होता है, क्योंकि उनके अनुसार बच्चे केवल परिवार के भोजन में हिस्सेदार नहीं होते, बल्कि वे काम में हाथ भी बटाते हैं। लेकिन जब कई गरीब परिवारों के सदस्यों की संख्या काफी अधिक हो जाती है, तब स्थानीय स्तर पर उपलब्ध संसाधन उस स्थान की जनसंख्या के भरण-पोषण के लिहाज से कम हो जाती है। इसके बाद गरीबों के पास बेहद कम विकल्प बचते हैं और अपने अस्तित्व की रक्षा के आशाहीन प्रयास के साथ स्थानीय वन्य संसाधनों, मिट्टी, घास के मैदानों और जलस्रोतों का अत्यधिक दोहन करते हैं, जिससे इनके स्तर में गिरावट आती है। अल्पकालिक उत्तरजीविता के लिए उनके संघर्ष का परिणाम अक्सर एक दुष्चक्र के तौर पर सामने आता है: जनसंख्या वृद्धि के कारण अत्यधिक गरीबी की स्थिति उत्पन्न होती है और पर्यावरण पर दबाव बढ़ जाता है, जिसके परिणामस्वरूप भविष्य में उत्तरजीविता की संभावनाएँ बेहद कठिन हो जाती हैं।

संभवतः जनसंख्या वृद्धि के कारण, किसानों के पास अपने परिवार के भरण-पोषण हेतु पर्याप्त मात्रा में खाद्यान्न उत्पादन के लिए बहुत कम जमीन उपलब्ध है। भारत में प्रचलित विरासत प्रणाली के कारण प्रति परिवार जमीन की उपलब्धता भी कम हो जाती है। हर नई पीढ़ी के बाद खेत का आकार पहले की तुलना में छोटा हो जाता है। इनमें से कई भूखंडों का आकार तो इतना छोटा होता है कि इसके सहारे परिवार का भरण-पोषण करना असंभव है। अपने परिवार के भरण-पोषण हेतु अन्य साधनों की गैरमौजूदगी के कारण, काम करने की आशा में ग्रामीण गरीब शहरों और कस्बों की ओर पलायन करते हैं।

कस्बों और शहरों में गरीब, झुग्गी बस्तियों या फुटपाथ पर काफी कठिन परिस्थितियों में जीवन यापन करते हैं, जहां उन्हें शौचालय और सुरक्षित पेयजल जैसी सुविधाएँ उपलब्ध नहीं होती हैं। उनके आश्रय बेहद कमजोर होते हैं, जो उन्हें गर्मी, ठंड या बारिश से पूरी तरह सुरक्षा नहीं दे पाते हैं। अक्सर उन लोगों की बस्तियाँ प्रदूषित कारखानों के निकट होती हैं, और बहुत कम मजदूरी के लिए अस्वास्थ्यकर एवं असुरक्षित परिस्थितियों में काम (अगर उन्हें नौकरी मिल जाए) करते हैं।

जीवन-यापन एवं रोजगार की परिस्थितियाँ और कुपोषण के कारण गरीब लोग बीमारियों, खराब स्वास्थ्य एवं असमय मृत्यु जैसी समस्याओं के प्रति असुरक्षित होते हैं। भारत में प्रतिवर्ष कम से कम 125,000 लोगों की मृत्यु कुपोषण एवं जल-जनित रोगों के कारण होती है। वायु प्रदूषण के कारण श्वसन रोगों से लगभग 267,000 लोगों की मृत्यु हो जाती है। इस प्रकार के निवारण योग्य रोगों से प्रतिदिन लगभग 1,100 लोगों की मृत्यु होती है, जो प्रतिदिन 275 यात्रियों को ले जाने वाले चार विमानों के दुर्घटनाग्रस्त होने के बराबर है, जिसमें कोई जीवित नहीं बचता है!

बीमारियों के कारण होने वाली शारीरिक पीड़ा के कारण उन्हें दैनिक जीविका के लिए भी बेहद संघर्ष करना पड़ता है। सामान्य स्वास्थ्य की खराब स्थिति के कारण वे न तो ज्यादा काम कर सकते हैं और न ही पैसे कमा सकते हैं। इस प्रकार वे निरंतर भूख और बीमारी से जूझते रहते हैं, साथ ही अधिक उत्पादक भी नहीं रह जाते हैं। वे 'गरीबी के दुष्चक्र' में फंस जाते हैं, जिससे निकलना आसान नहीं है।

भारत में बड़ी तादाद में लोग निर्धन है और उनकी कम उत्पादकता देश के आर्थिक विकास को प्रभावित करती है। पर्याप्त आर्थिक विकास की नहीं होने की स्थिति में लोगों की गरीबी बरकरार रहती है।

अमीर और गरीब

भले ही भारत का बड़े पैमाने पर आर्थिक विकास नहीं हो पाया हो, परंतु इसके कुछ क्षेत्र अवश्य समृद्ध हुए हैं। आज ऐसे लोगों की संख्या निरंतर बढ़ती जा रही है जिनके पास खर्च करने के लिए अधिक पैसा है और वे अधिकाधिक वस्तुओं पर व्यय करने में सक्षम है। अधिक उत्पाद का अर्थ है अधिक उत्पादन, जिसका अर्थ है पर्यावरण से अधिक मात्रा में संसाधनों का उपयोग। इसका तात्पर्य यह है कि, इसकी वजह से ज्यादा प्रदूषण फैलता है और पर्यावरण को अधिक नुकसान पहुंचता है। चूंकि गरीब अपनी बुनियादी जरूरतों के लिए पर्यावरण पर सीधे निर्भर हैं, इसलिए वे पर्यावरणीय क्षति से अधिक प्रभावित होते हैं।

फर्नीचर एवं भवन निर्माण और उद्योग-धंधों की मांग के कारण जंगलों का लगातार सफाया हो रहा है, जिन पर गरीब ईंधन और भोजन के लिए आश्रित रहते हैं। वे जंगलों से पूरक आहार के तौर पर फल, बेर और कंद-मूल इकट्ठा करते हैं, साथ ही दवाइयों के लिए भी वे जड़ी-बूटियों और अन्य वन उत्पादों पर निर्भर हैं। वनोन्मूलन के साथ-साथ इस प्रकार के उत्पादों का भी सफाया हो जाता है, जो गरीबों के लिए नितांत आवश्यक है।

देश-विदेशों के समृद्ध लोगों की मांग को पूरा करने के लिए अधिकाधिक मात्रा में उपजाऊ जमीन का इस्तेमाल नकदी फसलों के लिए किया जाने लगा है और गरीबों को खाद्यान्न उत्पादन के लिए कम उर्वर भूमि पर खेती के लिए विवश होना पड़ा है। उदाहरण के लिए, बंगलौर और दिल्ली जैसे शहरों के आसपास की जमीन पर फूलों की खेती बड़े पैमाने पर की जाने लगी है, ताकि भारत और विदेशों में फूलों की बढ़ती मांग को पूरा किया जा सके। इन फूलों का इस्तेमाल समृद्ध लोगों द्वारा अपने घरों एवं कार्यालयों को सजाने तथा विभिन्न अवसरों पर उपहारस्वरूप देने के लिए किया जाता है।

खाद्यान्नों की खरीद, मूल्य निर्धारण और वितरण व्यवस्था में मौजूद अन्तराल ने सार्वजनिक वितरण प्रणाली जैसे कार्यक्रमों को सभी गरीबों तक प्रभावी ढंग से पहुंचने से रोक दिया है। कुछ विश्लेषक इस बात से भयभीत हैं कि, भारत की जनसंख्या वृद्धि के कारण भूख और कुपोषण की समस्याएँ अधिक विकट रूप धारण कर सकती है। मृदा अपरदन, जलभराव, लवणन, अत्यधिक चराई और वनों की कटाई के कारण हमारी 40 प्रतिशत कृषि भूमि खराब हो गई है; और हमारी 80 प्रतिशत जमीन पर सूखे की संभावना बढ़ गई है।

जनसंख्या वृद्धि की समस्या के समाधान हेतु वैकल्पिक तरीके नितांत आवश्यक हैं।

सतत उपभोग को समझना

जनसंख्या से संबंधित मुद्दों पर होने वाली परिचर्चाओं में अक्सर जनसंख्या को सबसे आगे रखा जाता है। उपभोग का विषय भी इससे संबंधित है और समान रूप से महत्त्वपूर्ण है जिस पर अक्सर अपेक्षानुसार विचार नहीं किया जाता है। पर्यावरण को बेहतर बनाने के लिए उपभोग और अस्थिर उपभोग की प्रवृत्ति के विकल्पों को समझना, जनसंख्या वृद्धि को नियंत्रित करने की तरह ही महत्त्वपूर्ण है।

उपभोग का उचित स्तर क्या है? नीचे कुछ कथन दिए गए हैं, जो सतत (या उचित) उपभोग को समझने में हमारी मदद कर सकते हैं:

- सतत उत्पादन और उपभोग का तात्पर्य ऐसी वस्तुओं एवं सेवाओं के उपयोग से है जो बुनियादी जरूरतों को पूरा करते हैं और जीवन की गुणवत्ता को बेहतर बनाते हैं, साथ ही प्राकृतिक संसाधनों एवं विषाक्त पदार्थों के उपयोग तथा अपशिष्ट एवं प्रदूषण के उत्सर्जन को कम करते हैं, ताकि भावी पीढ़ियों की आवश्यकताओं की पूर्ति संभव पर कोई संकट न आए (सतत उपभोग पर विचार-गोष्ठी, ओस्लो, नॉर्वे, 19–20 जनवरी, 1994)

- सतत उत्पादन एवं उपभोग में व्यापार, सरकार, समुदाय और परिवारों को साथ मिलकर कुशलतापूर्वक उत्पादन और प्राकृतिक संसाधनों के उपयोग, अपशिष्ट पदार्थों के न्यूनीकरण तथा उत्पादों एवं सेवाओं के अनुकूलन के माध्यम से पर्यावरण की गुणवत्ता को बेहतर बनाने में योगदान देना चाहिए (एडविन जी. फॉकमैन, वेस्ट मैनेजमेंट इंटरनेशनल; *सस्टेनेबल प्रोडक्शन एंड कंजम्पशन: ए बिजनेस पर्स्पेक्टिव*, तिथि अज्ञात)।

पारिस्थितिक पदचिह्न

अत्यधिक उपभोग के मापन की विधि क्या है? उपभोग के पारिस्थितिक प्रभाव के मापन के लिए कई नई तकनीकें और उपकरण विकसित किए गए हैं। **पारिस्थितिक पदचिह्न** भी इसी प्रकार की एक नवीनतम तकनीक है।

प्रत्येक व्यक्ति (एक व्यक्ति से लेकर पूरे शहर या देश तक) का पृथ्वी पर प्रभाव पड़ता है, क्योंकि वे प्रकृति के उत्पादों एवं सेवाओं का उपभोग करते हैं।

उनके पारिस्थितिकीय प्रभाव 'प्रकृति के उत्पादों की मात्रा' के अनुरूप है, जिसका 'प्रयोग' वे अपने अस्तित्व की रक्षा के लिए करते हैं। पारिस्थितिक पदचिह्न, प्रचलित तकनीक का उपयोग कर जैविक रूप से उत्पादक क्षेत्रों के मात्रात्मक मूल्य निर्धारण का तरीका है, जो संसाधनों की लगातार आपूर्ति और अपशिष्टों को अवशोषित करने के लिए आवश्यक हैं। इस प्रकार पारिस्थितिक पदचिह्न हमें बताते हैं कि, हम प्रकृति के उत्पादों का कितनी मात्रा में इस्तेमाल करते हैं। किसी देश के पारिस्थितिक पदचिह्न में, वहां के विभिन्न पारिस्थितिक तंत्र श्रेणियों की कुल भूमि और जल क्षेत्र शामिल है, जो उस देश को अपने उपभोग हेतु सभी संसाधनों के उत्पादन के साथ-साथ उत्पन्न किए गए सभी अपशिष्ट को अवशोषित करने के लिए आवश्यक है।

पृथ्वी की सतह का कुल क्षेत्रफल 51 बिलियन हेक्टेयर है। इसमें से 36.3 बिलियन हेक्टेयर समुद्र है और 14.7 बिलियन हेक्टेयर जमीन है। कुल धरातल का 8.3 बिलियन हेक्टेयर क्षेत्र जैविक रूप से उत्पादक है। शेष भाग बर्फ से ढका हुआ है या वहां की मिट्टी अनुपयुक्त है या उस क्षेत्र में पानी की कमी है।

2001 में, भारत 6.055 अरब की अनुमानित वैश्विक आबादी के 16.7 को आश्रय प्रदान करता है, परंतु देश के पास विश्व के कुल भूभाग का केवल 2.4 प्रतिशत उपलब्ध है।

जैविक रूप से उत्पादक भूमि एवं समुद्री क्षेत्र को ध्यान में रखते हुए, पृथ्वी पर प्रति व्यक्ति लगभग 2 हेक्टेयर जमीन उपलब्ध है। अन्य पौधों और जानवरों की प्रजातियों के लिए इस जमीन के एक हिस्से को छोड़कर, हमारे पास लगभग 1.7 हेक्टेयर प्रति व्यक्ति जमीन उपलब्ध है। यह न्यूनतम मानदंड है, जिसके आधार पर पारिस्थितिक पदचिह्न का मापन किया जाता है (तालिका 11.2)।

तालिका 11.2

पारिस्थितिक पदचिह्न

	1997 में जनसंख्या	पारिस्थितिक पदचिह्न (हेक्टेयर प्रति व्यक्ति)	पारिस्थितिक क्षमता (हेक्टेयर प्रति व्यक्ति)	पारिस्थितिक न्यूनता (हेक्टेयर प्रति व्यक्ति)
		(1993 में वैश्विक औसत उत्पादकता के आधार पर तैयार किए गए आंकड़े)		
विश्व	5,892,480,000	2.8	2.1	−0.7
भारत	970,230,000	0.8	0.5	−0.3
अमेरिका	268,189,000	10.3	6.7	3.6
सिंगापुर	2,899,000	7.2	0.1	−7.1
आयरलैंड	3,577,000	5.9	6.5	0.6
ऑस्ट्रेलिया	18,550,000	9.0	14.0	5.0

स्रोत: www.ecouncil.ac.cr/rio/focus/report/English/ranking.htm.

कुछ देश अपनी सीमाओं के भीतर उपलब्ध संसाधनों की तुलना में अधिक पारिस्थितिक क्षमता का उपयोग करते हैं। इसका तात्पर्य यह है कि, ऐसे देश पारिस्थितिक न्यूनता (इसे नकारात्मक संख्या द्वारा दर्शाया जाता है) का सामना कर रहे हैं, जो इन देशों द्वारा अत्यधिक उपभोग की स्थिति को व्यक्त करता है। ऐसे देश अपनी पारिस्थितिक क्षमता की कमी को पूरा करने तथा अपने नागरिकों की जीवन शैली में सहायता करने के लिए आयात पर निर्भर रहते हैं। अपनी सीमाओं की पारिस्थितिक क्षमता से छोटे आकार के देश यह दर्शाते हैं कि वे अपने पारिस्थितिक साधनों के दायरे में उपभोग कर रहे हैं (इन्हें सकारात्मक संख्याओं द्वारा दर्शाया जाता है)। लेकिन अक्सर ऐसा होता है कि, पारिस्थितिक क्षमता को सुरक्षित रखने के बजाय इसका उपयोग अन्य देशों (जैसे कि पारिस्थितिक न्यूनता से जूझ रहे देश) को निर्यात हेतु उत्पादों के निर्माण में किया जाता है।

पारिस्थितिक पदचिह्न जैसे उपायों को विकसित करने की जरूरत है, ताकि हम धरती के संसाधनों पर अत्यधिक उपभोग एवं उसके प्रभाव की सीमा को समझ सकें।

परिवर्तन के लिए रणनीतियाँ: उपभोग के स्वरूप को प्रभावित करना

उपभोग के स्वरूप को परिवर्तित करना कोई आसान काम नहीं है। लोगों की अनिश्चित जीवनशैली में बदलाव लाने तथा उपभोग को संवहनीय बनाने के लिए अलग-अलग स्तरों पर सम्मिलित प्रयास की आवश्यकता है।

इस प्रकार के कुछ महत्त्वपूर्ण प्रयासों की आवश्यकता है:

1. लोगों को विकल्प पर विचार करने में सक्षम बनाने के लिए संवहनीय उपभोग से संबंधित जानकारी की उपलब्धता एवं जागरूकता के दायरे को बढ़ाना, एक अच्छा कदम है।

2. सभी के लिए न्यूनतम खपत सुनिश्चित करने की दिशा में कार्रवाई करना, सभी लोगों के लिए बुनियादी सुविधाओं एवं अवसरों की उपलब्धता को संभव बनाता है।

3. तकनीकी नवाचारों और संसाधन क्षमता को बढ़ावा देने से पर्यावरणीय क्षति एवं गरीबी, दोनों को कम करने में मदद मिलेगी।

4. कच्चे माल के सही मूल्य निर्धारण से सामग्रियों का अधिक क्षमता के साथ उपयोग संभव होगा तथा अपशिष्ट उत्पादन में कमी आएगी। सरकारी सब्सिडी के कारण प्राकृतिक सामग्रियों (जैसे कि खनिज अयस्क, पानी आदि) को कृत्रिम रूप से किफायती दरों पर उपलब्ध कराया जाता है। इसका तात्पर्य यह है कि, किसी विशेष सामग्री के निष्कर्षण एवं उपयोग में इसकी पर्यावरणीय लागत को शामिल नहीं किया जाता है। उदाहरण के लिए, खनन और वृक्षों की कटाई जैसे उद्योगों पर सरकार द्वारा भारी सब्सिडी दी जाती है, जबकि आमतौर पर इन्हीं उद्योगों के कारण पर्यावरण को बड़े पैमाने पर क्षति होती है। इन कच्चे माल का सही मूल्य निर्धारण, लोगों को अपव्यय में कमी लाने के लिए प्रेरित करेगा।

5. पर्यावरण को नुकसान पहुंचाने वाले उत्पादों का सही मूल्य निर्धारण भी इस दिशा में एक महत्त्वपूर्ण कदम है। उदाहरण के तौर पर, ओजोन अवक्षय में योगदान देने वाले एयरोसोल स्प्रे की लागत में इसके पर्यावरणीय प्रभाव को भी सम्मिलित किए जाने की आवश्यकता है।

6. उपयुक्त कानूनों एवं विनियमों को स्थापित करने और लागू करने के बाद पर्यावरण को नुकसान पहुंचाने वाले प्रदूषकों के उत्सर्जन पर जुर्माना लगाया जा सकता है। विनियमों से अपशिष्ट उत्सर्जन को न्यूनतम निर्धारित मानकों के अनुरूप बनाने में भी मदद मिल सकती है, ताकि प्रदूषण कम हो। सरकारी नियम न्यूनतम गुणवत्ता मानकों, उल्लंघनों के लिए जुर्माना, आदि के रूप में हो सकते हैं।

7. अंतर्राष्ट्रीय सहयोग एवं कार्यवाही की प्रणाली को सुदृढ़ बनाने से उपभोग के मुद्दों को संबोधित करने में मदद मिल सकती है, जिसका पूरे विश्व के पर्यावरण पर प्रभाव पड़ता है। उदाहरण के लिए, जानवरों और पौधों की कई प्रजातियों के कुछ अंगों का उपयोग दवाओं, कपड़े, फैशन हेतु सहायक सामग्री, आदि के रूप में किया जाता है। पशुओं की रोएँदार खाल, हाथीदांत, आदि इसके अन्य उदाहरण हैं।

वर्ष 1973 में वन्य जीवों एवं वनस्पतियों की लुप्तप्राय प्रजातियों पर अंतर्राष्ट्रीय सम्मेलन के संधिपत्र को अपनाया गया, और दुनिया भर के 135 देशों द्वारा इसकी पुष्टि की गई थी। इस संधिपत्र के माध्यम से वन्यजीवों एवं वनस्पतियों के व्यापार को विनियमित करने का प्रयास किया गया है। इस संधिपत्र के अनुसार, 600 से अधिक विलुप्तप्राय जीवों एवं वनस्पतियों के व्यापार पर प्रतिबंध लगाया गया है।

केवल सरकार और व्यवसायों द्वारा किए गए प्रयासों के माध्यम से उपभोग की प्रवृत्ति को प्रभावी ढंग से नहीं बदला जा सकता है। इस प्रकार के परिवर्तन के लिए हमें अपनी जीवनशैली पर सवाल उठाने होंगे।

परिवर्तन की दिशा में प्रयास

व्यक्तिगत कार्रवाई, परिवर्तन की शुरुआत का एक माध्यम है। उपभोग से संबंधित "5 आर" को अपनाकर हम व्यक्तिगत तौर पर अत्यधिक उपभोग की प्रवृत्ति को समझ सकते हैं।

अस्वीकृति (नकारना): अनावश्यक वस्तुओं और सेवाओं का इस्तेमाल नहीं करें। सर्वव्यापी प्लास्टिक की थैली इसका एक सामान्य उदाहरण है, जिसका इस्तेमाल किराने के सामानों को पैक करने में किया जाता है। प्लास्टिक जैव-निम्नीकरणीय नहीं होते हैं और बेहद कम मात्रा में प्लास्टिक का पुनर्चक्रण किया जा सकता है। प्लास्टिक के बैग के बजाय खुद के कपड़े बैग का इस्तेमाल करना, इसे अस्वीकृत करने का सबसे अच्छा तरीका है। प्लास्टिक की थैलियों की मांग में कमी के बाद इसके उत्पादन में भी कमी आएगी और अंततः गैर-जैव निम्नीकरणीय कचरे के उत्सर्जन में भी कमी आएगी।

कम करना: वस्तुओं एवं सेवाओं के उपभोग को यथासंभव कम करने का प्रयास करें। बिजली के उपयोग में कमी इसका एक उदाहरण है। बिजली के उपयोग में कमी लाकर हम अपने मूल्यवान कोयला संसाधनों की बचत करेंगे, जिसका इस्तेमाल ताप विद्युत संयंत्रों में बिजली उत्पादन के लिए किया जाता है। बिजली की बचत के परिणामस्वरूप जलविद्युत उत्पादन के लिए कम संख्या में बांधों के निर्माण की आवश्यकता होगी। इसका तात्पर्य यह है कि, जलप्लावित क्षेत्र तथा विस्थापित लोगों की संख्या में कमी आएगी।

पुनर्प्रयोग (पुन: उपयोग): वस्तुओं के पुनर्प्रयोग से नए सामान की मांग कम हो जाएगी। इसका अर्थ यह होगा कि नए सामानों के उत्पादन के लिए प्राकृतिक संसाधनों की मांग भी कम हो जाएगी। उदाहरण के लिए, उपयोग के बाद प्लास्टिक के जार को फेंकने के बजाय रसोईघर में मसालों, आदि के भंडारण के लिए पुनर्प्रयोग से यह गैर-जैव निम्नीकरणीय अपशिष्ट के तौर पर परिवर्तित नहीं हो पाता है।

मरम्मत: सामानों की मरम्मत से नए सामान की आवश्यकता कम हो जाती है और अंततः इसके उत्पादन में इस्तेमाल होने वाले प्राकृतिक संसाधनों की बचत होती है। उदाहरण के लिए, पुराने फर्नीचरों की मरम्मत करना और इस्तेमाल में लाना, नए फर्नीचर को खरीदने की तुलना में अधिक लागत प्रभावी एवं पर्यावरण अनुकूल विकल्प है।

पुनर्चक्रण: वस्तुओं के पुनर्चक्रण के बाद किसी अन्य स्वरूप में इसका दोबारा प्रयोग किया जाता है। उदाहरण के लिए, रद्दी कागज को पुनर्चक्रण के बाद पेपरबोर्ड, हस्तनिर्मित कागज, आदि में परिवर्तित किया जा सकता है। इससे लुग़दी की मांग में कमी आती है और पेड़ों को बचाया जाता है।

जनसंख्या, उपभोग और वैश्विक विभाजन

संसाधनों एवं वायुमंडलीय अवशोषण को बचाने की क्षमता के बावजूद उत्तरी गोलार्द्ध के देशों द्वारा जीवाश्म ईंधन की खपत को परिमित क्यों किया जाना चाहिए, जिसे दक्षिणी गोलार्ध की अत्यधिक आबादी द्वारा उपयोग में लाया जाएगा, और इसके परिणामस्वरूप बड़ी संख्या में लोग अभाव के समान स्तर पर रहने के लिए विवश होंगे? संसाधनों को बचाने की क्षमता के बावजूद दक्षिणी गोलार्ध के देशों द्वारा अपनी आबादी को परिमित क्यों किया जाना चाहिए, जिसका लाभ उत्तरी गोलार्ध के अत्यधिक उपभोग करने वाले देशों द्वारा उठाया जाएगा, और इसके परिणामस्वरूप पहले से जारी अपशिष्ट उत्सर्जन में बड़े पैमाने पर वृद्धि होगी? हर वैश्विक पर्यावरण सम्मेलन में इस प्रकार के प्रश्न उठाए जाते हैं। उत्तरी गोलार्ध के देश अत्यधिक खपत की बात को अस्वीकृत करते हैं, जबकि दक्षिणी गोलार्ध के देश अत्यधिक जनसंख्या की बात से इनकार करते हैं। इसका परिणाम यह होता है कि पर्यावरण के स्तर में गिरावट तथा गरीबी के लिए प्रत्यक्ष तौर पर जिम्मेदार दो महत्त्वपूर्ण विषयों पर अधिक ध्यान नहीं दिया जाता है। अब तक यह स्पष्ट होना चाहिए कि, इन समस्याओं पर ध्यान दिए बगैर हम किसी नतीजे तक नहीं पहुंच सकते हैं। इस प्रकार के समझौता वार्ताओं के माध्यम से दक्षिणी गोलार्ध के देशों को अत्यधिक जनसंख्या तथा उत्तरी गोलार्ध के देशों को अत्यधिक खपत की समस्या का सामना करने के लिए प्रेरित किया जाना चाहिए। दोनों गोलार्द्ध के देशों को साथ मिलकर प्रयास करना होगा।
(हर्मन डेली, 1998; *वर्ल्ड वॉच*, 11 [1] जनवरी – फरवरी)

I प्रश्नावली

1. मिलान करें

   A. किसी निर्दिष्ट शहर, क्षेत्र या देश में महिलाओं द्वारा प्रसव वर्ष के दौरान पैदा किए गए बच्चों की औसत संख्या

   a. प्राकृतिक वृद्धि दर

   B. मानव जनसंख्या में वार्षिक वृद्धि की दर (जिसमें अप्रवासन या विदेशगमन शामिल नहीं है)। इसे किसी देश या क्षेत्र के जन्म दर में इसकी मृत्यु दर को घटाने के बाद प्राप्त किया जाता है

   b. जनसंख्या आयु संरचना

   C. इसे किसी दिए गए वर्ष में प्राकृतिक वृद्धि दर के साथ देश में आने वाले लोगों की संख्या में देश से बाहर जाने वाले लोगों की संख्या को घटाकर प्राप्त किया जाता है

   c. वृद्धि दर

   D. विभिन्न आयु समूहों में देश की आबादी का वर्तमान आपेक्षिक अनुपात

   d. कुल प्रजनन दर

2. क्या आप भारत में किसी भी समुदाय या राज्य के बारे में जानते हैं, जहां पारंपरिक रूप से पुरुषों के बजाय महिलाएँ अपने माता-पिता के संपत्ति की उत्तराधिकारी होती हैं? उन राज्यों में महिला साक्षरता दर, जन्म दर और शिशु मृत्यु दर का पता लगाएँ क्या आपको इनके बीच कोई पारस्परिक संबंध दिखाई देता है?

3. अपने राज्य में महिला साक्षरता दर, जन्म दर और शिशु मृत्यु दर का पता लगाएँ। भारत और केरल की दरों के साथ इसकी तुलना करने पर आप क्या पाते हैं? आपके राज्य में प्रचलित दरें क्या दर्शाती हैं? यदि आप केरल में रहते हैं, तो यथासंभव विगत जनगणना वर्षों में इन दरों का पता लगाने का प्रयास करें और समान अवधि में भारतीय आंकड़ों के साथ इसकी तुलना करें। इन आंकड़ों से आप किस निष्कर्ष तक पहुंचते हैं?

4. आपका मित्र कहता है कि, गर्भनिरोधक और नसबंदी प्रक्रिया को सर्वसुलभ बनाकर जनसंख्या वृद्धि को नियंत्रित किया जा सकता है? क्या आप इस बात से सहमत हैं? यदि हाँ, तो क्यों? यदि नहीं, तो क्यों नहीं?

5. कल्पना कीजिए कि आप राष्ट्रीय जनसंख्या नीति को सफल बनाने की दिशा में सुझाव के लिए गठित समिति में शामिल हैं। आप किन बातों की अनुशंसा करेंगे?

6. रहन-सहन का तरीका, वस्तु एवं सेवाओं के उपभोग को संदर्भित करता है। जीवन की गुणवत्ता, मनुष्य के शारीरिक, मानसिक, आध्यात्मिक एवं सामाजिक कल्याण के दीर्घकालिक अनुभव के संयोजन को दर्शाती है। इसके अंतर्गत बुनियादी तौर पर आवश्यक वस्तुओं एवं सेवाओं, सुरक्षा, न्याय, स्वस्थ मानव संबंधों, अवसरों, मन की शांति, स्वस्थ वातावरण, आदि की उपलब्धता शामिल है। इनमें से ज्यादातर का आर्थिक दृष्टि से मूल्य निर्धारण कर पाना संभव नहीं है।

अगर आपको एक जादुई चिराग मिल जाए और आपसे जीवन की गुणवत्ता को बेहतर बनाने के लिए पाँच वरदान मांगने को कहा जाए, तो आप क्या मांगेंगे (ध्यान रहे कि आप पैसे नहीं मांग सकते हैं)?

अब स्वयं को नीचे दिए गए व्यक्तियों के स्थान पर रखकर, इसी प्रकार की 'पांच इच्छाओं' की सूची तैयार करें:

- सूखाग्रस्त क्षेत्र का एक गरीब किसान
- एक बड़े शहर की झुग्गी बस्ती में रहने वाली महिला
- मध्यवर्गीय परिवार में रहने वाली एक गृहणी
- एक बहुराष्ट्रीय कंपनी का सीईओ

सूची में कौन सी इच्छाएँ एक समान हैं? कौन-कौन सी इच्छाएँ अलग हैं और क्यों?

II अभ्यास

1. कल्पना कीजिए कि धरती की जनसंख्या इतनी अधिक हो गई है कि लोग मंगल ग्रह पर बसने लगे हैं। मंगल ग्रह तक जाने वाले अंतरिक्ष यान में प्रत्येक परिवार को अपने घरों से केवल 20 वस्तुओं को ले जाने की अनुमति दी गई है। आप ऐसी 20 वस्तुओं की सूची बनाएँ, जिसे आप अपने घर से ले जाना चाहेंगे? आपको पैसे ले जाने की अनुमति नहीं दी गई है।

अब कल्पना कीजिए कि अंतरिक्ष यान का भार काफी बढ़ गया है, इसलिए आपको 20 में से 5 वस्तुओं को यहीं छोड़ना पड़ेगा। आप किन पाँच वस्तुओं को छोड़ना चाहेंगे? अपनी सूची से इन पाँच वस्तुओं के नाम हटा दें। उड़ान भरने के बाद अतिरिक्त सामानों की वजह से अंतरिक्ष यान में समस्या उत्पन्न हो जाती है। अंतरिक्ष यान का संचालक प्रत्येक परिवार को पाँच और वस्तुओं को नीचे फेंकने का आदेश देता है। अब आप किन पाँच वस्तुओं का त्याग करेंगे? सूची से पाँच अन्य वस्तुओं के नाम हटा दें। सामानों को हटाए जाने के बावजूद अतिरिक्त वजन की समस्या हल नहीं हो पाती है। अब आपको मौजूदा दस वस्तुओं में से पाँच को हटाना होगा। इस बार आप किन पाँच वस्तुओं को छोड़ेंगे? अपनी सूची से इन पाँच वस्तुओं के नाम हटा दें।

अंत में आपके पास पाँच वस्तुओं की सूची होगी। वास्तविक सूची और अंतिम सूची की समीक्षा करें। इससे आपको अपनी जरूरतों, इच्छाओं और विलासिता के बारे में क्या पता चलता है? अपने पास मौजूद ऐसी वस्तुओं की सूची बनाएँ, जिनके बिना आप आसानी से जीवन-यापन कर सकते हैं। ऐसी प्रत्येक वस्तु के पर्यावरण पर पड़ने वाले प्रभाव पर विचार करें।

2. जनसंख्या वितरण को दर्शाने वाली तालिका 11.3 के आंकड़ों का उपयोग करते हुए भारतीय राज्यों में जनसंख्या वितरण को दिखाने के लिए एक रेखाचित्र तैयार करें। इसके अनुसार क्या जनसंख्या का वितरण समान है अथवा यह असमान रूप से वितरित है? पता लगाएँ कि किन राज्यों और केंद्र शासित प्रदेशों (यूटी) की जनसंख्या सबसे अधिक और सबसे कम है। किन पाँच राज्यों या केंद्र शासित प्रदेशों का जनसंख्या घनत्व सर्वाधिक है?

लिंग अनुपात से आप क्या समझते हैं? किन राज्यों या केंद्र शासित प्रदेशों में लिंग अनुपात सबसे अधिक है? किन राज्यों में यह सबसे कम है? आपके अनुसार उच्चतम एवं न्यूनतम लिंग अनुपात के क्या कारण हैं?

तालिका 11.3
कुल जनसंख्या में भारतीय राज्यों / केंद्र शासित प्रदेशों की हिस्सेदारी, 2001

राज्य	मिलियन (दस लाख) में कुल जनसंख्या			एक दशक में जनसंख्या वृद्धि का प्रतिशत 1991–2001	लिंग अनुपात (प्रति हजार पुरुषों पर महिलाओं की संख्या)	जन घनत्व (प्रति वर्ग किमी)
	व्यक्ति	पुरुष	महिलाएँ			
भारत	1,027,015,247	531,227,078	495,738,169	21.34	933	324
जम्मू-कश्मीर	10,069,917	5,300,574	4,769,343	29.04	900	99
हिमाचल प्रदेश	6,077,248	3,085,256	2,991,992	17.53	970	109
पंजाब	24,289,296	12,963,362	11,325,934	19.76	844	482
चंडीगढ़	900,914	508,224	392,690	40.33	773	7,902
उत्तराखंड	8,479,562	4,316,401	4,163,161	19.20	964	159
हरियाणा	21,082,989	11,327,658	9,755,331	28.06	861	477
दिल्ली	13,782,976	7,570,890	6,212,086	46.31	821	9,294
राजस्थान	56,473,122	29,381,657	27,091,65	28.33	922	165
उत्तर प्रदेश	166,052,859	87,466,301	78,586,558	25.80	898	689
बिहार	82,878,796	43,153,964	39,724,832	28.43	921	880
सिक्किम	540,493	288,217	252,276	32.98	875	76
अरुणाचल प्रदेश	1,091,117	573,951	517,166	26.21	901	13
नागालैंड	1,988,636	1,041,686	946,950	64.41	909	120
मणिपुर	2,388,634	1,207,338	1,181,296	30.02	978	107
मिजोरम	891,058	459,783	431,275	29.18	938	42
त्रिपुरा	3,191,168	1,636,138	1,555,030	15.74	950	304
मेघालय	2,306,069	1,167,840	1,138,229	29.94	975	103
असम	26,638,407	13,787,799	12,850,608	18.85	932	340
पश्चिम बंगाल	80,221,171	41,487,694	38,733,477	17.84	934	904
झारखंड	26,909,428	13,861,277	13,048,151	23.19	941	338
उड़ीसा	36,706,920	18,612,340	18,094,580	15.94	972	236

(जारी)

(जारी)

राज्य	मिलियन (दस लाख) में कुल जनसंख्या			एक दशक में जनसंख्या वृद्धि का प्रतिशत *1991–2001*	लिंग अनुपात (प्रति हजार पुरुषों पर महिलाओं की संख्या)	जन घनत्व (प्रति वर्ग किमी)
	व्यक्ति	पुरुष	महिलाएँ			
छत्तीसगढ़	20,795,956	10,452,426	10,343,530	18.06	990	154
मध्य प्रदेश	60,385,118	31,456,873	28,928,245	24.34	920	196
गुजरात	50,596,992	26,344,053	24,252,939	22.48	921	258
दमन एवं दीव	158,059	92,478	65,581	55.59	709	1,411
दादरा और नगर हवेली	220,451	121,731	98,720	59.20	811	449
महाराष्ट्र	96,752,247	50,334,270	46,417,997	22.57	922	314
आंध्र प्रदेश	75,727,541	38,286,811	37,440,730	13.86	978	275
कर्नाटक	52,733,958	26,856,343	25,877,615	17.25	964	275
गोवा	1,343,998	685,617	658,381	14.89	960	363
लक्षद्रीप	60,595	31,118	29,477	17.19	947	1,894
केरल	31,838,619	15,468,664	16,369,955	9.42	1,058	819
तमिलनाडु	62,110,839	31,268,654	30,842,185	11.19	986	478
पांडिचेरी	973,829	486,705	487,124	20.56	1,001	2,029
अंडमान-निकोबार द्वीपसमूह	356,265	192,985	163,280	26.94	846	43

स्रोत: भारत की जनगणना, 2001

III विचार-विमर्श

1. वर्तमान में विश्व की अनुमानित आबादी छह बिलियन से अधिक है। लगभग 1.3 प्रतिशत की औसत वृद्धि दर के साथ लोगों की संख्या में प्रतिवर्ष तकरीबन 78 मिलियन की वृद्धि हो रही है। कुछ देशों की आबादी, एक व्यक्ति के जीवनकाल में ही दोगुनी हो रही है। मौजूदा विकास दर के साथ वर्ष 2053 तक धरती पर लोगों की आबादी दोगुनी होकर 12 बिलियन तक पहुंच जाएगी।

    वैश्विक जनसंख्या वृद्धि के कारण अभूतपूर्व पर्यावरणीय, सामाजिक एवं राजनीतिक समस्याएँ उत्पन्न हो रही हैं। इस पर चर्चा करें।

2. गरीबी और पर्यावरण से संबंधित चुनौतियाँ अलग-अलग नहीं हैं, बल्कि ये एक ही सिक्के के दो पहलू हैं। चर्चा करें।

3. 'उत्तरी गोलार्ध के देश अत्यधिक खपत की बात को अस्वीकृत करते हैं, जबकि दक्षिणी गोलार्ध के देश अत्यधिक जनसंख्या की बात से इनकार करते हैं।' चर्चा करें।

चयनित ग्रंथसूची

Brown, L.L., G. Gardner and B. Halweil. 1998. 'Beyond Malthus: Sixteen dimensions of the population problem.' World Watch paper 143. Washington, DC: The World Watch Institute.

Centre for Environment Education. 1998. 'EnviroScope: Manuals for college teachers.' *Citizen action.* Ahmedabad: CEE.

Economic Development Institute of The World Bank, South Asian Association for Regional Cooperation. 1998. 'Population pressures on the environment: Economic globalization and sustainable develop-ment in South Asia.' Jaipur, India: 13–16 May.

Ehrlich, P.R. and A.H. Ehrlich. 1990. *The population explosion,* New York: Simon and Schuster.

Lanssen, N. 1992. 'Empowering development: The new energy equation.' World Watch paper 111. Washington, DC: The World Watch Institute.

Miller, G. Tyler, Jr. 1994. *Living in the environment,* 8th ed. California: Wadsworth Publishing Company.

Prasannan, R. 1994. 'Ape west, heap waste', *The Week,* 2 October.

United Nations Development Programme. 1998. *Human Development Report 1998.* Mumbai: Oxford University Press.

Young, J.E. 1991. 'Discarding the throwaway society.' World Watch paper 101. Washington, DC: The World Watch Institute.

Young, J.E. and A. Sachs. 1994. 'The next efficiency revolution: Creating a sustainable materials economy.' World Watch paper 121. Washington, DC: The World Watch Institute.

अध्याय 12

पर्यावरण और विकास: संबंधित कड़ियाँ

कल्याणी कंडुला

कभी भारत के विकास के मंदिर के तौर पर संदर्भित वृहत विकासात्मक परियोजनाओं को विरोध का सामना क्यों करना पड़ रहा है? क्या ये समूह जो इन परियोजनाओं का विरोध करते हैं, देश के विकास के विरुद्ध हैं?

वृहत विकासात्मक परियोजनाओं के संदर्भ में पर्यावरण एवं विकास के बीच संबंधों की जांच करना उपयुक्त है, क्योंकि इन परियोजनाओं में पर्यावरण एवं विकास के बीच संघर्ष स्पष्ट तौर पर दिखाई देता है। उदाहरण के लिए, हम कह सकते हैं कि पर्यावरण को सुरक्षित रखने के लिए एक प्रदूषणकारी उद्योग को बंद किया जाना आवश्यक है। परंतु इससे बड़े पैमाने पर मजदूरों को अपनी आजीविका से हाथ धोना पड़ सकता है। इसी तरह, लकड़ी और लकड़ी के उत्पादों के निर्यात को बढ़ावा देने के लिए वन्यक्षेत्रों को कटाई के लिए पट्टे पर दिया जा सकता है। परंतु जंगलों की कटाई के परिणामस्वरूप वन्यक्षेत्र एवं जैव विविधता को नुकसान हो सकता है।

बड़े बांधों के निर्माण जैसी विकास परियोजनाओं पर प्रश्नचिह्न लगाने वाले लोग कहते हैं कि, वास्तव में वे विकास के खिलाफ नहीं हैं। उनका कहना है कि वे निम्नलिखित बुनियादी मुद्दों पर सवाल उठा रहे हैं — विकास किसके लिए और किस कीमत पर?

विकास का क्या अर्थ है?

विकास से हम क्या समझते हैं? विकास के कुछ घटक निम्नानुसार हैं:

- प्रति व्यक्ति वास्तविक आय में वृद्धि
- संतोषजनक आजीविका के अवसरों की उपलब्धता
- स्वास्थ्य एवं पोषण संबंधी स्थिति में सुधार
- शैक्षिक स्थिति में सुधार
- संसाधनों की उपलब्धता
- आय का 'न्यायोचित' वितरण
- बुनियादी मानवाधिकारों का भरोसा
- प्रकृति एवं प्राकृतिक संसाधनों का संरक्षण

यह सर्वविदित तथ्य है कि, मनुष्य और पर्यावरण दोनों ही विकास से संबंधित हैं। सर्वाधिक महत्त्वपूर्ण बात यह है कि: क्या कोई विशेष विकासात्मक परियोजना इनमें से अधिकांश या सभी को संतुष्ट कर पाती है? यह हमें अगले प्रश्न पर लाता है: **हम विकास को कैसे संभव बना सकते हैं?**

क्या हम विशाल कारखानों, बड़े बांधों, ऊंची इमारतों, बड़े पुलों, तेज गति से चलने वाली कारों एवं कंप्यूटरों के निर्माण से 'विकसित' हो सकते हैं? आर्थिक विकास के लिए इन सभी की आवश्यकता हो सकती है, जो विकास का एक घटक है। परंतु विकास के अन्य समान रूप से महत्त्वपूर्ण आयामों को नजरअंदाज करते हुए इन गतिविधियों पर ध्यान केंद्रित करने का परिणाम विपरीत भी हो सकता है। इस अध्याय में आगे हम विकास के विभिन्न आयामों की जांच करेंगे। आइए सबसे पहले हम केवल आर्थिक विकास के माध्यम से विकास के उपागम के साथ समस्याओं को समझने का प्रयास करें।

आमतौर पर आर्थिक विकास को विकास के उपागम के रूप में स्वीकार किया जाता है। अक्सर समृद्ध देशों को 'विकसित' जबकि गरीब देशों को 'विकासशील' देश के रूप में जाना जाता है। सामान्यतः आर्थिक विकास को सकल घरेलू उत्पाद (जीडीपी) जैसे साधनों द्वारा मापा जाता है। ऐसा माना गया कि, किसी देश की जीडीपी का आकलन कर उसके आर्थिक विकास और अंततः उसके विकास के स्तर का पता लगाया जा सकता है। परंतु सरल प्रतीत होने वाले इस दृष्टिकोण में कई समस्याएँ हैं। इन समस्याओं को समझने के लिए सबसे पहले जीडीपी को समझना आवश्यक है।

सकल घरेलू उत्पाद, घरेलू और विदेशी दावों के आवंटन की परवाह किए बिना, किसी अर्थव्यवस्था के नागरिकों एवं गैर-नागरिकों द्वारा अंतिम उपयोग हेतु उत्पादित वस्तुओं एवं सेवाओं की कुल मात्रा है। इसमें भौतिक पूंजी के मूल्यह्रास के लिए कटौती या प्राकृतिक संसाधनों का अवक्षय एवं निम्नीकरण शामिल नहीं है। आमतौर पर सकल घरेलू उत्पाद को कुल जनसंख्या से विभाजित कर प्रति व्यक्ति जीडीपी प्राप्त किया जाता है। प्रति व्यक्ति जीडीपी, आर्थिक विकास के सापेक्षिक स्तरों के लिए एक मापदंड है। तालिका 12.1 में इसे स्पष्ट तौर पर दर्शाया गया है।

सकल राष्ट्रीय उत्पाद, या जीएनपी, आर्थिक विकास का एक और पैमाना है। इसमें जीडीपी के साथ-साथ विदेशों से प्राप्त शुद्ध आय को जोड़ा जाता है, जो विदेशों में अपनी सेवाओं (श्रम एवं पूंजी) के बदले देश के निवासियों को प्राप्त होती है, और इसमें घरेलू अर्थव्यवस्था में योगदान देने वाले गैर-निवासियों द्वारा प्राप्त की गई आमदनी को घटाया जाता है।

किसी भी अन्य मापन युक्ति की तरह, जीडीपी की भी अपनी ताकत और कमजोरियाँ हैं। पर्यावरण के दृष्टिकोण से जीडीपी से संबंधित कुछ समस्याग्रस्त क्षेत्रों का वर्णन यहां किया गया है।

जैसा कि परिभाषा से स्पष्ट है, जीडीपी में केवल विपणन योग्य उत्पाद एवं सेवाएँ शामिल हैं। इसके अंतर्गत गैर-विपणन योग्य वस्तुओं एवं सेवाओं को शामिल नहीं किया जाता है। इस प्रकार के कई अविक्रेय, बाजार में अनुपलब्ध और गैर-विपणन योग्य वस्तुओं और सेवाओं का मानव कल्याण में योगदान है। उदाहरण के लिए ग्राम समुदायों द्वारा पारंपरिक चिकित्सा में इस्तेमाल

तालिका 12.1

चयनित देशों की प्रति व्यक्ति जीडीपी (2001)

देश	अमेरिकी डॉलर में प्रति व्यक्ति जीडीपी
नेपाल	1,310
भारत	2,840
चीन	4,020
दक्षिण अफ्रीका	11,290
सऊदी अरब	13,330
जापान	25,130
ऑस्ट्रेलिया	25,370
अमेरिका	34,320

स्रोत: मानव विकास रिपोर्ट, 2003

किए जाने वाले औषधीय पौधों का विपणन नहीं किया जा सकता है। इसी तरह, स्वयं के उपयोग के लिए ग्रामीणों द्वारा एकत्रित की जाने वाली जलाऊ लकड़ियों और चारे का विपणन नहीं किया जा सकता है। इस प्रकार की वस्तुओं एवं सेवाओं के अलावा मन की शांति, स्वतंत्रता, न्यूनतम अपराध दर, आदि का मानव कल्याण पर जबरदस्त प्रभाव पड़ता है। इस प्रकार की चीजों का मूल्य निर्धारण संभव नहीं हो पाने के कारण इन्हें जीडीपी के दायरे में नहीं रखा जाता है।

जीडीपी की एक अन्य विशेषता यह है कि, इसमें उत्पादित वस्तुओं या सेवाओं की प्रकृति पर विचार नहीं किया जाता है। इस उदाहरण पर गौर करें। अगर पेयजल प्रदूषित हो जाए, तो इसे साफ करने के लिए एक बड़ी रकम का निवेश आवश्यक है क्योंकि लोग स्वच्छ पानी के बिना नहीं रह सकते। पानी की सफाई में किए गए निवेश को लेखाबद्ध किया जाता है, जो जीडीपी में वृद्धि को दर्शाता है। प्रकृति से सीधे तौर पर प्राप्त होने वाले स्वच्छ, ताजे पानी को जीडीपी में शामिल नहीं किया जाता है, क्योंकि यह प्रकृति का एक मुफ्त उपहार है। परंतु प्रदूषित जल की सफाई के लिए लागत आवश्यक है, और इस प्रकार जीडीपी बढ़ जाती है!

इसके अलावा, प्राकृतिक संसाधनों के संरक्षण के लिए कई पारंपरिक उपागमों को भी जीडीपी में शामिल नहीं किया जाता है क्योंकि इसमें किसी प्रकार का आर्थिक लेन-देन नहीं होता है।

उदाहरण के लिए, जीडीपी के अंतर्गत पवित्र वाटिकाओं के माध्यम से संरक्षण के प्रयास को लेखाबद्ध नहीं किया जाता है। वास्तव में ये जंगल के छोटे हिस्से होते हैं, जिसे स्थानीय निवासियों द्वारा ईश्वर के निवास के तौर पर निर्दिष्ट किया जाता है और उसका संरक्षण किया जाता है। इस संरक्षण के परिणामस्वरूप, पवित्र वाटिकाओं में विभिन्न प्रकार के जीव-जंतुओं एवं वनस्पतियों को आश्रय मिलता है। इसके अंदर ऐसी प्रजातियाँ भी पाई जाती हैं जो आस-पास के क्षेत्रों से विलुप्त हो चुकी हैं। संरक्षण की दृष्टि से इस प्रकार के अमूल्य प्रयासों को जीडीपी में शामिल नहीं किया जाता है, जबकि पारिस्थितिक विनाश के लिए उत्तरदायी कुछ गतिविधियों के कारण जीडीपी में वृद्धि हो सकती है!

इस प्रकार, किसी देश में उपलब्ध प्राकृतिक संसाधनों के बजाय, अगर इन संसाधनों के दोहन की प्रक्रिया से पैसे अर्जित किए जा सकते हैं तो जीडीपी के अंतर्गत इन संसाधनों के दोहन को लेखाबद्ध किया जा सकता है; इसका तात्पर्य यह है कि किसी देश के 50 प्रतिशत भूभाग पर मौजूद वन्यक्षेत्र को जीडीपी में स्थान नहीं दिया जाएगा, परंतु लकड़ी के विपणन के लिए जंगलों की कटाई को जीडीपी में वृद्धि के तौर पर दर्शाया जाएगा। सुप्रसिद्ध पर्यावरणविद्, अनिल अग्रवाल ने मानव एवं पर्यावरणीय कल्याण की बेहतर मापन युक्ति के तौर पर जीएनपी — सकल प्रकृति उत्पाद — की अवधारणा प्रस्तुत की।

पारंपरिक आर्थिक विचारधारा के अनुसार हमेशा जीडीपी में वृद्धि का लक्ष्य रखा जाता है, क्योंकि इसका मानना है कि जीडीपी में वृद्धि से मानव कल्याण में वृद्धि अवश्यंभावी है। अब हम यह समझ चुके हैं कि जीडीपी आर्थिक विकास के आकलन की एक महत्त्वपूर्ण युक्ति हो सकती है, परंतु यह समग्र रूप से विकास के आकलन हेतु अपर्याप्त है।

जीडीपी और इसके माध्यम से दर्शाया गया आर्थिक विकास, केवल विकास की आंशिक समझ प्रदान करता है। वास्तविक अर्थों में, विकास महज आर्थिक विकास से कहीं ज्यादा अर्थपूर्ण है। समग्र विकास के दायरे में आर्थिक विकास, लोगों के जीवन की गुणवत्ता तथा पर्यावरण का स्वास्थ्य शामिल है।

आइए अब समझने की कोशिश करें कि जीवन की गुणवत्ता क्या है।

जीवन की गुणवत्ता

जीवन की गुणवत्ता हमारे स्वास्थ्य और खुशी को दर्शाती है। जीवन की गुणवत्ता और जीवन स्तर के बीच अंतर है। जीवन स्तर से हमारे द्वारा की जाने वाली वस्तुओं एवं सेवाओं की उपभोग का पता चलता है, और यह जरूरी नहीं है कि इससे हमें खुशी एवं स्वास्थ्य मिले।

जीडीपी और जीएनपी से हमें लोगों के जीवन की गुणवत्ता के बारे में पता नहीं चल पाता है। इस तथ्य को स्वीकार करते हुए, संयुक्त राष्ट्र विकास कार्यक्रम (यूएनडीपी) ने एक और मापदण्ड निर्धारित किया है, जिसे मानव विकास सूचकांक कहा जाता है। इस सूचकांक में देश के विकास के तीन बुनियादी घटकों का संयुक्त रूप से मापन किया जाता है:

- शारीरिक स्वास्थ्य, जिसका मापन जीवन प्रत्याशा के आधार पर किया जाता है,
- शिक्षा का स्तर, जिसका मापन प्रौढ़ साक्षरता दर और स्कूली शिक्षा के माध्य वर्ष के संयोजन के आधार पर किया जाता है, तथा
- जीवन स्तर, जिसका मापन क्रय-शक्ति समता के साथ समायोजित प्रति व्यक्ति जीडीपी के आधार पर किया जाता है

क्रय-शक्ति समता

क्रय-शक्ति समता (पीपीपी) के आधार पर यह मापा जाता है कि, प्रत्येक मुद्रा द्वारा स्थानीय स्तर पर कितनी मात्रा में 'विभिन्न' वस्तुओं एवं सेवाओं की खरीद की जा सकती है, जिसके अंतर्गत ऐसी वस्तुएँ एवं सेवाएँ भी शामिल हैं जिनका अंतर्राष्ट्रीय स्तर पर कारोबार नहीं किया जाता है। आमतौर पर आर्थिक समृद्धि के स्तर की तुलना के लिए पीपीपी आधारित मुद्रा-मानों का उपयोग किया जाता है, जिसमें बाजार आधारित विनिमय दरों की तुलना में समृद्ध देशों के जीडीपी आंकड़े कम होते हैं जबकि निर्धन देशों के जीडीपी आंकड़े उच्च होते हैं।

हालांकि समग्र विकास सभी लोगों के जीवन की गुणवत्ता को बेहतर बनाने का प्रयास करता है, लेकिन यह पर्यावरण के बुद्धिमत्तापूर्ण प्रबंधन को प्राथमिकता देता है।

पर्यावरण का विकास के साथ क्या संबंध है?

जीवन-यापन के लिए आवश्यक सभी बुनियादी संसाधनों की पूर्ति पर्यावरण से होती है। पर्यावरण से ही कल-कारखानों को कच्चा माल, लोगों को भोजन, वाहनों को ईंधन, इत्यादि प्राप्त होता है। पर्यावरण हमारी विकासात्मक गतिविधियों द्वारा उत्पन्न अपशिष्ट पदार्थों का अवशोषण भी करता है। अर्थात, पर्यावरण विकासात्मक गतिविधियों का **स्रोत** एवं **निक्षेप स्थल**, दोनों है। उदाहरण के लिए, आंतरिक जलस्रोतों से ग्रामीण अर्थव्यवस्था के लिए मत्स्य पालन, सिंचाई, आदि गतिविधियों में मदद मिलती है। वे खेतों से बहकर आने वाले अतिरिक्त उर्वरकों एवं कीटनाशकों के लिए निक्षेप स्थल के रूप में कार्य भी करते हैं। यही कारण है कि हम विकास को पर्यावरण से पृथक करके नहीं देख सकते हैं, जो इसे सहारा देता है।

केवल आर्थिक लाभ में वृद्धि के जरिए तथा मानव एवं पर्यावरणीय कल्याण से पृथक होकर विकास के लिए किए जाने वाले प्रयासों के अवांछनीय परिणाम हो सकते हैं। इसे नीचे दिए बॉक्स में उदाहरण के माध्यम से दर्शाया गया है।

जहाज-विखंडन की गतिविधि का व्यापक प्रभाव

जहाज-विखंडन उद्योग, पर्यावरणीय मानदंडों के उल्लंघन के साथ-साथ अपनी ख़ौफ़नाक कामकाजी परिस्थितियों के लिए कुख्यात है। गुजरात के पश्चिमी तट पर स्थित एक छोटा सा शहर, अलांग, इस उद्योग का प्रतीक है, जो यहां काम करने वाले मज़दूरों के लिए मौत का कुआं बन चुका है। अलांग का दूसरा पक्ष यह है कि यह भारत के व्यापारिक नक्शे पर एक प्रमुख स्थान के रूप में विराजमान है। भारत में जहाज-विखंडन से जुड़ा ज्यादातर व्यवसाय यहां किया जाता है और इसका वार्षिक कारोबार 2 बिलियन डॉलर का है। हालांकि, भारत में 11 अन्य स्थानों पर जहाज तोड़ने की गतिविधि का संचालन होता है।

(जारी)

(जारी)

भारत ने स्वयं को पुराने एवं परित्यक्त जहाजों को तोड़ने के कारोबार में शामिल देशों के बीच एक प्रमुख खिलाड़ी के रूप में स्थापित किया है; जहाजों को तोड़ने के बाद भारी मात्रा में पुनः उपयोग किए जाने योग्य रद्दी इस्पात प्राप्त होता है, जो इसका मुख्य आकर्षण है। केवल अलांग से ही प्रतिवर्ष 2.5 मिलियन टन रद्दी इस्पात प्राप्त होता है, जिसका इस्तेमाल निर्माण उद्योगों में प्रयुक्त इस्पात की वस्तुओं के उत्पादन हेतु किया जाता है। जहाज तोड़ने के उद्योग को कम कीमत पर पुनः उपयोग किए जाने योग्य इस्पात की प्राप्ति का एक प्रमुख स्रोत माना जाता है।

हालाँकि, अलांग के जीवन से हमें सस्ते इस्पात की खरीद की वास्तविक लागत का पता चलता है। मज़दूरों के लिए जहाज तोड़ने की प्रक्रिया किसी बारूदी सुरंग पर चलने के समान है। जहाज तोड़ने की प्रक्रिया ऐसी है कि मज़दूर पर मौत या शारीरिक अपंगता का खतरा हमेशा मंडराता रहता है।

एक मज़दूर जहाज के ऊपर चढ़ता है और उसके बाद क्रूड हैक्स तथा ऑक्सीजन एलपीजी टॉर्च की मदद से इसे काटना शुरू करता है। आमतौर पर तोड़ने के लिए लाए गए जहाजों को ज्वलनशील तरल पदार्थों एवं गैस तथा विषाक्त तत्वों से मुक्त नहीं किया जाता है; और ऐसी स्थिति में अक्सर कोई मज़दूर गलती से ज्वलनशील तरल पदार्थ ले जाने वाले पाइप को टॉर्च से काटने की कोशिश करता है जिससे विस्फोट होता है, जिसके कारण मज़दूर की मौत हो जाती है या वह गंभीर रूप से घायल हो जाता है।

जहाज को विखंडित करने की प्रक्रिया के दौरान, कई बार स्टील की बड़े-बड़े प्लेटें, विशाल बॉयलर, जनरेटर और अन्य भारी सामान काफी ऊंचाई से नीचे खड़े मज़दूरों पर गिर जाते हैं, जिसके परिणामस्वरूप इसकी चपेट में आने वाला मज़दूर अपाहिज हो जाता है, उसकी हड्डियाँ टूट जाती हैं या फिर उसका सिर फट जाता है। जंग लगे एवं जीर्ण-शीर्ण अवस्था में विशालकाय जहाजों को तोड़ते समय कई अन्य तरीकों से भी मज़दूरों के घायल होने की आशंका बनी रहती है।

अलांग के शिपयार्ड में होने वाली गतिविधियों की जानकारी बाहरी दुनिया को काफी मुश्किल से हो पाती है: यहां होने वाली मौतों एवं दुर्घटनाओं को समुचित तरीके से दर्ज या प्रकट नहीं किया जाता है। जहां तक मज़दूरों की बात है, तो वास्तविक स्थिति यह है कि शिक्षा अलांग के तट तक नहीं पहुंच पाई है। उड़ीसा, बिहार और उत्तर प्रदेश से आकर यहां रहने वाले लगभग 40,000 मज़दूर अलांग के विभिन्न शिपयार्ड में कार्यरत हैं, और पूरी तरह उन इकाइयों के मालिकों की दया पर निर्भर हैं। यहां श्रम कानूनों का पूरी तरह उल्लंघन किया जाता है।

जिन जहाजों को यहां तोड़ने के लिए लाया जाता है, उसमें पर्यावरण को नुकसान पहुंचाने वाले कई तरह के विषाक्त पदार्थ मौजूद होते हैं। इसमें सामान्यतः पेंट, सीसा, भारी धातु, पॉलीक्लोरीनेटेड बायफिनाइल (पीसीबी), टिन, एस्बेस्टस, जैसे विषाक्त अपशिष्ट पदार्थ मौजूद होते हैं, जो जहाजों के टूटने के बाद बाहर आते हैं। केन्द्रीय प्रदूषण नियंत्रण बोर्ड (सीपीसीबी) ने इस बात से सहमति प्रकट की है कि, जहाजों को तोड़ने की प्रक्रिया के परिणामस्वरूप इस प्रकार के पदार्थ पानी की गुणवत्ता एवं सामुद्रिक पारिस्थितिक तंत्र, विशेष रूप से अंतःज्वारीय क्षेत्र में, को पूरी तरह बदल देते हैं।

एक या दो जहाजों से निकलने वाले विषैले अपशिष्ट पदार्थों से समुद्र और समुद्री जीवन में कोई अंतर नहीं आ सकता है, लेकिन हर साल अपने विषैले अपशिष्ट पदार्थों को छोड़ने वाले सैकड़ों जहाज निश्चित रूप से पर्यावरण को बड़े पैमाने पर नुकसान पहुंचाते हैं। अप्रैल 1998 से मार्च 1999 के बीच विखंडित किए गए जहाजों की संख्या 361 थी। प्रदूषणकारी गतिविधियों को विनियमित करने की बात को ध्यान में रखते हुए जहाज-विखंडन उद्योग पर शायद ही कोई प्रतिबंध लगाया गया है।

इस उद्योग के तीव्र विकास की असीम संभावनाएँ मौजूद हैं, क्योंकि एक नए कानून के कारण अगले कुछ वर्षों में 6,700 तेल टैंकरों के एक पूरे बेड़े सहित बड़ी संख्या में जहाज विखंडन के लिए तैयार हैं, जिसके आधार पर यह निर्धारित किया गया है कि दोहरी परत वाले जहाजों में तेल टैंकर का निर्माण किया जाना चाहिए।

इसका तात्पर्य यह है कि, भारत को अधिक मात्रा में सस्ते रद्दी इस्पात की प्राप्ति होगी तथा अलांग के अलावा अन्य सभी स्थानों पर जहाज विखंडन उद्योग जगत को अधिक लाभ होगा। लेकिन इसका तात्पर्य यह भी है कि अधिकाधिक मज़दूरों का सिर फूटेगा, मज़दूरों की शारीरिक अपंगता में वृद्धि होगी और तटीय क्षेत्रों में समुद्री जीवन को अपूरणीय क्षति होगी।

जब विकास गतिविधि केवल आर्थिक विकास पर केंद्रित होती है और सामाजिक एवं पर्यावरणीय कल्याण की उपेक्षा करती है, तब यह चिरस्थायी नहीं हो सकती है। जलसंवर्धन के उदाहरण से इस बात को स्पष्ट तौर पर समझा जा सकता है।

जलसंवर्धन: नीली क्रांति

मछली, सीप, क्रस्टेशियन और जलीय पौधों सहित विभिन्न प्रकार के जलीय जीवों के संवर्धन को जलसंवर्धन कहा जाता है। यह विभिन्न प्रकार के जल क्षेत्रों, जैसे कि नदियों, झीलों, जलाशयों, तालाबों, ज्वारनदमुख और तटीय जल क्षेत्रों में किया जा सकता है।

परंपरागत रूप से केरल और बंगाल के तटीय इलाकों में झींगा संवर्धन प्रचलित है, जो मानसून के दौरान खारे पानी से जलप्लावित हो जाता है। इन क्षेत्रों में उच्च ज्वार के साथ जंगली झींगे एवं अन्य मछलियों के बीज भी आ जाते हैं। स्थानीय किसान सरल तरीकों से इस पानी के चारों ओर मेढ़ बना देते हैं और विशेष ध्यान दिए बिना झींगे के बीज को स्वाभाविक तरीके से बढ़ने की अनुमति देते हैं। चार से छह महीने बाद निम्न ज्वार के दौरान मिट्टी के मेढ़ जाते हैं और इस समय जाल के माध्यम से झींगे को निकाल लिया जाता है।

1980 के दशक में झींगे के निर्यात की बढ़ती मांग को पूरा करने के लिए छोटे पैमाने पर आधुनिक तरीके से झींगा संवर्धन की शुरुआत हुई। 1991 के बाद, कई बड़े औद्योगिक घरानों ने निर्यात-उन्मुख झींगा संवर्धन क्षेत्रों की स्थापना की। आंध्र प्रदेश में वर्ष 1990 में लगभग 5,000 हेक्टेयर क्षेत्र में झींगा संवर्धन किया जाता था, जो वर्ष 1999 में बढ़कर 84,000 हेक्टेयर से अधिक हो गया।

झींगा संवर्धन के लिए बनाए गए आधुनिक क्षेत्र, पारंपरिक खेतों से पूरी तरह अलग थे। आधुनिक झींगा संवर्धन में तालाबों का निर्माण किया जाता है और पंप के जरिए समुद्र से खारा पानी उसमें पहुंचाया जाता है। इन तालाबों को झींगा मछली के बीज (जंगली बीज या मत्स्यपालन केंद्रों में उत्पादित बीज) से भर दिया जाता है। झींगे को चारे के तौर पर खली, मछलियों के अवशिष्ट या औद्योगिक रूप से उत्पादित चारा दिया जाता है और अच्छी तरह बढ़ने के बाद उन्हें निकाल लिया जाता है।

झींगा संवर्धन व्यापक या गहन हो सकता है, जो कि प्रति हेक्टेयर झींगे के बीज की मात्रा पर निर्भर है। झींगे का घनत्व 20,000 बीज प्रति हेक्टेयर से 350,000 प्रति हेक्टेयर तक हो सकता है।

प्रति हेक्टेयर क्षेत्र में झींगे के बीज की मात्रा में वृद्धि का तात्पर्य है:

- चारे के अवशेष तथा अन्य जैविक अपशिष्ट से प्रदूषित तालाब के पानी को पर्यावरण में प्रवाहित करने की आवृत्ति में वृद्धि,
- पंप के माध्यम से तालाबों में खारे और ताजे पानी को पहुंचाने की आवृत्ति में वृद्धि,
- बीमारियों की संभावना में वृद्धि (ऐसा किसी एक संक्रमित खेत से अन्य खेतों तक बीमारियों के तेजी से फैलने के कारण होता है, क्योंकि संक्रमित खेतों का अपशिष्ट जल को उस जलस्रोत में प्रवाहित किया जाता है जिससे दूसरे खेत भी पानी लेते हैं), जिसके परिणामस्वरूप दवाईयों एवं अन्य रसायनों के उपयोग में वृद्धि होती है
- प्रति हेक्टेयर झींगा उत्पादन एवं इससे होने वाले मुनाफे में वृद्धि

समय के साथ-साथ व्यापक एवं गहन जलसंवर्धन, दोनों में बड़े पैमाने पर हुई वृद्धि से यह पता चलता है कि इस क्षेत्र में हुई 'जबरदस्त प्रगति' भी समस्याओं से अछूती नहीं है।

सामाजिक-आर्थिक समस्याएँ: जलसंवर्धन करने वाली बड़ी कंपनियों द्वारा तालाबों का अधिग्रहण किया गया। यह क्षेत्र पहले स्थानीय समुदायों के लिए आसानी से उपलब्ध था, जो इसका इस्तेमाल मछलियों को सुखाने, जाल को सुखाने, पशुचारण, निर्वाह कृषि, आदि कार्यों के लिए के लिए करते थे। झींगा संवर्धन हेतु तालाबों के निर्माण के लिए जमीन की मांग में वृद्धि ने कई स्थानीय किसानों को अपनी जमीन कॉर्पोरेट दिग्गजों को बेचने के लिए उकसाया। धान के खेतों को झींगा संवर्धन हेतु तालाबों में परिवर्तित किए जाने के कारण स्थानीय स्तर पर रोजगार एवं खाद्य सुरक्षा में कमी आई है। कुछ स्थानों पर झींगा संवर्धन तालाबों की मौजूदगी के कारण स्थानीय मछुआरों के लिए समुद्र तक पहुंचना अत्यंत कठिन हो गया।

(जारी)

(जारी)

> **पर्यावरणीय समस्याएँ:** झींगा संवर्धन के लिए खारे पानी की आवश्यकता होती है, जिसमें लवण की मात्रा अधिक होती है। बड़े इलाकों में खारे पानी के तालाब के निर्माण के बाद आस-पास की कृषि भूमि में लवण की मात्रा काफी बढ़ गई। एक अनुमान के अनुसार, आंध्र प्रदेश के तटीय इलाकों में झींगा संवर्धन के कारण 9,000 हेक्टेयर धान की भूमि बेकार हो गई है। निकटवर्ती इलाकों के कुओं का पानी भी लवणता से प्रभावित हुआ है। जब भी इन तालाबों से पानी बाहर निकाला जाता है, तो इसमें मौजूद जैविक अपशिष्ट भी स्थानीय सतही जल स्रोतों तक पहुंच जाते हैं। वर्ष 1994–95 के दौरान, एक विषाणु के हमले में ज्यादातर झींगा का सफाया कर दिया था। इस प्रकार के तालाबों के अनियोजित विकास को विषाणु के तीव्र गति से प्रसार का कारण माना जाता है, जिसके परिणामस्वरूप एक तालाब का अपशिष्ट जल दूसरे तालाब तक पहुंच गया।
>
> **संवहनीयता:** जलसंवर्धन उद्योग के पर्यावरणीय एवं सामाजिक-आर्थिक प्रभावों को सर्वोच्च न्यायालय के ध्यान में लाया गया और न्यायिक कार्रवाई हुई। दिसंबर 1996 में न्यायालय ने फैसला सुनाया, जिससे झींगा संवर्धन उद्योग को एक बड़ा झटका लगा। इस निर्णय के आधार पर उन क्षेत्रों में झींगा संवर्धन तालाबों को बंद करने का आदेश दिया गया, जहां उन्हें तटीय विनियमन क्षेत्र (सीआरजेड) के तहत अनुमति नहीं दी गई है। परंतु न्यायालय की कार्रवाई से पहले ही यह उद्योग स्वतः धराशायी हो गया।
>
> वी. विवेकानंदन और जॉन कुरियन की कृति से उद्धृत, 1998; एक्वाकल्चर — ह्वेयर ग्रीड ओवरराइड्स नीड, द हिंदू, *सर्वे ऑफ द एनवायरनमेंट, 1998*

इस प्रकार, जलसंवर्धन में हुई वृद्धि ने अल्पकालिक आर्थिक विकास में योगदान दिया, लेकिन स्थानीय समुदायों एवं स्थानीय पर्यावरण की भलाई से संबंधित चिंताओं को जन्म दिया। इन कारणों से इसे संवहनीय नहीं कहा जा सकता है।

इस प्रकरण से यह बात स्पष्ट हो जाती है कि, सतत विकास के लिए आर्थिक विकास, मानव कल्याण और पर्यावरणीय कल्याण को एक-दूसरे के अनुरूप बनाना सबसे बड़ी चुनौती है। इस विचार ने दुनिया भर के कई लोगों की कल्पना को प्रभावित किया और सतत विकास की अवधारणा को जन्म दिया।

सतत विकास क्या है?

सतत विकास की कई अलग-अलग परिभाषाएँ दी गई हैं। उनमें से कुछ इस प्रकार हैं:

1. भावी पीढ़ियों की आवश्यकताओं की पूर्ति की क्षमता से समझौता किए बगैर, वर्तमान जरूरतों को पूरा करना ही सतत विकास है। (*आवर कॉमन फ्यूचर*, 1987)

2. सतत विकास में सामुदायिक संसाधनों के उपयोग, संरक्षण एवं संवर्धन पर ध्यान दिया जाता है, ताकि जीवन को सहारा देने वाली पारिस्थितिक प्रक्रियाओं की निरंतरता बरकरार रहे तथा वर्तमान एवं भविष्य में जीवन की गुणवत्ता को बेहतर बनाया जा सके। सतत विकास के लिए आर्थिक पहलुओं के साथ-साथ सामाजिक एवं पर्यावरणीय घटकों; सजीव एवं निर्जीव संसाधनों; तथा वैकल्पिक गतिविधियों के दीर्घकालिक एवं अल्पकालिक लाभ और नुकसान पर विशेष ध्यान दिया जाना चाहिए (*वर्ल्ड कंजर्वेशन स्ट्रेटेजी*, 1980)।

सतत विकास की कई परिभाषाओं में स्पष्टतया या अप्रत्यक्ष रूप से ये मुख्य विशेषताएँ अवश्य होती हैं: **अभीष्ट मानवीय स्थिति** — एक समाज जिसे लोग बनाए रखना चाहते हैं क्योंकि यह उनकी आवश्यकताओं को पूरा करता है; **स्थायी पारिस्थितिक तंत्र** — एक पारिस्थितिक तंत्र है जो मानव एवं जीवन के अन्य स्वरूपों को सहारा देने की अपने क्षमता को बरकरार रखता है; तथा वर्तमान एवं भावी पीढ़ियों के बीच और वर्तमान पीढ़ी के भीतर संसाधनों का न्यायोचित वितरण।

आईयूसीएन - विश्व संरक्षण संघ द्वारा विकसित 'संवहनीयता का अंडा' मॉडल इस सह-अस्तित्व को समझने का एक तरीका है। 'संवहनीयता का अंडा' एक ऐसा मॉडल है, जिसमें पारिस्थितिक तंत्र (पारिस्थितिक समुदाय, प्रक्रियाएँ एवं संसाधन) के भीतर लोगों (मानव समुदाय, अर्थव्यवस्था, आदि) को उनकी अंत:क्रिया के साथ शामिल किया जाता है। अंत:क्रिया में पारिस्थितिकी तंत्र से लोगों की ओर होने वाला प्रवाह शामिल है; जिसमें दोनों (जीवन का अवलंब, आर्थिक संसाधन, आदि) को फायदा होता है और प्रभाव पड़ता (प्राकृतिक आपदा, आदि) है, जबकि इसके विपरीत लोगों से पारिस्थितिक तंत्र तक होने वाले प्रवाह में दोनों पर प्रभाव पड़ता (संसाधनों की कमी, प्रदूषण, आदि) है और लाभ (संरक्षण) होता है। मानव समाज पारिस्थितिक तंत्र का एक उपतंत्र या आश्रित भाग है।

लोग पारिस्थितिकी तंत्र पर निर्भर होते हैं, जो उन्हें ठीक उसी प्रकार चारों ओर से घेरे रहता है और सहारा देता है, जैसे अंडे का सफेद हिस्सा इसके पीले भाग को सहारा देता है। इसके साथ ही, अगर लोग गरीबी, दु:ख, हिंसा या उत्पीड़न के शिकार हैं, तो एक स्वस्थ पारिस्थितिकी तंत्र भी इसकी क्षतिपूर्ति नहीं कर सकता है। जिस प्रकार एक अंडे के सफेद और पीले, दोनों हिस्सों के अच्छे होने पर ही अंडे को अच्छा माना जा सकता है, ठीक उसी प्रकार लोगों एवं पारिस्थितिकी तंत्र के बेहतर स्थिति में होने पर ही एक समाज स्थायी हो सकता है।

संवहनीयता के लिए मानव कल्याण आवश्यक है, क्योंकि कोई बुद्धि संपन्न व्यक्ति निम्न गुणवत्तायुक्त जीवन को बरकरार नहीं रखना चाहता है। एक स्वस्थ पारिस्थितिक तंत्र भी आवश्यक है, क्योंकि यह जीवन को सहारा देता है और किसी भी प्रकार के जीवन स्तर को संभव बनाता है। मनुष्यों के साथ-साथ पारिस्थितिक तंत्र का स्वस्थ रहना भी समान रूप से महत्त्वपूर्ण है, और एक संवहनीय समाज के लिए दोनों को एक साथ प्राप्त करने की आवश्यकता है।

क्या सतत विकास संभव है?

हालांकि, संवहनीयता की कल्पना करना अपेक्षाकृत आसान हो सकता है, परंतु इसे व्यवहारिक तौर पर अमल में लाना सबसे मुश्किल काम है। कई ऐसे उदाहरण मौजूद हैं, जो दर्शाते हैं कि किस प्रकार समाज ने संवहनीय विकास की दिशा में कदम बढ़ाए। रालेगण सिद्धि का प्रकरण, ऐसा ही एक उदाहरण है।

रालेगण सिद्धि: मरुस्थल के बीच समृद्ध हरित भूमि

1976 में जब भारतीय सेना के एक जीप-चालक, किसन बाबूराव हजारे सेवानिवृत्त हुए और अपने गांव रालेगण सिद्धि वापस आए, तो उन्होंने यहां की भूमि को बंजर और सूखाग्रस्त पाया जो महाराष्ट्र के अहमदनगर जिले के सैकड़ों अन्य गांवों से थोड़ा अलग था। यहां के कुओं का पानी सूख चुका था। अपने अस्तित्व की रक्षा के लिए ग्रामीणों ने वैकल्पिक व्यवसाय, अर्थात अवैध शराब निर्माण को अपना लिया था। शराब का प्रचलन जोरों पर था। हर साल गर्मी के मौसम में यहां के लोग मीलों दूर महाराष्ट्र सरकार की सूखा राहत परियोजनाओं में काम करने या फिर काम की तलाश में गांव को छोड़कर अन्य स्थानों पर चले जाते थे।

हजारे ने अपनी छोटी सी भविष्य निधि का उपयोग कर एक जीर्ण मंदिर का पुनर्निर्माण करवाया। उन्होंने पाया कि लोग धन या श्रम से मदद करने के लिए स्वेच्छा से आगे आ रहे हैं। एक युवा क्लब का गठन किया गया। यहां हजारे ने जीवन का पहला सबक सीखा: 'अगर लोग आश्वस्त हैं कि आप स्वार्थी नहीं हैं, तो वे आपका साथ अवश्य देंगे।' धीरे-धीरे मंदिर एक ऐसा स्थान बन गया जहां लोग इकट्ठा होने लगे। हजारे ने गांव के मुद्दों पर चर्चा करने और सामूहिक कार्रवाई की योजना बनाने के लिए इन आयोजनों का इस्तेमाल किया।

(जारी)

(जारी)

हजारे ने एक गतिहीन अर्थव्यवस्था को बेहतर बनाने के लिए काम करने का निश्चय किया। उन्हें इस बात का एहसास हुआ कि, कृषि को अधिक उत्पादक बनाने के बाद ही इस समस्या का स्थायी समाधान निकाला जा सकता है। पानी की कमी एक बड़ी बाधा थी, जिसे देखते हुए हजारे ने व्यापक जल विकास कार्यक्रम जैसी सरकारी योजनाओं की मदद से मृदा एवं जल संरक्षण उपायों की शुरुआत की। मृदा अपरदन को कम करने तथा बेहद कम मात्रा में होने वाली बारिश के पानी को संरक्षित करने के लिए विभिन्न तरीकों का इस्तेमाल किया गया। छोटे-छोटे गड्ढे और नाला बांधों का निर्माण किया गया। सरकारी सामाजिक वानिकी योजनाओं की मदद से वृक्षारोपण किया गया। जिला प्रशासन निधि की मदद से अन्त:स्रवण टैंकों की मरम्मत की गई।

जब सरकारी खजाना समाप्त हो गया, तब हजारे ने श्रमदान (स्वैच्छिक कार्य) का सुझाव दिया। ग्रामीणों ने उनका भरपूर साथ दिया। सभी ने साथ मिलकर 42 बांधों का निर्माण किया और 20 नए कुओं की खुदाई की। हर सात किसानों पर एक सहकारी समिति का गठन किया गया, और उनके बीच पानी का आवश्यकतानुसार वितरण किया गया।

हजारे, जिन्हें अब गांव वाले 'अण्णासाहेब' (बड़े भाई) कहते हैं, शराब के ठेकों और दुकानों को बंद करना चाहते थे। शराब के ठेकों में काम करने वाले लोगों के लिए विकल्प की तलाश है तो उन्होंने अपने सेना के संपर्क सूत्रों का इस्तेमाल किया। कई लोगों को व्यावसायिक कौशल सिखाया गया।

इस दौरान, अधिक से अधिक भूमि तक सिंचाई की व्यवस्था की गई। तीन किलोमीटर दूर स्थित कुडकी नहर से पानी लाने की व्यवस्था की गई। एक साधारण टपक सिंचाई (बूँद सिंचाई) योजना भी अपनाई गई थी। इसमें मिट्टी में छिद्रित पाइपों के माध्यम से पौधों की जड़ों को पानी की आपूर्ति की जाती है। इस प्रकार सिंचित भूमि 45 हेक्टेयर से बढ़कर 350 हेक्टेयर तक पहुंच गई। फसल की पैदावार में नाटकीय ढंग से वृद्धि हुई। वर्ष 1991 तक, कृषि भूमि क्षेत्र 630 हेक्टेयर से बढ़कर 950 हेक्टेयर हो गया।

जलस्तर के 8 मीटर से 14 मीटर तक ऊपर उठने के बाद तीन नलकूपों का निर्माण किया गया। इन्हें गांव के युवाओं द्वारा प्रबंधित और संचालित किया जाने लगा। नलकूपों के पानी को पाइप के माध्यम से परिवारों तक पहुंचाया जाने लगा। प्रत्येक केंद्र के लिए नियमित आवर्तन एवं समय का निर्धारण किया गया, ताकि किसी भी व्यक्ति को पेयजल लाने के लिए 150 मीटर से अधिक पैदल नहीं चलना पड़े। पानी की आपूर्ति के लिए शुल्क के तौर पर हर महीने बेहद कम राशि ली जाती थी।

अन्ना हजारे ने सुनिश्चित किया कि, गांव की समृद्धि में गांव के प्रत्येक व्यक्ति की हिस्सेदारी होगी। मुद्दों पर चर्चा की गई और बहस हुई, और सामूहिक रूप से निर्णय लिया गया। वृक्षारोपण कार्यक्रम के एक भाग के रूप में लगाए पौधों की रक्षा करने के लिए, ग्रामीणों ने इस बात पर सहमति व्यक्त की कि वे अपने जानवरों को स्वतंत्र रूप से चराई करने नहीं देंगे। इसके बाद मवेशियों को उनके बाड़े में ही खिलाया जाने लगा। दो लाख पेड़ लगाए गए थे, जिनमें से 90 प्रतिशत बच गए। ग्रामीणों ने संयुक्त रूप से गन्ने की फसल नहीं उगाने का निर्णय लिया, क्योंकि इसके लिए काफी मात्रा में पानी की जरूरत होती है। खाद्यान्न फसलों को प्राथमिकता दी गई। केवल प्याज और मिर्च जैसी नगदी फसलें उगाई जाने लगी। तीस बायोगैस संयंत्र स्थापित किए गए। इन संयंत्रों में मानव मल-मूत्र एवं मवेशियों के गोबर का इस्तेमाल किया जाता था। धुआं रहित चूल्हे इस्तेमाल में लाए जाने लगे। गांव में स्ट्रीट लाइट और पानी के पंपों का संचालन सौर ऊर्जा से किया जाता है।

कुछ ही वर्षों में रालेगण सिद्धि, मरुस्थल के बीच समृद्ध हरित भूमि के तौर पर उभरकर सामने आया। लहलहाते खेतों के चारों ओर चमकदार सूरजमुखी के फूलों की कतार मौजूद थी। बांधों के निर्माण के कारण वर्ष भर सिंचाई सुनिश्चित हो गई। 1987–88 के सूखे के दौरान भी यहां पेयजल की कोई कमी नहीं थी। गांव के किसी भी व्यक्ति को सूखा राहत योजना में काम नहीं करना पड़ता था, क्योंकि गांव में ही उनके लिए पर्याप्त काम उपलब्ध था। प्रति व्यक्ति आय 250 रुपये से बढ़कर 2,200 रुपये हो गई। साहूकारों को लगने लगा कि वे बेरोजगार हो गए हैं।

(जारी)

सामाजिक रूप से भी परिवर्तन स्पष्ट तौर पर दिखाई देने लगा। नशा पूरी तरह बंद हो गया। इसी तरह दहेज और विवाहों के भव्य आयोजन पर भी रोक लगी। लड़कियों सहित गांव का हर बच्चा स्कूल जाने लगा, और लगभग 99 प्रतिशत बच्चे स्थानीय उच्च विद्यालय में दसवीं कक्षा तक पढ़ाई करने लगे।

निर्णय लेने की व्यवस्था सुनिश्चित की गई जिसमें पुरुषों और महिलाओं, दोनों की भागीदारी होती थी। गांव के चौदह समितियों ने किसी सहकारी समिति की तरह जलापूर्ति, राशन व्यवस्था, आदि की देखभाल प्रारंभ कर दी, जिसमें सदस्यों की बातों पर गंभीरता से विचार किया जाता था।

वर्ष 2002 में किए गए एक अध्ययन में पाया गया कि, रालेगण सिद्धि में एक चौथाई परिवारों की वार्षिक आमदनी 5 लाख रुपये से अधिक थी! गांव में एक अग्रणी बैंक की शाखा मौजूद है, जिसमें ग्रामीणों की कुल बचत राशि 3 करोड़ रुपये है! यह पारिस्थितिक पुनरुत्थान की दिशा में समुदाय द्वारा किए गए सतत प्रयासों का परिणाम है।

हजारे ने आसपास के गांवों में रालेगण सिद्धि जैसी सफलता को दोहराने की चुनौती स्वीकार की है। उनका कहना है कि, 'रालेगण सिद्धि एक अकेला दीपक है, जो किसी बड़े तूफान की चपेट में बुझ सकता है। इसलिए, भविष्य में ऐसे किसी परिस्थिति का सामना करने के लिए कई और दीपक जलाए जाने चाहिए।'

(सीईई से उद्धृत 1998; सिटीजन एक्शन)

अंतर्राष्ट्रीय पहल

संवहनीयता के व्यावहारिक अर्थ को समझने तथा संवहनीय विकास की दिशा में प्रगति के लिए आवश्यक कार्यों की पहचान करने के लिए विभिन्न स्तरों पर कई पहल किए गए हैं। वर्ष 1992 में रियो डी जनेरियो में आयोजित **संयुक्त राष्ट्र पर्यावरण एवं विकास सम्मेलन** (यूएनसीईडी, या पृथ्वी सम्मेलन), इस दिशा में अंतर्राष्ट्रीय स्तर पर किया गया एक महत्त्वपूर्ण प्रयास था, जिसने पूरे विश्व की सरकारों को एक मंच पर ला खड़ा किया। *एजेंडा 21* रियो सम्मेलन का प्रमुख परिणाम था। यह *एजेंडा* एक संवहनीय समाज की ओर प्रगति के लिए आवश्यक कार्यों का वर्णन करता है।

एजेंडा 21 के 40 अध्याय पर्यावरण एवं विकास के मुद्दों पर केंद्रित हैं, जिसमें निम्नलिखित विषयों को शामिल किया गया है:

- अंतर्राष्ट्रीय सहयोग
- गरीबी से संघर्ष
- उपभोग के स्वरूप में बदलाव
- जनसंख्या एवं स्थायित्व
- मानव स्वास्थ्य की सुरक्षा एवं प्रोत्साहन
- मानव बस्तियों की संवहनीयता
- वातावरण की रक्षा
- भूमि को स्थायी रूप से प्रबंधन
- वनोन्मूलन से संघर्ष
- मरुस्थलीकरण और सूखे से संघर्ष
- पर्वतों का संवहनीय विकास
- संवहनीय कृषि और ग्रामीण विकास

- जैविक विविधता का संरक्षण
- महासागरों की सुरक्षा और प्रबंधन
- ताज़े पानी की सुरक्षा और प्रबंधन
- जहरीले रसायनों का सुरक्षित उपयोग
- खतरनाक अपशिष्ट प्रबंधन
- ठोस अपशिष्ट और मल-जल प्रबंधन
- रेडियोसक्रिय अपशिष्ट प्रबंधन

एजेंडा 21, संवहनीय विकास की दिशा में कदम बढ़ाते हुए प्रमुख समूहों की भागीदारी के सशक्तिकरण की आवश्यकता पर भी बल देता है, जिसके अंतर्गत महिलाएँ, बच्चे एवं युवा, स्थानीय लोग, गैर-सरकारी संगठन, स्थानीय अधिकारीगण, मज़दूर एवं व्यापार संघ, व्यवसाय एवं उद्योग, विज्ञान और प्रौद्योगिकी, तथा किसान शामिल हैं। इसमें कार्यान्वयन के साधनों को भी निर्दिष्ट किया गया है, जिसके अंतर्गत वित्तीय संसाधन, प्रौद्योगिकी हस्तांतरण, विज्ञान, शिक्षा, कानूनी साधन, इत्यादि शामिल हैं।

रियो सम्मेलन के पाँच वर्ष बाद, वर्ष 1997 में एजेंडा 21 के कार्यान्वयन की दिशा में प्रगति की समीक्षा के लिए दुनिया के देशों ने फिर से बैठक की। हालांकि, इस सम्मेलन में यह स्वीकार किया गया कि कई देशों ने प्रयासों की शुरुआत की थी, परंतु इस बात को भी उजागर किया गया कि इस कार्य-सूची को अभ्यास में लाने तथा संवहनीय विकास की दिशा में वास्तविक प्रगति के लिए अधिक ठोस प्रयासों की आवश्यकता थी।

रियो सम्मेलन के एक दशक बाद, वर्ष 2002 में जोहान्सबर्ग में संवहनीय विकास पर विश्व शिखर सम्मेलन (डब्ल्यूएसएसडी) का आयोजन किया गया। रियो सम्मेलन के बाद संवहनीय विकास एवं इसके महत्त्व की अवधारणा ने एक दशक में मान्यता और लोकप्रियता प्राप्त की।

यह पिछले एक दशक में प्रगति की समीक्षा करने और 21 वीं सदी की योजना बनाने के लिए आयोजित नवीनतम सम्मेलन के नाम से परिलक्षित होता है।

कार्यान्वयन की योजना का निर्धारण तथा सतत विकास पर जोहान्सबर्ग घोषणापत्र, डब्ल्यूएसएसडी के सर्वाधिक महत्त्वपूर्ण परिणाम थे। इस घोषणापत्र में वर्ष 1972 में स्टॉकहोम में आयोजित मानव पर्यावरण पर प्रथम संयुक्त राष्ट्र सम्मेलन से लेकर यूएनसीईडी और डब्ल्यूएसएसडी द्वारा अपनाए गए मार्ग की रूपरेखा तैयार की गई। इसमें वर्तमान चुनौतियों को उजागर किया गया, संवहनीय विकास के प्रति प्रतिबद्धता व्यक्त की गई, बहुपक्षीय सहयोग के महत्त्व को रेखांकित किया गया, और कार्यान्वयन की आवश्यकता पर बल दिया गया। कार्यान्वयन की योजना मूलतः यूएनसीईडी में सहमत प्रतिबद्धताओं को लागू करने की कार्रवाई की रूपरेखा है, साथ ही यह 21 वीं सदी में संवहनीय विकास के लिए कार्रवाई की योजना भी है। इसमें गरीबी उन्मूलन, उपभोग और उत्पादन, प्राकृतिक संसाधनों का आधार, वैश्वीकरण, स्वास्थ्य, विकासशील लघु द्वीप (एसआईडीएस), अफ्रीका, अन्य क्षेत्रीय पहल, कार्यान्वयन के साधन और संस्थागत ढांचे से संबंधित अनुभाग हैं।

संवहनीयता की ओर

संवहनीय विकास शब्द की लोकप्रियता के बावजूद, दुनिया भर के लोगों के विभिन्न समूहों को अब भी यह समझने का प्रयास कर रहे हैं कि इसका क्या अर्थ है और वे इसे कैसे संभव बना सकते हैं। जब जनता और सरकार साथ मिलकर संवहनीयता के प्रति समान रूप से चिंतित होते हैं और इस दिशा में काम करते हैं, तो संवहनीय विकास को वास्तविकता में परिणत किया जा सकता है।

I प्रश्नावली

1. जीवन की गुणवत्ता और जीवन स्तर के बीच क्या अंतर है? आप इनमें से किसे बेहतर बनाना चाहते हैं? क्यों?

2. वृद्धि और विकास के बीच क्या अंतर है?

3. विकास और संवहनीय विकास के बीच क्या अंतर है?

4. अब तक हमने जिस विकास का अनुसरण किया है उसने कुछ लोगों को ही धनी और समृद्ध बनाया है, लेकिन यह गरीबी, निरक्षरता, बीमारी, बेरोजगारी और लैंगिक असमानता को दूर करने में विफल रहा है। विकास का अर्थ केवल कुछ लोगों के लिए आर्थिक समृद्धि नहीं होना चाहिए; इसका मतलब सभी के लिए बेहतर जीवन होना चाहिए। इस बात को सुनिश्चित करने के लिए पाँच चरणों का उल्लेख करें।

5. रालेगण सिद्धि को पारिस्थितिकीय पुनरुत्थान एवं ग्रामीण विकास में सफलता का एक मॉडल माना जाता है। क्या आपको लगता है कि इस मॉडल को अन्य गांवों में दोहराया जा सकता है? यदि हाँ, तो क्यों? यदि नहीं, क्यों नहीं?

6. अपने राज्य के विकास को प्रभावित करने वाली दो सबसे महत्त्वपूर्ण पर्यावरणीय समस्याओं के नाम बताएँ।

II अभ्यास

1. मान लीजिए कि आप योजना निर्माता हैं और आपके पास अपने देश के विकास पर खर्च करने के लिए 100 रुपये हैं, तो आप नीचे सूचीबद्ध की गई परियोजनाओं के लिए किस प्रकार पैसों का आवंटन करेंगे। विभिन्न मदों में किए गए आवंटन का कारण भी बताएँ।

परियोजनाएँ	आवंटित राशि	आवंटन का कारण
आमदनी के स्रोतों को बढ़ाना		
विद्यालयों का निर्माण		
बुनियादी स्वास्थ्य सुविधाओं की उपलब्धता		
लड़कियों के लिए शिक्षा		
बांध का निर्माण		
आधुनिक उद्योग की स्थापना		
ग्राम उद्योग के लिए ऋण देना		
खाद्यान्न उत्पादन में वृद्धि		
सड़कों में सुधार		
नवीकरणीय ऊर्जा का प्रयोग		
एक उर्वरक संयंत्र का निर्माण		
एक वातानुकूलित रिज़ॉर्ट का निर्माण		
एक डिजनीलैंड का निर्माण		

अगर आपको ऊपर सूचीबद्ध की गई परियोजनाओं के अलावा किसी अन्य परियोजना को शामिल करना हो, तो वह क्या होगी और क्यों? अपनी इस परियोजना के लिए आप कितने पैसे खर्च करेंगे?

2. नीचे दी गई कहानी को पढ़ें और आने वाले प्रश्नों के उत्तर दें:

स्वर्ग की अधोगति!

काफी समय पहले की बात है, जब एक छोटे से द्वीप पर सभी लोग खुशी-खुशी रहते थे। उनके द्वीप, कारू [नाम बदल दिया गया है] पर जरूरत की सभी चीजें उपलब्ध थी: खाने और पीने के लिए नारियल के पेड़, विशालकाय तमनो पेड़ों की छाया, प्रचुर मात्रा में पक्षी तथा मछलियों से भरा हुआ समुद्र। दो सदी पूर्व, एक अंग्रेज नाविक ने कारू द्वीप की खोज की और इसे सुखद द्वीप कहा।

एक सदी बीतने के बाद एक बड़ा अभियान दल कारू पहुंचा। इसके बाद यह पता चला कि इस छोटे से द्वीप पर विश्व में सबसे अधिक फॉस्फेट की चट्टानों का संचय है। इस सदी में दुनिया के अन्य देशों को लाखों टन फास्फेट भेजा जाने लगा, जिसका उपयोग उन्होंने अपनी जमीन और खेतों को उर्वर बनाने में किया।

आज 20 वर्ग किमी क्षेत्रफल वाले इस द्वीप पर 7,000 स्थानीय कारू जनजाति और 3,000 आयातित श्रमिक रहते हैं।

कारू द्वीप के चारों ओर केवल एक ही सड़क है, लेकिन औसत कारू परिवार में कम से कम दो वाहन हैं। यहां के निवासियों के पास माइक्रोवेव अवन, स्टीरियो उपकरण और हर परिवार में एक से अधिक टेलीविजन सेट हैं। कारू द्वीप के हर 10 में से नौ लोग मोटापे से पीड़ित हैं, और नौजवानों का वजन 135 किलो से अधिक है। ऐसा क्यों है? ऐसा इसलिए है क्योंकि उनके मूल भोजन का स्थान आयातित खाद्य सामग्रियों ने ले लिया, जिस पर सरकार द्वारा सब्सिडी दी जाती है। 3,200 किमी से अधिक दूरी पर स्थित किसी देश से मांस का आयात किया जाने लगा, जो कारू में उस देश से भी सस्ती दरों पर उपलब्ध था। आज कारू में मछली का भी आयात किया जाता है! खान-पान की आदतों में बदलाव का दुष्प्रभाव कारू लोगों पर दिखाई देने लगा। इस द्वीप पर एक व्यक्ति की जीवन प्रत्याशा केवल 55 वर्ष रह गई है। आज इस द्वीप पर उच्च रक्तचाप, हृदय रोग और मधुमेह जैसी बीमारियाँ आम हैं।

कारू के निवासियों को आवासन, बिजली की आपूर्ति, पानी, टेलीफोन, शिक्षा और चिकित्सा सेवाएँ मुफ्त या मामूली शुल्क पर उपलब्ध कराई जाती हैं। इस छोटे से द्वीप पर दो अस्पताल हैं, और अगर कारू के किसी व्यक्ति को विशेष उपचार की ज़रूरत होती है, तो उसे सरकारी खर्च पर अन्य देश में चिकित्सा सुविधा उपलब्ध कराई जाती है।

आखिर इतना पैसा आता कहां से है? इस द्वीप पर उपलब्ध फॉस्फेट से आता है। तो समस्या क्या है? आने वाली शताब्दी से पहले तक यहां का सारा फॉस्फेट खत्म हो सकता है। खनन गतिविधियों के कारण द्वीप के आंतरिक क्षेत्र के तहस-नहस होने के बावजूद सरकार अधिकाधिक फॉस्फेट की तलाश में जुटी है। वे अपनी खोज में राष्ट्रपति के आवास को ध्वस्त करने की भी योजना बना रहे हैं। कारू के लोग अपने द्वीप को लगातार विखंडित कर रहे हैं और उनके जीवन यापन एवं खर्च करने का तरीका ऐसा है, मानो आज ही धरती पर आखिरी दिन हो। इस प्रवृत्ति के कारण भविष्य में कोई नहीं बचेगा।

(पैराइडज़ स्क्वेन्डर्ड, रीडर्स डाइजेस्ट, अगस्त 1997 पर आधारित)

प्रश्न

a. कारू संवहनीयता के बिना आर्थिक विकास का एक उदाहरण है। क्या आप इस बात से सहमत हैं? यदि हाँ, तो क्यों? यदि नहीं, क्यों नहीं?

b. आप कारू के विकास को संवहनीय बनाने के लिए किस प्रकार की योजना तैयार करेंगे?

III विचार-विमर्श

नीचे दिए गए पत्र को ध्यानपूर्वक पढ़ें और आने वाले प्रश्नों पर चर्चा करें:

यह झाबुआ जिले के जलसिंधी गांव के बावा महलिया द्वारा वर्ष 1994 में मध्य प्रदेश के मुख्यमंत्री को लिखे गए पत्र से उद्धृत है।

'हम नदी के किनारे रहने वाले लोग हैं। हम महान नर्मदा नदी के तट पर रहते हैं। आप, और आपकी तरह शहरों में रहने वाले अन्य लोग यह सोचते हैं कि हम पहाड़ियों में रहते हैं, गरीब हैं और पिछड़े हैं, और हम बिल्कुल किसी वानर की तरह हैं।

हम कई पीढ़ियों से इस जंगल में रहते आए हैं। यह जंगल ही हमारा साहूकार और बैंकर है। कठिन परिस्थितियों में हम इसकी शरण में जाते हैं। हम इसकी लकड़ी से अपने घरों का निर्माण करते हैं। जंगलों से हम टोकरी और खाट, हल और कुदाली तथा कई अन्य उपयोगी चीजें बनाते हैं ....हम विभिन्न प्रकार की घास प्राप्त करते हैं; और घास के सूख जाने के बावजूद हमें हरी पत्तियाँ मिलती रहती हैं.... अकाल की स्थिति में भी हम जड़ों और कंद-मूल को खाकर जीवित रहते हैं। बीमार होने की स्थिति में हमारे वैद्य जंगलों से प्राप्त होने वाले पत्तों, जड़ों, पेड़ों की छाल के जरिए हमें स्वस्थ बनाते हैं। हम गोंद, तेंदू पत्ते, बहेरा, चिरौंजी और महुआ एकत्रित करते हैं और बेचते हैं।

जंगल हमारी माँ की तरह है; हम इसकी गोद में बड़े हुए हैं। हमें यहां मौजूद प्रत्येक पेड़, झाड़ी और जड़ी-बूटी का नाम मालूम है; हम उनके उपयोग की जानकारी है। अगर हमें जंगलों से दूर किसी अन्य स्थान पर रहने के लिए विवश किया जाए, तो पीढ़ियों से हमने जिस ज्ञान को सहेज कर रखा है वह व्यर्थ हो जाएगा।

नदी भी हमारा भरण-पोषण करती है। नर्मदा के पानी में कई तरह की मछलियाँ रहती हैं। मछलियाँ हमारे लिए अतिरिक्त सहारे की तरह है, जो अप्रत्याशित मेहमानों के आगमन पर हमें भोजन देती है। नदी ऊपर से मिट्टी बहाकर लाती है और अपने किनारों पर जमा कर देती है, जिसका इस्तेमाल हम सर्दियों में मक्के और ज्वार के अलावा कई तरह के खरबूजों की खेती में करते हैं। हमारे बच्चे नदी के किनारों पर खेलते हैं, तैरते हैं और स्नान करते हैं। हमारे मवेशी सालों भर यहां से पानी पीते हैं, क्योंकि इसका पानी कभी सूखता नहीं है। नदी की छत्रछाया में हम संतुष्ट जीवन जीते हैं।

आपकी तरह शहरों में रहने वाले लोग अलग-अलग घरों में रहते हैं। आप एक दूसरे के सुख और दुःख में शामिल नहीं होते हैं। हम लोग अपने कबीले, अपने रिश्तेदारों और जाति के लोगों के साथ रहते हैं। हम सब साथ मिलकर किसी घर के निर्माण का काम, अपने खेतों पर बुवाई का काम और इस तरह के अन्य छोटे-मोटे काम एक दिन में पूरा कर लेते हैं।

आप हमें गुजरात में जमीन लेने के लिए कहते हैं। आप हमें अपनी जमीन, अपने खेतों अपने खेतों के किनारे लगे पेड़-पौधों के बदले मुआवजे की राशि लेने के लिए कहते हैं.... परंतु आप हमारे जंगलों की क्षतिपूर्ति किस प्रकार करेंगे? आप हमारी नदी की क्षतिपूर्ति किस प्रकार करेंगे—— इसमें पाई जाने वाली मछलियों, इसके पानी, इसके किनारों पर की जाने वाली खेती तथा इस के तट पर रहने के आनंद का मुआवजा क्या होगा? इसकी क्या कीमत लगाई जाएगी? हमारे देवी-देवताओं और परिजनों के समर्थन की आप क्या कीमत लगाएँगे? हमारी आदिवासी जिंदगी की आप क्या कीमत देंगे?'

(स्रोत: 'वी विल ड्रॉन बट वी विल नॉट मूव', फ्रंटलाइन, 4 जून 1999)

1. नर्मदा नदी पर बांध के निर्माण से उस गांव के लोगों का जीवन किस प्रकार प्रभावित होगा?
2. जलसिंधी गांव के लोगों के लिए बेहतर जीवन की गुणवत्ता का क्या तात्पर्य है?

चयनित ग्रंथसूची

Centre for Environment Education. 1998. 'EnviroScope: Manuals for college teachers.' *Citizen action*. Ahmedabad: CEE.

D'Monte, Daryl. 1985. *Temples or tombs?* New Delhi: Centre for Science and Environment.

'Ecology and Principles for Sustainable Development.' 1986. Proceedings of a conference hosted by the Ladakh Project and the Ladakh Ecological Development Group in Leh, Ladakh, 2–4 September.

Gadgil, M. and R. Guha. 1995. *Ecology and equity*. New Delhi: Penguin Books.

IUCN/IDRC International Assessment Team and Pilot Country Teams in Colombia, India and Zimbabwe. 1997. 'An approach to assessing progress toward sustainability—tools and training series.'

Keating, M. 1993. *Agenda for change*. Geneva: Centre for Our Common Future.

Knox, P. and J. Agnew. 1998. *The geography of the world economy*. 3rd ed. New York: Arnold.

United Nations Development Programme. 1997. *Human development report 1997*. New York: Oxford University Press.

———. 1998. *Human development report 1998*. New York: Oxford University Press.

Vivekanandan, V. and John Kurien. 1998. 'Aquaculture—Where greed overrides need.' *The Hindu Survey of the environment 1998*.

अध्याय 13

नागरिक कार्रवाई

किरण बी. छोकर, ममता पंड्या एवं अवनीश कुमार

परिचय

यह एक वैश्विक घटना है। सुदूरवर्ती भारतीय गांवों से लेकर मेक्सिको शहर की झुग्गी बस्तियों तक, मलेशिया के वर्षावन से लेकर अमेरिका में व्हाइट हाउस के पिछले दरवाजे तक, हर स्थान पर सामान्य लोग नागरिक कार्रवाई के जरिए परिवर्तन हेतु प्रयासरत हैं। लोग समूहों के तौर पर संगठित होते हैं और प्राकृतिक संसाधनों के संरक्षण, गरीबों के लिए आवास निर्माण तथा वनों की अंधाधुंध कटाई पर भी रोक लगाने के लिए सरकारों के समक्ष प्रदर्शन करते हैं, मांग करते हैं और उन्हें राजी करते हैं। लोग कल-कारखानों को प्रदूषण के स्तर में कमी लाने तथा वित्तपोषकों को पर्यावरण के अनुकूल निवेश करने हेतु विवश करते हैं।

ऐसे समूहों में कुछ लोग या हजारों की संख्या में लोग शामिल हो सकते हैं। इस प्रकार के समूह अनौपचारिक अथवा पंजीकृत संस्था के तौर पर काम कर सकते हैं। इस प्रकार के समूह का सबसे अधिक औपचारिक एवं सुव्यवस्थित स्वरूप गैर-सरकारी संगठन (एनजीओ) को माना जाता है। पिछले दो दशकों में एनजीओ ने पूरे विश्व में महत्त्वपूर्ण भूमिका निभाई है। इन संगठनों ने पर्यावरण की सुरक्षा के लिए जन कार्रवाई की शुरुआत की, इसे प्रेरित किया, समूहबद्ध किया, संगठित किया एवं समर्थन दिया। पर्यावरण के क्षेत्र में काम करने वाले एनजीओ की बढ़ती संख्या में छात्रों की भूमिका भी बेहद अहम है।

हालांकि, इस प्रकार के समूह का स्वरूप इससे संबंधित लोगों के कारण अलग-अलग होता है, जिनमें से ज्यादातर का दृष्टिकोण समान होता है। वे गरीबी को कम करने, मानव विकास को गति देने तथा समुदाय के अल्पकालीन एवं दीर्घकालीन लाभ हेतु प्राकृतिक संसाधनों के प्रबंधन के लिए कठोर परिश्रम करते हैं। कई संगठन स्थानीय समस्याओं का हल निकालने के लिए प्रयासरत हैं। छोटे स्तर पर सफलता पाने के बाद ये संगठन बड़ी समस्याओं से निपटने के लिए अन्य समूहों के साथ गठबंधन कर सकते हैं।

समूह अपने काम के तरीकों को भी साझा करते हैं। वे प्रबंधन एवं रणनीति के समान घटकों का उपयोग करते हुए सामुदायिक कार्रवाई अभियानों के जरिये सफलता प्राप्त करते हैं। एनजीओ ने गरीबों एवं समाज के कमजोर वर्ग के लोगों को आवाज देकर पूरे विश्व में लोकतंत्र का सशक्तिकरण किया है, क्योंकि इस प्रकार के लोगों के हितों एवं प्राथमिकताओं की सार्वजनिक नीतियों द्वारा अक्सर उपेक्षा की जाती है।

नागरिक कार्रवाई क्या है?

लोग, अपने जीवन को बेहतर बनाने तथा अन्याय से लड़ने के लिए अनौपचारिक या औपचारिक समूह के माध्यम से अथवा व्यक्तिगत रूप से प्रयास करते हैं और अपनी समस्याओं को दूर करने के तरीके ढूंढते हैं। पर्यावरण के प्रति लोगों की चिंताओं को नीतियों, निर्णयों अथवा कार्रवाई के खिलाफ विरोध प्रदर्शन के रूप में तथा विकल्पों की तलाश करने, सुझाव देने या प्रदर्शित करने के सकारात्मक कार्य के रूप में अभिव्यक्ति मिली है।

नागरिक कार्रवाई, परिवर्तन का एक शक्तिशाली माध्यम है। कई समूहों ने बांधों के निर्माण एवं सिंचाई परियोजनाओं का विरोध किया है, क्योंकि इससे बड़ी संख्या में लोगों का विस्थापन होता है और इस विकास का उन्हें बेहद कम लाभ मिल पाता है। लोगों ने मानव बस्ती के निकट परमाणु ऊर्जा संयंत्रों और अत्यधिक प्रदूषणकारी औद्योगिक इकाइयों की स्थापना अथवा इसकी मौजूदगी का विरोध किया है। पर्यावरण के संसाधनों के अत्यधिक दोहन तथा अपशिष्ट पदार्थों के अत्यधिक बोझ से होने वाले खतरे को समझते हुए, लोग प्राकृतिक संसाधनों के आधार को पुनर्जीवित करने तथा इसका संवहनीय तरीके से उपयोग करने के नए-नए तरीकों के साथ सामने आ रहे हैं।

पर्यावरण की सुरक्षा के लिए संबंधित व्यक्तियों और समूहों द्वारा अपनाई गई अन्य रणनीतियों का इस्तेमाल मीडिया द्वारा जागरूकता फैलाने और दबाव बनाने के साथ-साथ कानूनी हस्तक्षेप की मांग के लिए किया जाना चाहिए। समूहों द्वारा जागरूकता अभियान के आयोजन के अलावा अनौपचारिक शिक्षण केंद्रों की स्थापना एवं संचालन का कार्य भी किया जाता है।

इनमें से कुछ प्रयास सफल हुए; जबकि कुछ में विफलता हाथ लगी। लेकिन विफलता से लोगों का उत्साह कभी कम नहीं हुआ; वे रणनीति की समीक्षा करते हैं और उसे संशोधित करने के बाद दोबारा लड़ने के लिए तैयार हो जाते हैं। चाहे तात्कालिक लक्ष्यों की प्राप्ति संभव हो अथवा नहीं, नागरिकों द्वारा की गई ऐसी पहलों ने पर्यावरण के प्रति जागरूकता के प्रसार में मदद की है।

परंतु इस प्रकार के कार्यों को प्रेरणा कहां से मिलती है? कौन सी बात लोगों को अपने जीवन का कार्यभार अपने हाथों में लेने और स्वयं की मदद करने के लिए प्रेरित करती है? इस अध्याय में ऐसे ही कुछ लोगों की कहानियाँ हैं, जिन्होंने अलग-अलग तरीकों से अपने इच्छित लक्ष्य को प्राप्त करने के लिए काम करने का फैसला किया।

जमीनी स्तर पर कार्रवाई: प्रेरणादायक मॉडल

स्थानीय नेतृत्व के ऐसे कई उदाहरण मौजूद हैं, जिन्होंने बेहतर आजीविका, स्वाभाविक न्याय तथा पर्यावरणीय संसाधनों के स्थायी प्रबंधन के लिए सामाजिक-आर्थिक विकास के नए तरीकों का पता लगाया है।

जनभागीदारी एवं नियंत्रण के आधार पर विकसित पानी पंचायत कार्यक्रम, प्राकृतिक संसाधन प्रबंधन प्रणालियों के उत्कृष्ट उदाहरणों में से एक है, जिसके माध्यम से महाराष्ट्र के सूखाग्रस्त इलाकों में जल प्रबंधन की सहभागितापूर्ण एवं न्यायसंगत प्रणाली बनाने का प्रयास किया गया है।

महाराष्ट्र के एक आदिवासी गांव, मेंढ़ा लेखा का उदाहरण भी प्रेरणादायक है। यह एक लाचार, अशिक्षित और भयग्रस्त समुदाय के संघर्ष और कालांतर में इसके प्रबुद्ध, स्व-विकसित एवं सशक्त समुदाय के तौर पर परिवर्तन की कहानी है।

सूखी जमीन से हरे-भरे खेतों तक का सफर

महाराष्ट्र के पुणे जिले के सूखा प्रभावित गांव, माहूर के निवासियों को अपनी जमीन से पर्याप्त भोजन नहीं मिल पाता था। पेयजल की उपलब्धता भी एक बड़ी समस्या थी। 1970 के दशक में, श्री विलासराव सालुंके ने बार-बार पड़ने वाले सूखे के स्थाई समाधान की तलाश में मंदिर से पट्टे पर ली गई 16 हेक्टेयर की बंजर भूमि पर एक प्रयोग करने का निर्णय लिया। अपने सहयोगियों के साथ मिलकर सालुंके ने उस जमीन पर एक अन्त:स्रवण टैंक बनाया, इसके चारों ओर बांध बनाया तथा वर्षा जल संचयन एवं मृदा अपरदन को रोकने के लिए खेत की मिट्टी को समतल किया, इससे पत्थर हटाए गए और फिर टैंक के बहाव के साथ एक कुएँ की खुदाई की गई। सिंचाई हेतु कुएँ से पानी निकालने के लिए 7.5 एचपी का पंप लगाया गया। उन्होंने उपजाऊ भूमि पर फल के पेड़ लगाए, और भूमि के बंजर हिस्से पर घास और झाड़ियाँ लगाई। उन्होंने मृदा एवं जल संरक्षण की दिशा में भी नए-नए प्रयोग किए।

(जारी)

(जारी)

धीरे-धीरे, गांव के लोगों को बदलाव नजर आने लगा। सालुंके की 10 हेक्टेयर जमीन पर 200 क्विंटल अनाज की पैदावार हुई, जबकि दूसरे किसानों की 17 हेक्टेयर जमीन पर केवल 10 क्विंटल अनाज का उत्पादन हुआ। अपने अनुभवों से सालुंके ने सीखा कि, सिंचाई की सहायता से छोटे खेतों में भी सघन कृषि संभव है और इस प्रकार बड़े खेतों में कम सघन कृषि की तुलना में अधिक पैदावार की जा सकती है। उन्होंने महसूस किया कि, अगर सिंचाई का पानी कम संख्या में बड़े किसानों के बजाय बड़ी संख्या में छोटे किसानों को आवंटित किया जाए, तो ग्रामीण अर्थव्यवस्था में कुल कृषि उत्पादन में वृद्धि होगी।

इन परिणामों को देखते हुए एक *पानी पंचायत* (जल परिषद) का गठन किया गया। पानी पंचायत ने पानी के आवंटन पर सबसे अधिक ध्यान दिया, जिसे जमीन के आकार के बजाए परिवार में लोगों की संख्या के अनुपात में दिया गया। सिंचाई के बेहतर संचालन और रखरखाव के उद्देश्य से एक योजना तैयार की गई। मॉडल की सफलता से प्रेरित होकर अन्य ग्रामीणों ने भी पानी पंचायत में शामिल होना शुरू कर दिया। भूमिहीन ग्रामीणों को पट्टे पर जमीन दी जाने लगी।

पानी पंचायत के पाँच प्रमुख सिद्धांत निम्नानुसार थे:

- सिंचाई योजना को लागू करने का काम किसानों के एक समूह को दिया जाएगा। पाँच सदस्यों के परिवार के पास पानी के अधिकार होंगे, जिसकी सहायता से 1 हेक्टेयर भूमि की सिंचाई की जा सकेगी।
- जिन फसलों के लिए बड़ी मात्रा में पानी की आवश्यकता होती है, उसकी खेती की अनुमति नहीं दी जाएगी।
- भूमि के अधिकारों के साथ पानी के अधिकार संलग्न नहीं होंगे।
- भूमिहीन लोगों सहित समुदाय के सभी सदस्यों के पास पानी का अधिकार होगा।
- *पानी पंचायत* के लाभार्थियों को इस योजना के 20 प्रतिशत मूल्य का वहन करना होगा। उन्हें कार्यक्रम के लिए योजना निर्माण, व्यवस्थापन एवं प्रबंधन करना होगा और पानी का वितरण समान तरीके से करना होगा।

प्रदर्शित किए गए मॉडल की सहायता से अपनी जमीन पर बेहतर उत्पादकता प्राप्त करने की इच्छा से प्रेरित होकर, गांव वालों ने पानी के समान वितरण एवं प्रबंधन को सुनिश्चित करने के लिए साथ मिलकर काम किया। आशाजनक परिणामों से उत्साहित होकर उन्होंने प्रयास करना जारी रखा। उनकी सफलता को देखते हुए दूसरे लोग भी इसमें शामिल होने लगे। अब माहूर के खेतों में फसल की उत्पादकता पहले की अपेक्षा तीन गुना बढ़ गई। पानी पंचायत का यह मॉडल कारगर सिद्ध हुआ और गत 25 वर्षों से इस की निरंतरता बरकरार है, जो वास्तव में एक उल्लेखनीय उपलब्धि है!

समुदाय-आधारित संरक्षण: मेंढ़ा लेखा ने रास्ता दिखाया

मेंढ़ा लेखा महाराष्ट्र के गढ़चिरौली जिले में स्थित लगभग 70 परिवारों का एक गांव है। यह क्षेत्र विशेष तौर पर गोंड आदिवासियों का घर है, जिन्होंने प्राचीन काल से ही इसके निकटवर्ती जंगलों का रहने एवं अन्य कार्यों के लिए उपयोग किया है। उनकी आजीविका निर्वाह कृषि, दिहाड़ी मज़दूरी और वन उत्पादों पर निर्भर है। यह क्षेत्र जैविक और सांस्कृतिक विविधता में समृद्ध है।

1970 के दशक के अंत में सरकार ने इस क्षेत्र में दो बांधों के निर्माण का प्रस्ताव दिया। आर्थिक रूप से पिछड़े आदिवासियों को इन परियोजनाओं के कारण न केवल उनके पारंपरिक निवास स्थान से दूर जाना पड़ता और उनका सामाजिक जीवन अस्त-व्यस्त हो जाता, बल्कि इससे जंगलों के एक बड़े हिस्से का विनाश भी अवश्यंभावी था, जिस पर उनकी आजीविका एवं संस्कृति निर्भर थी।

(जारी)

(जारी)

इस बात का एहसास होने के बाद स्थानीय जनजातीय समुदायों ने इन परियोजनाओं का पुरजोर विरोध किया। इसके बाद बांध के विरोधस्वरूप "जंगल बचाओ, मानवता बचाओ" नामक आंदोलन का बड़े पैमाने पर प्रसार हुआ। आदिवासियों के कड़े विरोध का सामना करते हुए सरकार ने इस परियोजना को स्थगित करने का निर्णय लिया। लेकिन इस घटना ने इस क्षेत्र में आदिवासी स्व-शासन की दिशा में एक सशक्त आंदोलन के बीज बोए।

लोगों ने अपनी जिम्मेदारी उठाने की दिशा में पहल की, जिसने स्व-शासन की मांग को पुष्ट किया। बांध के विरुद्ध आंदोलन के बाद ग्रामीणों ने वनों का वास्तविक प्रभार लेने का निर्णय लिया, जो 1950 के दशक में सरकार द्वारा संरक्षित वन घोषित किए जाने से पूर्व तक पारंपरिक रूप से उनके प्रबंधन के अधीन था। इसके बाद, गांव ने स्वयं को एक मजबूत इकाई के तौर पर संगठित किया। इसके बाद शराब एवं अन्य मादक द्रव्यों के सेवन, समाज में महिलाओं के लिए समान स्थिति, तथा निकटवर्ती जंगलों को बचाने एवं विनियमित करने की आवश्यकता, आदि विषयों पर चर्चा होने लगी। इन लंबी और पारदर्शी चर्चाओं के परिणामस्वरूप निषेध एक नियम बन गया, साथ ही वन संरक्षण एवं प्रबंधन प्रणाली विकसित की गई, तथा ग्राम स्तर पर सक्रिय महिला निकाय का गठन किया गया।

इस प्रकार के सकारात्मक बदलावों को बरकरार रखने तथा सतत विकास के लिए गांव ने स्वयं को संगठित किया और ग्राम सभा का गठन हुआ। ग्राम सभा, गांव से संबंधित मामलों पर निर्णय लेने वाला सर्वप्रमुख निकाय है जिसमें प्रत्येक परिवार का प्रतिनिधित्व अवश्य होता है (कम से कम 2 सदस्य - एक महिला और एक पुरुष)। इसमें सर्वसम्मति से निर्णय लिए जाते हैं और इसे अलिखित परंतु सशक्त सामाजिक नियमों के माध्यम से कार्यान्वित किया जाता है।

इसके बाद, गांव वालों ने विभिन्न जिम्मेदारियों को संभालने के लिए अलग-अलग कार्य समूहों का गठन किया। ये समितियाँ, गांव की तात्कालिक समस्याओं एवं उनके समाधान से लेकर वन्य जीव संरक्षण जैसे विभिन्न विषयों पर स्पष्ट एवं व्यापक विचार-विमर्श के लिए मंच के तौर पर भी काम करती हैं।

जंगलों की सुरक्षा और संरक्षण के लिए, ग्रामीणों ने बारिश के दौरान पानी के अत्यधिक बहाव और मिट्टी के कटाव को रोकने के लिए जल एवं मृदा संरक्षण हेतु प्रयास किए उन्होंने फैसला किया कि जंगलों में जानबूझकर आग नहीं लगाई जाएगी और यथासंभव वे जंगल की आग बुझाने में मदद करेंगे। वन क्षेत्र से प्राकृतिक संसाधनों के निष्कर्षण के संबंध में भी ग्रामीणों ने नियम बनाए वे जंगल में अवैध गतिविधियों के प्रति जागरूक हैं, और आसपास के क्षेत्रों में अतिक्रमण को नियंत्रित करते हैं। वनों को व्यावसायिक गतिविधियों से संरक्षित किया जाता है, जैसे कि कागज के मिलों द्वारा बांस की कटाई को रोका जाता है। यह गांव, संयुक्त वन प्रबंधन (जेएफएम) व्यवस्था बनाने में सफल रहा है, और पहली बार इस योजना में प्राकृतिक वन्य क्षेत्र को शामिल करने के लिए वन विभाग को राजी किया गया।

गांव की उपलब्धियों में 1800 हेक्टेयर के वन्य क्षेत्र का संरक्षण और इसका विनियमित उपयोग, अध्ययन मंडली एवं बचत योजनाओं की शुरुआत, गैर-आक्रामक तरीके से शहद का संग्रहण तथा आदिवासियों के स्व-शासन, स्व-रोजगार, लैंगिक समानता एवं क्षमता निर्माण की दिशा में तेजी से किए जा रहे प्रयास शामिल है। मेंढ़ा लेखा के लोग अब कानूनी, राजनीतिक और सामाजिक समर्थन तंत्र के माध्यम से इन लाभों को मजबूत करने और बनाए रखने के लिए उत्सुक हैं।

इस आंदोलन की मूल भावना एवं सतत परिणामों को "जंगल बचाओ, मानवता बचाओ" आंदोलन के प्रतिभागी एवं नेता देवजी टोपा, बेहतर तरीके से सारगर्भित करते हैं। वह कहते हैं, "स्व-शासन का तात्पर्य यह नहीं है कि कोई भी व्यक्ति अपनी इच्छानुसार काम करने के लिए स्वतंत्र है; वास्तव में यह लोगों को व्यक्तिगत तौर पर और समाज के रूप में जिम्मेदारीपूर्वक कार्य करने में सक्षम बनाता है इसका अर्थ यह भी नहीं कि समाज के एक बड़े हिस्से से स्वयं को पृथक कर लिया जाए। इसका अर्थ यह है कि, लोग समाज में अपनी भूमिका और जिम्मेदारियों को समझते हुए अपने अधिकारों का दावा करने में सक्षम हो सकें।

अभियान

जन संगठनों और एनजीओ ने पर्यावरण के लिए अहितकर नीतियों एवं कार्यों के खिलाफ विभिन्न अभियानों के माध्यम से अपना विरोध प्रकट किया है। कभी-कभी इस प्रकार के अभियानों ने बड़े पैमाने पर जन आंदोलन का रूप ग्रहण कर लिया, जिसका दूरगामी प्रभाव पड़ा।

संभवतः चिपको आंदोलन इस प्रकार के अभियानों में सर्वाधिक प्रसिद्ध है, जिसका आयोजन गढ़वाल हिमालय के क्षेत्र में वनों की अंधाधुंध कटाई के विरोध में किया गया था। केरल में एक जलविद्युत परियोजना के खिलाफ आयोजित साइलेंट वैली अभियान भी उल्लेखनीय है। इन दोनों आंदोलनों के बारे में नीचे विस्तार से बताया गया है।

चिपको आंदोलन

मार्च 1973 की एक सुबह चमोली जिले के सुदूरवर्ती इलाके में स्थित गोपेश्वर नामक एक पहाड़ी कस्बे में चिपको आंदोलन - पेड़ों को गले लगाने का आंदोलन - शुरू हो गया। उस दिन इलाहाबाद स्थित खेल का सामान बनाने वाले एक कारखाने के लिए गांव के मंडल के समीप 10 प्रभूर्ज (ऐश) पेड़ों को काटने ठेकेदार अपने मज़दूरों के साथ गोपेश्वर पहुंचा। गांव वालों ने उन्हें विनम्रतापूर्वक इस कार्य से रोका, परंतु ठेकेदार के नहीं मानने पर वे लोग पेड़ों को गले से लगा कर खड़े हो गए। ठेकेदार को खाली हाथ लौटना पड़ा।

कुछ हफ्ते बाद वही ठेकेदार वन विभाग से अनुमति लेकर गोपेश्वर से करीब 80 किलोमीटर दूर स्थित एक गांव, रामपुर फाटा पहुंचा। जैसे ही गोपेश्वर के लोगों को इस बारे में जानकारी मिली, वे ढोल और अन्य साजो-सामान के साथ गाते-बजाते तथा रास्ते में और अधिक लोगों को इकट्ठा करते हुए रामपुर फाटा तक पहुंचे। टकराव की स्थिति उत्पन्न हो गई और एक बार फिर आंदोलनकारियों ने पेड़ों को गले से लगा कर ठेकेदार को पराजित कर दिया।

वर्ष 1974 में चिपको आंदोलन उस समय अपने चरम पर पहुंच गया, जब जोशीमठ से करीब 65 किलोमीटर दूर स्थित एक गांव, रेनी गांव की महिलाएँ इस आंदोलन में नाटकीय ढंग से शामिल हो गईं। एक दिन जब गांव के सभी पुरुष जोशीमठ में रेनी के निकटवर्ती वन की नीलामी का विरोध करने पहुंचे थे, उसी वक्त ठेकेदार ने मौके का फायदा उठाते हुए गांव में प्रवेश किया और पेड़ों को काटने की कोशिश की। गांव के पुरुषों अथवा उनकी कुल्हाड़ियों की गैरमौजूदगी से अविचलित रेनी की महिलाओं ने, एक 50 वर्षीय अशिक्षित महिला गौरा देवी के नेतृत्व में गांव से होकर जंगल की ओर जाने वाले रास्ते को रोक दिया। महिलाओं ने उस स्थान पर स्वयं को समूहबद्ध किया और गाया: 'यह जंगल हमारी माँ का घर है; हम अपनी पूरी ताकत से इसकी रक्षा करेंगे।'

चिपको आंदोलन की उत्पत्ति की पृष्ठभूमि पारिस्थितिकी एवं आर्थिक, दोनों है। वर्ष 1970 में यह इलाका अभूतपूर्व बाढ़ की चपेट में था। इन पहाड़ी इलाकों पर बाढ़ के परिणाम काफी दुखद एवं दूरगामी थे, साथ ही उनके जीवन में बेहद महत्त्वपूर्ण भूमिका निभाने वाले पारिस्थितिक तंत्र पर भी बुरा असर पड़ा। इस इलाके के ग्रामीणों ने भी देखा और नाराजगी व्यक्त की, जिस तरह से विभिन्न सरकारों ने - जिसकी शुरुआत ब्रिटिश शासनकाल में ही हुई - उनकी वन्य संपदा को उनसे छीन लिया और दूरस्थ शहरी बाजारों के लिए इसे संसाधन बैंक के तौर पर परिणत कर दिया। हालात इतने बदतर हो गए कि जलाऊ लकड़ी जैसी छोटी-मोटी दैनिक आवश्यकताओं के लिए भी स्थानीय लोगों को अपने ही इलाकों में चोरी करने के लिए विवश होना पड़ा। धीरे-धीरे, इस क्षेत्र के पूरे पारिस्थितिक तंत्र में बदलाव आ गया।

अहिंसक और कार्रवाई-उन्मुख चिपको आंदोलन ने लोगों को एकजुट करने और वन संसाधनों के कुप्रबंधन पर ध्यान केंद्रित करने में बहुत मदद की। आंदोलन का स्वरूप गांधीवादी होने के कारण इसे काफी सहानुभूति मिली। रेनी के जंगल का सफाया किया जाना चाहिए अथवा नहीं, इस विषय की जाँच-पड़ताल के लिए सरकार द्वारा गठित विशेषज्ञ समिति ने पाया गया कि, वन विभाग की तुलना में रेनी की महिलाओं का दृष्टिकोण ज्यादा वैज्ञानिक था। इस कारण आंदोलन को काफी सम्मान मिला। समिति ने निष्कर्ष निकाला कि, हिमालय के सुदूरवर्ती इलाकों में स्थित जलसंभर क्षेत्र की अत्यधिक संवेदनशील प्रकृति के कारण वनों की कटाई को प्रतिबंधित किया जाना चाहिए, ताकि इसका पुनरुत्थान संभव हो सके। इस प्रकार की घटनाओं के बावजूद वन विभाग ने अपनी वन नीति में कोई बदलाव नहीं किया, परंतु इतना तो अवश्य हो गया कि चमोली जिले में अब विभाग निजी ठेकेदारों को जंगल बेचने की अपनी नीति को लागू करने की स्थिति में नहीं था।

(द चिपको आंदोलन, 1982. द स्टेट ऑफ इंडियाज़ एनवायरनमेंट, 1982: ए सिटीजन्स रिपोर्ट: 42–43 — से उद्धृत)

देश में विकास से संबंधित प्रमुख परिचर्चाओं में साइलेंट वैली आंदोलन को जन कार्रवाई के एक उत्कृष्ट उदाहरण के रूप में उद्धृत किया जाता है। इस अभियान ने ऐसे सवाल उठाए, जिसने देश के पर्यावरण आंदोलन में एक नया आयाम जोड़ा। पर्यावरणीय समस्याओं से संबंधित परिचर्चाओं में आर्थिक एवं औद्योगिक विकास-उन्मुख मॉडल की तेजी से आलोचना होने लगी, जिसे विकासशील देशों ने औद्योगिक देशों से अपनाया था। साइलेंट वैली आंदोलन के दौरान एक नई मिसाल कायम की गई: 'विनाश के बिना विकास', जिसका तात्पर्य यह है कि पर्यावरण अथवा उस पर निर्भर लोगों के हितों से समझौता किए बिना भी सतत विकास संभव है।

साइलेंट वैली पर संकट

केरल राज्य में पश्चिमी घाट से दूर, परंतु ऊटी के समीप साइलेंट वैली नामक एक छोटा और निर्जन वन्य क्षेत्र है। 90 वर्ग किमी क्षेत्र में विस्तृत इस घाटी के चारों ओर ऊंची पर्वत श्रेणियाँ मौजूद हैं। यह भारत के उन गिने-चुने स्थानों में से एक है, जहां मानव आबादी नहीं पाई जाती है। साइलेंट वैली तक पहुंच पाना अत्यंत कठिन है और पैदल भी बेहद कठिनाई से पहुंचा जा सकता है, इसलिए यह क्षेत्र संरक्षित था।

यह जंगल दुर्लभ और बहुमूल्य जीव-जंतुओं एवं वनस्पतियों का भंडार है। इस क्षेत्र में इलायची, चना, धान और बीन की जंगली किस्में पाई जाती हैं। कई पौधे औषधीय दृष्टि से अत्यंत महत्त्वपूर्ण हैं, जैसे कि सदाबहार वन वृक्ष - हाइडनोकार्पस, जिनके बीजों में कुष्ठ रोग की चिकित्सा में इस्तेमाल होने वाला तेल पाया जाता है। यहां के दुर्लभ जंतुओं में शेर-पूंछ लंगूर, ग्रेट इंडियन हॉर्नबिल और नीलगिरी तहर शामिल हैं।

अत्यंत बीहड़ इलाके में स्थित इस घाटी को देश के सर्वाधिक उग्र पर्यावरणीय विवादों के कारण जाना जाता है। इसकी शुरुआत केरल राज्य विद्युत बोर्ड (केएसईबी) के एक सीधे-सादे प्रस्ताव से हुई, जिसके अनुसार साइलेंट वैली में कुंतीपुझा नदी पर 130 मीटर ऊंचा बांध बनाकर एक जलाशय के निर्माण का प्रस्ताव दिया गया, जिसका इस्तेमाल विद्युत उत्पादन के लिए किया जाना था।

दुर्भाग्यवश, इस प्रस्ताव पर केंद्र सरकार के एक प्रशासनिक अधिकारी का ध्यान गया। भारत के पर्यावरण संरक्षण के प्रति अत्यंत चिंतित उस अधिकारी ने परियोजना पर पुनर्विचार हेतु अनुरोध किया। केएसईबी ने 1973 में इस पर काम शुरू कर दिया था, लेकिन धन की कमी के कारण इसकी गतिविधियाँ 1976 तक स्थगित रही, और इसी वर्ष बोर्ड ने बांध के निर्माण को दोबारा शुरू किए जाने की इच्छा व्यक्त की। इस समय तक घाटी से बड़ी संख्या में पेड़ों का सफाया हो चुका था।

कालांतर में यह मुद्दा तत्कालीन प्रधानमंत्री, श्रीमती इंदिरा गांधी के समक्ष आया, जो पूर्ववर्ती राजनेताओं की अपेक्षा पर्यावरणीय मामलों में अधिक दिलचस्पी रखती थीं। इस परियोजना से पश्चिमी घाट को होने वाले नुकसान की संभावना का पता लगाने के लिए उन्होंने वर्ष 1980 में एक समिति गठित की। समिति ने बताया कि, साइलेंट वैली उष्णकटिबंधीय वर्षा वन में विकसित वनस्पतियों एवं जीव जंतुओं का अंतिम उदाहरण था, साथ ही यहां का पारिस्थितिक तंत्र अब तक मानवीय हस्तक्षेप से अछूता था। इस क्षेत्र में बांध के निर्माण के बाद पारिस्थितिक तंत्र को अपूरणीय क्षति होगी।

समिति ने तर्क दिया कि, बांध की मदद से 120 मेगावाट विद्युत उत्पादन की यह प्रस्तावित परियोजना केरल के लिए ज्यादा महत्त्वपूर्ण नहीं है। राज्य में इदुक्की जल विद्युत परियोजना मौजूद है, जो राज्य की आवश्यकता से अधिक विद्युत उत्पादन करने में सक्षम है। समिति ने सुझाव दिया कि, बांध को पूरी तरह से गिरा दिया जाए या अगर इसका निर्माण किया जाना हो, तो संरक्षण से संबंधित उपायों का पूरी तरह पालन किया जाएगा। बांध के निर्माण हेतु उत्सुक केएसईबी ने समिति की शर्तों के प्रति तत्काल सहमति व्यक्त की।

इसी दौर में वहां के स्थानीय अध्यापकों एवं अन्य लोगों ने मिलकर केरल शास्त्र साहित्य परिषत् (केएसएसपी) का गठन किया और साइलेंट वैली अभियान से जुड़ गए। कई वर्षों तक इस एनजीओ ने स्थानीय भाषा मलयालम में विज्ञान पर आधारित लेखों का प्रकाशन किया, ताकि इसे लोगों के एक व्यापक समूह द्वारा पढ़ा जा सके और विज्ञान सामाजिक क्रांति का वाहक बन सके।

(जारी)

(जारी)

केएसएसपी के अधिकांश सदस्य भौतिक विज्ञान, रसायन विज्ञान और जीव विज्ञान के शिक्षक थे। प्रारंभ में उनका विचार यह था कि साइलेंट वैली में बांध के निर्माण से विद्युत उत्पादन किया जाएगा, जिससे राज्य को विकसित होने में मदद मिलेगी। हालांकि, कालीकट कॉलेज में वनस्पति विज्ञान के प्राध्यापक, प्रोफेसर एम.के. प्रसाद जैसे कुछ सदस्यों ने महसूस किया कि, पश्चिमी घाट में पेड़ों की कटाई केरल राज्य की कई पर्यावरणीय समस्याओं का कारण है।

शैक्षणिक ज्ञान एवं तर्कों पर आधारित केएसएसपी के विचार ने हर किसी को आकृष्ट नहीं किया। बांध के प्रस्तावित स्थल के अछूते वन्यक्षेत्र तथा यहां की वनस्पतियों एवं जीव-जंतुओं के संरक्षण का विचार आस-पास रहने वाले लोगों और केरल के उत्तरी जिलों के निवासियों के लिए अप्रासंगिक था, जो बिजली की किल्लत और बेरोजगारी की समस्या से जूझ रहे थे। साइलेंट वैली आंदोलन में घाटी के पारिस्थितिक एवं सौंदर्य के महत्त्व पर विचार करने के साथ-साथ परियोजना के सामाजिक-आर्थिक प्रभावों पर भी विचार किया जाना आवश्यक था। इन बातों को ध्यान में रखते हुए केएसएसपी ने अध्ययनों का आयोजन किया, जिसके माध्यम से यह दिखाया गया कि घाटी को क्यों नष्ट नहीं किया जाना चाहिए और अन्य तरीकों से समान लाभ किस प्रकार प्राप्त किया जा सकता है।

केएसएसपी के अध्ययनों से पता चला कि, बिजली उत्पादन का लाभ केवल कुछ ही लोगों के लिए होगा क्योंकि केरल की दो-तिहाई बिजली का उपयोग उद्योगों द्वारा किया जाता है, जिसमें केवल कुछ हजार लोग ही कार्यरत हैं। इसके अलावा, यह भी तर्क दिया गया कि जंगल के एक बड़े इलाके के जलमग्न होने से बड़ी संख्या में लोगों का ऊर्जा का स्रोत नष्ट हो जाएगा जो खाना पकाने के लिए जलावन हेतु इस पर निर्भर हैं।

केंद्र सरकार द्वारा गठित वनस्पति विज्ञानियों, प्राणी विज्ञानियों और भूवैज्ञानिकों के वैज्ञानिक निकायों ने भी केएसएसपी के निष्कर्षों को समर्थन दिया। उन्होंने केएसएसपी का समर्थन किया कि, चिरहरित वनों में पेड़ों की कटाई से बारिश में समग्र गिरावट की बजाय मानसून के दौरान सूखे के दिनों की संख्या में वृद्धि हो जाएगी। इसका तात्पर्य यह है कि बारिश के दिनों की संख्या में कमी आएगी परंतु बारिश की मात्रा काफी बढ़ जाएगी। पेड़ के आवरण की अनुपस्थिति में, मृदा अपरदन बढ़ जाएगा और इस इलाके की भूमि की गुणवत्ता का स्तर काफी गिर जाएगा।

केरल में कार्यरत कई एनजीओ के अलावा, मुंबई तथा देश के अन्य भागों में स्थित बॉम्बे नेचुरल हिस्ट्री सोसाइटी (बीएनएचएस) एवं अन्य पर्यावरणीय समूहों ने केएसएसपी को समर्थन दिया। इस मामले में प्रख्यात पक्षी विज्ञानी और श्रीमती इंदिरा गांधी के करीबी, डॉ. सलीम अली का समर्थन विशेष रूप से मूल्यवान था।

केएसएसपी ने साइलेंट वैली के संरक्षण की आवश्यकता पर जनमत निर्माण में सफलता पाई। इसने कई गांवों में अपने विज्ञान समूहों का गठन किया था, जिसके जरिए संवाद पत्र एवं पत्रिकाओं को बड़े पैमाने पर लोगों तक पहुंचाया गया। केएसएसपी ने लगभग 600 शिक्षकों, गणमान्य व्यक्तियों एवं छात्रों के हस्ताक्षर से युक्त ज्ञापन केरल सरकार को भेजा। इसने नुक्कड़ नाटकों, प्रदर्शनियों, सार्वजनिक परिचर्चाओं तथा अद्वितीय जत्थे — 6,000 किमी लंबी जुलूस यात्रा — का आयोजन किया। केरल के प्रमुख बुद्धिजीवियों, जो केएसएसपी के सदस्य थे, ने पत्र-पत्रिकाओं में लेखों का प्रकाशन किया और सार्वजनिक परिचर्चाओं में शामिल हुए।

केएसएसपी में छात्रों की भागीदारी के कारण, केरल के विद्यार्थियों ने परियोजना के प्रति अपने विरोध की घोषणा की। भारत में यह पहला मौका था जब पर्यावरण की रक्षा के लिए विरोध प्रकट करते हुए स्कूल के छात्र सड़कों पर उतर आए थे।

साइलेंट वैली को बचाने के लिए चेन्नई और मुंबई जैसे शहरों में समितियों की संख्या तेजी से बढ़ रही थी, जिसके विरोधस्वरूप परियोजना के समर्थन में मानक्कड़ में एक स्थानीय समिति का गठन किया गया। उन्होंने तर्क दिया कि, बेरोजगारी और उद्योगों की अनुपस्थिति जैसी समस्याओं के कारण राज्य से बाहर जाने वाले लोगों की संख्या काफी अधिक है। इसके लिए उन्होंने औद्योगीकरण को एकमात्र समाधान माना, जिसके लिए बिजली आवश्यक थी।

अपनी तरफ से केएसईबी ने भी लोगों को अपने विचार से सहमत कराने का कार्य जारी रखा। इसे बांध के आस-पास के इलाकों में रहने वाले लोगों का समर्थन मिला, जिन्हें इस बात का विश्वास दिलाया गया कि लोगों को या तो बांध के निर्माण के दौरान नौकरी मिलेगी या फिर कालांतर में इस क्षेत्र में स्थापित होने वाले उद्योगों से लोगों को रोजगार मिलेगा। केएसएसपी ने इस इलाके में लोगों को समझाने के लिए कड़ी मेहनत की कि, उन लोगों से जो वादा किया गया है वह भ्रामक है और चिरस्थायी नहीं है।

(जारी)

(जारी)

इसी समय मंच पर एक और नायक नाटकीय ढंग से उपस्थित हुआ — शेर-पूंछ लंगूर — जो दुनिया में बंदरों की सर्वाधिक संकटग्रस्त प्रजातियों में से एक है। यह केवल पश्चिमी घाट के दक्षिणी हिस्से में पाया जाता है। साइलेंट वैली में बांध निर्माण के समर्थकों एवं विरोधियों के बीच बंदर के अस्तित्व का मुद्दा गरमा गया। इस बात पर सवाल खड़े किए गए कि, बांध के निर्माण के बाद लोगों को होने वाले फायदे के स्थान पर बंदरों को इतना महत्त्व क्यों दिया जा रहा है। इस परिचर्चा ने वैश्विक स्तर पर लोगों का ध्यान आकृष्ट किया और अंततः आईयूसीएन (विश्व संरक्षण संघ) द्वारा एक प्रस्ताव पारित किया गया, जिसमें भारत सरकार से पश्चिमी घाट के वन्यक्षेत्रों का अधिक प्रभावी ढंग से संरक्षण करने की बात कही गई, जिसके अंतर्गत केरल के साइलेंट वैली के अछूते वन्यक्षेत्र भी शामिल थे।

जैसे-जैसे यह मुद्दा गरमाता गया, दोनों पक्षों ने केंद्र सरकार पर दबाव डालना शुरू किया, जिसे इस प्रस्ताव पर अंतिम निर्णय लेना था। अंततः लागत एवं लाभ के परीक्षण के साथ-साथ प्रधानमंत्री के समर्थन के कारण परियोजना के विरुद्ध निर्णय आया। भारत सरकार ने केरल को परियोजना छोड़ने की सलाह दी। इसके बाद वर्ष 1985 में साइलेंट वैली को राष्ट्रीय उद्यान घोषित किया गया, जिसका तात्पर्य यह है कि भविष्य में इस क्षेत्र में किसी परियोजना का निर्माण नहीं किया जाएगा।

लेकिन संरक्षण के मुद्दे पर कोई भी संघर्ष कभी समाप्त नहीं होता है, और इस बात की भी कोई गारंटी नहीं है कि भविष्य में साइलेंट वैली में चुप्पी बरकरार रहेगी। फिलहाल साइलेंट वैली परियोजना को पुनर्जीवित करने की इच्छाशक्ति कमजोर दिखाई देती है। लेकिन इस बात को ध्यान में रखना होगा कि, जरूरत पड़ने पर केरल के लोग योजनाबद्ध रणनीति एवं दृढ़ संकल्प के साथ अतीत की सफलता को दोहराने में निश्चित तौर पर सक्षम हैं।

(डैरिल डी'मोंटे, 1991, स्टॉर्म ओवर साइलेंट वैली; एम.के. प्रसाद, द साइलेंट वैली क्रूसेड: ए केस स्टडी)

समस्याओं को कानूनी तरीके से दूर किए जाने की मांग

पर्यावरण की समस्याओं के प्रति जागरूक व्यक्तियों और समूहों के पास एक प्रभावशाली युक्ति उपलब्ध है, जिनका हाल के वर्षों में तेजी से उपयोग किया जा रहा है, जिसे जनहित याचिका के नाम से जाना जाता है। अतीत में केवल प्रत्यक्ष तौर पर प्रभावित या कार्रवाई से पीड़ित लोगों द्वारा ही मुकदमा दायर किया जाता था, परंतु आजकल सार्वजनिक हितों के लिए हानिकारक कार्रवाई में संशोधन या हस्तक्षेप की मांग को लेकर कोई भी व्यक्ति या समूह अदालत के समक्ष उपस्थित हो सकता है।

पर्यावरण के संदर्भ में भारतीय संविधान

भारत का संविधान हर नागरिक को जीवन और व्यक्तिगत स्वतंत्रता के मौलिक अधिकार की गारंटी देता है। संविधान के अनुच्छेद 48 (ए) के तहत, भारत को पर्यावरण की सुरक्षा एवं इसकी दशा में सुधार के लिए जंगलों और वन्य जीवों के संरक्षण हेतु अवश्य प्रयास करना होगा। संविधान के अनुसार वनों, झीलों, नदियों और वन्य जीवों सहित पर्यावरण की रक्षा करने एवं इसे बेहतर बनाने के लिए प्रयास करना तथा सभी जीवों के प्रति करुणा का भाव रखना, भारत के हर नागरिक का कर्तव्य है।

अनुच्छेद 21 के तहत जीवन के अधिकार की गारंटी दी गई है, जिसमें कहा गया है कि 'विधि द्वारा स्थापित प्रक्रिया के अनुसार किसी व्यक्ति को अपने जीवन या निजी स्वतंत्रता से वंचित नहीं किया जाएगा।' पिछले दो दशकों में, इस अनुच्छेद में कई अधिकारों को शामिल किये जाने के लिए प्रगतिशील व्याख्याएँ हुई हैं, जो व्यापक अर्थों में जीवन और स्वतंत्रता के अधिकार की व्याख्या करते हैं।

सर्वोच्च न्यायालय ने अपने एक ऐतिहासिक निर्णय में (फ्रांसिस कोराली बनाम प्रशासक, संघ राज्य क्षेत्र दिल्ली एवं अन्य, एआईआर, 1981) विचार करते हुए कहा कि, 'हमें लगता है कि जीवन के अधिकार में मानवीय गरिमा के साथ जीने का अधिकार शामिल है ...इस अधिकार के घटकों की अहमियत और इसकी विषय-वस्तु देश के विकास की सीमा पर निर्भर है, लेकिन किसी भी परिस्थिति में इसमें जीवन की बुनियादी आवश्यकताओं का अधिकार अवश्य शामिल किया जाना चाहिए।'

संविधान के प्रासंगिक अनुच्छेदों के अनुसार सर्वोच्च न्यायालय ने भी अब जनहित याचिकाओं (पीआईएल) को न्यायालयों के संवैधानिक दायित्व के तौर पर स्वीकृति दी है। पीआईएल जनहित याचिका का एक रूप है, जिसे किसी व्यक्ति द्वारा दायर किया जा सकता है, जिसके लिए उस व्यक्ति का प्रत्यक्ष तौर पर प्रभावित होना मायने नहीं रखता है। इसने पर्यावरण के प्रति जागरूक और सार्वजनिक उत्साही व्यक्तियों या समूहों को देश के सर्वोच्च न्यायालय तक आसानी से पहुंचने में सक्षम बनाया है। मौलिक अधिकारों के उल्लंघन के निवारण हेतु पीआईएल याचिकाकर्ताओं, राज्य या सार्वजनिक प्राधिकरणों तथा न्यायालयों के बीच सहयोगात्मक प्रयास के तौर पर उभर कर सामने आया है।

पीआईएल के व्यवहार को बढ़ाने में सर्वोच्च न्यायालय ने सक्रिय भूमिका निभाई है। यह सुनिश्चित करने के लिए कि न्याय की आशा रखने वाले सामान्य नागरिकों के लिए महंगी एवं जटिल अदालती प्रक्रियाएँ बाधक न बने, न्यायमूर्ति पी. एन. भगवती ने कहा,... 'अदालत द्वारा निर्दिष्ट प्रपत्र पर याचिका हेतु जोर नहीं दिया जाएगा, इसके बजाय अगर लोगों की भलाई के लिए काम करने वाला कोई व्यक्ति या सामाजिक संगठन जनहित से संबंधित विषयों पर एक पत्र भी प्रेषित कर दे, तो वह अदालत के अधिकार क्षेत्र के लिए पर्याप्त होगा।' इस प्रकार जनता के बीच से कोई भी व्यक्ति किसी सामाजिक मुद्दे को लेकर अदालत में जा सकता है, जिसे न्यायालय द्वारा रिट याचिका समझा जाएगा। इसके अलावा, पीआईएल के लिए नाममात्र के शुल्क का वहन करना होता है।

ऐसे भी कई उदाहरण मौजूद हैं, जब मीडिया की रिपोर्टों को न्यायालयों द्वारा सार्वजनिक हितों की कार्यवाही के लिए पर्याप्त माना गया। वर्ष 1994 में, गुजरात उच्च न्यायालय ने उस वर्ष भारी बारिश के बाद शहर में सड़कों की भयावह स्थिति के बारे में समाचार पत्र की रिपोर्ट और संपादक के नाम लिखे गए पत्रों को आधार मानकर, अहमदाबाद नगर निगम और अहमदाबाद शहरी विकास एजेंसी के खिलाफ कार्रवाई शुरू की। इसके परिणामस्वरूप, शहर के ज्यादातर इलाकों में सड़कों का पुनर्निर्माण किया गया।

संभवतः दून घाटी प्रकरण ऐसा पहला मामला था, जिसमें इस प्रकार की मुक़दमेबाज़ी के माध्यम से पर्यावरणीय संतुलन एवं दिशाहीन विकास के बीच संघर्ष को सीधे संबोधित किया गया था।

दून घाटी की हिफ़ाज़त

दून घाटी (उत्तराखंड राज्य में स्थित) में मानसून के दौरान भारी बारिश होती है। इस घाटी में पेड़ों की जड़ें पानी को मिट्टी के अंदर तक पहुंचने में मदद करती थीं, जबकि जमीन के नीचे मौजूद चूना पत्थर की परत एक बड़े जलभृत का काम करती थी। इस घाटी से उत्पन्न होने वाली धाराएँ शुष्क मौसम में भी प्रवाहित होती थीं, और इससे यमुना नदी को साल भर जलापूर्ति होती थी। परंतु इस इलाके में चूना पत्थर के अनियंत्रित उत्खनन तथा बड़े पैमाने पर वनों की कटाई के कारण बेहद नाजुक पारिस्थितिक संतुलन पर संकट गहरा गया, जिसके परिणामस्वरूप नदियों का पानी सूख गया।

वर्ष 1983 में देहरादून स्थित एक स्वयंसेवी संगठन, ग्रामीण न्यायिक अधिकार केंद्र (आरएलईके) ने इस परिस्थिति का वर्णन करते हुए माननीय सर्वोच्च न्यायालय को एक पत्र लिखा। न्यायालय ने इस पत्र को याचिका माना। इसके बाद न्यायालय ने इस तथ्य को ध्यान में रखते हुए देहरादून के जिला-दंडनायक को घाटी में उत्खनन कार्यों को रोकने के संबंध में निर्देश जारी किए कि चूना पत्थर के उत्खनन से पानी के बारहमासी स्रोत प्रभावित हो रहे हैं। इसके अलावा, न्यायालय ने राज्य को निर्देश दिया कि, वह आरएलईके संगठन को उसकी सेवाओं के लिए 10,000 रुपये का भुगतान करे। न्यायालय ने अपने निर्णय में पर्यावरण के संबंध में नागरिकों को अपने कर्तव्य को याद दिलाई। निर्णय में कहा गया: 'पर्यावरण के संरक्षण तथा पारिस्थितिक संतुलन को प्रभावित होने से बचाने के कार्य में सरकारों के साथ-साथ प्रत्येक नागरिक की भी समान रूप से भागीदारी होनी चाहिए। यह एक सामाजिक दायित्व है और हम सभी भारतीय नागरिकों को स्मरण कराना चाहते हैं कि, संविधान के अनुच्छेद 51- ए (जी) के अनुसार यह उनका मौलिक कर्तव्य है।

एम.सी. मेहता की कहानी हमें यह बताती है कि, एक अकेला व्यक्ति अपने दृढ़ संकल्प एवं धैर्य के साथ स्वच्छ एवं स्वस्थ पर्यावरण के संदर्भ में नागरिक अधिकारों की सुरक्षा एवं और इसके दावे के लिए दूरगामी प्रभाव डालने वाले निर्णय की प्राप्ति हेतु जनहित याचिका के प्रावधान का प्रभावी ढंग से किस प्रकार उपयोग कर सकता है।

वर्ष 1984 के बाद से लगातार कई वर्षों तक, एम.सी. मेहता ताजमहल की ओर से हर शुक्रवार को सर्वोच्च न्यायालय में मुक़दमा लड़ने जाते थे। वास्तव में उनका यह धर्मयुद्ध सर्वोच्च न्यायालय को इस बात का यकीन दिलाने पर आधारित था कि, ताजमहल के आस-पास स्थित लोहे की ढलाई के कारखाने, कांच के कारखाने तथा मथुरा पेट्रोलियम रिफाइनरी को या तो विस्थापित किया जाना चाहिए अथवा बंद कर दिया जाना चाहिए, क्योंकि इससे निकलने वाले सल्फ्यूरिक एवं अम्लीय धुएँ ताजमहल को प्रभावित कर रहे हैं।

लगभग एक दशक लंबी न्यायिक लड़ाई के बाद, वर्ष 1993 में सर्वोच्च न्यायालय ने ताजमहल के आसपास के 212 छोटे कारखानों को बंद करने का आदेश दिया क्योंकि उन्होंने प्रदूषण नियंत्रक उपकरणों को स्थापित नहीं किया था। इसके अलावा, अन्य 300 कारखानों को आवश्यक उपकरण स्थापित करने के लिए समन दिया गया। आगरा ताप विद्युत संयंत्र भी बंद कर दिया गया। पिछले कुछ वर्षों में, आसपास के प्रदूषण के खिलाफ हरित आवरण प्रदान करने के लिए ताज के आस-पास लगभग 50,000 पेड़ लगाए गए।

ताज अभियान तो केवल शुरुआत भर थी; दरअसल पर्यावरण से जुड़े मामले अब मेहता का पर्याय बन चुके हैं। कुछ वर्षों बाद जब उन्हें यह मालूम हुआ कि दिल्ली में कुछ पत्थर खदानों से उड़ने वाली धूल के कारण स्थानीय लोगों को खांसी की समस्या का सामना करना पड़ रहा है, तब उन्होंने खदानों को बंद कराने में सफलता पाई। एक अन्य मामले में उन्होंने औद्योगिक प्रदूषण से गंगा नदी को बचाने से संबंधित जनहित याचिका के आधार पर पश्चिम बंगाल में 30 प्रदूषणकारी कारखानों को बंद करने के सर्वोच्च न्यायालय के आदेश को सुरक्षित कराया। मेहता का गंगा प्रकरण, जिसने कथित तौर पर नदी की सफाई प्रक्रिया शुरू की, संभवतः भारत में सबसे बड़ी जनहित याचिकाओं में से एक है, जिससे भारत के उत्तरी राज्य अर्थात, उत्तराखंड और उत्तर प्रदेश से लेकर पूर्वोत्तर क्षेत्र में बिहार और पश्चिम बंगाल तक सभी राज्यों के लोग, शहर एवं गांव प्रभावित हुए हैं। पश्चिम बंगाल में स्थित 30 इकाईयों के अलावा 157 अन्य कारखानों को दोषी पाया गया तथा 300 से अधिक नगरपालिकाओं को मल-जल प्रवाह प्रणाली को स्वच्छ बनाने का आदेश दिया गया।

इसके अलावा भी कई अन्य महत्त्वपूर्ण मामलों में मेहता ने अपनी याचिकाओं के पक्ष में निर्णय प्राप्त करने में सफलता पाई। श्रीराम गैस रिसाव मामले में, इकाई को बंद किए जाने के साथ-साथ पीड़ितों को मुआवज़ा देने का भी आदेश दिया गया था। वर्ष 1991 में उनकी एक अन्य जनहित याचिका पर फैसला लेते हुए, सर्वोच्च न्यायालय ने केंद्र सरकार को निर्देश दिया कि ऑडियो-विज़ुअल मीडिया के माध्यम से राष्ट्रीय एवं क्षेत्रीय भाषाओं में पर्यावरण से संबंधित जानकारी का प्रसार किया जाए, साथ ही पर्यावरण के विषय को स्कूलों और कॉलेजों में अनिवार्य बनाया जाए।

अप्रैल 1996 में, अमेरिका के गोल्डमैन एन्वायरनमेन्टल फाउंडेशन ने श्री मेहता को सातवें वार्षिक गोल्डमैन एन्वायरनमेन्टल पुरस्कार के साथ सम्मानित किया। धरती पर बसे हुए महाद्वीपों में से एक का चयन करते हुए प्रतिवर्ष छह प्रमुख पर्यावरणविदों को यह पुरस्कार दिया जाता है। इस फाउंडेशन ने श्री मेहता को 'सार्वजनिक हितों के लिए अनवरत परिश्रम करने वाला प्रतिनिधि' तथा 'विश्व के सर्वाधिक सफल पर्यावरणीय वादी' माना। वर्ष 1997 में, श्री मेहता ने प्रतिष्ठित मैगसेसे पुरस्कार जीता।

संभवतः यह मेहता की सफलताओं का ही परिणाम रहा है कि, न्यायपालिका के बीच पर्यावरणीय समस्याओं के लिए सहानुभूतिपूर्ण वातावरण का निर्माण संभव हो पाया है। भारतीय संविधान का अनुच्छेद 21 इस विवाद के समर्थक के तौर पर उभर कर सामने आया है कि 'जीवन के अधिकार' में स्वस्थ वातावरण का अधिकार भी शामिल है। आज प्रदूषण मुक्त पर्यावरण नागरिक अधिकार के तौर पर उभर कर सामने आया है, जिसका श्रेय श्री मेहता की कानूनी मुहिम को जाता है।

पक्षसमर्थन और कार्रवाई का समर्थन

पक्षसमर्थन राय और नीति को प्रभावित करने के लिए किए जाने वाले अनुनय का एक रूप है। जमीनी स्तर पर और कार्रवाई परियोजनाओं पर काम करने वाले पर्यावरणीय समूहों को अलग-अलग व्यक्तियों एवं संगठनों द्वारा इस प्रकार का समर्थन दिया जाता है। इसमें **सामाजिक कार्यकर्ता** (एक शब्द, जो अब अन्य लोगों के साथ मिलकर काम करने वाले व्यक्तियों के लिए

उपयोग किया जाता है, जो प्रत्यक्ष कार्रवाई के माध्यम से क्रांतिकारी परिवर्तन लाने के प्रति प्रतिबद्ध होते हैं), समाजशास्त्री, वकील, उपभोक्ता समूहों और पत्रकार शामिल हैं। मीडिया के माध्यम से प्रदर्शन तथा कानूनी सहायता के जरिए इन्होंने लोगों को जानकारी और प्रशिक्षण प्रदान करने, जनमत का निर्माण करने तथा राज्य की कार्यवाही को प्रभावित करने का काम किया है और भारत में पर्यावरण आंदोलन को सशक्त समर्थन दिया है।

इसके बाद की कहानी यह है कि, मीडिया अभियानों के सतत आयोजन, नेटवर्किंग तथा कानूनी कार्रवाई के माध्यम से वन्यजीव अभ्यारण के एक हिस्से को बचाने में सफलता मिली, क्योंकि सरकार के निषेधाज्ञा आदेश के कारण इसके क्षेत्र के निरंतर सिकुड़ने के कारण खतरा बढ़ रहा था।

एक अभयारण्य के संरक्षण हेतु निविदा

गुजरात के कच्छ जिले में नारायण सरोवर अभ्यारण्य स्थित है और अर्ध-शुष्क पारिस्थितिक तंत्र का झाड़ीदार वन्य क्षेत्र यहां की विशेषता है। वन्य जीवों एवं वनस्पतियों की विविधता के मामले में यह क्षेत्र काफी समृद्ध है, जिसमें अत्यधिक संकटग्रस्त चिंकारा (भारतीय मृग), पैंगोलिन और बनबिलाव शामिल हैं। वर्ष 1993 में राज्य सरकार ने 765.79 वर्ग किमी के अभ्यारण्य के वास्तविक आकार को कम करते हुए 94 वर्ग किमी तक सीमित करने के लिए एक निषेधाज्ञा आदेश जारी किया। इस इलाके में चूना पत्थर के उत्खनन को अनुमति देने तथा सीमेंट कारखानों की स्थापना के लिए ऐसा किया गया था।

वर्ष 1993 में सेंटर फॉर एनवायरनमेंट एजुकेशन्स न्यूज एंड फीचर्स सर्विस (सीईई-एनएफएस) द्वारा एक प्रेस अभियान की शुरुआत की गई, जिसके माध्यम से जनता को इस निषेधाज्ञा से उत्पन्न खतरे की चेतावनी दी गई तथा इस क्षेत्र के संवेदनशील पारिस्थितिक तंत्र पर इसके संभावित प्रभाव को उजागर किया गया।

सीईई-एनएफएस द्वारा सार्वजनिक की गई इस रिपोर्ट ने जागरूक नागरिकों का ध्यान अपनी ओर आकृष्ट किया और निषेधाज्ञा को चुनौती देने वाली कई याचिकाएँ दायर की गई। सीईई-एनएफएस ने अदालत की कार्रवाई की प्रगति पर कानूनी विश्लेषण प्रदान किया। इसे तत्काल ध्यान दिए जाने की आवश्यकता वाले मुद्दे के तौर पर प्रकाशित करना, इस अभियान की सबसे महत्त्वपूर्ण रणनीतियों में से एक थी। इस अभियान ने राजनीतिक एवं कानूनी घटनाक्रम पर नजर रखते हुए मुद्दे को जीवित रखा, जिसके चारों और वाणिज्यिक, विकास एवं संरक्षण के हितों का टकराव हो रहा था।

बाद में यह उपभोक्ता शिक्षा एवं अनुसंधान संस्थान (सीईआरएस-एक एनजीओ, जो मीडिया, अनुसंधान तथा विधिक तरीकों से उपभोक्ता और पर्यावरण संरक्षण के क्षेत्र में कार्यरत है) के साथ जुड़ गया, और इस निषेधाज्ञा के विरुद्ध दायर की गई याचिका हेतु समर्थन प्राप्त करने के लिए उन्हें जानकारी प्रदान की। सीईआरएस ने संविधान के अनुच्छेद 48ए के तहत निषेधाज्ञा की वैधता को चुनौती देते हुए एक जनहित याचिका दायर की, क्योंकि इस अनुच्छेद तथा वन्यजीव अधिनियम की धारा 26ए के अनुसार पर्यावरण का संरक्षण करना राज्य का कर्तव्य है।

सीईआरएस इस निषेधाज्ञा को स्थगित कराने में सफल रहा। मार्च 1995 में गुजरात उच्च न्यायालय ने इस आधार पर निषेधाज्ञा को निरस्त कर दिया कि इसमें वन्यजीव संरक्षण अधिनियम की अनदेखी की गई थी, क्योंकि इसके अनुसार वन्यजीव अभ्यारण्य की सीमाओं के पुनर्निर्धारण से पूर्व राज्य विधायिका के अनुमोदन की आवश्यकता होती है। लेकिन 27 जुलाई 1995 को राज्य सरकार ने इस प्रस्ताव को राज्य विधानसभा के समक्ष प्रस्तुत किया। परंतु इसमें थोड़ी रियायत देते हुए मूल अभ्यारण्य के 444 वर्ग किमी क्षेत्र को बरकरार रखने की बात कही गई थी।

डाउन टू अर्थ पत्रिका का प्रकाशन, जनता को जागरूक बनाने तथा नीतियों को प्रभावित करने के लिए मीडिया के कुशलतापूर्वक उपयोग का एक अन्य उदाहरण है, जिसकी शुरुआत दिल्ली स्थित एनजीओ, सेंटर फॉर साइंस एंड एन्वायरमेंट (सीएसई) द्वारा की गई थी।

डाउन टू अर्थ

1990 की शुरुआत में पृथ्वी शिखर सम्मेलन के बाद, पर्यावरण संबंधी मुद्दों पर मीडिया का ध्यान तेजी से आकर्षित हुआ। पर्यावरण एवं विकास से संबंधित मुद्दों के प्रति जागरूकता बढ़ाने के लिए कार्यरत, विज्ञान एवं पर्यावरण केंद्र (सीएसई) महसूस किया कि इन मुद्दों को मीडिया द्वारा बड़े पैमाने पर सामने लाया जा रहा है, परंतु कुल मिलाकर रिपोर्टिंग की प्रक्रिया घटना-उन्मुख थी और इसमें गहन विश्लेषण का अभाव था। साथ ही यह भी महसूस किया गया कि जमीनी स्तर पर किए जा रहे प्रयासों को पर्याप्त कवरेज नहीं मिल पाया है।

इस कमी को दूर करने के उद्देश्य से मई 1992 में सीएसई ने विज्ञान एवं पर्यावरण विषय से संबंधित डाउन टू अर्थ नामक एक पाक्षिक पत्रिका का प्रकाशन प्रारंभ किया। इस पत्रिका में पर्यावरण के अलावा विज्ञान एवं प्रौद्योगिकी के क्षेत्र में नवीनतम प्रगति को शामिल किया जाता है। इसमें विकास एवं संवहनीयता को प्रभावित करने वाले विभिन्न मुद्दों को शामिल किया जाता है, जैसे कि - पर्यावरण, ऊर्जा, स्वास्थ्य, जनसंख्या, वानिकी, प्रदूषण, प्राकृतिक परिवेश का निम्नीकरण, वन्यजीव प्रबंधन, जल प्रबंधन, पारंपरिक ज्ञान, महिलाएँ, आदिवासी समुदाय, खानाबदोश एवं अन्य अधिकारहीन समूह, कृषि एवं पशु देखभाल, सामुदायिक भागीदारी, कानूनी एवं वित्तीय संस्थान, इत्यादि।

मई 1992 में अपने प्रकाशन की शुरुआत से ही इस पत्रिका ने विज्ञान, पर्यावरण एवं विकास से जुड़े राष्ट्रीय और अंतर्राष्ट्रीय मुद्दों को सूक्ष्म स्तर पर शामिल किया तथा जमीनी स्तर पर किए जा रहे प्रयासों को लिपिबद्ध किया। आज भी यह पत्रिका नीति-निर्माताओं एवं जनता के समक्ष सभी प्रासंगिक जानकारियों को तुरंत एवं सटीकता से लाने के अपने मिशन पर काम कर रही है।

युवाओं की शक्ति

पूरे विश्व में पर्यावरण एवं सामाजिक अभियान में छात्रों ने भी महत्त्वपूर्ण भूमिका निभाई है। युवाओं में बदलाव की दिशा में काम करने की काफी क्षमता है। वे उम्रदराज लोगों की तुलना में अधिक आदर्शवादी और उत्साही होते हैं। उनके पास उज्ज्वल विचार, ऊर्जा और साहस मौजूद होता है, और अक्सर उनके पास बड़े लोगों की तुलना में बेहतर जानकारी होती है। अधिकांश युवा यह मानते हैं कि वे दुनिया को बदल सकते हैं। वास्तव में ये विशेषताएँ ही उनकी शक्ति हैं, और अगर इनका सही तरीके से उपयोग किया जाए तो छात्र भी बदलाव के आदर्श प्रतिनिधि की भूमिका निभा सकते हैं। राजनीतिक दल इस शक्ति को पहचानते हैं। भारत में कई राजनीतिक दलों की युवा शाखाएँ कार्यरत हैं, जिनके माध्यम से वे छात्रों की भर्ती करते हैं और रचनात्मक (और कभी-कभी विनाशकारी) गतिविधियों की उनकी अपार क्षमता को दिशा देते हैं।

परंतु छात्रों को अपनी शक्ति को दिशा देने के लिए बाह्य ताकतों की आवश्यकता नहीं है। ऐसे कई उदाहरण मौजूद हैं, जब छात्रों ने अपने दृढ़ विश्वास के आधार पर मुद्दों पर निर्णय लिया है। यह उनके स्कूल या कॉलेज अथवा समुदाय में किसी प्रकार का अन्याय पूर्ण व्यवहार अथवा कोई समस्या हो सकती है। उदाहरण के लिए, सौराष्ट्र क्षेत्र के फॉरेस्ट यूथ क्लब (एफवायसी) के सदस्यों ने असंभव प्रतीत होने वाले लक्ष्य को भी प्राप्त कर लिया। उन्होंने अत्यंत सम्मानित एवं लोकप्रिय धार्मिक नेता की योजनाओं का विरोध किया और सफलता हासिल की।

युवाओं द्वारा धार्मिक प्रभुत्व का सामना

गुजरात के जूनागढ़ जिले में स्थित गिरनार पहाड़ी, तीर्थयात्रियों के बीच एक लोकप्रिय स्थान है। शुष्क पर्णपाती वन से आच्छादित यह पहाड़ी विभिन्न प्रकार की वनस्पतियों एवं जीव-जंतुओं का आश्रय स्थल है। पहाड़ी की चोटी पर मंदिरों का एक समूह है। प्रतिदिन सैकड़ों की तादाद में श्रद्धालु यहां दर्शन करने आते हैं और कूड़ा फैलाते हैं। जूनागढ़ एफवायसी के सदस्य हफ्ते में एक दिन पहाड़ी पर चढ़कर सारे कूड़े की सफाई करते हैं।

(जारी)

(जारी)

फरवरी 1994 में अत्यंत सम्मानित एवं लोकप्रिय कथा वाचक, मोरारी बापू ने गिरनार में दस दिवसीय कथा (धार्मिक प्रवचन) आयोजित करने की योजना बनाई। इस प्रवचन में कम से कम 10,000 अनुयायियों के शामिल होने की उम्मीद थी। जूनागढ़ एफवायसी के सदस्यों, जो स्कूल और कॉलेज के छात्र थे, को प्रतिदिन सैकड़ों श्रद्धालुओं के कारण पर्यावरण पर पड़ने वाले दुष्प्रभाव की भली-भांति जानकारी थी और उन्होंने विचार किया कि इतनी बड़ी तादाद में लोगों के इकट्ठा होने पर प्राकृतिक पर्यावरण को कितना नुकसान होगा। दुर्लभ फूलों को तोड़ा जाएगा, असंख्य कीड़ों को कुचल दिया जाएगा, साथ ही यहां रहने वाले जीव-जंतुओं एवं पक्षियों को भी काफी परेशानी का सामना करना पड़ेगा। इतनी बड़ी तादाद में लोगों का खाना पकाने के लिए अंधाधुंध तरीके से पेड़ों की डालियों और शाखाओं को काटा जाएगा। धूम्रपान करने के बाद अगर सिगरेट को ऐसे ही फेंक दिया जाए तो जंगल में आग लग सकती है। नदियों के साफ पानी में गंदगी और साबुन के मिलने से न केवल जंगल में रहने वाले निवासियों को परेशानी होगी, बल्कि धारा के नीचे रहने वाले असंख्य लोग भी प्रभावित होंगे।

पर्यावरण के साथ-साथ लोगों को इतने बड़े पैमाने पर होने वाले नुकसान से चिंतित एफवायसी के युवा सदस्यों ने प्रवचन को वहां आयोजित होने से रोकने के लिए एक गहन अभियान चलाया।

पूरे गुजरात में मोरारी बापू के समर्थकों की बड़ी संख्या पर विचार करते हुए, जूनागढ़ के एफवायसी ने राज्य के सभी एफवायसी के समर्थन की मांग का फैसला किया। क्लब के सदस्यों ने कई स्थानों पर सार्वजनिक बैठकों का आयोजन किया, जिसमें उन्होंने लोगों को प्रवचन के कारण पर्यावरण को होने वाले नुकसान से अवगत कराया। उन्होंने तर्क दिया और इस बात का आग्रह किया कि, कोई भी धर्म प्रकृति माँ को होने वाले नुकसान को प्रोत्साहित या अनुमोदित नहीं करता है, इसलिए गिरनार में कथा का आयोजन नहीं किया जाना चाहिए।

एफवायसी के सदस्यों ने चंदा इकट्ठा किया और 10,000 पोस्टकार्ड खरीदे। उन्होंने जूनागढ़ शहर के विभिन्न हिस्सों में काउंटर बनाए और लोगों को पोस्टकार्ड को मुफ्त में बांटते हुए अनुरोध किया कि वे मोरारी बापू को कथा स्थल के विरोध में पत्र लिखें। कम से कम 8,000 लोगों ने उनकी बात समझते हुए पत्र लिखे। इन युवाओं की गहन चिंता और भागीदारी के कारण उन्हें अपने अभियान में अपने परिवार, रिश्तेदारों और दोस्तों का समर्थन मिला। इन दृढ़प्रतिज्ञ युवाओं ने राजनीतिक दबाव के सामने भी झुकने से इनकार कर दिया। लोगों के भारी विरोध को समझते हुए अंततः मोरारी बापू ने यहां कथावाचन का विचार त्याग दिया। गिरनार में कथा का आयोजन नहीं हुआ। यह सौराष्ट्र के युवाओं के संकल्प की जीत का दिन था।

व्यक्तिगत स्तर पर कार्रवाई

इस बात को समझना बेहद महत्त्वपूर्ण है कि, बदलाव लाने के लिए हमें सामाजिक कार्यकर्ता बनने की आवश्यकता नहीं है। महात्मा गांधी ने एक बार कहा था:

मेरे विचारानुसार इस तथ्य पर बल दिया जाना चाहिए कि: मानवीय एवं प्रबुद्ध क्रियाविधि को अपनाने के लिए किसी भी व्यक्ति को दूसरों की प्रतीक्षा करने की आवश्यकता नहीं है। अगर व्यक्ति को यह महसूस हो कि उद्देश्य को समग्रता से प्राप्त नहीं किया जा सकता है, तो वे शुरुआत करने में संकोच करते हैं। निश्चित तौर पर हमारी यही मनोवृत्ति प्रगति के मार्ग में सबसे बड़ी बाधा है, परंतु इच्छाशक्ति के बल पर वह इन बाधाओं को दूर कर सकता है और दूसरों को भी इसके लिए प्रेरित कर सकता है।

वास्तव में सामुदायिक कार्रवाई में भी व्यक्तिगत स्तर पर किए गए पहल से ही शुरुआत होती है, जो इसे नेतृत्व प्रदान करता है।

अलग-अलग या सामूहिक रूप से कार्य करने वाले छात्र परिवर्तन ला सकते हैं। वे पर्यावरणीय समूह के काम में भाग ले सकते हैं या फिर स्वयं को संगठित करते हुए अन्य लोगों को इससे जोड़ने का काम कर सकते हैं। वे निम्नलिखित तरीकों से योगदान कर सकते हैं:

- स्थानीय पर्यावरणीय समस्याओं तथा इसके समाधान के विषय पर संपादकों को पत्र लिखना,
- स्थानीय रेडियो या टेलीविजन स्टेशनों का ध्यान स्थानीय पर्यावरणीय मुद्दों की ओर आकृष्ट करना,
- नागरिक कार्रवाई अभियानों में भाग लेना,
- एक पर्यावरणीय समूह अथवा 'पारिस्थितिकी क्लब' का गठन करना तथा अन्य सदस्यों की भर्ती करना,
- स्थानीय स्तर पर नीति निर्माताओं का पक्ष समर्थन करना, जैसे कि नगरपालिका आयुक्त, नगरसेवक, पंचायत सदस्य, और विधायक,
- स्वयंसेवी कार्यों में भावी करियर के लिए उपयोगी विषयों (अन्य भारतीय भाषाएँ, अर्थशास्त्र, पारिस्थितिकी, ग्रामीण प्रबंधन, सामाजिक कार्य, सार्वजनिक स्वास्थ्य, प्राकृतिक संसाधन नीति, जल विज्ञान, नृविज्ञान, आदि) का अध्ययन करना, तथा
- आवश्यक स्थिति में जनहित याचिकाओं के माध्यम से न्यायालय के हस्तक्षेप की मांग करना

व्यक्तिगत तौर पर बदलाव लाने की दिशा में कई प्रकार से प्रयास किए जा सकते हैं। वास्तविक कार्यसाधकता और व्यापक प्रभाव के लिए यह आवश्यक है कि, व्यक्तिगत तौर पर की जाने वाली कार्रवाई को सामूहिक कार्रवाई में परिणत किया जाए।

सामूहिक कार्रवाई

वर्षों पहले लोगों को यह मालूम हो गया था कि संगठन में शक्ति है। उन्होंने आवश्यक परिस्थितियों में खुद को, औपचारिक या अनौपचारिक रूप से, अस्थायी या दीर्घकालिक आधार पर विशिष्ट मुद्दों या व्यापक विचारधाराओं के आधार पर संगठित किया है।

जब लोग एक ही लक्ष्य की दिशा में काम करते हैं तो उनके बीच तालमेल दिखाई देता है। आमतौर पर व्यक्तिगत स्तर पर किए गए प्रयासों की तुलना में लोग अपने कौशल, अनुभव, ज्ञान और संसाधनों को इकट्ठा करके अधिक सफलता प्राप्त कर सकते हैं। लोग एक साथ संगठित होकर बदलाव की मांग करने या बदलाव लाने के लिए योजना बना सकते हैं और इस दिशा में कार्य कर सकते हैं।

दुनिया के कई हिस्सों में पर्यावरण एवं विकास नीति को प्रभावित करने में नागरिक कार्रवाई की भूमिका दिन-प्रतिदिन अधिक महत्त्वपूर्ण होती जा रही है। निकट भविष्य में इसकी भूमिका के विस्तार की संभावनाएँ हैं।

इस अध्याय में दी गई कहानियाँ वास्तव में प्रसिद्ध मानवविज्ञानी, मागरिट मीड की बातों को सही साबित करती हैं, जिन्होंने एक बार कहा था कि, 'इस बात पर कभी संदेह नहीं करना चाहिए कि विचारशील और प्रतिबद्ध व्यक्तियों का एक समूह दुनिया को बदलने में सक्षम नहीं है। दरअसल यही एकमात्र लक्ष्य है जिसे उन्होंने हमेशा हासिल किया है।'

बदलाव के लिए कार्य करना

किसी कार्रवाई अभियान की सफलता और असफलता के बीच संगठनकारी तकनीक को सबसे बड़ा अंतर माना जाता है। प्रभावी स्थानीय नागरिक कार्रवाई अभियान के कुछ घटक निम्नानुसार हैं।

मुद्दों और लक्ष्य (लक्ष्यों) की पहचान:
- सबसे पहले समस्या और इससे जुड़े सभी मुद्दों को यथासंभव बारीकी से समझें
- एक विशिष्ट, सरल लक्ष्य निर्धारित करें
- शुरुआत में स्थानीय उद्देश्यों पर बल दें

(जारी)

(जारी)

लक्षित समूह की पहचान:

- पता लगाएँ कि समुदाय के किस बड़े हिस्से के पास आवश्यक बदलाव लाने की शक्ति मौजूद है — जिसके अंतर्गत सरकारी एजेंसियाँ, उद्योग, निर्वाचित अधिकारी अथवा कॉलेज के अधिकारीगण शामिल हो सकते हैं
- पता लगाएँ कि लक्षित लोगों के समूह के काम का तरीका क्या है और कौन सी बात उन्हें प्रेरित करती है

द्वितीयक स्तर के लक्षित समूह की पहचान:

- पता लगाएँ कि लक्षित लोगों के समूह को कौन प्रभावित करने में सक्षम है। यह प्रेस, जनमत, एनजीओ, प्रशासक मंडल, शेयरधारक, आदि हो सकते हैं।
- द्वितीयक स्तर के लक्षित समूह के बारे में जानकारी हासिल करें। उनके हित क्या हैं, कौन सी चीज़ उन्हें सहायता के लिए प्रेरित करेगी?
- विश्लेषण करें कि कौन लोग और कारक आपका समर्थन कर रहे हैं, और किससे बाधा उत्पन्न होने की संभावना है

सूचनाओं को उपयुक्त बनाना:

- मुद्दे के बारे में अच्छी तरह जानकारी प्राप्त करें।
- तकनीकी जानकारी का अच्छी तरह विश्लेषण करें और लोगों को ध्यानपूर्वक बताएँ। तैयारी में लापरवाही के कारण निर्णय गलत हो सकते हैं, विश्वसनीयता खत्म हो सकती है और प्रयास असफल हो सकते हैं।
- इस बात को समझें कि लोग विभिन्न कारणों से किसी नागरिक कार्रवाई अभियान या समूह में शामिल होते हैं; इन कारणों को हमेशा ध्यान में रखें।
- अच्छी तरह विचार किए गए और स्पष्ट रूप से व्यक्त किए गए मुद्दे, वैचारिक मतभेदों के बावजूद बड़ी संख्या में व्यक्तियों और समूहों की सहायता प्राप्त करने में सक्षम होते हैं।

सहयोगियों को शामिल करना:

- ऐसे अन्य समूहों को राजी करें, जो समान बदलाव की इस मुहिम से जुड़ना चाहते हैं।
- ऐसे समूहों की तलाश करें जो अलग-अलग कौशल का योगदान कर सकते हैं, जिसकी आवश्यकता कानूनी सलाह, वित्तपोषण, बड़ी संख्या में लोगों तक पहुंच, आदि में हो सकती है।
- लक्षित समूह के लोगों के बीच अधिक प्रभावशाली एवं अधिकार प्राप्त समूहों की पहचान करें।

रणनीतियों और कार्यनीति का चयन:

- एक समग्र रणनीति तैयार करें। सामाजिक परिवर्तन हेतु किए गए अधिकांश प्रयासों में देखा गया है कि, एक बड़े प्रयास के बजाय घटनाओं की एक श्रृंखला की आवश्यकता होती है। कार्यनीति और संचार को लक्ष्य एवं रणनीति से जोड़ना तथा घटनाओं के अनुक्रम पर काम करना सबसे अच्छा माना जाता है।
- समूह की पहचान बनाएँ! हर व्यक्ति को लगना चाहिए कि सभी एक ही लक्ष्य के लिए काम कर रहे हैं।
- योजना बनाने में सदस्यों को शामिल करना चाहिए। इस प्रकार के अभियान में भाग लेने के इच्छुक व्यक्ति को यदि योजना निर्माण में शामिल किया जाए, तो वे इसके कार्यान्वयन हेतु अधिक उत्सुक होते हैं।
- सदस्यता और बजट पर ध्यान देते हुए कार्ययोजना तैयार करें। सदस्यों से ऐसा कुछ करने की अपेक्षा न करें, जिसे करने में वे असक्षम है अथवा जिसके खर्च का वहन नहीं कर सकते हैं।
- लक्ष्य को ध्यान में रखते हुए कार्यनीति का चयन करें। कार्यनीति के अंतर्गत सदस्यों द्वारा घर पर शांतिपूर्ण तरीके से किए जाने वाले कार्यों से लेकर बड़े पैमाने पर की जाने वाली राजनीतिक कार्रवाई शामिल है, जिसे अखबार के मुखपृष्ठ तथा स्थानीय रेडियो एवं टीवी समाचारों में जगह मिलती है।

(जारी)

(जारी)

नागरिक कार्रवाई के संघर्ष में मददगार कार्यनीतियाँ:

- संपादक के नाम पत्र अभियान (समाचार पत्र, पत्रिकाएँ)
- स्थानीय, राज्य और राष्ट्रीय स्तर पर विधि-निर्माताओं के नाम पत्र
- घटनाओं को कवर करने के लिए रेडियो, टेलीविजन, अख़बारों आदि को आमंत्रित करना, तथा उन्हें गतिविधियों से संबंधित समाचार विज्ञप्ति भेजना
- याचिका दायर करने का अभियान
- राजनीतिक उम्मीदवारों को समर्थन देना या अस्वीकार करना
- जुलूस और रैलियों का आयोजन करना
- पर्यावरण के दोषियों का बहिष्कार करना
- जनता के सामने अच्छे उदाहरण प्रस्तुत करना, जैसे कि वृक्षारोपण, स्वच्छता अभियान, इत्यादि
- विकल्पों के प्रदर्शन के लिए कार्यशालाओं का आयोजन (वैकल्पिक प्रौद्योगिकी, खेती के तरीके, सामुदायिक स्वच्छता के तरीके)
- प्रतिवाद नाटिका, नुक्कड़ नाटकों और नृत्य नाटिका का प्रदर्शन
- जनहित याचिकाओं की तरह कानूनी याचिकाएँ दायर करना
- शारीरिक अवरोधों का निर्माण (जैसे कि चिपको आंदोलन में पेड़ों को गले से लगाया गया)
- विषय आधारित परेड, समारोह का आयोजन
- गीतों की रचना करना। पर्यावरण या सामाजिक परिवर्तन से संबंधित स्वाभाविक और आकर्षक गीतों का गहरा प्रभाव पड़ सकता है

सुनिश्चित करें कि आपकी कार्यनीति न्यायोचित हो। अगर सार्वजनिक सभा, जुलूस, प्रदर्शन एवं बहिष्कार हेतु योजना निर्माण में कानून की अनदेखी की गई, तो सदस्यों पर कानून के उल्लंघन का खतरा बढ़ सकता है।

कार्रवाई अभियान का मूल्यांकन

समीक्षा करें और विचार करें: क्या अभियान सफल रहा? क्या यह लक्ष्य को हासिल कर पाया? क्यों अथवा क्यों नहीं? कौन सी रणनीति कारगर सिद्ध हुई? क्यों? कौन से कदम असफल साबित हुए? क्यों? भविष्य में इसे किस प्रकार बेहतर बनाया जा सकता है? अगला कदम क्या होगा?

I प्रश्नावली

1. अपने घर के आसपास के पर्यावरण में बदलाव लाने के लिए ऐसे पाँच कार्यों की सूची बनाएँ, जिन्हें आप व्यक्तिगत तौर पर प्रारंभ कर सकते हैं।
2. निम्नलिखित परिसर के अंदर या इसके आस-पास की पर्यावरणीय समस्याओं से निपटने अथवा पर्यावरण में सुधार के लिए सामूहिक रूप से किए जाने वाले पाँच कार्यों की सूची बनाएँ: आपका कॉलेज, आपका छात्रावास, आपका रिहायशी क्षेत्र, आपका समुदाय, आपका कस्बा या शहर।
3. आप इस अध्याय में वर्णित सभी कहानियों में किस सर्वनिष्ठ घटक की पहचान कर सकते हैं? इनमें से कौन से घटक नागरिक कार्रवाई की सफलता के लिए आवश्यक हैं? क्यों?
4. साइलेंट वैली को बचाने के अपने अभियान में केएसएसपी ने लोगों का समर्थन किस प्रकार हासिल किया?

5. विज्ञापनदाता लोगों को विश्वास दिलाने की तकनीक का प्रभावी ढंग से उपयोग करते हैं जो अधिकांश अभियानों के लिए एक अनिवार्य घटक है। कम से कम पाँच ऐसे उत्पादों के विज्ञापन की समीक्षा करें, जो आपकी नजर में बेहद आकर्षक या विश्वासप्रद अथवा दोनों हैं। विज्ञापन में संचार के लिए उपयोग की गई कौन सी तकनीक अथवा घटक उन्हें विश्वासप्रद बनाती हैं? इनमें से किस तकनीक अथवा घटक का उपयोग नागरिक कार्रवाई अभियान में प्रभावी ढंग से किया जा सकता है? कैसे?

6. क्या आप पर्यावरणीय समस्याओं पर अपने इलाके में कार्यरत किसी एनजीओ के बारे में जानते हैं? वे किस समस्या को दूर करने के लिए कार्यरत हैं? अगर आप पता लगाना चाहते हैं, तो envis@ceeindia.org पर ईमेल करें, या एनविस, पर्यावरण शिक्षा केंद्र, थालतेज़ टेकरा, अहमदाबाद- 380054, गुजरात से पत्र द्वारा संपर्क करें।

II अभ्यास

1. अपने कॉलेज की किसी पर्यावरणीय समस्या पर विचार करें (यह पानी की बर्बादी, पूरी तरह अस्त-व्यस्त और कूड़े से भरा हुआ परिवेश, पेट्रोल से चलने वाले वाहनों का अनावश्यक प्रयोग, या कोई अन्य समस्या हो सकती है)। समस्या की पहचान के बाद इसके निवारण हेतु सभी छात्रों एवं कर्मचारियों को शामिल करते हुए एक अभियान की रणनीति तैयार करें और उस पर अमल करें। योजनाबद्ध अनुक्रम में अभियान के चरणों का वर्णन करें तथा इसके लिए उपयोग की जाने वाली विभिन्न रणनीतियों / मीडिया पर चर्चा करें। क्रमानुसार रणनीतिक दस्तावेज़ तैयार करें।

2. अपने क्षेत्र में वर्तमान में चल रही अथवा हाल ही में समाप्त हुई किसी नागरिक कार्रवाई अभियान से संबंधित समाचारों के लिए अख़बारों की समीक्षा करें। इस अभियान की पर्यावरण से संबद्धता आवश्यक नहीं है। समाचार रिपोर्टों, संगठन की मुद्रित सामग्रियों तथा नेताओं के साक्षात्कार के माध्यम से इस विषय पर अधिकाधिक जानकारी एकत्र करें। एकत्रित जानकारी के आधार पर, क्या आपको लगता है कि यह अभियान सफल होगा (या सफल हुआ जो अभियान के जारी रहने या समाप्त होने पर निर्भर है) अथवा नहीं, और क्यों? सफलता के संदर्भ में आपके मानदंड क्या हैं?

III विचार-विमर्श

साइलेंट वैली अभियान ने ऐसे सवाल उठाए, जिसने देश के पर्यावरण आंदोलन में एक नया आयाम जोड़ा। पर्यावरणीय समस्याओं से संबंधित परिचर्चाओं में आर्थिक और औद्योगिक विकास-उन्मुख मॉडल की तेजी से आलोचना होने लगी, जिसे विकासशील देशों ने औद्योगिक देशों से अपनाया था। साइलेंट वैली आंदोलन के दौरान एक नई मिसाल कायम की गई: 'विनाश के बिना विकास', जिसका तात्पर्य यह है कि पर्यावरण अथवा उस पर निर्भर लोगों के हितों से समझौता किए बिना भी सतत विकास संभव है।

चयनित ग्रंथसूची

Agarwal, Anil and M.C. Mehta. n.d. *Environmental movement: India factsheet 5.* New Delhi: Centre for Science and Environment.

Agarwal, Anil and Sunita Narain. 1992. Participatory environmental management: Cases from India. In *Towards a green world: Should global environmental management be built on legal conventions or human rights?* New Delhi: Centre for Science and Environment.

CEE, MoEF, UNDP. 2002. *Towards sustainability: Stories from India*. Ahmedabad.

Centre for Science and Environment. 1982. 'The Chipko Andolan.' *The state of India's environment 1982: A citizens' report*, pp. 42–43. New Delhi.

Chander, Mahesh. 1996. 'Mehta bags Goldman environment prize.' *The Times of India*, 23 April.

D'Monte, Darryl. 1991. *Storm over Silent Valley*. Ahmedabad: Centre for Environment Education.

Kane, Raju. 1990. Ralegan Siddhi: Green revolution in a capsule. *The Independent*. 25 May.

Korten, David C. 1992. *Getting to the 21st century: Voluntary action and the global agenda*. New Delhi: Oxford & IBH Publishing Co.

Mehta, M.C. 1992. 'What the judiciary can do.' *The Hindu survey of the environment 1992*, pp. 161–63.

Panjwani, Narendra. 1995. 'On behalf of the Taj.' *The Sunday Review*. (12 March).

'Pani Panchayat—a successful model.' 1996. *News EE*, 2(2) 5 March.

Prasad, M.K. n.d. *The Silent Valley crusade: A case study*. Kochi: Kerala Sastra Sahitya Parishat.

Sharma, Anju and Rajat Banerji. 1996. 'The blind court.' *Down to earth*, 4(23): 22–34.

United Nations Development Programme (UNDP). 1993. 'People in community organisations.' *Human Development Report 1993*, pp. 84–99. New Delhi: Oxford University Press.

World Resources Institute. 1992. 'Policies and institutions: Non-governmental organizations.' *World resources 1992–93*, pp. 215–32. New York: Oxford University Press.

भारत में पर्यावरणीय कानून

आमतौर पर, प्राकृतिक संसाधनों की सुरक्षा के लिए पर्यावरणीय कानून बनाए जाते हैं और इन्हें लागू किया जाता है। वास्तव में, प्रदूषण के प्रभाव को कम करने अथवा पर्यावरण को प्रभावित करने वाली उत्पादन प्रक्रियाओं को विनियमित करने पर बल देते हुए प्रदूषकों के उत्पादन या उत्सर्जन को नियंत्रित करने के लिए कानूनों का निर्माण किया जाता है। हालांकि, यह ध्यान दिया जाना चाहिए कि पर्यावरणीय कानूनों को लागू करने का प्रभाव उस देश की आर्थिक, राजनीतिक, सामाजिक और सांस्कृतिक स्थिति पर भी दिखाई देता है। इस वजह से, पर्यावरण की सुरक्षा के लिए अधिक स्वच्छ एवं कार्यक्षम अभ्यास को लागू करने के लिए एक उपकरण के रूप में कानून का विकास हो रहा है, साथ ही पर्यावरण एवं विकास की नई अवधारणाओं के तौर पर इसे संशोधित भी किया जा रहा है। एक तरह से, भारत में विकसित होने वाले नए कानून समस्याओं से अवगत न्यायपालिका की भूमिका को दर्शाते हैं जो राष्ट्रीय एवं वैज्ञानिक शोधकार्यों से प्राप्त जानकारी, लोगों की आवश्यकताओं तथा सामाजिक-आर्थिक मुद्दों के प्रति अत्यंत संवेदनशील है।

आगे भारत में विभिन्न पर्यावरणीय कानूनों की सूची दी गई है। देश में पर्यावरणीय कानूनों के विकास को समझने के लिए इन्हें कालक्रम के अनुसार व्यवस्थित किया गया है। इनमें से प्रत्येक कानून के निर्माण के समय देश की राजनीतिक, सामाजिक एवं आर्थिक स्थिति को ध्यान में रखना आवश्यक है। कानून के उद्देश्य को पूरा करने में कई चुनौतियाँ हो सकती हैं। इस प्रकार की चुनौतियों के अंतर्गत कानून के निर्माण में मौजूद प्रत्यक्ष (सन्निहित) खामियाँ; एक विशेष कानून की आवश्यकता के संबंध में हितधारकों के बीच मतभेद; जनता, न्यायपालिका और प्रवर्तन एजेंसियों के बीच जटिल पर्यावरण के मुद्दों की अपर्याप्त समझ और जागरूकता में कमी; कानूनों के प्रवर्तन में अपर्याप्तता अथवा प्रवर्तन तंत्र की अक्षमता, इत्यादि। ऐसी स्थिति में, पर्यावरण से संबंधित कानूनों को व्यापक दृष्टिकोण से देखना आवश्यक है।

पर्यावरणीय विधान, अधिनियम, नियम, अधिसूचनाएँ और संशोधन

भारत के संविधान में यह स्पष्ट तौर पर वर्णित है कि, 'देश में पर्यावरण संरक्षण एवं सुधार के साथ-साथ जंगलों एवं वन्य जीवों की सुरक्षा करना राज्य का कर्तव्य है।' संविधान के अनुसार देश के वन्य क्षेत्रों, झीलों, नदियों एवं वन्य जीवों सहित प्राकृतिक पर्यावरण की सुरक्षा और सुधार करना प्रत्येक नागरिक का दायित्व है। राज्य के नीति निर्देशक सिद्धांतों तथा मौलिक अधिकार के अंतर्गत भी पर्यावरण का उल्लेख किया गया है। पिछले कुछ वर्षों में, भारत सरकार ने पर्यावरण के बचाव और संरक्षण के लिए कई अधिनियमों, नियमों एवं अधिसूचनाओं का प्रवर्तन किया है।

I. पर्यावरणीय अधिनियम

भारतीय वन अधिनियम (1927) आरक्षित, संरक्षित एवं ग्रामीण वन्य क्षेत्रों की स्थापना और प्रबंधन के साथ-साथ वन्य उत्पादों की गतिविधि को नियंत्रित करता है। वन अधिकारियों द्वारा वन अधिनियम को प्रभाव में लाया जाता है, जो गवाहों को उपस्थिति हेतु विवश करने, दस्तावेज तैयार करने, तलाशी अधिपत्र जारी करने और वन अपराधों की जांच में प्रमाण लेने के लिए अधिकृत हैं। इस प्रकार के प्रमाण न्यायाधीश की अदालत में स्वीकार्य हैं।

वन (संरक्षण) अधिनियम (1981), वनों की हिफाज़त एवं संरक्षण को संभव बनाता है।

वन (संरक्षण) अधिनियम (1984), मुख्यतः वन भूमि के गैर-वन्य उपयोग पर रोक लगाने या उनके विनियमन पर केंद्रित है।

खान एवं खनिज (विनियमन और विकास) अधिनियम (1957), के माध्यम से केंद्र सरकार के नियंत्रण में पूर्वेक्षण, पट्टे पर जमीन देने और खनन कार्यों के विनियमन की व्यवस्था की जाती है।

परमाणु ऊर्जा अधिनियम (1962), के अनुसार विकिरण के खतरों का निवारण करने, सार्वजनिक सुरक्षा एवं रेडियोसक्रिय पदार्थों के साथ काम करने वाले श्रमिकों की सुरक्षा तथा रेडियोसक्रिय अपशिष्ट पदार्थों के समुचित निपटान सुनिश्चित करने की जिम्मेदारी केंद्र सरकार को दी जाती है।

कीटनाशक अधिनियम (1968), लाइसेंसिंग, पैकेजिंग, लेबलिंग और परिवहन के माध्यम से कीटनाशकों के निर्माण और वितरण को नियंत्रित करता है। यह कीटनाशकों के निर्माण एवं उपयोग के दौरान श्रमिकों की सुरक्षा भी सुनिश्चित करता है।

वन्यजीव संरक्षण अधिनियम (1972) तथा वन्यजीव (संरक्षण) संशोधन अधिनियम (1991) के माध्यम से पक्षियों एवं जानवरों और उनसे जुड़े सभी घटकों के सुरक्षा की व्यवस्था की गई है, जिसके अंतर्गत उनके प्राकृतिक परिवेश अथवा पानी के गड्ढे या उनको आश्रय प्रदान करने वाले जंगल शामिल हैं। इनके माध्यम से अभयारण्यों एवं राष्ट्रीय उद्यानों की स्थापना और प्रबंधन के साथ-साथ केंद्रीय चिड़ियाघर प्राधिकरण की स्थापना, तथा चिड़ियाघर एवं वहां के पशुओं के प्रजनन पर नियंत्रण की व्यवस्था भी की गई है। वे जंगली जानवरों, पशु के अंगों और जयचिह्नों के व्यापार एवं वाणिज्य को भी नियंत्रित करते हैं। 1982 के संशोधन अधिनियम के द्वारा पशु आबादी के वैज्ञानिक प्रबंधन हेतु जंगली जानवरों को पकड़ने तथा उनके परिवहन की अनुमति दी गई है। 1991 में मूलभूत अधिनियम में व्यापक संशोधन के परिणामस्वरूप, निर्दिष्ट पौधों के संरक्षण तथा चिड़ियाघरों के विनियमन से संबंधित अध्यायों को भी शामिल किया गया है। नए प्रावधानों ने आदिवासियों एवं वनवासियों की जरूरतों को भी मान्यता दी, और उनके कल्याण को प्रोत्साहन देने के लिए परिवर्तनों की शुरूआत की।

जल (प्रदूषण एवं प्रदूषण नियंत्रण) अधिनियम (1974) के अंतर्गत, जल प्रदूषण को नियंत्रित करने एवं इसकी रोकथाम के लिए एक संस्थागत ढांचे के गठन का प्रावधान है। यह पानी की गुणवत्ता एवं अपशिष्ट जल प्रवाह के संदर्भ में मानदंडों का निर्धारण करता है। प्रदूषणकारी उद्योगों को अपशिष्ट जल के प्रवाह से पूर्व अनुमति लेनी चाहिए। इस अधिनियम के तहत प्रदूषण नियंत्रण बोर्ड का गठन किया गया था।

वायु (प्रदूषण नियंत्रण एवं निवारण) अधिनियम (1981), के अंतर्गत, वायु प्रदूषण को नियंत्रित करने एवं इसकी रोकथाम की व्यवस्था की गई है। इस अधिनियम के प्रावधानों को लागू करने का अधिकार केंद्रीय प्रदूषण नियंत्रण बोर्ड (सीपीसीबी) के पास है।

पर्यावरण संरक्षण अधिनियम (1986), को दिसंबर 1984 में हुई भोपाल गैस त्रासदी का परिणाम माना जाता है। इसे एक सर्वग्राही कानून का दर्जा प्राप्त है, जिसे नियमों के निर्धारण, मानदंडों हेतु अधिसूचना, पर्यावरणीय प्रयोगशालाओं हेतु अधिसूचना, अधिकारों के प्रत्यायोजन, खतरनाक रसायनों के प्रबंधन हेतु उपयुक्त एजेंसियों की पहचान, राज्यों में पर्यावरण संरक्षण परिषद की स्थापना, आदि के माध्यम से पर्यावरण की सुरक्षा के लिए व्यापक कानूनी युक्ति के तौर पर पर्यावरण एवं वन मंत्रालय द्वारा प्रस्तुत किया गया। इस कानून को इतना सख्त बनाया गया है कि, प्रदूषण से प्रत्यक्ष रूप से प्रभावित नहीं होने वाला व्यक्ति या संगठन भी संबंधित प्राधिकरणों के समक्ष 'जनहित याचिका' प्रस्तुत कर सकता है।

फैक्टरी अधिनियम (1948) और संशोधन अधिनियम (1987), मज़दूरों के कामकाज के माहौल से जुड़ी समस्याओं को संबोधित करता है। 1987 का संशोधन अधिनियम, खतरनाक प्रक्रियाओं का उपयोग करने वाले कारखानों के उद्गम स्थल के विषय पर सलाह के लिए राज्यों को कार्यस्थल मूल्यांकन समितियों के गठन का अधिकार देता है। हर खतरनाक इकाई के बड़े पदाधिकारी को मज़दूरों, कारखाना निरीक्षक और स्थानीय प्राधिकरण को कारखाने में स्वास्थ्य संबंधी खतरों के सभी विवरण तथा कारखाने में अपनाए गए निवारक उपायों के संदर्भ में पूरी जानकारी देनी चाहिए। इन निवारक उपायों को मज़दूरों और आस-पास रहने वाले लोगों के बीच प्रचारित किया जाना चाहिए। प्रत्येक कारखाने के बड़े पदाधिकारी को आपातकालीन स्थिति हेतु दुर्घटना नियंत्रण योजना भी तैयार करनी चाहिए, जिसे मुख्य निरीक्षक द्वारा अनुमोदित किया जाना चाहिए। 1987 के संशोधन के बाद कारखाना अधिनियम में 'बड़े पदाधिकारी' को वरिष्ठ प्रबंधक या इसके समान पद ग्रहण करने वाला व्यक्ति माना गया है। ऐसे व्यक्ति को खतरनाक प्रक्रियाओं से संबंधित नए प्रावधानों के अनुपालन के लिए जिम्मेदार ठहराया गया है। गैर-अनुपालन की स्थिति में उस पदाधिकारी को कठोर दंड दिया जा सकता है।

मोटर वाहन (संशोधन) अधिनियम (1989) बताता है कि, सभी खतरनाक अपशिष्ट पदार्थों की पैकिंग, इसपर लेबल लगाने और परिवहन का काम अच्छी तरह किया जाना चाहिए।

राष्ट्रीय पर्यावरण न्यायाधिकरण अधिनियम (1995), को खतरनाक पदार्थों से संबंधित किसी भी गतिविधि से व्यक्तियों, परिसंपत्तियों तथा पर्यावरण को होने वाले नुकसान की क्षतिपूर्ति के लिए पारित किया गया था। इस अधिनियम के माध्यम से केंद्र सरकार को नई दिल्ली में एक राष्ट्रीय न्यायाधिकरण के गठन का अधिकार दिया गया है, जिसके पास मुआवजे हेतु आवेदन प्राप्त करने, इस प्रकार के प्रत्येक दावे की जांच करने तथा मुआवजे की राशि के निर्धारण के संदर्भ में निर्णय लेने की शक्ति होगी।

ऊर्जा संरक्षण अधिनियम (2001) का उद्देश्य, अर्थव्यवस्था के विभिन्न क्षेत्रों में ऊर्जा दक्षता उपायों को अपनाकर ऊर्जा के कुशल उपयोग एवं इसके संरक्षण को प्रोत्साहन देना है। ऊर्जा संरक्षण, उपभोक्ताओं के बीच जागरूकता निर्माण तथा ऊर्जा के कुशल उपयोग, प्रमाणीकरण प्रक्रिया, आदि, से संबंधित जानकारी के प्रसार के माध्यम से ऊर्जा संरक्षण के लिए समुचित दिशानिर्देशों को शामिल किया गया है।

जैविक विविधता अधिनियम (2002) का उद्देश्य जैविक संसाधनों तक पहुंच का विनियमन करना है, ताकि यह सुनिश्चित हो सके कि इसके उपयोग से होने वाले लाभों का बंटवारा न्यायसंगत तरीके से हो रहा है। इस कानून का मुख्य उद्देश्य भारत की समृद्ध जैव-विविधता एवं इससे संबद्ध ज्ञान को विदेशी व्यक्तियों अथवा संगठनों द्वारा लाभों को साझा किए बिना उपयोग किए जाने से रोकना तथा जैव-चोरी का पता लगाना है। इस अधिनियम के तहत राष्ट्रीय जैव-विविधता प्राधिकरण (एनबीए), राज्य जैव-विविधता बोर्ड (एसबीबीएस), तथा स्थानीय निकायों के तौर पर जैव-विविधता प्रबंधन समितियों (बीएमसी) के गठन का प्रावधान है। एनबीए और एसबीबीी के लिए अपने अधिकार क्षेत्र में जैविक संसाधनों / संबंधित ज्ञान के उपयोग के विषय पर निर्णय लेने में बीएमसी से परामर्श करना आवश्यक है, जबकि बीएमसी का कार्य जैव-विविधता के संरक्षण, संवहनीय उपयोग तथा इससे संबंधित प्रलेखन को प्रोत्साहन देना है।

II. पर्यावरणीय नियमावली

वन (संरक्षण) नियम (1981), में जंगलों की सुरक्षा एवं इसके संरक्षण का प्रावधान है।

वन (संरक्षण) नियम (1984), मुख्य रूप से जंगल की जमीन के गैर-वन्य इस्तेमाल को प्रतिबंधित अथवा विनियमित करने पर आधारित है।

पर्यावरण (संरक्षण) नियम (1986), प्रदूषकों के उत्सर्जन अथवा निस्सरण के मानकों को स्थापित करने की प्रक्रियाओं का निर्धारण करता है। मोटे तौर पर, तीन प्रकार के मानक निर्धारित किए गए हैं: स्रोत हेतु मानक, जिसके अनुसार प्रदूषकों के उत्सर्जन एवं प्रवाह से पूर्व स्रोत के स्थान पर प्रतिबंधित किया जाना आवश्यक है; उत्पाद हेतु मानक, जिसके आधार पर कार एवं अन्य मोटर

वाहनों की तरह नवनिर्मित उत्पादों के लिए प्रदूषण के मानदंडों का निर्धारण किया जाता है; तथा परिवेश हेतु मानक, जिसके आधार पर हवा में प्रदूषकों की अधिकतम मात्रा निर्धारित की जाती है तथा स्वस्थ जीवन को बरकरार रखने के लिए आवश्यक पर्यावरणीय गुणवत्ता पर नियामकों का मार्गदर्शन किया जाता है।

खतरनाक अपशिष्ट (प्रबंधन एवं निगरानी) नियम (1989), के माध्यम से खतरनाक अपशिष्ट पदार्थों के उत्सर्जन, संग्रहण, उपचार, आयात, भंडारण तथा प्रबंधन को नियंत्रित किया जाता है।

खतरनाक रसायनों का निर्माण, भंडारण एवं आयात नियम (1989), के माध्यम से इस संदर्भ में प्रयुक्त शब्दों को परिभाषित किया गया है, साथ ही वर्ष में एक बार खतरनाक रसायनों से जुड़ी औद्योगिक गतिविधियों एवं पृथक भंडारण सुविधाओं के निरीक्षण हेतु एक प्राधिकरण के गठन की व्यवस्था की गई है। ये नियम खतरनाक कचरे से निपटने वालों की जिम्मेदारियों का स्पष्ट विवरण देते हैं। इन नियमों के अनुसार एक खतरनाक उद्योग के लिए दुर्घटना के प्रमुख संभावित खतरों की पहचान करना, उपयुक्त निवारक उपायों को अपनाना तथा निर्दिष्ट अधिकारियों के समक्ष सुरक्षा रिपोर्ट प्रस्तुत करना अनिवार्य है। खतरनाक रसायनों के आयातकों के लिए सक्षम प्राधिकरण के समक्ष उत्पाद सुरक्षा की पूर्ण जानकारी प्रस्तुत करना आवश्यक है, साथ ही आयातित रसायनों के परिवहन का कार्य 1989 के केंद्रीय मोटर वाहन नियमों के अनुरूप किया जाना चाहिए।

खतरनाक सूक्ष्म-जीवों/ आनुवांशिक रूप से संवर्धित जीव अथवा कोशिकाओं के निर्माण, उपयोग, आयात, निर्यात एवं भंडारण नियम (1989) इसलिए बनाए गए थे, ताकि जीन प्रौद्योगिकी एवं सूक्ष्मजीवों के उपयोग के संदर्भ में पर्यावरण, प्रकृति एवं स्वास्थ्य की रक्षा की जा सके।

खतरनाक जैव-चिकित्सा अपशिष्ट (प्रबंधन एवं निगरानी) नियम (1998) के अनुसार अस्पताल के अपशिष्ट पदार्थों के पृथक्करण, निपटान, संग्रहण एवं उपचार के समुचित नियंत्रण की प्रक्रिया को सुव्यवस्थित करना सभी स्वास्थ्य सेवा संस्थानों के लिए बाध्यकारी है।

सार्वजनिक उत्तरदायित्व बीमा नियम (1992), किसी भी प्रकार के खतरनाक पदार्थ के साथ काम करते हुए दुर्घटना से प्रभावित व्यक्तियों को तात्कालिक राहत के तौर पर सार्वजनिक देयता बीमा प्रदान करने के उद्देश्य से तैयार किए गए थे। इस नियम के अनुसार, इस प्रकार की प्रत्येक इकाई के मालिक को ऐसी किसी दुर्घटना की स्थिति में संभावित देयता के लिए बीमा पॉलिसी लेना बाध्यकारी है। इस नियम के अनुसार 'मालिक' को ऐसे व्यक्ति के तौर पर परिभाषित किया गया है, जिसका दुर्घटना के समय किसी भी प्रकार के खतरनाक पदार्थ के संचालन कार्य पर स्वामित्व अथवा नियंत्रण है।

पर्यावरण (औद्योगिक परियोजनाओं के लिए स्थान निर्धारण) नियम (1996), द्वारा निर्दिष्ट दिशानिर्देशों के अनुसार कुछ शर्तों के साथ नई इकाईयों की स्थापना की जा सकती है, साथ ही कुछ स्थानों पर उद्योगों की स्थापना को प्रतिबंधित किया जाता है।

पुनःचक्रित प्लास्टिक निर्माण एवं उपयोग नियम (1999) को प्लास्टिक के थैले, कंटेनर, पैकेजिंग सामग्री, आदि के उपयोग को विनियमित करने के लिए अधिसूचित किया गया। इस नियम के अनुसार, विक्रेताओं के लिए पुनःचक्रित प्लास्टिक से निर्मित थैले या कंटेनर में खाद्य पदार्थों के भंडारण, परिवहन, वितरण या पैकेजिंग को प्रतिबंधित किया गया है।

ओज़ोन क्षयकारी पदार्थ (विनियम) नियम (2000), ओडीएस के उत्पादन, ओडीएस के उपयोग एवं बिक्री, निर्यात एवं आयात और ओडीएस पर नए निवेश को विनियमित करते हैं।

ध्वनि प्रदूषण (विनियमन एवं नियंत्रण) नियम (2000) के माध्यम से विभिन्न स्थानों/ क्षेत्रों के लिए शोर के संबंध में परिवेशी वायु गुणवत्ता के मानदंडों का निर्धारण किया जाता है तथा ध्वनि प्रदूषण नियंत्रण उपायों को लागू किया जाता है। शोर के लिए निर्धारित मानदंडों के कार्यान्वयन हेतु राज्य सरकार किसी स्थान/क्षेत्र को औद्योगिक, वाणिज्यिक, आवासीय या शांत क्षेत्र के तौर पर वर्गीकृत कर सकती है। राज्य सरकारों द्वारा वाहनों सहित अन्य गतिविधियों से होने वाले शोर की मात्रा को कम करने की दिशा में प्रयास किया जाएगा तथा यह सुनिश्चित किया जाएगा कि शोर का मौजूदा स्तर इन नियमों के तहत निर्दिष्ट परिवेशी वायु गुणवत्ता मानकों से अधिक नहीं हो। विकासात्मक गतिविधियों हेतु योजना निर्माण अथवा शहर एवं देश के लिए योजना निर्माण के दौरान समस्त विकास प्राधिकरणों, स्थानीय निकायों एवं अन्य संबंधित अधिकारियों द्वारा ध्वनि प्रदूषण के खतरे से बचने के लिए

और जीवन की गुणवत्ता के मापदण्ड के रूप में ध्वनि प्रदूषण के सभी पहलुओं को ध्यान में रखा जाएगा। इन नियमों के प्रयोजन के लिए अस्पताल, शैक्षणिक संस्थानों तथा न्यायालयों के आसपास के 100 मीटर के क्षेत्र को शांत स्थल / क्षेत्र घोषित किया जा सकता है।

III. पर्यावरणीय अधिसूचनाएँ

तटीय क्षेत्र विनियमन अधिसूचना (1991) के माध्यम से निर्माण सहित कई अन्य गतिविधियों को नियंत्रित किया जाता है। यह पश्चजल एवं ज्वारनदमुख के लिए कुछ सुरक्षा प्रदान करता है। यह विनियमन भारत के समस्त तटीय इलाकों में, तट से 500 मीटर के दायरे में पर्यटन सहित किसी भी प्रकार की अन्य विकासात्मक गतिविधियों को सख्ती से नियंत्रित करता है। इन इलाकों में नए कारखानों की स्थापना तथा मौजूदा कारखानों का विस्तार पूरी तरह से निषिद्ध है, साथ ही अन्य प्रकार की वाणिज्यिक गतिविधियों को भी प्रतिबंधित किया गया है। शहरीकरण के स्तर और तटीय क्षेत्र की पारिस्थितिक संवेदनशीलता के आधार पर निर्माण गतिविधियों को नियंत्रित किया जाता है।

पर्यावरण मानक अधिसूचना (1993), 24 निर्दिष्ट उद्योगों के लिए अपशिष्ट पदार्थों के प्रवाह एवं उत्सर्जन के संदर्भ में विशिष्ट मानकों का पालन करने हेतु बाध्य करता है।

विकास परियोजनाओं के पर्यावरणीय प्रभाव आकलन (ईआईए) हेतु अधिसूचना (1994), के माध्यम से 30 प्रकार की परियोजनाओं के लिए पर्यावरण एवं वन मंत्रालय से स्वीकृति प्राप्त करना अनिवार्य किया गया है, जिसके अंतर्गत कागज एवं लुग्दी, रंजक, सीमेंट, जैसे उद्योग शामिल हैं। इन दिशानिर्देशों के माध्यम से कुछ निश्चित क्षेत्रों में इनकी स्थापना नहीं की जाने की बात कही गई है, अर्थात ऐसे क्षेत्रों में इन 30 उद्योगों की स्थापना नहीं की जा सकती है। इनमें पारिस्थितिक रूप से संवेदनशील क्षेत्र, तटीय क्षेत्र, अधिक विशाल मानव बस्तियाँ, बाढ़ के मैदान, आदि शामिल हैं। इस अधिसूचना के अनुसार सार्वजनिक सुनवाई जरूरी है तथा परियोजना प्रस्तावक को इस संदर्भ में अनुमति प्राप्त करने के लिए प्रभाव आकलन समिति के समक्ष ईआईए रिपोर्ट, पर्यावरण प्रबंधन योजना, सार्वजनिक सुनवाई का विवरण और परियोजना रिपोर्ट प्रस्तुत करना होगा, साथ ही कुछ मामलों में एक विशेषज्ञ समिति द्वारा इसकी आगे भी समीक्षा की जा सकती है।

उड़न राख के निक्षेपण एवं निपटान हेतु अधिसूचना (1999) के माध्यम से कोयला अथवा लिग्नाइट आधारित ताप विद्युत संयंत्रों से निकलने वाले उड़न राख के जमीन पर निक्षेपण एवं निपटान को रोकने के साथ-साथ पर्यावरण की सुरक्षा एवं भूपर्पटी के संरक्षण का प्रयास किया गया है।

कुछ परिभाषाएँ:

अधिनियम — एक ऐसा विधान जिसे कानून निर्मात्री संस्था द्वारा अनुमोदित किया गया है; जिस निर्णय को संसद द्वारा अनुमोदित किया जाता है और वह बाद में कानून बन जाता है।

नियम — कार्य-व्यवहार के संदर्भ में सामान्य, आदेश जो काम करने के तरीकों के बारे में बताते हैं।

अधिसूचना — औपचारिक तौर पर की गई घोषणा; सूचना।

संशोधन — किसी विधेयक या अधिनियम में प्रस्तावित अथवा अनुमोदित परिवर्तन या बदलाव।

स्रोत: स्टेट ऑफ़ ऑफ़ द एनवायरनमेंट, इंडिया, यूएनईपी 2001; <http://edugreen.teri.res.in>; श्याम दीवान एवं अर्मिन रोज़नक्रांज़ 2002, एनवायर्नमेंटल लॉ एंड पॉलिसि इन इंडिया, नई दिल्ली: ऑक्सफोर्ड यूनिवर्सिटी प्रेस

(श्रीजी कुरुप द्वारा संकलित)

परिशिष्ट 2

अंतर्राष्ट्रीय पर्यावरणीय समझौते

अंतर्राष्ट्रीय कानूनों एवं संस्थाओं के क्रमिक विकास के लिए कभी भी कोई एक व्यापक योजना नहीं रही है। किसी विशेष समयावधि में पर्यावरण से जुड़ी विशेष समस्याओं के समाधान हेतु पर्यावरणीय सम्मेलनों एवं समझौतों को अंगीकृत किया जाता है।

गत 70 वर्षों में विश्व की सरकारों ने पर्यावरण के संदर्भ में कई सम्मेलनों एवं विभिन्न बहुपक्षीय समझौतों को अपनाया है। वन्यजीवों की सुरक्षा से लेकर विषाक्त औद्योगिक उत्सर्जन को कम करने की दिशा में ये समझौते कानूनी तौर पर बाध्यकारी हैं और अंतर्राष्ट्रीय पर्यावरणीय कानून के निर्माण हेतु आधार तैयार करते हैं।

इस प्रकार के समझौते, अंतर्राष्ट्रीय मानदंडों के निर्धारण के साथ-साथ अलग-अलग राष्ट्रीय हितों वाले देशों के बीच सहयोग की भावना को सशक्त करने में भी महत्त्वपूर्ण भूमिका निभाते हैं। एक प्रकार से इन्होंने राष्ट्रीय नीतियों एवं कानूनों तथा पर्यावरण जोखिम प्रबंधन एवं समाधान के विकास में भी मदद की है।

सम्मेलन और प्रोटोकॉल क्या हैं?

आमतौर पर विभिन्न देशों के बीच होने वाले औपचारिक बहुपक्षीय समझौतों को **सम्मेलन** कहा जाता है। सामान्यतः सभी देश या बड़ी संख्या में देश इन सम्मेलनों में भाग ले सकते हैं। आमतौर पर एक अंतर्राष्ट्रीय संगठन के तत्वावधान में जिस कार्य-योजना पर बातचीत के माध्यम से सहमति बनाई जाती है, उसे सम्मेलन के तौर पर संबोधित किया जाता है (जैसे कि 1992 का जैविक विविधता पर सम्मेलन, 1982 में समुद्र के कानून पर संयुक्त राष्ट्र सम्मेलन, 1969 की संधियों के कानून पर वियना सम्मेलन)। शब्द 'सम्मेलन' को सामान्यतः '**संधि**' का समानार्थी माना जाता है।

शब्द **प्रोटोकॉल** का प्रयोग 'संधि' अथवा 'सम्मेलन' की तुलना में कम औपचारिक समझौतों के लिए किया जाता है। इस शब्द का प्रयोग विभिन्न प्रकार की युक्तियों को एक साथ सम्मिलित करने के लिए भी किया जा सकता है। वास्तव में प्रोटोकॉल गौण मामलों से संबंधित होते हैं, अर्थात इसके अंतर्गत संधि के विशेष अनुच्छेदों, संधि में शामिल नहीं किए गए औपचारिक अनुच्छेदों, या तकनीकी मामलों के विनियमन की व्याख्या होती है।

एक ढांचागत संधि के आधार पर तैयार किया गया प्रोटोकॉल विशिष्ट सारभूत कर्तव्यों का एक साधन है, जिसके माध्यम से विगत ढांचागत सम्मेलन अथवा सर्वग्राही सम्मेलन के सामान्य उद्देश्यों को लागू किया जाता है। आमतौर पर संधि के अनुमोदन से इस प्रकार के प्रोटोकॉल का स्वतःअनुमोदन हो जाता है।

अन्य शब्दों की व्याख्या

अंगीकरण

'अंगीकरण' एक ऐसी औपचारिक प्रक्रिया है, जिसके माध्यम से किसी संधि द्वारा प्रस्तावित विषय वस्तु एवं इसकी मूल बातों को प्रमाणित किया जाता है। एक सामान्य नियम के रूप में, किसी संधि की विषय-वस्तुओं के अंगीकरण को संधि निर्माण की प्रक्रिया में भाग लेने वाले देशों की सहमति के माध्यम से व्यक्त किया जाता है।

स्वीकृति एवं अनुमोदन

'स्वीकृति' एवं 'अनुमोदन' को किसी संधि की पुष्टि किए जाने के समान ही कानूनी मान्यता दी गई है, और इसके माध्यम से कोई भी देश इस संधि के प्रति अपनी बाध्यता की सहमति प्रकट करता है। जब राष्ट्रीय स्तर पर संवैधानिक कानून के अनुसार देश के प्रमुख द्वारा संधि की स्वीकृति को आवश्यक नहीं माना जाता है, तब कुछ देशों द्वारा स्वीकृति एवं अनुमोदन के बजाय इसकी पुष्टि की जाती है।

परिग्रहण

'परिग्रहण' एक ऐसी प्रक्रिया है, जिसके माध्यम से कोई भी देश अन्य देशों द्वारा पहले से स्वीकृत एवं हस्ताक्षरित संधि में एक पक्ष के तौर पर शामिल होकर इसके प्रस्तावों को स्वीकार करता है। इसे भी पुष्टि किए जाने के समान ही कानूनी मान्यता प्राप्त है। आमतौर पर संधि के कार्यान्वित किए जाने के बाद ही परिग्रहण किया जाता है।

पक्षकार

सैद्धांतिक दृष्टि से, किसी सम्मेलन के संधिपत्र पर हस्ताक्षर करते हुए कोई भी देश इस 'सम्मेलन में पक्षकार' के तौर पर शामिल होने की इच्छा व्यक्त करता है। हालांकि, हस्ताक्षर से कोई भी देश किसी भी प्रकार से इस पर आगे की कार्रवाई (अर्थात अनुमोदन किया जाए अथवा नहीं) करने के लिए बाध्य नहीं है।

प्रभावी होना

आमतौर पर, संधि के प्रावधानों में इसके प्रभावी होने की तिथि का उल्लेख किया जाता है। बहुपक्षीय संधि वार्ताओं की स्थिति में संधि के प्रावधानों को लागू किए जाने के लिए एक निश्चित संख्या में देशों द्वारा सहमति व्यक्त की जाती है। कुछ संधियों के लिए अतिरिक्त शर्तों को पूरा किया जाना आवश्यक होता है, जैसे कि किसी संधि में इस बात का विशेष तौर पर उल्लेख किया जाता है कि देशों की एक निश्चित श्रेणी के बीच सहमति आवश्यक है।

अनुसमर्थन

'अनुसमर्थन' एक ऐसे अंतर्राष्ट्रीय नियम को परिभाषित करता है, जिसके अनुसार अगर पक्षकार संधि के प्रकार इसके नियमों के प्रति अपनी सहमति व्यक्त करते हैं तो एक देश द्वारा इस संधि के प्रति अपनी सहमति व्यक्त करना आवश्यक हो जाता है।

कुछ महत्त्वपूर्ण अंतर्राष्ट्रीय सम्मेलन और प्रोटोकॉल

सम्मेलन / प्रोटोकॉल	उद्देश्य	अनुबंधकर्ता पक्ष	सचिवालय	टिप्पणियाँ	प्रभावी होने की अवधि
बासेल सम्मेलन	औद्योगिक देशों द्वारा विषाक्त अपशिष्ट पदार्थों के विकासशील एवं संक्रमणकालीन अर्थव्यवस्था वाले देशों में निपटान किए जाने की समस्या के समाधान हेतु बासेल सम्मेलन को अंगीकृत किया गया, ताकि खतरनाक अपशिष्ट पदार्थों को किसी देश की सीमा के बाहर ले जाए जाने एवं उसके निपटान पर रोक लगाई जा सके। इसके उद्देश्य निम्नानुसार हैं: – खतरनाक अपशिष्ट पदार्थों से उत्पन्न होने वाले खतरे के स्तर एवं इसके उत्पादन की मात्रा को न्यूनतम करना; – इस प्रकार के अपशिष्ट पदार्थों का यथासंभव उनके स्रोत के समीप ही निपटान करना; – खतरनाक अपशिष्ट पदार्थों के स्थानांतरण को कम करना	17 अक्टूबर, 2003 तक 158 देश	बासेल सम्मेलन का सचिवालय यूएनईपी द्वारा प्रशासित है www.basel.int	24 जून, 1992 को भारत ने पुष्टि की	वर्ष 1992 से प्रभावी
पीओपी पर स्टॉकहोम सम्मेलन	दीर्घस्थायी कार्बनिक प्रदूषकों (पीओपी) पर स्टॉकहोम सम्मेलन, पीओपी से पर्यावरण एवं मानव स्वास्थ्य की रक्षा के लिए अंगीकृत की गई एक वैश्विक संधि है। पीओपी के अंतर्गत अत्यंत विषाक्त एवं दीर्घस्थायी रसायन शामिल हैं, जो जैविक रूप से संचित होते हैं और पर्यावरण में लंबे समय तक बरकरार रहते हैं। यह सम्मेलन पीओपी के उत्पादन को समाप्त करने अथवा प्रतिबंधित करने के अलावा जानबूझकर इसके उत्पादन (जैसे कि औद्योगिक रसायन एवं कीटनाशक) को पूरी तरह बंद करने की मांग करता है। इसके माध्यम से पीओपी के उत्पादन एवं उपयोग में निरंतर कमी लाने के साथ-साथ अनजाने में डायोऑक्सिन और फेरांस जैसे पीओपी के उत्सर्जन को न्यूनतम करने अथवा पूरी तरह समाप्त करने का प्रयास किया गया है।	151 देशों द्वारा हस्ताक्षरित	स्टॉकहोम सम्मेलन का अंतरिम सचिवालय, यूएनईपी www.pops.int	भारत ने 14 मई, 2002 को हस्ताक्षर किए	अभी तक प्रभावी नहीं
यूएनसीसीडी	गंभीर रूप से सूखे अथवा मरुस्थलीकरण का सामना करने वाले देश, विशेष तौर पर अफ्रीकी देशों में मरुस्थलीकरण का सामना करने के लिए संयुक्त राष्ट्र सम्मेलन का आयोजन किया गया। इस संधि का यह मानना है कि मरुस्थलीकरण के कई कारण हैं जो अत्यंत जटिल हैं, जिसके अंतर्गत स्थानीय व्यापार के स्वरूप से लेकर स्थानीय समुदायों द्वारा भूमि के गैर-संवहनीय प्रबंधन तक के कई कारण शामिल हैं।	190 पक्षकार	यूएनसीसीडी सचिवालय, बॉन, जर्मनी www.unccd.int	भारत में 17 मार्च, 1997 से प्रभावी	26 दिसंबर, 1996 से प्रभावी

सम्मेलन / प्रोटोकॉल	उद्देश्य	अनुबंधकर्ता पक्ष	सचिवालय	टिप्पणियाँ	प्रभावी होने की अवधि
यूएनएफसीसीसी	जलवायु परिवर्तन पर संयुक्त राष्ट्र का ढांचागत सम्मेलन (यूएनएफसीसीसी), भूमंडलीय तापन का सामना करने के लिए किए जा रहे वैश्विक प्रयासों की आधारशिला है। इस सम्मेलन का उद्देश्य वायुमंडल में हरितगृह गैसों के संकेंद्रण को उस स्तर तक लाना है, जो जलवायु तंत्र में खतरनाक ढंग से हस्तक्षेप को अनुमति नहीं देगा। ऐसे स्तर को पारिस्थितिक तंत्र को जलवायु परिवर्तन के अनुकूलित होने में सक्षम समयावधि के भीतर हासिल किया जाना चाहिए, ताकि यह सुनिश्चित किया जा सके कि खाद्य उत्पादन खतरे में नहीं है तथा आर्थिक विकास संवहनीय तरीके से आगे बढ़ रहा है।	17 फरवरी, 2003 तक 188 पक्षकार	जलवायु परिवर्तन सचिवालय, बॉन, जर्मनी www.unfccc.int	भारत में 21 मार्च, 1994 से प्रभावी	21 मार्च, 1994 से प्रभावी
रामसर सम्मेलन	वर्ष 1971 में रामसर, ईरान में आर्द्रभूमि सम्मेलन के संधिपत्र पर हस्ताक्षर किए गए। यह विभिन्न देशों के बीच एक संधि है, जो आर्द्रभूमि एवं इसके संसाधनों के बुद्धिमत्तापूर्ण उपयोग हेतु राष्ट्रीय स्तर पर योजना की रूपरेखा तैयार करने तथा अंतर्राष्ट्रीय सहयोग उपलब्ध कराने पर बल देता है। यह लोकप्रिय "रामसर सम्मेलन" के तौर पर लोकप्रिय है।	सितंबर 2003 तक 138 पक्षकार	रामसर सम्मेलन ब्यूरो, ग्लैंड, स्विट्जरलैंड www.ramsar.org	भारत में यह 1 फरवरी 1983 से लागू है। भारत में कुल 19 स्थानों को रामसर क्षेत्र के तौर पर चिह्नित किया गया है, जिसका कुल क्षेत्रफल 648,507 वर्ग किमी है।	वर्ष 1975 से प्रभावी
क्योटो प्रोटोकॉल	1992 में जलवायु परिवर्तन पर ढांचागत सम्मेलन के उद्देश्यों के अनुसार, दिसंबर 1997 में विकसित देशों के लिए हरितगृह गैसों के उत्सर्जन की सीमा तय करने के विषय पर चर्चा हेतु 160 से अधिक देश क्योटो, जापान में मिले। क्योटो प्रोटोकॉल इसी बैठक का परिणाम था, जिसमें विकसित देशों ने 1990 में उत्सर्जित स्तरों के मुकाबले अपने हरितगृह गैसों के उत्सर्जन को सीमित करने पर सहमति व्यक्त की।	26 नवंबर, 2003 तक 120 पक्षकार	जलवायु परिवर्तन सचिवालय, www.unfccc.int	यह वर्ष 1990 में कार्बन डाईऑक्साइड के कुल उत्सर्जन में 55 प्रतिशत का योगदान देने वाले कम से कम 55 पक्षकार देशों द्वारा पुष्टि या स्वीकृति के बाद प्रभावी होगा। अब तक 120 पक्षकार देशों ने क्योटो प्रोटोकॉल की पुष्टि की है या इसे स्वीकार किया है, जो 44.2 प्रतिशत है।	अभी तक प्रभावी नहीं

(जारी)

(जारी)

सम्मेलन / प्रोटोकॉल	उद्देश्य	अनुबंधकर्ता पक्ष	सचिवालय	टिप्पणियाँ	प्रभावी होने की अवधि
जैविक विविधता पर सम्मेलन (सीबीडी)	सीबीडी के तीन उद्देश्य निम्नानुसार हैं: जैविक विविधता का संरक्षण, इसके घटकों का संवहनीय उपयोग, तथा आनुवांशिक संसाधनों के उपयोग से होने वाले लाभों का निष्पक्ष एवं न्यायसंगत तरीके से साझाकरण।	दिसंबर 2003 तक 188 पक्षकार देश	यूएनईपी द्वारा प्रशासित सीबीडी सचिवालय, www.biodiv.org	18 फरवरी 1994 को भारत ने इसकी पुष्टि की	29 दिसंबर 1993 से प्रभावी
सीआईटीईएस	वन्यजीवों एवं वनस्पतियों की लुप्तप्राय प्रजातियों के अंतर्राष्ट्रीय व्यापार पर सम्मेलन, सीआईटीईएस, का उद्देश्य यह सुनिश्चित करना है कि वन्यजीवों और पौधों के नमूनों के अंतर्राष्ट्रीय व्यापार से उनके अस्तित्व पर संकट नहीं आए। चूंकि वन्यजीवों एवं वनस्पतियों का व्यापार देश की सीमाओं के परे होता है, ऐसी स्थिति में कुछ प्रजातियों को अत्यधिक शोषण से बचाने एवं इसे विनियमित करने के प्रयास में अंतर्राष्ट्रीय सहयोग की आवश्यकता है।	164 पक्षकार देश	यूएनईपी द्वारा प्रशासित सीआईटीईएस सचिवालय, www.cites.org	20 जुलाई, 1976 को भारत ने इसकी पुष्टि की	जुलाई 1995 से प्रभावी
मॉन्ट्रियल प्रोटोकॉल	ओज़ोन परत के अवक्षय हेतु जिम्मेदार पदार्थों के उत्सर्जन पर आयोजित मॉन्ट्रियल प्रोटोकॉल के अनुसार, समताप मंडल में ओज़ोन परत को कम करने वाले यौगिकों, जैसे कि क्लोरोफ्लोरोकार्बन (CFCs), हैलॉन, कार्बन टेट्राक्लोराइड, और मिथाइल क्लोरोफॉर्म के उत्पादन एवं उपभोग को चरणबद्ध तरीके से समाप्त किया जाना चाहिए। ओज़ोन परत के संरक्षण के लिए वियना सम्मेलन (1985), जिसके अंतर्गत ओज़ोन अवक्षय के प्रतिकूल प्रभावों से मानव स्वास्थ्य एवं पर्यावरण की सुरक्षा के लिए देशों की जिम्मेदारियाँ तय की गई हैं, द्वारा निर्धारित रूपरेखा के अनुसार मॉन्ट्रियल प्रोटोकॉल पर बातचीत की गई।	12 जनवरी, 2004 तक 186 पक्षकार देश	ओज़ोन सचिवालय, यूएनईपी, www.unep.org/ozone	19 जून, 1992 को भारत द्वारा स्वीकृत	1 जनवरी, 1989 से प्रभावी

(राजेश्वरी नमागिरी द्वारा संकलित)

शब्दावली

अजैव घटक (abiotic components): जीवमंडल में उपस्थित निर्जीव घटक। इनमें विभिन्न स्रोतों से पाई गई मिट्टी, पानी, हवा, और ऊर्जा शामिल हैं।

अम्लीय वर्षा (acid rain): मोटर-वाहन निर्वातक और औद्योगिक दहन से निकला अम्लीय धुंआ, वायुमंडल की भाप के साथ मिलकर धरती पर अम्ल या अम्ल बनानेवाले यौगिकों की बूंदों के रूप में गिरता है।

सामाजिक कार्यकर्ता (activist): एक व्यक्ति, जो आमतौर पर दूसरों के साथ मिलकर काम करते हुए, प्रत्यक्ष कार्रवाई के ज़रिए बदलाव लाने के लिए प्रतिबद्ध है।

अनुकूलन (adaptation): आनुवंशिक रूप से नियंत्रित कोई भी संरचनात्मक, शारीरिक, या व्यावहारिक विशेषता जो पर्यावरणीय परिस्थितियों के एक समूह के अंतर्गत किसी जीव को जीवित रहने और प्रजनन करने में मदद करती है।

पक्षसमर्थन (advocacy): राय और नीति को प्रभावित करने के लिए अनुनय का एक रूप।

कृषि-वानिकी (agroforestry): अपने ईंधन मूल्य के लिए चुने गए उपयुक्त वृक्षों की प्रजातियों का व्यक्तिगत खेतों पर वृक्षारोपण।

उपयुक्त तकनीकें (appropriate technologies): तकनीक का वह रूप जो आमतौर पर काफी सरल, स्थानीय रूप से अनुकूलनीय, सौम्य, पृथ्वी के अनुकूल, संसाधन-कुशल और सांस्कृतिक रूप से उपयुक्त होती है; जो अधिकतर स्थानीय संसाधन और मजदूरों पर निर्भर करती है; जिसे आसानी से विस्तारित, संक्षिप्त, स्थानांतरित और मरम्मत किया जा सकता है; और जिसकी असफलता बहुत कम संख्या में लोगों को अस्थाई रूप से खतरे में डालती है या फिर असुविधा उत्पन्न कर सकती है।

जलसंवर्धन (aquaculture): उन पौधों और जानवरों की खेती जो पानी में रहते हैं, जैसे मछली, घोंघे, और शैवाल।

जलभृत (aquifer): रेत, बजरी या तलशिला की झिरझिरी, पानी से संतृप्त परतें जिनसे आर्थिक रूप से महत्वपूर्ण मात्रा में पानी प्राप्त होता है।

जैवसंचयन/जैवआवर्धन (bioaccumulation/biomagnification): वह प्रक्रिया जिससे पर्यावरण में स्थित कुछ रसायन संकेन्द्रित हो जाते हैं क्योंकि वे भोजन श्रृंखला में एक जीव से जीव में स्थान-परिवर्तन करते हैं।

जैव-निम्नीकरणीय (biodegradable): वे पदार्थ जो जीवित प्राणियों द्वारा सहजतापूर्वक विघटित किए जा सकते हैं।

जैवविविधता (biodiversity): जैविक विविधता का लघु रूप, यह विश्व या एक क्षेत्र में वंशाणुओं, प्रजातियों और पारिस्थितिकी तंत्र की समग्रता है।

जैवऊर्जा (bioenergy): जैवभार ऊर्जा का लघु रूप, इसमें पौधों के सभी पदार्थ (पेड़, झाड़ी, फसल) और जानवरों के गोबर से निकली ऊर्जा शामिल होती है। वर्तमान में, जैवभार ऊर्जा की विशेषता है इस्तेमाल की कम क्षमता और कम गुणवत्ता वाला जीवन जो उस कठिन परिश्रम के कारण है जो इसके उपयोग और एकत्रीकरण से जुड़ा हुआ होता है। हालांकि, अन्य अक्षय ऊर्जा स्रोतों के विपरीत, जैवभार ऊर्जा, ऊर्जा का एक बहुमुखी स्रोत है जिसे 'आधुनिक' रूपों जैसे तरल और गैसीय ईंधन (गोबर गैस, मेथनॉल), बिजली में परिवर्तित किया जा सकता है और जिससे गर्मी संसाधित की जा सकती है।

गोबरगैस रासायनिक पाकपात्र (biogas digester): एक उपकरण जो जैविक पदार्थ जैसे मवेशियों का गोबर या कृषि के अपशिष्ट को किण्वन के ज़रिए एक गैस में परिवर्तित कर देता है जो मीथेन और कार्बन डायऑक्साइड का 60:40 के अनुपात का मिश्रण होता है।

जैव-रसायन चक्र (biogeochemical cycle): वे प्राकृतिक प्रक्रियाएं जो पोषक तत्वों को निर्जीव पर्यावरण से, जीवधारियों में, और फिर से निर्जीव पर्यावरण में विभिन्न रासायनिक रूपों में पुनःचक्रित करती हैं, उदाहरण, कार्बन चक्र, नाइट्रोजन चक्र।

जैवभौगोलिक क्षेत्र या जैवक्षेत्र (biogeographical region *or* bioregion): एक भूमि और जल क्षेत्र जिसकी सीमाएं राजनीति से नहीं बल्कि मानव समुदायों और पारिस्थितिकी तंत्र की भौगोलिक सीमाओं से परिभाषित की जाती हैं।

जैविक ऑक्सीजन आवश्यकता (बीओडी) (biological oxygen demand (BOD)): वायुजीवी अपघटनकारकों द्वारा एक निर्दिष्ट समय काल में, एक निश्चित तापमान पर दी गई पानी की मात्रा में, जैविक पदार्थों को तोड़ने के लिए अपेक्षित विघटित प्राणवायु (ऑक्सीजन) की मात्रा।

जैविक संसाधन (biological resources): आनुवंशिक संसाधन, जीवधारी या उनके हिस्से, आबादी, या पारिस्थितिकी तंत्र के कोई अन्य जैविक घटक जिनका मानवता के लिए वास्तविक या संभावित मूल्य है।

जैव-संहति (biomass): पौधों और अन्य प्रकाश संश्लेषक उत्पादकों; लकड़ी, लकड़ी के अपशिष्ट और उप-उत्पाद; कृषि और पशुओं के अपशिष्ट; और नगरपालिका के ठोस अपशिष्ट द्वारा उत्पादित जैविक पदार्थ जिन्हें गर्मी या बिजली मुहैया कराने के लिए जलाया जा सकता है, या जिन्हें तरल या गैसीय जैव ईंधन में परिवर्तित किया जा सकता है।

बायोमास गैसीफायर (biomass gasifier): एक उपकरण जिसमें जैवभार को एक उच्च-ऊर्जा ज्वलनशील गैस में परिवर्तित किया जा सकता है।

जीवोम (biomes): जीवमंडल के मुख्य पारिस्थितिकी तंत्र, वे आमतौर पर विशिष्ट जलवायु वाले बड़े भौगोलिक क्षेत्रों में फैले हुए हैं और जिनकी विशेषता है प्रभावी वनस्पति और पशु जीवन।

जैवमंडल (biosphere): पृथ्वी का वह भाग और उसका वायुमंडल जिसपर जीवधारी बसते हैं। धरती की सतह और जलमंडल की शीर्ष परत (पानी की परत) पर जीवधारियों का घनत्व सबसे ज्यादा होता है।

जैवमंडल निचय (biosphere reserves): यूनेस्को के मनुष्य और जीवमंडल कार्यक्रम द्वारा निर्दिष्ट क्षेत्र। इन क्षेत्रों को इसीलिए बनाया गया है ताकि स्थानीय समुदायों को रक्षित स्थान के अंदर रहना जारी रखने की और उनकी परंपरागत जीवनशैली का पालन करने की अनुमति मिल सके और इन क्षेत्रों को जैव विविधता को संरक्षित करने के लिए बनाया गया है।

जीवजात (biota): जीव जंतु

जैवप्रौद्योगिकी (biotechnology): कोई भी तकनीकी अनुप्रयोग जो जैविक प्रणाली, जीवधारी, या संजातों का उपयोग किसी विशिष्ट उपयोग के लिए उत्पादों या प्रक्रियाओं को बनाने या संशोधित करने के लिए करता है।

जैव घटक (biotic components): जीवमंडल में मौजूद सभी जीवन रूप जैवीय घटक हैं।

विस्फोट (blow-out): इस शब्द का उपयोग एक ऐसे कुँए में बढ़ते तेल या गैस के विस्फोटक प्रभाव का वर्णन करने के लिए किया जाता है जो अपर्याप्त रूप से टोपित या नियंत्रित हो। यह तेल और प्राकृतिक गैस के अन्वेषण और उत्पादन के दौरान दुर्घटनावश हो सकता है।

बीओडी (BOD): देखें जैविक ऑक्सीजन आवश्यकता

मध्यवर्ती क्षेत्र (buffer zone): एक संरक्षित क्षेत्र की सीमा के पास का क्षेत्र जिसमें थोड़ी-बहुत मानव आबादी और संसाधन उपयोग की अनुमति होती है।

उपनियम (by-law *or* bye-law): किसी केंद्रीय नहीं, बल्कि एक स्थानीय प्राधिकरण द्वारा बनाए गए कानून या विनियमन

कार्बन सिंक (carbon sink): भूमि, जंगल और महासागर जो कार्बन डायऑक्साइड को अवशोषित करते हैं और उसके संग्रह के रूप में कार्य करते हैं।

कैंसरजन (carcinogen): रसायन, आयनित विकिरण, और विषाणु जो कैंसर का कारण बनते हैं या उसके विकास का प्रचार करते हैं

मांसाहारी जीव (carnivores): मांस खानेवाले प्राणी

वहन क्षमता (carrying capacity): किसी विशिष्ट प्रजाति के अधिकतम व्यक्तियों की संख्या जिन्हें किसी विशेष वातावरण द्वारा समर्थित किया जा सकता है।

उत्प्रेरकी परिवर्तक (catalytic convertor): प्रदूषण नियंत्रण करनेवाला एक उपकरण जो मोटर-वाहनों के निकास पाइप के निकट लगाया जाता है ताकि निकास में कार्बन डायऑक्साइड और हाइड्रोकार्बन की मात्रा को कम किया जा सके। इस परिवर्तक में एक उत्प्रेरक होता है (एक पदार्थ जो खुद इस्तेमाल हुए बिना या प्रतिक्रिया द्वारा बदले जाए बिना किसी दी गई रासायनिक प्रतिक्रिया को बढ़ावा देता है) जो इन यौगिकों का निकास के माध्यम से निकलते समय कार्बन डायऑक्साइड और पानी में ऑक्सीकरण करता है। उत्प्रेरक परिवर्तकों को सीसा-रहित पेट्रोल की आवश्यकता होती है, जो वर्तमान में भारत के केवल कुछ ही शहरों में उपलब्ध है।

क्लोरोफ्लोरो कार्बन (सीएफसी) (chloroflurocarbons (CFCs)): कार्बन, क्लोरिन और फ्लोरिन के परमाणुओं से बने जैविक यौगिक।

शहर (city): विभिन्न प्रकार के विशेषीकृत व्यवसायों वाले लोगों का एक बड़ा समूह, जो विशिष्ट क्षेत्र में रहते हैं और अपनी आवश्यकताओं और ज़रूरतों को पूरा करने के लिए अन्य क्षेत्रों के संसाधनों के प्रवाह पर निर्भर करते हैं।

जलवायु परिवर्तन (climate change): एफसीसीसी के उपयोगानुसार, जलवायु परिवर्तन जो प्रत्यक्ष या अप्रत्यक्ष रूप से ऐसी मानव गतिविधि के लिए ज़िम्मेदार है जो वैश्विक वातावरण की संरचना को बदलता है और साथ ही जो तुलनीय समय की अवधि के दौरान प्राकृतिक जलवायु परिवर्तनशीलता में देखा जाता है।

सह-उत्पादन (cogeneration): एक ही ईंधन स्रोत से उत्पादित ऊर्जा के दो उपयोगी प्रकार जैसे उच्च-तापमान की गर्मी या भाप और बिजली।

कोलिफ़ॉर्म (coliforms): सभी वायुजीवी और अवायुजीव, ग्राम-नेगेटिव (उस जीवाणु से संबंधित जो ग्राम की विधि में बैंगनी दाग को नहीं रखता है), पुनरुत्पादक बीज गठन न करनेवाले, डंडे के आकारवाला जीवाणु जो 35°सेल्सिअस पर 48 घंटे में दूध की चीनी (लैक्टोस) को गैस के गठन के साथ किण्वन करता है।

सहभोजिता (commensalism): जीवों के बीच का सहकारी संबंध जिसमें एक साथी को व्यवस्था से लाभ होता है जबकि दूसरे को न तो लाभ होता है और न ही नुकसान होता है।

वाणिज्यिक ईंधन (commercial fuels): जीवाश्म ईंधन सहित वे ईंधन जिनका इस्तेमाल व्यावसायिक रूप से होता है: तेल, कोयला और प्राकृतिक गैस; परमाणु ऊर्जा; और जल ऊर्जा, पवन ऊर्जा और भूतापीय ऊर्जा।

समुदाय (community): एक विशेष निवास-स्थान के भीतर परस्पर बातचीत करनेवाली आबादियों का संग्रह

प्रतियोगिता (competition): किसी एक निवास-स्थान में एक ही संसाधन के लिए दो या दो से अधिक व्यक्तियों या आबादियों के बीच का संघर्ष।

कम्पोस्ट (खाद) (compost): आंशिक रूप से विघटित जैविक पौधे और पशु जिन्हें मिट्टी के अनुकूलक (कंडीशनर) या उर्वरक के रूप में इस्तेमाल किया जा सकता है।

संरक्षण (conservation): जीवमंडल के मानव उपयोग का प्रबंधन इतना ज़्यादा है कि यह भविष्य की पीढ़ियों की ज़रूरतों को पूरा करने की अपनी क्षमता बनाए रखते हुए वर्तमान की पीढ़ियों को अधिकतम टिकाऊ लाभ प्रदान कर सकता है।

समोच्च रेखा (परिरेखा) (contour): एक काल्पनिक रेखा जो समान मूल्य के बिंदुओं को जोड़ती है, उदाहरण, कुछ संदर्भ मूल्य से ऊपर या नीचे की भूमि की सतह की ऊँचाई।

समोच्च रेखीय बाँध (contour bund): एक संकीर्ण आधारवाला बाँध, जिसे एक स्तर पर भूमि के ढलान पर अंतराल पर बनाया जाता है, यानि समोच्च के साथ। यह एक महत्वपूर्ण उपाय है जो शुष्क और अर्द्ध-शुष्क क्षेत्रों में मिट्टी और पानी का संरक्षण करता है।

परिरेखा कृषि (contour farming): पानी को रोककर रखने और मिट्टी के कटाव को कम करने में मदद करने के लिए सीधी रेखाओं के बजाय भूमि के बदलते ढलान पर खेती और रोपण करना।

कोर ज़ोन (core zone): संरक्षित क्षेत्र के भीतर का क्षेत्र जो कि 'पवित्र' होता है और सभी मानवीय हस्तक्षेपों से मुक्त होता है।

कोरिओलिस बल (coriolis force): एक स्पष्ट बल, जो कि पृथ्वी के घूर्णन के कारण, उत्तरी गोलार्द्ध में एक गतिशील कण की गति पर सामान्य व्यवहार करता है, और इस कण की गति को पृथ्वी के सापेक्ष माना जाता है।

अनुबंध (covenant): एक औपचारिक समझौता जो कि कानूनी रूप से बाध्यकारी होता है।

डीडीटी (DDT): डायक्लोरो डायफिनायल ट्राईक्लोरोईथेन, एक क्लोरीनयुक्त हाइड्रोकार्बन जिसे एक कीटनाशक के रूप में व्यापक रूप से इस्तेमाल किया जाता था लेकिन अब इसे कुछ देशों में प्रतिबंधित कर दिया गया है।

अपघटक (decomposers): वे जीव जो निम्नीकृत जैविक पदार्थ पर जीते हैं।

वनोन्मूलन (deforestation): पर्याप्त पुन:रोपण के बिना वन क्षेत्रों से पेड़ों को हटाना; वन भूमि को कृषि के अलावा अन्य उपयोगों के लिए परिवर्तित करना।

जनसांख्यिकीय संक्रमण (demographic transition): यह परिकल्पना कि जैसे ही देश औद्योगिक बनते हैं, वे पहले मृत्यु दरों में गिरावट का अनुभव करते हैं, और उसके बाद जन्म दरों में गिरावट आती है।

मरुस्थलीकरण (desertification): बारिश द्वारा पोषित खेती या सिंचित खेती का रेगिस्तान जैसी ज़मीन में रूपांतरण, जिससे कृषि उत्पादकता में 10 प्रतिशत या उससे ज्यादा की गिरावट होती है।

विघटित प्राणवायु (dissolved oxygen (DO): एक विशेष तापमान और दबाव पर पानी की दी गई मात्रा में विघटित होनेवाली ऑक्सीजन की मात्रा

अनुकूलित या उन्नत प्रजातियाँ (domesticated *or* cultivated species): वे प्रजातियाँ जिनमें विकास की प्रक्रिया को मनुष्यों द्वारा प्रभावित किया गया है ताकि उनकी ज़रूरतों को पूरा किया जा सके

टपकन सिंचाई (drip irrigation): इसे 'टपकन सिंचाई' के नाम से भी जाना जाता है, इसमें नाम के अनुसार, फसल की जड़ तक बूँद-बूँद करके धीरे-धीरे पानी पहुंचाया जाता है। इस तरीक़े में, पानी को बहुत संभालकर इस्तेमाल किया जाता है क्योंकि अंतः स्रवण और सतह के वाष्पीकरण के कारण नुकसान बहुत कम हो जाता है।

सूखा (drought): एक ऐसी स्थिति जिसमें एक क्षेत्र को सामान्य से कम अवक्षेपण या सामान्य से अधिक तापमान के कारण पर्याप्त पानी नहीं मिलता जिससे वाष्पीकरण में वृद्धि होती है।

पारिस्थितिकी दक्षता (eco-efficiency): माल का उत्पादन कुछ इस तरीक़े से करना जो पर्यावरण को कम नुकसान पहुंचाए और माल की लागत को बढ़ाये बिना कम संसाधनों का उपयोग करे।

पारिस्थितिक कर्मता (ecological niche): एक पारिस्थितिकी तंत्र में एक जीव के अद्वितीय कार्य, भूमिकाएं और आवास।

पारिस्थितिकी (ecology): सूक्ष्म जीवों, पौधों और पशुओं के बीच के अंतर्संबंधों का अध्ययन, और जीवों और उनके भौतिक वातावरण के बीच की परस्पर क्रिया।

पारिस्थितिक तंत्र (ecosystem): पौधों, जानवरों और सूक्ष्म जीव समुदायों और उनके निर्जीव पर्यावरण की एक गतिशील जटिलता जो एक प्रकार्य ईकाई के रूप में परस्पर संबंध स्थापित करते हैं जिसमें निर्जीव घटकों में सूर्य की रोशनी, हवा, पानी, खनिज और पोषक तत्व शामिल होते हैं। इस शब्द का अर्थ होता है, आंशिक रूप से सीमाबद्ध प्रणाली, जिसमें अधिकतर परस्पर क्रियाएँ अंदर ही होती हैं। पारिस्थितिकी तंत्र छोटे और अल्पकालिक हो सकते हैं; उदाहरण के लिए, पेड़ों में पानी भरे हुए छेद या जंगल के फर्श पर सड़ते हुए लकड़ी के कुंदे, या बड़े और लंबे समय तक चलनेवाले हो सकते हैं, जैसे जंगल या झीलें (आईयूसीएन 1992)।

पारितंत्र विविधता (ecosystem diversity): विभिन्न भौतिक समायोजन में जीवों के समूहों के बीच अंतर।

संक्रमिका (ecotone): दो या अधिक समुदायों के बीच संक्रमणकालीन क्षेत्र।

अपशिष्ट का प्रवाह (effluent): मलजल या औद्योगिक निस्सरण जैसे तरल अपशिष्ट पदार्थ।

स्थानिक जाति (endemic species): एक ऐसी प्रजाति, जिसका उद्गम किसी विशेष क्षेत्र में हुआ है और वह केवल उसी क्षेत्र में पाई जाती है।

ऊर्जा (energy): यांत्रिक, शारीरिक, रासायनिक या विद्युत क्षमता के आधार पर कार्य करना अथवा अलग-अलग तापमान वाली दो वस्तुओं के बीच ताप का हस्तांतरण।

ऊर्जा संरक्षण (energy conservation): ऊर्जा के अनावश्यक उपयोग को कम करना या बिल्कुल बंद करना।

ऊर्जा दक्षता (energy efficiency): प्रयुक्त कुल ऊर्जा का प्रतिशत, इसका उपयोग किसी कार्य को करने में होता है और कम गुणवत्तायुक्त उष्मा में परिवर्तन नहीं होता है आमतौर पर ऊर्जा रूपांतरण प्रणाली या प्रक्रिया में गर्मी बेकार नहीं जाती है।

साम्यावस्था (Equity): निष्पक्ष तरीके से संसाधनों का आवंटन एवं निर्बाध उपलब्धता, ताकि कमजोर और वंचित वर्ग के लोग भी इसका लाभ प्राप्त कर सकें।

अपरदन (erosion): प्रक्रिया या प्रक्रियाओं का समूह, जिसके माध्यम से भूपर्पटी ढीली पड़ जाती है या फिर इसमें मौजूद सामग्रियां घुल जाती हैं, मुक्त हो जाती हैं अथवा बहाकर एक स्थान से दूसरे स्थान तक ले जाई जाती हैं।

ज्वारनदमुख (estuary): एक नदी का ज्वारीय मुहाना, जहां ज्वार का खारा पानी नदी के ताजे पानी से मिलता है। ज्वारनदमुख अति संवेदनशील पारिस्थितिकी तंत्र हैं।

नृवनस्पतिविज्ञान (ethnobotany): विभिन्न मानव समुदायों द्वारा पौधों के इस्तेमाल का अध्ययन।

सुपोषण (Eutrophication): किसी जलस्रोत में पौधों के पोषक तत्वों का अत्यधिक मात्रा में संचय, जिसमें नाइट्रेट एवं फास्फेट शामिल हैं। यह आसपास की जमीन के प्राकृतिक अपरदन तथा बारिश के पानी के साथ आए खनिज तत्वों के कारण होता है। इसके कारण जलस्रोतों में जीवों का विकास इस हद तक बढ़ जाता है कि, पानी में ऑक्सीजन की आपूर्ति कम हो जाती है।

परोक्ष संरक्षण (*ex-situ* conservation): जीवों का उनके प्राकृतिक आवास से दूर संरक्षण, जैसे कि चिड़ियाघर, वनस्पति उद्यान, मछलीघर, जीन बैंक या इस प्रकार के अन्य स्थल।

विदेशज जीव (exotic organism): एक प्रजाति, उप-प्रजाति, या वर्गिकी, जो अपनी प्राकृतिक श्रेणियों के बाहर संभावित रूप से फैलता है।

उन्मूलन (extinction): जब प्रजाति के अंतिम जीवधारी की मृत्यु हो जाती है, तब प्रजाति समाप्त हो जाती है।

बाढ़ (flood): जलस्रोतों के स्तर में वृद्धि और सामान्य रूप से शुष्क जमीन पर इसका अतिप्रवाह।

प्रतिदीप्त प्रकाश (fluorescent light): विद्युत धारा के प्रवाह से पारे के गैसीय परमाणु द्वारा उत्पन्न प्रकाश; ये परमाणु पराबैंगनी विकिरण का उत्सर्जन करते हैं, जिससे फॉस्फोर नामक एक चमकीला पदार्थ उत्पन्न होता है।

उड़न राख (fly ash): अत्यंत बारीक कण, जो सामान्यतः गैर-दहनशील होता है, और इसे तल पर इकट्ठा होने वाले राख के विपरीत भट्टी से गैसीय धारा द्वारा बाहर लाया जाता है।

आहार श्रृंखला (food chain): जीवों की एक श्रृंखला, जिसमें शीर्ष पर स्थित प्रत्येक जीव अपने निचले जीवों को खाता है या अपघटित करता है।

खाद्य पिरामिड (food pyramid): किसी समुदाय के खाद्य संबंधों की आलेखी प्रस्तुति, जिसमें उत्पादक (पौधे, इत्यादि) पिरामिड का आधार बनाते हैं, जबकि इसके ऊपर के क्रमागत स्तर उपभोक्ताओं (शाकाहारी एवं मांसाहारी जीव) का प्रतिनिधित्व करते हैं।

जीवाश्म ईंधन (fossil fuel): लाखों वर्षों की अवधि में कार्बनिक पदार्थों के अपघटन से उत्पन्न होने वाला पदार्थ, जैसे तेल, कोयला या प्राकृतिक गैस।

जीन (gene): आनुवंशिक जानकारी की बुनियादी इकाई।

जीन कोष (gene pool): एक विशेष आबादी के सभी जीनों को सामूहिक तौर पर दिया गया नाम।

आनुवंशिक विविधता (genetic diversity): एक प्रजाति के भीतर जीन की भिन्नता।

आनुवंशिक अभियांत्रिकी (genetic engineering): एक विशिष्ट उद्देश्य के अनुरूप एक जीव के आनुवंशिक स्वभाव को बदलने की तकनीक।

आनुवंशिक रूप से संशोधित जीव (genetically modified organism (GMO): एक जीव, जिसके आनुवंशिक स्वभाव को आनुवंशिक इंजीनियरिंग द्वारा संशोधित किया गया है।

भूगर्भीय भ्रंश (geologic fault): पृथ्वी के दोनों संबद्ध पक्षों के संचलन के कारण ऊपर की चट्टानों में दरार या भ्रंश। प्लेट टेक्टोनिक्स के कारण विभंग की घटना होती है, जब परत के संचलन से चट्टानों में तनाव और तनाव उत्पन्न होता है और दरारें आती हैं।

भूतापीय विद्युत् (geothermal power): भूमिगत जलस्रोतों में प्राकृतिक तौर पर उत्पन्न की मदद से टरबाइन का संचालन करना और बिजली उत्पन्न करना।

आनुवांशिक द्रव्य (germplasm): आनुवांशिक द्रव्य, इसका जिसका आणविक एवं रासायनिक संगठन विशिष्ट होता है और इसके आधार पर किसी जीव के शारीरिक गुणों का निर्धारण होता है।

भूमंडलीय तापन (global warming): एक या एकाधिक हरितगृह गैसों के संकेंद्रण में वृद्धि के परिणामस्वरूप पृथ्वी के वायुमंडल के तापमान का बढ़ जाना।

हरित गृह प्रभाव/गैस (greenhouse effect/gases): एक प्राकृतिक प्रभाव जो पृथ्वी की सतह के निकटवर्ती वायुमंडल (क्षोभमण्डल) में ताप को अवशोषित करता है। पृथ्वी की सतह से अंतरिक्ष की ओर जाने वाली गर्मी की कुछ मात्रा को जलवाष्प, कार्बन डाइऑक्साइड, ओजोन तथा वातावरण में मौजूद अन्य गैसों द्वारा अवशोषित किया जाता है और फिर इसे पृथ्वी को वापस कर दिया जाता है। वायुमंडल में इन हरितगृह गैसों के संकेंद्रण में वृद्धि के कारण निचले स्तर का औसत तापमान धीरे-धीरे बढ़ता जाएगा, जिससे भूमंडलीय तापन की स्थिति उत्पन्न होगी।

हरित क्रांति (green revolution): यह वैज्ञानिक रूप से संवर्धित प्रजाति अथवा चयनित किस्मों के खाद्यान्न उत्पादन हेतु एक लोकप्रिय शब्द है, जिसमें उर्वरकों एवं पानी के पर्याप्त उपयोग से फसल उत्पादन में भारी वृद्धि हो सकती है।

सकल घरेलू उत्पाद (gross domestic product (GDP): यह निर्दिष्ट अवधि के भीतर, आमतौर पर एक वर्ष की अवधि में किसी देश की अर्थव्यवस्था द्वारा वस्तुओं एवं सेवाओं के कुल उत्पादन के मापन की युक्ति है। अर्थव्यवस्था के विभिन्न क्षेत्रों (कृषि, विनिर्माण, सरकारी सेवा, आदि) के अंतिम उत्पादन के कुल योग में, उत्पादन के लिए किए गए निवेश को घटाने के बाद इसे प्राप्त किया जाता है। जीडीपी के अंतर्गत केवल घरेलू उत्पादन शामिल हैं। सकल राष्ट्रीय उत्पाद (जीएनपी) में विदेशी उत्पादन भी शामिल हैं।

भूजल (groundwater): मिट्टी द्वारा अवशोषित जल, जो धीरे-धीरे बहते हुए नवीनीकृत भूमिगत जलाशयों में संचित होता है, जिसे जलभृत कहते हैं।

जलमार्ग नियंत्रण (gully plug): यह बहते हुए पानी की गति को नियंत्रित करने के लिए जलमार्गों (वाहिकाओं) पर निर्मित कृत्रिम संरचना है, जो मृदा अपरदन को कम करने के साथ-साथ अन्त:स्रवण को बढ़ाता है। यह लकड़ी, धातु या पत्थरों से निर्मित हो सकता है।

प्राकृतिक परिवेश (habitat): कोई स्थान या क्षेत्र, जहां किसी जीव या आबादी का स्वाभाविक रूप से विकास होता है।

संकट (hazard): ऐसी स्थिति जिससे चोट लगने, बीमार होने अथवा आर्थिक या पर्यावरणीय क्षति की संभावना होती है।

शाकनाशी (herbicide): पौधों को मारने वाला या उनके विकास को अवरुद्ध करने वाला रसायन।

शाकाहारी जीव (herbivores): पौधों पर आश्रित रहने वाले जीव।

समस्थैतिक (homeostatis): साम्यावस्था की स्थिति में वापस लौटने की पारिस्थितिक तंत्र की प्रवृत्ति।

ह्यूमस (humus): सड़े-गले जैविक पदार्थों का एक जटिल मिश्रण, जो स्वस्थ मृदा का अभिन्न अंग होता है।

हाइड्रोकार्बन (hydrocarbon): हाइड्रोजन और कार्बन के परमाणुओं से मिलकर बना कार्बनिक यौगिक।

जल-विद्युत ऊर्जा (hydroelectric power) (इसे पनबिजली भी कहते हैं): ऊँचाई से गिरने वाले पानी की शक्ति का उपयोग करते हुए विद्युत उत्पादन की प्रक्रिया। गिरते हुए पानी की शक्ति से टरबाइन के भारी ब्लेड घूमते हैं, जो बदले में एसी जनरेटर के अंदर मौजूद चुंबक को घुमाने की ऊर्जा उत्पन्न करते हैं।

जलमंडल (hydrosphere): इसके अंतर्गत पृथ्वी पर मौजूद पानी के प्रत्येक स्वरुप को शामिल किया जाता है — अर्थात, तरल अवस्था में उपलब्ध पानी (महासागर, झील, सतही जलस्रोत एवं भूमिगत जल), जमा हुआ पानी (ध्रुवीय बर्फ, हिमशैल, मिट्टी में बर्फ के ग्लेशियर), तथा वायुमंडल में मौजूद जलवाष्प।

आप्रवासन (immigration): किसी देश या क्षेत्र में स्थायी निवास हेतु लोगों का पलायन।

तापदीप्त प्रकाश (incandescent light): बेहद पतले तंतु के विद्युतीय तापन के माध्यम से उत्पन्न प्रकाश; तंतु के गर्म होते ही प्रकाश उत्पन्न होता है, जैसा कि किसी साधारण लाइट बल्ब में होता है।

कीटनाशक (insecticides): कीटों को मारने वाले रसायन।

स्वस्थाने संरक्षण (*in-situ* conservation): वन्य जीव-जंतुओं एवं वनस्पतियों का उनके प्राकृतिक परिवेश में संरक्षण, अथवा वातावरण के अनुकूल बनाए गए पौधों एवं जंतुओं का उनके अनुकूलन या कृषि एवं उपयोग के स्थान पर संरक्षण।

तेज़ी से फैलने वाला (invasive): मानवीय गतिविधियों के परिणामस्वरूप किसी प्रजाति का उसके सामान्य तौर पर स्वीकृत क्षेत्र से परे प्रसार, जो अमूल्य पर्यावरण, कृषि या व्यक्तिगत संसाधनों को नुकसान पहुंचाते हैं।

समस्थानिक (isotopes): किसी रासायनिक तत्व के दो या दो से अधिक रूप, जिनके प्रोटॉन की संख्या समान होती है परंतु नाभिक में न्यूट्रॉन की संख्या अलग होने के कारण उनकी द्रव्यमान संख्या अलग होती है।

भूमि उपयोग नियोजन (land-use planning): किसी क्षेत्र में भूमि के प्रत्येक खंड के वर्तमान एवं भविष्य में सर्वोत्तम उपयोग के लिए निर्णय लेने की प्रक्रिया।

अंतिम उपयोग के लिए किफायती ऊर्जा हेतु नियोजन (least-cost end-use energy planning): एक ऊर्जा प्रणाली के नियोजन की प्रक्रिया, जिसके माध्यम से यथासंभव न्यूनतम ऊर्जा का उपयोग करते हुए ऊर्जा सेवाएं उपलब्ध कराई जाती हैं।

प्रतिबंधक कारक (limiting factor): एक पर्यावरणीय कारक, जिसकी मात्रा अत्यधिक या अपर्याप्त होने पर किसी व्यक्ति या जनसंख्या का विकास अथवा प्रजनन अवरुद्ध हो जाता है।

ल्यूमेन (lumens): यह किसी प्रकाश स्रोत द्वारा उत्पन्न प्रकाश की मात्रा के मापन की युक्ति है। एक प्रकाश स्रोत की दक्षता को ल्यूमेंस प्रति वाट की इकाई द्वारा दर्शाया जाता है, जो उत्पादित प्रकाश की मात्रा और खर्च की गई ऊर्जा की मात्रा के बीच संबंध का मापन है।

जन परिवहन (mass transit): बसें, रेलगाड़ियाँ, ट्रॉलियाँ, और परिवहन के अन्य रूप, जो बड़ी संख्या में लोगों को एक स्थान से दूसरे स्थान तक ले जाते हैं।

यांत्रिक ऊर्जा (mechanical energy): किसी गतिमान वस्तु की ऊर्जा। यही शक्ति हर तरह की मशीनरी को चलाती है।

उपापचय (metabolism): यह किसी जीवित कोशिका अथवा जीव की क्षमता है, जिसका इस्तेमाल वह अपने अस्तित्व की रक्षा, विकास एवं प्रजनन की आवश्यकताओं को पूरा करने के लिए अपने पर्यावरण से ऊर्जा को अवशोषित करने एवं रूपांतरित करने में करता है।

सूक्ष्म-जलागम (micro-watershed): जलागम की परिभाषा देखें।

एकल कृषि (monoculture): सामान्यतः किसी बड़े भूखंड पर एक ही फसल का उत्पादन।

उत्परिवर्तजन (mutagen): रासायन या आयनीकृत विकिरण का एक रूप, जो गुणसूत्रों में मौजूद जीनों के डीएनए अणुओं में आनुवांशिक परिवर्तन (उत्परिवर्तन) का कारण बनता है।

सहोपकारिता (mutualism): दो अलग-अलग प्रजातियों के बीच परस्पर निर्भरता, जिससे दोनों को लाभ होता है।

नाला बाँध (nala bund): पत्थर और सीमेंट से निर्मित एक स्थाई संरचना, जिसे दो छोटी पहाड़ियों के बीच प्रवाहित पानी को रोकने के लिए बनाया जाता है। इस प्रकार रोका गया पानी रिसकर जमीन के अंदर पहुंच जाता है और भूजल का स्तर ऊपर उठ जाता है। इस प्रकार के बाँध अतिरिक्त जल के बहाव को रोकते हैं।

राष्ट्रीय उद्यान (national park): वन्यजीव (संरक्षण) अधिनियम, 1972 के अंतर्गत निर्दिष्ट एक प्रकार का संरक्षित क्षेत्र, जैसे कि कॉर्बेट राष्ट्रीय उद्यान। इस प्रकार के संरक्षित क्षेत्र में सुरक्षा व्यवस्था बेहद कड़ी होती है, और राष्ट्रीय उद्यान के भीतर चराई जैसी कुछ गतिविधियों की अनुमति नहीं है।

स्वदेशी प्रजाति (native species): एक ऐसी प्रजाति, जो सामान्य रूप से एक विशेष पारिस्थितिकी तंत्र में निवास करती है और विकसित होती है।

कर्मता (niche): पारिस्थितिक कर्मता की परिभाषा देखें।

नाइट्रोजन स्थिरीकरण (nitrogen fixation): वायुमंडल में मौजूद नाइट्रोजन को नाइट्रोजन यौगिक में बदलने की क्रिया, जिसका उपयोग पौधों द्वारा किया जाता है।

ध्वनि प्रदूषण (noise pollution): किसी भी प्रकार की अवांछित, विक्षुब्ध करने वाली या हानिकारक आवाज़, जो सुनने की क्षमता को नुकसान पहुंचा सकती है, साथ ही तनाव उत्पन्न कर सकती है, एकाग्रता एवं कार्य कुशलता को भंग कर सकती है और दुर्घटनाओं का कारण बनती है।

गैर-निम्नीकरणीय प्रदूषक (non-degradable pollutant): ऐसे पदार्थ, जिनका अपघटन प्राकृतिक प्रक्रियाओं से संभव नहीं है।

गैर-देशी प्रजातियाँ (non-native species): ऐसी प्रजाति, जिसे गलती से या जानबूझकर किसी अन्य स्थान से पारिस्थितिक तंत्र में लाया गया है और जो वहां स्वाभाविक रूप से नहीं पाया जाता है।

अनवीकरणीय संसाधन (non-renewable resource): ऐसे संसाधन, जो धरती के अंदर विभिन्न स्थानों पर निश्चित मात्रा में उपलब्ध है, और इनका नवीनीकरण केवल भूगर्भीय, भौतिक एवं रासायनिक प्रक्रियाओं द्वारा संभव है जिसमें करोड़ों, अरबों वर्षों का समय लगता है। इनके उदाहरणों में तांबा, एल्यूमीनियम, कोयला और तेल शामिल हैं।

नाभिकीय ऊर्जा (nuclear energy): बिजली पैदा करने की एक विधि, जिसमें रेडियोसक्रिय पदार्थों के अवक्षय से उत्पन्न गर्मी का उपयोग पानी को उबालने में किया जाता है और इस प्रकार तैयार वाष्प की मदद से टरबाइन को घुमाया जाता है।

पोषक (nutrient): किसी जीव को जीवित रहने, वृद्धि करने या प्रजनन करने के लिए आवश्यक भोजन या अन्य तत्व।

व्यावसायिक खतरे (occupational hazard): किसी व्यवसाय में मौजूद ऐसी परिस्थितियां, जिसके कारण दुर्घटना, बीमारी या मृत्यु संभव है।

कार्बनिक यौगिक (organic compounds): कार्बन परमाणु युक्त यौगिक, जो एक-दूसरे के साथ तथा और एक या एक से अधिक अन्य तत्वों के परमाणुओं के साथ जुड़े होते हैं, जैसे कि हाइड्रोजन, ऑक्सीजन, नाइट्रोजन, सल्फर, फास्फोरस, क्लोरीन, और फ्लोरीन।

जैविक कृषि (organic farming): वाणिज्य तौर पर निर्मित अजैविक उर्वरकों तथा सिंथेटिक कीटनाशकों एवं शाकनाशियों के उपयोग के स्थान पर, जैविक उर्वरकों (गोबर की खाद, फलियों, वानस्पतिक खाद) तथा प्राकृतिक कीट नियंत्रण प्रणाली का उपयोग करते हुए फसल उत्पादन एवं पशु संवर्धन।

ओज़ोन अवक्षय (ozone depletion): समताप मंडल में ओज़ोन के संकेंद्रण में कमी।

परजीविता (parasitism): किसी एक प्रजाति के दो जीव अथवा दो अलग-अलग प्रजातियों के जीव एक साथ रहते हैं।

पेटेंट (patent): किसी नए आविष्कार से होने वाली आय पर कुछ अवधि तक एकमात्र स्वामित्व का अधिकार।

रोगाणु (pathogen): रोग पैदा करने वाले जीवाणु।

चिरस्थायी संसाधन (perpetual resource): ऐसे संसाधन, जिनकी समाप्ति मानव जीवन काल में संभव नहीं है, जैसे कि सौर ऊर्जा।

पीड़क (pest): अवांछित जीव, जो प्रत्यक्ष या अप्रत्यक्ष रूप से मानवीय गतिविधियों में हस्तक्षेप करते हैं।

कीटनाशी (pesticide): मनुष्य द्वारा अवांछित समझे जाने वाले कीटों को मारने या उनके विकास को अवरुद्ध करने के लिए तैयार किया गया रसायन।

पीएच (pH): एक संख्यात्मक मान, जो 0 से 14 के पैमाने पर एक पदार्थ की सापेक्षिक अम्लता या क्षारीयता को दर्शाता है, जिसमें 7 को उदासीन माना जाता है। अम्ल युक्त घोलों का पीएच मान 7 से कम होता है, जबकि क्षारीय अथवा क्षार के गुण वाले घोलों का पीएच मान 7 से अधिक होता है।

प्रकाश-रासायनिक धूम-कोहरा (photochemical smog): धूम-कोहरे की परिभाषा देखें।

प्रकाश-वैद्युत सेल (photovoltaic cell): एक उपकरण, जिसकी मदद से सूर्य के प्रकाश को सीधे विद्युत ऊर्जा में परिवर्तित किया जाता है।

प्रकाश-वैद्युत रूपांतरण (photovoltaic conversion): सूर्य के प्रकाश का विद्युत ऊर्जा में रूपांतरण की प्रक्रिया, जिसे आमतौर पर प्रकाश-वैद्युत या सोलर सेल नामक उपकरण की मदद से किया जाता है।

प्लवक (plankton): जलीय पारिस्थितिक तंत्रों में तैरने वाले छोटे पादप जीव एवं पशु जीव।

अचल स्रोत (point source): एकल पहचान योग्य स्रोत, जो पर्यावरण में प्रदूषकों का उत्सर्जन करता है।

प्रदूषक (pollutants): यह एक प्राकृतिक पदार्थ हो सकता है, जैसे कि अत्यधिक मात्रा में फास्फेट, या फिर यह बेहद कम मात्रा में सिंथेटिक यौगिक हो सकता है, जैसे कि डाइऑक्सीन, जो अत्यधिक विषाक्त है।

प्रदूषण (pollution): वायु, पानी, मिट्टी या भोजन की भौतिक, रासायनिक या जैविक विशेषताओं में एक अवांछनीय परिवर्तन, जो मनुष्यों या अन्य जीवों के स्वास्थ्य, अस्तित्व या गतिविधियों पर प्रतिकूल प्रभाव डाल सकता है।

जनसंख्या (poulation): किसी निर्दिष्ट क्षेत्र में रहने वाले जीवित पेड़-पौधे एवं जीव जंतु, जो स्वाभाविक तौर पर एक प्रजाति में अंतः प्रजनन करते हैं और आमतौर पर अपने समान समूहों से कुछ हद तक भिन्न होते हैं।

जनसंख्या घनत्व (population density): किसी निर्दिष्ट क्षेत्र में रहने वाले किसी विशेष आबादी में जीवों की संख्या।

जनसंख्या वितरण (population distribution): एक विशेष भौगोलिक क्षेत्र में जनसंख्या घनत्व में अंतर।

जनसंख्या गतिकी (population dynamics): महत्वपूर्ण जैविक एवं अजैविक घटक, जिसके चलते किसी जनसंख्या के आकार तथा प्रजातियों की आयु एवं लैंगिक संरचना में वृद्धि अथवा कमी होती है।

ग़रीबी रेखा (poverty line): आय का एक स्तर, जिसके नीचे रहने वाले लोगों को ग़रीब माना जाता है। वर्ष 1990 (विश्व बैंक, 1990) में प्रतिदिन प्रति व्यक्ति 1 डॉलर की आय को वैश्विक ग़रीबी रेखा माना गया। इस रेखा के आधार पर विभिन्न देशों में रहने वाले ग़रीब लोगों का तुलनात्मक आकलन किया जाता है। लेकिन, यह केवल एक अपरिष्कृत अनुमान है क्योंकि इस रेखा के निर्धारण में विभिन्न देशों की मुद्राओं की क्रय शक्ति को शामिल नहीं किया गया है, तथा यह वस्तु अथवा आय पर आधारित ग़रीबी के अलावा इसके अन्य पहलुओं को भी शामिल नहीं करता है।

परभक्षण (predation): एक जीव द्वारा दूसरे जीव को खाया जाना।

नि:स्वार्थ कार्य (pro bono publico): सब लोगों की भलाई के लिए किया गया कार्य।

उत्पादक (producers): इस प्रकार के जीव अपना भोजन स्वयं बनाते हैं (इन्हें स्वपोषी भी कहा जाता है)।

संरक्षित क्षेत्र (protected area): भौगोलिक रूप से परिभाषित क्षेत्र, जिसे विशिष्ट संरक्षण उद्देश्यों के लिए, मुख्यतः वन्यजीवों के संरक्षण के लिए निर्दिष्ट या विनियमित एवं प्रबंधित किया जाता है।

जनहित याचिका (public interest litigation): सार्वजनिक हितों के लिए हानिकारक कार्यों में हस्तक्षेप करने अथवा इसे दूर करने के लिए किसी व्यक्ति अथवा समूह द्वारा दायर की गई विधिक याचिका।

रेडियोसक्रियता (radioactivity): किसी परमाणु के नाभिक के टूटने पर उत्पन्न होने वाली ऊर्जा।

वर्षा जल संचयन (rainwater harvesting): सरल तकनीकों का उपयोग करते हुए छतों, जमीन की सतह अथवा चट्टानी जलग्रहण क्षेत्रों से बारिश के पानी को इकट्ठा करने और संग्रहित करने की प्रक्रिया।

पुनर्चक्रण (recycling): संसाधनों को एकत्र करना एवं उनका पुन: प्रसंस्करण करना, ताकि इससे नए उत्पादों का निर्माण संभव हो सके।

नवीकरणीय ऊर्जा (renewable energy): ऊर्जा के ऐसे स्रोत, जिनमें निरंतर पुनः पूर्ति की क्षमता मौजूद होती है, उदाहरण के लिए, सौर विकिरण, बहती हवा अथवा ऊंचाई से गिरने वाले पानी से प्राप्त ऊर्जा, इत्यादि।

नवीकरणीय संसाधन (renewable resource): ऐसे संसाधन, जो सैद्धांतिक तौर पर आपूर्ति में कमी किए बिना अनिश्चितकाल तक खत्म नहीं हो सकता है, क्योंकि प्राकृतिक प्रक्रियाओं के माध्यम से इसका नवीनीकरण जारी रहता है। इसके उदाहरणों में पेड़-पौधे, घास, जंगली जानवर, झीलों एवं नदियों में मौजूद ताजा सतही जल, अधिकांश भूमिगत जल, ताजी हवा और उपजाऊ मिट्टी शामिल हैं। यदि इस प्रकार के संसाधनों का इस्तेमाल इनके नवीनीकरण की दर से अधिक तीव्र गति से किया जाए, तो यह समाप्त हो सकता है और गैर नवीकरणीय संसाधन में परिणत हो सकता है।

आरक्षित भंडार (reserves): ऐसे चिह्नित संसाधन, संसाधनों के स्रोत, जहां से मौजूदा खनन तकनीक के साथ वर्तमान मूल्य पर लाभ प्राप्त करते हुए खनिज प्राप्त किया जा सकता है।

अपवाह (run-off): वर्षण एवं बर्फ के पिघलने से धरती की सतह पर पानी का तीव्र बहाव, जो निकटवर्ती जलधाराओं, झीलों, नदियों एवं जलाशयों तक पहुंचता है।

लवणन (salinization): मिट्टी में लवण का संचय, जिसके कारण अंततः मिट्टी में पौधों के विकास को समर्थन करने की क्षमता खत्म हो जाती है।

अभयारण्य (sanctuary): वन्यजीव (संरक्षण) अधिनियम, 1972 के तहत निर्दिष्ट संरक्षित क्षेत्र की एक श्रेणी, उदाहरण के लिए, शूलपानेश्वर वन्यजीव अभयारण्य। राष्ट्रीय उद्यानों की तुलना में अभयारण्य में संरक्षण का स्तर थोड़ा निम्न होता है।

भूकम्पीय गतिविधि (seismic activity): भूकंप या पृथ्वी में होने वाले अन्य कंपनों की वजह से इसकी ऊपरी सतह पर होने वाली गतिविधि।

तलछट (sludge): किसी मलजल उपचार संयंत्र में अपशिष्ट जल से निकाले गए पदार्थ, जिसके अंतर्गत विषाक्त रसायनों, संक्रमण फैलाने वाले तत्वों तथा अन्य ठोस पदार्थों का मिश्रण होता है।

धूम-कोहरा (smog): यह धुआं एवं कोहरे का मिश्रित रूप है, लेकिन आजकल इस शब्द का उपयोग वातावरण में अन्य प्रकार के प्रदूषकों के मिश्रण का वर्णन करने के लिए किया जाता है। उदाहरण के लिए, प्रकाश रासायनिक धूम-कोहरा, सूर्य के प्रकाश के प्रभाव से हाइड्रोकार्बन और नाइट्रोजन ऑक्साइड की प्रतिक्रिया के कारण वायुमंडल में उत्पन्न होने वाले प्रदूषकों का एक जटिल मिश्रण है।

सामाजिक वानिकी (social forestry): वर्ष 1976 में राष्ट्रीय कृषि आयोग द्वारा इस्तेमाल में लाया गया एक शब्द, जो ग्रामीण आबादी को जलाऊ लकड़ियों, चारे, अन्य लकड़ियों एवं छोटे-मोटे वन्य उत्पादों की आपूर्ति के लिए वृक्षारोपण कार्यक्रम को दर्शाता है।

सौर सेल (solar cell): प्रकाश-वैद्युत सेल की परिभाषा देखें।

सौर ऊर्जा (solar power): सूर्य से बिजली पैदा करने की प्रक्रिया। सूर्य से प्राप्त गर्मी की मदद से पानी को भाप में बदला जाता है और इससे टरबाइन को घुमाया जाता है, या फिर सूर्य के प्रकाश का इस्तेमाल सौर सेल को ऊर्जा उपलब्ध कराने के लिए किया जाता है।

ठोस अपशिष्ट (solid waste): ऐसे अवांछित या फेंकी गई सामग्री, जो तरल या गैस नहीं है।

प्रजाति (species): पृथ्वी पर मौजूद जीवन के लाखों रूपों को वर्गीकृत करने वाली इकाई।

प्रजाति विविधता (species diversity): एक क्षेत्र के भीतर मौजूद प्रजातियों की विविधता।

स्टायरोफोम (styrofoam): पॉलीस्टाइरीन का हल्का, लचीला स्वरूप।

निर्वाह अर्थव्यवस्था (subsistence economy): एक आर्थिक प्रणाली, जिसके अंतर्गत बुनियादी अस्तित्व की जरूरतों को पूरा करने के लिए पर्याप्त वस्तुओं का उत्पादन करना प्राथमिक लक्ष्य होता है।

अनुक्रमण (succession): ऐसी प्रक्रिया, जिसके द्वारा पारिस्थितिक तंत्र और उनके समुदाय समय के साथ विकसित होते हैं, परिवर्तित होते हैं, साथ ही अपने स्थानीय पर्यावरण में भी बदलाव लाते हैं।

संवहनीय विकास (sustainable development): ऐसा विकास, जो भावी पीढ़ियों द्वारा अपनी आवश्यकता को पूरा करने की क्षमता से समझौता किए बिना वर्तमान जरूरतों को पूरा करता है।

संवहनीय प्रबंधन (sustainable management): प्राकृतिक संसाधनों का इस प्रकार और इस गति से उपयोग एवं प्रबंधन, जिसकी मदद से संसाधन लंबे समय तक बरकरार रहते हैं और वर्तमान एवं भावी पीढ़ियों की आवश्यकताओं और आकांक्षाओं को पूरा करने की उनकी क्षमता भी बनी रहती है।

संवहनीय प्रयोग (sustainable use): जैव-विविधता के घटकों का इस प्रकार और इस गति से उपयोग, जिसकी मदद से जैव-विविधता के घटक लंबे समय तक बरकरार रहते हैं और वर्तमान एवं भावी पीढ़ियों की आवश्यकताओं और आकांक्षाओं को पूरा करने की उनकी क्षमता भी बनी रहती है।

सहजीविता (symbiosis): दो या दो से अधिक प्रजातियों के बीच का संबंध, जो उनकी पारस्परिक निर्भरता को दर्शाता है।

योगवाहिता (synergisms): एक ऐसी घटना, जिसमें दो कारकों के एक साथ कार्य करने पर होने वाला प्रभाव, उनके अलग-अलग प्रभावों के योग की तुलना में अधिक होता है।

वर्गिकी (taxon) (बहुवचन टेक्सा): जीवों या आबादी का एक ऐसा समूह, जिसे इसी प्रकार के अन्य समूहों से बिल्कुल अलग माना जाता है और इसे एक इकाई के तौर पर देखा जाता है।

ऊष्मीय उत्क्रमण (thermal inversion): कम घनत्व वाली गर्म हवा की एक परत के नीचे फंसी हुई घनी एवं ठंडी हवा की परत। यह ऊपरी बहने वाली हवाओं को रोकता है।

बाघ अभयारण्य (tiger reserve): वन्यजीव (संरक्षण) अधिनियम, 1972 के बजाय बाघ परियोजना के अंतर्गत निर्दिष्ट प्रबंधन श्रेणी। एक बाघ अभयारण्य के भीतर राष्ट्रीय उद्यान एवं अभयारण्य शामिल हो सकते हैं। उदाहरण के लिए, रणथंभोर बाघ अभयारण्य में रणथंभोर राष्ट्रीय उद्यान और केला देवी अभयारण्य शामिल हैं।

विषाक्त तत्व (toxin): किसी भी प्रकार का जहरीला पदार्थ।

पारंपरिक ईंधन (traditional fuel): लकड़ी, गोबर और कृषि अवशिष्ट, जिन्हें खरीदने के बजाय पारंपरिक तौर पर इकट्ठा किया जाता है। इसकी निगरानी का कार्य अत्यंत कठिन है, इसलिए पारंपरिक ईंधन का उपयोग राष्ट्रीय, क्षेत्रीय या वैश्विक ऊर्जा उपयोग के अधिकांश मूल्यांकन में शामिल नहीं है।

वाष्पोत्सर्जन (transpiration): एक ऐसी प्रक्रिया, जिसमें पौधों की जड़ों द्वारा पानी को अवशोषित किया जाता है फिर इसके माध्यम से यह पत्तियों एवं छिद्रों तक पहुंचता है, और अंत में भाप के तौर पर बदलकर वायुमंडल में मिल जाता है।

पोषी स्तर (trophic level): किसी आहार श्रृंखला में मौजूद ऐसे जीव, जो ऊर्जा के मूल स्रोत से उतने ही कदम दूर स्थित होते हैं।

उष्णकटिबंधीय वर्षा वन (tropical rainforest): एक ऐसा घना जंगल, जिसमें लंबे-लंबे पेड़ बेहद गर्म एवं पूरी तरह से ठंड मुक्त परिस्थितियों में विकसित होते हैं और उस क्षेत्र में सालभर प्रचुर मात्रा में बारिश होती है। इस प्रकार के जंगलों में चौड़ी पत्तियों वाले सदाबहार पेड़ों की बहुलता होती है, जिसकी पुरानी पत्तियां लगातार झड़ती है और नई पत्तियां जन्म लेती हैं।

मैलापन (turbidity): तरल पदार्थों में घुले हुए महीन कणों के मापन की एक युक्ति।

जलवायु परिवर्तन पर संयुक्त राष्ट्र का ढांचागत सम्मेलन United Nations Framework Convention on Climate Change (UNFCCC): यूएनएफसीसीसी को **जलवायु परिवर्तन सम्मेलन** भी कहा जाता है, जो भूमंडलीय तापन से निपटने के लिए किए गए वैश्विक प्रयासों में केंद्रस्थ है। इसे जून 1992 में रियो डी जनेरियो में पृथ्वी शिखर सम्मेलन में अपनाया गया और 21 मार्च 1998 को लागू हुआ। सम्मेलन का प्राथमिक उद्देश्य वायुमंडल में हरितगृह गैसों के संकेंद्रण का उस स्तर पर स्थिरीकरण है, जो जलवायु प्रणाली के साथ खतरनाक परिस्थितियों को रोक देगा। इस प्रकार के स्तर की प्राप्ति एक निर्धारित समय सीमा के भीतर की जानी चाहिए, जो पारिस्थितिक तंत्र को जलवायु परिवर्तन के प्रति स्वभाविक तौर पर अनुकूलित होने की अनुमति प्रदान कर सके, ताकि खाद्य उत्पादन पर संकट नहीं आए और स्थाई तरीके से आर्थिक विकास को हासिल करना संभव हो सके।

शहरी विकास (urban growth): शहरी आबादी के विकास की दर।

संवहनी पौधे (vascular plants): एक संवहनी प्रणाली, अर्थात्, किसी पात्र में लगाए गए पौधे, जो पानी और पोषक तत्वों तथा प्रकाश संश्लेषण के उत्पादों को जड़ों से तनों एवं पत्तियों और पौधों के अन्य भागों तक स्थानांतरित करते हैं। इसमें बीज-धारण करने पौधे और फर्न या फर्न-जैसे पौधे शामिल हैं।

जल चक्र (water cycle): एक ऐसी प्रक्रिया, जिसके माध्यम से पानी हवा (संघनन) से पृथ्वी (वर्षा) तक और फिर वायुमंडल (वाष्पीकरण) में वापस लौट आता है।

जलस्तर (water table): संतृप्ति के क्षेत्र की ऊपरी सतह, जिसमें धरती पर मिट्टी एवं चट्टानों के सभी उपलब्ध सभी छिद्रों में पानी मौजूद होता है।

जलभराव (waterlogging): सिंचाई या अत्यधिक वर्षा के कारण मिट्टी संतृप्त हो जाती है और जलस्तर सतह के नजदीक पहुंच जाता है।

जलागम (watershed): एक ऐसा भूखंड, जिसमें पानी प्राकृतिक बेसिन के जरिए एक सामान्य जलाशय की ओर बहता है। जलागम के आकार के आधार पर इसे विभिन्न श्रेणियों में वर्गीकृत किया जाता है। इसका वर्गीकरण निम्नानुसार है: उप-जलागम (100–500 वर्ग किमी), मिली-जलागम (10–100 वर्ग किमी), सूक्ष्म-जलागम (1–10 वर्ग किमी) और लघु-जलागम (1 वर्ग किमी से भी कम)। इन आकारों से विभिन्न मापदंडों की गणना में मदद मिलती है, उदाहरण के लिए, प्राप्त वर्षा, अवशोषित जल की मात्रा एवं प्रवाहित जल की मात्रा।

जलागम विकास (watershed development): कृषि उत्पादन को बेहतर बनाने के लिए एक जलागम की सीमाओं के भीतर इष्टतम उपायों के साथ मृदा एवं जल संरक्षण कार्यक्रमों का संचालन।

जलागम प्रबंधन (watershed management): पूरे जलागम के विकास एवं अन्य गतिविधियों के लिए योजना निर्माण, ताकि उस क्षेत्र की समग्र जल प्रवाह विशिष्टता बरकरार रहे।

आर्द्र भूमि (wetland): ऐसी भूमि, जो पूर्णतः या अंशतः खारे पानी अथवा ताजे पानी से ढकी हुई हो, इसके अंतर्गत नदियां, झील और खुले समुद्र शामिल नहीं हैं।

पवन चक्की संयंत्र (wind farm): बिजली उत्पन्न करने के लिए स्थापित किया गया पवन टर्बाइनों का समूह।

पवन चक्की (windmill/wind machine): एक ऐसा उपकरण, जिसकी मदद से बेहद किफायती दरों पर, पूरी विश्वसनीयता और स्थायित्व के साथ बिजली उत्पन्न की जाती है, जिसमें हवा की शक्ति का गैर-प्रदूषणकारी तरीके से उपयोग किया जाता है। एक सामान्य पवनचक्की में एक अथवा एक से अधिक ब्लेड के अलावा, इसे नियमित गति से घूमने में मदद करने और हवा की दिशा में बने रहने के लिए एक प्रणाली तथा एक जनरेटर लगा होता है।

संपादकगण एवं योगदानकर्ताओं का परिचय

संपादकगण

किरण बी. छोकर वर्ष 1987 से 2012 तक सीईई में कार्यरत रहीं, जहां वे उच्च शिक्षा कार्यक्रम की प्रमुख थीं। उन्होंने पाठ्यक्रम तैयार किए हैं तथा शिक्षण-अध्ययन सामग्रियां विकसित की हैं तथा उनकी कई पुस्तकों का प्रकाशन भी हुआ है। वे अंतरराष्ट्रीय स्तर पर पीयर-रिव्यूड *जर्नल ऑफ एजुकेशन एंड आर्किटेक्चर*, नई दिल्ली की संस्थापक संपादक थीं। वर्तमान में वे स्कूल ऑफ प्लानिंग एंड आर्किटेक्चर, नई दिल्ली में बतौर अतिथि शिक्षक कार्यरत हैं। साथ ही वे ईएसडी (एजुकेशन फॉर सस्टेनेबल डेवलपमेंट— संवहनीय विकास के लिए शिक्षा) से संबंधित स्वतंत्र सलाहकार, स्वतंत्र संपादक और एशिया-पेसिफिक कम्युनिटी ऑफ द रीजनल सेंटर्स ऑफ एक्सपर्टीज़ इन ईएसडी की क्षेत्रीय सलाहकार हैं।

ममता पंड्या वर्ष 1985 से 2014 तक सीईई में कार्यरत रहीं, जहां वे इंस्ट्रक्शनल डिजाइन प्रोग्राम की प्रमुख थीं। शिक्षकों और छात्रों के लिए विभिन्न माध्यमों में पर्यावरण शिक्षा सामग्रियां तैयार करने पर उनका ध्यान केंद्रित रहा है। उन्होंने पर्यावरण, विकास और संचार विषयों पर कई पुस्तकों का लेखन किया है। वर्तमान में वे स्वतंत्र शिक्षा-संचार सलाहकार और संपादक हैं।

मीना रघुनाथन वर्ष 1986 से 2005 तक सीईई में कार्यरत रहीं, जहां वे नेटवर्किंग एंड कैपेसिटी बिल्डिंग प्रोग्राम की प्रमुख थीं। वे शिक्षकों और छात्रों के लिए शैक्षणिक सामग्री विकास में शामिल रही हैं और उन्होंने पर्यावरण तथा पर्यावरण शिक्षा के विभिन्न पहलुओं पर 40 से अधिक पुस्तकों का लेखन किया है। सुश्री रघुनाथन पर्यावरण शिक्षकों के अंतरराष्ट्रीय समूह आईयूसीएन- कमीशन ऑन एजुकेशन एंड कम्युनिकेशन की उपाध्यक्ष (दक्षिण एशिया) थीं। वर्ष 2005 से वे शिक्षा, स्वास्थ्य और आजीविका के क्षेत्र में कार्य करने वाले जीएमआर वरलक्ष्मी फाउंडेशन के साथ बतौर निदेशक, निगमित सामाजिक उत्तरदायित्व (कॉर्पोरेट सोशल रिस्पॉन्सिबिलिटी) कार्यरत हैं।

योगदानकर्ताओं का परिचय

सीमा भट्ट एक स्वतंत्र सलाहकार हैं, जो जैव विविधता से जुड़े मुद्दों पर काम कर रही हैं। उन्होंने नेचर-इंडिया के बायोडाइवर्सिटी 'हॉटस्पॉट्स' कंजर्वेशन प्रोग्राम के लिए वर्ल्ड वाइड फंड के साथ काम किया, और बाद में यूएसएड समर्थित जैव-विविधता संरक्षण नेटवर्क के लिए दक्षिण एशिया समन्वयक बनीं। वर्ष 2000 के बाद से, वह तकनीकी एवं प्रमुख नीतिगत समूह का हिस्सा रही हैं, जिसने भारत की राष्ट्रीय जैव-विविधता रणनीति कार्य योजना तैयार की है।

सुनील जैकब पर्यावरण विज्ञान में परास्नातक की उपाधि प्राप्त करने के बाद, वर्ष 1991 में सीईई में शामिल हो गए। वह विभिन्न माध्यमों का उपयोग करते हुए शिक्षकों एवं छात्रों के लिए पर्यावरणीय शिक्षण सामग्री के विकास के साथ-साथ सेवा पूर्व एवं सेवारत पेशेवर कर्मचारियों के लिए प्रशिक्षण कार्यक्रमों के आयोजन में संलग्न रहे हैं। पर्यावरणीय शिक्षा के क्षेत्र में आईसीटी के उपयोग में उनकी विशेष रुचि रही है।

हेमा जगदीशन ने मदुरै कामराज विश्वविद्यालय से पादप विज्ञान में पीएच.डी. की उपाधि प्राप्त की है। वर्ष 1996 से 2000 तक वह सीईई में कार्यरत थीं। वर्तमान में वह हांगकांग बैपटिस्ट विश्वविद्यालय के साथ अनुसंधान सहयोगी के तौर पर जुड़ी हैं, जहां वह भारी धातुओं से उत्पन्न प्रदूषण के पादप-उपचार एवं शहरी अपशिष्ट प्रबंधन पर काम कर रही है।

शिवानी जैन ने लाइफ साइंस में एम.एससी (शिक्षा) तथा प्रबंधन, पारिस्थितिकी एवं पर्यावरण में पीजी डिप्लोमा की उपाधि प्राप्त की है। वह वर्ष 1996 से सीईई में कार्यरत हैं, जहां वह मुख्य रूप से नेटवर्किंग, प्रशिक्षण एवं क्षमता निर्माण कार्यक्रमों में शामिल रही हैं। उन्होंने शिक्षकों के लिए पारिस्थितिकी पर एक नियम-पुस्तिका भी लिखी है।

कल्याणी कंडुला ने टाटा इंस्टीट्यूट ऑफ सोशल साइंसेज, मुंबई से सामाजिक कार्य में परास्नातक की उपाधि प्राप्त की, जहां उन्होंने एक वर्ष के लिए परियोजना अधिकारी के रूप में काम किया। वह वर्ष 1996 में सीईई में शामिल हो गईं और वर्तमान में आंध्र प्रदेश में इसके कार्यक्रमों का नेतृत्व कर रही हैं। उन्होंने *टुवर्ड्स ए ग्रीन फ्यूचर: ए ट्रेनर्स मेनुअल ऑन एजुकेशन फॉर सस्टेनेबल डेवलपमेंट* की रचना की है।

विवेक एस. खडपेकर ने अहमदाबाद में वास्तुकला का अध्ययन किया और लंदन में शहरी अध्ययन स्नातकोत्तर की उपाधि प्राप्त की। वह सीईई के शहरी एवं सांस्कृतिक विरासत कार्यक्रमों में शामिल हैं। शहरों के ऐतिहासिक विकास तथा उसके वर्तमान स्वरूप एवं पर्यावरण पर इसके प्रभाव के अध्ययन में उनकी विशेष दिलचस्पी रही है।

अवनीश कुमार ने वर्ष 1996 में पर्यावरण विज्ञान में परास्नातक पूरा करने के बाद, राष्ट्रीय वनस्पति अनुसंधान संस्थान, लखनऊ के पर्यावरण विज्ञान विभाग में एक शोध विद्यार्थी के रूप में काम किया। वर्ष 2002 में वह सीईई में शामिल हो गए, जहां उन्होंने रिपोर्ट एवं व्यष्टि अध्ययनों के दस्तावेज तैयार करने तथा अंतर्राष्ट्रीय शिखर सम्मेलन एवं बैठकों के लिए विचार-विमर्श के आयोजन के दायित्वों का निर्वहन किया है। वह आपदा तैयारी से संबंधित शिक्षण परियोजनाओं में भी शामिल रहे हैं।

कार्तिकेय वी. साराभाई सीईई के संस्थापक निदेशक हैं। उन्होंने कैम्ब्रिज यूनिवर्सिटी, यूके से प्राकृतिक विज्ञान में ट्राइपॉस (स्नातक) और एमआईटी, यूएसए से स्नातकोत्तर की उपाधि प्राप्त की। पर्यावरणीय शिक्षा एवं संचार के क्षेत्र में उनके योगदान की सराहना करते हुए, उन्हें वर्ष 1988 में विश्व संरक्षण संघ के "ट्री ऑफ लर्निंग" पुरस्कार से सम्मानित किया गया। वह आईयूसीएन-दक्षिण एवं दक्षिण-पूर्व एशिया के लिए शिक्षा और संचार आयोग के अध्यक्ष रहे हैं, साथ ही वह भारतीय राष्ट्रीय आईयूसीएन समिति के उपाध्यक्ष भी हैं।

सरिता ठाकुर वर्ष 1997 से सीईई में कार्यरत हैं। वह शिक्षकों के लिए एक नियमावली के लेखन में भी शामिल रही हैं, जिसका शीर्षक है - *बिल्डिंग ब्लॉक्स: फ्रॉम एन्वायरनमेंटल अवेयरनेस टू एक्शन*।

Made in the USA
Monee, IL
07 July 2026

56552325R00173